12. Kolloquium Parkbauten
24. und 25. Februar 2026
Technische Akademie Esslingen

Herausgegeben von
Dipl.-Ing. Susanne Gieler-Breßmer

12. Kolloquium Parkbauten

Planung, Bau, Instandhaltung, Betrieb
von Parkhäusern und Tiefgaragen

Tagungshandbuch 2026

Medienpartner

Fraunhofer IRB

Parken aktuell

expert

TAE weiterbilden weiterkommen

Bibliografische Information der Deutschen Nationalbibliothek

Die Deutsche Nationalbibliothek verzeichnet diese Publikation in der Deutschen Nationalbibliografie; detaillierte bibliografische Daten sind im Internet über http://dnb.dnb.de abrufbar.

expert verlag
Ein Unternehmen der
Narr Francke Attempto Verlag GmbH + Co. KG
Dischingerweg 5 · D-72070 Tübingen
E-Mail: info@verlag.expert
Internet: www.expertverlag.de

Technische Akademie Esslingen e. V.
An der Akademie 5 · D-73760 Ostfildern
E-Mail: bauwesen@tae.de
Internet: www.tae.de

Printed in Germany

ISBN 978-3-381-15491-3 (Print)
ISBN 978-3-381-15492-0 (ePDF)

Vorwort

Der Mobilitätswandel, steigende Klimaziele und technologische Innovationen verändern die Anforderungen an Parkbauten grundlegend. Was einst reine Stellflächen waren, entwickelt sich zunehmend zu multifunktionalen Gebäuden, die Elektromobilität ermöglichen, multimodale Verkehrsangebote integrieren und digitale Services bereitstellen. Gleichzeitig wächst der Druck, Bestandsanlagen nachhaltig und wirtschaftlich zu erhalten – eine Aufgabe, die Planende, Betreiber und Bauausführende gleichermaßen fordert.

Mit dem 12. Kolloquium Parkbauten widmet sich die Technische Akademie Esslingen diesen Herausforderungen erneut in umfassender Weise. In rund 50 Fachvorträgen präsentieren Expertinnen und Experten aus Deutschland, Österreich und der Schweiz aktuelle Entwicklungen, Forschungsergebnisse und Praxisbeispiele zu Planung, Bau, Instandhaltung und Betrieb von Parkhäusern und Tiefgaragen.

Im Mittelpunkt stehen Themen wie Nachhaltigkeit und Lebenszyklus, digitale Bauwerksdiagnostik und Monitoring, Ladeinfrastruktur und Brandschutz bei E-Fahrzeugen, Werkstoffe und Instandhaltungsmethoden, aber auch Gestaltung, Stadtentwicklung und Mobilitätskonzepte. Neu im Jahr 2026 sind Expertendialoge und ein Praxis-Workshop, die vor Ort intensiven Austausch und praxisorientiertes Lernen ermöglichen.

Das Kolloquium bietet Fachleuten aus Planung, Bau, Verwaltung, Wissenschaft und Betrieb eine etablierte Plattform für Wissenstransfer, Erfahrungsaustausch und Netzwerke – über Branchengrenzen hinweg. Seit über zwei Jahrzehnten trägt es dazu bei, Parkbauten zukunftsfähig zu gestalten und ihre Rolle als integralen Bestandteil nachhaltiger Mobilität zu stärken.

Allen Referentinnen und Referenten danken wir herzlich für ihre Beiträge und den fachlichen Austausch. Unser Dank gilt ebenso dem Programmausschuss für die engagierte Unterstützung bei der Themenauswahl und Gestaltung des Tagungsprogramms.

Ostfildern, im Februar 2026

www.tae.de/50021

Dipl.-Ing. Susanne Gieler-Breßmer
(Vorsitzende des Programmausschusses)

Inhaltsverzeichnis

TAE

Plenar

Kombinierte Lebenszykluskosten- und Nachhaltigkeitsbetrachtung von chloridexponierten Bauteilen in Parkbauten

Dr.-Ing. Angelika Schießl-Pecka
Ingenieurbüro Schießl Gehlen Sodeikat GmbH, München

Dipl.-Ing. Dipl.-Ing. Anne Rausch
Ingenieurbüro Schießl Gehlen Sodeikat GmbH, München

Paul Steinmetz, M. Sc.
Ingenieurbüro Schießl Gehlen Sodeikat GmbH, München

Dr.-Ing. Marc Zintel
Swiss Steel AG, Emmenbrücke, Schweiz

Zusammenfassung
Stützen in Parkbauten sind stark chlorid-exponierte Bauteile, zusätzliche Maßnahmen zur Sicherstellung der Dauerhaftigkeit sind daher erforderlich [1]. Je nach gewählter Schutzmaßnahme können im Verlauf der Nutzungsdauer Kosten eingespart werden [2]. Nun stellt sich die Frage, wie sich verschiedene Schutzmaßnahmen auf die klimawirksamen Emissionen des Bauteils auswirken. Am Beispiel einer Stütze mit bewehrtem Fundament unter Pflasterbelag werden nachfolgend anhand einer Ökobilanzierung in der Wirkungskategorie Global Warming Potential (GWP) verschiedene Ausführungsvarianten untersucht. Dabei werden Varianten mit herkömmlichem Bewehrungsstahl B500B in Kombination mit Oberflächenschutzsystemen sowie Stahl mit erhöhtem Korrosionswiderstand 1.4003 (Top12 Stahl der Swiss Steel AG) verglichen. Die Ergebnisse werden berechneten Lebenszykluskosten gegenübergestellt und baupraktisch eingeordnet.

1. Einführung

Mit dem Europäischen Green Deal wollen die 27 EU-Mitgliedsstaaten bis 2050 klimaneutral werden. Deutschland hat sich gesetzlich verpflichtet, dieses Ziel bereits 2045 zu erreichen. Auch in der Baubranche wird daher aktiv nach Möglichkeiten gesucht, klimawirksame Emissionen, auch bezeichnet als Global Warming Potential (GWP), zu reduzieren. In diesem Beitrag wird am Beispiel von Stützen im Parkbereich mit bewehrten Fundamenten unter Pflasterbelag untersucht, wie sich verschiedene Ausführungsvarianten auf die Ökobilanz des Bauteils auswirken. Die im Parkbereich maßgebende Exposition ist „Chlorideinwirkung aus Tausalzen“, welche erhebliche Bewehrungskorrosion verursachen kann. Im Fokus der Ökobilanzierung steht als innovative Ausführungsvariante die Ausführung mit einem hochlegierten Bewehrungsstahl Top12 der Swiss Steel AG (1.4003), der im Vergleich zu Stahl B500B einen deutlich höheren Korrosionswiderstand aufweist. Dadurch kann bei Verwendung dieses Stahls auf die Applikation von Oberflächenschutz gemäß DBV-Merkblatt Parkhäuser und Tiefgaragen [1] verzichtet werden. In einer im Jahr 2019 durchgeführten Lebenszykluskostenanalyse [2] konnte nachgewiesen werden, dass durch den Einsatz von Top12 große Kosteneinsparungen im Vergleich zu den beschichteten Varianten nach DBV-Merkblatt möglich sind. Ob dies für das GWP analog gilt, wird nachfolgend untersucht.

2. Grundlagen der Ökobilanzierung

Eine Ökobilanz beschreibt die Umweltauswirkungen eines Produktes oder Prozesses über einen definierten Lebensweg. Sie ist in DIN EN ISO 14040:2021-02 (Deutsche Fassung der EN ISO 14040:2006 + A1:2020) und DIN EN ISO 14044:2021-02 (Deutsche Fassung der EN ISO 14040:2006 + A1:2018 + A2:2020) geregelt. Für die Bilanzierung sind folgende Schritte erforderlich:

- Definition der Ziele und des Untersuchungsrahmens.
- Sachbilanz: Erfassung aller Input- und Outputströme von Roh- und Betriebsstoffen, Energie, Produkten, Abfällen, Emissionen, Einleitungen in Wasser und Bodenverunreinigungen.
- Wirkungsabschätzung: Ermittlung der Umweltauswirkungen dieser Stoffströme und Zuordnung zu verschiedenen Wirkungskategorien, z. B. Globales Erwärmungspotential (GWP = Global Warming Potential), Versauerungspotential von Boden und Wasser (AP = Acidification Potential), Verwendung nicht-erneuerbarer Primärenergieressourcen (PENRT=Primary Energy Non-Renewable, Total use), u. v. m..
- Auswertung: Bewertung der Wirkungsabschätzung im Hinblick auf die definierten Ziele.

Für das bilanzierte Produkt werden die Phasen des Lebenszyklus getrennt nach den folgenden Stadien (Lebensphasen) bzw. Modulen betrachtet:

- Produktionsstadium (Module: A1 – Rohstoffversorgung, A2 – Transport, A3 – Herstellung),
- Stadium der Errichtung des Bauwerks (Module: A4 – Transport vom Hersteller zum Verwendungsort, A5 – Montage),
- Nutzungsstadium (Module: B1 – Nutzung/Anwendung, B2 – Instandhaltung, etc.),
- Entsorgungsstadium (Module: C1 – Rückbau/Abriss, C2 – Transport, C3 – Abfallbehandlung, C4 – Beseitigung),
- Gutschriften und Lasten außerhalb der Systemgrenzen (Modul: D – Wiederverwendungs-, Rückgewinnungs- oder Recyclingpotential).

Bei der Definition der Systemgrenzen wird projektspezifisch festgelegt, welche Module betrachtet werden. Die Betrachtung und Bewertung erfolgt zur besseren Vergleichbarkeit immer bezogen auf eine projektspezifisch vordefinierte funktionelle Einheit.

Die maßgebende Wirkungskategorie bei der Bewertung von Bauwerken durch Zertifzierungsstellen wie z. B. DGNB (Deutsche Gesellschaft für Nachhaltiges Bauen e. V.) oder LEED (Leadership in Energy and Environmental Design) etc., ist stets das Global Warming Potential (GWP). Dieses quantifiziert den Emissionsbeitrag von Treibhausgasen wie Kohlenstoffdioxid oder Methan zum Treibhauseffekt und wird in der Einheit CO_2-Äquivalente in Bezug auf eine funktionelle Einheit ausgewiesen (z. B. kg CO_2eq/m^2).

In der Ökobilanzierung werden Materialmassen- und Energieströme innerhalb der festgelegten Systemgrenzen bilanziert. Die Prozesse, die zur Verarbeitung der Materialmassen erforderlich sind, werden modelliert. Jeder Prozess (Materialmassenströme und zugehörige Energieströme) muss mit Datensätzen zu den einzelnen Stoffströmen und der zugehörigen Wirkungsabschätzung hinterlegt werden. Diese Datensätze werden aus verschiedenen Quellen entnommen, wie z. B. Umwelt-Produktdeklarationen (EPD), Datensätze der ÖKOBAUDAT [3] und der ecoinvent [4]. Daten für die Berücksichtigung des Verschleißes von Baumaschinen können über den EFFC Carbon Calculator gewonnen werden [5].

3. Untersuchungsrahmen

Im Rahmen dieser Studie werden Stützen im gepflasterten Parkbereich incl. ihres oberseitig bewehrten Fundamentes betrachtet. Folgende Randbedingungen gelten für alle betrachteten Stützenvarianten:

- Eine aus statischen Gründen mindestens erforderliche Betondruckfestigkeitsklasse C25/30 wird vorausgesetzt.
- Betrachtet wird je Variante die gleichzeitige Herstellung und Erhaltung 20 identischer Stützen im beparkten Bereich.
- Geometrie:
  - Stütze: L x B = 0,50 m x 0,25 m; H = 3,0 m ab Oberkante Pflaster,
  - Fundament: L x B x H = 1,5 m x 1,5 m x 0,5 m,
  - Distanz OK Fundament bis OK Pflaster: 0,25 m.
- Bewehrungsgehalt:
  - Stütze Längs 8 Ø 12 mm,
  - Stütze Bügel Ø 8 mm, a = 15 cm,
  - Fundamentoberseite 4 Ø 14 mm, L = 2,6 m,
  - Fundamentunterseite 4 Ø 14 mm, L = 1,7 m.
- Der umgebende Pflasterbelag sowie die Kiesschüttung werden in der Bilanzierung nicht betrachtet.

In der Studie wurden folgende Bauteilvarianten verglichen:

Stütze mit Bewehrungsstahl Top12 mit Schutz der Arbeitsfuge Fundament/Stütze mittels Hohlkehle gemäß Bauteilkatalog der Ingenieurgesellschaft Prof. Dauberschmidt & Vestner mbH (id+v), Detail 2 [6]. Die Bewehrung wird bis in eine Höhe von 0,50 m über Pflasterbelag zuzüglich Übergreifungslänge in Top12 ausgeführt, ebenso die oberseitige Bewehrung des Fundamentes. Die Stütze wird abweichend zu [6] mit einer reduzierten Betondruckfestigkeitsklasse C25/30 hergestellt. Eine ausreichende Dauerhaftigkeit über 50 Jahre wurde über eine vollprobabilistische Dauerhaftigkeitsberechnung nachgewiesen
→ Variantenbezeichnung T12-FS.

Stütze mit Bewehrungsstahl B500B gemäß DBV-Merkblatt Parkhäuser und Tiefgaragen [1]; bis in eine Höhe von 0,50 m umlaufend um die Stütze sowie am Fundament oberseitig und an den Seitenflächen geschützt mit

- OS 5b-System mit AbP als Abdichtung nach DIN 18533-3 (Trockenschichtdicke 2,2 mm (Kratzspachtelung + HwO + Versiegelung) incl. mechanischem Schutz.
  → Variantenbezeichnung: B500B-OS5b,
- PMMA-System als Abdichtung nach DIN 18533-3 in Anlehnung an ein OS14-System der TR Instandhaltung, jedoch für nicht befahrene Bereiche (Gutachterlösung); Trockenschichtdicke 2,2 mm (Grundierung + HwO + Versiegelung) incl. mechanischem Schutz.
  → Variantenbezeichnung: B500B-PMMA

Bei den Varianten mit B500B-Stahl ist eine regelmäßige Wartung vorgesehen, eine jährliche Instandsetzung von Kleinschadstellen am OS-System und ein teilweiser Austausch des OS-Systems (OS5b/PMMA) nach 20 Jahren (30 % oberhalb, 0 % unterhalb des Pflasterbelags).

Die Varianten sind in Abb. 1 und Abb. 2 dargestellt.

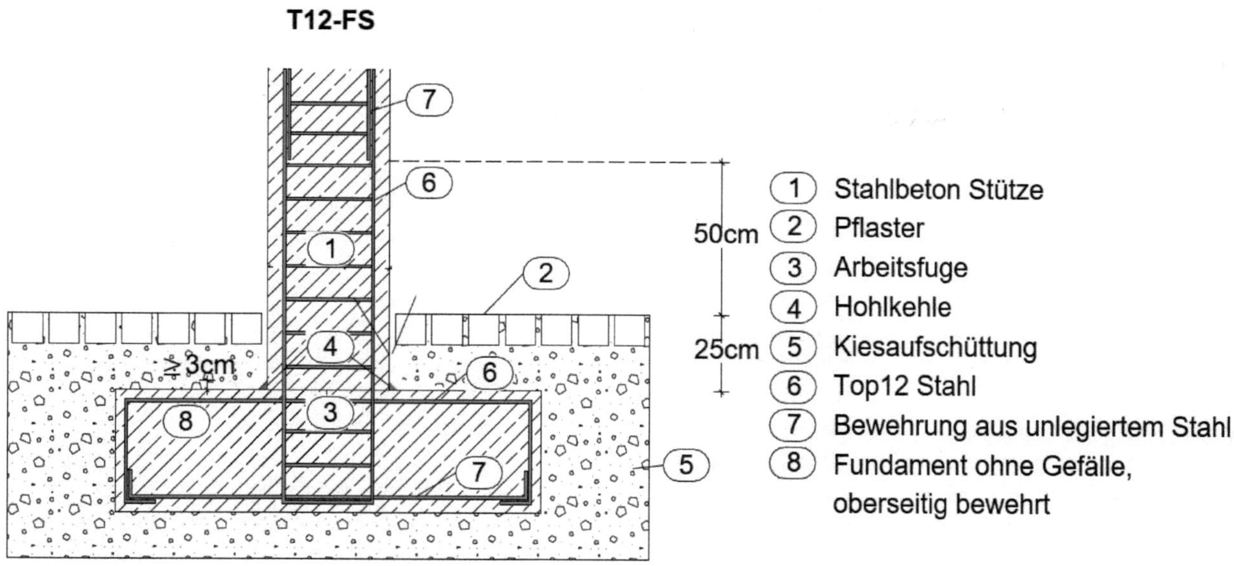

Abb. 1: Variante mit Top12 und Fugenschutz nach Bauteilkatalog [6]

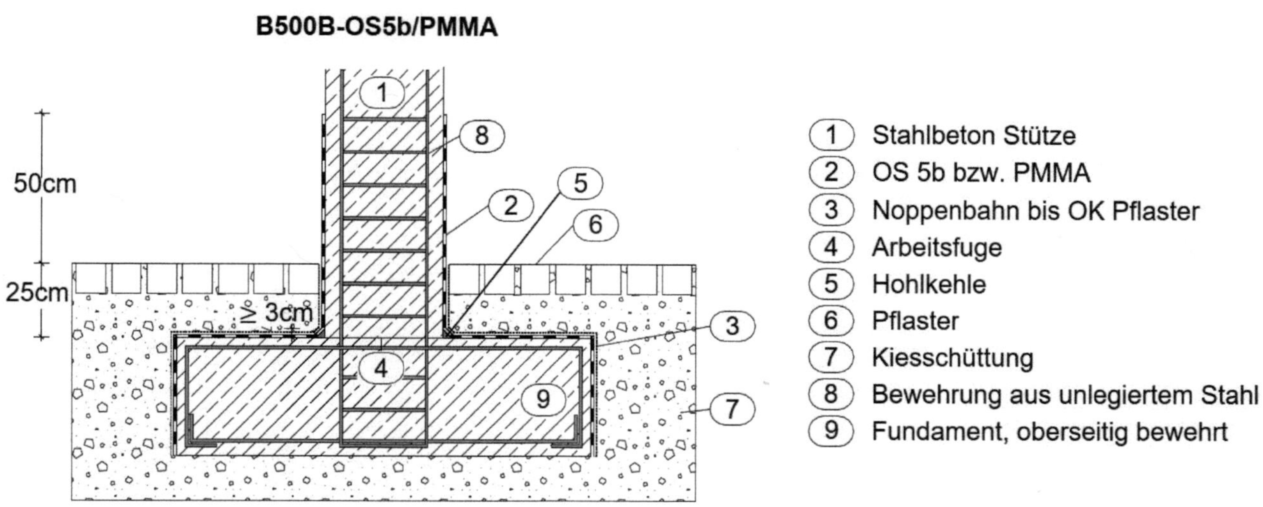

Abb. 2: Variante mit B500B nach DBV-Merkblatt, Abb. 11b [1]

4. Untersuchungsziele

In der vorliegenden Untersuchung werden zwei lebenszyklusbasierte Bewertungsansätze analysiert und im Anschluss gemeinsam bewertet: eine Ökobilanz (LCA) nach DIN EN 15804:2022-03 für die Wirkungskategorie Global Warming Potential GWPtotal (nachfolgend GWP genannt) und eine Lebenszykluskostenanalyse (LCCA) gemäß den Grundsätzen der RAB-LCC (Regulated Asset Base – LCCA).

Betrachtet wurde der Lebenszyklus der Stützenvarianten bis zum Ende einer Nutzungsdauer von 50 Jahren. Die Stütze verbleibt nach Ende der Nutzungsdauer im Parkhaus und wird nicht rückgebaut. Die vorliegende Studie konzentriert sich somit auf die Gewinnung bzw. Produktion der Ausgangsstoffe, deren Transport, ggf. deren gemeinsame Weiterverarbeitung, die Errichtung der Stützen sowie ggf. die Instandhaltung vorhandener Oberflächenschutzsysteme einschließlich Entsorgungsprozesse.

Bei der Ökobilanzierung wurden in der Sachbilanz folgende Prozessketten berücksichtigt:

- Referenz: Herstellung der Stütze mit B500B ohne Oberflächenschutzmaßnahmen, der Lebenszyklus wird nicht betrachtet.
- T12-FS: Herstellung der Stütze mit Top12 und Fugenschutz, Instandsetzungsaufwendungen sind nicht erforderlich.
- B500B-OS 5b bzw. B500B-PMMA: Herstellung der Stütze mit B500B und Oberflächenschutzsystem OS 5b oder PMMA einschließlich erforderlicher Instandsetzungsaufwendungen für das jeweilige OS-System.

Für alle Varianten wird in der Wirkungsabschätzung betrachtet:

- GWP über den gesamten Lebenszyklus, d. h. klimarelevante Emissionen des betrachteten Bauteils.
- GWP_{add}, d. h. Emissionen, die zur Sicherstellung der Dauerhaftigkeit für die festgelegte Nutzungsdauer (50 Jahre) über die Herstellung der Referenzvariante hinaus erforderlich sind.

GWP_{add} wird anschließend in Beziehung gesetzt mit LCC_{add}, d. h. Lebenszykluskosten, die zur Sicherstellung der Dauerhaftigkeit über die Herstellung der Referenz hinaus erforderlich sind. Abschließend erfolgt eine Einordnung der Varianten und Ergebnisse bezüglich baupraktischer Vor- und Nachteile.

5. Durchführung der Ökobilanzierung

5.1 Sachbilanz

Die funktionelle Einheit für den Variantenvergleich ist 1 Stück Stütze incl. Fundament. Die Materialmengen bzw. -volumina der einzelnen Varianten wurden in Abhängigkeit der Geometrie für die beiden Oberflächenschutzsysteme festgelegt. Mengen an Betriebsmitteln sowie die Betriebsstoffverbräuche wurden anhand von Praxiserfahrungen angenommen. In Tabelle 1 sind die in der Ökobilanzierung in Bezug genommenen Datensätze angegeben. Gemäß durchgeführten Recherchen liegen für die hier bewerteten Beschichtungssysteme aktuell noch keine spezifischen EPDs der Hersteller vor. Die auf Nachfrage von den Herstellern gelieferten Angaben zu Emissionen ihrer Produktsysteme streuen z.T. deutlich. Daher wurden in der Studie verschiedene von Herstellern als repräsentativ bezeichnete Datensätze berücksichtigt und vergleichend ausgewertet:

OS5b-Systeme:
- Generischer Datensatz der ecoinvent für polymermodifizierte Mörtel (global) [14],
- Muster-EPD der Deutschen Bauchemie für modifizierte mineralische Mörtel, Gruppe 3 [24],
- Verbands-EPD für ein mineralisch gefülltes dispersionsbasiertes, lösemittelhaltiges Produkt [25].

PMMA-Systeme:
- Generischer Datensatz der ecoinvent für europäische PMMA-Produkte [15],
- Muster-EPD der Deutschen Bauchemie für niedrig gefüllte und ungefüllte Methacrylatharzprodukte [18].

Die Quellennummern der Datensätze werden nachfolgend der Variantenbezeichnung angehängt, z. B. B500B-OS5b[14].

Tabelle 1: Sachbilanz

Teilprozesse	Menge/Stütze				Lebensphasen und Module der Stützenherstellung			
	Varianten				Produktion	Errichtung auf der Baustelle		Nutzung
	Ref	B500B -OS5b	B500B -PMMA	T12-FS	A1 – A3	A4	A5	B4
Ersthherstellung								
Ortbeton Fundament	1,13 m^3				[7]	[8]	Siehe „Errichtung“	Siehe „Instandsetzung“
Ortbeton Stütze	0,38 m^3							
Stahl B500B	68 kg			36 kg	[9]	[8]		
Stahl Top12	–			32 kg	[10]	[8]		
Hohlkehle	–	A = 4,5 cm^2, L = 1,5 lfm			[11] [12] [13]	[8]		
OS-System OS5b bzw. PMMA	–	6,25 m^2		–	[14]/[24]/[25] bzw. [15]/[18]	[8]		
Mechanischer Schutz	–	5,5 m^2		–	[16]	[8]		
Errichtung	1,5 m^3 Beton	1,5 m^3 Beton; 6,25 m^2 OS-System		1,5 m^3 Beton	–	–	[7], [17], [18]	
Instandsetzung								
Bearbeitung Kleinschadstellen OS-System	–	0,02 m^2 jährlich		–		–	–	[14]/[24]/[25] bzw. [15]/[18], [19], [8]
Abtrag OS-System	–	0,23 m^2 alle 20 Jahre		–	–	–	–	[20], [8], [21], [22], [5]
Entsorgung OS-System	–			–	–	–	–	[8] [23]
Neuauftrag OS-System	–	0,23 m^2		–	–	–	–	[14]/[24]/[25] bzw. [15]/[18], [8]

5.2 Wirkungsabschätzung und Variantenvergleich

In Abb. 3 ist der zeitliche Verlauf des GWP pro Stützenvariante von der Ersterstellung bis zum Ende der Nutzungsdauer dargestellt. Dabei werden exemplarisch die ecoinvent-Datensätze für OS5b [14] und PMMA [15] in Bezug genommen. GWP_{add} entspricht in der Grafik jeweils der Differenz zwischen den Varianten Referenz (Ref) sowie T12-FS, B500B-OS5b[14] bzw. B500B-PMMA[15].

Bei Variante T12-FS beträgt das GWP 421 kg CO_2eq/ Stütze und resultiert ausschließlich aus der Ersterstellung, da aufgrund der Korrosionsbeständigkeit des Bewehrungsstahls keine Instandhaltungen erforderlich sind. Bei den Varianten mit B500B erfolgt im Verlauf der Nutzungsdauer ein moderater Anstieg des GWP durch die Instandsetzungen der Oberflächenschutzsysteme auf 377 kg CO_2eq/Stütze für B500B-OS5b[14] bzw. 487 kg CO_2eq/Stütze für B500B-PMMA[15].

Am Ende der Nutzungsdauer liegt das GWP_{add} und damit auch das Gesamt-GWP der Stützenvariante B500B-PMMA[15] am höchsten, das der Variante B500B-OS5b[14] am niedrigsten.

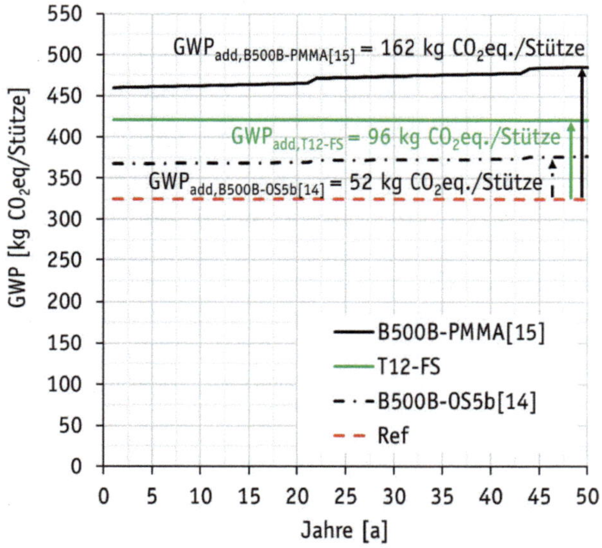

Abb. 3: GWP im Verlauf der Nutzungsdauer für verschiedene Stützenvarianten

In Abb. 4 sind für die Gegenüberstellung aus Abb. 3 die Mehremissionen GWP_{add}, getrennt nach Teilprozessen dargestellt. Die Teilprozesse Hohlkehle, mechanischer Schutz beim PMMA-System sowie Abtrag und Entsorgung OS-System spielen in der Gesamtbetrachtung eine untergeordnete Rolle.

Die hier relevanten Teilprozesse sind:

- T12-FS: Bereitstellung von Top12 Stahl (100 %)
- B500B-OS5b bzw. -PMMA: Auftrag des Oberflächenschutzsystems (72 % bzw. 90 % in der Summe für Erst- und Neuauftrag incl. Kleinschadstellen).

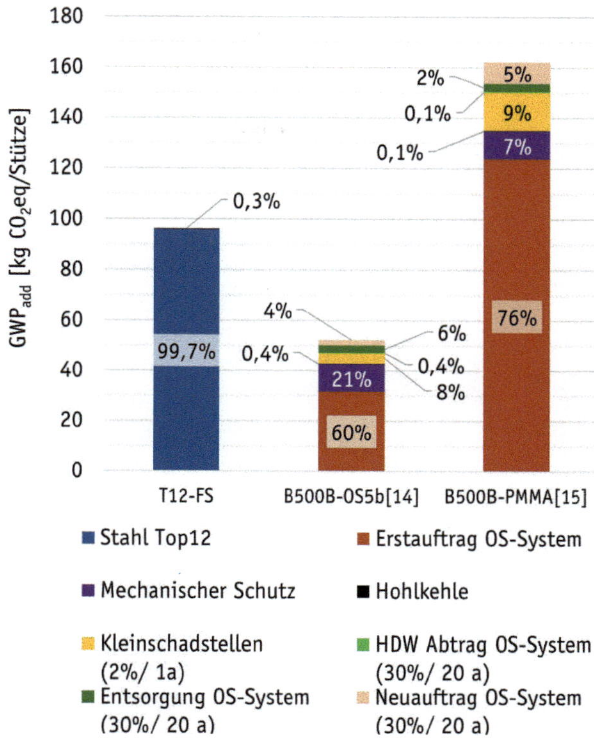

Abb. 4: GWP_{add} – Darstellung der Teilprozesse für unterschiedliche Stützenvarianten

Die Frage ist, ob der für die Produktbereitstellung des OS-Systems zugrunde gelegte Datensatz ggf. auch für den Variantenvergleich relevant ist. In Abb. 5 ist daher das GWP für die Stützenvarianten unter Berücksichtigung verschiedener Datensätze für die OS-Systeme dargestellt. Das GWP der Referenz ist mit einer roten Linie markiert. GWP_{add} entspricht dem anteiligen GWP oberhalb der roten Linie.

Die Verwendung unterschiedlicher Datensätze für das gleiche OS-System bewirkt eine Variation des GWP bezogen auf den jeweils geringsten Wert um maximal 25 kg CO_2eq/Stütze bei OS5b bzw. 35 kg CO_2eq/Stütze bei PMMA. Obwohl dies in Bezug auf das GWP der ganzen Stütze weniger als 10 % ausmacht, beträgt ΔGWP_{add} bezogen auf den höchsten Wert $GWP_{add,max}$ rd. 32 % bei OS5b und rd. 22 % bei PMMA und ist damit nicht unerheblich.

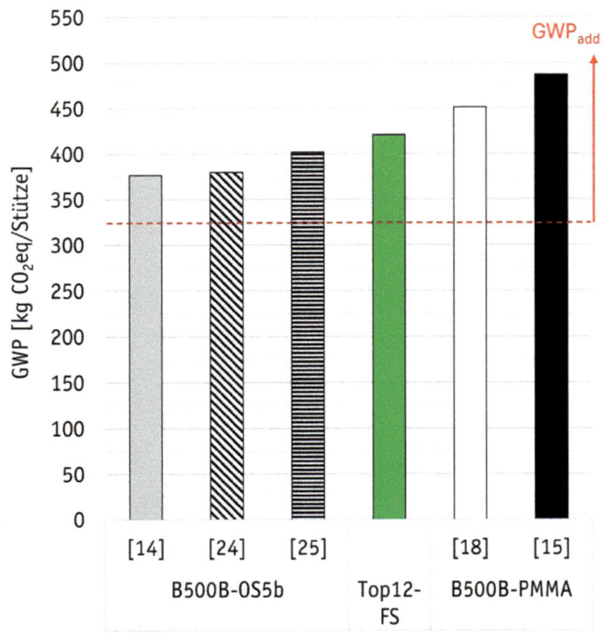

Abb. 5: GWP in Abhängigkeit der Stützenvarianten sowie der zugrunde gelegten Datensätze OS-System

Für die hier betrachtete Stützengeometrie in Verbindung mit dem gewählten Bewehrungsgehalt ordnet sich die Variante mit Top12-Stahl bzgl. GWP dennoch unabhängig vom Datensatz des OS-Systems zwischen den Varianten mit PMMA und OS5b ein. D. h. in Bezug auf die Variante mit PMMA sind durch die Verwendung eines alternativen Bewehrungsstahls Emissions-einsparungen möglich, in Bezug auf die Variante mit OS5b werden Mehremissionen verursacht.

6. Sensitivitätsanalyse Transportdistanz

Stahl B500B ist in Deutschland in der Regel flächendeckend verfügbar. Top12 muss ggf. über weite Strecken aus der Schweiz antransportiert werden. In der Studie wurde zunächst die Transportdistanz beider Stahltypen (B500B und Top12) mit 100 km angesetzt. Eine im Nachgang durchgeführte Sensitivitätsanalyse im Hinblick auf die Transportdistanz von Top12 zeigte, dass sich bei einer Änderung der Transportdistanz von 0 km auf 1.500 km das GWP des Top12 pro kg Stahl um lediglich 4 % erhöht. Dies ist bedingt durch das hohe GWP aus der Herstellung des Top12. Der Einfluss der Transportdistanz auf das GWP ist somit der Herstellung deutlich untergeordnet und beeinflusst die hier durchgeführte Ökobilanz nicht nennenswert.

7. Vergleich Lebenszykluskosten LCC und GWP

In Abb. 6 sind die Verhältniswerte Variante T12-FS vs. Variante B500B-OS5b bzw. B500B-PMMA für LCC_{add} jenen für GWP_{add} gegenübergestellt. Ein Verhältniswert von 100 % ist jeweils mit einer roten Linie gekennzeichnet, bei Werten unter 100 % ist die Verwendung von Top12 gegenüber einer Variante mit OS-System vorteilhaft (Bereich grün markiert). Der große Kostenvorteil der Top12-Varianten in Bezug auf die B500B-Varianten mit Oberflächenschutz kann auf das GWP nicht vollumfänglich übertragen werden. Zwar zeigt die Variante mit Top12 in Bezug auf die Variante mit PMMA ein geringeres GWP. Die Variante mit OS5b zeigt jedoch unabhängig vom zugrunde gelegten Datensatz für das OS-System die geringsten Emissionen.

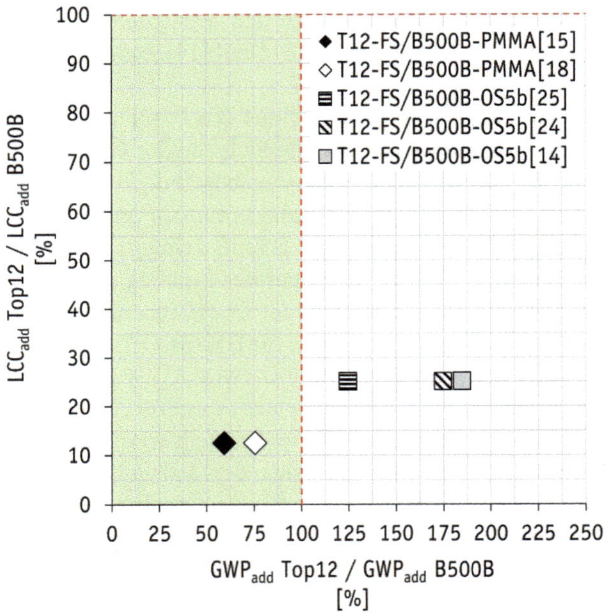

Abb. 6: Gegenüberstellung Verhältniswerte Mehrkosten LCC_{add} vs. Mehremissionen GWP_{add}

8. Baupraktische Einordnung

Baupraktische Vorteile ergeben sich für die Variante mit Top12 Stahl daraus, dass während der Nutzungsdauer keine Instandsetzungsmaßnahme mit zum Teil wochenlangen Stellplatzsperrungen erforderlich ist. Bei kommerzieller Nutzung des Parkhauses ergeben sich somit weitere Kosteneinsparungen, die im Rahmen der hier zugrunde liegenden Studie nicht betrachtet wurden. Darüber hinaus entfällt die Notwendigkeit eines Wartungsplans mit regelmäßigen Begehungen (in der Regel jährlich).

Bei der Variante mit den größten Emissionen B500B-PMMA sind Wartung und Instandhaltung erforderlich, jedoch ist die Dauer der Ausführung aufgrund der schnellen Erhärtungszeiten des Materials deutlich kürzer als bei der emissionstechnisch günstigeren OS5b-Variante. Auch Ausbesserungen an PMMA-Oberflächenschutzsystemen sind aufgrund der chemischen Reaktivierbarkeit von PMMA problemloser möglich als bei den OS5b-Varianten. Die Variante B500B-OS5b weist im Vergleich zu den anderen beiden Varianten keine baupraktischen Vorteile auf, die Emissionen sind jedoch am geringsten.

Die vorliegenden Ergebnisse sind nur für das in den Berechnungen verwendete Verhältnis von beschichteter Oberfläche zu dem in Top12 vorgesehenen Bewehrungsgehalt gültig. Eine Erhöhung des Top12-Bewehrungsgehaltes in den Stützen führt bei gleichbleibender beschichteter Oberfläche zu einer Verschiebung von LCC und GWP zu Ungunsten der Top12-Variante. Eine Erhöhung der beschichteten Oberfläche führt bei gleichbleibendem Bewehrungsgehalt Top12 dahingegen zu einer Verschiebung von LCC und GWP zu Gunsten der Top12-Variante.

9. Ausblick

Bei optimierter Wahl der Maßnahme zur Sicherstellung der Dauerhaftigkeit unter Berücksichtigung von Bewehrungsgehalt und Geometrie einer Parkhausstütze können sowohl Kosten als auch Emissionen eingespart werden. Für Betreiber und Planer von Parkbauten ergibt sich somit ein klarer Handlungsansatz: Die Integration von Lebenszyklusanalysen (LCCA + LCA) in die Entscheidungsprozesse liefert Grundlagen für eine nachhaltige und zugleich wirtschaftliche Ausführung von Parkbauten. Die Maßnahmen sind individuell aufeinander abzustimmen. Mögliche Entscheidungsparameter sind: Emissionseinsparungen, Kosteneinsparungen oder baupraktische Vorteile.

Problematisch bei der Nachhaltigkeitsbewertung ist derzeit noch, dass für Oberflächenschutzsysteme noch keine genaue Datengrundlage in Form von z. B. zertifizierten, spezifischen EPDs der Produkthersteller vorliegt. Angaben zu den Produktemissionen in Form von Verweisen auf vergleichbare Datensätze sind vage und variieren, sodass eine Bewertung nur orientierend erfolgen kann. Hier wäre es hilfreich, wenn die Produkthersteller in nächster Zukunft die entsprechenden Unterlagen für ihre Produkte bereitstellen würden. Nur wenn transparente Informationen in Form von EPDs vorliegen, ist eine stichhaltige Nachhaltigkeitsbewertung von verschiedenen Bauteilvarianten möglich.

Literatur

[1] Deutscher Bautechnik Verein (DBV): Merkblatt Parkhäuser und Tiefgaragen, Fassung Januar 2018.
[2] Ingenieurbüro Schiessl Gehlen Sodeikat GmbH: Gutachten 18-369/1.1.1 vom 22.10.2019.
[3] ÖKOBAUDAT, Ökobilanzdaten gemäß EN 15804+A2 (2021). https://www.oekobaudat.de/service/artikel/oekobilanzdaten-gemaess-en-15804-a2.html [Aufgerufen am: 28.11.2025]
[4] ecoinvent (2023). „About sources, citation and confidential Datasets". https://support.ecoinvent.org/sources-citation. [Aufgerufen am: 28.11.2025]
[5] EFFC & DFI. EFFC-Carbon Calculator, Version V5 (2023). https://www.effc.org/how-we-operate/eco%E2%82%82-foundations/ [Aufgerufen am: 28.11.2025]
[6] Ingenieurgesellschaft Prof. Dauberschmidt & Vestner mbH: Bauteilkatalog – Einsatzgebiete des Betonstahls Top12 der Fa. Steeltec-Group, Bauteile unter Pflasterbelag (19/081/2) vom 10.06.2021.
[7] Informationszentrum Beton GmbH (2023). Umwelt-Produktdeklaration „EPD-IZB-20230421-IBA1-DE" [online]. https://www.beton.org/fileadmin/beton-org/media/Dokumente/PDF/Wissen/Beton-Bautechnik/Nachhaltigkeit/2023-10-20-EPD-C25-30.pdf [Aufgerufen am: 15. Juni 2025]
[8] ecoinvent v3.11 (2024). Datensatz: „market for transport, freight, lorry, >32 metric ton, diesel, EURO 6". https://ecoquery.ecoinvent.org/3.11/cutoff/dataset/18953/documentation [Aufgerufen am: 28.11.2025]
[9] Sphera Solution GmbH, OEKOBAU.DAT (2023). „Prozess-Datensatz: Bewehrungsstahl (de)". https://www.oekobaudat.de/OEKOBAU.DAT/datasetdetail/process.xhtml?uuid=f6861618-5a92-4c3a-94ba-9f7329b29662&version=20.24.070. [Aufgerufen am: 30.07.2025]
[10] Steeltec AG (2025). Umwelt-Produktdeklaration: „EPD-STC-20250326-CBA1-DE". https://www.steelforconstruction.com/de/produkte/top12 [Aufgerufen am: 28.11.2025]
[11] ecoinvent v3.11 (2024). Datensatz: "market for epoxy resin, liquid". https://ecoquery.ecoinvent.org/3.11/cutoff/dataset/18539/documentation [Aufgerufen am: 28.11.2025]
[12] ecoinvent v3.11 (2024). Datensatz: "silica sand production". https://ecoquery.ecoinvent.org/3.11/cutoff/dataset/3124/documentation [Aufgerufen am: 28.11.2025]
[13] ecoinvent v3.11 (2024). Datensatz: "chemical production, organic. https://ecoquery.ecoinvent.org/3.11/cutoff/dataset/9446/documentation [Aufgerufen am: 28.11.2025]
[14] ecoinvent v3.11 (2024). Datensatz: "market for adhvesive mortar". https://ecoquery.ecoinvent.org/3.11/cutoff/dataset/3961/documentation [Aufgerufen am: 30.09.2025]
[15] ecoinvent v3.11 (2024). Datensatz: "market for polymethyl methacrylate". https://ecoquery.ecoinvent.org/3.11/cutoff/dataset/92940/documentation [Aufgerufen am: 28.11.2025]
[16] ecoinvent v3.11 (2024). Datensatz: "fleece production, polyethylene". https://ecoquery.ecoinvent.org/3.11/cutoff/dataset/8455/documentation [Aufgerufen am: 28.11.2025]
[17] Stahl- und Walzwerk Marienhütte G.m.b.H. (2025). Umweltproduktdeklaration „BAU-EPD-MARIENHUETTE-2025-1-ECOINVENT-Baustahl". [online]. https://www.marienhuette.at/wp-content/uploads/BAU-EPD-MARIENHUETTE-2025-1-ECOINVENT-Baustahl-20250624-Webseite.pdf [Aufgerufen am: 15.11.2025]
[18] Deutsche Bauchemie e.V. (2020). Umwelt-Produktdeklaration „EPD-DBC-20250265-IBP1-EN". https://muster-epd.deutsche-bauchemie.de/fileadmin/user_upload/Methacrylate_resin_products__unfilled_or_low-filled.pdf [Aufgerufen am: 28.11.2025]
[19] ecoinvent v3.11 (2024). Datensatz: "transport, passenger, car, EURO 5, fleet average". https://ecoquery.ecoinvent.org/3.11/cutoff/dataset/6578/documentation [Aufgerufen am: 03.11.2025]
[20] falch GmbH: „calculators – Betonabtrag". https://www.falch.com/de/services/calculators/hydrodemolition. [Aufgerufen am: 03.11.2025]
[21] ecoinvent v3.11 (2024). Datensatz: „Market for diesel (CH)". https://ecoquery.ecoinvent.org/3.11/cutoff/dataset/7229/documentation. [Aufgerufen am: 30.06.2025]

[22] ecoinvent v3.11 (2024). Datensatz: “market for tap water”. https://ecoquery.ecoinvent.org/3.11/cutoff/dataset/10939/documentation. [Aufgerufen am: 30.07.2025]

[23] ecoinvent v3.11 (2024). Datensatz: “market for waste plastic, mixture”. https://ecoquery.ecoinvent.org/3.11/cutoff/dataset/17693/documentation [Aufgerufen am: 03.11.2025]

[24] Deutsche Bauchemie e.V. (2022). Umwelt-Produktdeklaration „EPD-DBC-20220219-IBF1-EN“. https://muster-epd.deutsche-bauchemie.de/fileadmin/user_upload/European_Model_EPD_Modified_mineral_mortar_group_3_2022-09-26.pdf [Aufgerufen am: 01.12.2025]

[25] VdL – Verband der deutschen Lack- und Druckfarbenindustrie e.V.: EPD-VDL-20240616-IBN1-DE. EPD-VDL-20240616-IBN1-DE.pdf [Aufgerufen am: 01.12.2025]

Mobility Hubs – Chancen, Grenzen und wirtschaftliche Bewertung alternativer Mobilitätsangebote

Analyse von Wirtschaftlichkeit, Auslastung, Infrastruktur und Umweltaspekten

Ansgar Matz
Immobilien-Ökonom (VWA)
Park-Konzepte, Stuttgart

Zusammenfassung
Mit dem Parken von Autos verdient ein Mobility Hub Geld.
Mit Fahrrädern nicht – aber man gewinnt Umwelt, Akzeptanz und Lebensqualität.
Mobilitätspolitischer Erfolg braucht daher wirtschaftliche Ehrlichkeit.
Mobility Hubs bündeln unterschiedliche Mobilitätsangebote wie Pkw-Parken, ÖPNV-Anbindung, Fahrrad- und Mikromobilitätsangebote an einem Standort und gelten als Schlüsselbaustein der Verkehrswende. Die Studie zeigt jedoch, dass aus betriebswirtschaftlicher Sicht das Pkw-Parken weiterhin die tragende Erlösquelle in Mobilitätsdrehpunkten ist. Fahrrad-, E-Bike- und Lastenradstellplätze sowie Sharing-Angebote generieren überwiegend Kosten und leisten nur indirekte Beiträge zur Wirtschaftlichkeit – etwa durch ökologische Vorteile, verkehrliche Entlastung und Standortattraktivität. Die Analyse verdeutlicht, dass Mobility Hubs nur dann nachhaltig finanziell tragfähig sind, wenn die Parkraumbewirtschaftung gezielt als wirtschaftliches Fundament genutzt wird, um die gesellschaftlich gewünschten, aber defizitären Bausteine alternativer Mobilität mitzufinanzieren.

1. Einleitung

Die Mobilität in Städten und Gemeinden befindet sich im Wandel. Neben dem klassischen motorisierten Individualverkehr (MIV) mit dem privaten Pkw haben sich in den letzten Jahren vielfältige Mobilitätsangebote etabliert:

- Fahrräder und E-Bikes,
- Lastenräder und E-Lastenräder,
- E-Scooter und Tretroller,
- Carsharing-Angebote,
- Park & Ride (P+R) sowie Bike & Ride (B+R),
- neue logistische Formen wie Paketstationen und Mikro-Logistik.

Diese Angebote sollen dazu beitragen, den Autoverkehr zu reduzieren, Emissionen zu senken und Flächen effizienter zu nutzen. Gleichzeitig erwarten Kommunen, Betreiber und Immobilienwirtschaft, dass der Betrieb solcher Anlagen wirtschaftlich zumindest kostendeckend erfolgen kann.

Ein zentrales Instrument sind sogenannte *Mobility Hubs* – also Mobilitätsdrehpunkte, an denen verschiedene Verkehrsarten räumlich und funktional gebündelt werden. Sie können als umgebaute Parkhäuser, Quartiersgaragen, Bahnhofsstandorte oder als neue Hybridstrukturen aus Parken, Mobilität und Logistik realisiert werden.

Während die Diskussion häufig von Umwelt- und Stadtentwicklungszielen geprägt ist, gerät die betriebswirtschaftliche Perspektive leicht in den Hintergrund. Dieser Beitrag setzt hier an:

- Welche Komponenten eines Mobility Hubs generieren tatsächlich Erlöse?
- Wie verhalten sich Einnahmen und Ausgaben für Pkw-Stellplätze im Vergleich zu Angeboten für Fahrrad, E-Bike und Lastenrad?
- Und wie lässt sich dies anhand realer Projekte – exemplarisch der P+R-Anlage Garstedt – illustrieren?

2. Mobility Hubs – Begriff, Funktionen und Ausprägungen

2.1 Begriffliche Einordnung

Unter einem Mobility Hub wird in diesem Beitrag ein Standort verstanden, an dem:

- mehrere Mobilitätsangebote räumlich konzentriert sind,
- ein Wechsel zwischen diesen Angeboten (z. B. Pkw → ÖPNV, Pkw → Carsharing, Pkw → Fahrrad) einfach möglich ist,
- ergänzende Nutzungen wie Logistik (Paketstationen, Mikro-Depots), Dienstleistungen oder Sharing-Angebote integriert werden können.

Inhaltshinweise

Wesentlich ist die **Intermodalität**: Ein Hub ist mehr als ein Parkplatz oder Fahrradständer, er ist eine Schnittstelle zwischen Verkehrsträgern.

2.2 Typische Elemente eines Mobility Hubs

Typische Bausteine sind:
- **Pkw-Stellplätze:** Kurzparker, Dauerparker, P+R-Stellplätze, Besucher
- **Fahrrad- und E-Bike-Stellplätze:** einfache Bügel, Einhausungen, Bike-Boxen, Doppelstockanlagen
- **Lastenrad- und Cargo-Bike-Angebote:** Abstellflächen, Sharing-Systeme, Ladepunkte
- **Mikromobilität:** E-Scooter, Roller, ggf. Segways/kleine Fahrzeuge
- **E-Ladeinfrastruktur:** für Pkw und teilweise auch für Fahrräder
- **Logistikflächen:** Paketstationen, Mikro-Hubs für Bring- und Abholstationen (z. B. DHL, DPD, UPS, Amazon)
- **Serviceflächen:** Kiosk, Servicepoint, Fahrradwerkstatt, Reparatur und Verkauf

Gerade bei Bestandsparkhäusern in Systembauweise besteht die Chance, Stellplätze oder Randbereiche zu den genannten Nutzungen umzubauen, z. B. durch Containerlösungen im Erdgeschoss oder die Einrichtung abgeschlossener Fahrradbereiche.

3. Wirtschaftliche Analyse – Pkw vs. Fahrrad/Mikromobilität

3.1 Grundlogik der Einnahmenstruktur

Aus Sicht eines Betreibers ist entscheidend, ob die **laufenden Kosten** (Bereitstellung, Betrieb, Instandsetzung, Verwaltung) durch **Einnahmen** gedeckt werden können. Bei Pkw-Stellplätzen gilt im Grundsatz:
- Einnahmen durch Tarife (Kurzparker, Tageshöchstsätze, Monats- oder Dauerparker, Sondertarife P+R, ggf. Mieterstellplätze),
- relativ gut planbare Auslastung in zentralen oder stark nachgefragten Lagen,
- Möglichkeit der Tarifanpassung in Intervallen (z. B. alle 3 oder 5 Jahre oder individueller Zeitraum) zur Abbildung der Indexierung von Kosten.

Bei Fahrrad- und Lastenradangeboten:
- meist entweder **kostenfreie** Nutzung oder sehr niedrige Gebühren,
- Einnahmen oft nur aus speziellen Zahlmodellen (z. B. gesicherte Fahrradboxen gegen Entgelt),
- zusätzliche Kosten durch Bedienung, Wartung, Vandalismus-Schutz und Überdachung.

Zwischenfazit: Pkw-Parken bildet in einem Mobility Hub in der Regel die **Einnahmensäule**, während Fahrrad- und Mikromobilitätsangebote vor allem **Kostenblöcke** mitbringen, deren Nutzen primär verkehrs- und umweltpolitisch, nicht betriebswirtschaftlich begründet ist.

3.2 Kostenpositionen im Pkw-Parkhaus

Die Wirtschaftlichkeitsbetrachtung von Parkhäusern und Tiefgaragen umfasst typischerweise:
- **Einmalinvestitionen:** Bau, Sanierung, Parktechnik (Kassenautomaten, LPR-Kameras, Schranken, Server, Softwarelizenzen), Beschichtung der Bodenflächen, Brand- und Lüftungstechnik.
- **Laufende Bewirtschaftungskosten:**
  - Personal/Administration (Eigen- oder Fremdbetrieb),
  - Reinigung, Strom, Wartung von Pumpen, Lüftung, Beleuchtung,
  - regelmäßige Instandhaltungen nach DIN 31051 (Wartung, Inspektion, Instandsetzung, Verbesserung),
  - Grundsteuer bzw. Grundbesitzabgaben
- **Indexierung:** Kosten und Tarife steigen regelmäßig; häufig wird mit einer Indexierung von ca. 2,5 % p. a. gerechnet, die in mehrjährigen Stufen (z. B. alle 3 Jahre) bei Tarifen berücksichtigt werden kann.

Trotz dieser Kostenpositionen können **positiv wirtschaftende Parkräume** entstehen, wenn:
- eine ausreichende Auslastung besteht,
- die Tarife sinnvoll gestaltet sind (z. B. Tagestarife, Staffelungen, Sondertarife für Pendler),
- die Parktechnik effizient ist (z. B. ticketloser Betrieb mit Nummernschilderkennung, reduzierte Personalkosten).

3.3 Fahrrad, E-Bike und Lastenrad – Kosten und Erlösstrukturen

Für Fahrrad- und Lastenradangebote ergeben sich dagegen andere Rahmenbedingungen:
- **Investitionen:**
  - bauliche Abstellanlagen (Bügel, Doppelstockanlagen, Überdachungen, Einhausungen),
  - ggf. Zugangssysteme (Schließsysteme, digitale Zugänge, Videoüberwachung),
  - E-Infrastruktur für E-Bikes und Cargo-Bikes
- **Laufende Kosten:**
  - Wartung, Reinigung, Beleuchtung, Versicherung,
  - im Sharing-Bereich: Umlagerungen, Reparaturen, Austausch von Akkus,
  - Verwaltung des Zugangs (App, Schließmedien, Nutzerverwaltung)

Auf der Einnahmenseite stehen meist:
- geringe oder keine Parkgebühren,
- teilweise Gebühren für gesicherte Abstellboxen oder Premiumangebote,
- im Sharing-Bereich Nutzungsentgelte – diese fließen jedoch häufig dem Betreiber des Sharing-Systems zu, nicht dem Parkhausbetreiber.

Konsequenz:
Aus Sicht des **Parkhaus- oder Hub-Betreibers** sind Fahrrad- und Mikromobilitätsangebote in der Regel **Querfinanzierungsposten**.
Sie erhöhen Attraktivität und Akzeptanz des Standorts, generieren aber selten direkte Deckungsbeiträge, die die

zusätzlichen Investitions- und Betriebskosten vollständig abdecken.

3.4 Fallstudie: P+R-Anlage Garstedt (Norderstedt)

Die Untersuchung der P+R-Anlage Garstedt zeigt exemplarisch, wie eine bestehende Tiefgarage mit Fokus auf Pkw-Parken und der Option auf ergänzende Mobilitätsangebote wirtschaftlich bewertet werden kann.

Rahmenbedingungen (Auszug):
- 316 Stellplätze in der P+R-Tiefgarage vor der Komplett-Sanierung,
- Erhebung von Parkraumnachfrage, Belegung und Nutzerverhalten an mehreren Tagen,
- ergänzende Online-Befragung mit insgesamt 856 Befragten,
- Betrachtung verschiedener Sanierungs- und Betreibervarianten (u. a. Schließung vs. Teilsanierung mit ca. 55 Stellplätzen).

Zentrale Ergebnisse der Analyse (stark verkürzt):
- Die Anlage ist im Tagesverlauf im Schnitt zu ca. 71 % ausgelastet; zu Spitzenzeiten wird die Kapazität nahezu erreicht.
- Die Nutzung erfolgt überwiegend zum Einkaufen, nur ein geringer Anteil der Nutzer steigt tatsächlich auf den ÖPNV um.
- Nutzer sind grundsätzlich bereit, für einen qualitativ besseren Betrieb **höhere Parkgebühren** zu bezahlen – im Durchschnitt wurden ca. 1,19 €/h bzw. 5,89 €/Tag als vorstellbar angegeben (mit Unterschieden zwischen Vor-Ort- und Online-Stichprobe).
- In den Nachtstunden wird die Anlage überwiegend von Anwohnern genutzt, bei 14 – 24 % Auslastung, ohne Erlöse (kostenloses Parken).
- Aus wirtschaftlicher Sicht wurden verschiedene Varianten über 15 Jahre verglichen – inklusive Indexierung der Kosten (2,5 % p. a.) und Berücksichtigung von Instandhaltung (z. B. OS 13a) sowie Betriebs- und Bewirtschaftungskosten.

Die Untersuchung zeigt, dass:
- eine **Teilnutzung mit ca. 45 – 55 Stellplätzen** für P+R-Zwecke möglich wäre,
- die **Schließung** unter bestimmten Annahmen wirtschaftlich sinnvoll sein kann, wenn hohe Sanierungsaufwendungen gegenübergestellt werden,
- Fahrrad- und alternative Mobilitätsangebote zwar mitgedacht und planerisch ermöglicht werden, aber **nicht als Ertragsquelle**, sondern als Ergänzung im Sinne von Smart Mobility und Intermodalität gesehen werden.

Gerade hier wird deutlich:
Das **Geld wird mit dem Parken der Autos verdient**, während zusätzliche Mobilitätsformen eher auf der Ausgabenseite erscheinen – mit positiven Effekten für Umwelt, Image und Stadtentwicklung, aber ohne unmittelbare Kostendeckung.

4. Infrastruktur- und Umweltvorteile von Mobility Hubs

4.1 Reduktion des motorisierten Individualverkehrs

Wenn Mobility Hubs gut konzipiert sind, können sie:
- den Umstieg vom eigenen Auto auf ÖPNV, Carsharing oder Fahrrad erleichtern,
- innerstädtische Stellplatznachfrage reduzieren,
- Verkehrsströme bündeln und Parken an geeigneten Standorten konzentrieren (z. B. Stadtrand, P+R-Standorte).

Daraus resultieren:
- weniger Suchverkehr,
- effizientere Nutzung vorhandener Stellplätze,
- Potenzial zur Reduktion oberirdischer Parkflächen zugunsten anderer Nutzungen.

4.2 Umwelt- und Klimaschutz

Ein stimmiges Konzept einer Mobilitätsdrehscheibe kann:
- CO_2-Emissionen senken,
- Luftschadstoffe und Lärm reduzieren,
- durch mehr Radverkehr und ÖPNV die Gesamtbelastung im Verkehrssystem verringern.

Diese Effekte sind in volkswirtschaftlichen und klimapolitischen Betrachtungen hoch relevant – sie schlagen sich jedoch **nicht** unmittelbar in der Einnahmen-Ausgaben-Rechnung eines einzelnen Parkhauses nieder.

4.3 Stadt- und Quartiersentwicklung

Mobility Hubs können zudem:
- eine Aufwertung des Umfeldes unterstützen,
- neue Nutzungen (z. B. Logistikflächen, Serviceangebote, kleine Gewerbeeinheiten) integrieren
- Stellplätze bündeln und damit Freiräume im Straßenraum schaffen.

Damit werden sie zu Bausteinen einer lebenswerten, multimodalen Stadt – unabhängig davon, ob jeder Teilbereich betriebswirtschaftlich positiv ist.

5. Herausforderungen und Probleme

5.1 Auslastungsrisiken

Ein zentrales Problem ist die **unsichere Auslastung** insbesondere von Angeboten:
- für Fahrräder, E-Bikes und Lastenräder,
- für Car- und Bike-Sharing an peripheren Standorten,
- für zusätzliche Flächen wie Logistik-Hubs oder Servicebereiche

Bleibt die Nachfrage hinter den Erwartungen zurück, können:
- Stellplätze und Flächen untergenutzt bleiben,
- Investitionen sich nicht amortisieren,
- Betreiber dauerhaft auf Teilen der Kosten „sitzen bleiben".

5.2 Komplexität im Betrieb

Mit zunehmender Vielfalt des Angebotes steigen:

- Abstimmungsaufwände zwischen verschiedenen Akteuren (Stadt, Stadtwerke, Verkehrsbetriebe, private Betreiber, Sharing-Anbieter, Handelsimmobilien),
- Anforderungen an Vertragsgestaltung, Haftung, Datenschnittstellen und IT-Systeme,
- Koordinationsbedarf bei Kommunikation, Tarifmodellen und Vermarktung.

Ein Mobility Hub ist damit **betriebswirtschaftlich deutlich komplexer** als ein klassisches Parkhaus.

5.3 Wirtschaftliche Verantwortung

In vielen Fällen trägt die Kommune (direkt oder über eine städtische Betriebsgesellschaft) die Verantwortung für die Investition in Hubs. Das bedeutet:

- Defizitäre Komponenten (z. B. gesicherte Fahrradabstellanlagen) werden aus allgemeinen Haushaltsmitteln oder durch Quersubventionierung (Pkw-Parken, ÖPNV) finanziert.
- Die Frage, ob jeder Teilbereich kostendeckend sein muss, ist eine **politische** und **strategische** Entscheidung – nicht nur eine betriebswirtschaftliche.

6. Fazit

1. **Pkw-Parken ist im Mobility Hub der wirtschaftliche Träger.**
   Bei ausreichender Auslastung und sinnvoller Tarifierung lassen sich mit Pkw-Stellplätzen stabile Einnahmen generieren, die einen positiven oder zumindest kostendeckenden Betrieb ermöglichen.
2. **Fahrrad- und Mikromobilitätsangebote sind überwiegend „Kostenpositionen“:**
   Sie verursachen Investitions- und Betriebskosten, bringen aber selten nennenswerte direkte Erlöse. Dennoch sind sie unverzichtbar für eine moderne, nachhaltige Mobilitätspolitik.
3. **Ein Mobility Hub ist kein „Selbstläufer“:**
   Er muss verkehrlich gut angebunden, stadträumlich sinnvoll platziert und organisatorisch sauber aufgesetzt sein. Andernfalls drohen Unterauslastung und wirtschaftliche Defizite.
4. **Politik und Betreiber müssen ehrlich differenzieren:**
   - Mit **Pkw-Parken** kann im Mobility Hub Geld verdient oder zumindest kostendeckend gearbeitet werden.
   - Mit dem **Parken von zwei- und dreirädrigen Fahrzeugen** (Fahrräder, E-Bikes, Lastenräder) „verdient“ man in der Regel kein Geld – man investiert in Umwelt, Verkehrswende und Aufenthaltsqualität.
5. **Für eine transparente Entscheidungsgrundlage** sollten Wirtschaftlichkeitsbetrachtungen wie im Beispiel Garstedt systematisch durchgeführt werden – inklusive Szenarien, Tarifanpassungen, Indexierung und der Option, Flächen in Bestandsparkhäusern anders zu nutzen (z. B. „Parkhaus im Parkhaus“).

Ein Mobility Hub kann ein wirksamer Baustein moderner Mobilitätspolitik sein – **aber nur dann wirtschaftlich tragfähig, wenn das Pkw-Parken strategisch so ausgerichtet wird, dass es die kostspieligen, aber gesellschaftlich gewünschten Bausteine der alternativen Mobilität mitträgt.**

TAE

Instandhaltung (Inspektion, Wartung, Instandsetzung, Verbesserung)

Carbonbeton im Bereich der Parkhaus-Instandsetzung – Chancen und aktuelle Grenzen bei der Planung und Ausführung

Dr.-Ing. Sebastian May
Ed. Züblin AG Direktion Bauwerkserhaltung, Stuttgart

Zusammenfassung
Die dauerhafte Instandsetzung bestehender Tiefgaragen und Parkbauten mittels Carbonbeton stellt einen vielversprechenden Ansatz im Kontext des nachhaltigen und resilienten Bauens im Bestand dar. Durch den Einsatz nicht-metallischer Bewehrungssysteme, insbesondere aus Carbon, eröffnen sich neue Möglichkeiten zur signifikanten Reduktion der Betonschichtdicken auf wenige Millimeter. Dank der hohen Zugfestigkeit, der Widerstandsfähigkeit gegenüber äußeren Einflüssen und der speziellen Gitterstruktur der Carbonmatten können Verstärkungs- und Instandsetzungsmaßnahmen mit Carbonbeton besonders effizient und schonend durchgeführt werden – deutlich wirtschaftlicher als herkömmliche Methoden mit verdübelten Aufbetonschichten. Ein weiterer Vorteil ist die Leitfähigkeit der Carbonfasern. Beim kathodischen Korrosionsschutz mittels Carbonbeton werden die Carbonfasern mit Gleichstrom gespeist und der Korrosionsvorgang von unlegierten oder niedriglegierten Stählen (z. B. Betonstahl) wird gestoppt. Durch die genannten Vorteile des Carbonbetons können die geschädigten Parkhäuser und Tiefgaragen schon jetzt dauerhaft instandgesetzt werden. Die Planung und Ausführung einer Instandsetzung mittels Carbonbeton ist jedoch noch nicht umfassend in normativen Regelwerken verankert und birgt daher neben Chancen auch Risiken. Der nachfolgende Beitrag soll dies veranschaulichen.

1. Einleitung und Hintergrund

Die Instandsetzung von Parkhäusern und Tiefgaragen stellt Ingenieure und Bauherren zunehmend vor große Herausforderungen. Besonders die Korrosionsschäden der Stahlbewehrung infolge Chlorideintrag führen bei Stahlbetonkonstruktionen häufig zu kostenintensiven und aufwändigen Sanierungen. Vor diesem Hintergrund gewinnt Carbonbeton als innovativer Verbundwerkstoff zunehmend an Bedeutung. Carbonbeton besteht i. d. R. aus einem höherfesten Beton und einer Bewehrung aus Carbonfasern. Die Carbonbewehrung ist dabei korrosionsbeständig gegenüber äußeren Medien (z. B. Chloride), ermöglicht dadurch geringere Schichtstärken bei der Instandsetzung und führt so zu einem schnelleren Baufortschritt. Zudem erlaubt Carbonbeton eine verlängerte Nutzungsdauer und reduziert langfristig die Instandhaltungskosten – ein wesentlicher Vorteil gerade im feuchte- und chloridbelasteten Umfeld von Tiefgaragen.

Neben der besseren Dauerhaftigkeit bietet Carbonbeton auch ökologische Vorteile; so können durch den reduzierten Materialverbrauch und die längere Lebensdauer sowohl CO_2-Emissionen als auch der Ressourcenverbrauch signifikant gesenkt werden. Weiterhin können durch die Beständigkeit der Carbonfasern CO_2-reduzierte Zemente/Betone angewendet werden, da die nicht-metallische Bewehrung kein alkalisches Milieu im Beton benötigt. Diese Aspekte machen den Werkstoff zu einem wichtigen Baustein im nachhaltigen Bauen und in der zukunftsorientierten Bestandserhaltung.

Trotz der genannten Vorteile bestehen aktuell jedoch noch rechtliche und normative Herausforderungen beim Einsatz von Carbonbeton. So sind die normativen Regelungen an vielen Stellen noch nicht abschließend geklärt bzw. entsprechen nicht dem Anwendungsgebiet von konventionellen Baustoffen. Der Einsatz ist (vereinzelt) jedoch über zugelassene Systeme möglich. Bei Abweichungen zu den Zulassungen werden häufig Zustimmungen im Einzelfall (ZiE) oder vorhabenbezogene Bauartgenehmigungen (vBG) notwendig. Des Weiteren müssen gelegentlich statische Bemessungsgrundlagen und Nachweisverfahren ingenieurtechnisch und projektspezifisch angepasst sowie mit den zuständigen Behörden abgestimmt werden. Dieser Prozess ist von den Projektbeteiligten anzuerkennen und transparent im Laufe der Maßnahme zu behandeln. So können bereits jetzt entsprechende Instandsetzungsmaßnahmen erfolgreich und wirtschaftlich umgesetzt werden.

Ergänzend dazu sind die allgemein anerkannten Regeln der Technik im Bereich der Betoninstandsetzung für die Dauerhaftigkeitsbemessung einzuhalten; hier gilt die TR-IH [2].

2. Normen und Regelwerke

Der vorliegende Abschnitt soll einen kurzen Überblick zu den aktuellen Regelungen im Bereich des Carbonbetons geben. Bedingt durch die verhältnismäßige Neuartigkeit des Carbonbetons, im Vergleich zur konventionellen Betoninstandsetzung, wird jedoch keine Garantie auf Vollständigkeit gegeben.

Die Landesbauordnungen regeln die allgemeinen Anforderungen an bauliche Anlagen und die Verwendung von Bauprodukten. Durch Technische Baubestimmungen werden die allgemeinen Vorgaben konkretisiert. Das Deutsche Institut für Bautechnik (DIBt) veröffentlicht regelmäßig im Auftrag der Länder die „Muster-Verwaltungsvorschrift Technische Baubestimmungen“ (MVV TB). Die Vorschrift dient als Grundlage für die Umsetzung ins Landesrecht. Die MVV TB [1] nennt die im Rahmen einer Baumaßnahme anzuwendenden technischen Regeln im Abschnitt A 1.2.3 für Bauliche Anlagen im Beton-, Stahlbeton- und Spannbetonbau.

2.1 Schutz und Instandsetzung von Betonbauteilen

In MVV TB [1] wird dabei das allgemein bekannte Regelwerk „Technische Regel Instandhaltung“ (TR-IH) [2] vom DIBt zum Schutz und zur Instandhaltung von Betonbauwerken genannt. Ergänzend dazu gilt der Teil 3 der DAfStb-Richtlinie „Schutz und Instandsetzung von Betonbauteilen“ samt Berechtigungen [3], siehe auch [4]. Hinsichtlich der Dauerhaftigkeit müssen die Anforderungen der Betoninstandsetzung nach TR-IH [2] eingehalten bzw. nachgewiesen sein, z. B. das frisch alkalische Milieu beim Verfahren 7.4 „Realkalisierung von carbonatisiertem Beton“. Die Realkalisierung erfolgt hierbei bekanntermaßen durch Diffusion der Hydroxidionen aus dem aufgebrachten Betonersatz und dem nicht carbonatisierten Altbeton in den carbonatisierten Altbeton, dadurch wird der pH-Wert erhöht und die Bestandsbewehrung repassiviert [2]. Dabei sind die Vorgaben hinsichtlich der geforderten Mindestschichtstärken und Anwendbarkeitsnachweise an die Betonprodukte einzuhalten.
Die TR-IH [2] nennt bzw. verweist mit Verfahren 4.3 „Verstärken durch geklebte Bewehrung“ zwar auf die DAfStb-Richtlinie „Verstärken von Betonbauteilen mit geklebter Bewehrung“ [6], in dieser Richtlinie ist jedoch der Carbonbeton als nachträgliche Applikation zur Verstärkung nicht enthalten. Des Weiteren ist die Richtlinie [6] nicht Bestandteil der MVV TB [1] und somit nicht eingeführt. Die Bemessung und Planung einer konstruktiven Bewehrungsergänzung muss somit entsprechend den allgemein anerkannten Regeln der Technik erfolgen (z. B. nach DIN EN 1992-1-1 [5] oder mit zugelassenen Bausätzen des DIBt).
Die Planung, Bemessung und Ausführung von Verstärkungsmaßnahmen mit Carbonbeton ist über allgemeine bauaufsichtliche Zulassungen (abZ) / allgemeine Bauartgenehmigungen (aBG) des DIBt geregelt. Im Bereich des Neubaus gibt es seit Januar 2024 eine DAfStb-Richtlinie „Betonbauteile mit nichtmetallischer Bewehrung“ [7].

2.2 Betonbauteile mit nichtmetallischer Bewehrung

Die DAfStb-Richtlinie [7] ist zum aktuellen Zeitpunkt des Beitrages noch nicht Bestandteil der MVV TB [1]. Eine transparente Kommunikation der Projektbeteiligten (Planer, Bauherr, Baufirma, Behörde, etc.) untereinander ist daher zwingend nötig.

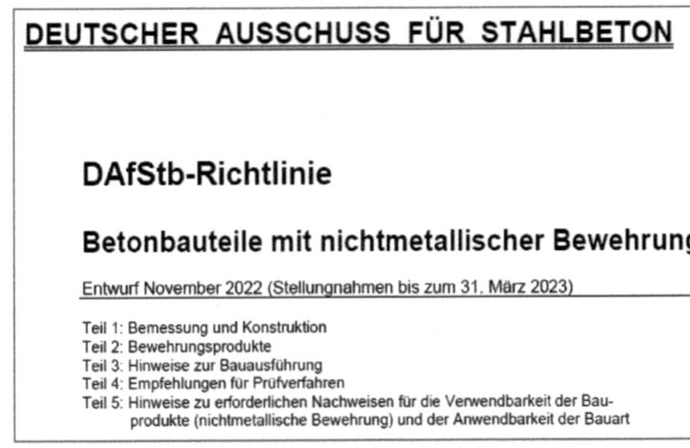
DEUTSCHER AUSSCHUSS FÜR STAHLBETON

DAfStb-Richtlinie

Betonbauteile mit nichtmetallischer Bewehrung

Entwurf November 2022 (Stellungnahmen bis zum 31. März 2023)

Teil 1: Bemessung und Konstruktion
Teil 2: Bewehrungsprodukte
Teil 3: Hinweise zur Bauausführung
Teil 4: Empfehlungen für Prüfverfahren
Teil 5: Hinweise zu erforderlichen Nachweisen für die Verwendbarkeit der Bauprodukte (nichtmetallische Bewehrung) und der Anwendbarkeit der Bauart

Abb. 1: Deckblatt der DAfStb-Richtlinie „Betonbauteile mit nichtmetallischer Bewehrung“ [7]; Quelle: DAfStb

Die Richtlinie [7] erlaubt dabei Betonbauteile mit nichtmetallischer Bewehrung, welche eine abZ/aBG des DIBt besitzen. Dies sind zum aktuellen Zeitpunkt des Beitrages der „Bewehrungsstab Schöck ComBAR aus glasfaserverstärktem Kunststoff“ sowie die „Carbon-Bewehrungsgitter solidian GRID zur Bewehrung von Betonbauteilen mit nichtmetallischer Bewehrung“ [11].

2.3 Allgemein bauaufsichtlichen Zulassungen/ Allgemeine Bauartgenehmigung

- Neben dem zuvor genannten Regelwerk für den Neubau sowie den beiden Bauprodukten sind auch Verfahren zum nachträglichen Ertüchtigen/Instandsetzen mit Carbonbeton beim DIBt zugelassen. Eine Auflistung hierzu ist u. a. dem C³-Verband [8] zu entnehmen. Dies betrifft u. a. die Verfahren (keine Garantie auf aktuelle Gültigkeit der nachfolgenden abZ/aBG):
- CARBOrefit®-Verfahren zur Verstärkung von Stahlbeton mit Carbonbeton (CARBOCON GmbH),
- Verfahren zur Rissbreitenreduzierung in Betonkonstruktionen mit oberflächennah eingelegten Carbontextilien (Quinting Zementol GmbH),
- LAU-Carbonbetonsystem 1 der Koch GmbH zur Wiederherstellung der Flüssigkeitsundurchlässigkeit in LAU-Anlagen.

In den jeweiligen Zulassungen wird der Anwendungsbereich der dazugehörigen Produkte bzw. Bauart geregelt. Eine Anwendung der abZ/aBG außerhalb des Anwendungsbereiches ist in der Regel nicht zulässig und sollte mit dem Antragsteller der abZ/aBG abgestimmt werden. Eine Anwendung dieser Produkte bzw. Verfahren kann dann mittels Zustimmung im Einzelfall (ZiE) / vorhabenbezogenen Bauartgenehmigung (vBG) geregelt werden. Des Weiteren sollten bei Maßnahmen die nicht im Anwendungsbereich der jeweiligen abZ/aBG liegen und ggf. nicht standsicherheitsrelevant sind (z. B. „konstruktive Verbesserung der Rissbreite“), die Projektbeteiligten sich über den rechtlichen Rahmen der Ausführung und Gewährleistung austauschen.

2.4 Zustimmung im Einzelfall/Vorhabenbezogene Bauartgenehmigung

Sobald die Planung, Bemessung und Ausführung nicht den allgemein anerkannten Regeln der Technik entsprechen und/oder vom Anwendungs-/Verwendungsbereich einer abZ/aBG abweichen, ist bei der relevanten Bauaufsichtsbehörde eine ZiE/vBG einzuholen.

In der Regel ist hierfür ein Gutachten von einem Experten im Bereich des Carbonbetons zur späteren Erteilung der benötigten ZiE/vBG nötig. Ob und inwieweit zusätzliche experimentelle Versuche erforderlich sind, ist mit dem Gutachter, der Bauaufsichtsbehörde und dem Zulassungsinhaber abzustimmen. Häufig besitzen die Zulassungsinhaber bereits vorliegende Ergebnisse und Erkenntnisse im Bereich von abweichenden Maßnahmen/Projekten.

Ein nachträglicher kathodischer Korrosionsschutz (KKS) von Stahlbetonbauteilen mit Carbonbeton ist bereits möglich, hierfür wird jedoch aktuell eine ZiE/vBG nötig, siehe u. a. [13].

2.5 Weitere Merkblätter/Leitfäden

Seitens der Bundesanstalt für Wasserbau gibt es seit 2019 ein BAW-Merkblatt für die „Flächige Instandsetzung von Wasserbauwerken mit textilbewehrten Mörtel- und Betonschichten (MITEX)“ [9]. Das Merkblatt [9] gilt für die flächige Instandsetzung gerissener Wasserbauwerke aus Beton/Stahlbeton. Die Carbonbetonschicht wird dabei aus textilbewehrtem Spritzmörtel/Spritzbeton hergestellt. Der zementgebundene Betonersatz (mit oder ohne Polymermodifizierung) muss ein Größtkorn ≤ 6 mm aufweisen und darf in dünnen Schichten (30 bis 40 mm) ohne zusätzliche Verankerung im Spritzverfahren auf den Altbetonuntergrund appliziert werden. Mit dem Ansatz aus [9] können Bodenplatten oder Wände von Tiefgaragen instandgesetzt werden. Weitere Informationen und Randbedingungen sind [9] zu entnehmen.

Von der DB InfraGO AG wurde Ende 2024 ein Leitfaden [10] zum „Planen, Bauen und Betreiben“ von Brücken mit Instandsetzung/Verstärkung bzw. Abdichtung mittels Carbonbeton erstellt.

Die beiden genannten Dokumente [9] und [10] können als Planungshilfe und Argumentation im Projekt helfen. Inwieweit diese jedoch rechtlich bindend sind, ist im jeweiligen Projekt zu klären.

3. Ausführungsprojekte

3.1 Parkhaus Ludwigshafen

Im Zuge von vorgelagerten Bauwerksuntersuchungen wurde festgestellt, dass es in einer Parkebene eines viergeschossigen Parkhauses zu umfangreichen Zerstörungen der oberen Bewehrungslage infolge chloridinduzierter Lochfraßkorrosion kam. Zur Wiederherstellung der Standsicherheit der betroffenen Deckenebene entschied sich der Bauherr „Q-Park“ und Planer „SBU Ingenieure GmbH“ für eine einlagige (im Bereich der Stützenreihen für eine zweilagige) Carbonbeton-Ertüchtigung. Die Carbongitterlage dient dabei der statischen Wiederherstellung der erforderlichen Bewehrung. Da anschließend ein KKS-System zum Schutz der Stahlbewehrung geplant war, wurde zunächst überlegt, ein zweites Carbongitter simultan als KKS-System zu verwenden. Da hierfür allerdings eine ZiE/vBG erforderlich gewesen wäre und dies zu einer erheblichen Bauzeitverzögerung geführt hätte, entschied man sich für ein konventionelles KKS-System mittels Gitteranoden. Die Bohrungen für die 15.000 Befestigungsdübel der Gitteranoden durften lediglich eine Bohrtiefe von max. 2 cm aufweisen, damit das Carbongitter nicht beschädigt wird. Abschließend erfolgte die Applikation einer OS10 Beschichtung.

Als wesentliche Vorteile im Projekt sprachen auch hier wieder der minimale Schichtaufbau von ca. 40 mm mit einem geringen Betonabtrag vorab sowie die nicht erforderliche Verdübelung mit dem Untergrund (statische Nachweis mit „verzahnter Fuge“).

Da sowohl das Regelwerk [7] als auch die Zulassung [11] ein direktes Begehen der Carbon-Bewehrung ausschließen sowie eine Fixierung der Carbon-Bewehrung untereinander und im Untergrund mit herkömmlichen, metallischen Einbauteilen (z. B. Rödeldraht) wegen Kontaktkorrosion verbieten, musste durch das örtliche Baupersonal ein Ausführungskonzept erstellt und Musterflächen umgesetzt werden. Die nachfolgenden Abbildungen zeigen dies.

Abb. 2: Musterfläche mit Tritthilfe (Foto: Ed. Züblin AG)

Abb. 3: Kunststoff-Abstandshalter und -Fixierung zum Untergrund (Foto: Ed. Züblin AG)

Die Carbongitter wurden als Rollenware geliefert, so konnten sowohl Übergreifungsstöße reduziert als auch ein schneller Baufortschritt garantiert werden. Die Instandsetzungsarbeiten wurden durch den Standort Frankfurt/M. der Ed. Züblin AG – Direktion Bauwerkserhaltung ausgeführt.

Abb. 4: Carbongitter als Rollenware (Foto: Ed. Züblin AG)

Abb. 5: Gitteranoden-Installation (Foto: Ed. Züblin AG)

3.2 Industrieboden Hamburg

Bedingt der Rissaufnahme im Bereich der Bodenplatte (siehe nachfolgende Abbildung), wurden Messungen und Bauteilöffnungen zur Kontrolle der Bewehrungslage vor Ausführungsbeginn durchgeführt. Hierbei wurde festgestellt, dass die 20 cm dicke Bodenplatte entgegen den Bestandsunterlagen unbewehrt ausgeführt wurde.

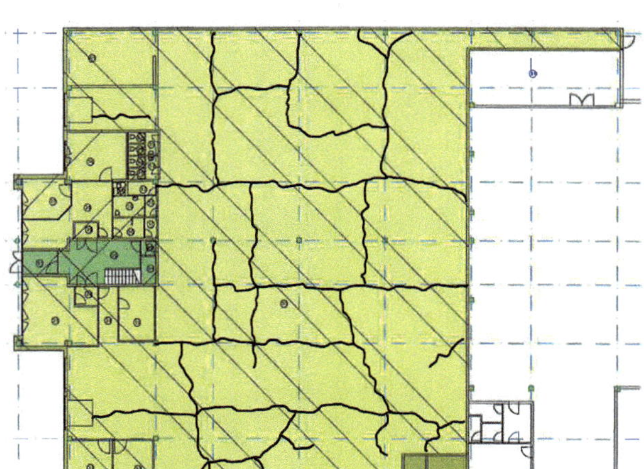

Abb. 6: Risskartierung (Quelle: Ed. Züblin AG)

Aufgrund des eingestellten Rissbildes und der unwirtschaftlichen flächigen Ergänzung der vollen Rissbreitenbewehrung, wurde in Rücksprache mit dem Bauherrn und dem beteiligten Planer „Ingenieurbüro DREWS GmbH" eine Alternativlösung im Rahmen der Ausführung vorgeschlagen. Der Vorschlag setze sich aus dem kraftschlüssigen Verpressen der Risse, einem Enthaftungsstreifen im Bereich der Risse nach [9] sowie einer Carbonbeton-Ergänzung mit einer Lage Carbonbewehrung zusammen. Das Carbongitter wurde dabei ausschließlich für die Ortbetonergänzung dimensioniert.

Als Carbongitter wurde die Bewehrung „Anticrack Q85-CCE-21" von solidian verwendet. Die Kennwerte des Gitters wurden dabei [11] entnommen. Durch eine zusätzliche Besandung des Gitters (Bez. „Anticrack") wird ein besseres/feineres Rissbild mit geringeren Rissbreiten erzeugt. Für flächige Instandsetzung wurde der weber.floor 4640 Outdoor RepFlow als Betonersatzmörtel angewendet. Die zu bearbeitende Fläche des Hallenbodens mit ca. 1.200 m² wurde an einem Arbeitstag mit Hilfe eines MixMobil betoniert.

Abb. 7: Betonage (Foto: Ed. Züblin AG)

Abb. 8: Kontrolle Schichtstärke und Einbaulage (Foto: Ed. Züblin AG)

Als finale Deckschicht wurde eine zementgebundene Industriebodenbeschichtung (weber.floor 4610) aufgebracht. Die Maßnahme wurde durch die Standorte Hamburg und Kreuztal der Ed. Züblin AG – Direktion Bauwerkserhaltung umgesetzt.

3.3 Tiefgarage Sachsen-Anhalt

Bei der Nachrechnung der Bodenplatte einer Tiefgarage in Sachsen-Anhalt wurde eine unzureichende Bewehrungsfläche zur Begrenzung der Rissbreite infolge späten

Zwangs festgestellt. Die konventionelle Ertüchtigung des Defizites hätte eine bewehrte Aufbetonschicht mit 10,75 cm^2/m Betonstahl erfordert. Die Umrechnung und Planung auf eine äquivalente Querschnittsfläche eines Carbongitters erfolgte durch das Planungsteam der Ed. Züblin Ag – Direktion Bauwerkserhaltung. Dabei wurden die Richtlinie [7] sowie die Kennwerte der Zulassung [11] verwendet. Bedingt der höheren Zugfestigkeit des Carbongitters waren drei Lagen des Gitters „Q85-CCE-21“ [11] erforderlich. Die anschließende Ausführung erfolgte durch den Standort Erfurt der Ed. Züblin AG – Direktion Bauwerkserhaltung.

Ein wesentlicher, wirtschaftlicher Vorteil der Instandsetzung mit Carbonbeton im Projekt war, dass durch den gewählten Schichtaufbau von nur ca. 25 mm eine Untergrundvorbereitung mittels HDW-Verfahren ohne zusätzlichen Betonabtrag ausreicht. Der Verbund über die Fuge Alt-Neubeton erfolgt mittels Adhäsion in der Fläche sowie einzelnen Ankern (Betonschrauben) im Bereich vom Bewehrungsanfang/-ende. Die vorhandenen Risse im Bereich der Bodenplatte wurden vorab nach [9] bearbeitet. Bei einer konventionellen Stahlbetonergänzung hätten mehrere Zentimeter vom Bestand abgefräst werden müssen, da die lichte Höhe nicht ausreichte, um die ca. 60 mm dicke Stahlbetonergänzung applizieren zu können. Die Stahlbetonlösung setzte sich aus einer ca. 2 cm dicken Bewehrungslage (direkt auf den aufgerauten Untergrund gelegt) und einer 4 cm Betonüberdeckung entsprechend Variante B nach [12] zusammen. Des Weiteren hätten bei der konventionellen Lösung zusätzliche Verbundanker flächig gesetzt werden müssen.

3.4 Parkhaus Berlin

In Berlin-Pankow wurde durch die Torkret GmbH (Standort Berlin) und die iCOR INTELLIGENT CORROSION CONTROL GmbH, kurz iCOR, (Mönchengladbach) ein Kathodisches Korrosionsschutz System an der Stahlbewehrung der Bodenplatte, der Stützen und der Wandsockel appliziert.

Das KKS-System wurde dabei an 1.850 m^2 Bodenflächen durch ein eingebettetes Carbongitter und an 180 m^2 Stützen/Wandsockel mittels Stabanoden installiert. Als Vorteil stellte sich hier die Kombination von dezentraler und zentraler Schutzstromeinspeisung ein.

Abb. 9: KKS mittels Carbongitter im Bereich der Bodenplatte (Foto: iCOR)

Abb. 10: KKS mittels Stabanode im Bereich der Stützen (Foto: iCOR)

4. Zusammenfassung

Die Anwendung von Carbonbeton in der Tiefgarageninstandsetzung erfordert Transparenz in allen Prozessschritten sowie einen klaren Überblick über geltende Regelwerke und Anwendungsbereiche. Eine fundierte ingenieurtechnische Bewertung bildet dabei die Grundlage für sichere und dauerhafte Lösungen. Die Technologie bietet zudem zukünftig die Möglichkeit, zementreduzierte und CO_2-arme Betone einzusetzen, wodurch ökologische und ökonomische Vorteile erzielt werden können.

Neben der signifikanten Verlängerung der Lebensdauer bestehender Bauwerke müssen die spezifischen Randbedingungen der vorhandenen Bausubstanz berücksichtigt werden. Dazu zählen insbesondere Aspekte der Dauerhaftigkeit – etwa infolge fortgeschrittener Carbonatisierung oder Chloridbelastung – sowie statisch-konstruktive Anforderungen wie die Begrenzung von Rissbreiten. Die genannten Aspekte einer Betoninstandsetzung sind stets mit den geltenden normativen Vorgaben abzustimmen, um die Sicherheit und Funktionalität der instandgesetzten Bauwerke über die Restnutzungsdauer zu gewährleisten.

Die erfolgreiche Umsetzung solcher innovativen Instandsetzungskonzepte setzt ein hohes Maß an interdisziplinärer Zusammenarbeit, Vertrauen und Innovationsbereitschaft aller Beteiligten voraus. Nur durch partnerschaftliches Handeln lassen sich Risiken minimieren und neue Technologien wirtschaftlich und praxisnah etablieren.

Die gezeigten Instandsetzungsprojekte von Tiefgaragen und Parkhäusern mit Carbonbeton zeigen die praktische und wirtschaftliche Umsetzbarkeit und das Potenzial dieser Bauweise eindrucksvoll auf.

5. Dank

Abschließend danken wir allen Projektbeteiligten für die konstruktive Zusammenarbeit und den gemeinsamen Willen, nachhaltige Innovationen in der Bauwerkserhaltung anzuwenden.

Literatur

[1] Veröffentlichung der Muster-Verwaltungsvorschrift Technische Baubestimmungen 2025/1 (MVV TB 2025/1) mit Druckfehlerberichtigungen vom 29. Juli 2025 und 22. Oktober 2025; Hrsg.: Deutsches Institut für Bautechnik (DIBt); 3. Ausgabe (20. Mai 2025); letzter Zugriff 05.11.2025

[2] Instandhaltung von Betonbauwerken (TR Instandhaltung): Teil 1 – Anwendungsbereich und Planung der Instandhaltung; Teil 2 – Merkmale von Produkten oder Systemen für die Instandsetzung und Regelungen für deren Verwendung; Fassung Mai 2020; Deutsches Institut für Bautechnik (DIBt)

[3] DAfStb-Richtlinie - Schutz und Instandsetzung von Betonbauteilen (Instandsetzungsrichtlinie); Ausgabe Oktober 2001; Teil 3: Anforderungen an die Betriebe und Überwachung der Ausführung; Berichtigung 1 (2002-01); Berichtigung 3 (2014-09); DIN Media GmbH

[4] DAfStb-Heft 638: Anwendungshilfe zur Technischen Regel Instandhaltung von Betonbauwerken des DIBt (TR IH) in Verbindung mit der DAfStb Richtlinie Schutz und Instandsetzung von Betonbauteilen (RL SIB); Ausgabe: 2022-09

[5] DIN EN 1992-1-1 Eurocode 2: Bemessung und Konstruktion von Stahlbeton- und Spannbetontragwerken - Teil 1-1: Allgemeine Bemessungsregeln und Regeln für den Hochbau; Deutsche Fassung EN 1992-1-1:2004 + AC:2010. → Neu: DIN EN 1992-1-1:2025-09

[6] DAfStb-Richtlinie „Verstärken von Betonbauteilen mit geklebter Bewehrung“ (2012-03); Teil 1: Bemessung und Konstruktion; Teil 2: Produkte und Systeme für das Verstärken; Teil 3: Ausführung; Teil 4: Ergänzende Regelungen zur Planung von Verstärkungsmaßnahmen

[7] DAfStb-Richtlinie: „Betonbauteile mit nichtmetallischer Bewehrung“ (2024-01); Teil 1: Bemessung und Konstruktion; Teil 2: Bewehrungsprodukte; Teil 3: Hinweise zur Bauausführung; Teil 4: Empfehlungen für Prüfverfahren; Teil 5: Hinweise zu erforderlichen Nachweisen für die Verwendbarkeit der Bauprodukte (nichtmetallische Bewehrung) und der Anwendbarkeit der Bauart

[8] Homepage C³-Verband: https://carbon-concrete.org/carbonbeton/zulassung/ (letzter Zugriff am 05.11.2025)

[9] BAW-Merkblatt „Flächige Instandsetzung von Wasserbauwerken mit textilbe-wehrten Mörtel- und Betonschichten (MITEX)“; Ausgabe 2019; Hrsg.: Bundesanstalt für Wasserbau

[10] Gestaltungsleitfaden Carbon- und Textilbeton – Planen, Bauen, Betreiben; Hrsg.: DB InfraGO AG; München, den 20.11.2024

[11] abZ/aBG Z-1.6-308 Carbon-Bewehrungsgitter solidian GRID zur Bewehrung von Betonbauteilen mit nichtmetallischer Bewehrung; solidian GmbH; Geltungsdauer 01.08.2024 – 31.07.2029

[12] DBV-Merkblatt „Parkhäuser und Tiefgaragen“; 3. überarbeitete Ausgabe, Fassung Januar 2018; Aktualisierter Nachdruck September 2022

[13] Koch, D. (Koch Carbon Consulting GmbH): KKS mit Carbonbeton bei hoher Chlorid- und Sulfatbelastung – Schutzkonzept für den Erhalt eines historischen Königspalasts unter Extrembedingungen, In: Kathodischer Korrosionsschutz (KKS) von Stahlbetonbauwerken Fachtagung zur Zustandserfassung, Planung, Ausführung, Betrieb und Wartung; TAE Esslingen 20./21.11.2025

Inspektionsverträge und deren Wichtigkeit

Was darin vereinbart sein sollte

Markus C. Pelk
Sika Deutschland CH AG & Co KG

Zusammenfassung
Die Beanspruchung von Parkbauten wie Parkhäuser oder Tiefgaragen mit Stahlbetonbauteilen durch chloridbelastetes eingetragenes Oberflächenwasser führt dazu, dass diese Bauwerke auch in der Art und Weise der Inspektionen und den daraus resultierenden Maßnahmen sich von Bauwerken andere Nutzung unterscheiden. Diese Unterscheidung wird auch in der Inspektion der Bauteile deutlich. Deshalb sind Inspektionsverträge, also Verträge, die die Prüf- und Kontrollleistungen vereinbaren, unbedingt abzuschließen. Der Inhalt dieser Verträge sollte zwingend die für die Beurteilung wichtigen Informationen sowie die auszuführenden Prüfungen enthalten. Erst nach Fertigstellung eines Inspektionsprotokolls kann eine Instandsetzung der im Protokoll beschriebenen Schäden erfolgen. Dieses geplante Vorgehen führt durch Früherkennung von Schäden zu einer Kostenminimierung und den damit verbundenen langfristigen Werterhalt sowie der Betriebs- und Planungssicherheit und letztendlich zu zufriedenen Nutzern und Betreibern.

1. Einführung

Das Thema der Inspektion und Wartung wird immer wieder auch an uns als Hersteller herangetragen. Dabei kommt man auch bei Betrachtung von verschiedenen Seiten zum gleichen Schluss: Die Wichtigkeit von Inspektionsverträgen sollte als sehr hoch angesehen werden. In der Zusammenarbeit mit Planern und Architekten sowie Bauherren und deren Vertretern ist festzustellen, dass dieses Thema einen breiteren Einzug in die Planungsbüros gefunden hat. Es gibt aber teilweise immer noch ein mangelndes Verständnis, gerade bei Bauherren und deren Vertretern, für die daraus entstehenden wirtschaftlichen und auch rechtlichen Auswirkungen. Ohne regelmäßige und koordinierte Inspektion und Wartung sowie Instandhaltung ist die geplante Nutzungsdauer nicht zu erreichen. Es soll hier im vorliegenden Beitrag darüber informiert werden, was Instandsetzung in dem Kontext zu der Früherkennung und auch Vermeidung von Folgeschäden aufgrund nicht erkannter oder nicht beachteter Schäden bedeutet und dass die daraus folgende Sanierung bspw. in Form einer Betoninstandsetzung sehr kostenintensiv werden kann und vermeidbar gewesen wäre. Dadurch sollte das Bewusstsein für die Notwendigkeit von Inspektion und Wartung geschärft werden.

2. Vorgaben der aktuellen Regelwerke

Rechtliche Grundlage für die Inspektionen sind die anerkannten Regelwerke und Normen wie die DAfStb-Richtlinie/DBV-Merkblatt (Merkblatt des Deutschen Beton- und Bautechnik-Vereins (DBV) enthalten Richtlinien für die Wartung, Überwachung und Instandhaltung von Parkbauten). DIN 1076: Ingenieurbauwerke im Zuge von Straßen und Wegen, DIN EN 1504: Schutz und Instandhaltung von Betontragwerken (Norm für die Anforderungen an Materialien und Verfahren zur Instandsetzung und zum Schutz von Betonbauwerken) sowie die VDI 6200: Sicherheit und Gebrauchstauglichkeit und auch Andere. Die Vorgaben aus dem Regelwerk sind in einigen Teilen, wie dem Wartungsintervall, unterschiedlich. Eindeutig und ausführlich beschrieben ist das Thema der Inspektionen in Parkbauten im DBV-Merkblatt „Parkhaus und Tiefgaragen" [1]. In der Tabelle 5. Ausführungsvarianten für befahrene Parkflächen aus Stahlbeton oder Spannbeton [Abb. 1] unter Punkt 7 sind die Inspektionsintervalle aufgeführt. Hier ist bei allen Varianten (A, B, C) jährlich eine Inspektion in den ersten fünf Jahren vorzunehmen. Dies wird damit begründet, dass ein Auftreten von Rissen in den ersten fünf Jahren nach Herstellung am wahrscheinlichsten ist. Danach unterscheidet die Tabelle zwischen den einzelnen Varianten bzw. auch Untervarianten. In den Varianten A2, B1 und B2 ist demnach auch nach den ersten fünf Jahren die Inspektion jährlich auszuführen. Bei den Varianten A1 sowie C1 und C2 alle zwei Jahre. Hier findet sich auch der Hinweis, dass für alle Varianten ein Instandhaltungsplan im Sinne der DIBT-TR Instandhaltung erforderlich ist. Damit ist auch die Gewährleistung betroffen, wenn die Inspektions-Intervalle nicht eingehalten werden.

Tabelle 5. Ausführungsvarianten für befahrene Parkflächen aus Stahlbeton oder Spannbeton
Table 5. Execution variants for used parking areas of reinforced or prestressed concrete

	1	2	3	4	5	6	7
1	**Variante**	**Variante A**		**Variante B**		**Variante C**	
2	**Beschreibung**	ohne flächiges Oberflächenschutzsystem oder ohne Abdichtung (jedoch mit besonderer Maßnahme bei Rissen und Fugen)		mit flächigem Oberflächenschutzsystem		mit flächiger, rissüberbrückender Abdichtung und Schutzschicht	
	Untervariante	**A1**	**A2**	**B1**	**B2**	**C1**	**C2**
3		rissvermeidende Bauweise	lokaler Schutz der Risse und Fugen (z. B. rissüberbrückende Bandage)	vollflächig starr beschichtet: OS 8 mit begleitender Rissbehandlung (z. B. rissüberbrückende Bandage)	vollflächig rissüberbrückend beschichtet: OS 10 mit Nutzschicht oder OS 11 oder OS 14	OS 10 oder FLK oder unterlaufsichere bahnenförmige Abdichtung, jeweils mit Dichtungs- und Schutzschicht aus Gussasphalt	unterlaufsichere zweilagige bahnenförmige Abdichtung mit Schutzschicht
4	**Entwurfsgrundsatz**	a	c	c	b	a, b	a, b
5	**Expositions- und Feuchtigkeitsklasse**	XD3, XC4, WA (ggf. XF2 oder XF4)		XD1, XC3, WF (ggf. XF1)		XC3, WF (ggf. XF1)	
6	**Mindestbetondeckung c_{min}**	Betonstahl 40 mm Spannstahl 50 mm		Betonstahl 40 mm Spannstahl 50 mm		Betonstahl 20 mm Spannstahl 30 mm	
7	**Inspektion**	jährlich in den ersten 5 Jahren, danach mindestens:					
		alle 2 Jahre	jährlich	jährlich	jährlich	alle 2 Jahre	alle 2 Jahre

Abb.1: Tabelle 5 aus [1]

Zusätzlich findet sich im Kapitel 4 des DBV-Merkblatts das Thema der Instandhaltung. Die hier gezeigte Tabelle 11. „Empfohlene Inspektionsintervalle" gibt die in Tabelle 5 angegebenen Zeiträume an. Zusätzlich zu den Inspektionsintervallen, die den maximalen zeitlichen Abstand zwischen den Inspektionen vorgeben, wird in dieser Tabelle auch der Inspektionsgegenstand in Abhängigkeit der Untervarianten beschrieben. In der Tabelle 3 des DBV-Heftes 46 [2] wird die Tabelle 11 aus dem DBV-Merkblatt mit KKS (Präventiver Korrosionsschutz) und Rostfrei (Nichtrostende chloridbeständige Bewehrung) sowie die Entwässerungseinrichtungen ergänzt [Abb. 3].

Tabelle 11. Empfohlene Inspektionsintervalle
Table 11. Recommended inspection intervals

S	1	2	3
Z	**Konstruktion**	**Inspektionsgegenstand**	**Inspektionsintervall** [3]
1	**Variante A1:** [1] unbeschichtet, Rissvermeidung	Risse und Fehlstellen in den Betonflächen	max. 2 Jahre [2]
2	**Variante A2:** [1] unbeschichtet, lokale Rissbehandlung	Risse, Fehlstellen und Verschleiß im Oberflächenschutzsystem und in ungeschützten Betonflächen	max. 1 Jahr
3	**Variante B1:** [1] flächig starr beschichtet, begleitende Rissbehandlung	Risse, Fehlstellen und Verschleiß im Oberflächenschutzsystem	max. 1 Jahr
4	**Variante B2:** [1] flächig rissüberbrückend beschichtet	Risse, Fehlstellen und Verschleiß im Oberflächenschutzsystem	max. 1 Jahr
5	**Variante C:** [1] unterlaufsichere Abdichtung mit Schutzschicht	Undichtigkeiten auf Bauteilunterseite, Fehlstellen in der Schutzschicht	max. 2 Jahre [2]
6	**Stützen, Wände**	Dichtigkeit des Sockelschutzes (optisch)	max. 1 Jahr
7	**WU-Bodenplatte**	Wasserundurchlässigkeit (Risse, Fugen, Anschlüsse, Durchdringungen)	max. 1 Jahr
8	**Fugenkonstruktionen**	Funktionsfähigkeit, Gefügestörungen Beton, Fugenvergussmassen	max. 1 Jahr

[1] Ausführungsvarianten nach Tabelle 5.
[2] In den ersten 5 Jahren nach Herstellung ist eine jährliche Inspektion auf Risse und Fehlstellen erforderlich, da in diesem Zeitraum das Auftreten von Rissen am wahrscheinlichsten ist.
[3] Zeitlicher Abstand zwischen den Inspektionen.

Abb. 2: Tabelle 11 aus [1]

Tabelle 3. Empfohlene Inspektionsintervalle (nach *DBV* [6], hier für KKS und ROSTFREI ergänzt)

S	1	2	3
Z	**Konstruktion**	**Inspektionsgegenstand**	**Inspektionsintervall** [3]
1	**Variante A1:** [1] Unbeschichtet, Rissvermeidung	Risse und Fehlstellen in den Betonflächen	max 2 Jahre [2]
2	**Variante A2:** [1] Unbeschichtet, lokale Rissbehandlung	Risse, Fehlstellen, Ablösungen und Verschleiß in den Rissbandagen und in ungeschützten Betonflächen	max 1 Jahr
3	**Variante B1:** [1] Flächig starr beschichtet, begleitende Rissbehandlung	Risse, Fehlstellen, Ablösungen und Verschleiß im Oberflächenschutzsystem und in den Rissbandagen	max 1 Jahr
4	**Variante B2:** [1] Flächig rissüberbrückend beschichtet	Risse, Fehlstellen Ablösungen und Verschleiß im rissüberbrückenden Oberflächenschutzsystem	max 1 Jahr
5	**Varianten C:** [1] Unterlaufsichere Abdichtung mit Schutzschicht	Undichtigkeiten auf Bauteilunterseite, Fehlstellen in der Nutz-/Schutzschicht	max 2 Jahre [2]
6	**KKS:** Präventiver Kathodischer Korrosionsschutz	Funktionsfähigkeit KKS (Stromversorgung, Datenerfassung/Steuerung, Anodensystem), Undichtigkeiten auf Bauteilunterseite, Trennrisse in den Betonflächen, ggf. Kontrolle von lokalen Abdichtungen von Fugen und Trennrissen auf Parkdecks	max 1 Jahr
7	**ROSTFREI:** Nichtrostende chloridbeständige Bewehrung	Undichtigkeiten auf Bauteilunterseite, Trennrisse in den Betonflächen, ggf. Kontrolle von lokalen Abdichtungen von Fugen und Trennrissen auf Parkdecks	max 1 Jahr
8	**Stützen, Wände**	Dichtigkeit des Sockelschutzes (optisch)	max 1 Jahr
9	**WU-Bodenplatte**	Wasserundurchlässigkeit (Risse, Fugen, Anschlüsse, Durchdringungen)	max 1 Jahr
10	**Fugenkonstruktionen**	Funktionsfähigkeit, Gefügestörungen Beton, Fugenabdichtungssysteme	max 1 Jahr
11	**Entwässerungseinrichtungen**	Funktionsfähigkeit der Rinnen und Abläufe	max 1 Jahr

[1] Ausführungsvarianten nach Tabelle 2.
[2] In den ersten fünf Jahren nach Herstellung ist eine jährliche Inspektion auf Risse und Fehlstellen erforderlich, da in diesem Zeitraum das Auftreten von Rissen am wahrscheinlichsten ist.
[3] Zeitlicher Abstand zwischen den Inspektionen.

Abb. 3: Tabelle 3 aus [2]

Auch in der Technischen Regel „Instandhaltung von Betonbauwerken" [3] Teil 1 finden sich Vorgaben für die Inspektion/Wartung als Teil der Instandhaltung.

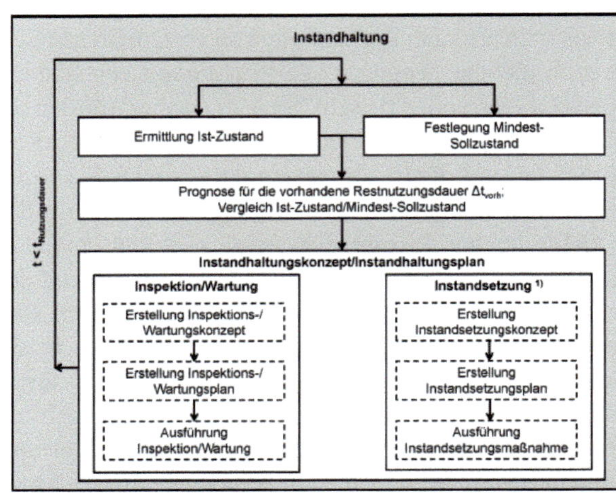

Abb. 4: Grundsätzliche Vorgehensweise bei der Planung und Ausführung von Instandhaltungsmaßnahmen aus [3]

Bei der Erstellung eines Instandhaltungskonzeptes sind die Aspekte der Inspektion/Wartung und Instandsetzung (inklusive Verbesserung), mit dem Ziel eine technisch und wirtschaftlich begründete Lösung anzubieten, zu berücksichtigen. Ein guter Instandhaltungsplan impliziert einen Inspektions- und Wartungsplan. Da das aktuelle Regelwerk vorsieht, dass ein Inspektions- und Wartungsplan erstellt wird, und eine Bewertung eines Oberflächenschutzsystems hinsichtlich des Schädigungsgrades durch einen sachkundigen Planer zu erfolgen hat haben wir als Hersteller auch in dem Verwendbarkeitsnachweis nach TR-IH den Punkt Maßnahmen zur Überarbeitbarkeit hinzugefügt [Abb. 5]. Hierauf kann der sachkundige Planer im Rahmen der Inspektion und der ggf. resultierend Instandsetzung zurückgreifen. Notwendig erforderliche Inspektionen und Wartungen ergeben sich auch aus den Vorgaben der Hersteller.

4. Maßnahmen zur Überarbeitbarkeit

Allgemein
Das aktuelle Regelwerk sieht vor, das ein Inspektions- und Wartungsplan erstellt wird. Die Bewertung eine Oberflächenschutzsystems hinsichtlich des Schädigungsgrades hat durch einen sachkundigen Planer (SKP) zu erfolgen.

Überarbeitungsempfehlung verschlissene Versiegelung
Werden bei der regelmäßigen Inspektion des OS-Systems Verschleißerscheinungen an der Versiegelung festgestellt und die erforderliche Rutschhemmung dadurch beeinträchtigt, kann wie folgt überarbeitet werden:

- *Untergrund im betroffenen Bereich staubfrei kugelstrahlen (Geschwindigkeit: ca. 10 - 12 m/min)*
- *Reinigen (Untergrund muss sauber, trocken, fett- und ölfrei sein)*
- *Aufbringen Versiegelung Sikafloor®-2640*
- *Abstreuung im Überschuss mit Quarzsand, Sieblinie 0,3 - 0,8 mm*
- *Versiegelung der Fläche mit Sikafloor®-2640*

Für die Angaben zu den Verbrauchsmengen ist eine Rücksprache mit dem Hersteller erforderlich.

Abb. 5: Auszug aus Verwendbarkeitsnachweis OS-14 System vom Hersteller Sika

3. Inhalte Inspektionsverträgen

Ein Instandhaltungsplan kann die Grundlage für die technischen Inhalte eines Inspektionsvertrages sein. Vereinbarende Regelungen sind aber auch zu treffen bzgl. der Vertragsdauer, Zeitpunkt und Häufigkeit sowie die Vergütung. Was ein Instandhaltungsplan im Einzelnen enthalten sollte, wird in der Tabelle aus dem DBV-Merkblatt [Abb. 6] beschrieben. Verschiedene Bereiche der Parkbauten sind zu kontrollieren und zu prüfen. Hier werden Themenschwerpunkte wie allgemeine Bereiche [Abb. 7] wie z. B. technische Einbauten, Entwässerung, Bodenflächen, Wände-/Stützen, Decken/Unterzüge oder, wenn vorhanden, auch Prüfpunkte von Mehrfachparkanlagen über eine Checkliste abgearbeitet. In der Abbildung 7 sind Beispiele für Prüfpunkte aus dem allgemeinen Bereich. In der Abbildung 8 und 9 sind Beispiele von zu prüfenden Punkten aus den Bereichen Bodenflächen sowie Wände und Stützen. Selbstverständlich sollten nur Prüfpunkte aufgenommen werden, die in dem zu prüfenden Bauwerk auch vorhanden sind. Im DBV-Heft 46 findet sich auch ein Kapitel für die Instandhaltung von KKS-Systemen. Hier sind zusätzliche Prüfungen, die auf KKS-Systeme abgestimmt sind, unverzichtbar und müssen in den objektspezifischen Prüfkatalog aufgenommen werden.

Im Einzelnen sollte ein Instandhaltungsplan enthalten:

1) Allgemeine Projektangaben
- Bauvorhaben, Lage, Bauherr, Planer, Nutzung ...

2) Spezielle Angaben zu den Parkdecks
- Geschosse, Bauweise, Oberflächenschutzsystem bzw. Abdichtungsbauart, verwendete Materialien, Hersteller, Produktdatenblätter ...

3) Inspektion
- Intervalle (x-mal jährlich), siehe Tabelle 11,
- ggf. anlassbezogen auf Anforderung von ...
- Prüfungsaufgaben: mechanischer Verschleiß, Spurrillen, Ablösungen, Korrosion, Risse, Fugenfunktion, Entwässerungseinrichtungen ...
- Dokumentation,
- Aufmaß von Schädigungen,
- Betreibergespräch ...

4) Wartungs- bzw. Instandsetzungsmaßnahmen
- Auswertung der Inspektionsergebnisse aus 3)
- Planung der Maßnahmen durch einen Sachkundigen Planer (nach DIBt-TR Instandhaltung [R71]) ...
- Konzept der begleitenden Rissbehandlung (planmäßige Abdichtung von Rissen) ...
- Kontrolle, Projektüberwachung,
- Dokumentation,
- Aktualisierung Bauwerksbuch ...

Abb. 6: Übersicht aus [1]

Beispiel Checkliste – Allgemeine Bereiche

Zu prüfende Einbauteile	Geprüft, Notizen
Tiefgarage Zufahrt Tor	Funktionstüchtig ✓
Entwässerungsrinne	Gereinigt ✓
Bodenabläufe	Gereinigt ✓
Korrodierte Einlaufschächte	Keine Korrosion ✓
Beleuchtung	Funktionstüchtig ✓
Feuerlöscher	Geprüft bis ... ✓
Notausgangsbeleuchtung	Ohne Funktion X
Lüftungsanlage	Funktionstüchtig ✓
Lüftung	Funktionstüchtig ✓
Abwasser über Hebeanlage	Funktionstüchtig ✓
Entwässerungsleitungen	Korrodiert X
Brandschutztore	Geprüft am ... ✓
Türe/Schleusen	Funktionstüchtig ✓

Abb. 7: Prüfpunkte allgemeine Bereiche

Beispiel Checkliste – Bodenflächen

Zu prüfen: Abschnitt ...	Ergebnis
Beschädigungen Beschichtung	Nein ✓
Blasen in der Beschichtung	Nein ✓
Abgefahrene Versiegelung	Nein ✓
Abplatzungen Beschichtung	Nein ✓
Freiliegende Bewehrung	Nein ✓
Mechanische Beschädigungen	Nein ✓
Offene/Undichte Dehnfuge	Nein ✓
Betonier- und Bauwerksfugen	Nein ✓
Schäden Dehnfugenprofilen	Nein ✓
Schäden allgemein Boden	Siehe Protokoll
Fahrbahnmarkierungen	Nein ✓
Stellplatzmarkierungen	Nein ✓
Beschriftungen	Nein ✓
Sichtbare Rissbildung	Nein ✓
Schäden an Rissbandagen	Nein ✓
Flickstellen	Siehe Protokoll
Pfützenbildung	Nein Gefälle < 2,5 %

Abb. 8: Prüfpunkte Bodenflächen

Beispiel Checkliste – Wände und Stützen

Zu prüfen BT Wand/Stütze	Ergebnis
Schäden Wandanstrich	Nein ✓
Schäden Sockelbeschichtung	Nein ✓
Höhe Sockelbeschichtung	50 cm
Risse Wände oder Stützen	Nein ✓
Feuchte Stellen an Wänden	Nein ✓
Wasserablaufspuren Wänden	Nein ✓
Risse Beschichtung Stütze	Nein ✓
Farbablösungen Wand/Stütze	Nein ✓
Betonabplatzungen	Nein ✓
Rostflecken	Nein ✓
Beschädigungen	Nein ✓
Beschriftungen	Nein ✓
Freiliegende Bewehrung	Nein ✓

Abb. 9: Prüfpunkte Wände und Stützen

3.1 Zuständigkeit Instandhaltungsplan

Der Inspektionsvertrag wird zwischen Bauherrn oder Nutzer bzw. Betreiber mit einem Anbieter für die Prüf- und Kontrollleistungen geschlossen. Hier gibt es am Markt diverse Firmen, die die Leistung anbieten. Dies können auch Ing. Büros sein, die ebenfalls Instandsetzungskonzepte erstellen. Die Erstellung eines Instandhaltungsplans sollte bei Neubauten vom Tragwerksplaner gemacht werden. Bei Bestandsparkbauten kann dies auch durch einen sachkundigen Planer für Betoninstandhaltung angefertigt werden. Dieser kann ggf. einen Tragwerksplaner hinzuziehen. Grundsätzlich empfiehlt es sich, ein Bauwerksbuch für Parkbauten anzulegen. Hier sind die Inspektionen über die gesamte Nutzungsdauer zu dokumentieren. Im öffentlichen und gewerblichen Bereich gelten schon heute Prüfpflichten.

Zusammenfassung und Ausblick

Die hier gezeigten Beispiele der zu prüfenden Punkte aus den Inspektions- und Wartungsverträgen zeigen, dass eine objektbezogene Prüf- und Inspektionsliste zu erstellen ist. Aus Sicht des Planers ist ein vollständiger Inspektions- und Wartungsvertrag wichtig, um die beschriebene Nutzungsdauer zu erreichen und den Vorgaben aus den Regelwerken gerecht zu werden. Aus Kundensicht ist diese Planung auch ein wichtiger Bestandteil, um eine möglichst lange Nutzungsdauer mit niedrigen Betriebs- und Instandsetzungskosten sowie einen unfallfreien Betrieb aufrecht zu erhalten. Auch die Hersteller der dort verarbeiteten Produkte haben ein Interesse daran, dass durch Inspektion und Wartung die angegebene Verschleißbeständigkeit, in Abhängigkeit von verschieden Parametern wie Fluktuation, erreicht wird. Dies kann nur mit einer strukturierten und auf das Objekt abgestimmten Inspektionsplanung, die in den Verträgen formuliert ist, zu aller Zufriedenheit erreicht werden. Durch den Fortschritt und die Verbreitung von digitalen Bauwerksaufnahmen, Zustandsdokumentationen mit 3D Scanning und Fotodokumentation sowie der Schadensaufnahme und Kartierung wird auch bei diesem Thema eine Weiterentwicklung stattfinden. Schon jetzt wird der Einsatz von Drohnen, 360°-Kameras und KI-gestützte Schadensanalyse angeboten. Es ist davon auszugehen, dass die Sichtbarkeit des Themas in den nächsten Jahren weiter zunehmen wird.

Literatur

[1] DBV-Merkblatt „Parkhäuser und Tiefgaragen" 3. überarbeitete Ausgabe, Nachdruck 2022

[2] Hintergründe und Erläuterungen zum DBV-Merkblatt, Fassung 2021

[3] Technische Regel „Instandhaltung von Betonbau-Werken (TR-Instandhaltung) 2020

Instandsetzung von Rissen in weißen Wannen mittels Carbonbeton

Dipl.-Chem. Detlef Koch
Koch Carbon Consulting GmbH, Kreuztal

Dr.-Ing. Amir Asgharzadeh
Koch Carbon Consulting GmbH, Kreuztal

Zusammenfassung
Weiße Wannen als wasserundurchlässige Betonbauwerke sind für erdberührte Bauwerke etablierte Systeme, deren Funktionssicherheit maßgeblich von einer kontrollierten Rissbildung abhängt. In der Praxis treten Undichtigkeiten häufig nicht als Materialversagen des Betons auf, sondern als Folge fehlenden Rissmanagements, unzureichender Bewehrung oder ungünstiger Bauausführungsbedingungen. Dies zeigt der dokumentierte Schadensfall einer Tiefgarage in Elmshorn. Dort führten Zwangeinspannungen durch Baukräne, ein unebenes Baufeld ohne Gleitmöglichkeit, ein zu niedrig angesetzter Bemessungswasserdruck sowie fehlende oberflächennahe Rissbewehrung zu rissbedingten Leckagen und lokalen Feuchtezonen. Die nachfolgende OS-Beschichtung verhinderte die Austrocknung dieser Bereiche, wodurch elektrochemisch aktive Feuchtezonen bestehen blieben.
Zur dauerhaften Instandsetzung wurde ein Carbonbetonsystem mit zwei Lagen Anticrack-Gewebe eingesetzt. Dieses ersetzt die fehlende oberflächennahe Bewehrung, bewirkt eine bewegungstolerante Rissverfeinerung und führt zu einer hydraulisch unkritischen Mikrostruktur. Aufgrund überwiegend oberflächennaher Chloridbelastungen und der primären Beanspruchung durch sprühendes und stehendes Wasser wurde auf ein aktives kathodisches Korrosionsschutzsystem verzichtet.
Die Instandsetzung stellt ein strukturell-funktionales Erhaltungssystem dar, das Tragwirkung, Rissmechanik und Abdichtung vereint. Sie erfüllt die Schutzziele der WU-Richtlinie, der DAfStb TR-Instandhaltung und der DIN EN ISO 12696 und zeigt, dass Carbonbeton insbesondere bei rissbedingten Leckagen ein technisch und dauerhaft wirksames Sanierungssystem darstellt.

1. Einleitung

Weiße Wannen aus wasserundurchlässigem Beton dienen im erdberührten Hochbau als Abdichtungssystem ohne zusätzliche bituminöse oder bahnenförmige Abdichtungen. Ihre Funktion beruht auf einer begrenzten Rissbreite und einem anspruchsvollen Rissmanagement. Die DAfStb-WU-Richtlinie (2017) beschreibt die Dichtheit solcher Konstruktionen nicht als absolut, sondern als nutzungstauglich [1]. Entscheidend ist daher nicht das „Rissverbot", sondern die ingenieurtechnisch kontrollierte Rissklasse.
Im Praxisfall Elmshorn trat bereits kurz nach Inbetriebnahme eine Vielzahl wasserführender Risse auf, begleitet von Feuchteerscheinungen, Ausblühungen sowie lokalem Korrosionsansatz an der Bewehrung (vgl. Abb. 1) [7] [8]. Die Ursache war nicht das Material Beton an sich, sondern eine Kombination aus ungünstigen Randbedingungen bei Bauausführung, fehlerhaft angenommener Wasserdruckhöhe sowie fehlender rissbegrenzender Bewehrung nahe der Oberfläche. Da die Fläche anschließend OS-beschichtet wurde, konnten Feuchtebereiche nicht austrocknen, was die elektrochemischen Prozesse weiter begünstigte. Eine dauerhafte Instandsetzung muss daher sowohl die hydraulische Funktion als auch die rissmechanische Tragwirkung wiederherstellen.

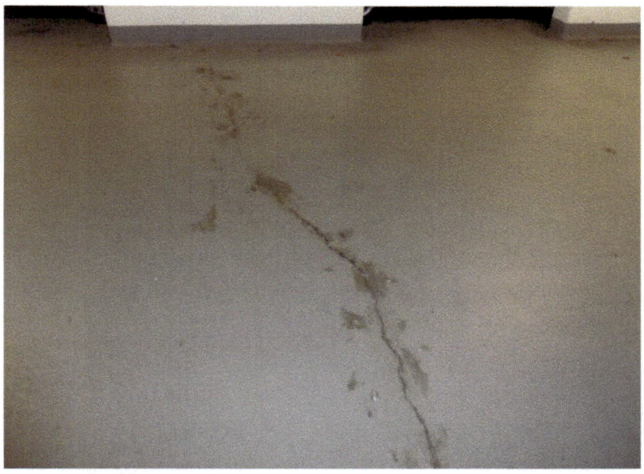

Abbildung 1: Wasserführender Riss mit Feuchtezonen im Wandsockel [7]

2. Normative Grundlagen und Bedeutung des Rissmanagements

Risse sind bei weißen Wannen nach Norm zulässig, solange ihre Breite die Dichtheitsanforderungen erfüllt [1]. Unter Grundwasserbeanspruchung genügt bereits ein geringer Riss zur hydraulischen Leckage. Nach DIN EN 206 [2] sowie DAfStb TR-Instandhaltung [3] kann in dauerfeuchten Rissbereichen zusätzlich Bewehrungskorrosion

auftreten. In Tiefgaragen tritt verstärkend Tausalzwasser hinzu, wodurch Chloride in vorhandenen Feuchterissen zur Depassivierung beitragen können.
Somit dient die Rissinstandsetzung nicht der kosmetischen Verbesserung, sondern der dauerhaften Sicherstellung der Nutzungsfunktion und Tragwerksintegrität. In Elmshorn musste daher das Risssystem als hydraulische und strukturelle Schwachstelle bewertet werden (vgl. Abb. 2).

müssen. Die Blockierung führte zu Querzugspannungen, die sich als längere Risse ausbildeten.

3.3 Falsche Annahme des hydrostatischen Wasserdrucks

Der projektiert angenommene Bemessungsdruck war zu gering. Die Platte wurde daher dünner ausgelegt als statisch und hydraulisch zweckmäßig. Dies führte zu Rissbreiten und Biegespannungen, die oberhalb der prognostizierbaren Normwerte lagen.

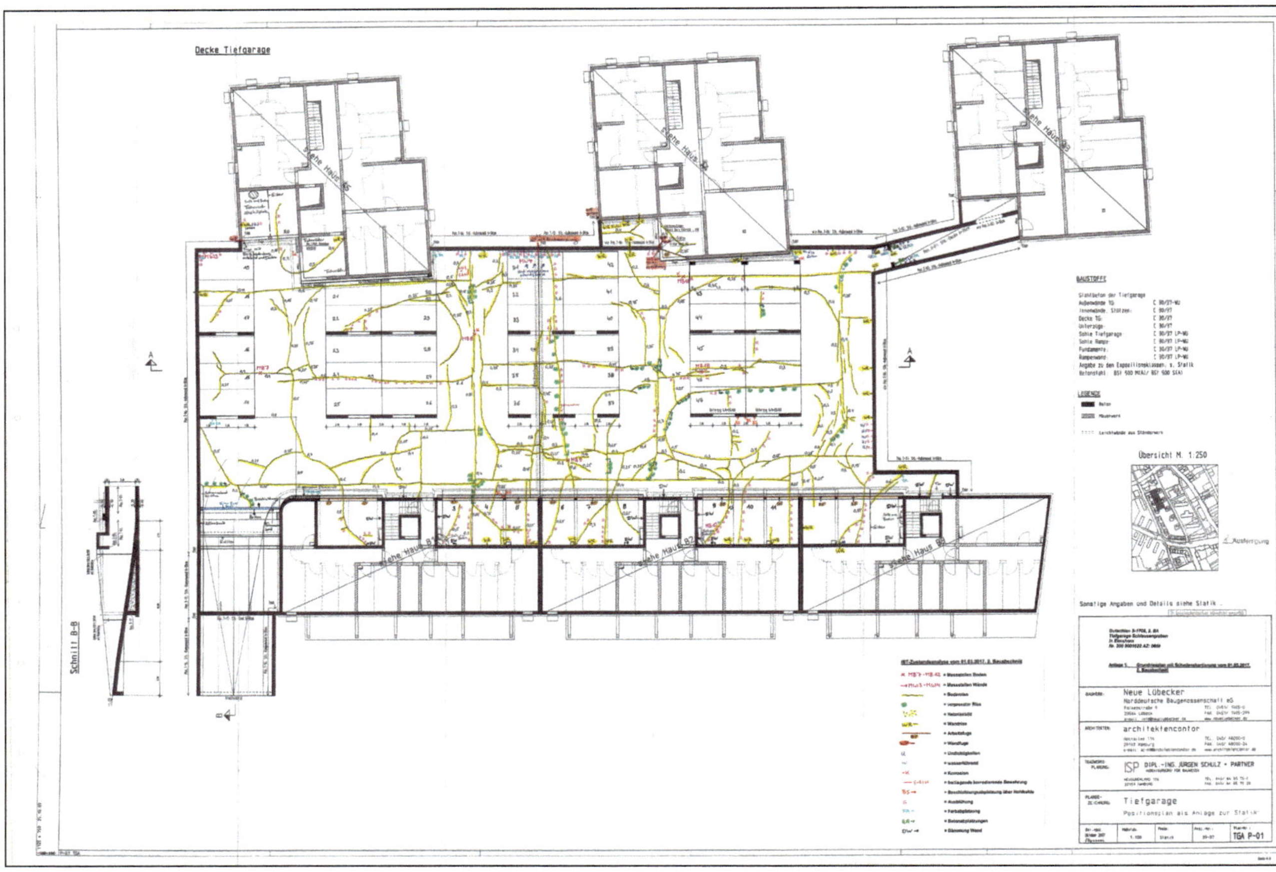

Abbildung 2: Rissnetz und Bewegungsachsen der Bodenplatte, Tiefgarage Elmshorn. [7]

3. Rissursachen im Projekt Elmshorn

Das baustellenbedingte Rissbild in Elmshorn resultiert nachweislich aus mehreren konstruktiven und ausführungsbedingten Ursachen:

3.1 Zwangeinspannungen durch Baukräne

Während der Herstellung der Bodenplatte waren mehrere Baukräne über Schwertfundamente in die Platte eingespannt. Dadurch war die Bodenplatte lokal fixiert und konnte die zu erwartenden Hydratations- und Temperaturverformungen nicht frei ausbilden. Die resultierenden Zwangskräfte führten zu großräumigen Rissachsen.

3.2 Unebenes Baufeld mit mechanischer Blockierung

Das Baufeld wies unebene und lokal stumpf aufstehende Fels- bzw. Bodenpunkte auf. An diesen Stellen konnte die Bodenplatte nicht verschieben. Dieser fehlende Gleitmechanismus ist kritisch für Wannenbauwerke, die sich während der Hydratation und Belastung leicht bewegen

Abbildung 3: Längsrisse in der Bodenplatte infolge Zwangeinspannung und fehlender Gleitfähigkeit. [7]

3.4 Fehlende oberflächennahe Bewehrung

Für die Begrenzung von Rissen aus Zwangs- und Wasserdruckbeanspruchung ist eine ausreichend oberflächennahe Bewehrung erforderlich. Diese war im Projekt Elmshorn nur unzureichend vorhanden. Das Rissbild ist somit unmittelbar auf eine Kombination aus zu geringer Plattendicke, fehlerhaft angenommener Wasserbeanspruchung und fehlender rissbegrenzender Randbewehrung zurückzuführen [7] [8].

4. Feuchte- und Wassereinwirkung auf Risse

Unter feuchtem und wechselndem Betrieb entstehen entlang rissaktiver Bereiche bevorzugte Transportwege. In Elmshorn führte stehendes und zeitweise sprühendes Wasser in Fahrspuren und an Wandsockeln zu einer Persistenz dieser feuchten Zonen. Die Risse fungierten somit als hydraulische Leitbahnen (vgl. Abb. 3). Diese Wassereinwirkung ist entscheidender als die reine Diffusion durch Betonquerschnitte. Feuchte Mikro- und Makrorisse können dauerhaft Wasser führen, selbst bei kleinen Rissbreiten (< 0,2 mm). Eine Abdichtung muss daher bewegungstolerant und strukturell wirksam sein.

Abbildung 4: Korrosionsansatz an freigelegter Bewehrung im feuchten Rissbereich. [8]

5. Carbonbeton als rissverfeinernde und abdichtende Verstärkung

Carbongelege besitzen keine Korrosionsanfälligkeit und benötigen keine Passivierung. In Verbindung mit mineralischem Mörtel entsteht eine dünnlagige, tragende Verstärkung. Unter Last bewirkt das Gewebe eine definierte Rissverfeinerung. Es entstehen keine einzelnen „Leckrisse", sondern feine Mikrorisse, deren hydraulische Wirkung nahezu unwirksam ist. In Elmshorn war diese rissmechanische Funktion entscheidend.

Da oberflächennahe Bewehrung fehlte, wurde eine zusätzliche strukturelle Bewehrungsebene gefordert. Aus diesem Grund kamen zwei Lagen Anticrack-Carbongelege zum Einsatz. Diese ersetzen die fehlende rissbegrenzende Schicht und bilden ein bewegungstolerantes Abdichtungssystem, das nicht starr abdichtet, sondern die Spannung umlagert und dauerhaft begrenzt.

Abbildung 5: Anticrack-Carbongewebe

6. KKS-Eignung und wirtschaftliche Entscheidung

Carbonbeton kann zusätzlich als Kathodenanode im kathodischen Korrosionsschutz (KKS) nach DIN EN ISO 12696 eingesetzt werden [5]. Aufgrund seiner hohen elektrischen Leitfähigkeit ist eine Doppelnutzung als Verstärkung und Anode technisch geeignet. Im Fall Elmshorn zeigte die Zustandsbewertung, dass Chloridbelastungen vorhanden, jedoch überwiegend oberflächennah waren (Kapitel 9). Gleichzeitig lag der Sanierungsfokus in diesem Bauprojekt primär nicht auf Chloridmanagement, sondern auf Maßnahmen gegen stehendes und sprühendes Wasser.

Unter diesen Bedingungen wurde entschieden, kein aktives KKS-System zu installieren, obwohl das System technisch möglich gewesen wäre. Die Entscheidung basierte auf einer ingenieurtechnischen Bewertung der Bauteilbeanspruchung und der wirkungsdominanten Schadensursachen.

7. Kombination flächiger und linearer Carbonbereiche

Das rissvernetzte Feld erforderte keine punktuelle Behandlung, sondern eine flächenbezogene Verstärkung kombiniert mit linearen Rissachsenüberlagerungen. Dadurch wird verhindert, dass neu entstehende Spannungsumlagerungen zu weiteren Rissbildungen führen. Dieses Vorgehen entspricht dem Schutzziel der TR-Instandhaltung [3], wonach immer das Bauteil als Ganzes dauerhaft instand zu setzen ist.

8. Nachhaltigkeit durch Bauwerkserhalt

Nachhaltigkeit bedeutet im Bestand primär Nutzungsdauerverlängerung. Carbonbeton ersetzt keine Abdichtungssysteme, sondern stellt ein strukturell-funktionales Erhaltungssystem dar. Durch fehlende Korrosionsanfälligkeit kann er dauerhaft im Feuchtebereich verbleiben. Eine Erneuerung der weißen Wanne war daher weder ökologisch noch ingenieurtechnisch sinnvoll.

9. Bauwerkszustand Elmshorn: Chlorid- und Belastungsprofil

Untersuchungen der Jahre 2017 und 2020 zeigen erhöhte Chloridwerte im Bereich der Fahrbahnrisse und Wandsockel. Diese Werte liegen jedoch überwiegend in den oberen 20 – 40 mm. Entscheidend ist, dass diese Chloridwerte nicht flächig, sondern entlang von riss- und fugengeführten Transportbahnen auftreten. In Kombination mit sprühendem Wasser entstanden persistente Feuchtezonen, die die Bewehrung lokal belasteten.
Die gemessenen Konzentrationsverläufe bestätigen, dass die Chloridbelastung überwiegend oberflächennah vorliegt und nur entlang bewegungs- oder fugengeführter Zonen in die Bewehrungstiefe transportiert wird. Das Verhalten ist eindeutig rissinduziert und nicht flächendiffus.

10. Fazit

Die Rissproblematik Elmshorn basiert nicht auf Materialmängeln, sondern auf Ausführungsbedingungen und Bemessungsentscheidungen. Zwangeinspannungen durch Baukräne, ein unebenes Baufeld ohne Gleitmöglichkeit, eine zu geringe Plattendicke bei falsch angenommener Wasserbeanspruchung sowie eine fehlende oberflächennahe Rissbewehrung führten zum Rissnetz.
Carbonbeton mit zwei Lagen Anticrack-Gelege ersetzt die fehlende Bewehrung, begrenzt Risse dauerhaft und bildet ein bewegungstolerantes Abdichtungssystem. Ein KKS wäre technisch möglich gewesen, war jedoch nicht dominant wirksam im Hinblick auf die primäre Schadensursache. Die Instandsetzung erfüllt die Schutzziele der WU-Richtlinie, TR-Instandhaltung und ISO-12696 und bildet eine dauerhaft funktionsstabile Erhaltungsmaßnahme.

Literatur

[1] DAfStb – Richtlinie „Wasserundurchlässige Bauwerke aus Beton (WU-Richtlinie)“, Ausgabe 2017.

[2] DIN EN 206:2017-01: Beton – Festlegung, Eigenschaften, Herstellung und Konformität.

[3] DAfStb – Technische Regel „Instandhaltung von Betonbauwerken (TR-Instandhaltung)“, Teile 1–2, Ausgabe Mai 2020.

[4] DIN EN 1504-5:2013-08 – Schutz und Instandsetzung von Betontragwerken – Teil 5: Beton-Injektion.

[5] DIN EN ISO 12696:2016-10 – Kathodischer Schutz von stahlbewehrtem Beton.

[6] DIN EN 1504-2:2004-11 – Oberflächenschutzsysteme für Beton.

[7] Protokoll S-1708, Erstbegehung Tiefgarage Elmshorn, 2016.

[8] Gutachten P-2048-2, Schadensaufnahme und Instandsetzungskonzeption Tiefgarage Elmshorn, 2020.

Instandsetzung des Parkhauses Kronenstraße in Kempten – Umfangreiche Betoninstandsetzung im laufenden Betrieb

Dr.-Ing. Axel Greim
Dr. Schütz Ingenieure Beratende Ingenieure Im Bauwesen PartG mbB, Kempten

Dipl.-Ing. (TUM) Richard Taffertshofer
Dr. Schütz Ingenieure Beratende Ingenieure Im Bauwesen PartG mbB, Kempten

Zusammenfassung
Das Parkhaus Kronenstraße ist das zentrale Parkhaus in Kempten. Es verfügt über 499 Stellplätze auf 12 Ebenen. Die schadhafte Abdichtung des 57 Jahre alten Gebäudes hat zu einem teilweise erheblichen Chlorideintrag in den Konstruktionsbeton und zu der damit verbundenen Bewehrungskorrosion geführt. Da davon auch in großem Maße die Stützbewehrung der Deckenfelder betroffen ist, führt die Korrosion zu Einbußen in der Tragsicherheit und es ist dringender Sanierungsbedarf gegeben. Im Vorfeld der Betoninstandsetzung wurden die kritischsten Bereiche bereits mit Stahlrahmen unterstützt. Die Sanierung soll zur Kostenoptimierung lediglich eine Restnutzdauer von ca. 20 Jahren sicherstellen und daher mit Augenmaß erfolgen. Gleichzeit muss während der Sanierung der Parkbetrieb aufrechterhalten werden, um die zahlreichen Dauerparker als Kunden zu behalten. Der Sperranteil im Parkhaus soll im Regelfall nicht mehr als 25 % betragen.

1. Baubeschreibung

Das mehrstöckige Parkhaus Kronenstraße stammt aus dem Jahr 1968 und wurde ca. 1993 durch Anbauten erweitert. Abbildung 1 zeigt eine Außenansicht des Parkhauses, welche durch die Anbauten der 90er Jahre geprägt ist.

Abb. 1: Ansicht des Parkhauses Kronenstraße während der Sanierung.

Die 499 Stellplätze sind auf insgesamt 12 Parkebenen (10 Oberschosse und 2 Untergeschosse, siehe Abb. 2) angeordnet. Das Erdgeschoss wird von Geschäftsbetrieben (Gastronomie-/Verkaufsflächen) genutzt. Die Ebenen im Parkhaus sind jeweils um eine halbe Geschosshöhe zueinander versetzt und werden durch die Rampen miteinander verbunden. Die Einfahrt befindet sich im EG. Die Ausfahrt erfolgt über eine Rampe von Ebene 1 aus. Die Untergeschosse sind Stellplatzmietern vorbehalten.

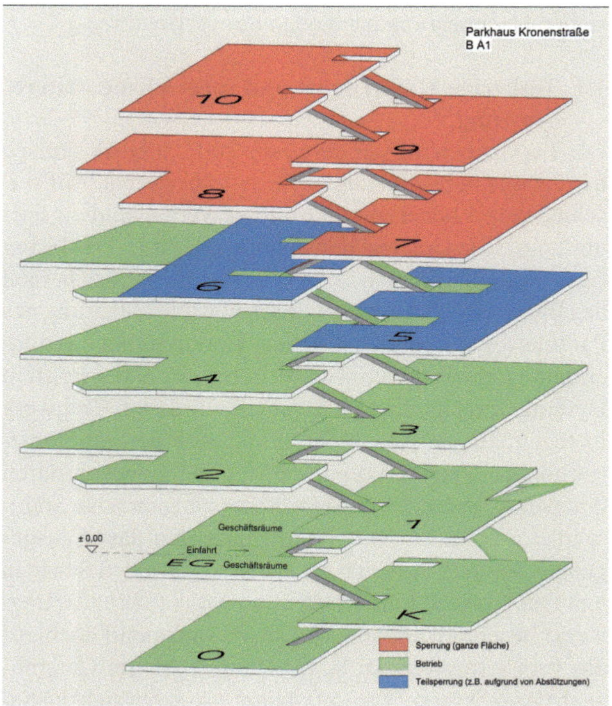

Abb. 2: Schematische Übersicht über die Ebenen des Parkhauses mit gesperrten Flächen während der Sanierung der Ebenen 9 und 10.

Der Ursprungsbau wurde als Stahlbetonskelettkonstruktion mit einem Primärtragwerk aus Stützen und Unterzügen mit biegesteifen Rahmenverbindungen hergestellt. Die Stahlbetondecken (Sekundärtragwerk) spannen einachsig zwischen den Unterzügen und sind monolithisch mit dem Primärtragwerk verbunden (Durchlaufdecken). Die Decken weisen dabei eine teils sehr große Schlankheit auf (Dicke 20 cm bei 8 m Stützweite). An den Gebäudestirnseiten kragen die Decken ca. 3,0 m je Seite über den Randunterzug hinaus. An einer Stelle (in Achse 11) besitzt das Gebäude eine durchgehende Bauwerksfuge in Querrichtung (Lage feldmittig zwischen zwei Unterzügen). Dort kragen die Decken ebenfalls von den Unterzügen zur Fuge hin frei aus. Die Gebäudeaussteifung erfolgt über die über alle Geschosse durchlaufenden Rampenwände und den Aufzugs- bzw. Treppenhauskern.

Als Bodenbelag ist im Altbau ein ca. 4,0 cm dicker Gussasphaltbelag vorhanden, der größtenteils ohne Abdichtung zum Untergrund, nur mit einer Trennschicht aus Pappe, auf den Betonoberflächen der Decken aufliegt. Dieser Gussasphalt ist sehr rissig und hat seine Abdichtungsfunktion nahezu komplett verloren.

Im Altbestand sind 384 Stellplätze untergebracht. Die Bruttogrundfläche aller Ebenen des Altbaus beträgt ca. 12.300 m². Pro Doppelebene entfallen somit ca. 1.900 m². Die jüngeren Anbauten mit 115 Stellplätzen wurden ebenfalls in Stahlbetonbauweise (Skelettbau, ähnlich wie Altbau) hergestellt. Zur Aussteifung sind die Anbauten mit dem Ursprungsbau, über Edelstahlstäbe die die Bauwerkfugen kreuzen, verbunden. Die Oberflächen sind mit einer Epoxidharz-Beschichtung beschichtet. Die Bruttogrundfläche der Anbauten beträgt ca. 3.900 m², wobei sich die Fläche der Anbauten in den Ebenen aufgrund der steilen Dachneigung nach oben hin verringert.

1.1 Bisherige Maßnahmen und vorgesehene weitere Nutzung

Das Parkhaus wird seit dem Jahr 2003 intensiv statisch betreut und in regelmäßigem Turnus überwacht. Auf verschiedenen Ebenen wurden in der Vergangenheit teils umfangreiche Untersuchungen durchgeführt. Das bisherige Instandhaltungskonzept sah vor, die Standsicherheit des Bauwerks bis zu einer vorgesehenen Erneuerung des Parkhauses aufrecht zu erhalten. Herkömmliche Betonerhaltungsmaßnahmen wurden daher nur in begrenztem Umfang durchgeführt. Stattdessen wurde das Tragwerk in regelmäßigen Abständen durch externe Stahlkonstruktionen (Unterstützung der Stahlbetondecken durch unterseitig, zwischen den Unterzügen angebrachte Stahlrahmen) verstärkt. Mittlerweile muss aber davon ausgegangen werden, dass sich die statisch relevanten Schäden nicht mehr nur auf die Deckentragwerke (Sekundärtragwerk) beschränken, sondern sich zunehmend auch auf das Primärtragwerk (z. B. Einspannungen der Unterzüge in den Rahmenecken) ausweiten, wodurch sich die Sanierbarkeit des Parkhauses zunehmend erschwert. Eine Weiterführung des bisherigen Instandhaltungskonzepts konnte daher nicht mehr empfohlen werden.

Durch den Bauherrn wurde im Herbst 2024 entschieden, das bisherige Instandhaltungskonzept nicht mehr weiter zu verfolgen, aber auch keinen Neubau anzustreben. Das Parkhaus soll stattdessen mit konzentrierten Maßnahmen so instandgesetzt werden, dass eine Nutzung des Parkhauses für die nächsten 15 bis 20 Jahre mit herkömmlichen Wartungsaufwand möglich ist.

1.2 Wesentliche Ergebnisse bisheriger Bestandsuntersuchungen

Die in den letzten Jahren regelmäßig durchgeführten Bestandsuntersuchungen ergaben folgende wesentliche Erkenntnisse:

- Die Stahlbetondecken sind hinsichtlich Korrosion der tragenden Bewehrung gefährdet, insbesondere in den Stützbereichen über den Unterzügen und im Bereich von Rissen. Statisch besonders relevant ist dies in Kragbereichen und an den Stützbereichen der 8-Meter Felder.
- Die Stützbewehrung der Unterzüge ist noch in zufriedenstellendem Zustand, jedoch wurden in jüngerer Zeit auch beginnende Schäden an der tragenden Einspannbewehrung vorgefunden.
- Die Stützen- und teilweise die Wandsockel, welche in der Vergangenheit teilweise bereits durch herkömmliche Betoninstandsetzungen saniert wurden zeigen stellenweise Risse und Abplatzungen aufgrund von Korrosion an der Bewehrung.
- Der kritische korrosionsauslösende Chloridgehalt liegt in diesem Parkhaus ab einem Chloridgehalt von ca. > 0,7 M % (bezogen auf den Zementgehalt) vor. Unterhalb dieser Grenze wurden bisher kaum Schäden an der Bewehrung vorgefunden.
- Zum Auffinden von Korrosion innerhalb des Betons hat sich die Potentialfeldmessung als zielführende Methode herausgestellt. Die bisherigen Messungen ergaben, dass ab Potentialwerten ca. < - 300 mV mit Korrosion an der Bewehrung gerechnet werden muss.
- Hinsichtlich der Karbonatisierung des Betons sind die Stahlbetonbauteile der Tiefgarage noch in einem zufriedenstellenden Zustand.

1.3 Betriebliche Anforderungen an die geplante Instandsetzung

Aufgrund der zentralen Lage des Parkhauses und der zahlreichen Dauermieter kann dieses Parkhaus nicht gesperrt werden. Die Sanierung muss also im laufenden Betreib stattfinden. Der Bauherr hat das Ziel vorgegeben möglichst nie mehr als 25 % der Parkplätze zu sperren. Somit muss abschnittsweise (Doppelebene für Doppelebene) vorgegangen werden. Es wird dabei von oben nach unten gearbeitet. Ab der Sanierung der Ebene 8 werden dabei auch Autos durch die Baustelle fahren, um die bereits sanierten darüberliegenden Ebenen erreichen zu können.

Zudem führt die innerstädtische Lage zu erheblichen Beeinträchtigungen durch die extrem lärmintensiven Höchstdruckwasserstrahlarbeiten.

Es sind also wegen des Verkehrs und des Lärms umfangreiche Schutzmaßnahmen erforderlich.

Die Sanierung des gesamten Parkhauses wird sich über ca. 4,5 Jahre erstrecken.

2. Instandsetzungskonzept

2.1 Instandsetzungsziele

Das Parkhaus soll einer Instandsetzungsmaßnahme unterzogen werden, welche eine Restnutzungsdauer von ca. 20 Jahren unter gewöhnlichem Wartungsaufwand ermöglicht. Folgende Instandsetzungsziele wurden, auf Grundlage der vorhandenen Schäden, definiert.

- Widerherstellung der Tragsicherheit durch Ersatz von querschnittsgeschwächten bzw. vollständig aufgelösten Bewehrungseisen.
- Wiederherstellung des durch Chloride geschädigten Korrosionsschutzes der Bewehrung.
- Herstellung des dauerhaften Korrosionsschutzes der Bewehrung bei unzureichender Betondeckung
- Erneuerung des Betons im oberflächennahen Bereich durch tragenden Betonersatz, wo dieser infolge von Bewehrungskorrosion oder im Bereich von sonstigen Schadstellen (Kiesnester, Hohllagen, Risse, erhöhte Chloridgehalte, etc.) geschädigt ist.

2.2 Instandsetzung der Decken und Unterzüge

Zur Sanierung der Decken und Unterzüge werden die Verfahren 7.1 und 7.2 der TR-Instandhaltung [1] angewendet. Zur Identifikation und Festlegung des Betonabbruchs finden umfangreiche Voruntersuchungen statt, welche zum Teil baubegleitend durchgeführt werden. Diese Voruntersuchungen beinhalten:

- Die Entnahme von Bohrmehlproben in unterschiedlichen Tiefenstufen zur Bestimmung des vorhandenen Chloridgehalts im Beton.
- Die Durchführung einer vollflächigen Potentialfeldmessung an der Deckenoberseite zur Lokalisierung korrosionsaktiver Bereiche (Abb. 3, baubegleitend nach dem Rückbau des bestehenden Gussasphaltbelags).
- Die Untersuchung der Betoneigenschaften durch die Entnahme von Bohrkernen (Bestimmung der Betondruckfestigkeit, etc.), Messungen der Karbonatisierungstiefen und Bestimmung der Oberflächenzugfestigkeit, sowie Haftzugfestigkeit.
- Das Anlegen von Sondierungsöffnungen zur Verifizierung der Ergebnisse der Potentialfeldmessung in Verbindung mit den vorhandenen Chloridgehalten und den gemessenen Betondeckungen. Identifikation/Eingrenzung eines kritischen Potentialbereichs und kritischen Chloridgehalts, ab welchen mit aktiver Korrosion an der Bewehrung gerechnet werden muss.

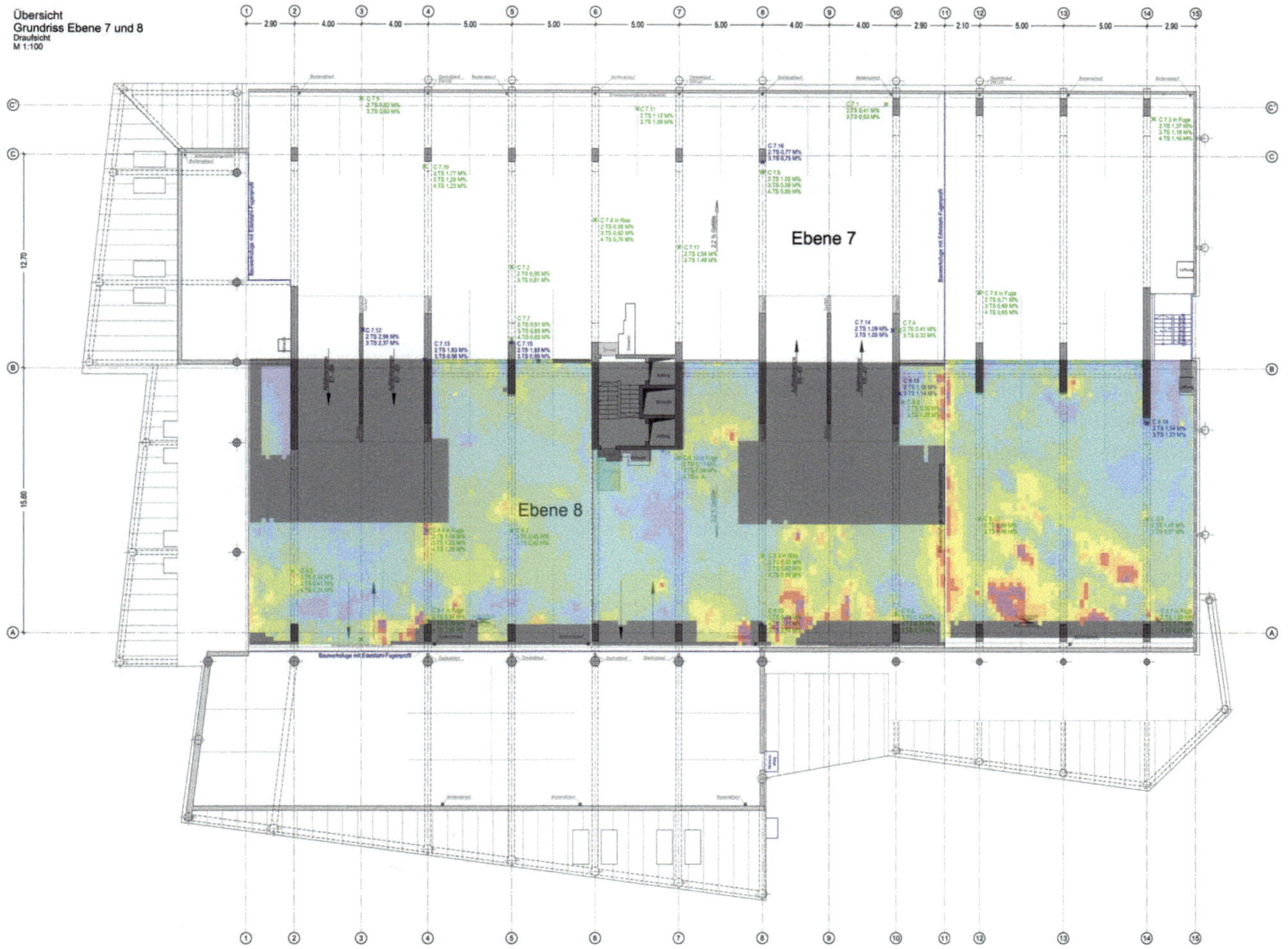

Abb. 3: Potentialfeldmessung (Beispiel Ebene 8)

Der Betonabbruch wird anhand der Ergebnisse dieser Voruntersuchungen, sowie der statischen Anforderungen an das Tragwerk im jeweiligen Bereich individuell festgelegt. Auf aus statischer Sicht besonders wichtige Bereiche, wie die Deckenstützbereiche der Kragarme und der 8-Meter Felder, sowie die Einspannstellen der Unterzüge, wird hierbei besonderes Augenmerk gelegt. In statisch eher untergeordneten Bereichen können die Anforderungen an die Instandsetzung, je nach vorhandenem Schadensumfang reduziert werden. Bereiche, wo bereits aktive Korrosion an der Bewehrung stattfindet, werden aber in jedem Fall gemäß dem Verfahren 7.2 nach TR-Instandhaltung [1] saniert. Auch in Bereichen mit erhöhten Chloridgehalten (über dem jeweiligen kritischen korrosionsauslösenden Chloridgehalt) kommt das Verfahren 7.2 zur Anwendung.

Die zu erwartende Betonabbruchtiefe beim Verfahren 7.2 beträgt im Mittel ca. 8 cm und wird im vorliegenden Fall mittels maschinellem und handgeführten Betonabtrag durch Höchstdruckwasserstrahlen durchgeführt (Abb. 4).

Abb. 4: Betonabbruch mit Höchstdruckwasserstrahlen

Vor der Reprofilierung werden je nach Erfordernis Vernadelungen mit dem Untergrund (eingeklebte Bewehrungseisen), sowie Bewehrungsergänzungen, je nach vorhandenem Umfang der Korrosionsschäden (Abb. 5), eingebaut.

Abb. 5: Nahaufnahme Korrosion an der Bewehrung

Als Betonersatz für die Reprofilierung kommt herkömmlicher Beton nach DIN EN 206-1 und DIN 1045-2 in der Druckfestigkeitsklasse C30/37 zum Einsatz.

Die Reprofilierung erfolgt an allen größeren zusammenhängenden Abbruchflächen mit einer Mehrdicke/einem Mehrauftrag von ca. 2,5 cm gegenüber der bestehenden Deckenoberkante (OK RFB), um so die im Bestand teils zu geringen Betondeckungen zu erhöhen (Abb. 6 und 7).

Abb. 6: Fertig vorbereitete Betonoberfläche mit ergänzten Eisen vor dem Einbringen des Betonersatzes

Abb. 7: Nach dem Betonieren (Bereich ca. 2,5 cm höher betoniert)

Nach Durchführung der Betoninstandsetzungsarbeiten gemäß Verfahren 7.2 der TR-Instandhaltung [1] erfolgt auf allen Restflächen der Decken (dort wo kein Betonabbruch mit anschließend höher eingebautem Betonersatz stattfand) der Einbau eines ca. 2,5 cm dicken Aufbetons mittels Betonersatz (RM/RC gemäß TR-Instandhaltung [1] Teil 2, Anhang C, Tabelle C.2, im Betonierverfahren), nach entsprechender Untergrundvorbereitung mit HDW. Hierdurch wird eine geschlossene, ebene Fläche bündig zu den bereits höher betonierten Bereichen hergestellt (Abb. 8). Dies entspricht dem Verfahren 7.1 gemäß TR-Instandhaltung [1]. Die Passivität wird dadurch auch an den nicht korrosionsaktiven Bereichen mit moderaten Chloridgehalten verbessert bzw. erhalten. Außerdem werden auch hierdurch die im Bestand teils zu geringen Betondeckungen erhöht.

Abb. 8: Einbau des Aufbetons mit Glättwalze

An den Deckenunterseiten sind die vorhandenen Schäden deutlich geringer als an den Deckenoberseiten. Diese beschränken sich meist auf lokale Schadstellen. Die Decken sind im Bestand zudem bereichsweise durch externe Stahlkonstruktionen unter den Decken unterstützt, bzw. verstärkt (Abb. 9). Diese Stahlrahmen bleiben erhalten und stellen statisch äquivalente lokale Ersatztragwerke für die Decken dar. Dadurch können dort die statischen Anforderungen an die Betoninstandsetzungsmaßnahmen reduziert werden.

Abb. 9: Vorhandene Stahlrahmen im Bestand (ehem. Verstärkung)

Meist sind an den Deckenunterseiten lokale Instandsetzungsmaßnahmen mit Betonersatz nach dem Verfahren 7.2 der TR-Instandhaltung [1] ausreichend. An den seltenen, besonders stark geschädigten Bereichen, stehen verschiedene Möglichkeiten, wie ein Teilaustausch der Decken bei flächigen Schäden oder Durchschüsse (Betonabbruch mit HDW über die gesamte Deckendicke), z. B. an linienförmigen Schadstellen (statisch relevante Trennrisse, Bauwerksfugen, etc.), zur Verfügung. Solche Maßnahmen werden im Zuge der oberseitigen Bearbeitung der Decken mit ausgeführt (Abb. 10).

Abb. 10: Lokaler Durchschuss der Decke aufgrund eines Schadens an der Deckenunterseite

Ein wesentliches Kriterium zur Sicherstellung der Dauerhaftigkeit der Instandsetzungsmaßnahme und zur Gewährleistung der festgelegten Restnutzungsdauer, stellt aus Sicht des Planers, die Herstellung einer dichten Oberfläche auf den Parkdecks dar. Die Parkdecks werden zum Abschluss der Maßnahme daher mit einer flächigen, Beschichtung versehen. Aufgrund der teils hohen Deckenschlankheiten ($\lambda \leq 26$) wurde eine rissüberbrückende Beschichtung gewählt (Abb. 11).

Abb. 11: Einbau einer rissüberbrückenden Beschichtung

Auf der nachfolgenden Skizze (Abb. 12) sind die Instandsetzungsmaßnahmen an den Decken schematisch zusammengefasst.

Die Festlegung der Sanierungsstellen an den Sockeln erfolgt bei eher geringer statischer Relevanz (z. B. Wandsockel in den oberen Stockwerken) durch Abklopfen der Sockelbereiche in Verbindung mit einer handnahen, visuellen Bestandsaufnahme nach dem Abtrag des vorhandenen Sockelanstrichs. An statisch eher relevanten Bereichen (z. B. Fußpunkte der eingespannten Stützen, Wandsockel der unteren Stockwerke, etc.) entspricht das Vorgehen der Instandsetzung dem der Deckenoberseiten (Verfahren 7.2 [1] inkl. Voruntersuchungen durch Bohrmehlprobenentnahme, Potentialfeldmessungen, etc.).

Als Betonersatz kommt an den Sockeln Spritzbeton nach DIN EN 14487 und DIN 18551 zum Einsatz. Die Reprofilierung erfolgt querschnittsgleich. Alternativ ist der Einbau von Betonersatz (RC) im Handauftrag möglich. Vor der Reprofilierung sind Vernadelungen mit dem Untergrund (eingeklebte Bewehrungseisen) einzubauen. Der Spritzbeton wird nach dem Auftrag über Lehren abgezogen. Die Glättung der gespritzten Oberflächen erfolgt durch einen im zweiten Schritt aufzubringenden Feinspachtel.

Nach den Betoninstandsetzungsmaßnahmen werden die Sockelbereiche umlaufend mit einer Dreieckskehle versehen und ebenfalls beschichtet. Dies erfolgt je nach Örtlichkeit, Schadensbild und statischer Relevanz entweder durch eine einfache Grundierung und Hochzug der Bodenbeschichtung, oder durch den Einbau einer OS5b-Beschichtung inkl. Kratz- und Lunkerspachtelung.

Schemaskizze:

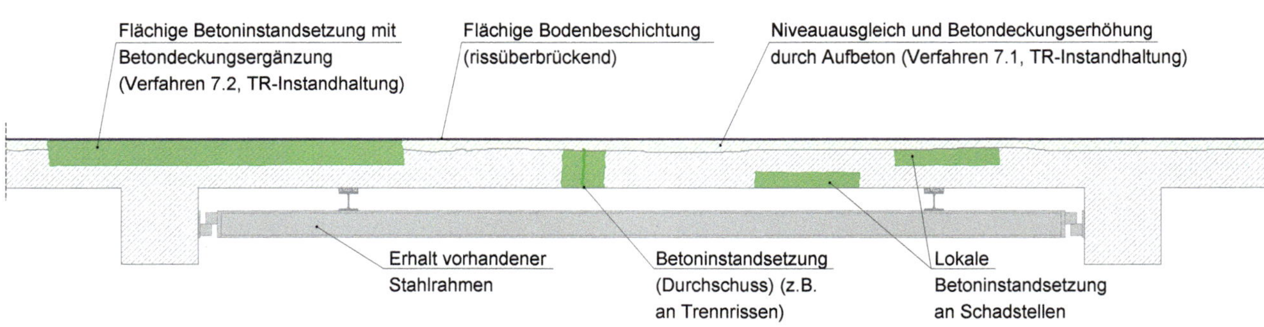

Abb. 12: Schemaskizze Übersicht über die Instandsetzungsmaßnahmen

2.3 Instandsetzung der Wand- und Stützensockel

An den Stützen und Wandsockeln des Parkhauses wurden in der Vergangenheit bereits kontinuierliche Betoninstandsetzungsarbeiten an Schadstellen durchgeführt. Insofern ist dort mit einem geringeren Instandsetzungsaufwand als an den Decken zu rechnen. Außerdem sind die Sockelbereiche des Parkhauses jederzeit und ohne wesentliche Auswirkungen auf den Parkbetrieb zugänglich, weshalb die Sockelinstandsetzung im Vergleich zur Sanierung der Decken eine eher untergeordnete Rolle einnimmt.

2.4 Weitere Maßnahmen im Zuge der Instandsetzung

Folgende weitere Maßnahmen werden im Zuge der Instandsetzungsmaßnahme mit ausgeführt:

- Abdichtung von Bauwerksfugen mit einer Abdichtungsbandage und Schlaufenausbildung, die in die Beschichtung der Bodenfläche eingebunden ist.
- Erneuerung von Entwässerungseinrichtungen (Bodeneinläufe und Leitungsführung).
- Instandsetzungsmaßnahmen an der Dachhaut, sowie an der Gebäudefassade.
- Erneuerung/Sanierung sonstiger technischer Anlagen im Parkhaus (Aufzüge, TGA, etc.) je nach Bedarf.
- Erneuerung des Farbanstrichs als OS 2-Beschichtung an allen sonstigen Betonoberflächen im Parkhaus.

3. Statische Berechnungen/Abstützungskonzept

Für die Betoninstandsetzungsarbeiten sind Abstützungsmaßnahmen erforderlich. Das Parkhaus bleibt während der Instandsetzung in den nicht zu sanierenden Ebenen weiter in Betrieb, mit möglichst geringen Stellplatzverlusten. Daher entfällt die einfache Möglichkeit des Durchstützens über mehrere Ebenen. Für den Entwurf eines wirtschaftlichen, sicheren und möglichst von Ebene zu Ebene wiederverwendbaren Abstützungskonzepts wurden daher umfangreiche statische Untersuchungen durchgeführt.

3.1 Statische Berechnungen

Das Parkhaus wurde als Stahlbetonskelettkonstruktion, mit einem Primärtragwerk aus Stützen und Unterzügen mit biegesteifen Rahmenverbindungen hergestellt. Die Stahlbetondecken (Sekundärtragwerk) spannen einachsig zwischen den Unterzugsachsen und sind monolithisch mit dem Primärtragwerk verbunden (Durchlaufdecken). Aufgrund des Deckeneigengewichts, den Frischbetonlasten, sowie den Nutzlasten im Bauzustand wäre es bei herkömmlicher, flächiger Abstützung statisch erforderlich, über mindestens zwei darunterliegende Ebenen durchzustützen, was für diese Ebenen ebenfalls eine Vollsperrung, mit zu hohen Stellplatzverlusten für den Parkbetrieb, zur Folge hätte.

In den statischen Berechnungen wurden verschiedene Szenarien, mit welchen während der Instandsetzung gerechnet werden muss, untersucht. Hierbei wurden auch lokale Belastungen aus dem Bauablauf (z. B. Nutzlasten aus Baufahrzeugen, etc.) berücksichtigt. Nachfolgende wesentliche Erkenntnisse konnten dabei u. a. gewonnen werden.

- Die Unterzüge sind im Abbruchzustand (Plattenbalken mit reduzierter Plattendicke), selbst bei deaktivierten Rahmeneckeinspannungen mit moderaten Ausnutzungen standsicher und müssen somit nicht abgestützt werden. Lasten aus den Decken, außerhalb der mitwirkenden Plattenbreite sind jedoch abzustützen.
- Eine Deaktivierung der Rahmeneckeinspannungen der Unterzüge führt ohne Abstützung der Deckenfelder zu Überbeanspruchungen der Unterzug-Feldbewehrung.
- Das Primärtragwerk (mehrstöckiger Rahmen aus Stützen und Unterzügen) der unteren Stockwerke kann die Abstützungslasten aufnehmen, wenn mindestens zwei darunterliegende Ebenen aktiviert werden.

3.2 Abstützungskonzept

Aus den Ergebnissen der statischen Berechnungen wurde ein Abstützungskonzept entwickelt, welches robust, vielseitig und einfach zu erstellen ist und zugleich möglichst viele Stellplätze für den Parkbetrieb zur Verfügung stellt. Die Abstützung der Decke zwischen den Unterzügen erfolgt so, dass nur in der 1. Abstützungsebene (1. Ebene unter der Sanierungsebene) flächige Abstützungen eingebaut werden müssen.

Diese flächigen Abstützungen lagern jedoch nicht auf der darunterliegenden Decke auf, sondern werden auf Stahlträgern aufgelagert. Die Stahlträger verlaufen im Raster von ca. 2,50 m linienförmig in Deckenspannrichtung und wurden unter Berücksichtigung der Biegesteifigkeiten der abzustützenden Stahlbetondecke dimensioniert, um die Verformungen des Tragwerks und somit auch ungewollte Umlagerungen von Schnittgrößen im Bauzustand möglichst gering zu halten. Die Auflagerung der Stahlträger erfolgt nur in den Achsen des Primärtragwerks, wodurch erreicht wird, dass die flächigen Abstützungslasten bereits in der 1. Abstützungsebene linienförmig an die 2. Abstützungsebene weitergeleitet werden (Abb. 13). In der 2. Abstützungsebene sind durch das o.g. Vorgehen statisch nur noch punktförmige Abstützungen in den Unterzugsachsen erforderlich. Hierdurch wird ein Parkbetrieb bereits in der 2. Abstützungsebene ermöglicht (Abb. 14). Für den Parkbetrieb stehen hierdurch ca. 80 Stellplätze mehr zur Verfügung, als bei einer herkömmlichen Durchstützung der Lasten.

Abb. 13: Abstützungsmaßnahmen in der 1. Abstützungsebene (Ebene für den Parkbetrieb gesperrt)

Abb. 14: Abstützungsmaßnahmen in der 2. Abstützungsebene (Parkbetrieb möglich)

Die Abstützungsmaßnahmen werden von unten nach oben, vor Beginn des Betonabtrags eingebaut und bis nach entsprechender Betonerhärtung vorgehalten. Während der Rückbauarbeiten (Ausbau des bestehenden Gussasphaltbelags), des Aufbetoneinbaus und während der Beschichtungsarbeiten sind keine Abstützungen notwendig.

Das Abstützungsmaterial (insbesondere die Stahlträger) kann in den verschiedenen Bauabschnitten wiederverwendet werden. Durch den AG wird das wiederverwendbare Material dem AN zu Beginn der Baumaßnahme zur Verfügung gestellt. Die Zwischenlagerung des Materials (bis zum nächsten Einsatz) erfolgt innerhalb des Parkhauses. Am Ende der Sanierungsmaßnahme werden die Stahlträger zu dauerhaft verbleibenden Unterstützungsrahmen (wie im Bestand bereits vorhanden) umgebaut, um so besonders stark beanspruchte Deckenbereiche des Parkhauses, oder Bereiche mit eingeschränkter Zugänglichkeit, zusätzlich zu verstärken.

4. Fazit und Ausblick

Zum Zeitpunkt der Einreichung dieser Veröffentlichung (Anfang Dezember 2025) waren die Ebenen 9 und 10 sowie die Rampen hinunter bis zur Ebene 6 mit dem beschriebenen Konzept erfolgreich saniert und wieder in Nutzung. Der Betonabbruch in Ebene 7 und 8 wurde gerade vorbereitet, d. h. der Gussasphalt war dort ausgebaut und der Schadensumfang durch die flächige Potentialfeldmessung klar eingegrenzt. Da in diesem Bauabschnitt das erste Mal Autos unmittelbar neben dem HDW-Abbruch fahren, wurden umfangreiche Schutzmaßnahmen (auch zum Lärmschutz) eingebaut.

Die Sanierung läuft planmäßig noch drei weitere Jahre, wobei immer Doppelebenen-Weise von oben nach unten vorgegangen wird. Als letztes werden die unteren Rampen saniert. Da zwei Ebenen immer mit zwei Rampen (eine Auffahrts- und eine Abfahrtsrampe) verbunden sind, ist auch dies unter Aufrechterhaltung des Parkbetriebs möglich. Eine Rampe muss dabei, während die andere Rampe für die Sanierung gesperrt ist, im Zweirichtungsbetrieb befahren werden. Dafür ist eine komplexe Verkehrsführung innerhalb des Parkhauses notwendig (Abb. 15).

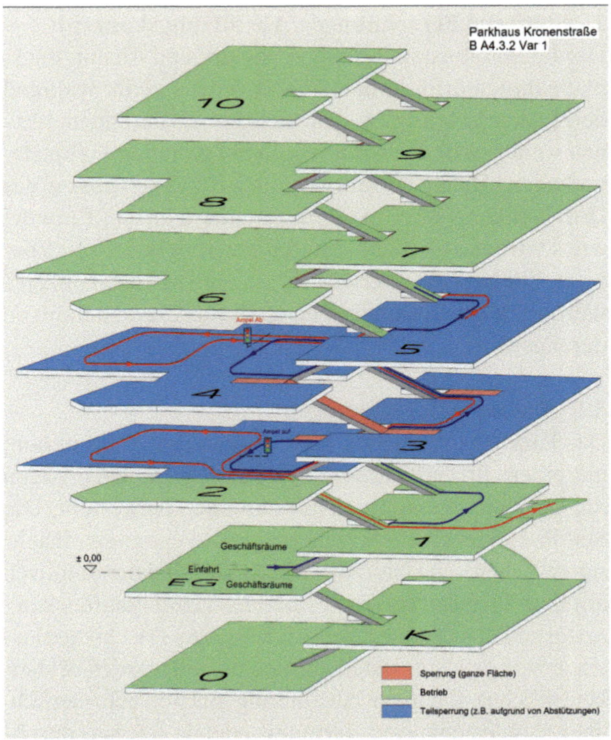

Abb. 15: Exemplarische Visualisierung der Verkehrsströme während der Sanierung einer Rampe.

Literatur

[1] Technische Regel Instandhaltung von Betonbauwerken (TR-Instandhaltung), Teil 1 und Teil 2 (Stand Mai 2020)

„Refreshing“ statt Totalabtrag – Instandsetzungskonzept für eine bestehende OS-Beschichtung in einer Wiener Park & Ride-Anlage

Nachhaltige Instandsetzung am Beispiel der 27 Jahre alten P&R-Anlage Ottakring unter Berücksichtigung technischer, wirtschaftlicher und brandschutztechnischer Anforderungen

Dipl.-Ing. Susanna Arazli
Sachverständige für Garagen und Parkhäuser, Alland, Österreich

Zusammenfassung
Die Instandsetzung älterer Bodenbeschichtungen in Parkbauten wird durch unklare Systemaufbauten und die strengen brandschutztechnischen Vorgaben in Österreich erheblich erschwert. Am Beispiel der 27 Jahre alten Park & Ride-Anlage Ottakring wird ein Konzept vorgestellt, das den Teilerhalt der alten Beschichtung und die gezielte Erneuerung der Verschleißschicht vorsieht. Dieses Vorgehen reduziert Eingriffe in die Konstruktion, schont Ressourcen und vermeidet hohe Entsorgungs- sowie Materialkosten. Durch in situ durchgeführte Brandprüfungen konnten die brandschutztechnischen Anforderungen trotz fehlender Systemprüfungen zuverlässig beurteilt werden. Die Schadensanalyse zeigte, dass flächige Sanierungen nicht erforderlich sind und Schäden primär in Rand- und Detailbereichen auftreten. Das Refreshing erweist sich als technisch sichere, nachhaltige und genehmigungsfähige Alternative zum vollständigen Rückbau.

1. Ausgangslage
In vielen bestehenden Parkbauten sind die ursprünglich eingesetzten Beschichtungssysteme heute nicht mehr eindeutig zuzuordnen. Dies erschwert Instandsetzungen erheblich, da sowohl die Haft- und Tragfähigkeit als auch die brandschutztechnische Klassifizierung des Altaufbaus beurteilt werden müssen.
Die OIB-Richtlinie [1] fordert für Garagenböden die Brandklasse B_{fl}. Der Nachweis erfolgt grundsätzlich am vollständigen Systemaufbau im Labor und ist daher für heterogene Bestandsaufbauten nur eingeschränkt anwendbar. Dadurch entsteht ein genehmigungsrechtliches Bewertungsdefizit, insbesondere wenn neue Schichten auf unbekanntem Altmaterial appliziert werden sollen.

2. Objektbeschreibung und Systemhistorie
Die Park & Ride-Anlage Ottakring in Wien der ARWAG P&R Errichtungs- und Betriebsgesellschaft m.b.H. umfasst ca. 720 Stellplätze und besteht aus einem mehrgeschossigen Stahlbetonbau mit einem asphaltierten Erdgeschoss und drei beschichteten Parkebenen. Das Gebäude aus dem Jahr 1998 liegt über den U-Bahngleisen, ist etwa 150 m lang und 32 m breit.

Der ursprüngliche Beschichtungsaufbau entspricht einem OS11a-ähnlichen System mit elastischer Membran und darüberliegender Verschleißschicht. Zum Zeitpunkt der Errichtung gab es in Österreich noch keine normativen Vorgaben zum Schichtaufbau von Parkdeckbeschichtungen.

3. Typische Alters- und Nutzungserscheinungen
Nach 27 Jahren Betrieb zeigten sich folgende typische Schäden:
- unauffällige Risse und leichte Korrosionsspuren im Stahlbeton
- spröde, lokal abplatzende Beschichtungshochzüge
- Abrieberscheinungen und lokale Zerstörung der Verschleißschicht
- intensive Verschleißzonen in Bereichen hoher Radlasten, Lenkbewegungen und Rampen
- ausgeprägte Schäden im Bereich einer Dehnfuge zum benachbarten Bauwerk

Die Membran zeigte großteils eine ausreichende Substanz, womit eine Sanierung ohne vollständigen Rückbau grundsätzlich möglich war.

Abb. 1: typischer Schaden am Stützenfuß

Abb. 2: geschädigter Stützenfuß im Übergang zum Nachbarbauwerk

Abb. 3: Spindelbereich mit abgefahrener Verschleißschichte

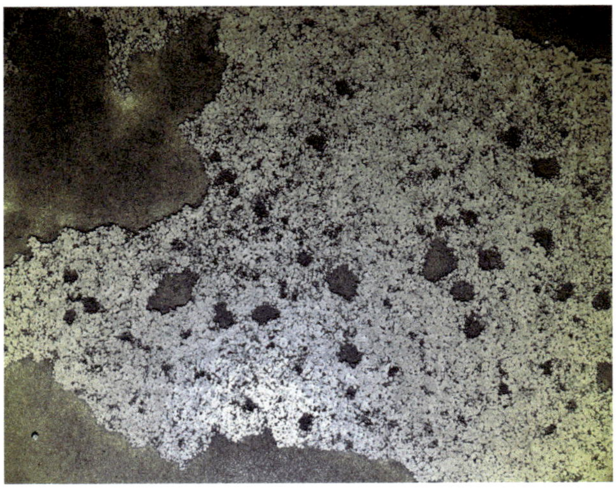

Abb. 4: Abrieb Versiegelung

Abb. 5: Zerstörung durch Abrieb bis zur Membran

4. Zustandsanalyse

4.1 Befundaufnahme durch Augenschein

Alle Ebenen wurden systematisch begangen, Schäden kategorisiert (Stützenfuß, Wandfuß, Boden, Decke) und in Geschossplänen dokumentiert.

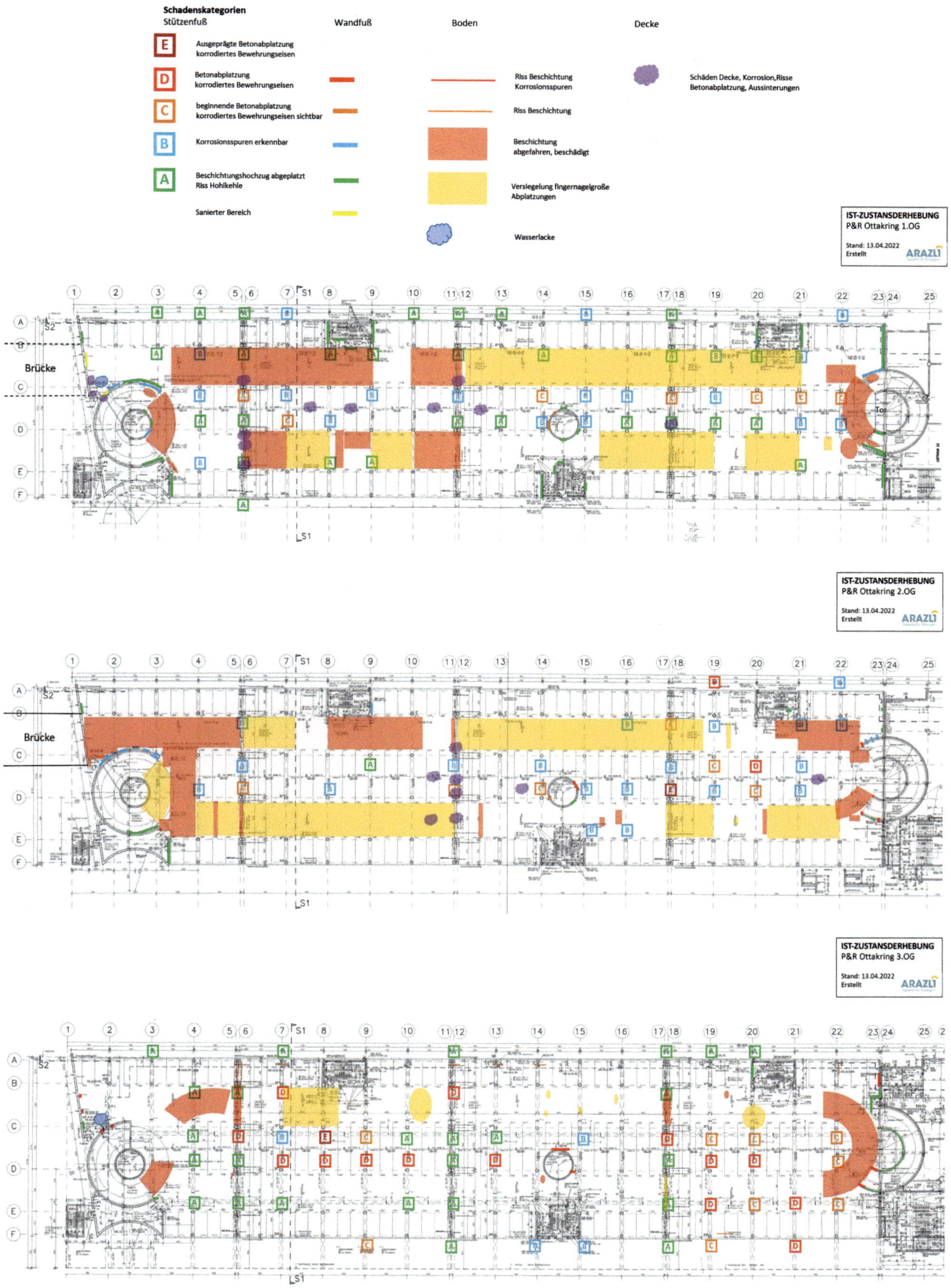

Abb. 6 – 8: Ist-Zustandserhebung 1. – 3.OG

4.2 Schadensbilder und technische Herausforderungen

Die Hauptschäden traten an Fahrwegen, im Spindelbereich und in Kurven auf. Besonders relevant waren spröde Hochzüge sowie Schäden durch Abstandshaltereisen, die im Lauf der Jahrzehnte Korrosion und Betonabplatzungen im Sockelbereich verursachten.
Hinzu kamen unzureichende Betondeckungen und Spritzwasserbeanspruchung, welche die Chloridbelastung erhöhten. Lokale Bauteilöffnungen bestätigten diese ungünstigen Randbedingungen.

4.3 Befundaufnahme durch Materialprüfung

An 16 Prüfpunkten wurden Betonüberdeckung, Korrosionsfortschritt, Karbonatisierungstiefe und Chloridgehalte in drei Tiefenstufen untersucht. Die Ergebnisse bildeten zusammen mit der visuellen Befundung die Grundlage für das Instandsetzungskonzept.

5. Sanierungsstrategie und Entscheidung für ein „Refreshing“

Aufgrund der guten Substanz der Membran wurde ein Erhalt des Altaufbaus als technisch vertretbar eingestuft. Maßgeblich waren Haftzugmessungen, Schichtstärkenanalysen und die Bewertung der Funktionsfähigkeit der Membran.
Die Sanierung umfasste das Entfernen der verschlissenen Nutzschicht, punktuelle Untergrundreparaturen, die Ertüchtigung kritischer Detailbereiche sowie die Applikation einer neuen, systemkompatiblen Verschleißschicht. Damit konnten Eingriffe in die Tragstruktur reduziert und Risiken vermieden werden, wie sie bei vollständigem mechanischem Rückbau typischerweise auftreten.

6. Durchführung des Brandversuches

6.1 Ausgangslage

Da Laborprüfungen für Bestandsaufbauten nicht repräsentativ sind, wurde ein objektspezifischer in situ-Brandversuch durchgeführt. Ziel war die Beurteilung des realen Brandverhaltens des Bestandaufbaus.
Die geforderte Brandschutzklasse B_{fl} beinhaltet schwere Entflammbarkeit, keine nennenswerte Flammenausbreitung und eine selbstverlöschende Wirkung. In situ-Prüfungen bilden die „end-use-condition“ realitätsnah ab und ermöglichen eine objektspezifische, gleichwertige Einstufung.

6.2 In-Situ-Brandversuch

Das IBS - Institut für Brandschutztechnik und Sicherheitstechnik – führte den Versuch durch.
Zwei Beschichtungsvarianten wurden beflammt, unter Einsatz eines Dachpappenflämmers mit Temperaturen von ca. 1500 – 1800 °C.

Die brandschutztechnischen Ergebnisse:

- selbstverlöschendes Verhalten nach Entfernen der Flamme
- nur geringer Eigenbrand
- keine Schmelzbildung
- kein Unterwandern oder „Zündschnureffekt“
- keine horizontale Brandweiterleitung
- geringe Rauchentwicklung

Somit wurde das Schutzziel Bfl nachweislich erfüllt.

Abb. 9 + 10: Bilder des Brandversuchs

7. Ressourcenschonung und wirtschaftliche Aspekte

Auftraggeberseitig wurde entschieden, primär die Fahrbahnbereiche zu sanieren, während Stellplätze aufgrund geringerer Beanspruchung weitgehend erhalten blieben. Das Refreshing der Fahrstraßen brachte deutliche ökologische und wirtschaftliche Vorteile:

- reduzierter Materialeinsatz durch Erhalt der Membran
- deutlich geringere Entsorgungsmengen und dadurch reduzierte Kosten
- Reduktion potentiell kontaminierter Abfälle
- kürzere Bauzeit und geringere Nutzungsausfälle
- Schutz des Betonuntergrundes durch minimierten Eingriff in die Oberfläche

Alle Hochzüge wurden erneuert, die bestehenden Hohlkehlen jedoch erhalten.
Damit erfüllt diese Methode grundlegende Anforderungen moderner, nachhaltiger Bauwerkserhaltung.

8. Ablauf, Qualitätssicherung und Risikominimierung

Die Sanierung erfolgte abschnittsweise, begleitet von regelmäßigen Prüfungen (Haftzug, Schichtdicken, Detailanschlüsse, Trocknung).
Besonderes Augenmerk galt Schwachstellen wie Hochzügen, Wandfüßen und Fugenbereichen, da diese maßgeblich zu früheren Schäden beigetragen hatten.

9. Betoninstandsetzung

Schadhaften Stützen- und Wandfüße wurden gemäß der in Österreich gültigen Regelwerke [2] und [3] instandgesetzt.
Freigelegte Schalungs- bzw. Abstandshaltereisen wiesen mangelnde Betondeckung auf und hatten die Korrosion der Bewehrung beschleunigt.
Nicht tragende Abstandshalter wurden entfernt, Fehlstellen reprofiliert und erforderliche Betoninstandsetzungen durchgeführt. Zur Kompensation unzureichender Betondeckung wurde ein CO_2-bremsender Anstrich aufgetragen.

Abb. 11 + 12: typische Bilder vom Stützenfuß nach Freilegung des Schalungseisen und Abstandshalter

10. Wesentliche Erkenntnisse aus dem Projekt

- Sanierungen sind häufig nicht flächendeckend erforderlich; die Schadenszonen sind klar lokalisiert.
- Die Erhaltung der bestehenden Beschichtungsmembran ist technisch möglich, sofern deren Unversehrtheit nachgewiesen wird.
- In-situ-Brandprüfungen stellen eine praxisnahe Lösung bei fehlender Systemidentität dar.
- Ressourcenschonung und Schonung des Bestandsbetons sind wesentliche Erfolgsfaktoren für nachhaltige Sanierungen.
- Das Pilotprojekt zeigt übertragbare Lösungsansätze für zahlreiche ältere Parkbauten.

11. Ausblick und Notwendigkeit eines Regelwerks

Der Versuch, ein nationales Merkblatt zum Thema Refreshing in Österreich einzuführen, scheiterte bislang an brandschutztechnischen Anforderungen. Die Praxis zeigt jedoch, dass gerade ältere Parkbauten klare und angepasste Richtlinien benötigen, um technisch sinnvolle Sanierungsstrategien rechtssicher umsetzen zu können.
Ein zukunftsfähiges Regelwerk könnte sicherstellen, dass ressourcenschonende und zugleich leistungsfähige Lösungen wie das Refreshing breiter zur Anwendung kommen.

12. Fazit

Die vorgestellte Sanierungsmethode zeigt, dass die Erhaltung bestehender Beschichtungssysteme eine technisch fundierte und zugleich nachhaltige Option darstellt. Die Verbindung aus gezielter Substanzerhaltung, objektbezogener Brandprüfung und präziser Qualitätssicherung ermöglicht eine wirtschaftlich und konstruktiv überzeugende Instandsetzung – ohne die Risiken eines vollständigen Rückbaus.

Literatur

[1] OIB-Richtlinie Brandschutz bei Garagen, überdachten Stellplätzen und Parkdecks

[2] ÖNORM B 4706 - Instandsetzung von Betonbauwerken - Nationale Festlegungen für Produkte und Systeme für den Schutz und die Instandsetzung von Betonbauwerken gemäß ÖNORM EN 1504

[3] öbv-Richtlinie „Erhaltung und Instandsetzung von Bauten aus Beton und Stahlbeton

Was ist zulässig für eine flächige Betoninstandsetzung: PCC I, RM, R4-Mörtel, Estrich, Ausgleichsmörtel, KKS-Einbettmörtel oder Gefällebeton?

Dipl.-Ing. Frank Halm
Saint-Gobain Weber GmbH

Zusammenfassung
Die Entwicklung der Betoninstandsetzung ist geprägt durch eine ständige Veränderung in den Regelwerken. In den letzten 40 Jahren haben sich die Vorschriften für den Hochbau, für den konstruktiven Ingenieurbau und den Wasserbau gravierend verändert. Hinzu kam eine europäische Reglementierung für die Betoninstandsetzung. Durch die „neuen EN-Vorschriften“ ergaben sich aber auch neue Einsatzmöglichkeiten für Betonersatzsysteme. Neben Beton und Spritzbeton ist es nun möglich auch mit Betoninstandsetzungssystemen, händisch oder spritzbar verarbeitet, statisch relevante Sanierungen auszuführen. Das war vorher rechtlich nicht möglich. Durch die Einführung der neuesten deutschen Regelwerke (TR IH) ist auch eine differentere Auswahl der Instandsetzungsprinzipien und -verfahren gegeben. Auch die Bedeutung des sachkundigen Planers hat sowohl für die Planung als auch für die Begleitung von Baustellen zugenommen und wird detailliert in den Vorschriften beschrieben. Bei den Instandsetzungssystemen gab es in den 1990er Jahren eine Entwicklung zu einkomponentigen Reparaturmörtelsystemen. Dadurch erfolgte die Kunststoffmodifizierung nicht mehr durch Mischung mit einer Dispersion, sondern in Pulverform durch redispergierbares Kunststoffpulver. Weitere Entwicklungen waren das Zusammenführen von Korrosionsschutz und Zementhaftbrücke in ein Kombiprodukt durch diverse Anbieter. Es gibt auch Hersteller von Betonersatzsystemen, die den Reparaturmörtel und den Feinspachtel als ein Produkt anbieten. Seit einigen Jahren gibt es für die flächige Instandsetzung auf dem Boden hoch fließfähige Betonersatzsysteme, die sich durch maschinelle Verarbeitung mit hohen Flächenleistungen und Bauzeitverkürzungen auszeichnen. Durch die Entwicklung in den Vorschriften haben sich die charakteristischen Bezeichnungen der Betonersatzsysteme komplett geändert. Dass diese Veränderungen der Begrifflichkeiten nicht immer zeitnah umgesetzt werden, erleben Baubeteiligte jeden Tag. Neben Altbezeichnungen werden aber auch Stoffsysteme und Anwendungen vermischt. In dem Vortrag sollen nicht mehr zutreffende, aber auch die neuen Termini erläutert werden. Weiterhin wird der Unterschied zwischen Instandsetzungssystemen und Anwendungen selektiert, dabei sollen zulässige und unzulässige Stoffsysteme erklärt werden.
Der Vortrag ist in 4 Teile gegliedert. Im ersten Teil (Einleitung) werden typische tägliche Anfragen aufgezeigt. Dabei zeigt die kleine Auswahl schon den Umfang an Vermischung zwischen Systemen und Anwendungen. Der Teil 2 geht auf die Schadensmechanismen auf einer unbeschichteten Parkfläche ein. Neben der Karbonatisierung ist das Einwirken von eingefahrenen Tausalzen die Hauptursache von Stahlbetonschäden in Tiefgargaragen und Parkhäusern. Bei Decken haben diese Schäden noch eine größere statische Relevanz. Im dritten Abschnitt des Vortrages werden die Unterschiede zwischen Baustoffsystemen und Anwendungen erklärt. Hier werden alte (nicht mehr zulässige), aber immer noch verwendete Bezeichnungen und die neuen Betonersatzsysteme und Stoffsysteme besprochen, die in Tiefgaragen und Parkhäuser eingesetzt werden. Bei den Anwendungen werden die stofflichen und rechtlichen Möglichkeiten ausgelotet. Der 4. Teil beinhaltet die fachgerechte Instandsetzung mit Beispielen.

1. Einleitung

In der täglichen Arbeit als Anbieter von Sanierungssystemen muss man als beratender Ingenieur E-Mail-Anfragen, Anrufe und Beratungsgespräche auf Baustellen führen. Als Referent für SIVV-Lehrgänge und sachkundigen Planer ist man ständig gezwungen auf dem neuesten Stand der technischen Entwicklung und auch auf dem aktuellen Stand der Regelwerke zu sein. Vielleicht haben deshalb Anfragen mit nicht mehr geltenden Bezeichnungen, das Vermischen von Instandsetzungssystemen und Anwendungen, sowie technisch nicht mögliche Anforderungen an Lösungen für Bodeninstandsetzungen in Tiefgaragen und Parkhäusern zu der Auseinandersetzung mit den Anfragen und schlussendlich zu diesem Vortrag geführt. Eine kleine Auswahl aus unzähligen Anfragen der letzten 3 Jahre soll diese Situation verdeutlichen. Auch wenn der Eine oder Andere eine ähnliche Nachricht an uns gesendet hatte, alle aufgeführten Anfragen bleiben anonym. Die nachfolgenden Beispiele sind ohne Wertung:

„Hallo Herr Halm, wir benötigen für unsere Tiefgarage einen PCC I. Was kostet der bei ihnen?“

„Für die Planung einer Tiefgarage in … brauchen wir einen Beton als Gefällemörtel zwischen 1cm und 10 cm, Was können sie empfehlen

„Bitte einen Preis für Position: Hoch fließfähiger Betonersatzmörtel R4 und Ausgleichsmasse 30 mm“

„Ich habe eine komplett gerissene Tiefgaragenplatte, der Stahl ist leicht gerostet. Haben sie einen Estrich, der darauf hält? Kann der die Risse überbrücken?“

Allein die vier ausgewählten Nachrichten zeigen, dass Altbezeichnungen wie PCC I weiter in Verwendung sind und es auch noch einige Jahre als Vergleichsbezeichnung geben wird. Wer 2 Wochen einen SIVV-Lehrgang erfolgreich durchlebt hat, ist mit den Bezeichnungen und Begriffen verwachsen. Auch notwendige Weiterbildungen zur Beibehaltung des Status SIVV-Schein bringen in der zweitägigen Auffrischung nicht immer die notwendige Wissensveränderung. Im Teil 3 werden die aktuellen Systeme und Anwendungen detailliert besprochen.

2. Schadensmechanismen auf einer Parkfläche

Zahlreiche Veröffentlichungen haben sich schon mit den Schadensmechanismen auf einer Parkfläche beschäftigt. Der Vorgang der Karbonatisierung durch die Umwandlung von Calciumhydroxid in Calciumcarbonat sollte hinreichend bekannt sein. Durch die Absenkung des pH-Wertes im Zementstein verliert der Bewehrungsstahl seinen alkalischen Schutz.

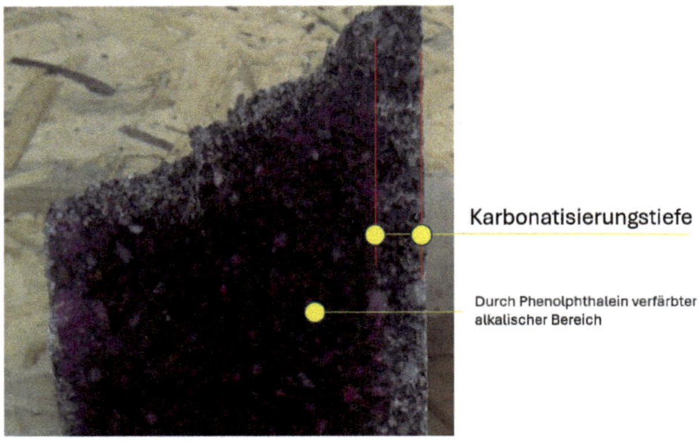

Bild 1: Nachweis der Karbonatisierungstiefe mit Phenolphthaleinlösung
(Quelle: Saint-Gobain Weber GmbH)

Auf Verkehrsflächen in Tiefgaragen und Parkhäusern ist das Einbringen von Tausalzen durch parkende Fahrzeuge im Winter eine weitere signifikante Schadensursache. Bei jedem regenbedingten Feuchteeintrag werden die Salze wieder gelöst und tiefer in den Stahlbeton transportiert. Auch bei ausreichend hohem pH-Wert kann durch Chloride die Passivschicht um den Stahl aufgehoben werden. Bei entsprechendem Feuchtezustand des Betons, der Sauerstoffzufuhr über die nicht beschichtete Oberfläche und entsprechend hohe Chloridkonzentration wird sich ein Teilbereich am Bewehrungsstahl in einen anodischen Bereich umwandeln, der restliche Teil wirkt dann als Kathode. Die daraus resultierenden Korrosionsvorgänge beginnen mit einer Lochfrasskorrosion. Erst nachfolgend ergeben sich flächenhafte Korrosionsvorgänge mit abplatzenden Betonoberflächen.

Bild 2: Typische Tiefgaragenflächen ohne Oberflächenschutzsystem
(Quelle: Saint-Gobain Weber GmbH)

Durch den nicht vorhandenen Schutz der Betonüberdeckung beschleunigen sich die Korrosionsvorgänge am freiliegenden Stahl.

Bild 3: Oberflächenschäden mit freiliegender korrodierter Bewehrung
(Quelle: Saint-Gobain Weber GmbH)

Bei Korriosionsvorgängen infolge von Chloriden kann häufig das gesamte Schadensausmaß erst nach der Untergrundvorbereitung erkannt werden. Besonders bei Deckenkonstruktionen ist eine fachgerechte Einschätzung mit Nachweis der Tragfähigkeit unumgänglich. Moderne Untersuchungsmethoden können Chlorideindringtiefen und Chloridgehalte auf Parkflächen sicher dedektieren. Diese ermittelten Werte müssen in eine entsprechende Untergrundvorbereitung mit Abtrag des chloridhaltigen Betons münden. Der sachkundige Planer muss das entsprechende Instandsetzungsprinzip bzw. – verfahren festlegen. Dabei ist neben dem Kostenfaktor auch die prognostizierte Restnutzungsdauer und die Nachhaltigkeit der Sanierung mit dem Bauherrn zu klären.

Bild 4: Nach Fräsen sichtbare großflächige Chloridinduzierte Korrosionsvorgänge
(Quelle: Saint-Gobain Weber GmbH)

Die oben aufgeführten Schäden verdeutlichen die Bedeutung der richtigen Auswahl von Instandsetzungslösungen durch den sachkundigen Planer. Neben der Wiederherstellung des Verbundes zum Bewehrungsstahl muss zur Sicherstellung der Dauerhaftigkeit das gewählte Instandsetzungssystem über ein hohes alkalisches Potential verfügen. Um eine volle Tragfähigkeit wieder herzustellen, kann es notwendig werden, bei hohem Korrosionsverlust Zusatzbewehrungen zu implementieren. Eine statische Bemessung ist hier unerlässlich. Die Entwicklung der letzten Jahre ermöglicht auch den Einsatz moderner Instandsetzungslösungen mit, alternativ zu Bewehrungsstahl, geeigneten und geprüften Carbonmatten. Diese Lösungen haben sich auch als kathodischer Korrosionsschutz gut etabliert. Durch Einsatz von hoch fließfähigem Betonersatzsystemen und einer maschinellen Mischung und Förderung können zusätzlich die Einbauzeiten wesentlich verkürzt werden. Gleichzeitig erfolgt der Einbau im Stehen.

3. Unterschiede Systeme und Anwendungen

Wie oben schon beschrieben, gibt es eine Vermischung zwischen Instandsetzungssystemen und Anwendungen bei den Arbeiten in Parkhäusern oder Tiefgaragen. In der Vergangenheit, bis zur Überarbeitung der ZTV-ING [1] im Jahr 2017, waren händisch zu verarbeitende Betonersatzsysteme als PCC I bis PCC III gegliedert. Da PCC II und PCC III mit gleichen Produkten ausgeführt wurde, gab es nur noch die Unterscheidung in PCC I und PCC II. Als PCC I wurden kunstoffmodifizierte Mörtel- oder Betonersatzsysteme für waagerechte oder schwach geneigte Oberseiten bezeichnet. Parkflächen und Brückentafeln waren der Haupteinsatzbereich. Der Betonersatzmörtel oder -beton wurde frisch-in-frisch in eine Zementhaftbrücke eingearbeitet. In Ausnahmefällen kamen Epoxidharzbrücken zum Einsatz. Bei dem PCC II handelt es sich in den meisten Fällen um einen Betonersatzmörtel als Reparatursystem für senkrechte oder Überkopfflächen. Damit sollten kleinere Schadstellen, ggf. lagenweise, verschlossen werden. Die Mörtelsysteme waren standfest und gut spachtelbar. Eine hohlraumfreie Ummantelung des freigelegten Bewehrungsstahls konnte sicher ausgeführt werden.

Grundsätzlich sind die möglichen Instandsetzungssysteme heute in den aktuellen Regelwerken reglementiert. Die Technische Regel Instandhaltung vom DIBT [2] in Verbindung mit der RiLi-SIB vom DAfStb [3] führt Betonersatzsysteme mit bekannter und unbekannter Zusammensetzung auf.

Betonersatzsysteme mit bekannter Zusammensetzung sind:

- Beton nach DIN EN 206/ DIN 1045-2
- Spritzbeton nach DIN EN 14487/ DIN 18551
- Vergussmörtel und Vergussbeton nach DAfStb-Richtlinie „Vergussbetonrichtlinie des DAfStb…“

Betonersatzsysteme mit unbekannter Zusammensetzung sind:

- RC (Repair Concrete) Beton als Betonersatz im Handauftrag/Betonierverfahren mit und ohne Kunstoffmodifizierung
- RM (Repair Mortar) Mörtel als Betonersatz im Handauftrag/Betonierverfahren mit und ohne Kunstoffmodifizierung
- SRC (Sprayable Concrete) Spritzbarer Beton als Betonersatz mit und ohne Kunstoffmodifizierung
- SRM (Sprayable Mortar) Spritzbarer Mörtel als Betonersatz mit und ohne Kunstoffmodifizierung
- PRM (Polymer Repair Mortar) und
- PRC (Polymer Repair Concrete)
- Mischungen von reaktiven Polymerbindemitteln und abgestufte Gesteinskörnungen

Bei den Betonersatzsystemen RM, RC, SRM und SRC ist der Einsatz mit statischer Relevanz als geprüftes R4-System nach EN 1504-3 möglich. In der Tabelle 3 „Anforderungen an die Gebrauchstauglichkeit für statisch und nicht statisch relevante Instandsetzungsprodukte“ der EN 1504-3 [4] sind die 12 Prüfkriterien für die Einstufung in die **Klasse R4** aufgeführt. Durch diese Einstufungsmöglichkeit haben sich für Bauherren und Planer neue Instandsetzungsmöglichkeiten mit dünneren Schichtdicken gegenüber früheren Aufträgen mit Beton oder Spritzbeton ergeben. Auch die rechtliche Konformität ist nun bei Einsatz von geprüften Betonersatzsystemen abgesichert. Wichtig ist an dieser Stelle noch einmal hervorzuheben, dass eine Stahlbetonreparatur nur mit den zugelassenen Betonersatzsystemen zulässig ist. Eine Stahlbetoninstandsetzung mit Estrichsystemen oder ternären Ausgleichsmassen entspricht nicht den Vorgaben der TR-IH. Sogenannte „ternäre“ Estrich-Spezialbindemittel, bestehen ihrem Namen entsprechend aus einem Dreistoffgemisch (Portlandzement, Aluminatzement, Calciumsulfat) sowie weiteren Additiven und verfügen so über eine hohe kristalline Wasserbindung. Das Überschusswasser wird hierbei weitestgehend chemisch gebunden. [5] Ein alkalischer Schutz ist nicht gewährleistet und die ternären Ausgleichsmörtel sind häufig quellgefährdet gegen aufsteigende Feuchtigkeit.

Welche Anwendungen ergeben sich für die einsetzbaren Instandsetzungssysteme?

Die Beantwortung dieser Frage ist abhängig vom Schädigungsgrad der Parkflächen. Bei hohem Schädigungsfortschritt inklusive korrodiertem und freiliegenden Stahl muss eine klassische Betoninstandsetzung nach Instandsetzungsprinzip 7.2 nach TR-IH erfolgen.

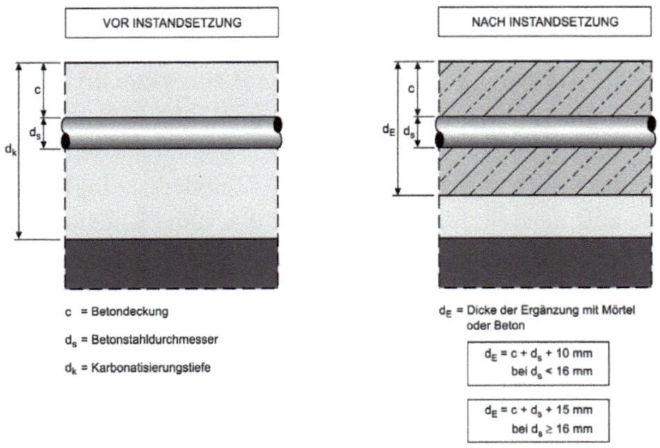

Bild 5: Instandsetzungsverfahren 7.2 (Quelle: TR IH)

Hier ist der Bewehrungsstahl einzubetten und der fehlende Beton zu ersetzen. Dadurch kommt es wieder zum **Alkalischen Korrosionsschutz** als eine Anwendung. Bei Stahlbetondecken kann durch diese Reparaturarbeiten auch eine **statische Ertüchtigung** erreicht werden.

Bild 6: Einbettung des Bewehrungsstahls mit hoch fließfähigen Instandsetzungsmörtel R4
(Quelle: Saint-Gobain Weber GmbH)

Grundsätzlich werden anschließend die Bodenflächen mit einem Oberflächenschutzsystem überarbeitet. Eine Auswahl findet sich in der TR-IH, „Tabelle 12: Verwendung von Oberflächenschutzsystemen“. Ein **tragfähiger Untergrund für Oberflächenschutzsysteme** wäre eine weitere Anwendung. Verkehrsflächen unterliegen, besonders bei gewerblich genutzten Tiefgaragen und Parkhäusern, erhöhten mechanischen und chemischen Einflüssen. Eine gute Dauerhaftigkeit der gesamten Oberfläche wird nach einer Grundsanierung erwartet. Dazu gehören fugenlose Oberflächen, implementierte Verdunstungsrinnen oder/und fachgerechte dauerhafte Abflusssysteme. Baudehnungsfugen aus dem Gebäude müssen in die Oberfläche als Fugensysteme integriert werden. Für einen langen Lebenszyklus sind weitestgehend **fugenlose Oberflächen** anzustreben.

Bild 7: Fugenloser tragfähiger Untergrund für Oberflächenschutzsysteme
(Quelle: Saint-Gobain Weber GmbH)

Eine weitere Fragestellung bei der Planung von instand zu setzenden Parkflächen ist die Ausbildung von Gefälle. Eine **Gefälleausbildung** erhöht die Dauerhaftigkeit, kann aber auch für die Nutzung besonders im Winter von Bedeutung sein. Ist die Gefälleausbildung mit einem Betonersatzsystem zu realisieren, ergeben sich erhöhte handwerkliche Anforderungen an die Ausführung. Gleichzeitig ist die Ebenheit nach DIN 18202 [6] zu erfüllen. Bei der Gefälleausbildung ist eine enge Abstimmung zwischen Planer und Bauherr notwendig. Bei mangelhafter oder unzureichender Gefälleausbildung durch die Betonage der Parkflächen, können notwendige Flächenaufträge nachträglich mit Betonersatzsystemen ausgeführt werden. Wie schon oben beschrieben erfordert das einen entsprechend hohen handwerklichen Aufwand.

Bild 8: Gefälleausbildung mit einem Betonersatzmörtel und implementierten Carbonmatten
(Quelle: Saint-Gobain Weber GmbH)

Bild 9: Parkflächen mit Gefälleausbildung und mit integrierter Verdunstungsrinne (Quelle: Saint-Gobain Weber GmbH)

Besonders aufwendig wird die Instandsetzung bei noch zusätzlicher **KKS-Anwendung** als Prinzip 10 aus der „Tabelle 6: Prinzipien und Verfahren zum Schutz oder zur Instandsetzung von Bewehrungskorrosion"
Die oben erwähnten ternären Systeme werden als Ersatz für aufwendige Ausgleichsspachtelarbeiten unter Oberflächenschutzsystemen verwendet. Für den Einsatz müssen die Bewehrungsüberdeckungen ausreichend gegeben sein und es dürfen keine Stahlbetonschäden vorliegen.

4. Fachgerechte Instandsetzung

Eine fachgerechte Instandsetzung von Park- und Verkehrsflächen setzt eine detaillierte und genaue Untersuchung der quantitativen und qualitativen Schadensursachen voraus.

Bild 10: Typisches Schadensbild nach mehrjähriger Nutzung ohne Oberflächenschutzsystem (Quelle: Saint-Gobain Weber GmbH)

Das nachfolgende Instandsetzungskonzept basiert auf der Wiederherstellung der Standsicherheit und Gebrauchstauglichkeit. Dabei sind die Instandsetzungsprinzipien und – verfahren aus der TR-IH anzuwenden. Sanierungen bedürfen aber auch einer engen Abstimmung mit Auftraggeber und Nutzer der zu sanierenden Immobilen. Bei öffentlichen Gebäuden müssen Lösungen erarbeitet werden, die Stillstandzeiten minimieren. Oft sind Arbeiten in Teilabschnitten notwendig. Die notwendigen Schutzmaßnahmen, wie Staubschutzwände und Arbeitszeitverlagerungen, sind mit in das Sanierungskonzept einzuarbeiten. Wechselschaltungen zwischen Ein- und Ausfahrt ermöglichen einen weiteren störungsfreien Betrieb. Dadurch können Teilflächen durchgehend genutzt werden.

Bild 11: Teilflächensanierung mit Wechselverkehr (Quelle: Saint-Gobain Weber GmbH)

Bei der Untergrundvorbereitung müssen die Vorgaben zum Betonabtrag, Entfernen von chroridhaltigem Beton und das fachgerechte Freilegen des Bewehrungsstahls eingehalten werden. Bei nichtausreichender Betondeckung sind nach vorgegebener Entrostung (SA 2,0 früher SA 2,5) die Bewehrungsstähle mit einem zweifachen Korrosionsschutz zu schützen. Bei Aufträgen von mehr als 3 cm von Betonersatzsystemen kann auf den Korrosionsschutz verzichtet werden. Ein Abtrag des Betons kann durch Fräsen oder Höchstdruckwasserstrahlen erfolgen. Anschließend sind die zu reparierenden Flächen nachzureinigen, um einen optimalen Verbund zu sichern. Die zu erbringenden Nachweise der Oberflächenzugfestigkeit sind für Fachfirmen selbstverständlich.

Bild 12: Untergrundvorbereitung mit Höchstdruckwasserstrahlen (Quelle: Repenning + Sohn Berlin)

Die Betonersatzarbeiten können in Teilflächen oder vollflächig erfolgen. Das Einbetten von Rinnensystemen wird häufig separat nachfolgend ausgeführt, da in der Regel kurze Gefälleflächen ausgebildet werden müssen. Ob das immer Zeitersparnis bringt und notwendig ist, muss jede Fachfirma für sich entscheiden.

Bild 13: Teilflächeninstandsetzung
(Quelle: Saint-Gobain Weber GmbH)

Neben der Instandsetzung Ersatz von chroridhaltigen Betonflächen, können auch noch weitere Ursachen für eine flächige Reparatur notwendig werden. Da Risse immer eine Vorgeschichte haben, erhält die Ursachenermittlung bei der Schadensanalyse eine große Bedeutung. Um ein statisch bedingtes Rissbild zu verstehen, ist eine allumfassende Betrachtung des Bauwerkes mit Lage und äußeren Einwirkungen durchzuführen. Rückwärtige Durchfeuchtung, anstehende Grundwasser oder temporärer Wasserdruck auf eine Bodenplatte können schadensursächlich für Oberflächenrisse sein. Eine „normale Risssanierung“ und neue Ausbildung eines Oberflächenschutzsystems kann nach Jahren eine erneute Rissbildung hervorrufen. Hier ist eine statische Ertüchtigung an der Oberseite als Zugzone auszubilden. Moderne Carbonlösungen ermöglichen einen Auftrag mit moderaten Schichtdicken.

Bild 14: Mit Carbonmatten sanierte Tiefgaragenflächen
(Quelle: Saint-Gobain Weber GmbH)

Eine Nachbehandlung der Betonersatzsysteme sichert eine hohe Dauerhaftigkeit, eine gleichmäßige Festigkeitsentwicklung bis zur Oberfläche und verhindert eine Schwindrissbildung. Die Nachbehandlung mit Folie hat sich als einfache Lösung bewährt. Dadurch ist auch die spätere Applikation eines Oberflächenschutzsystems unproblematisch.

Bild 15: Nachbehandlung mit geeigneter Folie
(Quelle: Saint-Gobain Weber GmbH)

Mit welchem Oberflächenschutzsystem das Betonersatzsystem beschichtet wird, entscheidet der sachkundige Planer in Abstimmung mit dem Bauherrn. Neben der Dauerhaftigkeit können hier auch immer stärker Aspekte der Nachhaltigkeit einfließen. In der Praxis wird häufig auch Reparaturfähigkeit als Kriterium genannt. Grundsätzlich sind bei der Gesamtkostenbetrachtung einer Sanierungsmaßnahme auch die Nachfolgekosten zu berücksichtigen. Dabei sollten die laufenden Wartungskosten, ein möglicher Reparaturaufwand aber auch die gewünschte Nutzungsdauer berücksichtigt werden.

Bild: 16: OS-8 System mit mineralischer Beschichtung
(Quelle: Saint-Gobain Weber GmbH)

Bild 17: Tiefgarage mit OS-8 System auf Harzbasis
(Quelle: Saint-Gobain Weber GmbH)

Literatur

[1] ZTV-ING Zusätzliche Technische Vertragsbedingungen und Richtlinien für Ingenieurbauten
[2] Technische Regel Instandhaltung von Betonbauwerken (TR IH) vom DIBT
[3] Instandsetzungs-Richtlinie:2001-10 vom DAfStb
[4] DIN EN 1504-3
[5] euro-ten.de
[6] DIN 18202

Häufige gerichtsgegenständliche Mängel bei Parkbauten und wie diese zu vermeiden sind

Dr.-Ing. habil. Ilja Irmscher
Geschäftsführer der GIVT mbH Gesellschaft für Innovative VerkehrsTechnologien mbH
Von der IHK öffentlich bestellter und vereidigter Sachverständiger für: Ruhender Verkehr, Parken und Parkierungsanlagen, Berlin

Zusammenfassung
Ich bin seit über 30 Jahren als Fachplaner für Parken und Parkierungsanlagen für Straßenfahrzeuge und seit 23 Jahren als öffentlich bestellter Sachverständiger in diesem Tenor tätig. Dazu gehört das Gesamtspektrum an Parkobjekten von Kleingaragen über diverse Mittel- und Großgaragen, Parkabfertigungsanlagen mit und ohne Schranken bis hin zu mechanischen, halbautomatischen und automatischen Parksystemen sowie Sonderthemen wie Versenk- und Klapprollern. Die meisten Planungsfehler in Bezug auf die Gebrauchstauglichkeit von Parkbauten lassen sich durch eine realitätsbezogene Planung für das jeweilige Bemessungsfahrzeug vermeiden.
Parkhäuser und Tiefgaragen werden oft nur mit rechteckigen Fahrgassen und Stellplätzen mit Mindestmaßen strukturiert, woraus häufig Mängel resultieren. Die nutzungsbedingt erforderliche Bewegung der Fahrzeuge erfordert aber Freiheitsgrade in allen relevanten Richtungen, für die Bewegungsspielräume und Sicherheitsabstände zwingend einzuhalten sind. Gleichzeitig verändern sich die Größen und Massen der Pkw deutlich.

1. Typische Beispiele aus rechtlichen Auseinandersetzungen zu Parkbauten

- Bei rechtlichen Auseinandersetzungen werde ich mit zahlreichen immer wiederkehrenden Mängeln unterschiedlicher Tragweite im Kontext zum Parken und zu Parkbauten und deren Nutzbarkeit und Gebrauchstauglichkeit konfrontiert:
- Mangelhafte Gebrauchstauglichkeit eines oder mehrerer Stellplätze aufgrund zu kleiner Stellplatz- und Fahrgassenbreiten
- Zu enge/fahrgeometrisch ungeeignete/ungeeignet angebundene Zufahrten, sowohl ohne als auch mit Rampen
- Ungenügende Rangiermöglichkeiten am Sackgassenende (besonders bei kleineren Mittelgaragen)
- Zu schmale Tore, nicht richtig öffnende Tore, zu geringe Lebensdauer von Toren
- Einschränkung von Lichträumen durch Wärmedämmung
- Ungeeignete Entwässerung
- Nutzungsfehler bei geneigt befahrbaren Parkbühnen (sog. Kipp-Parker/Doppelparker)
- Unzureichender bzw. ungeeigneter Korrosionsschutz an Parkbühnen
- Diverse Mängel in der bautechnischen Ausführung
- Kollisionen mit Versenkpoller- und Schrankenanlagen
- …

2. Typische Problemsituation

Bei vielen Bauträgerverträgen und den Baubeschreibungen sind die Parkbauten und ihre Stellplätze nicht ausreichend beschrieben:

- keine Bezugnahme auf die EAR 23 oder einen darüberhinausgehenden Standard
- kein Bemessungsfahrzeug und kein Maximalfahrzeug genannt
- kein Benutzungsstandard definiert (Anzahl Züge, Ein- und Ausstiegsverhältnisse, bevorzugte Einparkrichtung).

Es muss grundsätzlich konstatiert werden, dass die ausschließliche Erfüllung der fahrgeometrischen Minimalanforderungen der Garagenverordnungen in den allermeisten Fällen nicht ausreicht, um ein für heutige Pkw gebrauchstaugliches Parkbauwerk zu planen und zu bauen. Mit einer qualifizierten Anwendung der Empfehlungen für Anlagen des ruhenden Verkehrs **EAR 23** [3] und der Nutzung verkehrsplanerisch anerkannten Planungsmethoden im Sinne der **RBSV** Richtlinien für Bemessungsfahrzeuge und Schleppkurven zur Überprüfung der Befahrbarkeit von Verkehrsflächen [1] lassen sich gut nutzbare Parkbauten planen.

3. Bemessungsfahrzeug als Planungsgrundlage für Parkbauten

Zum Grundverständnis weise ich an dieser Stelle auf die Grundlagen für die – selbstredend gebrauchstaugliche – Planung von Parkbauten.
Mit der Veröffentlichung der **RBSV – Richtlinie für *Bemessungsfahrzeuge* und Schleppkurven** (Ausgabe 2020) zur Überprüfung der Befahrbarkeit von Verkehrsflächen [1] Anfang 2021 stand nunmehr auch förmlich die Grundlage für die Novellierung der Regelabmessungen in den EAR zur Verfügung. Gleichzeitig ist darauf hinzuweisen, dass mit der Novelle dieses Schriftwerk vom Status „Hinweise" zu einer „Richtlinie" faktisch um zwei Stufen im FGSV-Ranking aufgewertet worden ist.

Die geometrischen Kenngrößen der Bemessungsfahrzeuge sind als Tabelle 2 in den EAR 23 enthalten, so dass es nicht zwingend erforderlich ist, die RBSV direkt heranzuziehen. Exemplarisch ist in den EAR 23 ein neutralisierter Pkw als Bemessungsfahrzeug enthalten (hier Abb.1).

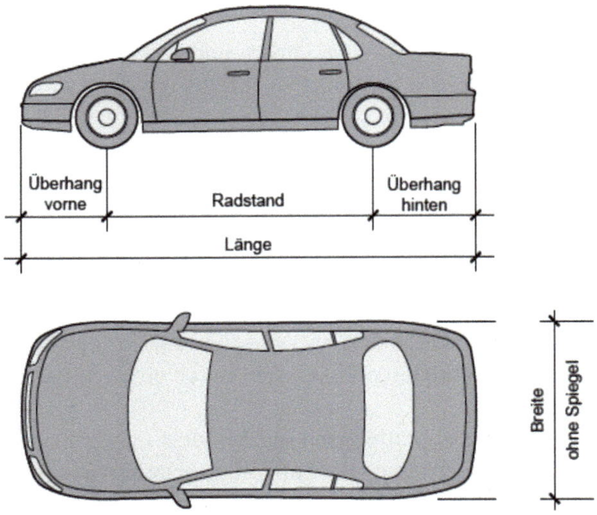

Abb. 1: Charakteristische Kenngrößen der Bemessungsfahrzeuge [4]

Die Methodik der RBSV wurden mit der Novellierung der Hinweise zu Bemessungsfahrzeugen und Schleppkurven beibehalten. Es wurden auf der Basis der KBA-Zulassungsstatistik 2018 die relevanten Bemessungsfahrzeuge überarbeitet. Im Bereich der Nutzfahrzeuge wurden einige Gruppierungen geändert. Weiterhin sind die Bemessungsfahrzeuge „Fahrrad/Pedelec/E-Bike" sowie „Kraftrad/Motorrad" enthalten. Lastenfahrräder konnten bis zum Redaktionsschluss 2019 noch nicht aufgenommen werden.

Der aktuelle Bemessungs-Pkw (Tab. 1) wird vergleichsweise gut durch den Audi A6 C7 Avant (2011-2018) als Realfahrzeug abgebildet, ebenso durch die aktuellen Kombiversionen der BMW 5er Reihe sowie der Mercedes-E-Klasse. Als Besonderheit wurde für den Bemessungs-Pkw eine Fahrzeughöhe von 2,00 m definiert, weil die Spielräume bei den lichten Höhen deutlich kleiner als die seitlichen Sicherheitsräume sind, so dass damit auch eine Bemessungsfahrzeug-seitige Grundlage für die bisher festgelegten lichten Höhen nach den EAR 23 von 2,10 m bzw. 2,30 m an Neigungswechseln über 8 % geschaffen wurde; die Höhen wurden für Pkw-Parkbauten beibehalten.

In den EAR 23 [3] wird für den Pkw-Bereich nur Bezug auf das Bemessungsfahrzeug genommen. Es hat sich jedoch in unserer eigenen Planungspraxis bewährt, zusätzlich eine sog. Durchfahrtprüfung mit einem Maximalfahrzeug in Fahrweise 1 durchzuführen. Hierfür setzen wir seit über 10 Jahren den VW T6 mit langem Radstand ein (Tab. 2). Vergleichende Untersuchungen haben gezeigt, dass damit auch eine ausreichende Befahrbarkeit für etwa 2,0 m breite SUV wie den BMW X7 gegeben ist, weil Fahrzeuge dieser Klasse einen deutlich kürzeren Radstand haben (Tab. 3).

Tab. 1: Veränderung der geometrischen Kenndaten (85 %-Perzentile) der auf dem Neuwagenmarkt erhältlichen Pkw-Modelle insgesamt (ohne Berücksichtigung der Häufigkeit des Auftretens)

Betrachtungsjahr KBA	Länge	Radstand	Höhe	Überhanglänge		Breite ohne Außenspiegel	Wendekreis-radius außen
				vorn	hinten		
1999/2000	4,74 m	2,70 m	1,51 m	0,94 m	1,10 m	1,76 m	5,85 m
2018	**4,88 m**	**2,86 m**	**2,00 m**	**0,92 m**	**1,10 m**	**1,89 m**	**5,85 m**
Audi A6 C7 Avant	*4,94 m*	*2,90 m*	*1,53 m*	*0,95 m*	*1,15 m*	*1,90 m*	6,00 m
BMW 5er touring (G61) bis 2024	*4,96 m*	*2,98 m*	*1,50 m*	*0,88 m*	*1,11 m*	*1,87 m*	
Mercedes E-Klasse T-Modell 2023 (W214)	*4,95 m*	*2,96 m*	*1,47 m*	*0,85 m*	*1,14 m*	*1,88 m*	
Entwicklung von 2000 bis 2018	**+ 14 cm**	**+ 16 cm**				**+ 13 cm**	**0 cm**

Tab. 2: Empfehlungen für Pkw-Bemessungs- und Maximalfahrzeuge für die Planung von Parkbauten in Deutschland

Bemessungsfahrzeug	FGSV Bemessungsfahrzeug Pkw 2020	Maximalfahrzeug
Beschreibung	Obere Mittelklasse als 85 %-Fahrzeug des Fahrzeugbestands in Deutschland 2018	Kleinbus mit langem Radstand, Luxusklasse, SUV und Vans bis zu einer Länge von 5,30 m
Maximalhöhe	2,00 m	2,00 m
Länge (Maximallänge)	4,93 m (5,00 m)	5,30 m
Radstand	2,85 m	3,40 m
Überhang vorn / hinten	0,95 m / 1,15 m	(< 1,13 m / < 1,18 m)
Breite ohne / mit Rückblickspiegel	1,91 m / 2,10 m	2,00 m / 2,30 m
Wendekreis außen	12,0 m	12,5 m
Annähernd verfügbares Realfahrzeug	**Audi A6 C7 Avant**	**VW T6.1 mit langem Radstand**
Breite / Radstand / Wendekreis / Lenkwinkel	1,87 m / 2,91 m / 11,90 m / 38,7°	1,90 m / 3,40 m / 13,20 m / 38,8°
	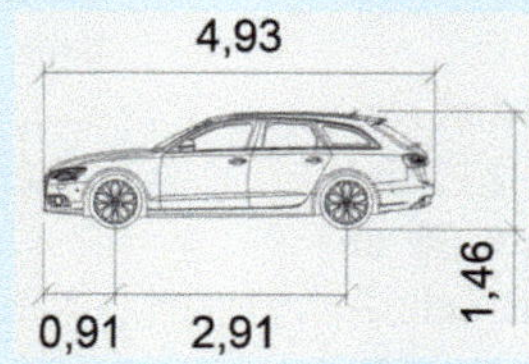	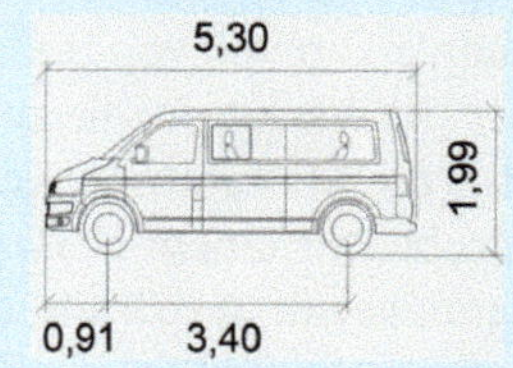

Tab. 3: Schleppkurvenprüfungen mit einem Bemessungs- und einem Maximalfahrzeuge (Pkw-Parkbauten)

Bemessungsfahrzeug	Bemessungsfahrzeug Pkw	Maximalfahrzeug
Beschreibung	Obere Mittelklasse als **85 %-Fahrzeug** des Fahrzeugbestandes in Deutschland 2018	Kleinbus mit langem Radstand Luxusklasse, SUV und Vans bis zu einer Länge von 5,30 m
Abweichungen		Es gibt inzwischen verschiedene SUV und E-Pkw mit Breiten bis etwa 2,00 m wie z. B.: Audi Q7 – 1,970 m; Audi e-tron 55 – 1,935 m; BMW X5 / X7 – 2,004 m / 2,000 m; Mercedes GLE / GLS – 1,947 m / 1,956 m; Tesla Model X – 1,999 m; VW Touareg – 1,984 m
Planerische Anwendung	Universelle fahrgeometrische Planungsgrundlage für normal große Fahrzeuge Ein- und Ausparken an den Stellplätzen	Durchfahrtprüfung durch das gesamte Parkbauwerk einschließlich Ein- und Ausfahrt
Typische Fahrweise	1 und 2	1
Simuliert den ..	**Regelfall**	Maximalfall und bietet **ausreichende Reserven für alle Nutzer**
	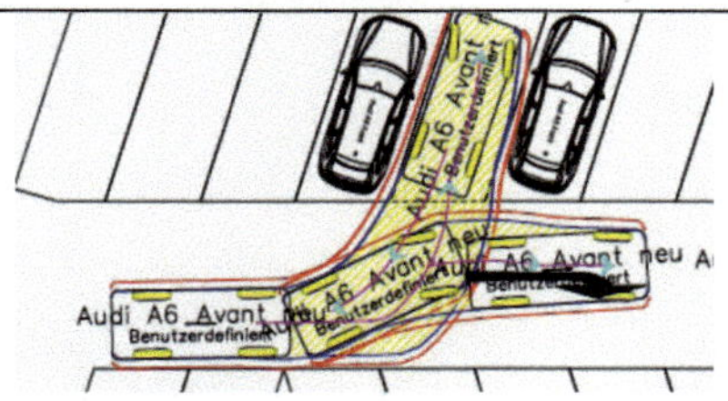	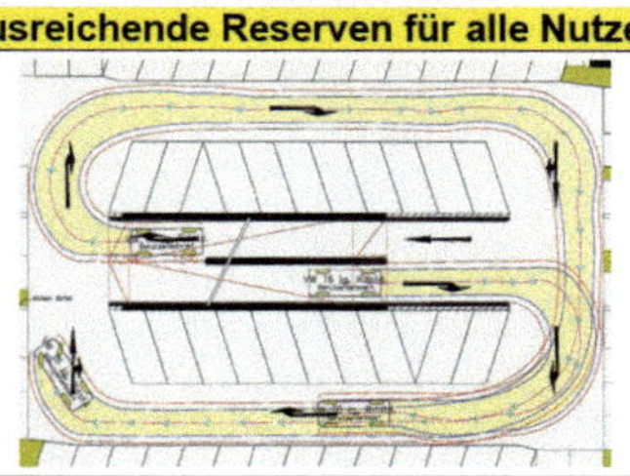

Grundsätzlich wird von dynamisch erzeugten Schleppkurven auf der Basis geeigneter CAD-Software ausgegangen, die Schablonen wurden bewusst deutlich reduziert und dürfen nur noch als spontanes Kontrollinstrument, jedoch nicht mehr als Planungsgrundlage eingesetzt werden. Bei den Schleppkurvenschablonen wurden nur solche in **Fahrweise 1**, d. h mit stetig sich während der Langsamfahrt änderndem Lenkeinschlag mit einem seitlichen Bewegungsspielraum von 0,50 m dargestellt. Bei der Herleitung der Regelabmessungen der EAR 23 wurde die Fahrweise 1 für alle Durchfahrten angesetzt, mit dem aktuellen Bemessungs-Pkw abgeglichen und im Interesse einer höchstmöglichen Gebrauchstauglichkeit intern für ein Maximalfahrzeug VW T6 mit langem Radstand überprüft. Weiterhin wurde die in den RBSV nicht mehr beschriebene **Fahrweise 2**, d. h. Rangieren mit Lenken im Stand und einem reduzierten seitlichen Sicherheitsabstand von 0,25 m, bei der Bemessung der Regelstellplätze und Regelfahrgassen angewendet.

Die Durchfahrtprüfung mit einem VW T6 mit langem Radstand in Fahrweise 1 ließ sich schon erfolgreich mit regulär nach EAR 05 geplanten Parkbauten realisieren und wurde daher zusätzlich intern als Prüfung bei der Festlegung neuer Regelwerte im Bereich der Rampen und Fahrgassenlayouts durchgeführt. Das gilt auch für konsequent nach den EAR 23 geplante Parkierungsanlagen.

4. Der Mensch als Nutzer

Bei der Planung von Parkbauten wurden bisher oft die zu parkenden Fahrzeuge primär betrachtet. Entsprechend dem Charakter von Parkbauten als Zweckbauten, die dem jeweiligen Nutzer bei der Abstellung seiner Fahrzeuge dienen sollen, muss primär der Mensch als Nutzer betrachtet werden, um daraus die Anforderungen an die Parkbauten abzuleiten. Für die Nutzbarkeit der Fahrzeuge und der Parkbauten müssen die Größen und Bewegungsräume der Menschen als Nutzer der einzuparkenden Fahrzeuge bestimmt werden. Als Orientierungswerte sollen hier einige europäische anthropometrische Daten herangezogen werden (Tab. 4 und Abb. 2; [5]). Dabei lassen sich als markante Richtwerte etwa **0,60 m** für die „Breite" und **0,30 m** für die „Länge" der ein- und aussteigenden Person ableiten, wenn man eine Person analog zum Fahrzeug im Grundriss betrachtet. Bei der Herleitung der Regelwerte nach den EAR 23 wird grundsätzlich [*für nicht mobilitätseingeschränkte Personen*] ein **seitlicher Abstand von 0,75 m** angesetzt, der insbesondere bei den Stellplatzbreiten von Bedeutung ist.

Im Zuge der Diskussion um die zu **aktualisierenden Regelwerte** für die **Stellplatzbreiten** in den EAR 23 fand eine Stellprobe mit einem **Seitenabstand von 0,60 m** statt, der annähernd der Breite der bekleideten Schulter des Europamenschen entspricht (Abb. 3). Dieses Abstandsmaß kann als akzeptabel, aber nicht besonders komfortabel bezeichnet werden, zumal hierbei noch die Türbreite von etwa 0,20 m bis 0,25 m und ein Sicherheitsabstand zum Nachbarfahrzeug berücksichtigt werden müssen; die Türbreite geht wegen des Türöffnungswinkels nicht in vollem Maße ein. Weiterhin fand eine Stellprobe mit einem **Komfortabstand von 0,90 m** statt (Abb. 3). Als Mittelwert zwischen beiden simulierten seitlichen Abständen ist der den EAR 05 und EAR 23 zugrunde gelegte **Abstand von 0,75 m** einzuordnen.

Tab. 4: Ausgewählte Körpermesswerte des Europamenschen [5]

Maße	**Perzentile**		**Eigener Ansatz für bekleidete 95 %-Person**
	50	**95**	
Brustkorbtiefe	215 mm	250 mm	**0,30 m**
Hüftbreite	359 mm	400 mm	0,45 m
Breite über Ellenbogen	478 mm	540 mm	**0,60 m**

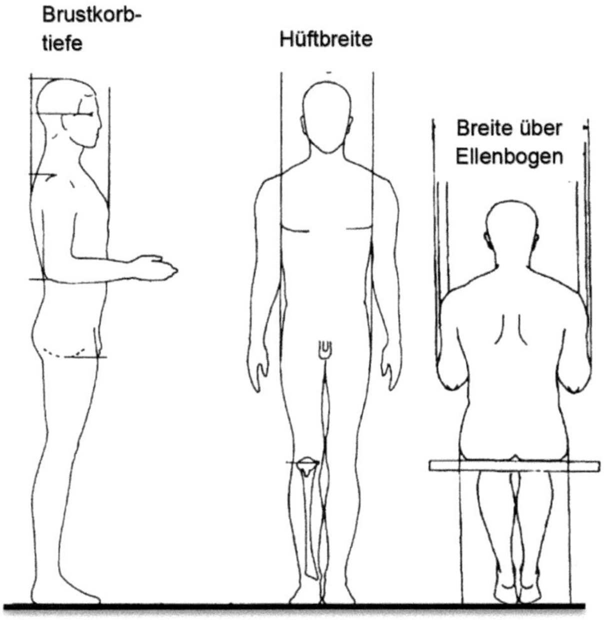

Abb. 2: Ausgewählte Körpermesswerte des Europamenschen [5]

Seitenabstand 0,60 m	Seitenabstand 0,90 m

Abb. 3: Einstiegsverhältnisse bei einem VW Tiguan bei einem Seitenabstand von 0,60 m bzw. bei einem Audi A6 C7 Avant bei einem Seitenabstand von 0,90 m

5. Typische Beispiele für Mängel aus Sachverständigengutachten

Nachfolgende werden einige typische Beispiele für Mängel aus Sachverständigengutachten aufgezeigt, die bildlich selbsterklärend sind.

5.1 Problem der fehlenden Aufweitung der Rampenmündung einer Tiefgarage

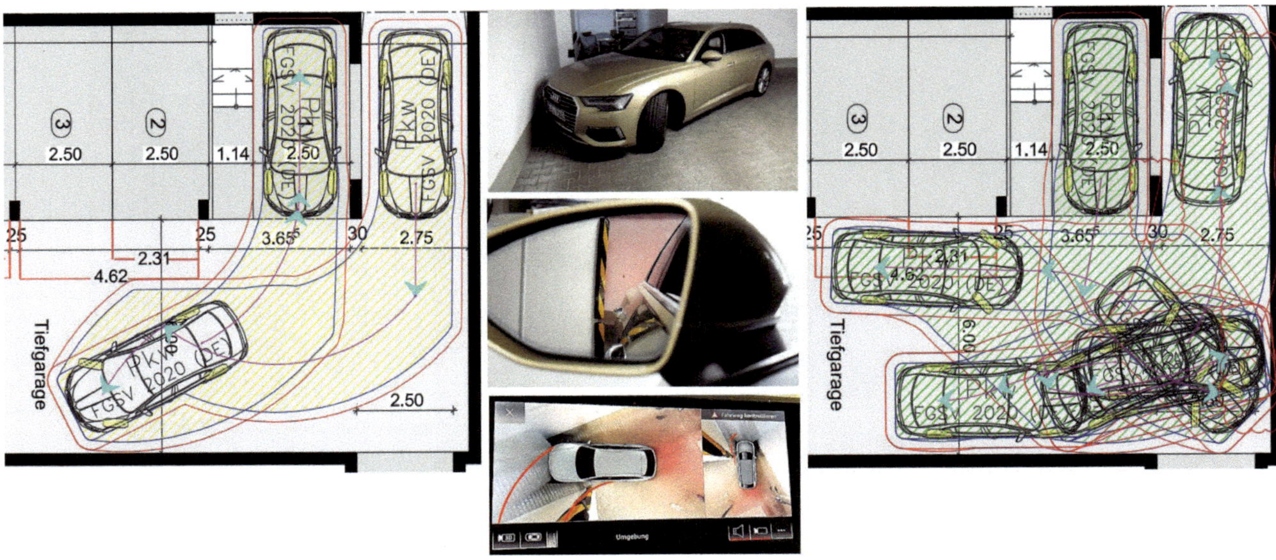

Abb. 4: Typisches Problem bei einer fehlenden Aufweitung der Rampenmündung: Einfahrt möglich, Ausfahrt überhaupt nicht vorwärts

5.2 Sackgasseneffekt

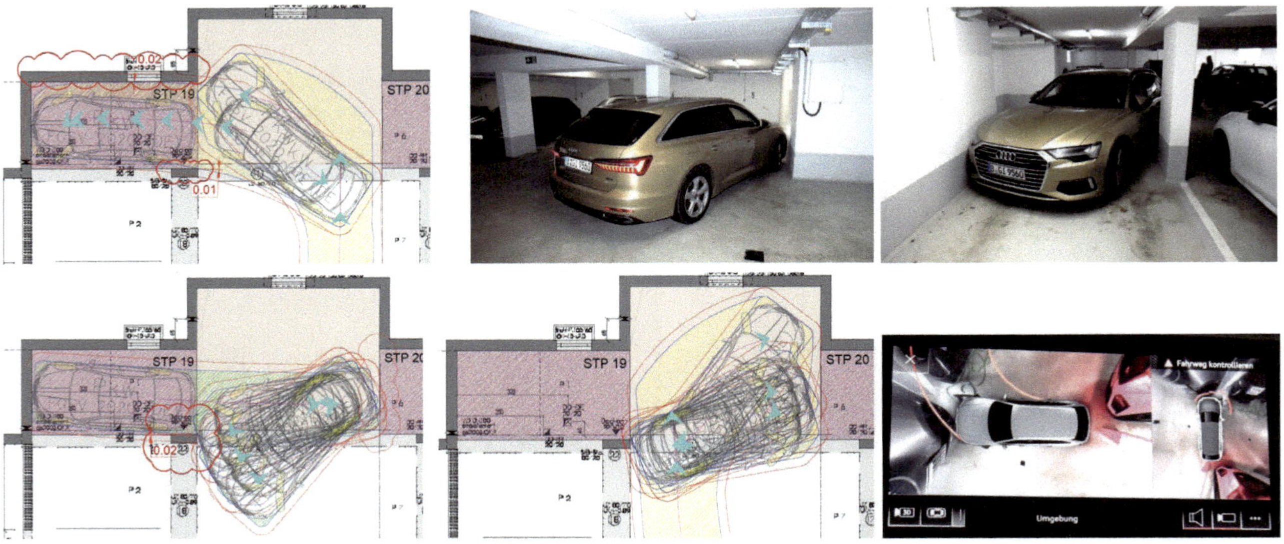

Abb. 5: Sackgasseneffekt trotz verlängerter Fahrgasse wegen einer zu schmalen Fahrgasse und zu schmalen Stellplätzen

5.3 Zu eng bemessene Mittelgaragen hochwertiger WEG-Objekte

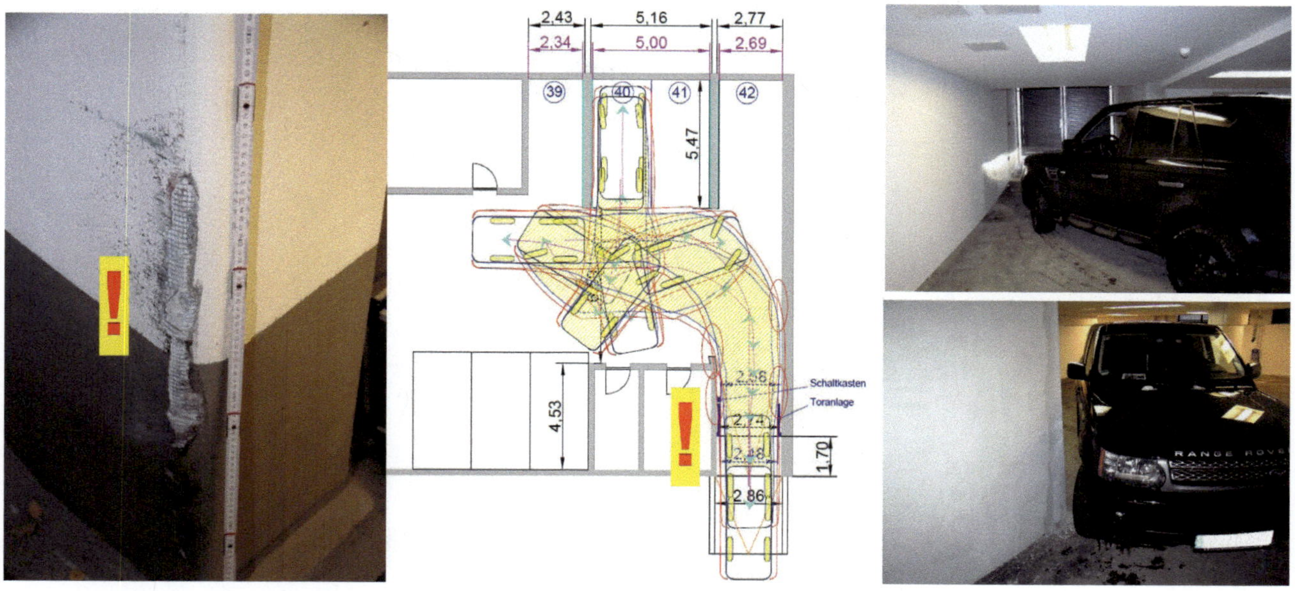

Abb. 6: Zu eng bemessene Mittelgarage eines hochwertigen WEG-Objektes

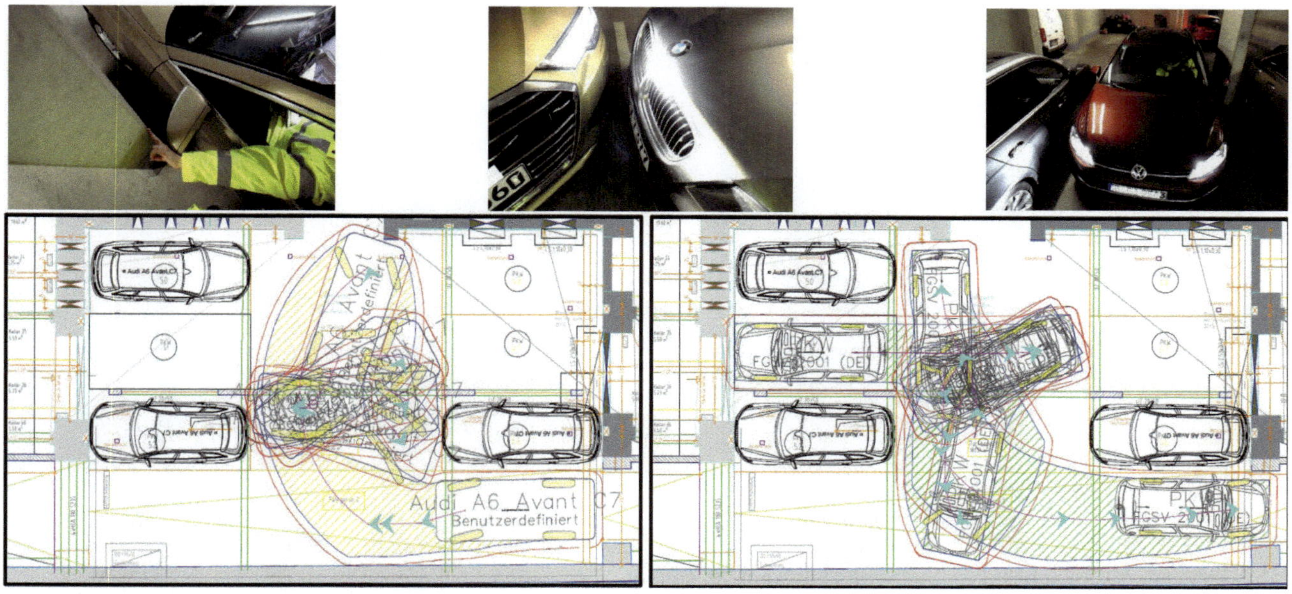

Abb. 7: Zu eng bemessene Mittelgarage eines hochwertigen WEG-Objektes

5.4 Typische Einschränkungen beim Ein- und Aussteigen

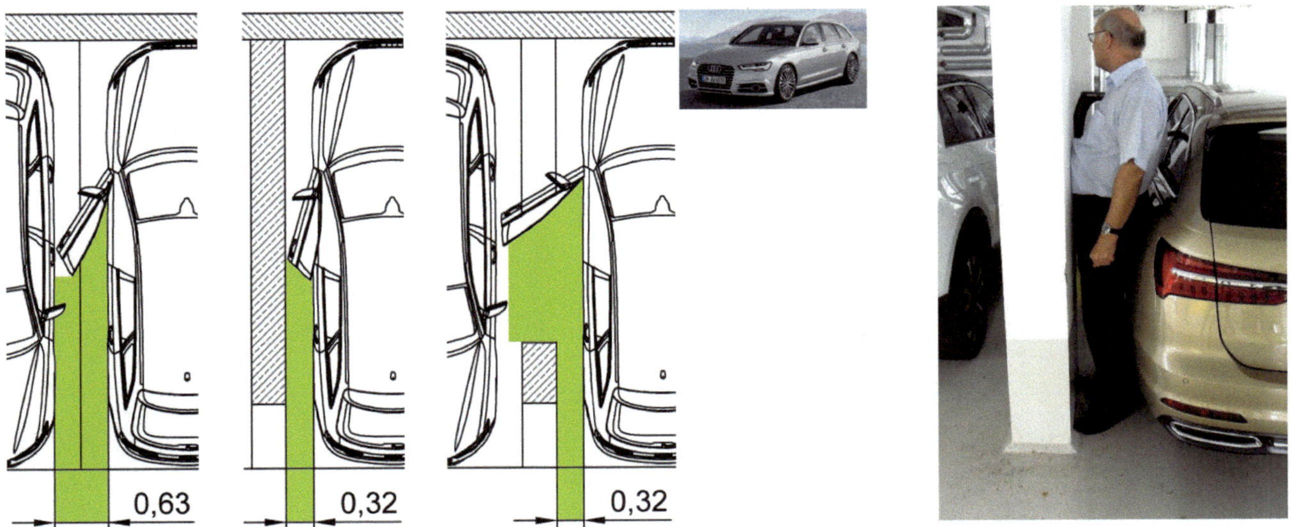

Stellplatzbreite 2,50 m, Bemessungsfahrzeug Audi A6 C7/C8 Avant

Abb. 8: Typische Einschränkungen beim Ein- und Aussteigen

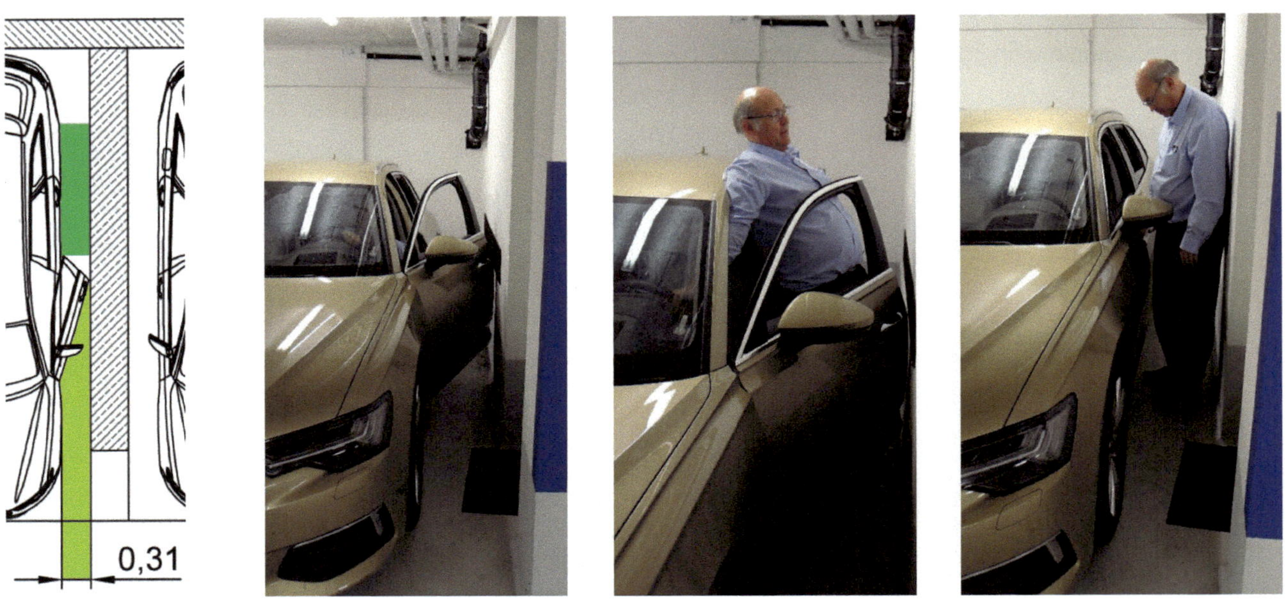

Abb. 9: Typische Einschränkungen beim Ein- und Aussteigen

6. Sachverständige Bewertung mangelhafter Gebrauchstauglichkeit

Ich werde immer wieder in meinem Bestellungsgebiet auch damit konfrontiert, dass aufgrund fehlender Sachkenntnis und Methodik die fahrgeometrischen Erfordernisse nicht fachgerecht analysiert und bewertet werden. Man kann zum Beispiel einen zu kleinen Pkw-Stellplatz nicht nach dem Relativwert einer faktisch nach den EAR 23 oder der Garagenverordnung des jeweiligen Landes geschuldete Flächen abwerten, sondern es muss die Gebrauchstauglichkeit für das jeweilige Fahrzeug bewertet werden.

Bei Gerichtsverfahren wird vielfach im Beweisbeschluss nicht die Gebrauchstauglichkeit eines Parkbauwerks oder eines bestimmten Stellplatzes hinterfragt, sondern die Einhaltung der betreffenden Garagenverordnung oder eines nicht klar definierten Standes der Technik o. ä.. Inhaltlich geht es aber meist darum, ob das streitgegenständliche Parkbauwerk bzw. ein streitgegenständlicher Bereich in diesem für eine bestimmte Fahrzeugkategorie (oder ein konkretes Fahrzeug) gebrauchstauglich ist, oder nicht, welche Maßnahmen zur Herstellung eines vertragskonformen Zustands erforderlich sind, und wie groß ein Minderwert gegenüber dem geschuldeten Zustand ist. Methodisch ist abgesehen von einer formalen Überprüfung im Sinne der jeweiligen Garagenverordnung wie folgt vorzugehen:

- Ermittlung, ob eine Planung und Ausführung nach den EAR 05 oder EAR 23 vereinbart worden ist, und die Übereinstimmung prüfen; andernfalls sowie für Sonderfälle s. u.;
- Ermittlung, welches Bemessungsfahrzeug relevant ist; wenn dieses nicht konkret vereinbart worden ist, ist (mindestens) das Bemessungsfahrzeug 2010 oder als Realfahrzeug der Audi A6 C7 Avant für dynamische Schleppkurvenprüfungen zu nutzen, falls für das

Bauwerk noch nicht der FGSV-Bemessungs-Pkw nach RBSV 2020 anzuwenden ist.

- Ermittlung welcher Benutzungsstandard relevant ist, falls nicht die EAR 05 oder EAR 23 relevant sind, dynamische Schleppkurvenprüfungen für Parkvorgänge durchführen; d. h. im Idealfall insgesamt 3 Züge für den kompletten Ein- und Ausparkvorgang in der idealen Parkrichtung (rückwärts oder vorwärts), 5 Züge werden bei einem festen Nutzerkreis akzeptiert, 7 Züge stellen den oberen Grenzwert der Zumutbarkeit dar.
- Ermittlung welche Ein- und Ausstiegsverhältnisse auf der Fahrerseite in der optimalen Einparkposition bestehen. Es sind mindestens 0,60 m erforderlich, bei Vereinbarung der EAR 23 0,75 m.
- Ergänzend bzw. als Eingangsprüfung ist eine Durchfahrtprüfung mit einem Maximalfahrzeug in Fahrweise 1 durchzuführen.

Der Sollwert (Anzahl der Pkw) der für das jeweilige Parkbauwerk bzw. den jeweiligen Stellplatz geschuldeten einparkfähigen Fahrzeuge ergibt sich aus der Summe der relevanten Fahrzeugsegmente, beim FGSV-Bemessungs-Pkw bis einschließlich der oberen Mittelklasse.

Der Istwert (Anzahl der Pkw) der für das jeweilige Parkbauwerk bzw. den jeweiligen Stellplatz nach Prüfung tatsächlich in dem vereinbarten Qualitätsstandard einparkfähigen Fahrzeuge ergibt sich aus der Summe der als relevant ermittelten Fahrzeugsegmente.

7. Weitere Beispiele für Mängel im Bereich Parken

Das Fahrradparken, d. h. der baurechtliche Nachweis einer bestimmten Anzahl zu schaffender Fahrradabstellplätze ist inzwischen als integraler Bestandteil des Mobilitätswandels zum Standard geworden. Dennoch zeigt sich immer wieder, dass es nicht ausreicht, dass es auch

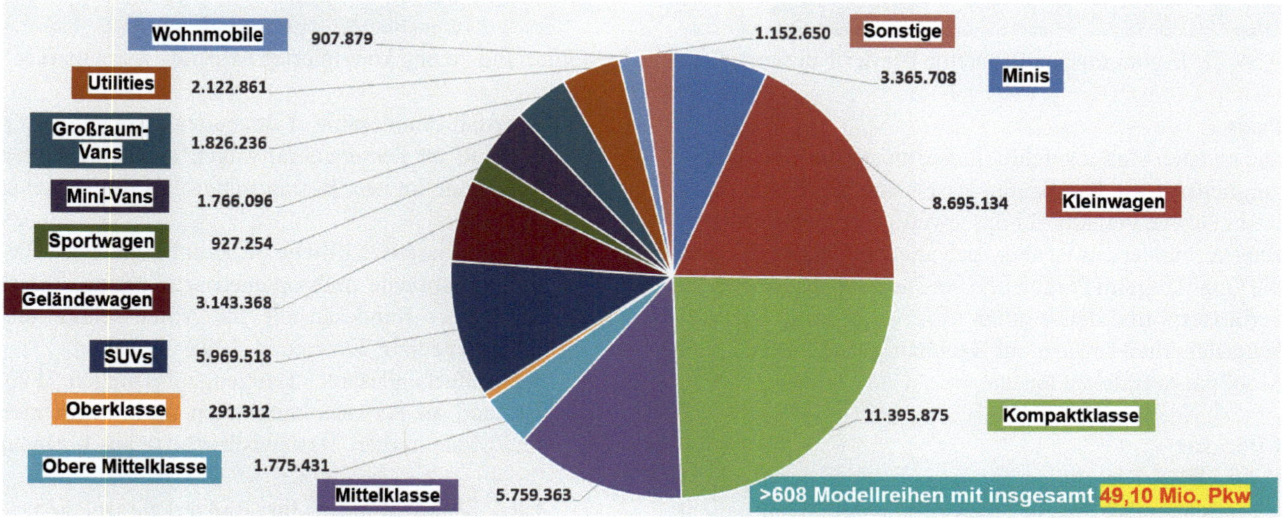

Abb. 10: Pkw-Bestand nach Fahrzeugsegmenten per 1. Januar 2024 in Deutschland nach KBA-Statistik [6];

Sollte ein Überprüfung einen Minderwert gegenüber dem vereinbarten Sollzustand ergeben, so kann dieser über die Gebrauchstauglichkeit auf der Grundlage der aktuellen bzw. für den betreffenden Zeitpunkt relevanten Verteilung der Fahrzeugsegmente nach der amtlichen Zulassungsstatistik des Kraftfahrt-Bundesamtes **KBA** als Relativwert berechnet werden.

für das Fahrradparken seit Längerem Regelwerke gibt, bei deren Einhaltung eine hohe Gebrauchstauglichkeit und Verkehrssicherheit erreicht werden [7], [8], [9]. Die Nutzungspräferenzen der Radfahrenden müssen mit Sachverstand und gesundem Menschverstand berücksichtigt werden, um auch das Fahrradparken benutzerfreundlich zu gestalten (Abb. 11).

Abb. 11: Ergonomische Probleme bei der Nutzung zu eng aufgestellter und zu eng konzipierter Fahrrad-Doppelparker

Fazit

Die meisten Planungsfehler in Bezug auf die Gebrauchstauglichkeit von Parkbauten lassen sich durch eine realitätsbezogene Planung für das jeweilige Bemessungsfahrzeug vermeiden. Es ist aber auch angebracht, ganzheitlich die Qualität beim Parken und bei Parkierungsanlagen zu verbessern, und damit einen positiven Beitrag zur Verkehrssicherheit sowie mehr Nachhaltigkeit und auch zum Mobilitätswandel zu leisten.

Literatur

[1] RBSV Richtlinien für Bemessungsfahrzeuge und Schleppkurven zur Überprüfung der Befahrbarkeit von Verkehrsflächen – FGSV Forschungsgesellschaft für Straßen- und Verkehrswesen e. V., Köln Ausgabe 2020

[2] Irmscher, I. u. a.: Handbuch und Planungshilfe Parkhäuser und Tiefgaragen. – Dom publishers, Berlin. – Bd. 1, 2. Auflage 2024

[3] EAR 23 – Empfehlungen für Anlagen des ruhenden Verkehrs. – FGSV – Forschungsgesellschaft für Straßen- und Verkehrswesen e. V., Arbeitsgruppe Straßenentwurf. – Ausgabe 2023, Köln

[4] Kraftfahrtbundesamt, Fahrzeugzulassungen (FZ). Bestand an Personenkraftwagen nach Segmenten und Modellreihen, Bestandsüberblick am 1. Januar 2024

[5] Arbeitswissenschaftliche Erkenntnisse Nr. 108. – Internationale anthropometrische Daten. – Herausgeber: Bundesanstalt für Arbeitsschutz und Arbeitsmedizin, Dortmund, 1998

[6] Kraftfahrtbundesamt, Fahrzeugzulassungen (FZ). Bestand an Personenkraftwagen nach Segmenten und Modellreihen, Bestandsüberblick am 1. Januar 2024

[7] ERA Empfehlungen für Radverkehrsanlagen. – FGSV – Forschungsgesellschaft für Straßen- und Verkehrswesen e. V., Ausgabe 2010, Köln

[8] Hinweise zum Fahrradparken W1. – FGSV – Forschungsgesellschaft für Straßen- und Verkehrswesen e. V., Arbeitsgruppe Straßenentwurf. – Ausgabe 2012, Köln

[9] DIN 79008-1 Stationäre Fahrradparksysteme Teil 1: Anforderungen, Deutsches Institut für Normung e.V., Berlin, Mai 2016

TAE

Oberflächen-schutzsysteme

Untergrundvorbereitung zum Adhäsionsverbund – Möglichkeiten, Regelwerke und Erfahrungen mit Beispielen und Schadensfällen aus der Praxis

Florian Schadhauser, M. Sc.
Ingenieurbüro Schiessl Gehlen Sodeikat GmbH, München

Zusammenfassung
Die Untergrundvorbereitung von Betonoberflächen stellt einen maßgebenden Faktor für den adhäsiven Verbund mit den Folgeschichten und somit für die Dauerhaftigkeit des Bauwerks dar. Die Technische Regel „Instandhaltung von Betonbauwerken“ des DIBt definiert in der aktuellen Fassung (Mindest-)Rautiefenklassen bei reinem Adhäsionsverbund. Es hat sich gezeigt, dass die Einhaltung der geforderten Rautiefenklassen in den meisten Fällen nur mit geeigneten Strahlverfahren zuverlässig zu erreichen ist. Für die Applikation von Oberflächenschutzsystemen (Rautiefenklasse RT0,3) hat sich das Kugel- bzw. Feststoffstrahlen bewährt, für die Querschnittsergänzung mit Mörtelsystemen (Rautiefenklasse RT1,0) das HDW-Strahlen. Schleifverfahren sind nur bedingt geeignet. Bei gefügeschädigenderen Verfahren wie Fräsen sollte immer eine zusätzliche Untergrundvorbereitung durch Feststoffstrahlen erfolgen. Zudem ist es empfehlenswert zu Beginn der Arbeiten Musterflächen anzulegen, um ein verlässliches Ergebnis zu gewährleisten.

1. Einführung und Motivation

Die Verbundwirkung zwischen einzelnen Schichten wird üblicherweise mittels Kohäsion (Zusammenhalt innerhalb einer Schicht) und Adhäsion (Haftung zwischen benachbarten Schichten) beschrieben. Im Stahlbetonbau wird der Verbund zwischen einzelnen Schichten i. d. R. über Verankerungen (Bewehrung, Schubverbinder, Dübel etc.) oder reine Adhäsion sichergestellt und nachgewiesen.
Die bauaufsichtlich eingeführte Technische Regel „Instandhaltung von Betonbauwerken“ (TR IH) des DIBt [1] enthält neben Vorgaben für die Verbundsicherung bei flächiger Instandsetzung für beide Vorgehen (Verankerung und Adhäsion) auch Anforderungen an den Betonuntergrund für reinen Adhäsionsverbund, u. a. an die Rauheit. Dabei werden einzelnen Baustoffsystemen verschiedene Mindestrautiefenklassen zugeordnet.
In der Vergangenheit ist es häufig, v. a. auch innerhalb des jeweiligen Gewährleistungszeitraums, zu Schäden gekommen, die auf eine unzureichende Untergrundvorbereitung zurückzuführen waren. Dies ist in den meisten Fällen auf Unwissenheit der Beteiligten, Gewohnheiten, die Einhaltung von immer knapperen Bauzeiten und Baukosten, pauschalen Annahmen zum Untergrund und unzureichender Eigen- und Bauüberwachung entstanden. Die Zuordnung der daraus resultierenden Kosten ist oft schwer durchführbar und endet nicht selten in juristischen Auseinandersetzungen.
Der vorliegende Artikel bezieht sich auf Instandhaltungsmaßnahmen, die auf Grundlage von [1] durchgeführt werden. Ein Übertrag auf weitere Regelwerke, z. B. ZTV-ING [2], ist inhaltlich möglich. Die Vorgaben und Randbedingungen hierfür sind jedoch immer zu prüfen und festzulegen.

2. Rautiefe am Betonuntergrund

2.1 Anforderungen an den Untergrund

Vor dem Aufbringen neuer Schichten auf den vorbereiteten Betonuntergrund sind verschiedene Parameter am Bauwerk nachzuweisen. Hierzu zählen üblicherweise die Untergrundfeuchte, die Oberflächenzugfestigkeit, die Rautiefe, die Sauberkeit/Reinheit sowie die klimatischen Randbedingungen (v. a. Taupunkt und Verarbeitungstemperatur). In Abhängigkeit des Instandsetzungssystems und der stofflichen Eigenschaften werden verschiedene Parameter maßgebend oder von untergeordneter Bedeutung.
Die Rautiefe wird dabei über verschiedene Verfahren, die in eigenen Arbeitsschritten durchgeführt werden, hergestellt.

2.2 Messung der Rautiefe

An horizontalen oder schwach geneigten Flächen wird die Rautiefe gemäß [1] mit dem Sandverfahren nach Teil 3 der Instandsetzungsrichtlinie [3] (hier: „Sandflächenverfahren“) bestimmt. Dabei wird ein definiertes Sandvolumen mit der Körnung 0,1 bis 0,3 mm auf die Oberfläche geschüttet und mit einer Hartholzscheibe zu einem Kreis verrieben. Über den Durchmesser des Kreises kann auf eine mittlere Rautiefe R_t rückgeschlossen werden, vgl. Abb. 1.

Abb. 1: Rautiefenbestimmung mittels Sandfleckverfahren

Das Verfahren ist baupraktisch gesehen zielführend, da keine spezielle Messtechnik vorgehalten werden muss und die Messung kurzfristig mit direkt sichtbarem Ergebnis durchgeführt werden kann. Nachteilig ist, dass die Messung stark personenabhängig ist, in den meisten Fällen kein gleichmäßiger Kreis erstellt wird und so auch keine Aussagen zur Gleichmäßigkeit des Untergrunds im Messfeld getätigt werden kann, vgl. Abb. 2.

Abb. 2: Kein ausreichendes Verteilen des Sandes, Überschätzung der Rautiefe

An stark geneigten Flächen und über Kopf kann die Rautiefe über (berührungslose) Profilmessverfahren bestimmt werden [1], vgl. Abb. 3. Dabei wird das Messgerät auf die zu messende Oberfläche aufgesetzt und die Profilbzw. Rautiefe mittels Lasertriangulation ermittelt. Eine Software berechnet darauf die Werte MPD („mean profile depth") sowie ETD („estimated texture depth"), die direkt am Gerät abgelesen werden können, vgl. Abb. 4.

Abb. 3: Lasertriangulationsmessgerät (ELAtextur 3.0, Quelle: IWS Messtechnik GmbH)

Abb. 4: Display an Lasertriangulationsmessgerät (ELAtextur 3.0)

Über eine Kalibrierung und eine normierte Umrechnungsfunktion kann auf die mittlere Rautiefe geschlossen werden, vgl. Abb. 5.

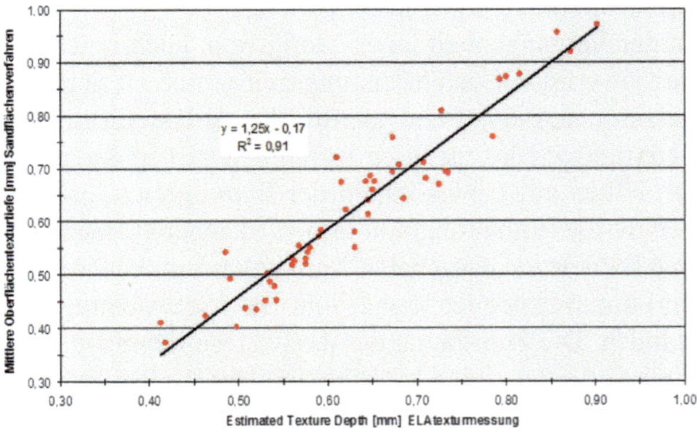

Abb. 5: Vergleich von Messungen mittels Lastertriangulation und Sandfleckverfahren (Prof. Sodeikat)

2.3 Vorgaben der TR IH

In der TR IH [1] werden Rautiefenklassen definiert, die durch jeweils eine Ober- und Untergrenze der mittleren Rautiefe eingegrenzt sind.

Tab. 1: Rautiefenklassen aus [1]

Rautiefenklasse	Mittlere Rautiefe Rt
RT0,3	0,3 mm ≤ Rt < 0,5 mm
RT0,5	0,5 mm ≤ Rt < 1,0 mm
RT1,0	1,0 mm ≤ Rt < 1,5 mm
RT1,5	1,5 mm ≤ Rt < 3,0 mm
RT3,0	Rt ≥ 3,0 mm

Bezogen auf DIN EN 1992-1-1/NA [4] entspricht die Rautiefenklasse RT1,5 einer rauen Fuge und die Rautiefenklasse RT3,0 einer verzahnten Fuge.
Einen wichtigen Hinweis enthält die Fußnote 1) der Tabelle zu den Rautiefenklassen in [1]. In dieser wird klargestellt, dass „im Zuge der Untergrundvorbereitung [...] die Rautiefe nicht mehr als unvermeidlich erhöht werden" darf. Dies bedeutet, dass vermeidbar zu hohe Rautiefen infolge unsachgemäßer bzw. zu intensiver Untergrundvorbereitung nicht zu Lasten des Bauherrn, z. B. durch zusätzliche Kosten für Spachtelarbeiten, gehen.

Abb. 6: Zu intensiv bearbeiteter Untergrund (Ziel: Rautiefenklasse RT0,3)

Es wird empfohlen zu Beginn der Untergrundvorbereitung mit allen Beteiligten Musterflächen anzulegen, um das Vorgehen zum Erreichen des gewünschten Solls gemeinsam festzulegen.

2.4 Verfahren zur Untergrundvorbereitung

Im Weiteren werden übliche Verfahren zur Untergrundvorbereitung inklusive Vorteile (+) und Nachteile (–) aufgelistet. Für Details zur Ausführung wird auf bestehende Fachliteratur verwiesen. Bei den Strahlverfahren wird zwischen Kugelstrahlen, Feststoff-/Standstrahlen und HDW-Strahlen unterschieden.

<u>Schleifen</u>
+ wenig Aufwand, wirtschaftlich
+ flächiges Entfernen trennender Stoffe
+ in Randbereichen möglich
+ Übergänge begradigen
– keine großen Rautiefen
– Schleifstaub (auch in Poren), zusätzliches Absaugen notwendig

<u>Fräsen</u>
+ Entfernen von Schichten
+ Frästiefe variabel
– ggf. unebene Fläche (Rillen)
– mechanische Beschädigung des Untergrunds möglich
– i. d. R. zusätzliche Vorbereitung im Anschluss
– Körperschallübertragung

<u>Kugelstrahlen</u>
+ einfaches Verfahren, wirtschaftlich
+ wenig Abtrag, mehrere Strahlvorgänge möglich
– große Streuung der Rautiefe, je nach Vortriebsgeschwindigkeit und Betongüte

<u>Feststoff-/Sandstrahlen</u>
+ wenig Abtrag
+ lokal umfangreichere Bearbeitung möglich
– Schutz- und Reinigungsmaßnahmen

<u>HDW-Strahlen</u>
+ große Rautiefen möglich
+ i. d. R. keine mechanische Beschädigung
– hoher Aufwand zur Einrichtung und bei Schutzmaßnahmen
– Einschränkungen für etwaige Folgearbeiten durch Wasser-/Feuchteeintrag

2.5 Kombination einzelner Verfahren

An einzelnen Flächen, v. a. bestehende, ältere Bauteile ohne vorangegangene Instandsetzungsarbeiten, werden mitunter mehrere Arbeitsschritte mit verschiedenen Verfahren notwendig, um das gewünschte Ergebnis zu erzielen. Die Wahl des Verfahrens bzw. der Verfahren ist immer anwendungsspezifisch zu treffen.
Das Heft 638 „Anwendungshilfe zur Technischen Regel Instandhaltung von Betonbauwerken des DIBt (TR IH) in Verbindung mit der DAfStb-Richtlinie Schutz und Instandsetzung von Betonbauteilen (RL SIB)" des Deutschen Ausschusses für Stahlbetonbau [5] enthält im Teil 1 die Tabelle AH-1 für Verfahren zur Vorbereitung des Betonuntergrundes sowie deren Eignung.
In der Tabelle werden auch Verfahren aufgeführt, die im vorliegenden Artikel nicht weiter beschrieben werden, da sie in der Praxis eine untergeordnete Rolle zum Erreichen einer vorgegebenen Rautiefenklasse spielen.
Zu beachten ist dabei auch der Umfang der Nachbearbeitung. Neben allgemeinen Säuberungsarbeiten wird z. B. auch empfohlen, dass nach Fräsarbeiten ein zusätzliches Strahlen des Untergrundes vorgenommen wird. Dies

entspricht auch den Erfahrungen der eigenen Untersuchungen aus den letzten Jahren, die im nächsten Kapitel aufgezeigt werden. Den in o. g. Tabelle aufgeführten Empfehlungen sollte gefolgt werden.
In welcher Form und in welchem Umfang die Nachbearbeitung von bearbeiteten Flächen ausfällt, sollte vorab, vorzugsweise bereits im Zuge der Planung, vorgegeben und anhand von planungs- bzw. baubegleitenden Musterflächen festgelegt werden, um Aufwand und Vergütungsansprüche zu einem möglichst frühen Projektzeitpunkt klären zu können.

3. Eigene Erfahrungen

3.1 Messungen am Untergrund

Um eine erste Korrelation zwischen der Untergrundvorbereitung und den erzielten Ergebnissen zu ermitteln wurden von der Ingenieurbüro Schiessl Gehlen Sodeikat GmbH im Zuge von eigenen Forschungs-, Untersuchungs-, Beratungs- und Überwachungsprojekten verschiedene Bauwerke und Bauteile, deren Betonoberfläche mit unterschiedlichen Verfahren vorbereitet wurden, ausgewertet und verglichen.
Dabei wurden Bauwerk, Bauteil, Betonart und -alter, Verfahren, Messart zur Rautiefenbestimmung, erreichte Rautiefe und Oberflächenzugfestigkeit dokumentiert.
Folgende Bauwerke wurden einbezogen:

- Tiefgaragen, Parkhäuser
- Infrastrukturbauwerke
- Kraftwerksbauten
- Türme.

Die Messungen wurden sowohl an horizontalen Bauteilen (Bodenplatten, Zwischendecken, sonstige Plattformen) als auch an geneigten Bauteilen (Rampen) und an vertikalen Bauteilen (Stützen, Wände) durchgeführt.
Für eine vereinfachte Aussage, die auch auf die Praxis übertragbar ist, wird in der finalen Auswertung nicht nach Bauteilalter oder Betonsorte unterschieden.
Aufgrund der guten Korrelation zwischen Sandflächenverfahren und Profilmessverfahren per Laser wird zwischen den beiden Messverfahren im vorliegenden Artikel auch nicht unterschieden.
Die Messung der Oberflächenzugfestigkeit wurde jeweils ergänzend durchgeführt und wird für die vorliegende Fragestellung zur erreichten Rautiefe nicht weiter betrachtet. Grundlegend ist jedoch festzuhalten, dass der Untergrund intensiver, ggf. auch mit verschiedenen Verfahren, vorbereitet werden muss, je fester bzw. härter dieser vorliegt.
Für die gängigen Anwendungsfälle in der Instandhaltung, egal ob im Neubau oder bei Instandsetzungsmaßnahmen, werden die Rautiefenklassen RT0,3 (Applikation von Oberflächenschutzsystemen) und RT1,0 (Querschnittsergänzung mit Mörtelsystemen, z. B. Betondeckungserhöhung oder auch Anodeneinbettung im Zuge von KKS-Maßnahmen) maßgebend. Diese Rautiefenklassen stehen daher besonders im Fokus und sind in nachfolgender Abbildung auch farblich gekennzeichnet.
Vergleichbare Verfahren zur Untergrundvorbereitung (z. B. Sandstrahlen und Feuchtsandstrahlen als „Feststoffstrahlen“) wurden für die nachfolgende Darstellung zusammengefasst. Folgende Verfahren und Kombinationen wurden dabei ausgewertet:

- Schleifen
- Schleifen + Kugelstrahlen
- Fräsen + Feststoff-/Kugelstrahlen
- Kugelstrahlen (ein bis drei Strahlgänge)
- HDW-Strahlen
- Feststoffstrahlen.

In der Abb. 7 ist zu erkennen, dass eine ausreichende Rautiefe am Betonuntergrund durch alleiniges Schleifen nicht zuverlässig erreicht werden kann. Dies trifft sowohl allgemein auf alle Schleifverfahren als auch Schleifscheiben zu. Zwar kann vereinzelt durch intensives Schleifen und spezielle Scheiben (z. B. polykristalline Diamantwerkzeuge PKD) eine Rautiefenklasse RT0,3 erzielt werden, ein gesicherter Erfolg ist jedoch nicht gegeben. Durch nachträgliches Strahlen kann die Rautiefe nach dem Schleifen erhöht werden. Dies stellt jedoch einen zusätzlichen Arbeitsgang dar, der ohne Erwähnung vorab in der Regel nicht eingerechnet wird.
Die Rautiefe bei Fräsverfahren mit anschließendem Strahlen ist maßgebend von der Frästiefe abhängig, wodurch die Streuung, auch innerhalb eines Bauteils, vergleichsweise hoch ist. Dabei sollte auch zwischen Mikro- und Makrorauigkeit unterschieden werden. Für den adhäsiven Verbund wird eine möglichst gleichmäßige Oberfläche und gleichbleibende Rauigkeit (ohne umfangreiche Fräsrillen) empfohlen. Für ein einheitliches Ergebnis müssen unter Umständen mehrere Strahlgänge eingeplant werden.
Der Erfolg des Kugelstrahlens ist maßgebend von der Untergrundgüte sowie von der Vortriebsgeschwindigkeit abhängig. Zusätzliche Strahlgänge vergleichmäßigen und erhöhen in der Regel die Rauigkeit. Bei üblichen Untergründen ist ein Strahlen im Kreuzgang mit mittlerer Vortriebsgeschwindigkeit zum Erreichen der Rautiefenklassen RT0,3 (Applikation von Oberflächenschutzsystemen) zielführend.
Eine Sicherstellung der Rautiefenklasse RT1,0 (Querschnittsergänzung mit Mörtelsystemen, z. B. Betondeckungserhöhung oder auch Anodeneinbettung im Zuge von KKS-Maßnahmen) ist in der Regel nur mit HDW-Strahlen möglich.

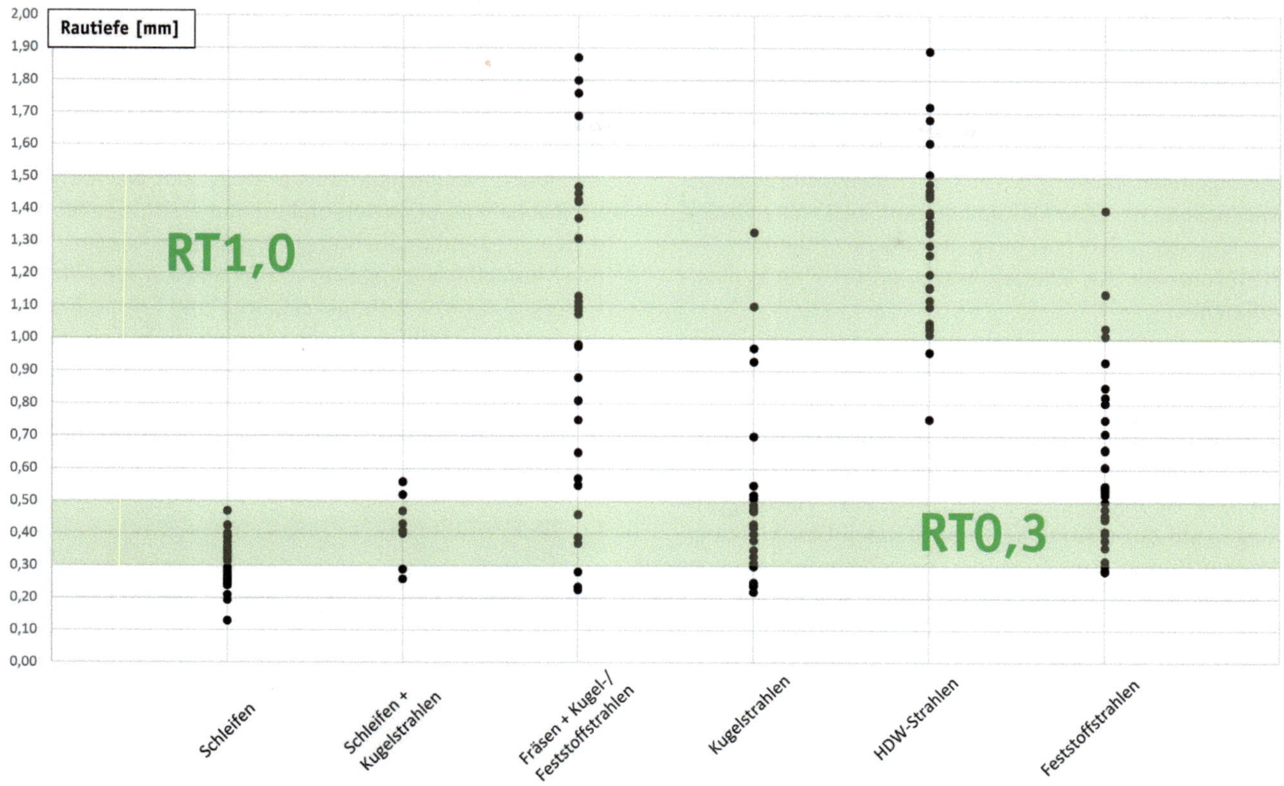

Abb. 7: Tabelle Rautiefe in Abhängigkeit des Untergrundvorbereitungsverfahrens

3.2 Praxisbeispiele

Beispiel 1: Oberflächenschutzsystem OS 10 (PMMA)

Bei einem neu errichteten Garagenbauwerk wurden nach zwei Jahren vom Bauherrn Ablösungen und Hohllagen am Beschichtungssystem, v. a. im Bereich der Außenrampe, festgestellt, vgl. Abb. 8 und Abb. 9. Auf der Rampe sowie im Einfahrtsbereich wurde ein Oberflächenschutzsystem OS 10 auf PMMA-Basis appliziert.

Abb. 8: Ablösung im Randbereich

Abb. 9: Hohllagen im Fahrbereich

Da die Ursache nicht unmittelbar ersichtlich war und seitens des Bauherrn noch Gewährleistungsansprüche gegenüber der Baufirma und dem Planer vorlagen, wurde die Ingenieurbüro Schiessl Gehlen Sodeikat GmbH beauftragt, die vorliegenden Unterlagen zu sichten und mögliche Schritte zur Mangelbeseitigung zu formulieren. Das Gewerk der Beschichtung war separat und getrennt von den Rohbauarbeiten ausgeschrieben, wobei die Schnittstelle nicht detailliert beschrieben wurde. Bei der Beschreibung des zu beschichtenden Betonuntergrunds aus dem Rohbau fehlten z. B. wichtige Informationen, u. a. die Betonfestigkeit. Die Beschichtungsarbeiten wurden 2022 ausgeführt.

Die Untergrundvorbereitung sollte mittels Kugelstrahlen erfolgen. Angaben zur Anzahl der Strahlgänge oder zur Vortriebsgeschwindigkeit waren nicht enthalten. Eine

zu erreichende Rautiefe nach dem Kugelstrahlen wurde nicht vorgegeben.
In den Baustellenunterlagen konnten keine Dokumente zur Begutachtung oder Freigabe des vorbereiteten Untergrunds durch die Bauüberwachung gefunden werden.
Die Eigenüberwachung des ausführenden Unternehmens war lückenhaft. Eine Dokumentation, z. B. über Bilder, zur Untergrundvorbereitung war nicht enthalten. Die Prüfprotokolle zur Rautiefe waren objektiv nicht nachvollziehbar.
Nach mehreren Gesprächen hat sich das ausführende Unternehmen bereit erklärt, die kartierten Schadstellen im Zuge der Gewährleistung zu überarbeiten.
Die Ingenieurbüro Schiessl Gehlen Sodeikat GmbH wurde beauftragt, die Arbeiten zu begleiten und zu dokumentieren sowie begleitende Messungen, z. B. Haftzugprüfungen auf der planmäßig verbleibenden Beschichtung, durchzuführen. Im Zuge der Entschichtungsarbeiten war auffällig, dass sich die Beschichtung außerhalb der eigentlichen Schadstellen, d. h. in Bereichen, die nicht unmittelbar hohl lagen, sehr einfach mit einem Stemmhammer lösen und abschälen ließen.
Die nicht hohlliegenden Bereiche, die augenscheinlich keine Auffälligkeit aufwiesen, wurden anschließend vor Ort überprüft und konnten händisch von der Rampe gelöst werden, vgl. Abb. 10.

Abb. 10: Händisches Abziehen des Oberflächenschutzsystems OS 10 im nicht holliegenden Bereich

Daraufhin wurde auf Empfehlung der Ingenieurbüro Schiessl Gehlen Sodeikat GmbH die komplette Rampe sowie der Einfahrtsbereich der Tiefgarage sowohl im Fahrbereich als auch auf den Schrammborden flächig, i. W. mittels Flachmeißel auf Stemmhämmern, entschichtet.
Auf dem freigelegten Betonuntergrund konnte keine gleichmäßige Vorbereitung festgestellt werden. Die Oberfläche war vergleichsweise glatt, was nicht durch die Entschichtungsarbeiten versursacht wurde. Auf der Betonoberfläche war eine dünne, dunkelgraue Schicht vorhanden, die sich farblich deutlich vom sonstigen Beton abzeichnete.
Um chemische Unverträglichkeiten zwischen dem Untergrund und dem applizierten PMMA (z. B. aufgrund von speziellen Nachbehandlungsmitteln oder Nacharbeiten im Rohbau) zu bewerten und um ein zielführendes Vorgehen zur Neubeschichtung vorgeben zu können, wurden Musterflächen angelegt. Dabei wurden verschiedene Untergrundvorbereitungsverfahren und Grundierharze miteinander kombiniert, vgl. exemplarisch Abb. 11. An jeder Musterfläche wurde vor der Applikation die Rautiefe, die Oberflächenzugfestigkeit sowie die Bauteilfeuchte über CM-Messungen ermittelt und die klimatischen Bedingungen dokumentiert.

Abb. 11: Musterfläche auf der Rampe (hier: Kugelstrahlen im Kreuzgang, im Hintergrund ist die unbearbeitete Fläche zu sehen)

Anhand der Musterflächen konnte eine chemische Unverträglichkeit ausgeschlossen werden. Weiterhin wurde nachgewiesen, dass die dunkelgraue Schicht sowohl mittels Kugelstrahlen als auch Schleifen entfernt werden kann. Die erforderliche Rautiefe und Oberflächenzugfestigkeit an der Betonoberfläche konnten überall nachgewiesen werden.
Im Zuge der Sichtung von weiteren Rohbauunterlagen wurde festgestellt, dass nicht der ursprünglich ausgeschriebene Beton (WU-Beton mit u. a. Expositionsklasse XF4) eingebaut wurde. Es wurde ein XF3-Beton verwendet, um die in der damaligen Planung geforderte Nachbehandlung mittels Flügelglätten durchführen zu können. Aufgrund der Rampenneigung wurde eine steifere Kon-

sistenz gewählt. Die nach der Entschichtung vorgefundene dunkelgraue Schicht kann entstehen, wenn frisch eingebauter Beton intensiv flügelgeglättet wird, wovon im vorliegenden Fall aufgrund der gewählten Betonrezeptur mit steiferer Konsistenz ausgegangen wird.
Durch Flügelglätten wird das oberflächennahe Betongefüge verdichtet, was grundsätzlich zu einer höheren Dauerhaftigkeit führt. Bei Folgearbeiten an flügelgeglätteten Flächen, z. B. Aufrauen, ist jedoch von einem höheren Aufwand auszugehen. Dies hätte in der Planung und Ausführung auch berücksichtigt werden müssen.
Durch eine fachgerechte Untergrundvorbereitung war im vorliegenden Fall sowohl auf der flügelgeglätteten Schicht (Kugelstrahlen) als auch auf dem Beton darunter (Wegschleifen der Schicht und Kugelstrahlen) eine ausreichende Rautiefe erreichbar. An den Musterflächen lagen die ermittelten Rautiefen zwischen 0,3 mm (Kugelstrahlen) und 1,0 mm (mehrfaches Schleifen und Kugelstrahlen).
Es ist davon auszugehen, dass die Betonoberfläche vor der Applikation des OS 10 nicht oder zumindest nicht fachgerecht vorbereitet wurde. In den vorliegenden Überwachungsunterlagen konnten auch keine Hinweise auf eine Kontrolle oder Freigabe gefunden werden.
Da an den angrenzenden Wandsockeln oberhalb der Sockelbeschichtung Schleifspuren auf einer glatten Betonoberfläche zu erkennen waren, siehe Abb. 12, wurden sowohl die frei zugänglichen Sockelbereiche in der Tiefgarage als auch die Bereiche hinterhalb der vertikalen Dämmung an der Rampenwand zusätzlich begutachtet.

Abb. 12: Schleifspuren oberhalb Sockelbeschichtung

Auch an den Sockelbereichen konnte die Beschichtung händisch abgezogen werden, siehe Abb. 13. Diese wurde durch das ausführende Unternehmen anschließend auf ganzer Länge entfernt.

Abb. 13: Abziehen der Sockelbeschichtung

Durch die Ingenieurbüro Schiessl Gehlen Sodeikat GmbH wurde dann ein ganzheitliches Beschichtungs- und Abdichtungskonzept inkl. entsprechender Detail- und Anschlussplanung erstellt. Dieses wurde im Weiteren im Zuge der Mängelbeseitigung umgesetzt. „Sowieso-Kosten“ für zusätzlich erforderliche und in der ursprünglichen Planung nicht enthaltenen Arbeiten konnten auch hier nur einen kleinen Teil der angefallen Kosten für die Mängelbeseitigung abdecken, wodurch das ausführende Unternehmen wirtschaftliche Einbußen hinnehmen musste.
Das vorliegende Beispiel zeigt, dass bei unzureichender Beachtung des Untergrunds ein erhöhtes Schadenspotential für alle Beteiligten besteht.
Auf Seiten des Generalplaners wurden weder die Betoneigenschaften aus dem Rohbau übertragen noch genaue Vorgaben zur Oberflächenbearbeitung bzw. -beschaffenheit erstellt. Die Oberfläche wurde während der Beschichtungsarbeiten nicht ausreichend vorbereitet und vor Ort mit den Verantwortlichen weder begutachtet noch freigegeben. Die Dokumentation ist sowohl überwachungsals auch ausführungsseitig lückenhaft und in Teilen nicht aussagekräftig. Dies hat in Konsequenz auch zu einem Schaden für den Bauherrn in Form einer mehrmonatigen Sperrung der Tiefgarage, interner Kapazitätsbindung und Kosten für Ingenieur- und Anwaltskosten (mindestens als Auslagekosten) sowie einer juristischen Auseinandersetzung mit den sonstigen Beteiligten geführt.

Beispiel 2: Bauwerksabdichtung

Im Außenbereich eines Kraftwerks sollte ein Oberflächenschutzsystem OS 14 sowie eine Bauwerksabdichtung appliziert werden.

Im Zuge der Bietergespräche wurde vereinbart, die geforderte Rautiefenklasse RT0,3 mittels Strahlverfahren und nicht wie ursprünglich vom ausführenden Unternehmen angedacht mittels Schleifen zu gewährleisten.

Um Bauzeit einzusparen, wurden während der Ausführung einzelne Flächen lediglich geschliffen und im direkten Anschluss abgedichtet. Die vereinbarte Kontrolle und Freigabe der Fläche durch die Bauüberwachung fanden nicht statt. Beim nächsten Baustellentermin wurde festgestellt, dass sich die Abdichtung händisch entfernen ließ, da der Untergrund nicht ausreichend aufgeraut wurde, siehe Abb. 14.

Abb. 14: Entfernen der fertigen Abdichtung

Die fertige Abdichtung musste in Großteilen entfernt, der Untergrund erneut vorbereitet und eine neue Abdichtung appliziert werden.

Die Überarbeitung hätte durch eine fachgerechte Untergrundvorbereitung mit anschließender Freigabe vermieden werden können und der ausführenden Firma Kosten und Ausführungszeit erspart.

Beispiel 3: Oberflächenschutzsystem OS 8

In einer Tiefagarage wurde im Zuge von Sanierungsmaßnahmen ein Oberflächenschutzsystem OS 8 geplant. Als Verfahren zur Untergrundvorbereitung wurde Kugelstrahlen im Kreuzgang ausgeschrieben.

Tatsächlich wurde der Untergrund vor der Applikation des Oberflächenschutzsystems lediglich geschliffen. Dies wurde auch von der damaligen Bauüberwachung dokumentiert, vgl. Abb. 15. Eine Dokumentation der Untergrundprüfung liegt nicht vor. Die Maßnahme wurde „ohne Mängel“ auf Empfehlung der Bauüberwachung abgenommen.

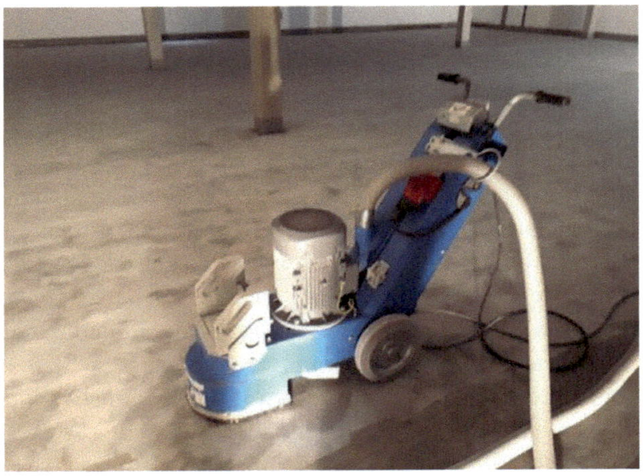

Abb. 15: „Diamantschleifen“ (aus vorliegender Baustellendokumentation)

Innerhalb der ersten Jahre nach der Sanierungsmaßnahme löste sich das Oberflächenschutzsystem flächig. Die darunter liegende Betonoberfläche weist keine Rauigkeit auf, siehe Abb. 16.

Abb. 16: Sich ablösende Beschichtung auf Betonuntergrund

Die Eigentümer der Tiefgarage haben daraufhin Mängel angemeldet, die sowohl den Ausführer als auch die Bauüberwachung betreffen. Eine juristische Auseinandersetzung ist nicht auszuschließen.

Beispiel 4: Einbettmörtel (guter Verbund)

Im Zuge eine Betoninstandsetzung eines Parkhauses wurde ein KKS-System verbaut, das u. a. eingebettete Anodenbänder am Wandsockel beinhaltet. Für die Untergrundvorbereitung wurde planerisch eine Rautiefenklasse RT1,0 mittels HDW-Strahlen gefordert.

Der Untergrund wurde vom ausführenden Unternehmen entsprechend vorbereitet und die erforderlichen Prüfungen an der fertigen Fläche durchgeführt. Die Ergebnisse wurden gemeinsam mit der Bauüberwachung besprochen und die Flächen für die weiteren Arbeiten freigegeben.

Dadurch wurde ein ausreichender, quasi-monolithischer Verbund zwischen Altbeton und Einbettmörtel erreicht. Durch eine unerwartete Bewegung im Bauwerk kam es zu einem Betonausbruch, jedoch nicht in der Verbundfuge, sondern im Altbeton, siehe Abb. 17.

Das Beispiel soll zeigen, dass bei Einhaltung der Regelwerke, genauen planerischen Vorgaben sowie einer fachgerechten Ausführung und gemeinschaftlicher Arbeit auf der Baustelle das Bausoll in der Regel erreicht wird. Durch eine entsprechende Dokumentation kann dies auch im Nachhinein nachvollzogen werden.

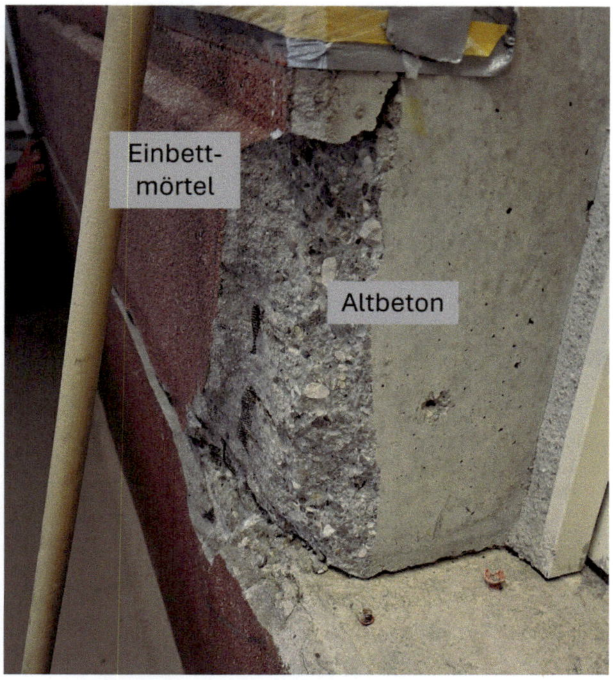

Abb. 17: Betonausbruch im Altbeton

4. Fazit und Empfehlungen

Die Untergrundbeschaffenheit stellt einen maßgebenden Faktor für das Verbundverhalten dar, die durch geeignete Verfahren zur Untergrundvorbereitung beeinflusst und gesteuert werden kann.

Der Erfolg der Maßnahme ist dabei vom individuellen Zusammenspiel aller Beteiligten abhängig.

Während der Planung sollten die Eigenschaften des Betonuntergrunds bekannt sein bzw. ermittelt werden. Je nach Ziel und Anforderung ist das Verfahren zur Untergrundvorbereitung bauteilspezifisch zu ermitteln. Neben den bautechnischen Vorgaben sollte auf Erfahrungen zurückgegriffen und die Randbedingungen (z. B. Zugänglichkeit, Schutzmaßnahmen, Lärm, Versorgung mit Strom und Wasser) berücksichtigt werden.

Das geplante Verfahren ist mit dem Bauherrn abzustimmen und gemeinsam festzulegen.

Vor bzw. während der Ausführung sollten Musterflächen angelegt werden, die von allen Projektbeteiligten bewertet werden, um einen zielführenden Projektfahrplan erstellen zu können. Bedenken sind vor den weiteren Arbeiten zu äußern.

Die Arbeiten sind lückenlos zu dokumentieren, fertige Flächen sind zu prüfen und von der Bauüberwachung bzw. dem Bauherrnvertreter für die weitere Bearbeitung schriftlich freizugeben. So wird im 4-Augen-Prinzip sichergestellt, dass der Untergrund für die weiteren Arbeiten geeignet ist. Die entsprechende Freigabe dient allen Seiten als Dokumentation und verringert das Risiko von nachträglichen Mängel- oder Mehrkostenanmeldungen erheblich.

Zum Erreichen der Rautiefenklasse RT0,3 (z. B. für Beschichtungen) haben sich einfache Strahlverfahren (Sandstrahlen, Kugelstrahlen) bewährt. Für eine Rautiefenklasse RT1,0 (z. B. Betondeckungserhöhung) wird intensives Strahlen (HDW-Strahlen, mehrfaches und intensives Feststoffstrahlen) empfohlen. Das Erreichen einer ausreichenden Rauigkeit kann mit herkömmlichen Schleifverfahren i. d. R. nicht gewährleistet werden.

Eine Pauschalaussage kann hier jedoch nicht getroffen werden, Einzelfälle sind immer separat zu betrachten und entsprechende Maßnahmen zu ergreifen.

Das Gelingen von Baumaßnahmen hängt von der Bereitschaft aller Beteiligten ab. Dies gilt auch für einzelne Teilschritte innerhalb des Projekts. Die genannten Beispiele sollen zeigen, dass es schnell zu umfangreichen Mängeln kommen kann, wenn sich einzelne oder mehrere Beteiligte ihrer Verantwortung entziehen.

Literatur

[1] Technische Regel Instandhaltung von Betonbauwerken (TR Instandhaltung), Mai 2020, Deutsches Institut für Bautechnik

[2] Zusätzliche Technische Vertragsbedingungen und Richtlinien für Ingenieurbauten ZTV-ING, Februar 2025, Bundesministerium für Digitales und Verkehr

[3] Schutz und Instandsetzung von Betonbauteilen (Instandsetzungs-Richtlinie), Teil 3: Anforderungen an die Betriebe und Überwachung der Ausführung, Oktober 2001, Deutscher Ausschuss für Stahlbetonbau

[4] DIN EN 1992-1-1/NA/A1 Nationaler Anhang – National festgelegte Parameter – Eurocode 2: Bemessung und Konstruktion von Stahlbeton- und Spannbetontragwerken – Teil 1-1: Allgemeine Bemessungsregeln und Regeln für den Hochbau, 2015, Deutsche Institut für Normung e.V.

[5] Anwendungshilfe zur Technischen Regel von Betonbauwerken des DIBt (TR IH) in Verbindung mit der DAfStb-Richtlinie Schutz und Instandsetzung von Betonbauteilen (RL SIB), 2022, Deutscher Ausschuss für Stahlbeton, Heft 638

TAE

Konstruktion

Ein neues Parkhaus für Ulm: Bauen im Verkehrsknotenpunkt – Moderne Mobilität gestalten

Dipl.-Ing. (FH) Peter Dechant
dechant hoch- und ingenieurbau gmbh, Weismain

Zusammenfassung
Die Tiefgarage am Ulmer Hauptbahnhof entstand in Teil-Deckelbauweise als viergeschossige Parkgarage mit rund 540 bis 550 Stellplätzen direkt am Bahnhofsplatz. Das Projekt vereint hohe städtebauliche Anforderungen mit komplexen Baugruben- und Gründungsverhältnissen sowie einer Bauausführung unter laufendem Bahn-, Straßenbahn- und Straßenverkehr – zusätzlich bei stark frequentiertem Fußgängerverkehr. Der Beitrag beleuchtet die Standortbedingungen, das gewählte Bauverfahren mit Bohrpfahlumschließung, Teil-Deckelbauweise und Aushub in großen Tiefen. Er geht auf geotechnische Besonderheiten wie Grundwasser und Altlasten ein und beschreibt die Verkehrsführung und Logistik während der Bauzeit. Abschließend werden die Termin- und Kostenentwicklung, die Rolle der beteiligten Akteure sowie die Bedeutung des Projekts für Ulms Verkehrsinfrastruktur und Stadtentwicklung dargestellt. Dabei treten die besonderen Herausforderungen des Projekts deutlich hervor.
Erhalten Sie einen spannenden Einblick in die anspruchsvolle Baustelle im Herzen der Geburtsstadt Albert Einsteins.

1. Einführung

Die Tiefgarage am Ulmer Hauptbahnhof (offiziell „Parkhaus am Bahnhof") ist ein viergeschossiges, unterirdisches Parkhaus direkt vor dem Bahnhof. Sie wurde im Rahmen des städtebaulichen Projekts „City-Bahnhof Ulm" geplant, um die Verkehrsinfrastruktur zu verbessern und zusätzlichen Parkraum zu schaffen. Nach rund fünf Jahren Bauzeit wurde die Anlage im April 2022 feierlich eröffnet. Das Projekt zählt zu den komplexesten Bauvorhaben der Stadt und setzt neue Maßstäbe für künftige Parkhausprojekte der städtischen Parkbetriebsgesellschaft (PBG).

2. Kennzahlen des Projektes

Kapazität: Rund 540 Stellplätze auf vier Parkebenen (je etwa 135 Stellplätze pro Ebene), darunter mehrere Ebenen mit Ladestationen für Elektrofahrzeuge (anfangs 25 bis 32 E-Ladepunkte, erweiterbar auf 100 bis 150).
Abmessungen: Länge der Baugrube circa 240 bis 300 Meter, Breite circa 24 bis 36 Meter, Tiefe circa 17 bis 18 Meter. Das eigentliche Bauwerk der Tiefgarage erstreckt sich über rund 151 Meter Länge und 34 Meter Breite im Endzustand.
Baugrube und Rohbau: Circa 105.000 Kubikmeter Erdaushub; Baugrubenumschließung aus über 1.000 Bohrpfählen (Durchmesser etwa 1 Meter und 24 bis 25 Meter tief), gesichert mit rund 1.000 Ankern im Erdreich. Insgesamt wurden etwa 9.300 Quadratmeter Bohrpfahlwand erstellt. Für den Rohbau kamen rund 25.000 Kubikmeter Beton und 3.500 Tonnen Bewehrungsstahl zum Einsatz.
Interne Erschließung: Eine Besonderheit ist ein unterirdischer Kreisverkehr auf der obersten Parkebene, der alle Zu- und Abfahrtsrampen effizient verbindet. Fahrspuren und Parkbuchten sind großzügig für eine komfortable Benutzung bemessen (Parkbuchtbreite ca. 2,50 Meter).
Kosten und Bauzeit: Investitionskosten rund 60 Millionen Euro (geplant: 53 Mio. €). Baustart war im März 2017, Eröffnung im April 2022 – etwa fünf Jahre Bauausführung und insgesamt rund acht Jahre Planungs- und Projektlaufzeit.

3. Funktionalität des Parkhauses

Die Tiefgarage bildet eine neue Mobilitätsdrehscheibe am Hauptbahnhof Ulm. Sie verknüpft den Bahnhof, die neuen Sedelhöfe und die Innenstadt durch eine unterirdische Bahnhofspassage direkt miteinander. Die Passage führt vom Hauptbahnhof durch die Tiefgarage bis zum Albert-Einstein-Platz/Sedelhöfe und bindet auch die Straßenbahnhaltestelle am Bahnhofsvorplatz an. So entstand ein komfortabler unterirdischer Stadtraum mit Verteilerfunktion für den öffentlichen Verkehr, den Individualverkehr und für Fußgänger. Architektonisch zeichnet sich das neue Parkhaus durch eine helle, sichere und benutzerfreundliche Gestaltung aus. Breite Fahrgassen ohne viele Stützen, transparente Aufzüge und ein zentrales verglastes Treppenhaus ermöglichen Übersicht und ein großzügiges Raumgefühl. Leuchtbänder an den Wänden jeder Ebene zeigen in verschiedenen Farben Motive der Ulmer Stadtgeschichte (zum Beispiel Ulmer Feste, Wissenschaft, Kultur und Bauwerke), um Besuchern einen lokalen Bezug zu vermitteln. Zudem wurde bereits bei der Bauvorbereitung an die Zukunft gedacht: Neben den vorhandenen Ladestationen sind elektrische und bauliche Vorrüstungen für die Nachrüstung von bis zu 150 E-Ladepunkten integriert.

4. Bauverfahren und Baugrubensicherung

Die Tiefgarage wurde in Deckelbauweise – genauer gesagt in Teil-Deckelbauweise – errichtet. Vereinfacht bedeutet dieses Verfahren, dass zunächst Teile der späteren Decke hergestellt werden, bevor darunter weiter in die

Tiefe gebaut wird. Durch die vorab eingebrachte „Deckel“-Konstruktion konnten oberirdisch wichtige Verkehrswege über der Baustelle bestehen bleiben, während darunter die Baugrube ausgehoben und die Tiefgarage gebaut wurde.

Baugrubenerstellung: Zunächst erfolgte die umfassende Sicherung der Baugrube. Die rechteckige Grube mit rund 18 Metern Tiefe wurde durch umlaufende Bohrpfahlwände eingefasst. Über 1.000 Großbohrpfähle (Durchmesser ca. 0,88 m) wurden dicht an dicht bis zu 25 Meter tief in den Untergrund gebohrt und betoniert, sodass eine geschlossene Wand entstand. Diese Pfahlwände wurden anschließend mit rund 1.000 dauerhaften Erdankern schräg rückverankert, um dem Erd- und Grundwasserdruck standzuhalten. So entstand eine stabile, wasserrückhaltende Umschließung von etwa 9.300 Quadratmetern Wandfläche, die den Aushub der großen Grube im Innenstadtbereich erst möglich machte.

Parallel dazu wurden die Stahlkerne der späteren Verbundstützen eingebracht, damit die herzustellende Decke bereits im Aushubzustand getragen werden konnte.

Abb. 1: Bohrpfahlgründung und Baugrubenumschließung im Anfangsstadium (2017).

Ein schweres Bohrgerät erstellte die bis zu 25 Meter tiefen Großbohrpfähle für die Baugrubenwand. Die überschnittene Pfahlwand, später mit Ankern im Boden verankert, minimiert Erschütterungen und verhindert Setzungen im beengten Stadtgebiet – auch gegenüber den Bahngleisen. Nach Abschluss der Pfahlwandarbeiten begann der Aushub der Baugrube in die Tiefe – jedoch nicht in voller Fläche offen, sondern abschnittsweise unterhalb des Deckels. Teildeckelbauweise bedeutet hier, dass nach Erreichen einer Aushubtiefe von circa vier Metern zunächst mehrere Deckensegmente der späteren Tiefgaragendecke eingebaut wurden. Vorgefertigte Stahlbeton-Fertigteile mit einer Spannweite von etwa 12 Metern wurden auf die zuvor hergestellten Stahlstützen und Randbereiche der Bohrpfahlwand aufgelegt. In Teilbereichen wurden auch Ortbetondecken betoniert. So entstand eine stabile Deckenscheibe über Teilen der Baugrube – konkret zwei große Teildeckel: einer auf der Stadtseite (Westseite) und einer vor dem benachbarten Intercity-Hotel (Ostseite). Zwischen diesen Deckelflächen blieb in der Grubenmitte ein offener Längsschlitz von circa 12 Metern Breite, durch den weiterhin Erdmaterial ausgehoben und Baumaterial nach unten transportiert werden konnte. Dieser Schlitz erhielt massive Absteifungen aus Stahlrundrohren, um die Horizontalkräfte der Deckenscheibe weiterzuleiten. Als die Teildeckel im Oktober 2018 vollständig waren, war die Baugrube bis auf den mittigen Spalt „überdacht“. Dies ermöglichte den abschnittweisen Aushub auf die volle Endtiefe von rund 18 Metern unter dem Schutz der Deckel. Die einzelnen Höhenabschnitte waren notwendig, um jeweils die Rückverankerungen aus Verpressankern einzubauen.

Abb. 2: Baugrube mit Teildeckelbauweise (Februar 2019).

Deutlich zu erkennen sind die aufgelegten Deckensegmente über den Randbereichen der Baugrube, während in der Mitte noch ein offener Bereich für den Aushub und den Materialtransport bleibt. Links im Bild verläuft bereits eine provisorische Straßenbahntrasse über dem Deckel. Unterhalb der Deckelelemente sieht man die hohen Bohrpfahlwände sowie den weitergehenden Aushub bis zur Endtiefe. Dieses Bauverfahren machte es möglich, den Verkehr oberirdisch aufrechtzuerhalten, während darunter geschützt unter dem „Deckel“ gebaut wurde.

Rohbau von unten nach oben: Nachdem im Juli 2019 die Baugrubensohle erreicht war, begann der eigentliche Hochbau der Tiefgarage im Untergrund. Anders als bei der klassischen offenen Bauweise wurde hier von unten nach oben gebaut. Zunächst betonierte man die unterste Bodenplatte in rund 18 Metern Tiefe, danach die Wände und Decken der untersten Parkebene. Anschließend folgten Ebene für Ebene nach oben. Da die Teildeckel bereits Teile der obersten Decke bildeten, konnte man gewissermaßen mit der Bodenplatte beginnen und danach sukzessive die darüberliegenden Geschosse errichten. Diese Bottom-up-Bauweise stellte hohe Anforderungen an Genauigkeit und Logistik, da parallel in verschiedenen Ebenen gearbeitet wurde. Zeitweise liefen die Arbeiten gleichzeitig über drei Stockwerke entlang des 135 Meter langen Baufeldes. Durch präzise Planung ließen sich Betonierabschnitte, Schalungsarbeiten, Bewehrung und Betoneinbau so koordinieren, dass trotz der Enge unter dem Deckel ein zügiges Vorankommen möglich war.

Während der Betonage der Wände und Decken wurden auch die Stahlverbundstützen geschossweise mit dem nötigen Betonmantel komplettiert und erhielten ihre endgültige Form als Rundstützen. Umfangreiche Schalungs- und Abstützkonstruktionen waren erforderlich, um die Decken in der Tiefe zu betonieren, zumal oberirdisch kein großer Kran direkt über der Grube eingesetzt werden konnte. Die Teildeckel über der Baugrube dienten dabei nicht nur dem Verkehr, sondern auch als stabile Arbeitsplattform für Baumaschinen und Materiallager, was die Bauausführung erleichterte. Insgesamt war diese Bauweise zwar außerordentlich aufwändig, erwies sich jedoch als effektiv, um im innerstädtischen Umfeld diesen Tiefbau zu realisieren.

5. Baugrund und geotechnische Besonderheiten

Der Standort am Bahnhof brachte verschiedene geotechnische Herausforderungen mit sich. Die Baugrube reichte rund 17 bis 18 Meter unter Gelände und damit deutlich unter den Grundwasserspiegel, der in Ulm bereits etwa 10 Meter über der Baugrubensohle ansteht. Das Bauvorhaben befand sich somit im Grundwasser, was eine dauerhaft dichte Baugrubenumschließung sowie ein effizientes Wasserhaltungs- und Abdichtungskonzept erforderte. Die aus Bohrpfählen gebildete Umschließung wirkte dabei wie eine Bauwasserwanne. Während der Bauzeit wurde das Grundwasser abgesenkt bzw. durch Bohrbrunnen gefasst, um ein trockenes Baufeld zu gewährleisten. Nach Fertigstellung des Rohbaus und Abdichtung der Kons-

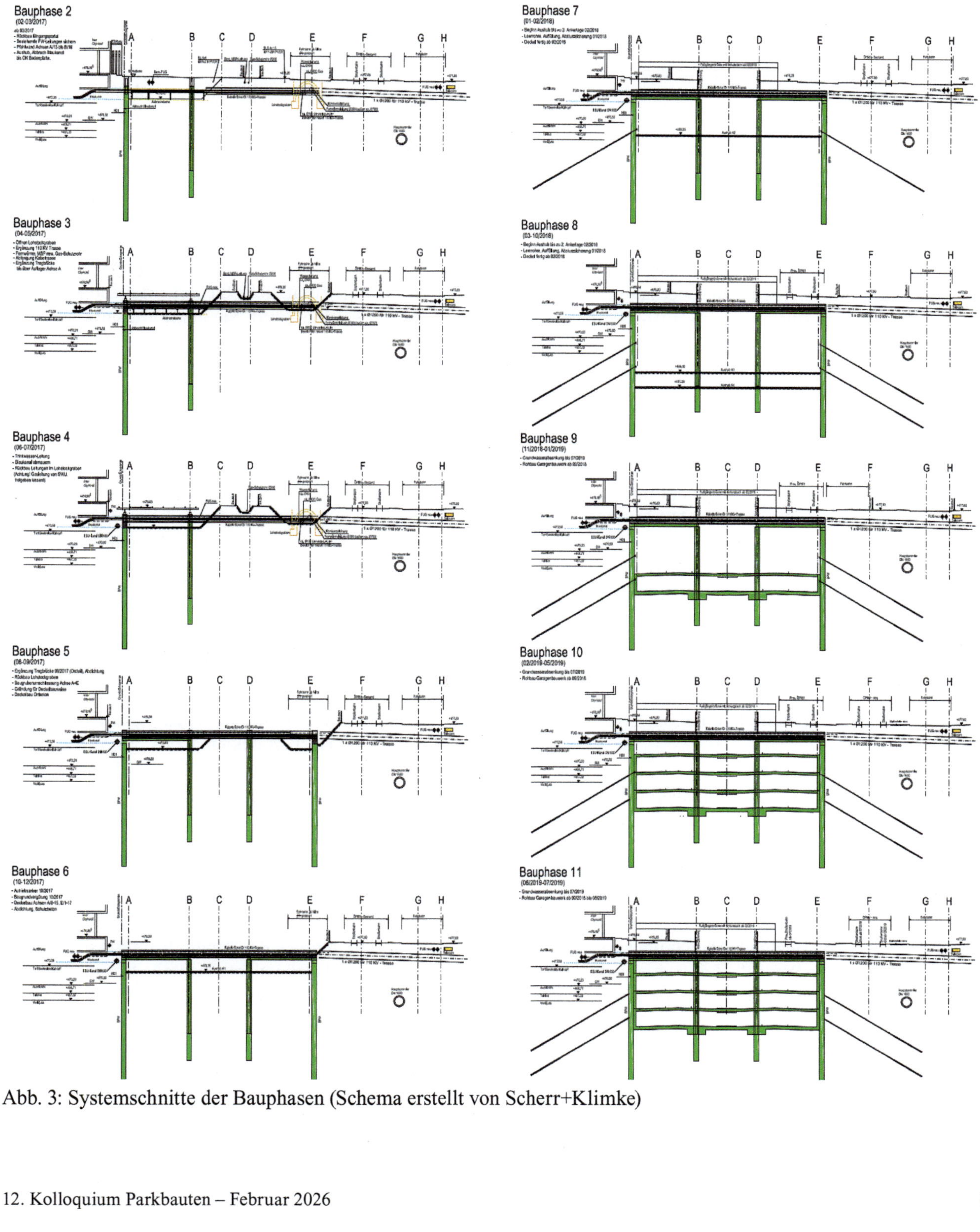

Abb. 3: Systemschnitte der Bauphasen (Schema erstellt von Scherr+Klimke)

truktion konnte der natürliche Grundwasserstand wieder anstehen.
Zusätzlich erschwerten Altlasten und historische Hinterlassenschaften die Arbeiten: Auf dem Baufeld befand sich der verfüllte Kanal der „Kleinen Blau", eines früheren Nebenarms der Blau, der hier unterirdisch verlief. Dieser alte Kanal und ein weiterer Sammler (der „Lohstockgraben") mussten vor Beginn des Tiefbaus vollständig zurückgebaut oder verlegt werden. Dabei trat auch belasteter Boden zutage, der als Altlast entsorgt werden musste (Schadstoffgutachten wurden vorab eingeholt). Ein weiteres Risiko waren Kampfmittel aus dem Zweiten Weltkrieg: Aufgrund der Bahnhofsnähe bestand die Gefahr von Blindgängern im Erdreich. Deshalb wurden Kampfmittelsondierungen durchgeführt und das Baufeld vor und während der Erdarbeiten sorgfältig überwacht. Tatsächlich kam es zu Verzögerungen, als verdächtige Objekte untersucht werden mussten – glücklicherweise ohne gravierende Funde.
Die tragfähigen Schichten liegen in Ulm vergleichsweise tief. Unter dem Bahnhofsvorplatz findet sich teils eine Verwitterungsdecke aus Donauschotter und Ton, die wenig tragfähig ist. Daher war die Gründung der Tiefgarage mittels der erwähnten Bohrpfähle notwendig: Viele Pfähle wurden bis in den festen Untergrund aus Kalkmergel und Tonstein der tertiären Molasse eingebracht, um die Lasten sicher abzutragen. Die Pfähle übernahmen sowohl die Funktion der Baugrubenwand als auch die statische Gründung der späteren Tiefgarage – ein typisches Konstruktionsprinzip bei Schlitzwand- oder Pfahlwandbaugruben in beengter Innenstadtlage.
Eine weitere Herausforderung waren die zahlreichen Bestandsleitungen, die das Baufeld kreuzten. Bevor der Aushub beginnen konnte, mussten zahlreiche Versorgungsleitungen und Kabel umgelegt oder gesichert werden. Darunter befanden sich eine 110-kV-Hochspannungsleitung, zentrale Telekommuni-kationskabel (im stillgelegten Blaukanal), eine wichtige Trinkwasserleitung, Fernwärmeanschlüsse für das benachbarte Hotel sowie diverse Abwasserkanäle. Diese Leitungsverlegungen und -sicherungen waren ein aufwändiger erster Schritt der Bauphase und dauerten mehrere Monate, stellten jedoch sicher, dass während der Bauzeit keine Versorgungsunterbrechungen im Bahnhofsviertel auftraten.

6. Abdichtung gegen Wasser

Die viergeschossige Tiefgarage am Hauptbahnhof Ulm liegt bis zu etwa 10 Meter unterhalb des maximalen Grundwasserspiegels und ist damit dauerhaft drückendem Wasser ausgesetzt. Um die Dichtheit sicherzustellen, wurde ein kombiniertes Abdichtungskonzept umgesetzt: wasserundurchlässiger Beton in Verbindung mit einem außenliegenden Bentonit-Abdichtungssystem, der sogenannten „Braunen Wanne". Ziel war eine dauerhaft gebrauchstaugliche Konstruktion und die Minimierung des Risikos von Wassereintritten.
Das Bauwerk ist gemäß Leistungsverzeichnis als nahezu fugenlose wasserundurchlässige Wanne mit Rissbreitenbeschränkung konzipiert. Die Wände und Bodenplatten bestehen aus WU/WF-Beton nach DIN EN 206-1 und DIN 1045-2. Für die Tiefgarage werden folgende Anforderungen gestellt:
- Betonqualität u. a. C30/37, Expositionsklassen XC4, XD3, XF2
- zulässige Rissweite $w \leq 0{,}20$ mm
- Einhaltung eines maximalen Wasserzementwerts $(W/Z) \leq 0{,}6$

Diese Anforderungen entsprechen den zentralen Entwurfskriterien der WU-Richtlinie des DAfStb, wonach die Rissbreitenbeschränkung das primäre abdichtungstechnische Kriterium bildet. Die WU-Richtlinie selbst wurde jedoch beim Entwurf und bei der Ausführung der Konstruktion nicht berücksichtigt. Die Konstruktion ist so bemessen, dass durch Selbstheilungsmechanismen des Betons und kontrollierte Rissbildung die Wasserundurchlässigkeit gewährleistet sein soll.
Die Tiefgarage muss aufgrund der hohen Grundwasserüberdeckung gegen Auftrieb gesichert werden. Die Außenwände übernehmen zusammen mit der überschnittenen Bohrpfahlwand die Aufnahme von Erd- und Wasserdruck, während die Decken als Aussteifungsscheiben wirken. Fugen wurden weitgehend reduziert; unvermeidbare Arbeitsfugen erhielten gezielte Abdichtungssysteme.
Die „Braune Wanne" ist eine vollflächige Bentonit-Abdichtung, die als zusätzliche Sicherheitsebene außen am Bauwerk angeordnet wird. Sie kommt insbesondere an erdberührten Wandflächen, Fundamentseiten und Anschlussbereichen zum Einsatz. Das System umfasst:
- Bentonitdichtmatten
- PE-3D-Folie als zusätzliche Abdichtungslage
- radon- und wurzelfeste Schutzfolie

Die Bentonitmatten sind überlappend eingebaut, auf Spritzbetonflächen bzw. Ausgleichsbeton aufgelegt und mechanisch befestigt. Das System wirkt additiv zum WU-Beton und versucht, Fehlstellen, vor allem an schwierigen Stellen (Arbeitsfugen, Durchführungen usw.) abzudichten.
Entsprechend den Vorgaben im Leistungsverzeichnis erhielten die Deckeloberflächen zusätzlich eine zweilagige Verbundabdichtung. Eine Polymer-bitumenbahn wurde im Heißapplikationsverfahren aufgetragen. Die vertikalen Flächen des Deckels bekamen eine zweilagige bituminöse Abdichtung nach DIN EN 13707 bzw. DIN EN 13969. Diese Maßnahmen schützen vor Niederschlags- und Tausalzwasser sowie mechanischen Belastungen im oberflächennahen Bereich.
Durch die Kombination aus WU-Beton und Brauner Wanne entstand ein robustes Abdichtungssystem: Der WU-Beton übernimmt die strukturelle Abdichtung durch Begrenzung der Rissbreite, während die Bentonit-Abdichtung als redundante Sicherheitsebene fungiert – insbesondere an Fugen, Anschlüssen und Kontaktstellen zu heterogenen Untergründen. Die ergänzenden Abdichtungen der Decken gewährleisten langfristigen Schutz gegen Oberflächenwasser und betriebliche Beanspruchung.

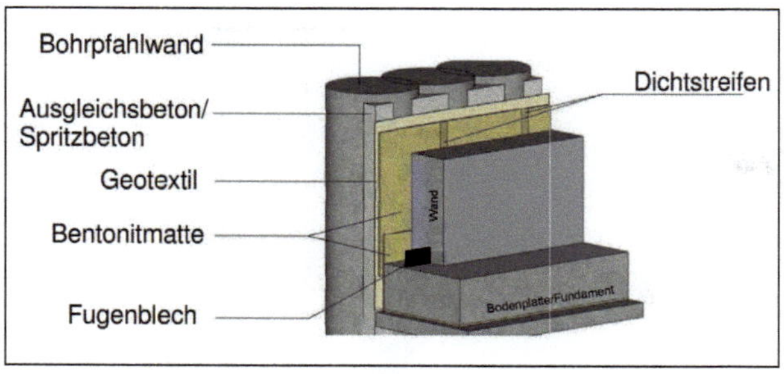

Abb. 4: Detail mit der Wandabdichtung mit Bentonitmatte (Scherr+Klimke)

7. Sichtbeton als Gestaltungselement

Die Tiefgarage am Hauptbahnhof Ulm weist einen hohen Anteil an sichtbar bleibenden Stahlbetonflächen auf, die überwiegend in den Sichtbetonklassen SB2 und SB4 nach Merkblatt Sichtbeton (DBV) ausgeführt wurden. Die Anforderungen orientierten sich an der DIN 18217 sowie an den gestalterischen Vorgaben des Auftraggebers. Sichtbeton kommt sowohl an Innen- und Außenwänden als auch an Unterzügen, Überzügen, Rampenwänden und Deckenunterseiten zum Einsatz. Insgesamt sah das Leistungsverzeichnis mehrere tausend Quadratmeter Sichtbeton vor, sodass dieser einen maßgeblichen Teil der Bauausführung darstellt.

Die Ausschreibung forderte primär Sichtbeton der Klasse SB2 (glatt) für Innen- und Außenwände mit einer Fläche von rund 5.230 Quadratmeter. Auch Unterzüge, Überzüge und Deckenunterseiten wurden in SB2 ausgeführt. Insgesamt ergibt sich ein Sichtbetonanteil von über 8.000 Quadratmetern in SB2.

Für besonders hochwertige Bereiche wie Treppenhäuser und die Aufzugsschächte der Glasaufzüge wurde Sichtbeton der Klasse SB4 eingesetzt – hier entstanden rund 300 Quadratmeter.

Die Ausführung der Sichtbetonflächen erfolgte mit folgenden technischen Maßnahmen:

- regelmäßige Schalungsstöße und geordnetes Schalungsbild
- scharfkantige Ecken, abgedichtete Schalhautfugen (insbesondere SB4)
- gleichmäßige Farbgebung und Textur
- definierte Ankerlochbilder mit Faserbeton-Konen, (Ø 43/32 mm)
- Verwendung glatter Schalhaut (Stahl/Mehrschichtplatten)
- homogener Betoneinbau und definierte Betonierrichtungen

Die Rundwände in Spindeln und Rampen stellten eine besondere Herausforderung dar: Sie erforderten präzise Rundschalungen, kontrollierte Krümmungen und saubere Stoßausbildungen bei gleichzeitig hoher architektonischer Qualität.

Mit insgesamt über 8.000 Quadratmetern Sichtbeton SB2 und mehr als 300 Quadratmetern SB4 war das Sichtbetonkonzept der Tiefgarage Ulm eine anspruchsvolle ingenieurtechnische und gestalterische Aufgabe. Die Kombination aus großen zusammenhängenden Sichtflächen, komplexen Geometrien (Spindeln, Rampen, Rundwände) und hohen Qualitätsanforderungen machte eine sorgfältige Schalungsplanung, präzise Betonageprozesse und konsequente Qualitätsüberwachung erforderlich. Die definierten Anforderungen gewährleisten eine dauerhafte architektonische Wertigkeit der sichtbar bleibenden Betonflächen.

Abb. 5: Treppenhaus mit Sichtbetonbestandteilen

8. Herausforderungen am Standort Hauptbahnhof

Eine der größten Herausforderungen war es, den Verkehr am Ulmer Hauptbahnhof während der mehrjährigen Bauzeit aufrechtzuerhalten. Der Bahnhofsvorplatz ist ein zentraler Verkehrsknoten: Hier verlaufen wichtige Hauptstraßen, mehrere Straßenbahn- und Buslinien haben Haltestellen, und täglich bewegen sich zahlreiche Fußgänger und Radfahrer zwischen Bahnhof und Innenstadt. All diese Verkehrsströme durften durch die Baustelle nur minimal beeinträchtigt werden – was eine äußerst sorgfältige Verkehrs- und Baulogistikplanung erforderte.

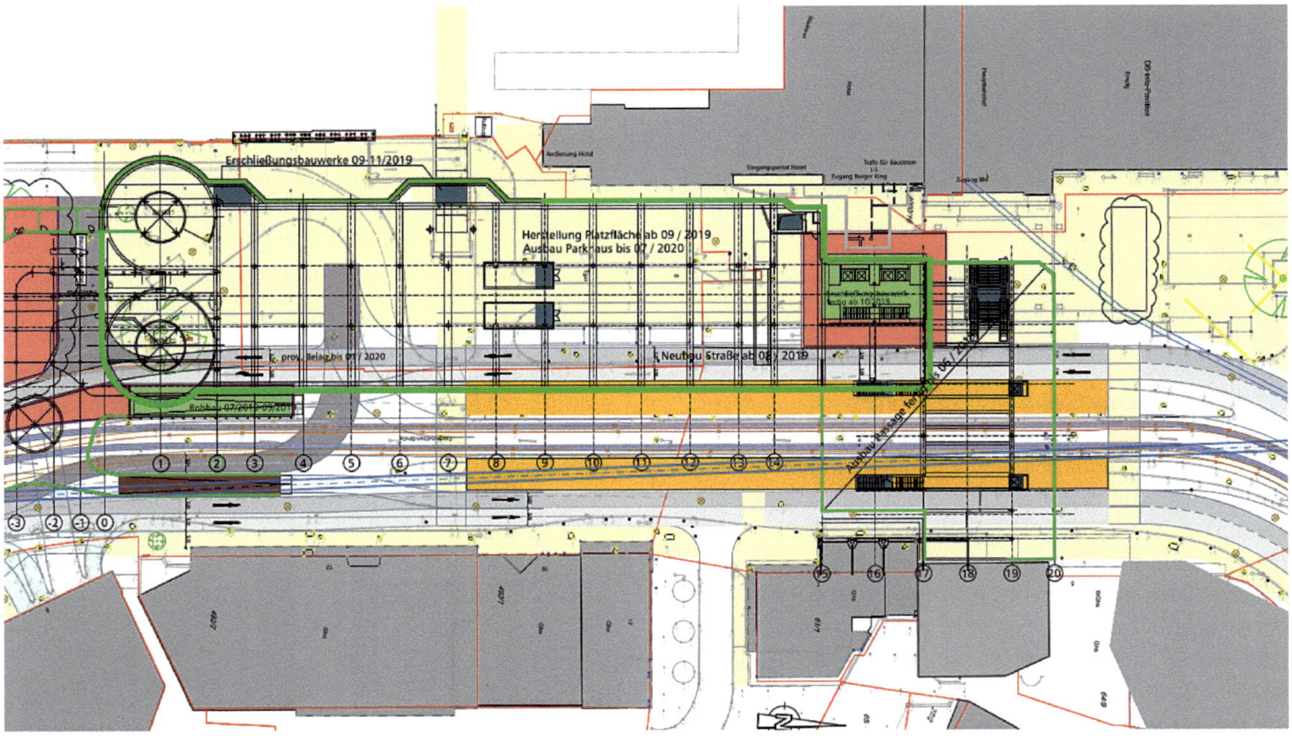

Abb. 6: Auszug aus der Bauphasenplanung (Scherr+Klimke)

Schon vor Baubeginn wurde ein durchgängiges, phasenorientiertes Verkehrskonzept erarbeitet. Für den Individualverkehr richtete man Ausweichrouten und Verschwenkungen ein. Die Friedrich-Ebert-Straße, die am Baufeld vorbeiführt, blieb mit Einschränkungen befahrbar, teils einspurig mit geänderter Linienführung. Komplettsperrungen wurden vermieden, indem temporäre Brücken und Überfahrten geschaffen wurden.

Besonders anspruchsvoll war die Aufrechterhaltung des Straßenbahnverkehrs. Die wichtige Tramlinie am Bahnhof konnte nicht dauerhaft eingestellt oder großräumig umgeleitet werden. Daher entschied man sich, für rund zwei Jahre eine provisorische Gleisstrasse direkt über die Baugrube zu führen. Nachdem der erste Teildeckel Ende 2018 fertiggestellt war, verlegte man darauf ab Februar 2019 ein Gleisbett mit Schotter und Schienen. Fortan fuhren Straßenbahnen, Busse und Autos auf dem Deckel über der entstehenden Tiefgarage. Dieses Provisorium verlief auf der zur Innenstadt gewandten Westseite der Grube und erlaubte den Betrieb der regulären Haltestelle. Fußgänger wurden über provisorische Stege und Wege sicher an der Baustelle vorbeigeleitet, darunter ein eigens errichteter Fußgängersteg vor dem Intercity-Hotel.

Erst im Sommer 2021 konnte die Straßenbahn vom provisorischen Gleis zurück auf die endgültige Trasse verlegt werden. Zu diesem Zeitpunkt waren die oberirdischen Rampenbauwerke der Tiefgarage so weit fertiggestellt, dass die Tramgleise zwischen den Rampen hindurch über den Bahnhofsvorplatz geführt werden konnten. Bis zur Gesamtfertigstellung blieben jedoch noch provisorische Verkehrsführungen bestehen: So war die Einfahrt ins neue Parkhaus bis August 2022 nur von Süden (Ehinger Tor) möglich, und die Ausfahrt nur in Richtung Norden (Olgastraße). Die beiden westlichen Rampen (nördliche Einfahrt und südliche Ausfahrt) konnten erst nach Abschluss der Straßenbauarbeiten in der Friedrich-Ebert-Straße freigegeben werden.

Auch die Bauverkehrslogistik erforderte kreative Lösungen. Während der Hauptbauphase wurden viele Materialien über den verbliebenen offenen Deckelspalt in die Tiefe gebracht. Ein Turmdrehkran konnte aufgrund der Deckelbauweise nur eingeschränkt eingesetzt werden, daher kamen häufig Mobilkräne und Gabelstapler zum Einsatz. Betonpumpen förderten Beton durch Öffnungen im Deckel in die Tiefe. Schwerlasttransporte wurden in verkehrsarmen Zeiten durchgeführt, um Störungen zu minimieren. Nicht zuletzt war die Baustelleneinrichtung selbst auf engstem Raum untergebracht: Teile des östlichen Deckels dienten als Lager- und Logistikfläche, und Bürocontainer mussten in Randbereiche außerhalb des direkten Baufelds ausweichen.

Trotz dieser anspruchsvollen Umstände gelang es, alle Verkehrsarten während der gesamten Bauzeit aufrechtzuerhalten. Fußgänger, Radfahrer, Autos, Busse und Bahnen konnten – abgesehen von kurzen Unterbrechungen bei Umschwenkungen – den Bahnhof weiterhin erreichen. Dies erforderte eine laufende Abstimmung mit den Verkehrsbehörden und eine flexible Bauablaufplanung. Letztlich wurde die Verkehrslenkung während der Bauzeit als großer Erfolg gewertet, da größere Verkehrsinfarkte ausblieben und der Bahnhof als Drehscheibe funktionsfähig blieb.

Die unterirdische Infrastruktur am Hauptbahnhof brachte vielfältige Herausforderungen mit sich, die über die reine Bauausführung hinausgingen. Die Baustelle war umgeben von einer komplexen unterirdischen Erschließung (Leitungen, Kanäle, Fundamente angrenzender Gebäude) und lag in einem Areal, das täglich von tausenden

Menschen frequentiert wird. Diese extreme Komplexität des Bauumfelds erforderte eine minutiöse Planung in allen Projektphasen. Beispielsweise mussten Erschütterungen und Lärm auf ein Minimum begrenzt werden, um den Bahnverkehr und die umliegenden Gebäude – darunter denkmalgeschützte Bausubstanz in der Altstadt und empfindliche Bahnanlagen – nicht zu beeinträchtigen. Strenge Auflagen galten für Erschütterungsmonitoring und Bauzeiten. Laute Arbeiten wie Pfahlbohrungen oder Ankerbohren wurden in definierten Zeitfenstern ausgeführt, um nächtliche Ruhezeiten einzuhalten.

Hinzu kam die Koordination mit parallelen Projekten im Bahnhofsumfeld. Zeitgleich liefen das Großprojekt Sedelhöfe (Neubau eines Einkaufs- und Büroquartiers), der Ausbau der Straßenbahnlinie 2 mit neuen Haltestellen und Gleisanlagen am Bahnhofsvorplatz. Zudem wurde der gesamte Bahnhofsvorplatz, inklusive Busbahnhof und Straßen, neugestaltet. Diese Gleichzeitigkeit führte zu Schnittstellen zwischen den Projekten: So musste die Bahnhofspassage aus der Tiefgarage nahtlos an die Tiefgeschosse der Sedelhöfe angebunden werden. Verzögerungen oder Entwurfsänderungen in einem Teilprojekt hatten direkte Auswirkungen auf andere. Die Stadt richtete daher ein gemeinsames Projektmanagement ein, um Abstimmungen zwischen den Bauherren (PBG für die Tiefgarage, Investoren der Sedelhöfe, städtische Stellen für den Straßen- und Tramumbau) zu erleichtern. Wöchentliche Baubesprechungen mit allen Beteiligten stellten sicher, dass zum Beispiel Kranstandorte, Lieferwege oder Arbeitsschritte einander nicht blockierten.

Nicht zu unterschätzen war auch die psychologische und politische Herausforderung: Ein so großes Bauvorhaben in der Innenstadt führte unvermeidlich zu Beeinträchtigungen und rief öffentliche Kritik hervor. Während der fünfjährigen Bauzeit gab es Beschwerden von Anwohnern und Pendlern über Lärm, Staub und temporäre Wegänderungen. Auch gab es kontroverse Diskussionen im Gemeinderat darüber, ob ein großes Parkhaus an dieser Stelle verkehrspolitisch noch zeitgemäß sei. Die Projektverantwortlichen – allen voran Oberbürgermeister Gunter Czisch – betonten jedoch stets die langfristigen Vorteile: Man schaffe mit der Tiefgarage einen wichtigen Baustein für die städtebauliche Entwicklung und ein Mobilitätszentrum, das Individualverkehr, ÖPNV und Fußgänger optimal verknüpfe. Dennoch mussten die Bauleitung und PBG viel Überzeugungsarbeit leisten und das Projekt transparent kommunizieren, um Akzeptanz in der Bevölkerung zu erhalten.

Schließlich spielte die beengte Platzsituation am Bahnhof eine Rolle. Materiallager, Baumaschinen und Container hatten kaum Platz. Direkt an die Baugrube grenzten Straßen, Gleise oder Gebäude. Dies erhöhte die Sicherheitsanforderungen: Die Baustelle musste lückenlos abgesichert sein, da direkt daneben Publikumsverkehr stattfand. Fußgängerrouten wurden mit Sichtschutz und Barrieren versehen, und Sicherheitskoordinatoren waren ständig im Einsatz. Trotz aller Widrigkeiten kam es während der Bauzeit zu keinen schweren Unfällen mit Passanten oder größeren Betriebsstörungen – ein Beleg für das umsichtige Baustellenmanagement.

Abb. 7: Luftbild der Baustellensituation nach dem Schließen des Deckels

9. Termin- und Kostenrahmen

Ursprünglich war vorgesehen, die Tiefgarage bis September 2021 fertigzustellen und in Betrieb zu nehmen. Dieser Terminplan konnte nicht ganz eingehalten werden. Zwar wurde der Rohbau im Laufe des Jahres 2020 im Wesentlichen abgeschlossen, doch zögerten sich Ausbau und Inbetriebnahme aus verschiedenen Gründen hinaus. Ein wesentlicher Faktor war die COVID-19-Pandemie, die ab 2020 zu Lieferengpässen und Personalausfällen führte. Insbesondere wichtige Ausstattungsbauteile wie Brandschutzeinrichtungen (Brandmelde- und Sprinklertechnik, Rauchabzüge) sowie Glasbauteile für Treppenhäuser und Aufzüge waren von Lieferkettenproblemen betroffen. Zusätzlich kehrten etliche Fachkräfte osteuropäischer Baufirmen während des Lockdowns in ihre Heimat zurück und fehlten auf den Baustellen. Die ohnehin straffe Bauzeitplanung der PBG hatte zwar Zeitpuffer vorgesehen, diese waren jedoch bis Herbst 2021 vollständig aufgebraucht. Der ursprünglich anvisierte Eröffnungstermin im November 2021 konnte nicht gehalten werden, wie PBG-Betriebsleiter Klaus Linder im Oktober 2021 bekanntgab.

Schlussendlich wurde die Tiefgarage am 9. April 2022 offiziell eröffnet. Damit betrug die tatsächliche Bauzeit ab erstem Spatenstich rund fünf Jahre (März 2017 bis April 2022). Die vorangegangene Planungsphase dauerte etwa drei Jahre, einschließlich Vorplanung, Genehmigungen und Ausschreibungen. Insgesamt vergingen somit rund acht Jahre von der Projektidee bis zur Fertigstellung – ein deutliches Beispiel für die lange Vorlaufzeit solcher Großprojekte. In einem symbolischen Akt legten Vertreter der Stadt und der Baufirmen im September 2019 den Grundstein, damals als „Halbzeit der Bauzeit" bezeichnet.

Kostenentwicklung: Die Investitionskosten des Projekts lagen am Ende deutlich über den ursprünglichen Ansätzen. Kalkuliert waren zunächst rund 52 bis 53 Millionen Euro für Planung und Bau. Durch mehrere Faktoren stiegen die Kosten jedoch auf schließlich über 60 Millionen Euro. Hauptgründe für die Kostensteigerung waren die allgemeinen Baupreissteigerungen der vergangenen

Jahre (insbesondere stark gestiegene Stahl- und Materialpreise), aber auch der zusätzliche Aufwand durch unvorhergesehene Schwierigkeiten (zum Beispiel Mehraufwand bei Leitungsverlegungen und Kampfmittelsuche) sowie Projektänderungen. Während der Bauzeit wurden zudem zusätzliche Ausstattungen beschlossen, etwa mehr Ladestationen und höhere Qualitätsstandards bei der Gestaltung, was die Kosten weiter erhöhte. Die Stadt Ulm als Eigentümerin der PBG genehmigte daher 2019 einen Nachtragskredit zur Deckung der Mehrkosten. Trotz der Überschreitung wurde betont, dass die Tiefgarage als langfristige Infrastrukturinvestition gesehen wird und sich durch ihre multifunktionale Bedeutung rechtfertigt.

Im laufenden Betrieb wird die Anlage von der städtischen Parkbetriebsgesellschaft bewirtschaftet. Die Parkentgelte und Auslastungszahlen werden nach Eröffnung genau beobachtet, um die Wirtschaftlichkeit sicherzustellen. Erste Nutzungszahlen zeigen, dass das Parkhaus gut angenommen wird, auch wenn Kritiker darauf hinweisen, dass bereits das benachbarte Sedelhöfe-Parkhaus neue Kapazitäten geschaffen hatte. Aus Sicht der Projektverantwortlichen war der Zeit- und Kostenrahmen angesichts der Projektkomplexität und unvorhersehbarer externer Einflüsse (Pandemie) noch vertretbar. Entscheidend war letztlich, dass das Projekt erfolgreich abgeschlossen und in Betrieb genommen werden konnte – wenn auch später als geplant.

10. Besondere Merkmale des Projekts

Das Parkhaus am Hauptbahnhof Ulm weist eine Reihe von Innovationen und Besonderheiten auf, die es von herkömmlichen Tiefgaragenprojekten abheben:

Die gewählte Bauweise kann als innovative Anpassung an die schwierigen Randbedingungen gelten. Statt einer offenen Baugrube oder einer Voll-Deckelbauweise wurde ein hybrider Ansatz gewählt, um unter rollendem Verkehr zu bauen. Diese Methode war in Ulm bislang einzigartig und vergleichbar eher mit U-Bahn-Bauprojekten in Großstädten. Die erfolgreiche Anwendung der Teildeckelbauweise könnte als Vorbild für künftige innerstädtische Tiefbauten dienen, bei denen Verkehrsflächen nur teilweise unterbrochen werden dürfen.

Unterirdischer Kreisverkehr: Im Inneren der Garage wurde erstmals in einem Ulmer Parkhaus ein Kreisverkehr als Verteiler installiert. Anstatt wie üblich getrennte Rampenauf- und abfahrten pro Ebene zu haben, können hier alle Ein- und Ausfahrten über einen ringförmigen Umlauf auf Ebene U1 erreicht werden. Dies optimiert die Verkehrsführung unter Tage und erlaubt mehreren Zu- und Abfahrtsrouten (von Norden und Süden) gleichzeitig. Dieses Konzept erhöht die Leistungsfähigkeit und Flexibilität des Parkhauses erheblich.

Kreuzungsfreie Zu- und Abfahrten: Durch die Anordnung der Zu- und Abfahrten jeweils auf beiden Seiten der Friedrich-Ebert-Straße als Erschließungsstraße ist eine kreuzungsfreie Anbindung gewährleistet. Diese erlaubt eine zügige Zu- und Abfahrt in das Parkhaus. Die Benutzerfreundlichkeit erhöht sich dadurch erheblich.

Abb. 8: Bild der fertiggestellten benutzerfreundlichen Zufahrt

Stützenarme Konstruktion: Das Tragwerk der Parkdecks wurde so entworfen, dass möglichst wenige Sichtbehinderungen und Engstellen entstehen. Weite Spannweiten und die Anordnung von wenigen Stützen, hauptsächlich außerhalb der Parkstände, sorgen für ein offenes Raumgefühl und erleichtern die Orientierung und Sicherheit der Nutzer. Die helle Deckenuntersicht aus Sichtbeton mit integrierten Leuchtbändern trägt ebenfalls zur offenen Atmosphäre bei.

Belüftungs- und Brandschutztechnik: Die Tiefgarage verfügt über ein intelligentes Brandlüftungssystem. Anstatt die gesamte Garage in starre Brandabschnitte zu unterteilen, gibt es auf jedem Deck fünf virtuelle Rauchabschnitte, überwacht von Detektoren. Im Ereignisfall saugen leistungsfähige Abluftventilatoren gezielt den Rauch aus dem betroffenen Segment und führen ihn über getrennte Schächte ins Freie. Dieses System, kombiniert mit CO-Sensorik, erlaubt im Normalbetrieb einen sparsamen Lüftungsmodus und im Brandfall eine schnelle Entrauchung, ohne dass Nutzer in andere Ebenen flüchten müssen. Die Brandschutztechnik inklusive Sprinkleranlage und Brandmeldeanlage wurde redundant ausgeführt und während der Ausführung auf den neuesten Stand der Technik angepasst.

Digitale Systeme: Bei Eröffnung wurde ein modernes Parkleitsystem installiert, das Echtzeit-Informationen über freie Plätze sowohl an den Zufahrten als auch über die städtische Verkehrsleitwarte bereitstellt. Kennzeichenerkennung ermöglicht bargeldloses Ein- und Ausfahren für registrierte Nutzer. Zudem wurden in die LED-Lichtbänder auch die Kabel für die E-Ladestationen integriert, um Nachrüstungen plug-and-play zu gestalten. Die gesamte Beleuchtung besteht aus energieeffizienter LED-Technik mit Bewegungs-steuerung pro Bereich, um den Energieverbrauch zu minimieren.

Gestaltung und Kunst am Bau: Für eine Tiefgarage ungewöhnlich, wurde großer Wert auf Gestaltung und Aufenthaltsqualität gelegt. Jede Ebene hat eine eigene Farb- und Themenwelt, gestaltet von einer Designagentur (Braun Engels) in Kooperation mit Historikern. Großflächige, hinterleuchtete Grafiken zeigen zum Beispiel Ulmer Persönlichkeiten (Geschwister Scholl), Kultur (Theater, Museum), Feste (Nabada, Schwörmontag) oder technische Errungenschaften (Universität, Industrie). Dies schafft für Nutzer einen Wiedererkennungswert und erzählt nebenbei die Stadtgeschichte. Darüber hinaus wurde in den Rampen ein Kunstwerk installiert: Die Berliner Künstler Anklam/Henninger entwarfen die kinetische Lichtinstallation „Weißer Zirkel", bei der spiralförmig angeordnete Lichtringe entlang der Rampenkurven rotieren und so die Bewegung der Fahrzeuge symbolisch nachvollziehen. Solche künstlerischen Akzente sind in Parkhäusern selten und machen das Bauwerk zu einem architektonischen Highlight über die reine Funktion hinaus.

Abb. 9: Spindel mit beweglicher Kunstinstallation

Nachhaltigkeit: Trotz des primären Zwecks als Auto-Infrastruktur wurde auf Umweltaspekte geachtet. Durch die zentrale Lage soll die Tiefgarage den Suchverkehr reduzieren, da ankommende Autos schnell einen Stellplatz finden, statt lange im Stadtzentrum zu kreisen. Außerdem wurde in der Bauphase Wert auf Recycling gelegt: Das Material des abgebrochenen Blau-Kanals und Aushubmaterials wurde soweit möglich wiederverwendet oder ortsnah deponiert. Begrünte Bereiche am Rand des Bahnhofplatzes und effiziente LED-Technik im Betrieb sind weitere nachhaltige Elemente. Die Möglichkeit, perspektivisch einen Teil der Stellplätze in Mobilitätsstationen für Carsharing oder E-Bikes umzuwandeln, ist ebenfalls vorgesehen – so bleibt das Parkhaus flexibel für zukünftige Mobilitätstrends. Zusammenfassend bietet die neue Bahnhofstiefgarage somit nicht nur Parkraum, sondern stellt ein multifunktionales Infrastrukturprojekt dar, das Bauinnovationen, gestalterische Qualität und städtebauliche Integration vereint.

11. Erfolgreiche Zusammenarbeit bei einer großen Herausforderung

Getragen wurde das Projekt von einer engen Zusammenarbeit zwischen der öffentlichen Hand, Planungsbüros und Baufirmen. Bauherr war die Ulmer Parkbetriebsgesellschaft mbH (PBG), ein hundertprozentiges Tochterunternehmen der Stadt Ulm. Die PBG betreibt alle städtischen Parkhäuser und fungierte hier als Auftraggeber und späterer Betreiber. Bemerkenswert ist, dass hohe städtische Beamte direkt in die Projektsteuerung eingebunden waren: So traten der Baubürgermeister Tim von Winning und der Erste Bürgermeister Martin Bendel als Geschäftsführer der PBG auf und leiteten in dieser Funktion das Projekt mit. Dadurch waren die Entscheidungswege zwischen Stadtverwaltung und PBG kurz, und wichtige Beschlüsse (etwa Nachträge, Verkehrsmaßnahmen) konnten zügig abgestimmt werden. Oberbürgermeister Gunter Czisch selbst verfolgte das Projekt ebenfalls eng und setzte sich politisch dafür ein.

Die Planung oblag einem Generalplaner-Team unter Federführung der Scherr+Klimke AG (Ulm). Scherr+Klimke übernahm als Generalplaner die Gesamtkoordination und insbesondere die Tragwerksplanung sowie Teile der Objektplanung. In Kooperation arbeitete das Ulmer Architekturbüro hochstrasser.architekten mit, welches die gestalterischen Aufgaben und architektonische Planung aller Leistungsphasen verantworteten. Diese Arbeitsteilung bewährte sich: hochstrasser brachte die konzeptionelle architektonische Vision ein („unterirdischer Stadtraum" mit hoher Aufenthaltsqualität), während Scherr+Klimke die komplexe Ingenieuraufgabe managte. Ergänzend war die Conplaning GmbH (Neu-Ulm) als Fachplaner für Gebäudetechnik im Team, zuständig für Lüftung, Elektro, Sicherheitstechnik und Förderanlagen. Die Geotechnik und Baugrundgutachten lieferte das Büro Henke und Partner (Stuttgart), das von Baugrunderkundung über Grundwassermodellierung bis zur hydrogeologischen Baubegleitung involviert war. Als kompetenter Projektsteuerer war Drees & Sommer verpflichtet. Außerdem waren zahlreiche weitere Fachingenieure beteiligt, zum Beispiel für Verkehrsplanung, Vermessung, Brandschutz und Kunst am Bau.

Für die Ausführung der Bauarbeiten wurde nach EU-weiter Ausschreibung die Firma dechant hoch- und ingenieurbau gmbh aus Weismain als Hauptauftragnehmer gewonnen. dechant führte die Rohbauarbeiten (Tiefbau, Betonbau) aus und bezeichnet den Bau der Tiefgarage als einen Meilenstein in ihrem Portfolio aufgrund der hohen baulichen Komplexität. Die Auftragssumme für dechant betrug circa 37,8 Millionen Euro netto. Unter der Regie von dechant waren Nachunternehmer tätig, zum Beispiel für Spezialtiefbau die Firma Bögl (Bohrpfähle und Anker), für den Abbruch die Firma Wild und weitere kleinere Gewerke. Die Zusammenarbeit auf der Baustelle wurde durch regelmäßige Jour fixe zwischen Generalplaner, Bauherr und Bauleitung sichergestellt. Herausforderungen wie die enge Taktung der Betonierarbeiten oder die Koordination der Verkehrsumlegungen erforderten oft gemeinsame Abstimmungen in Echtzeit vor Ort. Nach Angaben aller Beteiligten verlief die Kooperation konstruktiv – Probleme wurden in Partnering-Mentalität gelöst, was bei einem solchen Großprojekt nicht selbstverständlich ist. Besondere Erwähnung verdient die Zusammenarbeit zwischen PBG (als öffentlichem Bauherrn) und den städtischen Ämtern: Da der Bauherr eine stadteigene GmbH war, konnte intern sehr effizient mit dem Tiefbauamt, dem Stadtplanungsamt und den Stadtwerken kommuniziert werden. Etwaige behördliche Genehmigungen (Verkehrsrechtliche Anordnungen, Wasserhaltungsgenehmigungen etc.) wurden zügig erteilt, da man projektintern bereits alles vorbereitet hatte. Dieses integrierte Projektmanagement war ein Schlüssel zum Erfolg – das bestätigen die Projektbeteiligten retrospektiv. So konnten auch kritische Phasen gemeinschaftlich gemeistert werden. Nicht zuletzt wurde transparente Kommunikation nach außen gepflegt: PBG und Stadt Ulm informierten die Öffentlichkeit regelmäßig über Fortschritte (zum Beispiel via Pressemitteilungen, einer Webcam und Baustellenführungen für Fachpublikum). Diese Offenheit schuf Verständnis und Vertrauen, sodass trotz langer Bauzeit die öffentliche Akzeptanz erhalten blieb.

12. Das Ergebnis

Die Tiefgarage am Ulmer Hauptbahnhof ist weit mehr als nur ein Parkhaus unter der Erde – sie ist ein Paradebeispiel dafür, wie anspruchsvolle Ingenieurbaukunst, durchdachte Verkehrsplanung und städtebauliche Vision zusammenspielen können. Durch das innovative Bauverfahren der Teildeckelbauweise konnte ein komplexes Bauvorhaben mitten im lebendigen Stadtzentrum realisiert werden, ohne den Bahnhofsbetrieb lahmzulegen. Gleichzeitig setzt das Projekt Maßstäbe in Sachen Nutzerfreundlichkeit, Sicherheit und gestalterischer Qualität für Parkbauten. Trotz einiger Widrigkeiten – vom schwierigen Baugrund bis zu globalen Lieferkrisen – wurde das Vorhaben in enger Kooperation aller Akteure erfolgreich abgeschlossen.
Für ein Fachpublikum der Baubranche bietet dieses Projekt reichhaltige Lernaspekte: Es zeigt, wie durch kreative Verfahren (zum Beispiel vorauseilender Deckeleinbau) scheinbar unvereinbare Anforderungen von Bau und Verkehr in Einklang gebracht werden können. Es demonstriert, wie wichtig ein integrales Projektmanagement ist, wenn viele Disziplinen und Bauabschnitte parallel wirken. Und nicht zuletzt verdeutlicht es den Wert, den qualitativ hochwertige Planung und Bauausführung für die Stadtentwicklung haben – selbst ein Parkhaus kann zu einem modernen Infrastrukturbaustein mit hohem Nutzwert und architektonischem Anspruch werden. Ulm hat mit der Tiefgarage am Bahnhof einen neuen wichtigen Stadteingang geschaffen, der Besucher empfängt und ihnen bereits unterirdisch einen ersten Eindruck der Stadt vermittelt.
Das Projekt Tiefgarage Hauptbahnhof Ulm wird daher überregional beachtet und kann als Referenz für ähnliche Bauvorhaben dienen. Es verbindet Technik und Stadtplanung vorbildlich und zeigt, dass auch unter schwierigen Rahmenbedingungen nachhaltige Lösungen gefunden werden können – ein Erfolg für die Bauherrin PBG, die Planer und die ausführenden Firmen gleichermaßen.

Literatur

[1] Scherr+Klimke AG: Ulmer Parkbetriebsgesellschaft mbH – Parkhaus Bahnhof Ulm. Projektseite, o. J. Online unter: https://www.scherr-klimke.de/projekte/06540-ulmer-parkbetriebs-gesellschaft-mbh-parkhaus-bahnhof/ (Zugriff: 15.11.2025).

[2] Kümmritz, S.: Vier Etagen, 547 Parkplätze: Der Neubau am Bahnhof Ulm ist mehr als eine Tiefgarage. In: Augsburger Allgemeine, 10.04.2022. Online unter: https://www.augsburger-allgemeine.de/neu-ulm/ulm-vier-etagen-547-parkplaetze-dier-neubau-am-ulmer-bahnhof-ist-mehr-als-eine-tiefgarage-id62328266.html (Zugriff: 15.11.2025).

[3] Cedrone, L.: Grundstein für neues Parkhaus am Ulmer Hauptbahnhof gelegt. In: B4B Schwaben, 17.09.2019. Online unter: https://www.b4bschwaben.de/startseite_artikel%2C-grundstein-fuer-neues-parkhaus-am-ulmer-hauptbahnhof-gelegt-_arid%2C258766.html (Zugriff: 15.11.2025).

[4] dechant hoch- und ingenieurbau gmbh: Grundsteinlegung bei Ulmer Jahrhundertprojekt. Online unter: https://www.dhib.de/aktuelles-presse/archiv/grundsteinlegung-bei-ulmer-jahrhundertprojekt-236 (Zugriff: 15.11.2025).

[5] Conplaning GmbH: Endlich weitere 547 Stellplätze auf vier Parkdecks – Eröffnung Parkhaus am Bahnhof Ulm. News-Meldung vom 09.04.2022. Online unter: https://conplaning.de/news/eroeffnung-parkhaus-am-bahnhof-ulm (Zugriff: 15.11.2025).

[6] Stadt Ulm: Halbzeit auf der Baustelle für die neue Tiefgarage. Pressemitteilung vom 20.09.2019. Online unter: https://www.ulm.de/aktuelle-meldungen/z%C3%B6a/september-2019/halbzeit-an-der-baustelle-fuer-die-neue-tiefgarage (Zugriff: 15.11.2025).

[7] Stadt Ulm: Parkhaus am Bahnhof ist eröffnet. Meldung im Stadtportal „Wir bauen für Ulm“, 2022. Online erreichbar über die Sitemap: https://www.ulm.de/sonderseiten/sitemap (Zugriff: 15.11.2025).

[8] hochstrasser. gesellschaft für architektur mbh: parkhaus am bahnhof und fußgängerpassage. Projektbeschreibung, o. J. Online unter: https://hochstrasser.com/parkhaus-am-bahnhof-und-fussgaengerpassage/ (Zugriff: 15.11.2025).

[9] Henke und Partner GmbH: Neubau Parkhaus „Am Bahnhof“ in Ulm. Projektseite Baugrund/Ingenieurbau, o. J. Online unter: https://henkegeo.de/referenzen/baugrund/ingenieurbau/neubau-parkhaus-am-bahnhof-in-ulm/ (Zugriff: 15.11.2025).

[10] Stadt Ulm: Ausbau der Tiefgarage am Bahnhof verzögert sich. Pressemitteilung vom 21.10.2021. Online unter: https://www.ulm.de/aktuelle-meldungen/z%C3%B6a/oktober-2021/tiefgarage-bahnhof-2021_10 (Zugriff: 15.11.2025).

[11] Südwest Presse: Bahnhof Ulm: Tiefgarage am Ulmer Hauptbahnhof wird teurer. Artikel vom 10.12.2019. Online unter: https://www.swp.de/lokales/ulm/bahnhof-ulm-tiefgarage-am-ulmer-hauptbahnhof-wird-teurer-41391407.html (Zugriff: 15.11.2025).

[12] Deutscher Beton- und Bautechnik-Verein e.V. (DBV) / Verein Deutscher Zementwerke e.V. (VDZ): Merkblatt „Sichtbeton – Planung, Ausschreibung, Ausführung und Beurteilung glatter Sichtbetonflächen (SB1-SB4)“, 3. Auflage; Deutscher Beton- und Bautechnik-Verein e.V., Berlin 2008 (2. korrigierter Nachdruck) bzw. aktuelle Fassung.

[13] Deutscher Ausschuss für Stahlbeton (DAfStb). Richtlinie „Wasserundurchlässige Bauwerke aus Beton (WU-Richtlinie)“. Ausgabe Dezember 2017. Berlin: DAfStb, Dezember 2017.

TAE

Nachhaltigkeit

Kathodischer Korrosionsschutz im Umweltvergleich: Ökobilanz einer Fallstudie zur Tiefgarageninstandsetzung

Paul Steinmetz, M. Sc.
Ingenieurbüro Schiessl Gehlen Sodeikat GmbH, München

Dipl.-Ing. (FH) Armin Faulhaber
instakorr GmbH, Schaafheim

Dr.-Ing. Till Felix Mayer
Ingenieurbüro Schiessl Gehlen Sodeikat GmbH, München

Zusammenfassung
Parkbauten in Stahlbetonbauweise müssen aufgrund von Schäden durch Umwelteinflüsse (Chloride) häufig aufwendig instandgesetzt werden. Dabei können in Abhängigkeit von den Randbedingungen unterschiedliche Instandsetzungsverfahren angewandt werden, die sich hinsichtlich ihrer Umweltauswirkungen z. T. deutlich unterscheiden. Diese Studie vergleicht anhand eines konkreten Tiefgaragenfallbeispiels das GWP (Global Warming Potential) bei Anwendung eines Kathodischen Korrosionsschutzes (KKS) mit anderen Instandsetzungsvarianten. Dabei werden die einzelnen Komponenten der KKS-Anlage durch den Austausch mit Herstellern in einem hohem Detailgrad bilanziert. Die Ergebnisse zeigen, dass die KKS-Variante Einsparpotenziale hinsichtlich der Emissionen besitzt. Zu den emissionsintensiven Prozessen bei den konventionellen Varianten gehören das Oberflächenschutzsystem, während bei Anwendung von KKS der Einbettmörtel und die Produktion der Titanbandanoden einen hohen Emissionsanteil verursacht. Der Strombedarf spielt in der Betrachtung der Umweltemissionen eine untergeordnete Rolle.

1. Problemstellung

Bauwerke sind über die gesamte Lebensdauer Witterungseinflüssen ausgesetzt. In der EU wird daher zukünftig eine steigende Nachfrage an Instandsetzungsmaßnahmen von Betonbauwerken erwartet [1]. Insbesondere Tiefgaragen und Parkhäuser werden durch den Einfluss von Tausalzen, die durch parkende Autos eingeschleppt werden, stark belastet und es kommt in der Folge nahezu immer zu Instandsetzungsmaßnahmen im Lebenszyklus [2]. Bei unzureichendem Schutz dringen die Chloride in den Beton ein und führen bei Überschreiten einer kritischen Konzentration zur Depassivierung des Stahls mit der Folge einer chloridinduzierten Korrosion. Zur Sicherstellung der Dauerhaftigkeit über die geplante Nutzungsdauer werden daher im DBV Merkblatt Parkhäuser und Tiefgaragen verschiedene Ausführungsvarianten für die Ausführung von Parkdecks und angrenzenden Stützen- und Wandsockeln definiert [3].
Das Errichten und die Instandsetzung von Stahlbetonbauwerken sind mit einem weitreichenden Ressourcenverbrauch und sehr hohen Umweltbelastungen verbunden. Neben dem Verbrauch von Zement ist die Bauindustrie auch für einen erheblichen Anteil des Kunststoffverbrauchs verantwortlich (24 % Anteil am deutschen Gesamtverbrauch [4]). Oberflächenschutzsysteme zum Schutz vor Chlorideindringen bestehen typischerweise aus Kunststoffen (Epoxidharz, Polyurethan). Dabei ist der CO_2-Ausstoß bei der Kunststoffproduktion – bezogen auf die Produktionsmenge – sogar noch deutlich höher als bei der Zementherstellung: während bei der Herstellung von 1 kg Zement durch die Zementklinkeranteile durchschnittlich 0,5 kg CO_2eq./kg emittiert werden [5], resultieren aus der Herstellung von Epoxidharz bzw. Polyurethan 4,8 bzw. 5,1 kg CO_2eq./kg [6].
Bei bereits fortgeschrittener Chloridbelastung und damit einhergehender Bewehrungskorrosion stellt der Austausch des mit chloridbelasteten Betons bis heute das gängigste Instandsetzungsprinzip nach der Technischen Regel Instandhaltung (TR-IH) des DIBt [7] dar („konventionelle Betoninstandsetzung“). Als Alternative hat sich in den vergangenen Jahren der Kathodische Korrosionsschutz (KKS) etabliert. Bei diesem wird auf den Abtrag des chloridbelasteten Betons verzichtet und die Korrosion der Bewehrung durch Anlegen eines Fremdstroms auf ein vernachlässigbares Maß reduziert.
Nachfolgend soll bewertet werden, inwiefern der Einsatz von KKS im Vergleich zu konventionellen Maßnahmen die Umweltbelastungen zur Sicherstellung der Dauerhaftigkeit von Parkbauten positiv beeinflussen kann.

2. Bisherige Bewertungen der Umweltbelastungen

Bisher erfolgt die Auswahl für Instandsetzungsmaßnahmen häufig ausschließlich auf Basis technischer Erfordernisse und der Anfangsinvestitionen, während Umweltaspekte weitgehend unberücksichtigt bleiben [2]. Es ist daher wenig überraschend, dass nur wenige Studien die Umweltbelastungen durch die Instandsetzung bzw. die Sicherstellung der Dauerhaftigkeit von Parkbauten untersucht haben und darüber hinaus zu widersprüchlichen Ergebnissen in der Gegenüberstellung der Maßnahmen kommen (vgl. [8] [9] [10]). Speziell die Ausführungsvariante mit einem KKS-System wird meist – mangels verfügbarer Informationen über Teilprozesse und Ressourcenverbrauch – in einem geringen Detailgrad betrachtet. Diese Studie zielt darauf ab, in Zusammenarbeit mit Herstellern eine detaillierte Datengrundlage der Umweltbelastungen für das Instandsetzungsprinzip KKS anhand eines Fallbeispiels zu schaffen, um die Umweltbelastungen belastbar abbilden zu können.

3. Fallbeispiel

3.1 Bauwerkszustand, Instandsetzungsbedarf

Das betrachtete Fallbeispiel ist eine Tiefgarage in Leipzig, die 1996 fertiggestellt wurde. Diese umfasst 1.425 m² Bodenfläche und 125 m² Stützen und Sockelfläche mit 53 Stellplätzen. Abb. 1 zeigt einen Grundriss der eingeschossigen Tiefgarage.

und Wandsockeln insgesamt 8.020 m aktivierte Titanbandanoden in 13 mm Breite verlegt. Nach der Einbettung erfolgte eine Beschichtung mit einem OS8-System und einer Schichtdicke von 1,5 mm auf der Bodenfläche sowie einem OS5b System in den Sockel- und Stützenbereichen. Sämtliche Mengenangaben sind der Dokumentation der tatsächlichen Verbrauchsmengen entnommen. Für den Vergleich mit einer konventionellen Maßnahme wurden auf Grundlage der Zustandserfassung eine fiktive konventionelle Betoninstandsetzung (Verfahren 7.2 nach TR-IH) geplant und für die Massen und Verbrauchsmengen Annahmen aus Planunterlagen und ähnlichen Projekten in Abstimmung mit Herstellern und ausführenden Unternehmen herangezogen. Entsprechend den vorliegenden Ergebnissen der Bauwerksuntersuchungen (u. a. Bohrmehlproben) wurde für diese Maßnahme angenommen, dass der kritische korrosionsauslöschen Chloridge-

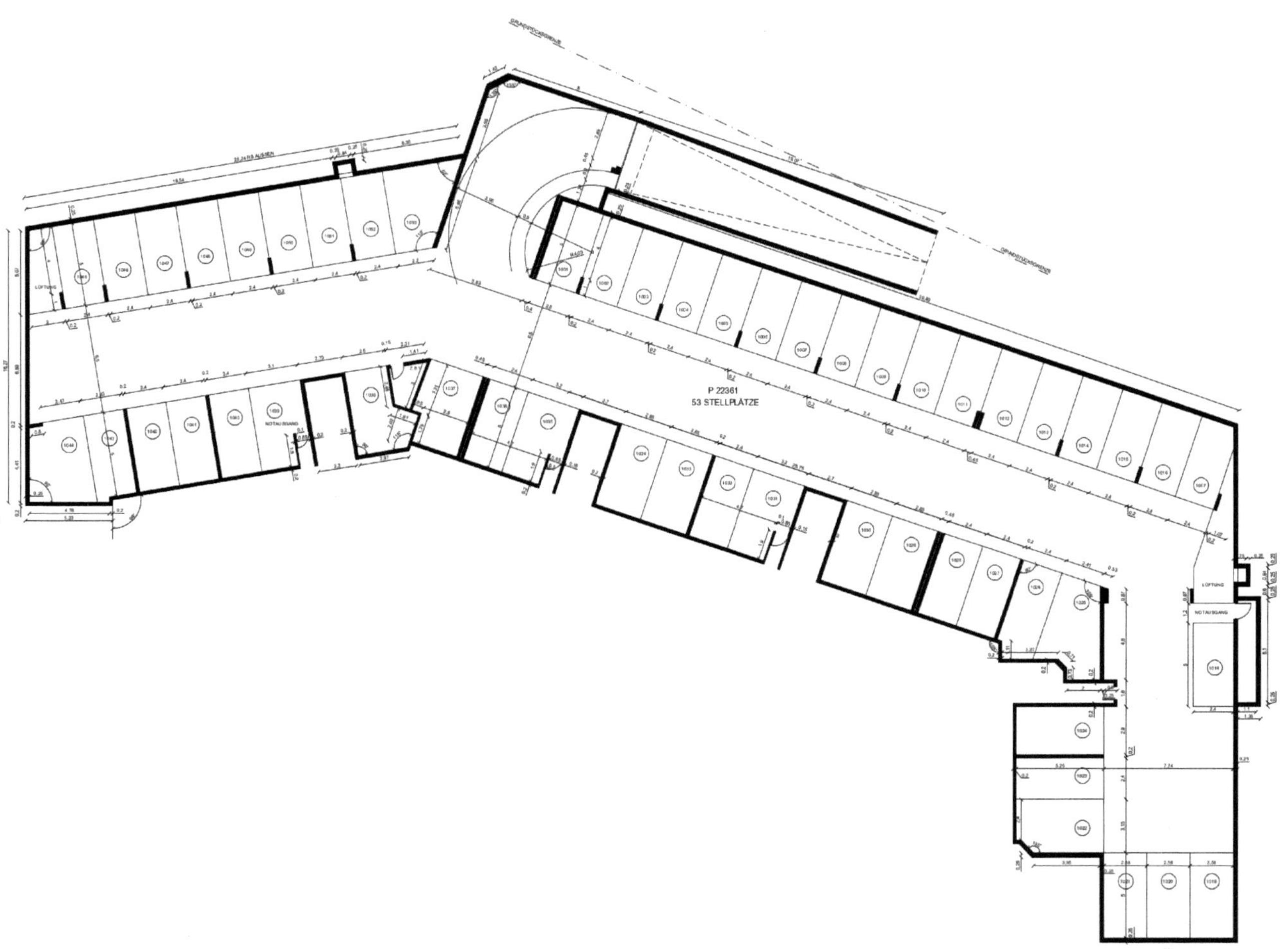

Abb. 1: Grundrissplan Fallbeispiel Leipzig – aus Bestandsunterlagen Bauherr

Eine Zustandserfassung aus dem Jahr 2022 der Ingenieurbüro Schiessl Gehlen Sodeikat GmbH ergab eine kritische Chloridbelastung sowohl an horizontalen Oberflächen als auch an den Stützen- und Wandsockeln. Daher wurde als Maßnahme im Jahr 2023 ein flächiger Kathodischer Korrosionsschutz auf der gesamten Bodenfläche sowie im Stützen- und Sockelbereich bis 50 cm Höhe nach DIN EN ISO 12696 durch die instakorr GmbH ausgeführt. Hierfür wurden an der Bodenplattenoberseite und den Stützen-

halt flächig über die gesamte Bodenplatte überschritten ist. Der Betonabtrag wurde auf Grundlage der Betondeckungsmessungen mit 8 cm (2 cm hinter die oberflächennahe Bewehrungslage) vollflächig über die gesamte Bodenplatte angesetzt. Für den Betonaustausch wurde ein XD1 Beton mit einer Druckfestigkeitsklasse von C30/37 angenommen.
Auf eine detaillierte Beschreibung der Bauwerksanalyse wird an dieser Stelle verzichtet.

3.2 Variantenvorstellung
Die betrachteten Varianten sind in nachfolgender Tab. 1 gegenübergestellt. Vergleichend wird das Verfahren 7.2 nach TR-IH bewertet. Zusätzlich wird eine Referenzvariante betrachtet, die das GWP aus der Erstherstellung der Tiefgarage beschreibt.

Tab. 1: Betrachtete Varianten Bauwerk

Varianten	Nr.	Instandsetzungsmaßnahmen zur Sicherstellung der Dauerhaftigkeit		
		t = 0 a	t = 25 a	Kont.
Referenz	(0)	–	–	–
7.2 TR-IH	(1)	–	A/N[1)] + OS11a[2)]	I[1)]
10.1 TR-IH	(2)	–	KKS	I
10.1 TR-IH + OS 8	(3)	–	KKS + OS8[2)]	I

[1)] A/N = Abbruch und Neubau; I = Instandsetzung
[2)] OS5b aufgehende Bauteile

4. Durchführung der Ökobilanzierung

4.1 Grundlagen
Die Analyse der Umweltbelastungen folgt den Vorgaben der ISO 14040:2021-02 und EN 15804:2022-03. Für die Auswertung der Emissionen wird die ecoinvent Datenbank (V3.9.1, Allocation cutoff by classification) verwendet. Die ecoinvent Datenbank stellt als weltweit führende Quelle Information zu Umweltbelastungen verschiedener Prozesse, Materialien und Produkte bereit, die kontinuierlich gepflegt und nach Standards wie EN 15804:2022-03 harmonisiert werden. Bei den verfügbaren Einträgen handelt es sich überwiegend um Marktdatensätze, die repräsentative Durchschnittswerte aus Industrieverbänden, mehreren Produktionsstandorten oder Produktgruppen abbilden. Ergänzend basieren einzelne Datensätze auf statistischen Erhebungen oder wissenschaftlicher Literatur. Weiterhin werden in dieser Studie Umweltproduktdeklarationen (EPDs) nach ISO 14025:2011-10 (in dem Fall: durchschnittliche Datensätze) zur Beschreibung der Umweltbelastung zugrgunde gelegt. Fehlende Datensätze werden händisch mittels des Prinzips der wirtschaftlichen Allokation ergänzt bzw. aus ecoinvent Datensätzen angepasst.
Als maßgebende Wirkungskategorie wird das GWP (Global Warming Potential) ausgewertet. Dieses quantifiziert den Emissionsbeitrag von Treibhausgasen wie Kohlenstoffdioxid oder Methan zum Treibhauseffekt. Die betrachteten Lebenszyklusphasen gliedern sich nach EN 15804:2022-03 in:
- Modul A1 – A5: Herstellung und Errichtung,
- Modul B4: Ersatz/Instandsetzung,
- Modul B6: Energieeinsatz aus dem Betrieb.

4.2 Untersuchungsrahmen
Die gesamte Bodenplatte sowie sämtliche Stützen und Sockelbereiche werden als funktionelle Einheit festgelegt. Der Betrachtungszeitraum wird zu 75 Jahren gewählt. Im 26. Jahr wird das Bauwerk instandgesetzt. In dem Kapitel 4.4 „Wirkungsabschätzung" werden Emissionen der relevanten Teilprozesse bezogen auf eine allgemeine Funktionelle Einheit ausgewiesen. Diese ist stets näher spezifiziert.
Über den Betrachtungszeitraum erreichen zahlreiche Komponenten das Ende ihrer Lebensdauer und werden ausgetauscht. Erreicht eine Komponente das Ende der Lebensdauer innerhalb des Betrachtungszeitraums, wird auch die Entsorgungsphase betrachtet. Die zugrunde gelegten Lebensdauern der Bauteile sind nachfolgend in Tab. 2 zusammengestellt. Für die Abschätzung der Lebensdauer wurden Literatur herangezogen, Erfahrungswerte berücksichtigt sowie die angegebene Nutzungsdauer aus Datenblättern von Herstellern angesetzt. Für die Austauschrate der OS-Systeme wurden Erfahrungswerte des Ingenieurbüros Schiessl Gehlen Sodeikat GmbH zugrunde gelegt.

Tab. 2: Lebensdauer Komponenten

Komponente	Lebensdauer	Austauschrate	Quelle
MMO-Titananode	100 a	100 %	[11]
Verschaltungssystem	25 a	100 %	[12]
Referenzelektrode	8 a	4 %	[13]
Primäranode	8 a	2 %	[13]
Kabel	8 a	2 %	[13]
Elektr. Komponenten (Datenmodul, Spannungswandler, Sensorik)	15 a	100 %	[10]
Oberflächenschutz-system (OS 11a bzw. OS 8 & OS 5b)	15 a bzw. 25 a	100 %	Erfahrungswerte

4.3 Sachbilanz
Die Bilanzierung der Umweltbelastung aus der initialen Herstellung der Stahlbetonkonstruktion der Tiefgarage wird entsprechend der Rechenansätze von Dauberschmidt und Stengel aus [10] übernommen.

<u>MMO-Titananoden</u>
Für die MMO-Titananode wurden seitens des italienischen Herstellers Chemical Newtech SPA Informationen aus der Produktionskette zur Verfügung gestellt. Die Titananode besteht aus Titan in der Reinform und wird in weiterführenden Arbeitsschritten mit einer Oxidschicht aus Metallen der Platingruppe überzogen. Das Reintitan wird aus Ost-Asien bezogen und über Land- und Seetransport nach Italien geliefert. Die Weiterverarbeitung umfasst das Schneiden, die Gittererzeugung und die Oxidbeschichtung. Für die Beschichtung werden Platingruppemetal-

le wie Ruthenium und Iridium verwendet. Die fertigen Anoden werden als Spulen verpackt über den Landweg zur Baustelle transportiert. Eine allgemeine Infrastruktur- und Maschinenabnutzung bleiben aufgrund ungenügender Informationen unberücksichtigt. Die Datensätze für den Ressourcenaufwand stammen hier aus ecoinvent. Für das Ruthenium und Iridium wurden mittels wirtschaftlicher Allokation Datensätze ergänzt.

KKS-Anlage (Elektronik)

Das Einspeise- und Monitoringsystem wurde in Zusammenarbeit mit der Firma instakorr GmbH für das Produkt CAB|ONE des Herstellers CORR-NOLOGY GmbH abgebildet. Das System besteht aus Komponenten wie Sensoren, Platinen, Datenmodule, Stromwandlern und Gehäusen. Die Datenlage zu den Umweltbelastungen elektronischer Bauteile ist oft unzureichend, da Hersteller wenige produktspezifischen Emissionsdaten bereitstellen (Stand: 11/2024). Daher wurden über Materialdatenblätter, die Angaben zum Ressourcenverbrauch der jeweiligen Komponenten beinhalten, die Umweltbelastung rein aus der Rohstoffbeschaffung (A1) über entsprechende Datensätze aus ecoinvent abgebildet. Emissionen aus Verarbeitungsschritten sowie dem Transport (Phase A2 – A5) können dementsprechend lediglich über Studien abgeschätzt werden (hier in etwa 110 – 140 % der Rohstoffbeschaffung). Im vorliegenden Fall wurde eine Studie zur Umweltbelastung bei der Herstellung von Halbleiterprodukten als Referenz herangezogen [14].

Untergrundvorbereitung/Systemmaterialien

Die Bewertung der Vorbereitung des Betonuntergrunds erfolgt gemäß der TR-IH. Als Verfahren zur Untergrundvorbereitung zur Anodeneinbettung beim Kathodischen Korrosionsschutz wird eine Kombination von Fräsen und Kugelstrahlen angesetzt. Verbrauchsdaten wurden über Angaben vom Hersteller IMPACTS GmbH [15] [16] angenommen. Für den Abtrag des chloridbelasteten Betons bzw. für die Erneuerung des OS-Systems wird das Höchstdruckwasserstrahlen Verfahren betrachtet und der Energiebedarf abhängig vom abzutragenden Material angepasst. Verbrauchsdaten wurden über Angaben auf der Website vom Hersteller falch GmbH [17] abgeschätzt. Dabei wird ein halbautomatischer Strahlenroboter in Kombination mit einem Dieselpumpenaggregat zugrunde gelegt. Zusätzlich wird über Angaben zur Geräteherstellung aus dem EFFC-Tool [18] die anteilig zurechenbare Umweltbelastung aus der Herstellung und Wartung, sowie der An- und Abtransport der Gerätschaften berücksichtigt.

Die angesetzten Oberflächenschutzsysteme werden über Materialdatenblätter von Herstellern mit Angaben zum Materialverbrauch mittels Datensätzen aus ecoinvent übersetzt. Entsprechend der DIN EN 13813:2003-01 wird die Schichtdicke für das OS 8 System mit 1,5 mm betrachtet [19]. Elektronische Bauteile (Datenmodul, Spannungswandler Sensorik) werden über Umweltproduktdeklarationen (Typ 2) bzw. über Datensätze aus Ecoinvent abgebildet. Zementhaltige Komponenten wie die Anodeneinbettung können durch eine Umweltproduktdeklaration dargestellt werden [20]. Für den auszutauschenden Beton kommt ebenfalls eine Umweltproduktdeklaration [21] zum Einsatz. Die Baustelleneinrichtung wird über einen pauschalen Strombedarf dargestellt. Zusätzlich werden für den Betonaustausch notwendige Abstützmaßnahmen bewertet.

Strombedarf

Die KKS-Anlage aus dem Fallbeispiel verbraucht entsprechend den vorliegenden Verbrauchsdaten jährlich 35 kWh Strom für 1.550 m² Schutzfläche und zusätzlich 183 kWh für Sensorik und Datenmodule.

4.4 Wirkungsabschätzung

In Tab. 3 sind die Berechnungsergebnisse für das GWP für relevante Teilkomponenten der einzelnen Varianten dargestellt. Das GWP wird hierbei in einer repräsentativen Einheit unabhängig von der gewählten Funktionellen Einheit ausgegeben, um eine Verwendung für andere Projekte zu ermöglichen.

Tab. 3: Wirkungsabschätzung

Teilprozess	GWP	Einheit	Quelle
Teilprozesse Instandsetzung (1)			
H+M OS 11a[1)]	27,4	[x/m²][2)]	[22], e[3)]
H+M OS 5b	5,9	[x/m²]	[23], e
L+V HDW Beton XD1	63,1	[x/m³ Beton]	[18], e
H+M Beton C30/37	201,2	[x/m³]	[21]
Entsorgung Beton	19,6	[x/m³]	e
L+V Fräsen + Kugelstrahlen KKS	0,4	[x/m²]	[15], [16], e
L+V HDW Abtrag OS	0,8	[x/m²· mm Dicke]	[23], e
Teilprozesse Instandsetzung (2), (3)			
H Titananode 13 mm	2,3	[x/(lfm)][4)]	[11], e
H Primäranode	0,4	[x/(m² c.O.)]	e
H Anodeneinbettung	0,5	[x/(kg)]	[20]
H KKS-Anlage (Verschaltung, Sensorik, Datenmodul)	0,4	[x/(m² c.O.)]	[24], [25], e
H+M OS 8 (1,5 mm)[5)]	7,8	[x/m²]	[26], e
H+M OS 8 (2,5 mm)	12,9	[x/m²]	[26], e

1) H = Herstellung, H+M = Herstellung + Montage; L+V = Energieverbrauch + Verschleiß Gerätschaft + An-/Abtransport
2) x = kg CO_2eq.
3) e = ecoinvent Datenbank
4) c.O. = chloridbeaufschlagte Oberfläche
5) reine Schutzmaßnahme im Sinne von DIN EN 13813:2003-01

5. Auswertung

5.1 Auswirkung der Varianten auf das GWP

Die nachfolgende Darstellung in Abb. 2 zeigt die Entwicklung des GWP der einzelnen Varianten über die betrachtete Nutzungsdauer. Dabei bildet das Koordinatensystem in der vertikalen Achse einen Ausschnitt von 450 – 750 t CO_2eq. ab. Als Referenz ist die Ersterstellung (0) mit einer roten Linie dargestellt, sodass das GWP aus den zusätzlichen Maßnahmen unmittelbar abgelesen werden kann. Für die Instandsetzungsmaßnahme mit KKS ohne OS-System (2) führt die Installation der KKS-Anlage zu einem deutlichen Anstieg des GWP. Über die weitere Nutzungsdauer kommen Emissionen aus dem Stromverbrauch, sowie dem Austausch elektronischer Komponenten dazu. Das zusätzliche GWP(2) resultiert für die Variante nach t = 75 a mit 85 t CO_2eq. bezogen auf die gesamte Tiefgarage und damit einen Emissionsanstieg von 17 % gegenüber der Ersterstellung. Durch das Aufbringen eines OS 8 Oberflächenschutzsystems erhöhen sich die resultierenden Umweltwirkungen weiter, was durch die Austauschzyklen des Systems über die Nutzungsdauer zusätzlich verstärkt wird. Das zusätzliche GWP(3) ergibt sich zu 113 t CO_2eq. Bei dieser Variante ergibt sich ein Anstieg der Emissionen gegenüber der Ersterstellung von 27 %.

Die konventionelle Instandsetzung mit Betonaustausch und anschließendem Auftrag eines OS-11a-Systems ab t = 25 a führt zu einem nochmals deutlich höheren Anstieg der Umweltbelastung. Im weiteren Nutzungszeitraum treten zusätzliche, sprunghafte Erhöhungen des GWP durch die wiederkehrenden Austauschzyklen des OS-Systems auf. Insgesamt resultiert diese Variante in einem zusätzlichen GWP(1) von 231 t CO_2eq. und damit einem Emissionsanstieg von 47 % gegenüber der Herstellung der Tiefgarage.

Damit zeigt sich, dass die Varianten mit einem KKS-System im betrachteten Fallbeispiel grundsätzlich ein Reduktionspotenzial des GWP gegenüber einer konventionellen Instandsetzungsmaßnahme aufweisen.

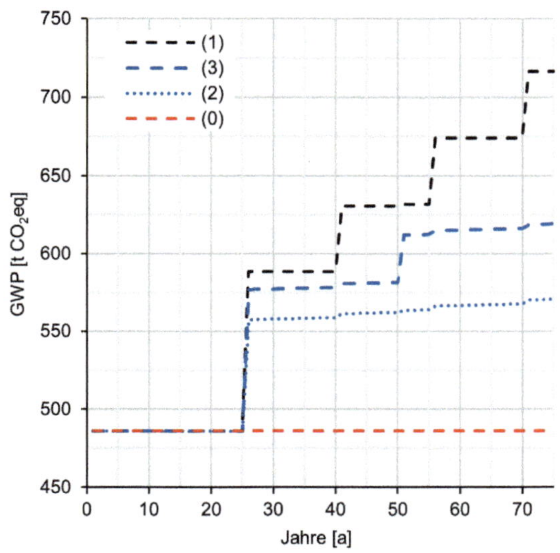

Abb. 2: Entwicklung der Emissionen über die betrachte Nutzungsdauer (75 a) für das GWP nach DIN EN 15804+A2

5.2 Emissionsanteile der Teilprozesse der Varianten

In Abb. 3 folgt eine Betrachtung des zus. GWP mit einer Aufschlüsselung der Anteile einzelner Teilprozesse. Dadurch können Emissionstreiber der einzelnen Varianten sichtbar gemacht werden.

Der Einbettmörtel für die Varianten mit KKS aus einem PCC-Mörtel ist für 31 – 49 % der Emissionen verantwortlich und damit der entscheidende Parameter für die Umweltbelastung dieser Instandsetzungsvariante. MMO-Titananoden verursachen einen signifikanten Anteil der Gesamtemissionen (14 – 22 %). Der hohe Einfluss der Titanbandanoden ergibt sich aus der energieintensiven Titanproduktion sowie dem Beschichtungsprozess. Insgesamt sind 56 % der Emissionen der Herstellung von Reintitan und 44 % den nachfolgenden Verarbeitungsschritten zur beschichteten Titananode zuzuordnen. Abhängig von dem zusätzlichen Aufbringen eines OS-Systems, werden signifikante Emissionen für die Untergrundvorbereitung bzw. die Untergrundvorbereitung in Kombination mit dem applizierten OS-System freigesetzt. Die eigentliche KKS-Anlage besitzt mit 6 – 10 % einen untergeordneten Anteil an der Gesamtbelastung. Der Stromverbrauch macht einen Anteil von 4 – 6 % aus. Der Stromverbrauch wird über einen durchschnittlichen Strommix aus Deutschland aus dem Jahr 2024 abgebildet. Bei der Variante mit einem konventionellen Betonaustausch dominiert das OS-System als entscheidender Emissionsparameter mit 43 %. Durch die regelmäßige Instandsetzung aufgrund der Lebensdauer ergeben sich darüber hinaus weitere signifikante Mehremissionen von 15 %. Der Betonaustausch macht hier im Verhältnis einen untergeordneten Anteil aus.

Im Vergleich der Varianten lässt sich feststellen, dass die mehrmalige Erneuerung des OS-Systems über die Lebensdauer bereits die Gesamtemissionen aus allen betrachteten KKS-Varianten (teils um ein Vielfaches) überschreitet.

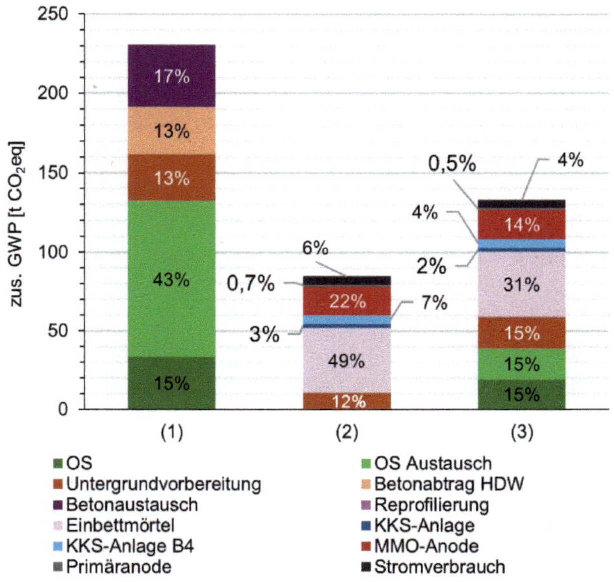

Abb. 3: Emissionsanteile einzelner Teilprozesse der betrachteten Varianten über die Nutzungsdauer (50 a) für das GWP nach DIN EN 15804+A2

Nachfolgende Tab. 4 stellt die resultierenden zusätzlichen Emissionen aus den Maßnahmen zur Sicherstellung der Dauerhaftigkeit für t = 75 a sowie die prozentualen Abhängigkeiten der Varianten gegenüber. Die prozentualen Abhängigkeiten werden jeweils in das Verhältnis zum konventionellen Betonaustausch gesetzt.

Tab. 4: Gegenüberstellung Gesamtemissionen GWP

Variante	(1)	(2)	(3)
Zus. GWP [t CO_2eq.]	231	85	113
Prozentual ggü. (1) [%]	0 %	- 63 %	- 42 %
Prozentual ggü. (0) [%]	+ 47 %	+ 17 %	+ 24 %

5.3 Sensitivitätsanalyse

Da konventionelle OS-Systeme aus Kunststoffen maßgeblich zu den Emissionen bei der Dauerhaftigkeitssicherung beitragen, untersuchen aktuelle wissenschaftliche Ansätze den Einsatz von pflanzlichem Lignin als Alternative zu fossilen Rohstoffen in OS-Systemen für Parkhäuser. Der Einsatz von Lignin bietet nach aktuellem Stand (November 2024) das Potenzial, das GWP um über 40 % zu reduzieren. Bei der Betrachtung anderer Umweltwirkungen stellen sich diese Emissionseinsparungen unter Umständen nicht dar. Darüber hinaus gibt es bisher keine Skalierung dieser Methode und eine praktische Erprobung liegt noch nicht vor [27].

Für die Variante mit KKS wird das OS-8-System im Fallbeispiel mit einer Schichtdicke von 1,5 mm gemäß DIN EN 13813:2003-01 angesetzt. Wird die Schichtdicke auf die in der TR-IH geforderten 2,5 mm erhöht, steigen die systembezogenen Emissionen um 67 %, was einen Gesamtanstieg der Emissionen um 18 % bewirkt.

Der angesetzte Stromverbrauch in diesem Fallbeispiel basiert auf dem Produkt „CAB|ONE“. Unter Umständen kann der tatsächliche Stromverbrauch bei dem Einsatz eines alternativen Produktes abweichen. Die Erkenntnisse aus dem Ariadne Report zeigen, dass durch den zukünftig weiter ansteigenden Anteil an Stromgewinnung aus regenerativen Ressourcen die Emissionen aus dem Stromverbrauch um knapp 90 % gesenkt werden können [28]. Dementsprechend unerheblich wird der Stromverbrauch eines KKS-Systems perspektivisch ausfallen, unabhängig von dem eingesetzten Produkt.

6. Diskussion und Ausblick

Diese Arbeit quantifiziert den CO_2-Fußabdruck zusätzlicher Maßnahmen zur Gewährleistung der Dauerhaftigkeit für Parkhäuser und Tiefgaragen gemäß TR-IH und DBV-Merkblatt. Durch Kooperation mit Herstellern von Komponenten der KKS-Systeme bzw. ausführenden Unternehmen können die Emissionen aus einem KKS-System realitätsnah dargestellt werden. Dies ermöglicht eine fundierte Gegenüberstellung der resultierenden Gesamtemissionen über die betrachtete Nutzungsdauer. Unsicherheiten bestehen weiterhin in der Bilanzierung der Emissionen aus dem Maschinenverschleiß bei der Titananodenherstellung, sowie bei der Abbildung der Emissionen elektronischer Bauteile.

Die Ökobilanzierung an der Fallstudie belegt, dass KKS-Systeme im Vergleich zu dem konventionellen Betonaustausch Einsparpotenziale hinsichtlich der Emissionen über bis zu 60 % erzielen. Die wesentlichen Emissionsunterschiede sind hauptsächlich auf die aufwendige Gewinnung von Kunststoffen bei gleichzeitiger geringfügiger Lebensdauer der OS-Systeme zurückzuführen. Für die Varianten mit einem KKS-System sind die Emissionstreiber der PCC-Einbettmörtel und die Titananoden. Die Emissionen aus dem Stromverbrauch sind perspektivisch als unwesentlich einzuordnen.

Die Aussagen dieses Berichts sind nicht allgemeingültig, aber zeigen eine klare Tendenz zugunsten von KKS-Systemen hinsichtlich der CO_2-Emissionen. Es wird daher empfohlen, die Ökobilanz als integralen Bestandteil der Entscheidungsfindung bei der Auswahl von Maßnahmen zur Vermeidung chloridinduzierter Korrosion in Parkbauten zu berücksichtigen und eine individuelle Bewertung vorzunehmen. Die präsentierten CO_2-Äquivalente im Kapitel der Wirkungsabschätzung für relevante Teilprozesse können als Orientierungswerte für eine erste Abschätzung dienen.

Literatur

[1] Renne N., et al. (2022), „Sustainable Assessment of Concrete Repairs through LCA and LCCA“.

[2] Sodeikat C. und Mayer T. F. (2018), „Instandsetzung von Tiefgaragen und Parkhäusern“.

[3] Deutscher Beton- und Bautechnik-Verein e. V. (DBV). (2022). Merkblatt „Parkhäuser und Tiefgaragen“: 3. überarbeitete Ausgabe, Fassung Januar 2018, aktualisierter Nachdruck September 2022.

[4] BKV GmbH (2024), Stoffstrombild Kunststoffe in Deutschland 2023.

[5] VDZ / IBU. (2022). Umwelt-Produktdeklaration (EPD) Durchschnittlicher Zement Deutschland.

[6] Bundesamt für Wirtschaft und Ausfuhrkontrolle. (2023). Informationsblatt CO_2-Faktoren: Bundesförderung für Energie- und Ressourceneffizienz in der Wirtschaft – Zuschuss [PDF].

[7] DIBt [Hrsg.] (2020), Technische Regel Instandhaltung von Betonbauwerken.

[8] Kessler, S. (2020) Comparative Life-Cycle Analysis of Two Repair Measures for Chloride Contaminated Concrete Structures. XV. International Conference on Durability of Building Materials and Components, DBMC 2020, Barcelona.

[9] Kessler, S.; Rahimi, A. (2023) Ökobilanz verschiedener Maßnahmen zur Sicherstellung der Dauerhaftigkeit hinsichtlich Betonstahlkorrosion am Beispiel einer Meerwasserschleuse. Bundesanstalt für Wasserbau Kolloquium Instandsetzung und Neubau von Verkehrswasserbauwerken.

[10] Dauberschmidt C. und Stengel T. (2024), „Ökobilanzierung von Instandsetzungsvarianten nach TR-IH in Abhängigkeit vom Schädigungsgrad“, Beton- und Stahlbetonbau 119(10), 735–752.

[11] Chemical Newtech SPA (2025), Cathodic Protection Datasheets [online]. https://www.chemical-newtech.com/download/cathodicprotectionds/.

[12] R. Brueckner, R. Cobbs, und C. Atkins (2022), „A review of developments in cathodic protection systems for reinforced concrete structures", MATEC Web Conf., 361, 02001.

[13] R. B. Polder, G. Leegwater, D. Worm, und W. Courage (2014), „Service life and life cycle cost modelling of cathodic protection systems for concrete structures", Cem. Concr. Compos., 47, 69–74.

[14] Boyd S. B. (2012), Life-Cycle Assessment of Semiconductors.

[15] IMPACTS GmbH, „FRÄSE RM320". [Online]. Verfügbar unter: https://www.impacts gmbh.com/... [aufgerufen am 20.11.2024].

[16] IMPACTS GmbH, „STREAMER S320E110R". [Online]. Verfügbar unter: https://www.impacts gmbh.com/... [aufgerufen am 20.11.2024].

[17] falch GmbH: „calculators – Betonabtrag" [online]. https://www.falch.com/... [aufgerufen am 20.11.2025].

[18] Europäische Union (2024). Base Carbon V18 [online]. https://data.europa.eu/... [aufgerufen am 20.08.2025].

[19] Deutsches Institut für Normung. (2013). DIN EN 13813:2003-01: Estrichmörtel und Estrichmassen – Eigenschaften und Anforderungen.

[20] Institut Bauen und Umwelt e.V. (IBU) (2022), „modified mineral mortars, group 1", EPD-DBC-20220217-IBF1-EN.

[21] Informationszentrum Beton GmbH (2023). Umwelt-Produktdeklaration „EPD-IZB-20230328-IBG1-DE" [online].

[22] Sika Deutschland CH AG & Co KG (2025), Sikafloor® MultiFlex PB-55 [online].

[23] Sika Deutschland CH AG & Co KG (2025), Sika-Top®-126 Pro [online].

[24] Siemens AG (2023), „Umweltkennzeichnung SITOP PSU8200 24 V/20 A". [Online].

[25] Siemens AG (2023), „Umweltkennzeichnung LOGO!Power 24 V/4 A". [Online].

[26] Sika Deutschland CH AG & Co KG (2025), Sikafloor® MultiDur EB-19 DE [online].

[27] Juhl M., et al. (2024), „Assessing the Environmental Sustainability of Lignin-Based Epoxy Resins for Coating Production".

[28] Luderer G., et al. (2021), „Deutschland auf dem Weg zur Klimaneutralität 2045 – Szenarien und Pfade im Modellvergleich".

Parkbauten nachhaltig realisieren mit der DGNB-Zertifizierung

Dipl.-Ing. (FH) Ralf Pimiskern
Deutsche Gesellschaft für Nachhaltiges Bauen (DGNB) GmbH

Zusammenfassung
Der Beitrag untersucht Parkbauten als zentrale Bausteine der regenerativen Verkehrswende und betrachtet sowohl regulatorische Entwicklungen (EPBD, EU-Taxonomie, BauPVO) als auch konstruktive und lebenszyklusbasierte Optimierungspotenziale. Anhand einer konkreten LCA-Berechnung wird gezeigt, dass Holz-Hybrid-Konstruktionen gegenüber Stahlbetontragwerken erhebliche Emissionsreduktionen erzielen können. Der Beitrag formuliert Handlungsempfehlungen für Planung, Ausführung und Betrieb nachhaltiger Parkbauten und ordnet diese in die aktuelle europäische Klimapolitik ein.

1. Einführung

Parkbauten gelten traditionell als reine Stellplatzinfrastrukturen, gehören aber gleichzeitig zu den materialintensivsten Gebäudetypologien im urbanen Raum. Ihre Tragstrukturen sind überwiegend aus Stahlbeton errichtet und tragen damit signifikant zu den ‚Embodied Carbon'-Emissionen des Bausektors bei. Gleichzeitig verfügen Parkbauten über große Dachflächen, wiederkehrende Raster und flexible Innenräume, die sie für Energieerzeugung, Batterieintegration, Sharing-Angebote und städtebauliche Synergien prädestinieren. Diese Ausgangslage macht Parkbauten zu einem relevanten Anwendungsfall für nachhaltige Transformation.

2. Regulatorik und Umsetzung nachhaltiger Parkbauten

2.1 EU-Regulatorik für Parkbauten

Die 2024 überarbeitete Europäische Gebäuderichtlinie (EPBD) verpflichtet zunächst Gebäude über 1.000 m^2 ab 2028 und ab 2030 alle Gebäude zur Offenlegung ihres Lebenszyklus-GWP (Global Warming Potential). Die EU-Taxonomie definiert darüber hinaus Mindestanforderungen hinsichtlich Klimaschutz, Anpassung an den Klimawandel, Kreislaufwirtschaft, Schadstofffreiheit und Ökosystemschutz. Mit der neuen Bauprodukteverordnung (BauPVO/CPR) werden Produktpässe und EPDs verpflichtend, wodurch Materialströme in Parkbauten dokumentiert und bewertet werden können. Diese regulatorischen Entwicklungen stärken Technologien und Bauweisen, die ressourceneffizient und zirkulär sind.

2.2 Planungsprinzipien nachhaltiger Parkbauten

Nachhaltige Parkbauten zeichnen sich durch CO_2-arme Konstruktionen, energieeffiziente Betriebsführung und zirkuläre Materialkonzepte aus. Holz-Hybrid-Konstruktionen bieten im Vergleich zu klassischen Stahlbetonbauten erhebliche Einsparpotenziale. Rückbaubarkeit und modulare Bauweisen ermöglichen eine flexible Anpassung an zukünftige Mobilitätsanforderungen.

2.3 Parkbauten als Energie- und Mobilitätsknoten

Mit zunehmender Elektrifizierung des Verkehrssektors gewinnen Parkbauten als dezentrale Energieerzeuger und Speicher an Bedeutung. Photovoltaik, Batteriespeicher und Lastmanagement ermöglichen die Nutzung von Parkbauten als Energiehubs. Darüber hinaus fördern multimodale Angebote wie Sharing-Systeme und Fahrradabstellanlagen die Integration in nachhaltige Verkehrskonzepte.

2.4 Methodischer Hintergrund: Lebenszyklusanalyse (LCA)

Die Lebenszyklusanalyse (LCA) nach EN 15978 gliedert Gebäudeemissionen in folgende Module:

- A1 – A3: Rohstoffgewinnung, Transport und Produktion
- A4 – A5: Transport zur Baustelle und Errichtung
- B1 – B7: Nutzungsphase
- C1 – C4: Rückbau und Entsorgung
- D: Systemgrenzenüberschreitende Nutzen (z. B. Recyclinggutschriften)

Für Parkbauten entstehen die größten Emissionen in den Modulen A1 – A3, da Beton und Stahl energieintensive Materialien sind. Holz- bzw. Holz-Hybrid-Systeme weisen hingegen deutlich geringere Emissionsfaktoren auf und verfügen über einen biogenen Kohlenstoffspeicher.

2.5 LCA-Vergleich: Stahlbeton vs. Holz-Hybrid

Beispielrechnung (nicht in der Präsentation enthalten): Es wird ein dreigeschossiges Parkhaus mit 15.000 m^2 Bruttogeschossfläche (BGF) betrachtet. Die folgenden Mengenansätze und Emissionsfaktoren basieren auf veröffentlichten EPD-Daten (EN 15804 A1 – A3):

- Betondecke C35/45: 2500 m^3 × 350 kg CO_2e → 875000 kg CO_2e
- Bewehrungsstahl: 180 t × 1900 kg CO_2e → 342000 kg CO_2e
- Holz-Hybrid-Decke (BSP/Brettschichtholz): 1600 m^3 × -600 kg CO_2e → -960000 kg CO_2e

- Gesamtemissionen Stahlbetontragwerk: 1217.0 t CO_2e
- Gesamtemissionen Holz-Hybrid-Tragwerk: -823.2 t CO_2e

Die Substitution des Stahlbetons durch ein Holz-Hybrid-System reduziert die Emissionen in den Modulen A1 – A3 um ca. 167.6 %.

2.6 Zirkuläre Konstruktionen und Rückbaubarkeit

Parkbauten eignen sich in besonderem Maße für zirkuläre Bauweisen. Modularisierte Deckenelemente, steck- und schraubbare Verbindungen sowie sortenreine Trennbarkeit ermöglichen hohe Recyclingquoten in den Modulen C1 – C4. Holz- und Hybridbausysteme maximieren zusätzlich die Wiederverwendbarkeit und verlängern den Rohstofflebenszyklus signifikant.

2.7 Energieintegration und multimodale Mobilität

Die großen Dachflächen von Parkbauten ermöglichen eine hohe Photovoltaikleistung, die direkt für Ladeinfrastruktur, Batteriespeicher und Lastmanagement genutzt werden kann. Parkbauten entwickeln sich damit vom Energieverbraucher zum Energieerzeuger. Die Integration multimodaler Angebote (ÖPNV, Bike-Sharing, Car-Sharing) steigert zudem die verkehrliche Effizienz und reduziert städtische Emissionen.

3. Schlussfolgerung

3.1 Beitrag zur nachhaltigen Transformation

Die Analyse zeigt, dass Parkbauten im Sinne der EU-Regulatorik und der Klimaziele einen signifikanten Beitrag zur urbanen Transformation leisten können. Die Kombination aus LCA-optimierten Tragwerken, zirkulären Bauweisen und energetischer Nutzung der Dachflächen positioniert Parkbauten als zentrale regenerative Infrastrukturen der zukünftigen Mobilitätswende.

3.2 Das DGNB-System

Durch die Zertifizierung von Parkbauten mit dem DGNB-System können bei Bedarf die Nachweise der ESG Kriterien zur EU-Taxonomie erbracht werden. Die Lebenszyklusperspektive ist ein zentrales Kriterium im DGNB-System, d.h. auch künftige Anforderungen aus der EPBD sind mit dem DGNB-System bereits abgedeckt. Weitere wichtige Kriterien, die bei der DGNB-Zertifizierung bearbeitet werden, sind Schadstofffreiheit, Lieferkette und Zirkularität. Neben Biodiversität werden zudem ökonomische Aspekte wie Lebenszykluskosten oder Werthaltigkeit bewertet. Das DGNB-System fußt auf den drei Säulen der Nachhaltigkeit: so werden neben den bereits genannten ökologischen und ökonomischen Aspekten auch soziale und funktionale Qualitäten bewertet. Dazu gehört u. a. die barrierefreie Erreichbarkeit. Das DGNB-System kann als Planungs- und Optimierungstool bei Entscheidungen rund um die Projektentwicklung und Realisierung nachhaltiger Parkbauten unterstützen.

Literatur

[1] EU-Kommission: EPBD 2024 – Official Journal, 2024.
[2] EU-Taxonomie: Delegierte Verordnung 2023/2485, 2023.
[3] BauPVO (CPR) 2025: Europäische Kommission, 2025.
[4] DGNB: Whole Life Carbon im Hochbau, Stuttgart, 2024.
[5] Knippers/Helbig: Hybridkonstruktionen, Stuttgart, 2024.

TAE

Gussasphalt

Abdichtungen mit Gussasphalt auf befahrenen Flächen aus Holz

Heiko Steidl, Staatlich geprüfter Techniker Fachrichtung Bautechnik
Beratungsstelle für Gussasphaltanwendung e. V., Bonn

Zusammenfassung
Gussasphalt und Holzparkhäuser – eine leistungsfähige Kombination. Gussasphalt ergänzt die konstruktiven Eigenschaften von Holz ideal: Er schützt die Tragkonstruktion zuverlässig vor Feuchtigkeit und bildet ein dauerhaft dichtes, robustes Abdichtungssystem. Durch seine hohen Verformungseigenschaften kann er die natürlichen Bewegungen von Holzelementen sicher aufnehmen und sorgt gleichzeitig für eine langlebige, griffige und wartungsarme Nutzschicht. In Holzparkhäusern, die geringe Eigengewichte, begrenzte Aufbauhöhen und nachhaltige Bauweisen erfordern, bietet Gussasphalt daher eine technisch ausgereifte Lösung. Er vereint Schutz, Dauerhaftigkeit und Wirtschaftlichkeit und macht damit die Kombination von Holztragwerk und Gussasphalt zu einem zukunftsfähigen System für moderne Parkbauten.

1. Einführung

Befahrbare Verkehrsflächen aus Holz gewinnen im Parkhausbau zunehmend an Bedeutung. Gleichzeitig fehlt es bislang an normativen Vorgaben, die den Einsatz von Abdichtungen und Gussasphaltbelägen auf Holztragwerken eindeutig regeln. Diese Lücke stellt Planende wie Ausführende vor besondere Herausforderungen: Holz verhält sich konstruktiv anders als Beton oder Stahl, reagiert dynamischer und erfordert deshalb präzise abgestimmte Abdichtungs- und Belagssysteme.

Abb. 1: Holzparkhaus Bad Aibling

Gerade weil verbindliche Regelwerke fehlen, kommt der technisch fundierten Aufbereitung von Konstruktionsprinzipien, Baustoffeigenschaften und Ausführungsdetails eine zentrale Rolle zu. Nur durch klare, praxisorientierte Leitlinien lässt sich sicherstellen, dass Abdichtung und Gussasphalt auf Holz zuverlässig funktionieren, die Tragkonstruktion schützen und dauerhaft befahrbare Flächen ermöglichen.

2. Hauptkapitel

Gussasphalt als Abdichtung und Nutzschicht auf Holzkonstruktionen

Befahrbare Flächen aus Holz unterscheiden sich grundlegend von Beton- oder Stahlkonstruktionen: Sie sind leichter, elastischer und reagieren stärker auf Feuchte- und Temperaturänderungen. Daraus ergeben sich erhöhte Anforderungen an Abdichtung und Nutzschicht. In Anlehnung an die DIN 18532-2 schlägt die bga e. V. deshalb ein durchgängig abgestimmtes System aus Unterlagsbahn, Polymerbitumen-Schweißbahn und Gussasphalt vor, das sowohl die Abdichtungsfunktion als auch die mechanische Beanspruchung übernimmt.
Gussasphalt fungiert dabei in doppelter Rolle: In der ersten Lage bildet er zusammen mit der Schweißbahn die Abdichtung, in der oberen Lage die Nutzschicht. Das Ergebnis ist ein praktisch hohlraumfreies, robustes und wartungsarmes Schichtpaket, das die Holztragkonstruktion vor eindringender Feuchtigkeit schützt und gleichzeitig eine dauerhaft befahrbare Oberfläche bereitstellt.

Baustoffe und Mischgutzusammensetzung

Gesteinskörnungen

Die verwendeten Gesteinskörnungen orientieren sich an den üblichen Lieferbedingungen des Straßenbaus. Sowohl natürliche als auch geeignete industriell hergestellte Gesteinskörnungen können eingesetzt werden, sofern sie die Anforderungen an Dauerhaftigkeit und Kornzusammensetzung erfüllen. Die Korngrößenverteilung wird so gewählt, dass eine nahezu hohlraumfreie Struktur entsteht.

Bindemittel
Als Bindemittel kommen überwiegend mittelharte und harte Straßenbaubitumen, polymermodifizierte Bitumen sowie Hartbitumen zum Einsatz. Ergänzend werden viskositätsreduzierende Zusätze verwendet, um die Verarbeitungstemperaturen zu senken und den Wärmeeintrag in die Holztragkonstruktion zu begrenzen. Härte und Bindemittelgehalt werden so eingestellt, dass Verformungsbeständigkeit, Temperaturempfindlichkeit und Dauerhaftigkeit zur jeweiligen Nutzung passen.

Gussasphalt
Gussasphalt wird als dichtes Gemisch aus feiner und grober Gesteinskörnung, Füller und Bitumen hergestellt, dessen Bindemittelgehalt so abgestimmt ist, dass die Hohlräume praktisch vollständig gefüllt sind. Im erhitzten Zustand entsteht durch die unterschiedliche Wärmeausdehnung von Gesteinskörnungen und Bitumen ein geringer Bitumenüberschuss, der für die gute Verarbeitbarkeit sorgt.
Die Verformungsbeständigkeit wird nicht über klassische Druckfestigkeiten, sondern über die Eindringtiefe bewertet. Dadurch lässt sich das Verhalten unter thermischer und mechanischer Belastung praxistauglich abbilden – ein wichtiger Aspekt bei statisch beanspruchten Holztragwerken.
Es werden Gussasphaltestriche nach DIN EN 13813 eingesetzt. Auswahl von Größtkorn und Schichtdicken erfolgt in Abhängigkeit von der vorgesehenen Einbaudicke und den Belastungen.

Gussasphalt-Schichtdicken
- **AbDichtungsschicht:** Gussasphalt in einer Nenndicke von ca. 2,5 cm, im Verbund mit der Polymerbitumenschweißbahn.
- **Nutzschicht:** Gussasphalt, ca. 3 cm dick, inklusive Oberflächenbehandlung.

Um den Wärmeeintrag in die Holzkonstruktion zu minimieren, ist die maximale Einbautemperatur des Gussasphalts begrenzt. Gleichzeitig muss der Gussasphalteinbau so organisiert werden, dass der Arbeitsablauf zügig aber dennoch so, dass die Abdichtungsbahn nur so stark wie erforderlich erwärmt wird.

Oberflächenbeschaffenheit und Griffigkeit
Frei bewitterte Flächen werden grundsätzlich abgesplittet, um eine dauerhaft griffige Oberfläche zu gewährleisten. Helle Splittsorten können die Erwärmung der Oberfläche deutlich reduzieren, was das Verformungsverhalten des Gussasphalts positiv beeinflusst. Für innenliegende oder wettergeschützte Flächen reicht häufig ein Abreiben mit Sand.

Abb. 2: Gussasphaltnutzschicht

Die Wahl der Oberflächenbehandlung ist somit nicht nur eine Frage der Rutsch- und Verkehrssicherheit, sondern beeinflusst auch thermische Beanspruchung und Reinigungskonzepte.

Planungsgrundsätze und Nutzungsklassen

Nutzungsklassen N1-V bis N4-V
Das Prinzip der Nutzungsklassen auf Holztragwerke erfolgt in Anlehnung der DIN 18532-1 und ordnet typische Anwendungsfälle zu.
Unterschieden werden:
- Fußgänger- und Radwegbrücken,
- Parkhauszwischendecks und Freidecks für Pkw,
- stärker belastete Parkflächen mit leichtem Lkw-Verkehr,
- sowie Fahrbahntafeln von Brücken mit höherer Beanspruchung.

Über die Nutzungsklasse werden Beanspruchungsniveau, Verkehrsart und die Anforderungen an Schichtdicken und Details gesteuert. Für frei bewitterte Parkflächen sind zusätzliche Überlegungen erforderlich, etwa hinsichtlich Entwässerung, Oberflächenhelligkeit und thermischer Beanspruchung.

Holzunterlage und Untergrundanforderungen
Holzfahrbahnplatten besitzen ein anderes Tragverhalten als massive Betondecken: Sie sind weicher, schwingen stärker und reagieren sensibel auf Feuchteänderungen. Aufgrund etwaiger Feuchtegehalte im Holz, wird von einer vollflächigen Verbundabdichtung, wie bei Beton, abgeraten. Stattdessen wird ein System ohne unmittelbaren Verbund zwischen Holz und Abdichtungsschicht vorgesehen, wobei die Holzoberfläche durch ein wasserabweisendes Vlies während der Bauzeit zu schützen ist. Der Untergrund muss eben, tragfähig und frei von störenden Kanten oder hervorstehenden Verbindungsmitteln sein. Die Ebenheit orientiert sich – je nach Gefälle – an einschlägigen Toleranznormen. Vor Beginn der Abdichtungsarbeiten ist sicherzustellen, dass die Holzoberfläche oberflächennah trocken und frei von Verschmutzungen ist.

Abb. 3: Holzunterlage

Entwässerung
Das Entwässerungskonzept ist Bestandteil der Gesamtplanung. Gefälle werden in der Holztragkonstruktion ausgebildet; eine Gefällebildung mit Gussasphalt ist explizit nicht vorgesehen. Übliche Gefälle sind in der Größenordnung von 2,5 %. Auf dieser Basis werden Anzahl, Lage und Dimensionierung von Entwässerungsrinnen und Abläufen bemessen.
Abläufe und Rinnen müssen mit Klebe- oder Los-Fest-Flanschen mit ausreichender Breite verbaut werden, um die Abdichtungsbahnen sicher anschließen zu können.

Fugen, Anschlüsse und Randabschlüsse
Bewegungsfugen in der Tragkonstruktion müssen sich konsequent in allen Schichten der Fahrbahnstruktur fortsetzen. Für befahrene Bewegungsfugen werden Fugenprofile vorgesehen, die die erwarteten Bewegungen dauerhaft dicht aufnehmen können. Planung und Dimensionierung richten sich nach den zu erwartenden Horizontal- und Vertikalbewegungen.

Abb. 4: Detail Wandanschluss

Randfugen und Arbeitsnähte werden so angeordnet, dass Temperaturspannungen und Verformungen kontrolliert abgeleitet werden können. Fugenbreiten, Fugenfüllstoffe und die regelmäßige Wartung sind zu planen. Anschlüsse an aufgehende Bauteile sowie Durchdringungen werden in der Regel zweilagig mit Bitumenbahnen ausgebildet und mit Los-Fest-Flanschkonstruktionen kombiniert. Randabschlüsse erhalten Tropfkanten und ausreichende Fassadenüberstände, um die darunterliegenden Bauteile vor Wasserablauf und Verschmutzung zu schützen.

Abb. 5: Detail Randabschluss

Ausführungsschritte des Abdichtungs- und Belagssystems

Unterlagsbahn
Auf der Holzoberfläche wird zunächst eine kaltselbstklebende Elastomerbitumen-Unterlagsbahn verlegt. Sie wird lose aufgelegt, im Überlappungsbereich verdeckt befestigt und die Nähte werden nach Entfernen der Trennfolie kaltselbstklebend und mit Brennereinsatz verschweißt. Diese Lage dient sowohl als erste Abdichtungsebene als auch als Schutz der Holzkonstruktion vor Feuchtigkeit während weiterer Bauphasen.

Abb. 6: Unterlagsbahn

Polymerbitumen-Schweißbahn
Darauf folgt eine speziell für die Verwendung unter Gussasphalt konzipierte Polymerbitumen-Schweißbahn mit hochliegender Trägereinlage. Sie wird mit Mehrfachbrennern kontrolliert aufgeschweißt, wobei ein gleichmäßiger Bitumenwulst entsteht, in den die Bahn eingedrückt wird. Ziel ist eine vollflächige, blasenfreie Einbettung, ohne die Unterlagsbahn übermäßig thermisch zu belasten. Die Dichtungslage darf nur so lange ungeschützt bleiben, wie es technisch notwendig ist, und ist vor Beschädigungen durch Bauverkehr zu schützen.

Gussasphalteinbau
Die erste Gussasphaltschicht wird bei geeigneter Witterung eingebracht. Die Lufttemperatur muss mindestens + 5 °C betragen und die Unterlage muss frostfrei sein. Die Schichtdicke darf örtlich nicht unterschritten werden, um die abdichtende Funktion sicherzustellen.

Der Gussasphalt wird in Bahnen eingebracht, von Hand oder maschinell verteilt und so geführt, dass sich keine unerwünschten Vermischungen mit dem Bindemittel der Schweißbahn ergeben. Auf stärker geneigten Flächen (Rampen) sind Schubverbundsicherungen anzuordnen, etwa in Form quer zur Gefällerichtung angeordneter Stahlprofile, die die Schubkräfte in die Holzkonstruktion abtragen.
Nach der ersten Lage folgt die Nutzschicht aus Gussasphalt mit der vorgesehenen Oberflächenbehandlung. Abschließend werden Rand- und Anschlussfugen ausgespart und mit geeigneten Fugenmassen formschlüssig geschlossen.

Abb. 7: Gussasphaltnutzschicht

Literatur
[1] DIN 18532-1
[2] DIN 18532-2
[3] Technische Information Nr. 61 bga e.V.

Detailausbildungen bei Abdichtungen mit Schweißbahn und Gussasphalt

Ralf Hofmeister
HOFMEISTER Gussasphalt GmbH & Co. KG, Herford + Unterschleißheim

Alexander Hofmeister, M. Sc.
HOFMEISTER Gussasphalt GmbH & Co. KG, Herford + Unterschleißheim

Zusammenfassung
Der Vortrag gibt einen Überblick über zu beachtende Punkte bei der Detailausbildung in der Abdichtungsbauweise mit Schweißbahn und Gussasphalt. Die angeführten Beispiele sind allgemeingültig und können bei der Planung und Ausführung der Bauweise herangezogen werden. Sie sollen in der Praxis unterstützen und zur Fehlervermeidung dienen.

1. Einführung

Die Abdichtung mit Schweißbahn und Gussasphalt genießt Anerkennung in Fachkreisen. Durch ihre Langlebigkeit und Robustheit ist sie bei Planern, Nutzern und letztlich Investoren geschätzt.
Während die Ausführung in der Fläche bei Beachtung der Rahmenbedingungen wie Luftfeuchtigkeit und Temperatur relativ einfach hergestellt werden kann, können sich Fehler bei der Ausbildung von Details erst später bemerkbar machen und dann Kosten verursachen.
Es ist das Ziel des Vortrages, genau diese Fehler zu vermeiden und zu minimieren. Denn es gehört zur Sicherstellung der Langlebigkeit und damit Nachhaltigkeit der Bauweise dazu, dass eben technisch richtig gebaut wird. Daher gehen wir unterschiedliche Details einmal gemeinsam durch.

2. Hauptkapitel

2.1 Normative Grundlagen

Vorab ist allerdings zu klären, auf welchen Grundlagen die Detailausbildungen erfolgen müssen.
Hier sind folgende Normen involviert:

- DIN 18195 Abdichtung von Bauwerken – Begriffe
- DIN 18354 VOB/C (ATV) Gussasphaltarbeiten
- DIN 18532-1 Abdichtung von befahrbaren Verkehrsflächen aus Beton, Teil 1: Anforderungen, Planungs- und Ausführungsgrundsätze
- DIN 18560-1 Estriche im Bauwesen – Teil 1: Anforderungen, Prüfung und Ausführung

Die weiteren Stoffnormen werden hier nicht explizit aufgeführt.

2.2 Einordnung der Details

Die Details können wir grundsätzlich wie folgt einordnen:

- Bauweisen, Flächenabdichtung
- Wandanschlüsse
- Wandanschlüsse mit Schrammborden
- Bewegungsfugen
- Abläufe, Entwässerungsrinnen
- Randabschlüsse an Deckenrändern
- Anschlüsse an Einbauteile innerhalb der Fläche

2.3 wesentliche Bauweisen

Wir unterscheiden nach der DIN 18532-2 zwei wesentliche Bauweisen:
Bauweise 1a: Abdichtung aus Schweißbahn und einer Schicht Gussasphalt mit einer zusätzlichen Nutzschicht aus Gussasphalt
Diese Bauweise wird auf freibewitterten Flächen und Rampen ausgeführt.
Bauweise 1b: Abdichtung aus Schweißbahn und einer Schicht Gussasphalt, bei der die Gussasphaltschicht gleichzeitig Nutzschicht ist
Diese Bauweise wird auf überdachten Flächen, Zwischengeschossen und in Tiefgaragen ausgeführt.
Wichtige Neuerung in der Ausgabe der DIN 18532-2 in 2025-06: die Ausführung der Untergrundvorbehandlung mit einer Epoxidharzgrundierung ist nicht mehr zulässig. Es darf nur noch eine Versiegelung mit Epoxidharz ausgeführt werden.
Die folgenden Systemskizzen behandeln nacheinander jeweils mindestens eine der beiden Bauweisen.
Grundsätzliche Unterschiede gibt es dabei nicht; die Höhenlagen und Dimensionierungen der benötigten Materialien sind ggf. anzupassen.

2.4 Abdichtungsaufbau auf Rampenflächen

Der auf Rampenflächen auszuführende Aufbau entspricht immer der Bauweise 1a.
Unterschiede ergeben sich nur in den Schichtdicken der Gussasphaltschichten. Diese betragen auf der Rampe nur 25 – 30 mm.
Zu beachten sind die zulässigen Ebenheiten gem. DIN 18354.
Eine oft ausgeführte Variante ist die Einbettung einer Rampenheizung. Diese kann entweder auf der ersten Gussasphaltschicht verlegt werden und dann in der Nutzschicht eingebettet werden; eine weitere Möglichkeit ist die Ausführung einer Zwischenschicht zur Einbettung der Heizmatten.
Vorteil einer Einbettung der Heizmatten in der Zwischenschicht ist eine einfachere Bearbeitung der Deckschicht zu einem späteren Zeitpunkt.

2.5 Wandanschlüsse an aufgehende Wände

2.5.1 bituminöse Wandanschlüsse

- Hohlkehle
- Höhe der Anschlüsse
- Ausbildung der Randfuge
- Lagenführung der Schweißbahnen
- mechanische Fixierung der Bahnen und Verblendung der Anschlusshöhe

2.5.2 Wandanschlüsse mit Flüssigkunststoff

- Hohlkehle nicht erforderlich
- Höhe der Anschlüsse und Ausbildung der Randfuge ist gleich.
- Einbindung des Flüssigkunststoffanschlusses an die Flächenabdichtung

2.5.3 wärmegedämmte Anschlüsse

- die Ausführung eines wärmegedämmten Anschlusses ist genauso möglich
- hierbei ist die Wahl eines hitze- und feuchtigkeitsunempfindlichen Dämmstoffes wichtig
- Führung der Lagen der Abdichtung; Gussasphaltschicht bis in die Ecke?

2.6 Ausführung von Schrammborden vor aufgehenden Wänden

- mögliche Varianten der Schrammbordausbildung:
- Fertigschrammbord mit Hinterfüllung aus Ortbeton
- Fertigschrammbord mit Hinterfüllung aus Gussasphalt
- Schrammbordausbildung komplett aus Gussasphalt

2.7 Ausführung von Bewegungsfugen

- ein wichtiger Punkt gilt für alle Abdichtungsaufbauten: für die Flansche müssen Vertiefungen vorgesehen/hergestellt werden, damit ein flächenbündiger Einbau des Auflagerflansches möglich wird.
- insbesondere bei der Bauweise 1b ist das extrem wichtig
- an den Fugenprofilen wird rechts und links ein Fugenverguß ausgeführt.
- bei den Fugenkonstruktionen werden Modelle mit Abdichtungsanschluss durch einen Los-Fest-Flansch und Modelle mit eingeklemmten Abdichtungsbahnen unterschieden
- Die Auswahl erfolgt nach technischen Anforderungen, Preisgesichtspunkten.
- ein Los-Fest-Flansch ist grundsätzlich sicherer.

2.8 Detail Bodenablauf

- hier ist ein ganz wesentlicher Punkt der vertiefte Einbau
- der Abdichtungsanschluss muss sehr gewissenhaft erfolgen.
- es sind nur Produkte einzusetzen, bei denen die Abdichtungsbahnen (immer zweilagig) eingeflanscht/mechanisch befestigt werden können.

2.9 Entwässerungsrinnen

- verschiedene Optionen:
- Abdichtungsanschluss mit Los-Fest-Flansch
- Abdichtungsanschluss mit Klebeflansch
- Breites des Klebeflansches beachten (immer), 120 mm
- Einbau einer „Kammrinne". Hier ist insbesondere die vertiefte Lage und die korrekte zweilagige Führung der Abdichtung unterhalb der Rinne zu beachten.
- Ausführung einer Rinnenausbildung im Gussasphalt. Hierbei kann auf das Einbauteil verzichtet werden und die Wasserführung wird handwerklich im Gussasphalt hergestellt. Das anfallende Wasser kann über Einzelabläufe oder Schöpfgruben abgeführt werden.
- ein Gefälle ist nur in Abhängigkeit von der Rohbausituation und der Aufbauhöhe des Abdichtungsaufbaus zu beurteilen und ggf. herzustellen.

2.10 Randabschlüsse

- an freien Deckenrändern
- an Türen
- Abdichtungsanschluss immer zwei Möglichkeiten: Los-Fest-Flansch oder Klebeflansch
- auch hier: Flansch muss vertieft angeordnet werden
- Möglichkeit der Abkantung als oberer Abschlusskante: Gussasphaltkante ist verdeckt, ausbruchsicher und keine Wartungsfuge

2.11 Einbauteile, z. B. Rohrdurchführungen

- Flanschanschluss möglich
- Futterrohr eine gute Lösung
- Abdichtung daran mit FLK

3. Fazit

Der dauerhafte Erfolg der Abdichtung hängt wesentlich von der fachgerechten Ausbildung der Abdichtungsdetails ab. Hier gibt es einige Grundregeln zu beachten.

In der Praxis ergeben sich dann aber sehr viele Kombinationsmöglichkeiten, von denen wir hier heute nur eine Auswahl zeigen konnten.

Sie können bei Interesse die Details bei uns erhalten, auch als dwg-Datei, um diese direkt in eine Planung zu übernehmen.
www.hofmeister-asphalt.de

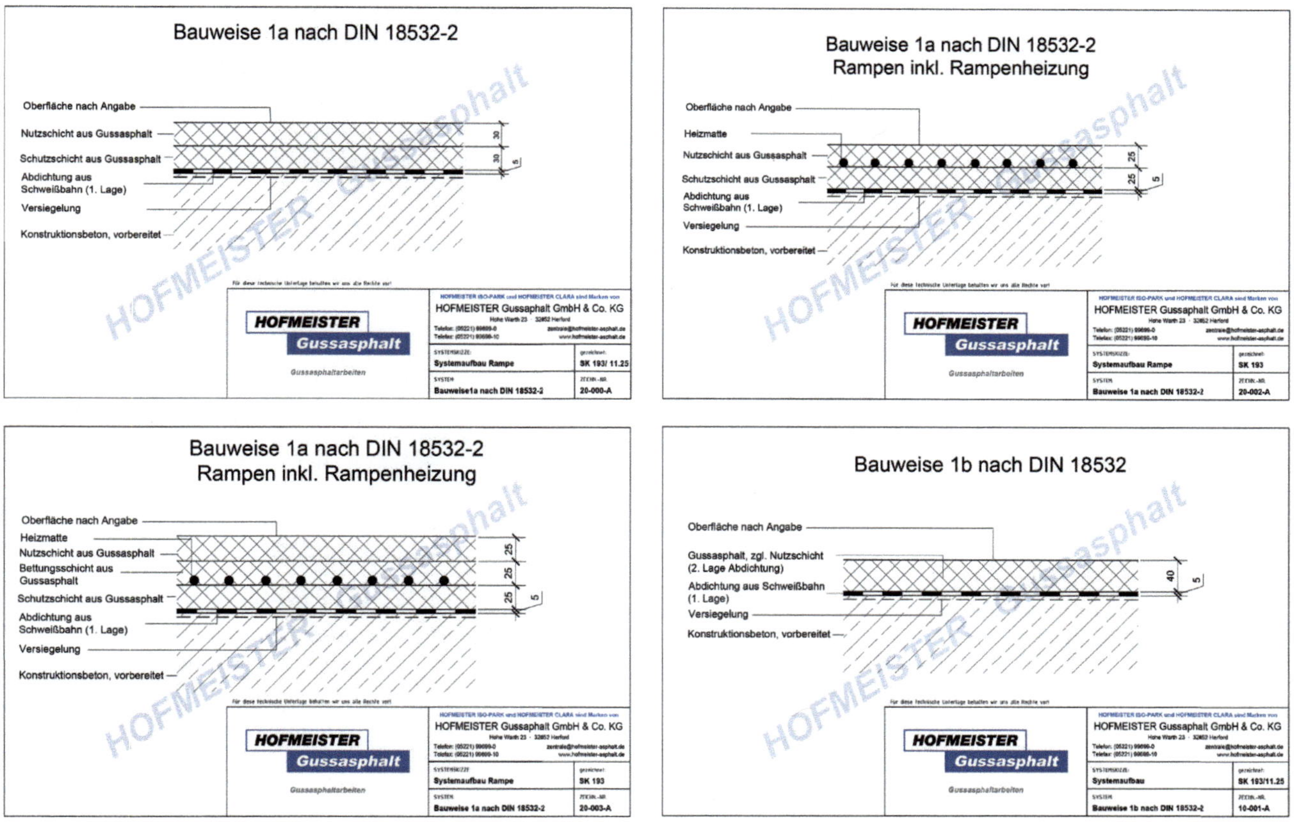

Abb. 1: Bauweisen

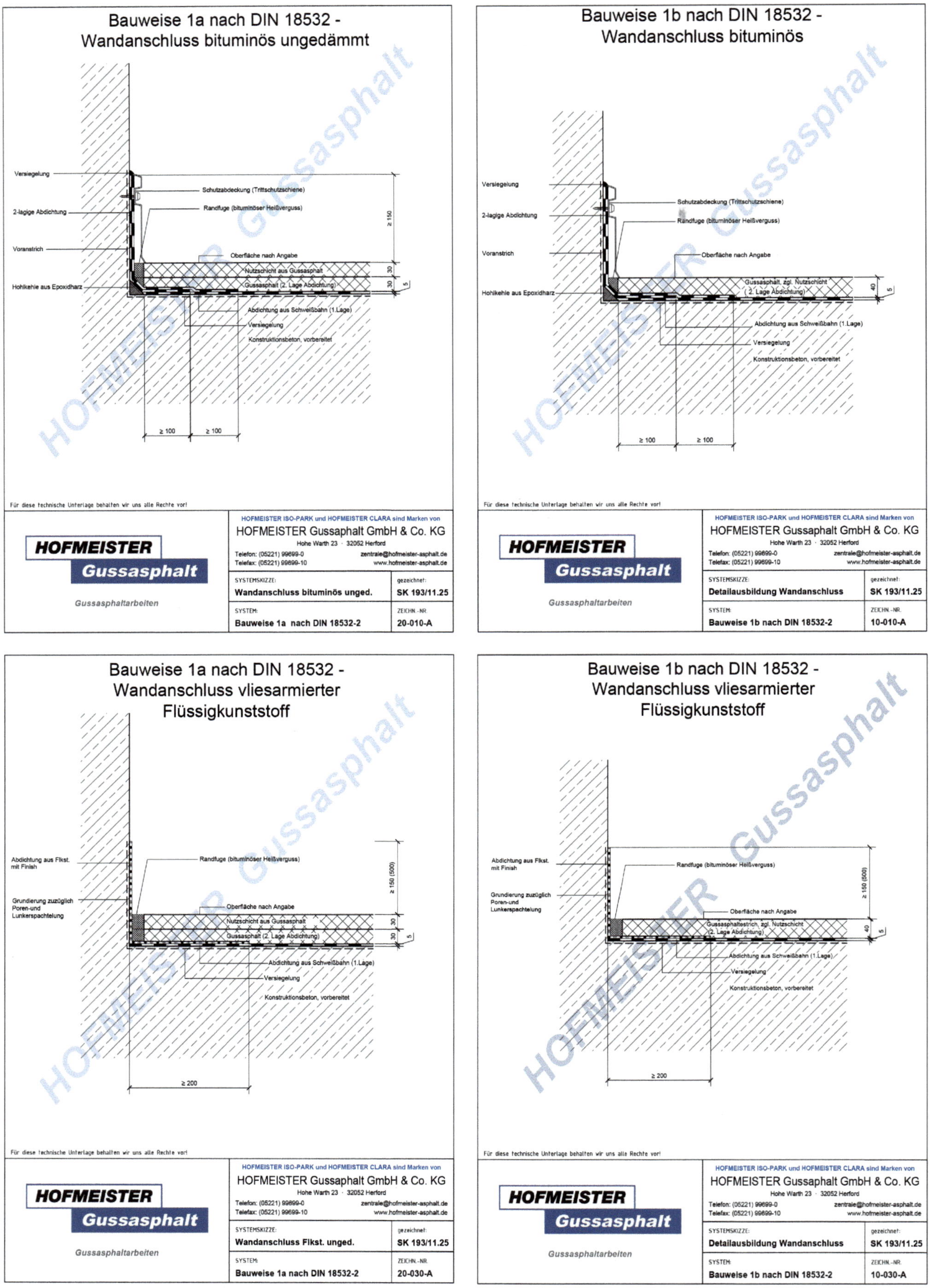

Abb. 2: Wandanschlüsse

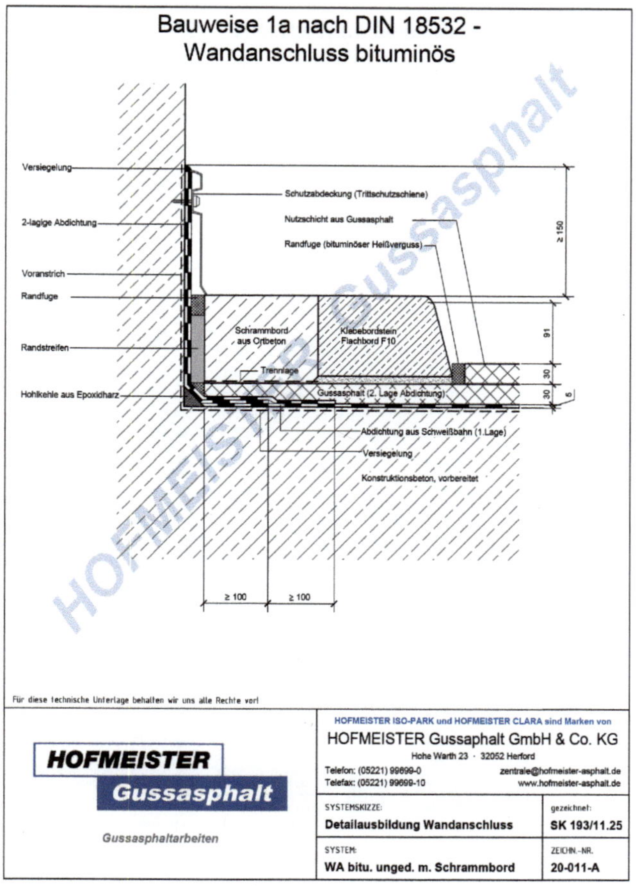

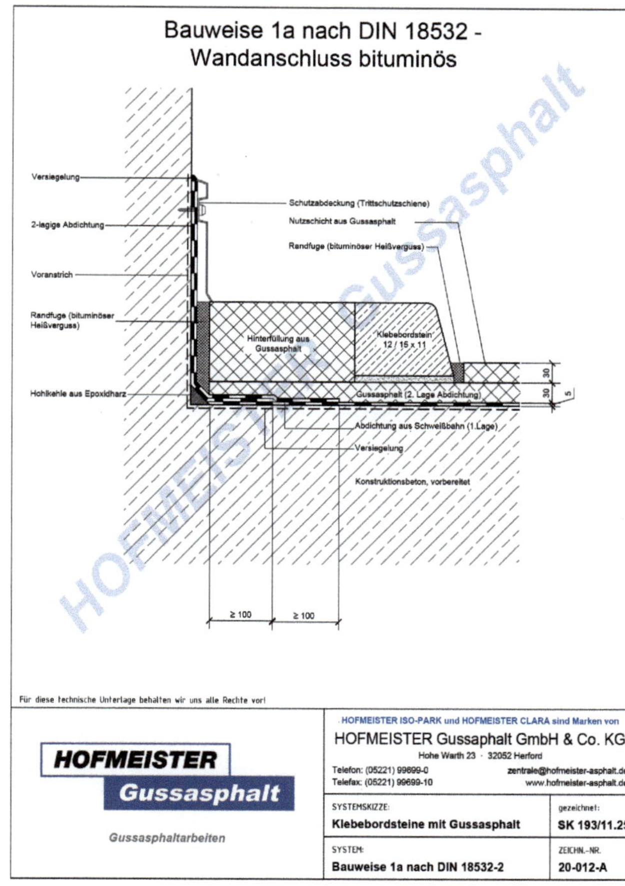

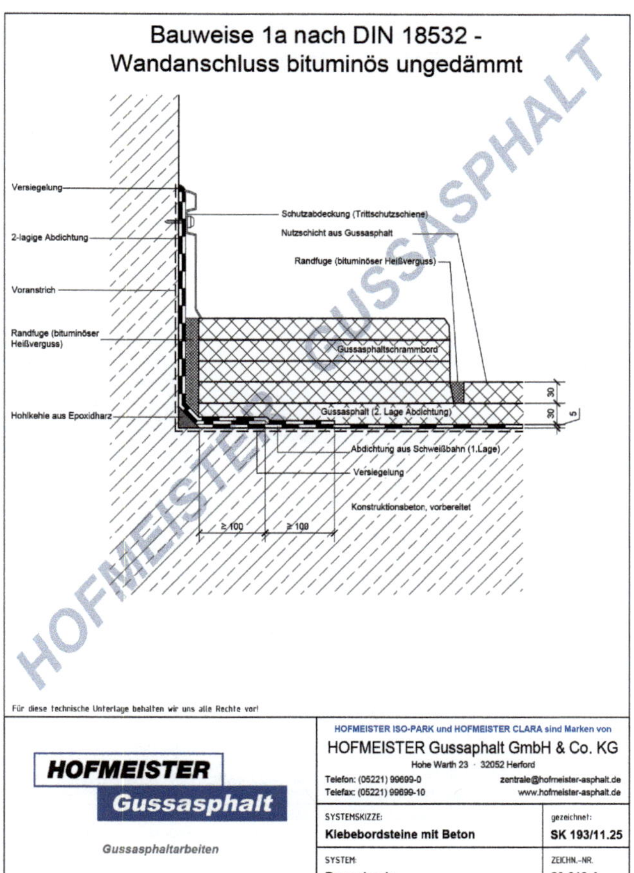

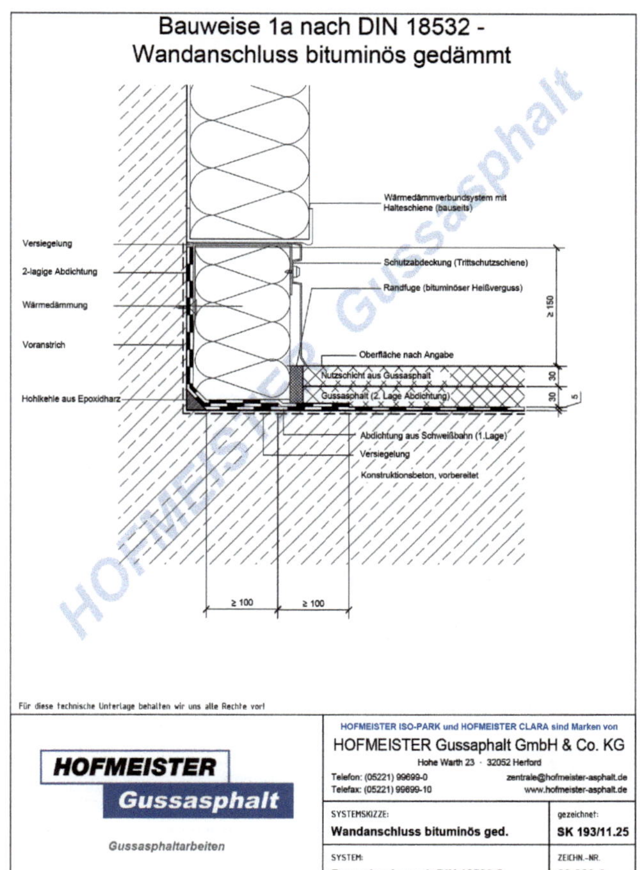

Abb. 3: Schrammborde

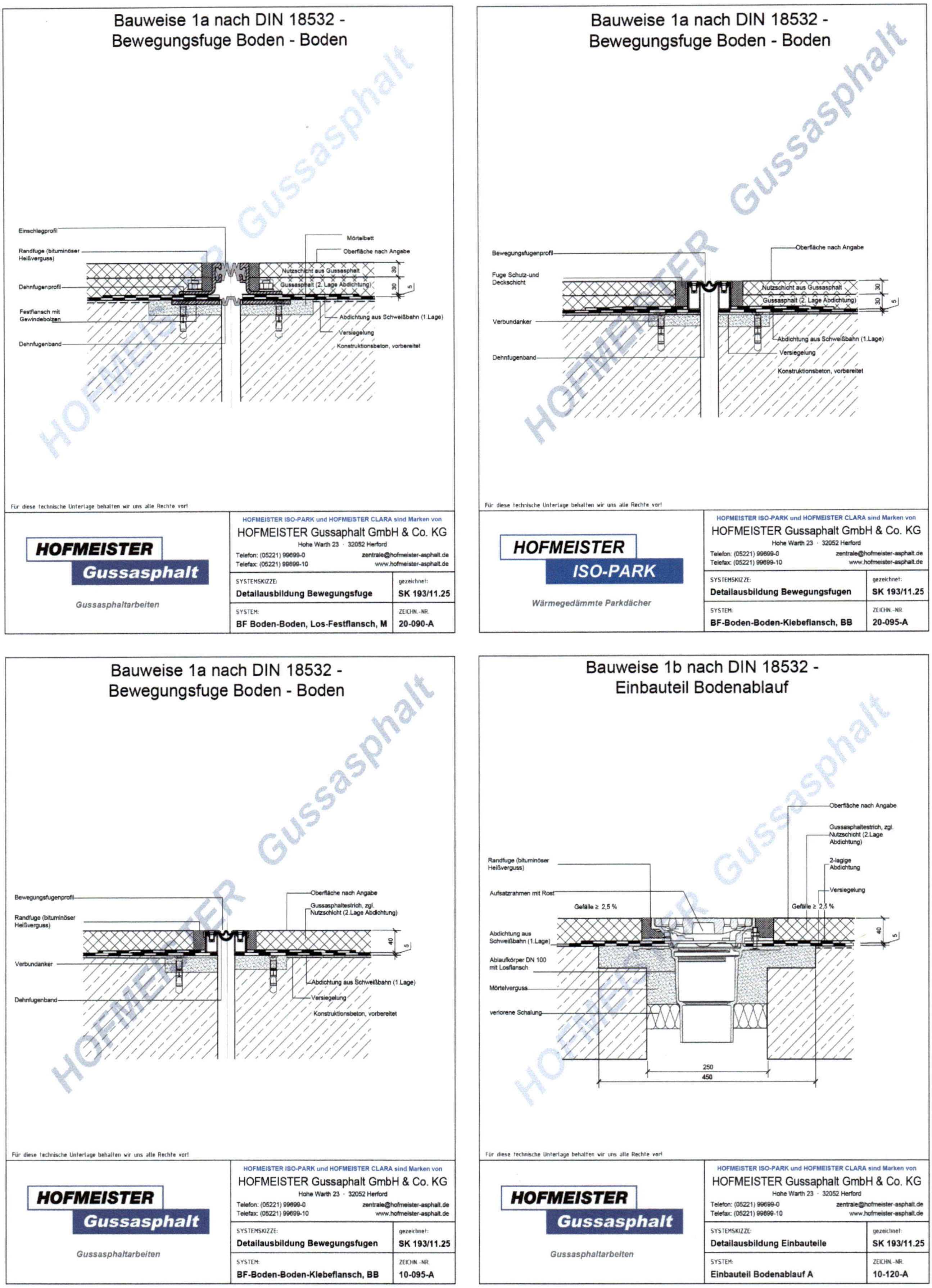

Abb. 4: Bewegungsfugen, Bodenablauf

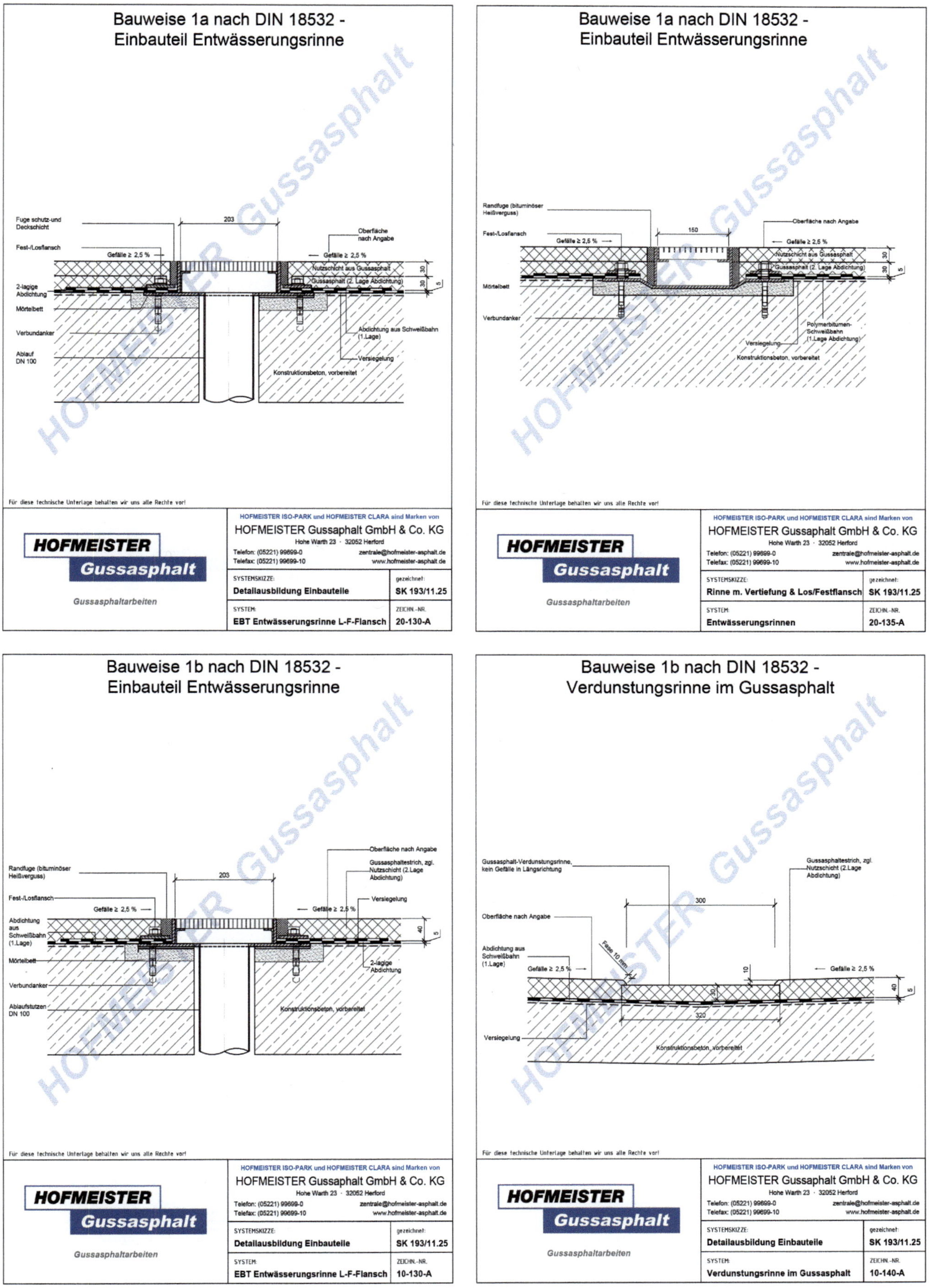

Abb. 5: Entwässerunsrinnen

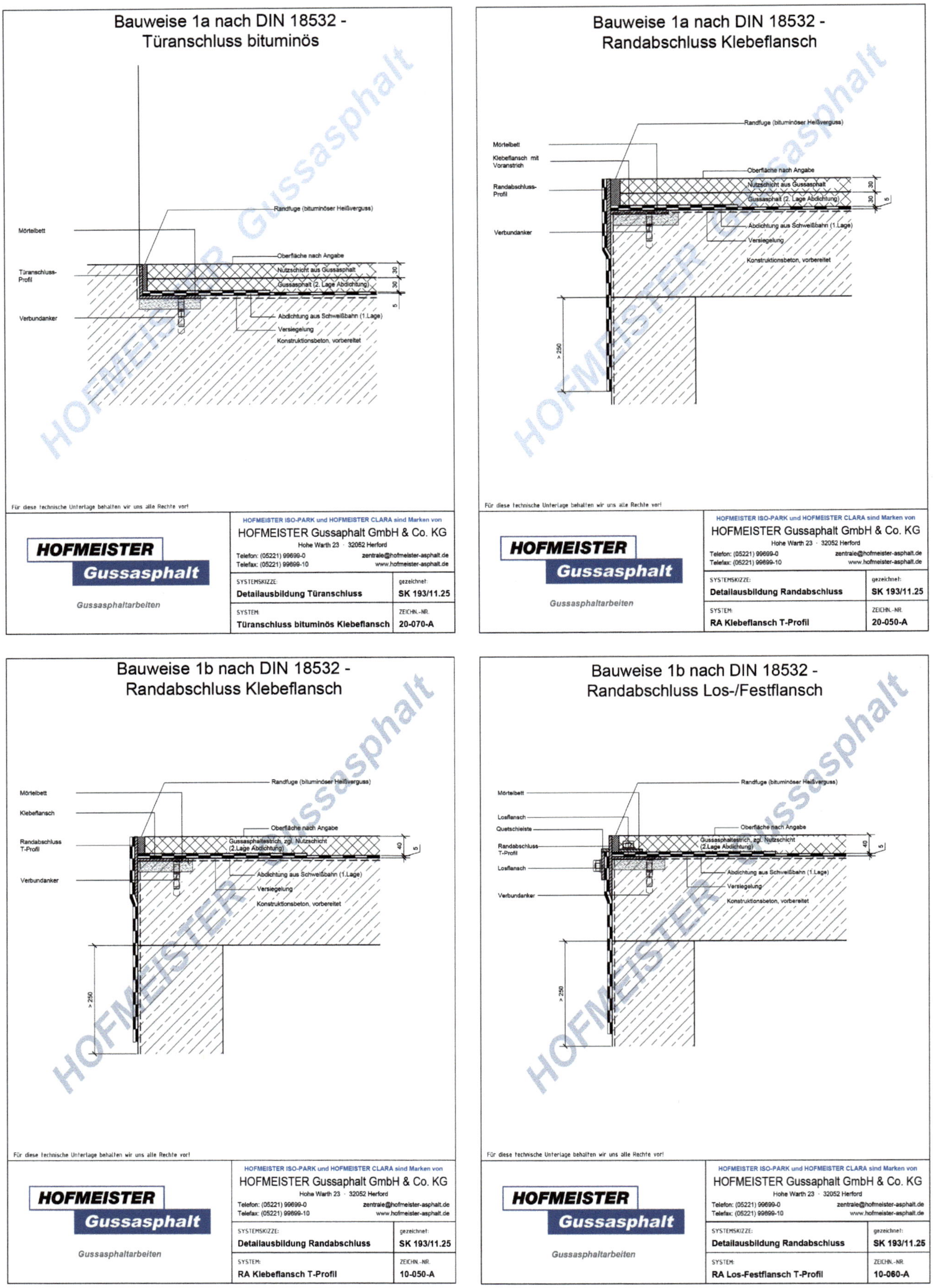

Abb. 6: Randabschlüsse

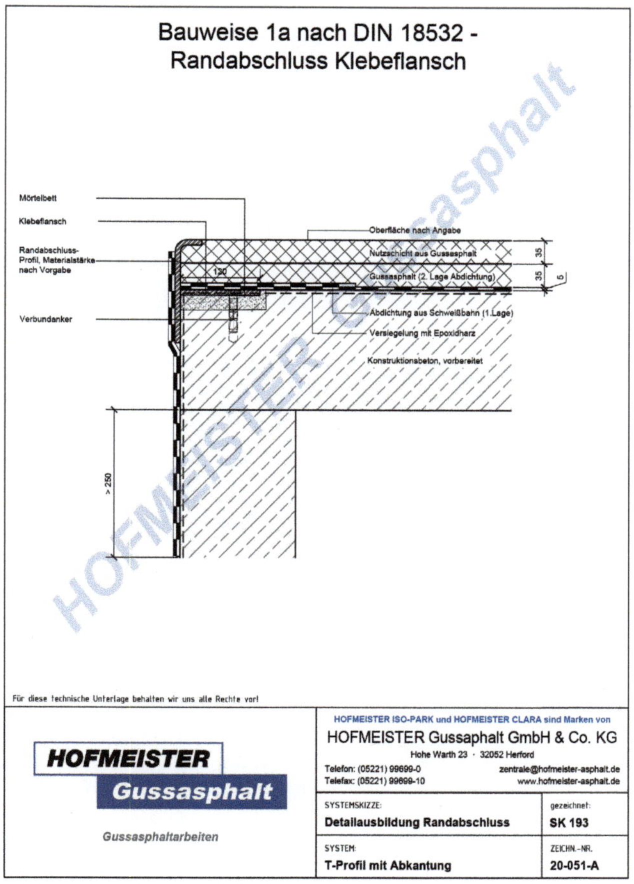

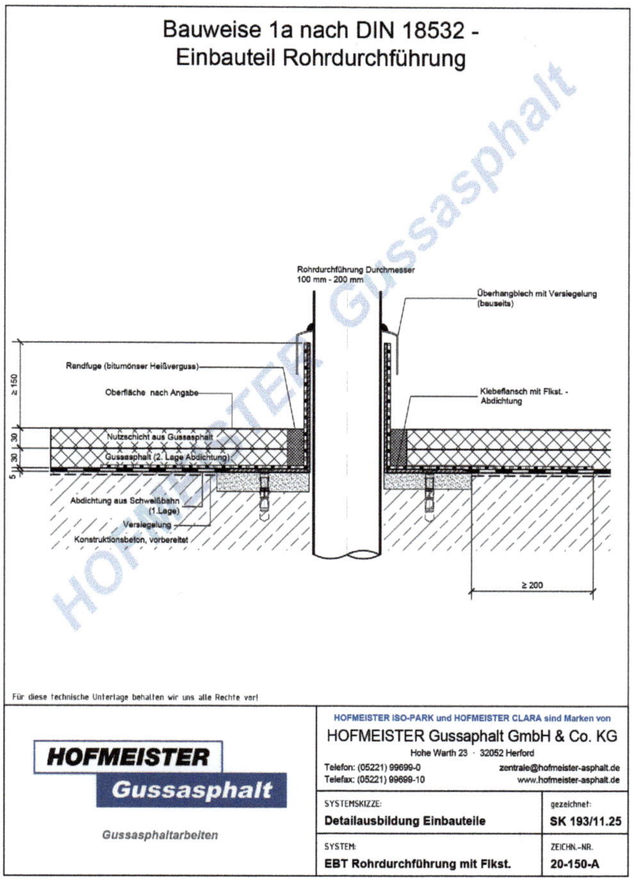

Abb. 7: Randabschluss, Rohrdurchführung

Dichtungsschicht aus bitumenhaltiger Abdichtungsmatrix mit hochverzweigter Polymermatrix

Herbert Leutert
LEONHARD WEISS GmbH & Co. KG, Bauwerksinstandsetzung & Gussasphalt Süd, Göppingen

Zusammenfassung
Die Abdichtung befahrbarer Betonflächen in Brücken- und Parkbauten erfolgt bislang überwiegend mit Systemen nach DIN 18532-2 und ZTV-ING 6 – 1, bei denen eine Versiegelung mit einer Lage Polymerbitumen-Schweißbahn und Gussasphaltschutzschicht kombiniert wird. Diese Bauweisen sind jedoch sensibel gegenüber Randbedingungen wie Temperatur, Restfeuchte und Untergrundqualität und stoßen insbesondere bei komplexen Geometrien und kurzen Bauzeiten an Grenzen. Als Alternative werden Systeme aus Epoxidharz- bzw. PMMA-Versiegelung und einer bitumenhaltigen Abdichtungsmastix mit hochverzweigter Polymermatrix betrachtet. Sie ermöglichen eine fugenlose, an die Untergrundgeometrie angepasste Abdichtung ohne zusätzliche Kratzspachtel- oder PCC-Ausgleichsschichten. Laboruntersuchungen zeigen ein hohes Wärmestandverhalten, ausgeprägte Elastizität und Kälteflexibilität sowie einen Self-Healing-Effekt bei gleichzeitig hoher Adhäsion im Systemverbund.
Bestandsprüfungen an Brückenbauwerken mit Nutzungsdauern von 3 – 7 Jahren und insgesamt rund 27.000 m² eingebauter Fläche ergaben Abreißfestigkeiten zwischen 0,4 und 0,6 N/mm² bei Objekttemperaturen von 27 – 40 °C und damit Werte deutlich oberhalb der geforderten 0,3 N/mm² bei 30 °C nach ZTV-ING 6 – 1. Auffällige Schäden im Asphaltbelag wurden nicht festgestellt, die bitumenhaltige Dichtungsschicht erwies sich im Verbund in der Regel nicht als schwächstes Glied. Insgesamt zeigen die Ergebnisse, dass bitumenhaltige Abdichtungsmastixsysteme in Kombination mit Reaktionsharzversiegelungen sowohl materialtechnisch als auch im Bauwerksbestand ein hohes Leistungs- und Dauerhaftigkeitsniveau aufweisen und sich grundsätzlich auf Parkhaus- und Parkflächenabdichtungen übertragen lassen.

1. Einführung

Die bei Parkbauten zu berücksichtigende DIN 18532 benennt verschiedene Abdichtungsbauweisen. Eine davon ist die Abdichtung mit einer Versiegelung und einer Polymerbitumen-Schweißbahn. Für diese Bauweise werden jedoch Randbedingungen definiert, die den Einsatz eines Betonersatzes erforderlich machen können oder in ungünstigen Jahreszeiten (November – März) aufgrund der Taupunkttemperaturen die Verarbeitung von Epoxidharz nicht zulassen.
Die Dauerhaftigkeit von Abdichtungssystemen auf befahrenen Betonbauteilen wie Betonbrücken und Parkbauten ist maßgeblich für die Nutzungsdauer der Bauwerke und die Vermeidung kostenintensiver Instandsetzungsmaßnahmen. Konventionelle Systeme mit Polymerbitumen-Schweißbahnen stoßen insbesondere bei komplexen Geometrien, engen Bauzeitfenstern und wechselnden Randbedingungen (Temperatur, Restfeuchte, Untergrundqualität) an ihre Grenzen.
Mit bitumenhaltigen Abdichtungsmastixen in Kombination mit reaktionsharzbasierten Versiegelungen stehen Systeme zur Verfügung, die eine fugenlose, hoch elastische und gleichzeitig beständige Abdichtung ermöglichen.

2. Hauptkapitel

2.1 Normative Grundlagen und Anforderungen

Für Parkbauten bildet die DIN 18532-2 die maßgebliche Grundlage. Dort wird die Bauweise 1a „Abdichtungsschicht auf dem Konstruktionsbeton unter einer Nutzschicht“ beschrieben. Diese Bauweise umfasst eine Untergrundbehandlung mittels Versiegelung sowie eine Abdichtungsschicht aus einer Lage Polymerbitumen-Schweißbahn in Verbindung mit einer Gussasphaltschicht.

Die Bauweise 1a ist für diese Bauart in Bild 1 dargestellt.

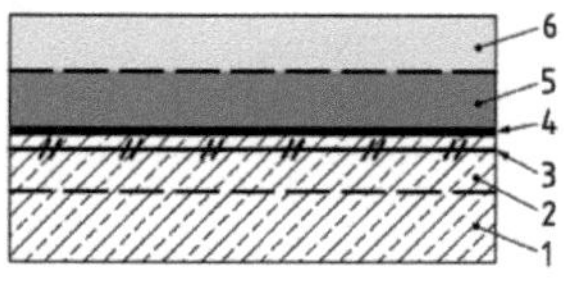

Legende
1 Konstruktionsbeton, vorbereitet
2 ggf. Aufbeton oder Betonersatz, vorbereitet
3 Untergrundbehandlung
4 und 5 Abdichtungsschicht aus
4 Polymerbitumen-Schweißbahn (untere Lage)
5 Gussasphalt (obere Lage)
6 Nutzschicht

Bild 1: Auszug Bild 1, DIN 18532-2, Bauweise 1a

Für Abdichtungssysteme auf Betonbrücken mit Gussasphaltschutzschicht sind in Deutschland insbesondere die ZTV-ING Teil 6 – 1 maßgebend. Dort wird die Bauweise in ähnlicher Form beschrieben.
Im Regelfall wird die Abreißfestigkeit im Rahmen der Grundprüfung des Systems für Brückenabdichtungen ermittelt; am Bauteil selbst sind üblicherweise keine bauvertraglich geforderten Nachweise vorgesehen. Als Anforderung werden die Grenzwerte aus Anhang A der ZTV-ING 6 – 1 zugrunde gelegt. Für die Einzelwerte der Abreißfestigkeit gelten unter anderem folgende Mindestwerte:

8 °C: ≥ 0,7 N/mm²
23 °C: ≥ 0,4 N/mm²
30 °C: ≥ 0,3 N/mm²

2.2 Dichtungsschicht aus bitumenhaltiger Abdichtungsmatrix

2.2.1 Systemaufbau

Der Systemaufbau sieht eine Betonunterlage vor, die die in den einschlägigen Regelwerken geforderten Anforderungen erfüllt. Da die Tragfähigkeit ein entscheidender Faktor ist, ist für die Unterlage nach der Untergrundvorbereitung eine Haftzugfestigkeit von im Mittel 1,5 N/mm² nachzuweisen. Anschließend wird eine Versiegelung auf Epoxidharz- oder PMMA-Basis aufgebracht. Darauf folgt die Applikation der bitumenhaltigen Abdichtungsmastix mit hochverzweigter Polymermatrix, entweder händisch oder im Spritzverfahren. Die aufzubringenden Materialmengen liegen bei etwa 3 – 4 kg/m² und ergeben eine Schichtdicke von ca. 3 – 4 mm. Zum Vergleich: Eine Polymerbitumen-Schweißbahn weist eine Schichtdicke von > 4,5 mm auf. Aufgrund der pastösen Konsistenz folgt die Abdichtungsmastix der Oberflächengeometrie, sodass keine ebene Unterlage erforderlich ist. Aufwendige Kratzspachtelungen oder PCC-Ausgleichsschichten können entfallen. Aufkantungen, Einbauten und Durchdringungen werden in einem Arbeitsgang mit abgedichtet; die Dichtungsschicht ist fugenlos, Überlappungen wie bei Schweißbahnen entfallen. Dichtungsschicht ist fugenlos, Überlappungen wie bei Schweißbahnen entfallen.

2.2.2 Material- und Systemeigenschaften

Laboruntersuchungen belegen unter anderem folgende Eigenschaften der bitumenhaltigen Abdichtungsmastix:

- sehr hohes Wärmestandverhalten (Erweichungspunkt RuK > 75 °C),
- geringe Alterungs- bzw. Versprödungsrate durch antioxidative Additivierung,
- ausgeprägte Elastizität (elastisches Rückstellvermögen > 85 %),
- hohe Kälteflexibilität (schadlose Verformung bei Temperaturen unter – 20 °C),
- hohe Kohäsion und ausgeprägter „Self-Healing"-Effekt,
- sehr hohe Adhäsion im Systemverbund (z. B. Lagerung von Probekörpern bei 50 °C und 30°-Neigung ohne nennenswerte Ablösungserscheinungen).

2.3 Bestandsprüfungen an Brückenbauwerken

Praxisreferenzen zeigen, dass seit rund 20 Jahren Erfahrungen mit dem System vorliegen und bis 2024 auf Brückenflächen und Parkbauten etwa 27.000 m² des bitumenhaltigen Abdichtungssystems eingebaut wurden.

Die Wirksamkeit des Systems wurde im Rahmen von Abreißversuchen an mehreren Brückenbauwerken untersucht, an denen das bitumenhaltige Abdichtungssystem seit 3 bis 7 Jahren in Betrieb ist.

Der Aufbau der Prüfobjekte variierte zwischen: Gussasphaltschutzschicht als direkt genutzte Fahrbahnoberfläche, Walzasphaltdeckschicht auf Gussasphaltschutzschicht und klassischem Aufbau mit Gussasphaltschutz- und zusätzlicher Deckschicht.

2.3.1 Bewertung der Abreißfestigkeiten

Die ermittelten Abreißfestigkeiten liegen bei Objekttemperaturen zwischen 27 °C und 40 °C im Bereich von 0,4 bis 0,6 N/mm². Damit wird bei Prüftemperaturen in der Nähe bzw. oberhalb von 30 °C die Anforderung von mindestens 0,3 N/mm² gemäß ZTV-ING 6 – 1 sicher eingehalten und deutlich überschritten. Dies gilt sowohl für Abschnitte mit Walzasphaltdeckschicht als auch für Brückentafeln, bei denen Gussasphalt die Schutz- und Deckschichtfunktion übernimmt.

3. Fazit

Die Kombination aus Epoxidharzversiegelung und bitumenhaltiger Abdichtungsmastix weist sowohl aus materialtechnischer Sicht als auch in den Bestandsprüfungen an Brückenbauwerken ein hohes Leistungsniveau auf: Laboruntersuchungen belegen ein breites Temperaturfenster mit hoher Elastizität bei tiefen Temperaturen und hohem Wärmestandverhalten im oberen Temperaturbereich. Die nach 3 – 7 Jahren Betrieb durchgeführten Abreißversuche an mehreren Brücken zeigen Abreißfestigkeiten, die die Anforderungen der ZTV-ING 6 – 1 bei den maßgebenden Prüftemperaturen teilweise deutlich übertreffen.

Auffälligkeiten im Asphaltbelag (z. B. Blasenbildung, plastische Verformungen) wurden an den betrachteten Bauwerken nicht festgestellt.

Die Auswertung der vorliegenden Unterlagen zu bitumenhaltigen Abdichtungssystemen für Betonbrücken und Parkbauten erlaubt folgende zusammenfassende Aussagen:

Dauerhaftigkeit und Verbundverhalten auf Brückenbauwerken

An mehreren Brückenbauwerken mit Nutzungsdauern zwischen etwa 3 und 7 Jahren konnten im Rahmen von Abreißprüfungen Abreißfestigkeiten zwischen 0,4 und 0,6 N/mm² nachgewiesen werden. Bei Prüftemperaturen von 27 – 40 °C werden die Anforderungen von ≥ 0,3 N/mm² bei 30 °C gemäß ZTV-ING 6 – 1 sicher erfüllt bzw. überschritten.

Materialtechnische Leistungsfähigkeit der bitumenhaltigen Mastixsysteme Laborergebnisse belegen ein hohes Wärmestandverhalten (Erweichungspunkt RuK > 70 – 75 °C), eine ausgeprägte Elastizität und Kälteflexibilität sowie einen Self-Healing-Effekt infolge hoher Kohäsion.

Ausführungstechnische Vorteile

Der Verzicht auf Kratzspachtelungen und PCC-Ausgleichsschichten sowie die fugenlose Ausführung der Abdichtung führen zu einer deutlichen Reduktion der Bauzeiten und zu einer Minimierung potenzieller Schwachstellen (Überlappungen, Nähte) und spart Kosten ein. Zudem müssen Detailanschlüsse nicht zeitintensiv händisch angearbeitet werden, sondern die Dichtungsschicht erscheint wie aus einem Guss.

TAE

Wasser-
undurchlässige
Konstruktionen

Vorstellung von Chloridschutz- und Abdichtungskonzepten bei Parkbauten anhand von Praxisbeispielen aus Neubau und Instandsetzung

Dipl.-Ing. (Univ.) Norbert Swoboda
Ingenieurbüro Schiessl Gehlen Sodeikat GmbH, Senior Expert Standsicherheit, Teamleiter Wasserundurchlässige Bauwerke und Bauwerksprüfung (WU/BWP), Zertifizierter sachkundiger Planer für Schutz und Instandsetzung von Betonbauwerken nach DPÜ

Zusammenfassung
Im Rahmen des 11. Kolloquiums Parkbauten wurden im Jahr 2024 bereits die Grundlagen zu Chlorid- und Abdichtungskonzepte in einem Vortrag/Beitrag ausführlich behandelt. Im vorliegenden Beitrag soll an die hieraus gewonnenen Erkenntnisse angeknüpft und anhand von Praxisbeispielen im Neubau sowie in der Instandsetzung unterschiedliche, technisch mögliche Varianten zum Chlorid- und Oberflächenschutz von Parkbauten/Tiefgaragen und deren Abhängigkeiten von den in der WU-Richtlinie des DAfStb. definierten Parametern (Entwurfsgrundsatz, Nutzungsklasse, Beanspruchungsklasse) vorgestellt werden. In diesem Zusammenhang werden im Rahmen von Schutzzielbetrachtungen auch Lösungen präsentiert und erläutert, die von den im DBV-Merkblatt Parkhäuser und Tiefgaragen, Ausgabe 01/2018, Fassung 09/2022 [7] dargestellten Varianten (Tabelle 5) abweichen können. Der Beitrag schließt mit konstruktiven Besonderheiten und praxiserprobten Ausführungen im Bereich von Verdunstungsrinnen/Entwässerungsrinnen.

1. Einführung

1.1 Motivation

Im DBV-Merkblatt Parkhäuser und Tiefgaragen [7] wird in den Vorbemerkungen auf Seite 9 darauf hingewiesen, dass gegenüber den in Tabelle 5 enthaltenen Vorschlägen und Empfehlungen (Varianten A, B und C) grundsätzlich abweichende Lösungen möglich sind, die auch zu standsicheren, dauerhaften und gebrauchstauglichen Parkbauten führen können.
Nachfolgend werden anhand von drei Praxisbeispielen unterschiedliche, technisch mögliche Varianten zur Abdichtung sowie zum Chlorid- und Oberflächenschutz von Tiefgaragen und deren Abhängigkeiten von den sich aus der WU-Richtlinie des DAfStb. [1] ergebenden Parametern (Entwurfsgrundsatz (EGS), Nutzungsklasse (NKL), Beanspruchungsklasse) vorgestellt und bezüglich der nachfolgend genannten Schutzziele bewertet:

1. Wasserundurchlässigkeit/Wasserdichtigkeit => Abdichtung, WU-Bauweise in Abhängigkeit der Nutzungsklassen A* – A*** (höherwertige Nutzung) bzw. B (TG-Nutzung) => Beurteilung Abdichtungskonzept
2. Chloridschutz im Bereich der TG-Nutzung (Abstimmung des Chloridschutzsystems auf die Nutzung der Tiefgarage, auf das zu schützende Stahlbetonbauteil sowie auf das Abdichtungssystem) => Beurteilung Chloridschutzkonzept

Dabei werden auch Konzepte zum Chloridschutz betrachtet, die von den üblichen Lösungen in Tabelle 5 des o. g. DBV-Merkblattes [7] abweichen.

1.2 Vorgehen bei der Beurteilung

Für jedes der drei Praxisbeispiele werden die beiden o. g. Schutzziele separat voneinander in Bezug auf die Übereinstimmung mit den Anforderungen aus dem Regelwerk sowie in Bezug auf Funktionalität, Dauerhaftigkeit/Gebrauchstauglichkeit und Wirtschaftlichkeit bewertet. Für das Schutzziel der Wasserundurchlässigkeit ist hierbei das Abdichtungskonzept der erd- und grundwasserberührten Flächen der Bodenplatten und Außenwände zu betrachten. Für das Schutzziel des Chloridschutzes wird das Beschichtungskonzept der Tiefgaragenbauteile beurteilt.

2. Praxisbeispiele

2.1 Praxisbeispiel 1, Neubau Bürogebäude mit zwei Untergeschossen

<u>Randbedingungen/Konstruktion</u>
Es handelt sich um den Neubau eines größeren Bürogebäudes mit zwei Untergeschossen in Stahlbetonbauweise. Der mittlere Grundwasserstand liegt im oberen Bereich der Wände des 2. UG. Bei Ansatz des Bemessungswasserstand werden auch Teile der Wände im 1. UG mittels Grundwasser beaufschlagt.
Sowohl im 1.UG als auch im 2.UG ist eine Tiefgaragennutzung mit in Summe 150 Stellplätzen vorgesehen (Nutzungsklasse B, keine öffentliche TG-Nutzung). Des Weiteren sollen in beiden Untergeschossen Technik-, Lager- und Sozialräume untergebracht werden (Nutzungsklasse A* – A**). Die Bodenplatte weist Bauteildicken von 80 – 120 cm auf. Sowohl die Außenwände als auch die Zwischendecke (über 2.UG) sollen mit einer Dicke von 30 cm hergestellt werden.

Für die Bodenplatte ist eine Bemessung nach Entwurfsgrundsatz c (EGS c) mit geplanten Sollrissfugen vorgesehen. Die Außenwände sollen in Anlehnung an Entwurfsgrundsatz a (EGS a, Rissvermeidung) in kleineren Betonierabschnitten realisiert werden. Die Zwischendecke soll nach Entwurfsgrundsatz b (EGS b, Rissverteilung) bemessen werden.

Bezüglich der Beanspruchung durch Grundwasser erfolgt eine Einstufung in Beanspruchungsklasse 1 (drückendes Wasser). Zur Erhöhung der Sicherheit gegen von außen eindringendem Wasser wurde in Abstimmung mit dem Bauherrn festgelegt, sowohl unter der Bodenplatte als auch an den Außenwänden bis auf eine Höhe von rd. 30 cm über OK Zwischendecke ein Frischbetonverbundsystem (FBVS) zu realisieren.

Als Chloridschutz sollten auf der Bodenplatte eine OS8-Beschichtung nach Variante B1 (ergänzt durch hochrissüberbrückende Bandagen entlang der Sollrissfugen) und auf der Zwischendecke eine rissüberbrückende OS11-Beschichtung nach Variante B2 im DBV-Merkblatt [7] ausgeführt werden. Der Sockelschutz der aufgehenden Bauteile (Stützen und Wände) war mit der Grundierung und der 2-facher Kopfversiegelung der Harze des Systems aus der Fläche geplant.

Beurteilung Abdichtungskonzept („Regelbauweise“)

Die Kombination aus Beanspruchungsklasse 1, Entwurfsgrundsatz c und Nutzungsklasse B im Bereich der Tiefgaragenbodenplatte entspricht den Angaben im Regelwerk (hier v. a. WU-Richtlinie [1], DBV-Heft 43 [12]).

Randbedingungen / Konstruktion: Regelschnitt TG

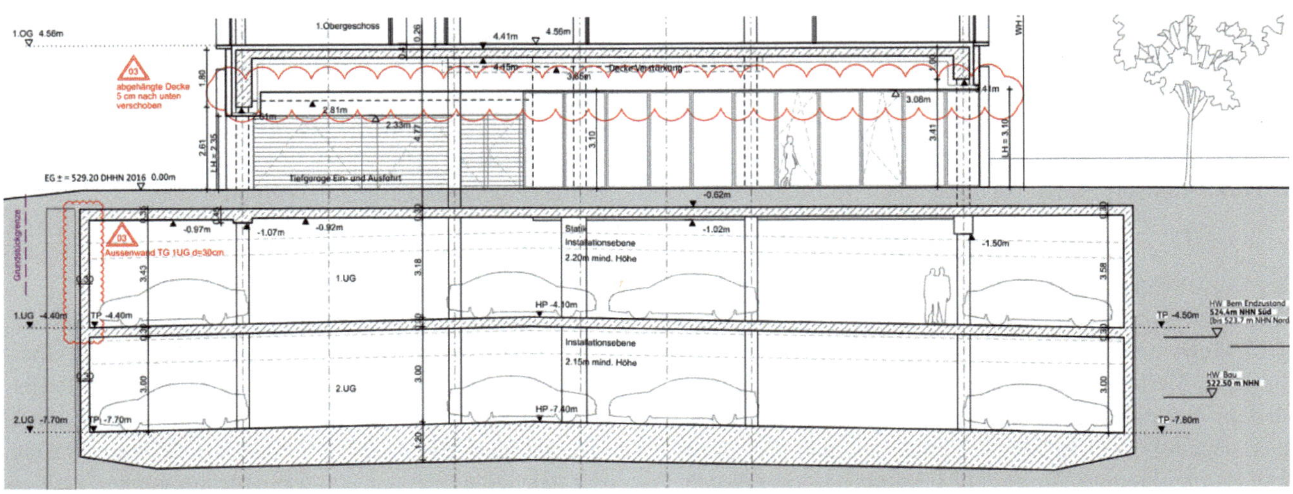

Abb. 1: Regelschnitt durch die Tiefgarage 1.UG und 2.UG, Ausführung der OK im Gefälle

Randbedingungen / Konstruktion: Grundriss 1.UG

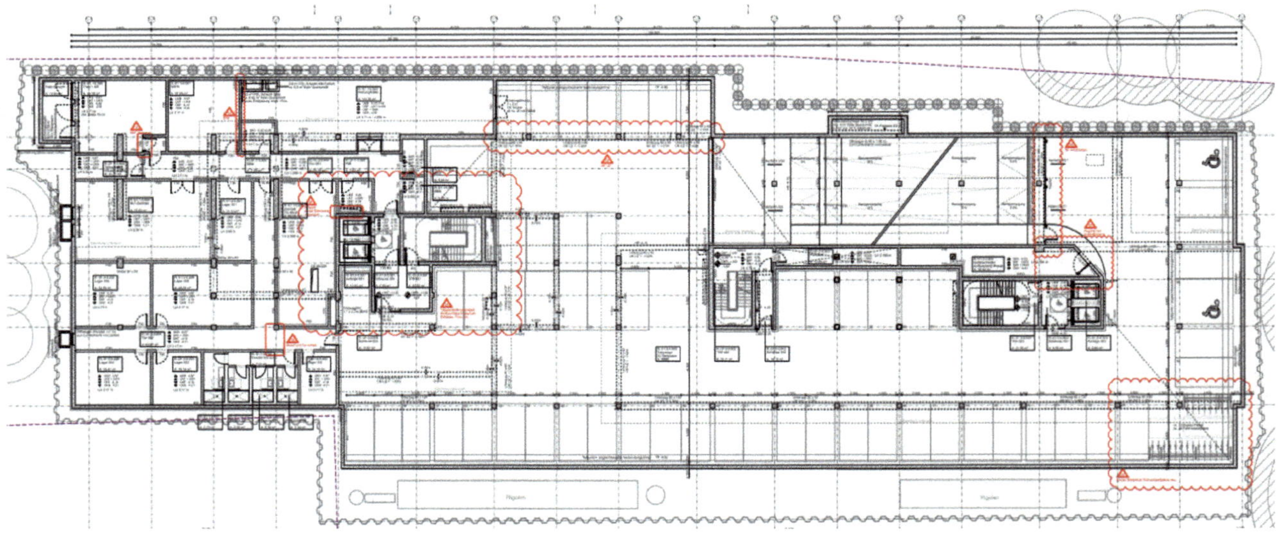

Abb. 2: Grundriss des Gebäudes im 1.UG mit kombinierter Nutzung (TG und Räume hochwertiger Nutzung)

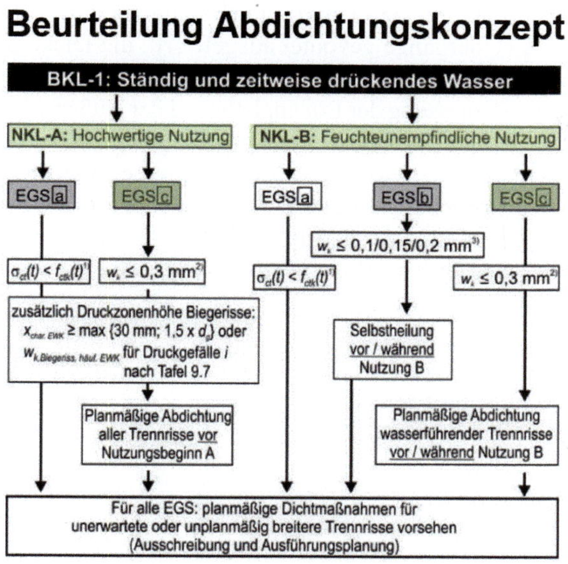

Abb. 3: Abdichtungskonzept Beispiel 1 im Abgleich mit dem Flussdiagramm aus DBV-Heft Nr. 43 [12]

Die zusätzliche Verwendung eines FBVS erhöht die Sicherheit vor dem unplanmäßigen Eindringen von Wasser/ Feuchtigkeit über wasserführende Trennrisse oder über Sollrissfugen, wenn auch eine fachgerecht ausgeführte WU-Bodenplatte allein in der Lage wäre, das Schutzziel der Wasserundurchlässigkeit sicherzustellen.
Die Kombination aus Beanspruchungsklasse 1, Entwurfsgrundsatz c und Nutzungsklasse A* – A** im Bereich der hochwertigen Nutzung entspricht ebenfalls den Vorgaben im Regelwerk (hier zusätzlich DBV-Merkblatt hochwertige Nutzung von Untergeschossen [8]). Die Ausführung der Frischbetonverbundfolie als zusätzliche Sicherheit vor dem Eindringen von Wasser stellt hier aus unserer Sicht v. a. in Bereichen, die für die Ausführung nachträglicher Dichtmaßnahmen schwer zugänglich sind, sowie in Bereichen mit aufwendigen, mehrschichtigen Bodenaufbauten eine sinnvolle Zusatzmaßnahme dar. Ggf. erforderliche raumklimatische Maßnahmen (Lüftung) sind separat zu betrachten.
Auch für die Außenwände (EGS a, NKL A* – A**, BK1) kann eine Übereinstimmung mit den Anforderungen des Regelwerks beurteilt werden. Die Frischbetonverbundfolie an den Wänden des 2. UG stellt auch hier in schwer zugänglichen Bereichen (z. B. Sprinklerzentralen, Technikzentralen mit Anordnung von größeren gebäudetechnischen Komponenten nahe an den Außenwänden) eine sinnvolle Zusatzmaßnahme zur Erhöhung der Sicherheit gegen eindringendes Wasser dar.
Fazit: Es besteht für alle auftretenden Kombinationen aus Beanspruchungsklasse, Entwurfsgrundsatz und Nutzungsklasse eine Übereinstimmung mit den Vorgaben aus dem Regelwerk. V. a. in schwer zugänglichen Bereichen der Bodenplatte und der Außenwände sowie in Bereichen mit hochwertigerem Innenausbau (NKL A*-A**) stellt ein FBVS eine sinnvolle Zusatzmaßnahme dar, fachlich korrekte Planung, Ausführung und Verarbeitung sowohl der WU-Bauteile als auch der FBVS vorausgesetzt.

Beurteilung Chloridschutzkonzept
Tragende, nach Entwurfsgrundsatz c bemessene und mittels Sollrissfugen konstruierte WU-Bodenplatten können nach Variante B1, Tabelle 5 in [7] mit starren OS8-Systemen beschichtet werden. Die Sollrissfugen, welche größere Bewegungen aufweisen können, sind mit hochrissüberbrückenden OS14-Systemen oder alternativ mit Systemen aus vliesarmiertem Flüssigkunststoff zu beschichten. Die vorgesehene Ausführung entspricht den o. g. Anforderungen. Im vorliegenden Fall wurde in der Fläche abseits der Sollrissfugen eine OS8-Beschichtung mit statisch-rissüberbrückenden Eigenschaften eingebaut, um ggf. auftretende Rissbildungen in den theoretisch zwängungsarmen Bereichen abseits der Sollrissfugen abdecken zu können.
Vollflächig rissüberbrückend beschichtete Stahlbetonbauteile nach Variante B2 (hier: Zwischendecke) sollten gemäß Angabe in Tabelle 5 in [7] nach Entwurfsgrundsatz b bemessen werden. Dies ist im vorliegenden Fall erfüllt. Die Rissüberbrückungsfähigkeit des Oberflächenschutzes (hier OS11a) ist mit der Rissbreitenbeschränkung des Stahlbetonbauteils abzustimmen. Bei einer rechnerischen Rissbreite von $w_k = 0{,}20$ mm (Bemessung auf späten zentrischen Zwang) ist dies gegeben. Im Bereich von Rinnen sollten in Abhängigkeit deren geometrischer Ausbildung (z. B. Trapezgerinne) Beschichtungen mit einem höheren Widerstand gegen mechanische Einwirkungen (Rangieren, Lenken auf den Kanten am Übergang zwischen Rinne und angrenzender Fläche) zur Ausführung kommen (siehe hierzu auch Abschnitt 3 des vorliegenden Beitrags).

Beurteilung Chloridschutzkonzept

1	Variante	Variante A		Variante B		Variante C	
2	Beschreibung	ohne flächiges Oberflächenschutzsystem oder ohne Abdichtung (jedoch mit besonderer Maßnahme bei Rissen und Fugen)		mit flächigem Oberflächenschutzsystem a)		mit flächiger, rissüberbrückender Abdichtung und Schutzschicht a)	
	Untervariante	A1	A2	B1	B2	C1	C2
3		rissvermeidende Bauweise	lokaler Schutz der Risse und Fugen b) (z. B. rissüberbrückende Bandage)	vollflächig starr beschichtet: OS 8 mit begleitender Rissbehandlung b) (z. B. rissüberbrückende Bandage)	vollflächig rissüberbrückend beschichtet: OS 10 mit Nutzschicht oder OS 11 oder OS 14	OS 10 oder FLK oder unterlaufsichere c) bahnenförmige Abdichtung, jeweils mit Dichtungs- und Schutzschicht aus Gussasphalt	unterlaufsichere c) zweilagige bahnenförmige Abdichtung mit Schutzschicht
4	Entwurfsgrundsatz	a	c	c	b	a, b	a, b

Abb. 4: Chloridschutzkonzept Beispiel 1 im Abgleich mit Tabelle 5 des DBV-Merkblatts [7]

Fazit: Bei den vorgesehenen Beschichtungssystemen handelt sich im vorliegenden Fall um „Regelbauweisen", die den Angaben der Tabelle 5 im DBV-Merkblatt [7] entsprechen (Variante B1 und B2).
Die OS8-Beschichtung mit statisch-rissüberbrückenden Eigenschaften in der Fläche mit lediglich linienförmig ergänzten hochrissüberbrückenden Bandagen entlang der Sollrissfugen stellt eine wirtschaftliche und dauerhafte Variante zum Oberflächenschutz dar.

2.2 Praxisbeispiel 2, Neubau Wohnanlage mit einem Untergeschoss

Randbedingungen/Konstruktion

Betrachtet wird das Untergeschoss einer mittelgroßen, neu zu errichtenden Wohnanlage mit Tiefgarage (50 Stellplätze, NKL B), Technik-, Keller- und Fahrradräumen (NKL B); in zusammenhängenden Teilbereichen mit Abstellräumen/Treppenräumen zur Erschließung der aufgehenden Wohnbebauung (NKL A*).

Planung und Ausführung erfolgen als Stahlbetonkonstruktion in WU-Bauweise, die Dicke der Bodenplatte beträgt 40 cm, im Bereich von Fundamentverstärkungen 60 cm (Übergänge gevoutet ausgeführt), die Dicke der Außenwände ist mit 30 cm vorgesehen.

Für die Bemessung der Bodenplatte und der Außenwände wurde Entwurfsgrundsatz b zugrunde gelegt. Aufgrund des Bemessungswasserstandes erfolgt eine Einordnung in Beanspruchungsklasse 1. Die Bodenplatte liegt im ständigen Einflussbereich des Grundwassers. Die Außenwände werden bis auf eine Höhe von rd. 1 m mit Grundwasser beaufschlagt.

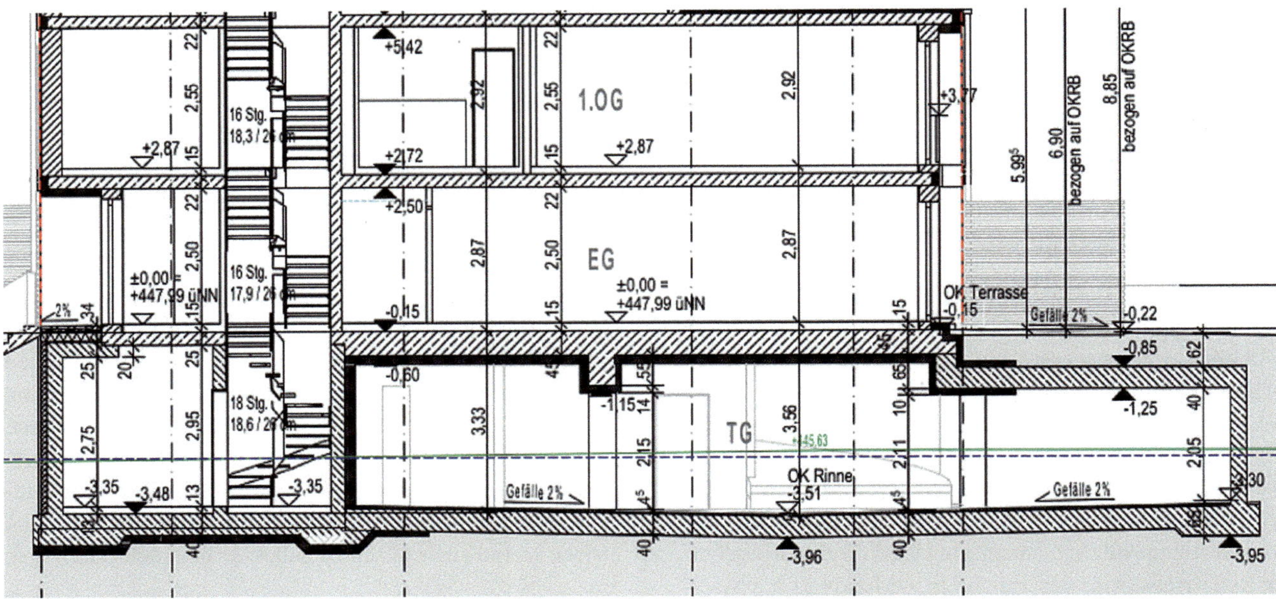

Abb. 5: Regelschnitt durch das Gebäude mit Tiefgarage, Ausführung der OK im Gefälle

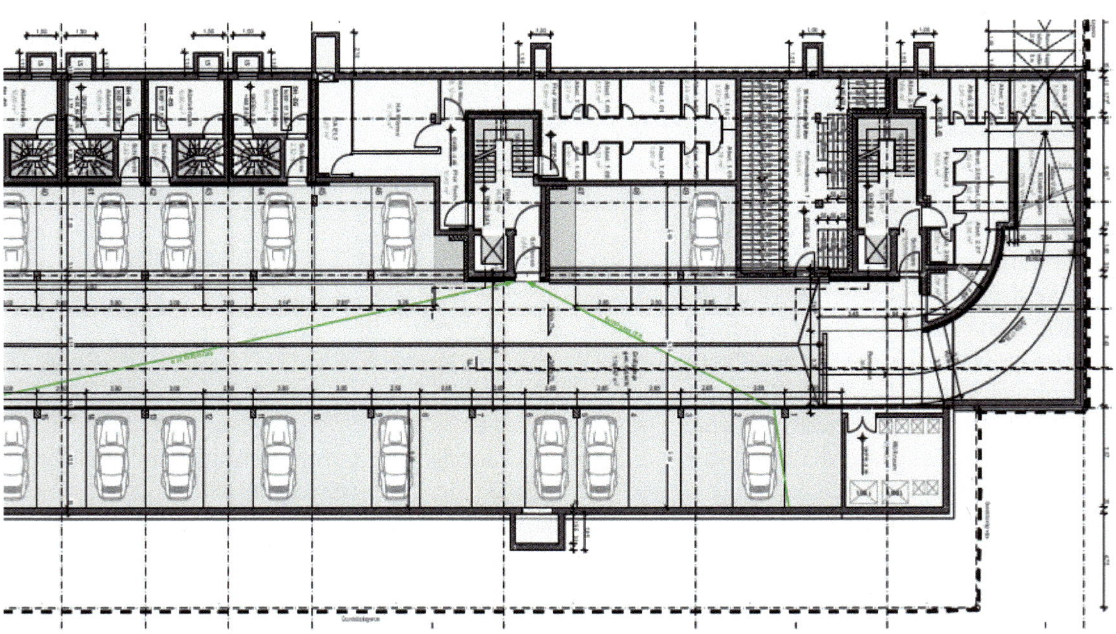

Abb. 6: Auszug aus dem Grundriss des UG mit TG-Nutzung, Fahrradräumen und Keller (NKL B) sowie Treppen-/Abstellräumen (NKL A)

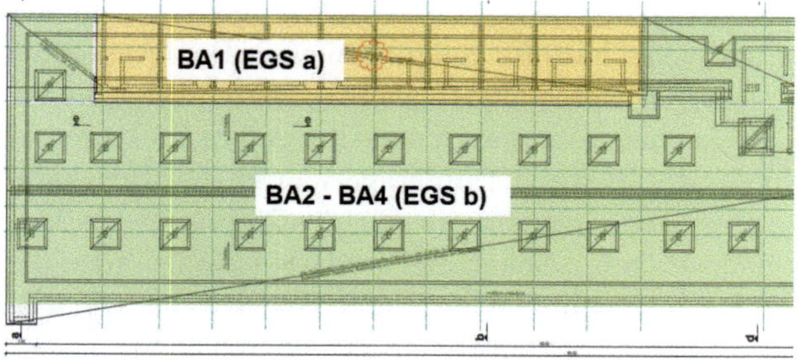

Abb. 7: Auszug aus dem Grundriss des UG mit Darstellung der Bereiche NKL A/EGS a bzw. NKL B/EGS b (TG, Fahrradräume, Keller)

Im Bereich der höherwertigen Nutzung (NKL A*) ist bodenplatten- und außenwandseitig die Verwendung eines Frischbetonverbundfoliensystems (FBVS) vorgesehen. Das FBVS wird jeweils rd. 1 m in die Bereiche mit NKL B geführt.
Als Chloridschutz in der Tiefgarage soll Variante C1 nach DBV-Merkblatt Parkhäuser und Tiefgaragen umgesetzt werden (einlagige Schweißbahn, vollflächig verklebt mit 35 – 40 mm Gussasphaltschutz- und -nutzschicht). Der Sockelschutz der aufgehenden Bauteile ist mit vliesarmiertem Flüssigkunststoff (FLK) vorgesehen.

<u>Beurteilung Abdichtungskonzept</u>
Die Kombination von Beanspruchungsklasse 1, EGS b und NKL B (Tiefgarage) ist gemäß dem einschlägigen Regelwerk [1], [12] zulässig. Im Bereich der höherwertigen Nutzung (NKL A*, Abstell- und Treppenräume) wird durch Wahl, Anordnung und Reihenfolge der Betonierabschnitte sowohl für die Bodenplatte als auch für die Außenwände die Umsetzung des EGS a angestrebt.
Die Kombination aus Beanspruchungsklasse 1, EGS a und NKL A ist gemäß Regelwerk ebenfalls zulässig. Die Anordnung eines FBVS stellt bei fachgerechter Planung, Ausführung und Verarbeitung eine zusätzliche Sicherheit gegenüber dem Eindringen von Feuchtigkeit über wasserführende Trennrisse und Arbeitsfugen dar.

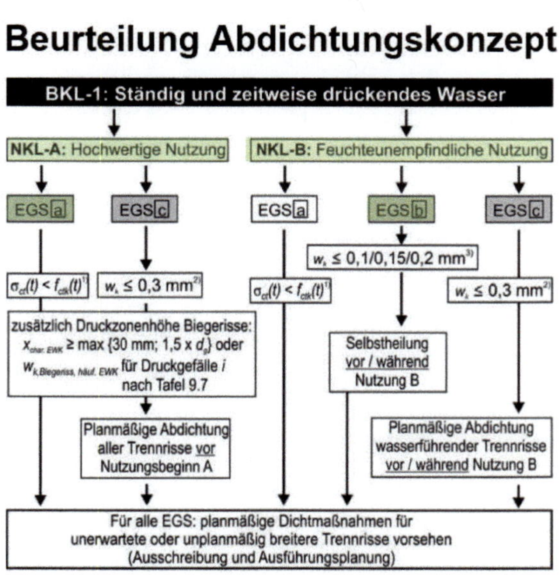

Abb. 8: Abdichtungskonzept Beispiel 2 im Abgleich mit dem Flussdiagramm aus DBV-Heft Nr. 43 [12]

<u>Beurteilung Chloridschutzkonzept</u>
Grundsätzlich entspricht die Kombination aus EGS b, NKL B und Variante C1 dem einschlägigen Regelwerk (hier: Tabelle 5 im DBV-Merkblatt Parkhäuser und Tiefgaragen [7]). Die Bauweise ist allerdings nach Tabelle 7 in [7] für WU-Bodenplatten unter Grundwassereinfluss nicht vorgesehen (nur für Zwischendecken und tragende Bodenplatte ohne Grundwasserbeaufschlagung).
Gemäß dem aktuellen Positionspapier der Münchner Runde aus 2020 [15] wird die Umsetzung von bituminösen Abdichtungsbauweisen als Chloridschutz in Tiefgaragen in der Wasserwechselzone als mögliche Variante aufgeführt. Hierzu heißt es konkret zu Bodenplatten, die in der Wasserwechselzone liegen, auf Seite 3 in [15]: „Bei seltener Wasserbeaufschlagung und geringem Wasserdruck (erhöhter mittlerer Wasserstand bis OK Bodenplatte) sind auch die Varianten C1 und C2 möglich. Dies erfordert eine vertiefte Planung, insbesondere unter Berücksichtigung der Druckhöhe bei HHW."
Aus unserer Sicht ist die Ausführung der vorgesehenen Chloridschutz-Variante C1 unter Berücksichtigung der nachfolgenden Punkte möglich:
Der Oberflächenschutz bzw. die Abdichtung sollte möglichst spät aufgebracht werden, so dass eine Grundwasserbeaufschlagung nach Möglichkeit bereits mindestens einmal am Bauwerk bzw. an der WU-Wanne stattgefunden hat (z. B. nach Abschalten der Grundwasserhaltung). Diese günstige Randbedingung war im vorliegenden Fall gegeben. Wenn sich im Zuge der Wasserbeaufschlagung undichte Risse und Arbeitsfugen zeigen, so können diese dann gemäß WU-Richtlinie [1], Abschnitt 12 etc. ohne lokalen Rückbau des Chloridschutzes fachgerecht verpresst bzw. abgedichtet werden.
Das späte Aufbringen der Abdichtung, das bei üblichen mehrgeschossigen Konstruktionen des Geschosshochbaus den Regelfall darstellt, hat auch den Vorteil, dass zu diesem Zeitpunkt die Bodenplatte in der Randzone bereits ausgetrocknet ist und es beim Verkleben der Schweißbahnen nicht zu Wasserdampfdruckbildung kommt.
Beim Rohbau der Grundwasserwanne (WU-Wanne) ist grundsätzlich darauf zu achten, dass handwerklich sauber gearbeitet wird. An sämtlichen Arbeitsfugen sind Fugenbänder oder -bleche auszuführen (alternativ WU-Fugen mit Anschlussmischung, s. o.), zusätzlich können auch Verpress-Schläuche angeordnet werden, die im Bedarfsfall oder auch planmäßig nachträglich injiziert werden (v. a. im Bereich der Räume mit Nutzungsklasse A*).
Allgemein ist auf Konstruktion und Ausführung der Fugen große Sorgfalt zu legen (geradliniges Verlegen der Dichtelemente, konstruktive Sicherung durch Bewehrung/Bügel etc.). Die Bodenplatte sollte zwängungsarm und rissarm hergestellt werden, in Anlehnung an die Anforderungen gemäß Entwurfsgrundsatz a der WU-Richtlinie [1].
Um ein flächiges Ablösen oder eine flächige Unterläufigkeit der Bitumenschweißbahnen als Bestandteil der Abdichtung bzw. des Chloridschutzes zu verhindern, ist es entscheidend, dass die Bahnen vollflächig mit dem Untergrund verklebt bzw. verschweißt werden.

Beurteilung Chloridschutzkonzept

1	Variante	Variante A		Variante B		Variante C	
2	Beschreibung	ohne flächiges Oberflächenschutzsystem oder ohne Abdichtung (jedoch mit besonderer Maßnahme bei Rissen und Fugen)		mit flächigem Oberflächenschutzsystem [d]		mit flächiger, rissüberbrückender Abdichtung und Schutzschicht [d]	
	Untervariante	A1	A2	B1	B2	C1	C2
3		rissvermeidende Bauweise	lokaler Schutz der Risse und Fugen [b] (z. B. rissüberbrückende Bandage)	vollflächig starr beschichtet: OS 8 mit begleitender Rissbehandlung [b] (z. B. rissüberbrückende Bandage)	vollflächig rissüberbrückend beschichtet: OS 10 mit Nutzschicht oder OS 11 oder OS 14	OS 10 oder FLK oder unterlaufsichere [e] bahnenförmige Abdichtung, jeweils mit Dichtungs- und Schutzschicht aus Gussasphalt	unterlaufsichere [e] zweilagige bahnenförmige Abdichtung mit Schutzschicht
4	Entwurfsgrundsatz	a	c	c	b	a, b	a, b

Abb. 9: Chloridschutzkonzept Beispiel 2 im Abgleich mit Tabelle 5 des DBV-Merkblatts [7]

Hierzu eignen sich die bei den Fachfirmen bekannten und bewährten Verfahren (Gieß-, Flämm- oder Einrollverfahren). Der Untergrund der WU-Bodenplatte ist entsprechend vorzubehandeln.
Nach dem Kugelstrahlen im Kreuzgang wird in der Fläche eine kunstharzbasierte Grundierung aufgebracht und mittels Quarzsand abgestreut. Zur Erzielung des Porenschlusses kann es in Teilbereichen erforderlich sein, eine Kratzspachtelung zu ergänzen. Die Harze müssen für das nachträgliche Aufbringen der Schweißbahnen geeignet sein. Bei rückseitiger Feuchtebelastung bzw. höheren Wasserdrücken kann der Auftrag einer zusätzlichen Versiegelung (identisches Harz in einem zweiten Arbeitsgang) sinnvoll sein.

2.3 Praxisbeispiel 3, Bestandswohnanlage mit einem Untergeschoss

Randbedingungen/Konstruktion/Schadensbild

Gegenstand der Betrachtung ist das Untergeschoss einer größeren bestehenden Wohnanlage mit Nutzung als Tiefgarage (51 Stellplätze, NKL B) sowie als Keller, das aufgrund von Chloridschädigungen einer Betonsanierung unterzogen werden muss. Zum Zeitpunkt der Untersuchungen hat das Bauwerk ein Alter von rd. 15 Jahren.
In der gefällelosen Tiefgarage wurde kein Beschichtungssystem, sondern ein rd. 15 – 20 mm dicker Verbundestrich mit Schutzeigenschaften aufgebracht, der zahlreiche, nicht bandagierte Risse aufweist. Die Risse verlaufen größtenteils bis zur oberen Bewehrungslage der Bodenplatte. Wasserführende Trennrisse/eindringende Feuchtigkeit an der Bodenplatte lagen nicht vor.
Der Sockelschutz an den aufgehenden Bauteilen (Stützen, Wände) wurde nachträglich zur Nutzungsaufnahme der Garage ergänzt, ohne dass im Vorfeld dessen Untersuchungen zu Chloridgehalten oder Betonsanierungsmaßnahmen stattgefunden haben.
Die Bodenplatte und die Außenwände im UG sind in Beanspruchungsklasse 1 einzuordnen (Druckwasserhöhe > 2,0 m). Die Bemessung der Bodenplatte und der Außenwände wurde gemäß den Angaben des Tragwerksplaners nach Entwurfsgrundsatz b (Rissverteilung) durchgeführt.

Abb. 10: Ansicht der Tiefgarage mit Darstellung des Rissbildes/Schadensbildes

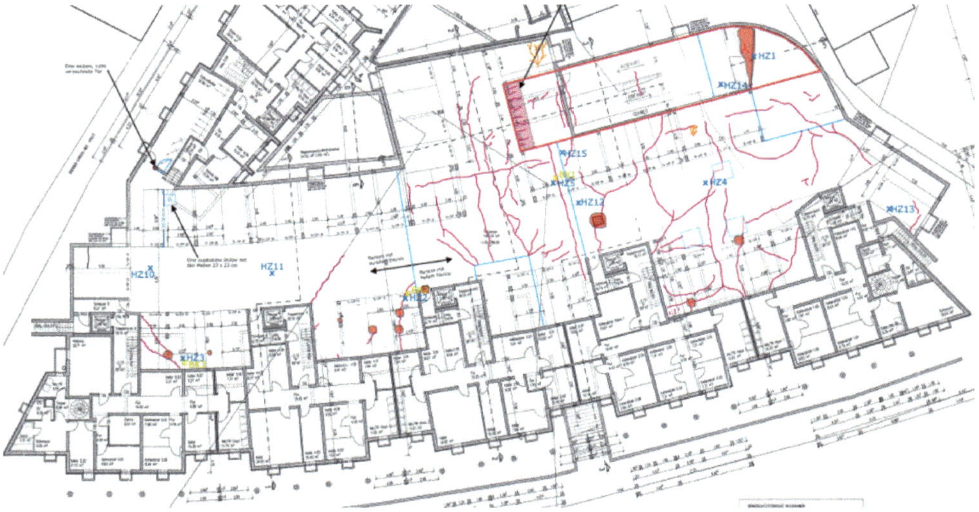

Abb. 11: Grundriss des Untergeschosses mit TG-Nutzung und Darstellung des Rissbildes

Abb. 12: Grundriss des Untergeschosses mit Darstellung der Trocknungsränder(gelb)

Instandsetzung
Zur Instandsetzung der Bodenplatte und der Sockelbereiche der aufgehenden Bauteile wurde chloridhaltiger Estrich/Beton entfernt und anschließend reprofiliert (entspricht Verfahren 7.2 nach aktuell gültigem Regelwerk Technische Regel Instandhaltung, TR-IH).
Für die Reprofilierung der Bodenplatte entlang von Rissen wurde aufgrund der größeren Querschnitte/Reprofilierungsvolumen ein XD3-Beton verwendet. Als Ersatz für den flächig abgebrochenen, mittels Chloriden beaufschlagten Estrich kam ein Reparaturmörtel RM mit Schichtdicken von 15 – 20 mm zur Ausführung.
Als Chloridschutz für die Bodenplatte wurde eine OS8-Beschichtung mit besonderen, statisch-rissüberbrückenden Eigenschaften gewählt. In den Sockelbereichen der Stützen und Wände kam eine OS5b-Beschichtung zur Ausführung.

Beurteilung Abdichtungskonzept
Die Kombination von Beanspruchungsklasse 1, EGS b und NKL B (Tiefgaragenbodenplatte bzw. Kellernutzung) ist gemäß dem einschlägigen Regelwerk zulässig. Es lagen keine Undichtigkeiten im Untergeschoss vor, insofern war eine Ertüchtigung des Abdichtungskonzepts nicht Bestandteil der Instandsetzung.

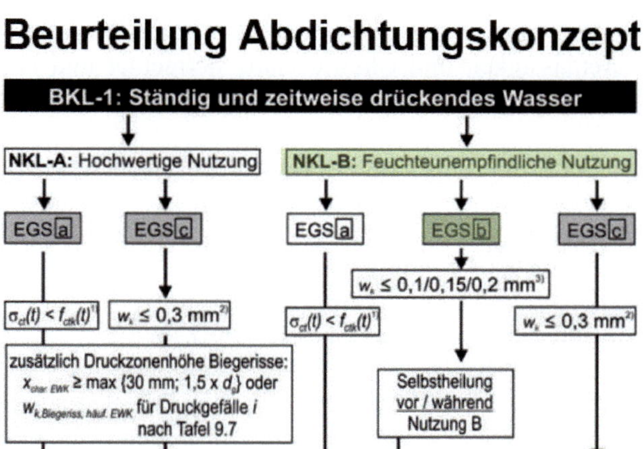

Abb. 13: Abdichtungskonzept Beispiel 3 im Abgleich mit dem Flussdiagramm aus DBV-Heft Nr. 43 [12]

Beurteilung Chloridschutzkonzept
Gemäß den Angaben im DBV-Merkblatt Parkhäuser und Tiefgaragen, Ausgabe 01/2018 [7], Tabelle 7 gibt es für den vorliegenden Fall keine Standard-Lösung, die den allgemeinen Vorgaben in [7] entsprechen würde. Bei WU-Bodenplatten, die nach EGS b bemessen wurden, ist als Standard-Chloridschutz die Variante B2 mit rissüberbrückenden Systemen vorgesehen. Diese Systeme werden in [7] aber nur bei Druckwasserhöhen bis maximal 2 m als sinnvoll erachtet.

Im vorliegenden Fall handelt es sich um eine ältere Bodenplatte mit abgeschlossenem Rissbild. Die vorhandenen, an der oberen Bewehrungslage endenden Risse unterliegen Zwangsbeanspruchungen infolge von begrenzten Temperaturwechseln an der Bauteiloberseite. Infolge von Grundwasserpegelschwankungen ergeben sich zudem Lastbeanspruchungen, die Biegezug und damit anteilige Rissbreitenänderungen an der Plattenoberseite verursachen.

Die Rissbreitenänderungen sind aufgrund der vorliegenden Randbedingungen eher gering und erfolgen im Gegensatz zu dynamischen Beanspruchungen vergleichsweise langsam. Aus unserer Sicht liegt damit ein günstiger Anwendungsfall für ein diffusionsoffenes OS8-System mit statisch-rissüberbrückenden Eigenschaften vor. Falls in Einzelfällen die Rissüberbrückungsfähigkeit des Systems überschritten wird, können diese Bereiche im Zuge der Instandhaltung/Wartung mit rissüberbrückenden Bandagen eines leistungsfähigeren Beschichtungssystems bearbeitet werden.

2.4 Fazit zu den Praxisbeispielen

Abdichtungs- und Beschichtungskonzepte müssen sowohl im Neubau als auch in der Instandsetzung immer im Einzelfall unter Berücksichtigung der objektspezifischen und statisch-konstruktiven Randbedingungen und im Sinne der beiden relevanten Schutzziele Wasserundurchlässigkeit und Chloridschutz betrachtet und beurteilt werden.

Hierbei können sich auch von den im Regelwerk skizzierten Standard-Varianten abweichende Lösungen ergeben. Dies ist in den Vorbemerkungen zum DBV-Merkblatt Parkhäuser und Tiefgaragen [7] in den Vorbemerkungen, Seite 9, so ausdrücklich beschrieben.

3. Betrachtungen zum Chloridschutz im Rinnenbereich

Zum Thema „Gefälle und Entwässerung in Tiefgaragen“ liegen zahlreiche umfangreiche Fachveröffentlichungen vor. Im Rahmen des vorliegenden Beitrages sollen daher nur ausgewählte Details vorgestellt werden, bei denen eine Interaktion zwischen Entwässerungseinrichtungen (hier: Rinnen) und Oberflächenschutzsystemen besteht.

3.1 Anordnung von Rinnen im Bereich der Fahrgasse

Diese Rinnen werden in der Nutzung durch Fahrzeuge überfahren. Es handelt sich bei privat genutzten Tiefgaragen häufig um reine Verdunstungsrinnen, die an Schöpfgruben angeschlossen sind und bei entsprechender Feuchtigkeitsbeaufschlagung regelmäßig leergepumpt werden müssen. Bei öffentlichen Garagen mit höherer Fluktuation sollten Entwässerungsrinnen mit Anschluss an Abläufe/Grundleitungen/Hebeanlage etc. ausgeführt werden.

Bezüglich der Rinnengeometrie sind aus unserer Sicht zwei Varianten zu empfehlen: Rinnen mit trapezförmigem Querschnitt und mindestens unter 45° abgeschrägten Flanken. Die Breite der Rinnen sollte die Schrittlänge eines Erwachsenen nicht überschreiten (ca. 40 – 50 cm), Tiefe ca. 2 cm (siehe u. a. Empfehlungen Münchner Runde [15]).

Alternativ zum Trapezgerinne kann auch ein Muldengerinne mit stetigen Übergängen zwischen Rinne und den benachbarten Fahrgassenbereichen ausgeführt werden (keine Knicke oder Kanten).

Abb. 14: Mittels vliesarmiertem Flüssigkunststoff beschichtetes Muldengerinne mit Ablauf, Anordnung im Bereich der Fahrgasse

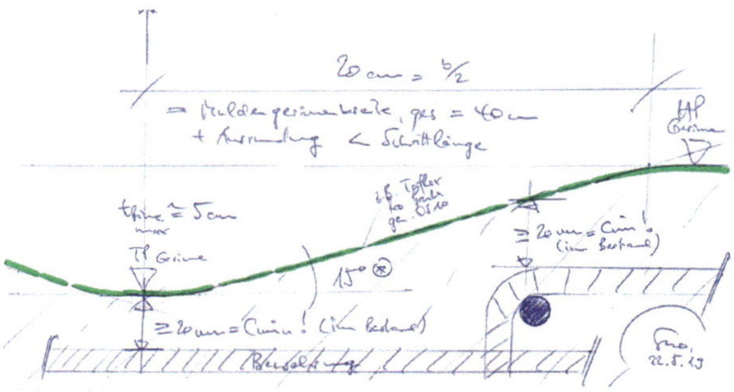

Abb. 15: Exemplarische Darstellung der Geometrie eines Muldengerinnes unter Berücksichtigung der Bewehrungsführung

Bei dieser Geometrie sind auch größere Breiten und Tiefen als beim Trapezgerinne möglich. Falls Tiefgaragen barrierefrei zu gestalten sind, gelten für offene Rinnen höhere Anforderungen gemäß DIN 18040-3, Kapitel 4.4 bzw. DIN EN 17210, Kapitel 7.1.9.

In unserer Wahrnehmung sind in den letzten Jahren häufig geschlossene Rinnenkörper im Zuge von Sanierungsmaßnahmen durch offene Gerinne ersetzt worden, weil sich diese im Betrieb als kostengünstiger und wartungsärmer erweisen können.

Trapezgerinne sollten aufgrund der Kanten am Übergang zu den benachbarten Fahrgassenbereichen mit widerstandfähigeren Systemen beschichtet werden. Nach unserer Erfahrung eignen sich hier z. B. OS14-Systeme oder mittels Vlies armierte Systeme auf Basis von Flüssigkunststoff (FLK).

Die angeschlossenen Schöpfgruben sind sinnvollerweise im selben System zu beschichten. Muldengerinne können in Garagen mit geringer Fluktuation bei günstiger Geometrie auch mit rissüberbrückenden, mechanisch weniger

widerstandsfähigen OS11-Systemen beschichtet werden, da ein frühzeitiger Abrieb, wie er bei Trapezgerinnen im Bereich der Kanten/Flanken häufig vorkommt, bei dieser Rinnenform nicht zu befürchten ist.
Auch bei Ausführung der Variante C1 zum Chloridschutz (Bitumenschweißbahn und Gussasphalt) können Muldengerinne eine sinnvolle und wirtschaftliche Alternative zu geschlossenen Rinnenkörpern darstellen.

Abb. 16: Muldengerinne in Asphaltbauweise im Bereich einer Gebäude-Dehnfuge

Die Geometrie der Rinnen ist im Rohbau durch entsprechende Ausnehmungen in der Kontur der Oberfläche zu berücksichtigen. Es ist darauf zu achten, dass die obere Bewehrungslage im Bereich der Rinnen ausgewechselt/tiefer angeordnet wird.
Leider kommt es in der Praxis immer noch häufig vor, dass die obere Bewehrung im Rinnenbereich durchläuft, was i. d. R. mit einer Unterschreitung der erforderlichen Mindestbetondeckungen und aufwendigen Instandsetzungsmaßnahmen im Rinnenbereich einhergeht.

3.2 Anordnung von Rinnen an den Stellplatzstirnseiten

Alternativ zur Fahrgassenmitte können offene Rinnensysteme auch an den Stellplatz-Stirnseiten angeordnet werden. Vorteil dieser Variante ist, dass die Rinnen i. d. R. nicht durch PKW überfahren bzw. durch Fußgänger überquert werden müssen.
Nachdem sich die Rinnen in diesem Fall häufig an den aufgehenden, tragenden Wänden befinden, sollten als Rinnen- und Sockelschutzbeschichtung dann allerdings ausschließlich hochwertige Systeme (z. B. mittels Vlies armierte Systeme auf Basis von Flüssigkunststoff (FLK)) zum Einsatz kommen.

Abb. 17: Mittels vliesarmiertem Flüssigkunststoff beschichtete Trapezrinne an den aufgehenden Wänden der Stellplatzstirnseiten

Im Falle einer Umsetzung der Chloridschutz-Variante C1 (Bitumenschweißbahn und Gussasphaltbelag) ist eine Berücksichtigung der Rinne in der Rohbaukontur nicht zwingend erforderlich, weil die Rinne im Randbereich durch das Abstellen des mindestens 35 mm dicken Gussasphaltbelages vor den aufgehenden Wänden realisiert werden kann.
Der Rinnenboden besteht dann nur aus dem vliesarmierten Flüssigkunststoff (FLK), der unmittelbar auf dem Rohbeton der Bodenplatte bzw. der Decke aufgebracht werden kann und sich unter dem benachbarten Gussasphalt mit der unterlagernden Schweißbahn horizontal übergreift. Wandseitig ist der FLK als Sockelschutz entsprechend in die Vertikale zu führen. Es wird bei Umsetzung dieses Details ein Hochzug von rd. 50 cm über Rinnenboden empfohlen (siehe Abb. 18).

Abb. 18: Abgestellter Gussasphaltbelag sowie mittels vliesarmiertem Flüssigkunststoff beschichtete Rinne an den aufgehenden Wänden der Stellplatzstirnseiten

Literatur, Normen, Regelwerke

[1] DAfStb-Richtlinie Wasserundurchlässige Bauwerke aus Beton, Ausgabe 2017

[2] Heft 555 DAfStb., Erläuterungen zur DAfStb.-Richtlinie wasserundurchlässige Bauwerke aus Beton, Ausgabe 2006

[3] DAfStb Positionspapier Feuchtetransport durch WU-Beton, Ausgabe 2006

[4] DAfStb-Richtlinie Schutz und Instandsetzung von Betonbauteilen, 2001

[5] Technische Regel des DIBt: TR-Instandhaltung, Ausgabe Mai 2020

[6] DAfStb.-Heft 638 – Anwendungshilfe zur Technische Regel des DIBt: TR-Instandhaltung, Ausgabe Mai 2020

[7] DBV-Merkblatt Parkhäuser und Tiefgaragen, Ausgabe 01/2018, Fassung 09/2022

[8] DBV-Merkblatt Hochwertige Nutzung v. Untergeschossen Bauphysik u. Raumklima, Ausgabe 2009

[9] DBV-Merkblatt Frischbetonverbundsysteme, Fassung 09/2023

[10] DBV-Heft Nr. 36, Deutscher Beton- und Bautechnik Verein e.V. „Dauerhafte Parkbauten in Betonbauweise – gut informiert, sicher planen und bauen“, 2015

[11] DBV-Heft Nr. 42, Deutscher Beton- und Bautechnik Verein e.V. „Ausführungsvarianten für dauerhafte Bauteile in Parkbauten - Beispielsammlung“, 2015

[12] DBV-Heft Nr. 43, Deutscher Beton- und Bautechnik Verein e.V. „WU-Bauwerke aus Beton“, 2018

[13] DBV-Heft Nr. 44, Deutscher Beton- und Bautechnik Verein e.V. „Frischbetonverbundsysteme – Sachstand und Empfehlungen“, 2018

[14] DBV-Heft Nr. 54, Deutscher Beton- und Bautechnik Verein e.V. „Frischbetonverbundsysteme – grundlegende Erläuterungen zum DBV-Merkblatt Frischbetonverbundsysteme“, 2023

[15] Positionspapier der „Münchner Runde“ zu Tiefgaragenbauwerken und Parkgaragen, Ausgabe 2020

[16] DBV-Merkblätter zur Ausführung von Betonbauwerken: Injektionsschläuche, Fugenausbildung, Betonierbarkeit v. Bauteilen etc.

[17] DIN 18533 Abdichtung von Erdberührten Bauteilen, Ausgabe Juli 2017

[18] DIN EN 1992-1, Eurocode 2, Bemessung und Konstruktion von Stahlbeton- und Spannbetontragwerken, Ausgabe Dezember 2012

[19] DIN EN 206-1, Beton – Festlegung, Eigenschaften, Herstellung und Konformität, Ausgabe Januar 2017

[20] DIN 1045-2, Tragwerke aus Beton, Stahlbeton und Spannbeton – Teil 2: Beton – Festlegung, Eigenschaften, Herstellung und Konformität, Anwendungsregeln zu DIN EN 206-1, Ausgabe August 2008

[21] DIN 1045-1000, Tragwerke aus Beton, Stahlbeton und Spannbeton – Teil 1000: Grundlagen und Betonbauqualitätsklassen (BBQ), Ausgabe August 2023

[22] DIN EN 13670, Ausführung von Tragwerken aus Beton, Ausgabe März 2011

Risikobewertung für WU-Konstruktionen mit gemischter Nutzung und konstruktive Anforderungen zur Sicherstellung der Dauerhaftigkeit bei Neubau und Bestand

Prof. Dipl.-Ing. Claus Flohrer
Ingenieurbüro Flohrer, IBF, Schöneck

Zusammenfassung
Sowohl hochwertig genutzte WU-Konstruktionen wie auch WU-Konstruktionen für Tiefgaragen erfordern vorrangig eine Risikobewertung in Abhängigkeit von Beanspruchung und Nutzung. Insbesondere eine während der Rohbauzeit fehlende Wasserbeanspruchung und die während der Nutzung eingeschränkte Zugänglichkeit stellen das höchste Risikopotential dar. Auch die aus hochfrequenter Nutzung oder Druckwasserbeanspruchung resultierende Forderung nach starren OS-Systemen bei Tiefgaragen erfordern eine derartige Risikobewertung. Aus der Risikobewertung werden erforderliche bemessungstechnische, konstruktive, betontechnische und ausführungstechnische Vorgaben der WU-Konstruktion festgelegt, sowie weitergehende Anforderungen für die Objekt- und TA-Planung formuliert.
Ziel der beschriebenen Vorgaben bei hochwertig genutzten WU-Konstruktionen ist, Trennrisse in wasserundurchlässigen Betonkonstruktionen weitgehend zu vermeiden.
Dies ersetzt jedoch nicht die erforderliche Koordination der beteiligten Projektpartner durch den Objektplaner und die Festlegung ergänzender Maßnahmen bezüglich „nicht auszuschließender Wasserzutritte in der Nutzung" bzw. „zur Sicherstellung der erforderlichen Wasserbeanspruchung". Ausgeführte Praxisbeispiel sind in [1] dargelegt.

1. Einführung

Bei Wasserundurchlässigen Betonkonstruktionen übernimmt der Beton neben der Tragfunktion auch die abdichtende Funktion gegen außen anstehendes Wasser, ohne zusätzliche Abdichtung. Da WU-Konstruktionen planmäßig nicht von Beginn an dicht sind, liegen besondere Risiken bei hochwertiger Nutzung mit eingeschränkter Zugänglichkeit und der Forderung nach trockenen Bauteiloberflächen vor. Insbesondere eine während der Rohbauzeit fehlende Wasserbean-spruchung und eine während der Nutzung nicht gegebene Zugänglichkeit zu den WU-Bauteilen stellen das höchste Risikopotential dar. Die vielfach von Planern vertretene Meinung, z. B. durch Einbau eines Frischbetonverbundsystems das Risiko zu minimieren, kann nicht zum Ziel führen, weil dieses grundsätzlich nicht vollständig dicht (keine Bauwerksabdichtung) ist und somit die gleichen Risiken aufweisen, insbesondere bei fehlender Wasserbeanspruchung. Bauteile, die in der Rohbauphase druckwasserbeansprucht sind, erfordern ebenso keine ergänzende Maßnahme, da die Dichtigkeit vor Ausbaubeginn geprüft und durch nachträgliche abdichtende Injektion hergestellt werden kann. Voraussetzung ist, dass die WU-Konstruktion entsprechend WU-Richtlinie [2] zwangarm konstruiert wird (EGS a oder c). Gleichermaßen ist auch, wegen der Forderung von starren OS-Systemen bei hochfrequenter Nutzung oder Druckwasserbeanspruchung bei Tiefgaragen nach [3] eine Risikobewertung vorzunehmen
Für derartige Anforderungen sind nach [2, 3, 4] wasserundurchlässige Betonkonstruktionen zu planen, die ein möglichst geringes Risiko für wasserführende Risse und Fugen aufweisen.

Da bei Tiefgaragen wegen des Schutzes vor dem Einwirken von Chloriden grundsätzlich alle Risse und Fugen dauerhaft zu schließen sind, sollte besonders für Bodenplatten von Tiefgaragen das Ziel verfolgt werden, möglichst alle Arten von Rissen zu vermeiden/minimieren und die Anzahl der Fugen zu reduzieren.
Grundsätzlich gilt für alle Art der Planung, die zu erwartenden Einwirkungen (Wasser, mechanische Einwirkungen, Verformungen, usw.) in Abhängigkeit der vom Bauherrn gewünschten Nutzung zu definieren und dann den Widerstand des Bauwerks (Bauteils) so zu planen und umzusetzen, dass die geplante Nutzung trotz vorliegender Einwirkungen sichergestellt wird.
Der primäre Planungsschritt einer hochwertig genutzten WU-Konstruktion und auch einer Tiefgarage ist die Durchführung einer Risikoanalyse durch den koordinierenden Architekten, als Grundlage für die weiteren Entscheidungsprozesse. Die Risikoanalyse umfasst die Wassereinwirkung, die Nutzung und die WU-Konstruktion selbst.

2. Verantwortlichkeit für koordinierte Zusammenwirkung

Gemäß WU-Richtlinie [2] ist die Planung und Umsetzung einer WU-Konstruktion durch das koordinierte Zusammenwirken aller Beteiligten zu realisieren. Koordinator ist der Objektplaner, der auch für die geforderte Risikobewertung verantwortlich ist. Da das koordinierte Zusammenwirken und die dabei getroffenen Entscheidungen zu dokumentieren sind – WU-Konzept – (mehr als die Beschreibung der WU-Konstruktion), ist der Objektplaner für das WU-Konzept verantwortlich. Dazu kann er sich externe Unterstützung holen. Die oft gelebte Praxis, das WU-Konzept von dem Bauunternehmen einzufordern, steht in vollem Widerspruch zu den Anforderungen in der WU-Richtlinie. Das WU-Konzept muss in den Leistungsphasen 1 – 4 erarbeitet werden, da es massiv in die Festlegung der Konstruktionsart einwirkt.

3. Wassertransport in wasserundurchlässigen Betonkonstruktionen

Unter der Voraussetzung einer ausreichenden Bauteildicke (mind. 25 cm bei Druckwasser-beanspruchung) und hinreichender Betongüte (W/Z ≤ 0,55) findet auch bei druckwasserbeanspruchten Bauteilen kein relevanter Feuchtetransport durch ungerissenen Beton statt [2, 4]. Auch bei großen Wasserdrücken dringt Wasser über die im Beton enthaltenen Kapillarporen nur wenige cm tief in den Beton ein (Abbildung 1). Auf der Luftseite trocknet der Beton dagegen je nach Luftfeuchte, Temperatur und Betonqualität bis ca. 4 – 8 cm tief aus. Zwischen der wasserseitigen kapillaren Sättigung und der luftseitigen austrocknenden Schicht bildet sich ein Kernbereich aus, in dem kein nennenswerter Wassertransport stattfindet. Durch den ungerissenen Betonquerschnitt, bei vorausgesetzt fachgerechtem Einbau, tritt somit während der Nutzung keine Feuchtigkeit aus und die Oberflächen bleiben trocken.

Abb. 1: Vereinfachte Darstellung des Feuchtetransportmodells aus [2, 4].

Wasserzutritte in einer Wasserundurchlässigen Betonkonstruktion entstehen somit nur an Trennrissen oder an unplanmäßigen Fehlstellen in den Fugen.

Trennrisse entstehen durch zentrische Zugspannungen infolge Verkürzung und behinderter Verformung des Bauteils. Zentrische Zugspannungen über den gesamten Betonquerschnitt entstehen ausschließlich in der Erhärtungsphase des Betons nach dem Einbau durch abfließende Hydratationwärme (die ersten ca. 14 Tage nach Einbau). Bei WU-Bodenplatten scheidet das Schwinden des Betons als Ursache für Trennrisse aus, da im Kernbeton kein Feuchtetransport stattfindet

Zur Sicherstellung der Wasserundurchlässigkeit einer hochwertig oder als Tiefgarage genutzten Betonkonstruktion müssen deshalb Trennrisse (als wesentliche Wasserzutrittsstelle) planmäßig abgedichtet werden. Die in früheren Jahren planmäßig als Rissabdichtung angesetzte Selbstheilung von Trennrissen führt, wenn überhaupt, zu einer nicht vollständigen Trockenheit des Risses. Da die Selbstheilung im Wesentlichen an der Luftseite des Risses stattfindet, kann der Riss bei geringer Abkühlung der innenseitigen Betonoberfläche wieder stärker wasserführend werden. Die Selbstheilung setzt auch voraus, dass eine ständige Wasserbeanspruchung vorliegt. In Tiefgaragen mit natürlicher Lüftung kann die Selbstheilung aufgrund jahreszeitlich unterschiedlicher Temperatureinwirkung an der Luftseite planmäßig nicht funktionieren Später Zwang durch z. B. winterliche Auskühlung der Bauteile an der Luftseite kann nur zu Biegezwangrissen führen, da erdberührt keine nennenswerten Temperaturänderungen stattfinden können. Biegezwangrisse sind bei einer verbleibenden Biegedruckzone i. A. nicht wasserführend.

4. Wasserbeanspruchung und Nutzung

Liegt in der Rohbauzeit keine Druck- oder Stauwasserbeanspruchung vor, kann die Dichtigkeit einer WU-Konstruktion nicht überprüft werden. Dass planmäßig abgedichtete Fugen oder planmäßig durch Injektion abgedichtete Risse dicht sind, kann somit nicht vorausgesetzt werden.

Wird luftseitig infolge der hochwertigen Nutzung dann die Zugänglichkeit zur WU-Konstruktion eingeschränkt, liegt das höchste Risiko für einen späteren Totalausfall der Nutzung vor. Zahlreiche Schadensfälle zeigen, dass dieses Risiko vielfach nicht erkannt und bewertet wird. Gleichermaßen sind solche Schadensfälle nachgewiesen bei Verwendung von Frischbetonverbundsystemen, die kein planmäßiger Bestandteil einer fachgerechten WU-Konstruktion sind.

Zur Minimierung des Risikos müssen somit entweder ergänzende Abdichtungsmaßnahmen geplant und umgesetzt werden oder das durchtretende Leckagewasser muss so beherrscht werden, dass es die geplante Nutzung nicht einschränkt.

Die einfachste Risikominimierung ist, die Zugäng-lichkeit zu allen WU-Bauteilen sicherzustellen oder die Wasserbeanspruchung so zu reduzieren, dass kein drückendes oder stauendes Wasser auf die WU-Konstruktion einwirkt. Dies sollte insbesondere bei zeitweise einwirkender Druckwasserbeanspruchung aus stauendem Sickerwasser immer primäres Ziel sein, z. B. durch Einbau von Dränagen und Abdecken des Arbeitsraumes durch Dichtschichten nach [5].

Bei Tiefgaragen ist zwar die Zugänglichkeit i. A. gegeben, die Forderung nach dauerhafter Abdichtung aller Risse (bezüglich von außen einwirkendem Druck- und Stauwasser sowie von nutzungsbedingtem Chlorideintrag) führt zu den gleichen Überlegungen, wie oben dargelegt.

5. Bemessung und Konstruktion hochwertig genutzter WU-Konstruktionen und von Tiefgaragen

Wenn Trennrisse und Fugen die wesentlichen Zutritte von Wasser durch die WU-Konstruktion darstellen, muss das vorrangige Ziel hochwertig genutzter WU-Konstruktionen und WU-Tiefgaragen sein

- die Anzahl der Trennrisse zu minimieren und die Abdichtung der Risse zu optimieren
- die Anzahl der Fugen zu minimieren, ein geschlossenes Fugendichtsystem zu planen und durch qualitätssichernde Maßnahmen die Ausführung zu beherrschen

Trennrisse entstehen durch Zwangspannungen, die aus Verkürzung des Betons infolge abfließender Hydratationwärme bei gleichzeitig vorliegender Verformungsbehinderung resultieren.
Die aus Frühzwang resultierenden zentrischen Zug-spannungen lassen sich minimieren durch

- zwangarme Lagerung und Verhindern von Verformungsbehinderungen (konstruktive Maßnahmen)
- Minimierung der Verkürzung des Betons in der Abkühlphase durch betontechnische und ausführungstechnische Maßnahmen.

Verformungsbehinderungen in Bodenplatten entstehen beispielsweise durch Aufzugsunterfahrten, Pumpensümpfe, Hebeanlagen, Einzel- oder Streifen-fundamentvertiefungen, unterseitige Höhensprünge, Mikropfähle oder Großbohrpfähle (Zugpfähle).

5.1 Entwurfsgrundsatz

Gemäß WU-Richtlinie [2] können WU-Konstruktionen nach 3 unterschiedlichen Entwurfsgrundsätzen (Konstruktionsprinzipien) geplant werden.

Entwurfsgrundsätze

a **Vermeidung von Trennrissen** durch die Festlegung von konstruktiven, betontechnischen und ausführungstechnischen Maßnahmen (siehe Abschnitt 6.2);

b **Festlegung von Trennrissbreiten**, die so gewählt werden, dass bei Beanspruchungsklasse 1 der Wasserdurchtritt durch Selbstheilung begrenzt wird;

c **Festlegung von Trennrissbreiten, die in Kombination mit im Entwurf vorgesehenen <u>planmäßigen</u> Dichtmaßnahmen** gemäß Abschnitt 12 die Anforderungen erfüllen. Hierbei sind in der Regel die Mindestanforderungen an die rechnerischen Trennrissbreiten nach DIN EN 1992-1-1, 7.3.1, auf der feuchtebeanspruchten Bauteilseite einzuhalten. Ziel dieses Entwurfsgrundsatzes ist es, die Anzahl der Risse zu minimieren und diese Risse bei Beanspruchungsklasse 1 zielsicher abzudichten.

Abb. 2: Entwurfsgrundsätze nach [2]

Ergänzend ist in [2] festgelegt:
Die Festlegung von Rissbreiten nach Entwurfsgrundsatz c ist nur für Bauteile möglich, die für eine planmäßige Rissbehandlung zugänglich sind. Auch beim Entwurfsgrundsatz c sind besondere konstruktive, betontechnische und ausführungstechnische Maßnahmen erforderlich, die die wahrscheinliche Anzahl der Risse weiter reduzieren (z. B. durch Anordnung von Sollrissfugen).
Ziel bei allen hochwertig genutzten WU-Konstruktionen wäre eigentlich die Anwendung des Entwurfsgrundsatzes a (EGS a), da dabei planmäßig keine Trennrisse entstehen sollen. Bei einer konstruktiven Bodenplatte, die frühem und spätem Zwang unterliegt ist der Entwurfsgrundsatz a nur bei Anwendung von Vorspannung möglich, weil der rechnerische Nachweis, dass die charakteristische Zugfestigkeit des Betons $f_{ctk;0,05(t)}$ zu keinem Zeitpunkt durch auftretende, überwiegend zentrische Zugspannungen überschritten wird, i. A. nicht erbracht werden kann.
EGS b darf nach [4] bei hochwertiger Nutzung und auch bei nur temporärer Einwirkung von stauendem Wasser nicht angewendet werden, da die dabei vorausgesetzte Selbstheilung entweder nicht oder nicht in ausreichendem Maße stattfindet und somit keine trockenen Bauteiloberflächen zu erwarten sind.
Somit verbleibt bei nahezu allen hochwertig genutzten WU-Konstruktionen und auch bei WU-Bodenplatten in Tiefgaragen die Anwendung des Entwurfsgrundsatzes c.
Entsprechend der Formulierung in der WU-Richtlinie „Die Festlegung von Rissbreiten nach Entwurfsgrundsatz c ist nur für Bauteile möglich, die für eine planmäßige Rissbehandlung zugänglich sind“ wird häufig in der Praxis so interpretiert, dass EGS c bei später nicht mehr zugänglichen Bauteilen nicht angewendet werden darf.
Richtig ist, dass das Ziel verfolgt werden muss, die Anzahl der Trennrisse möglichst zu minimieren, die Risse in der Rohbauphase sicher erkannt werden und planmäßig abgedichtet (vorsorglich durch Injektion und zusätzliche luftseitige Abdichtung durch Flüssigabdichtung) werden müssen. Dies sollte möglichst nach bereits erfolgter Wassereinwirkung oder so spät erfolgen (unmittelbar vor Beginn des Ausbaus), dass keine weiteren Trennrisse zu erwarten sind. Hilfreich dabei ist, dass aus spätem Zwang nur Biegezwangrisse zu erwarten sind, da i. A. erdseitig keine nennenswerten Temperatur-änderungen entstehen.

In der Praxis lässt sich bei vielen Tragwerksplanern beobachten, dass die nach WU-Richtlinie erforderlichen Maßnahmen „Auch beim Entwurfsgrundsatz c sind besondere konstruktive, betontechnische und ausführungstechnische Maßnahmen erforderlich, die die wahrscheinliche Anzahl der Risse weiter reduzieren“ zur Umsetzung des Entwurfsgrundsatzes c nicht geplant und umgesetzt werden. Bei konsequenter Umsetzung des Ziels „Trennriss weitgehend vermeiden“ lassen sich nach EGS c konstruierte Bodenplatten mit nur ganz wenigen Rissen realisieren.
Für Tiefgaragen, die mit einem Oberflächen-schutzsystem OS8 [6] geplant werden, muss die Rissvermeidungsstrategie auch lastbeanspruchte Biegerisse, Risse durch Eigenspannungen in der Oberfläche umfassen, da alle entstehenden Risse das Oberflächenschutzsystem OS8 durchtrennen.

Bei der Bewertung vorgelegter WU-Konzepte aus reellen Projekten ist festzustellen, dass häufig beschrieben wird, EGS a oder c umzusetzen, im Konzept selbst jedoch die Umsetzung des Entwurfsgrundsatzes b verfolgt wird und keinerlei konstruktive Maßnahmen geplant werden.

5.2 Bemessung

Die Anzahl zu erwartender Trennrisse muss zunächst durch planmäßigen Ansatz einer größeren rechnerischen Rissweite für Zwang geplant werden. Dies entspricht dem Entwurfsgrundsatz c der WU-Richtlinie [2].
Da Trennrisse planmäßig abgedichtet werden müssen, wird die Dauerhaftigkeit des Bauteils durch das planmäßige Abdichten der Risse und nicht durch die Begrenzung der Rissweite sichergestellt. Auf der erdberührten Seite der WU-Konstruktion sollte zur Sicherstellung der Dauerhaftigkeit dabei eine rechnerische Rissweite von 0,3 mm zugrunde gelegt werden, da nicht vollständig garantiert werden kann, dass das Injektionsgut bis an die Außenseite des Bauteils eindringt. Luftseitig sollen möglichst große rechnerische Rissweiten festgelegt werden, dass die Risse sicher erkannt und fachgerecht abgedichtet werden können. Rechnerische Rissweiten von 0,5 – 0,6 mm werden empfohlen. Durch den planmäßigen Rissverschluss widerspricht dies nicht den Anforderungen des Eurocodes [8].
Bei der Bemessung nach EGS c ist es i. d. R. ausreichend, den frühen Zwang zu berücksichtigen, da der späte Zwang nur zur Rissöffnung auf der Luftseite führt und diese Risse ebenfalls abgedichtet werden müssen und deshalb auch aus dem Spätzwang zu erwartende größere Rissweiten akzeptiert werden können. Bei hochwertig genutzten WU-Konstruktionen ist Spätzwang nur innerhalb der Rohbauphase zu erwarten, solange das Gebäude noch auskühlen kann. Nach Ausbaubeginn ist keine neue Rissbildung aus Spätzwang, bei dann üblichen konstanten Bauteiltemperaturen, zu erwarten.
Bei einer beispielweise zu erwartenden Verkürzung einer 10 m langen Stahlbetonplatte um 1 mm (z. B. durch Abkühlung um 10 °C) bei gleichzeitig wirkender Verformungsbehinderung sind bei einer rechnerischen Rissweite von 0,1 mm ca. 10 Risse à 0,1 mm zu erwarten, bei einer rechnerischen Rissweite von 0,5 mm nur 2 Risse. Eine planmäßig größere rechnerische Rissweite führt zu einer Reduzierung der Stahlmenge und damit zu einer nachhaltigen Bauweise.

5.3 Konstruktion

Durch die Bemessung mit größerer rechnerischer Rissweite lässt sich theoretisch die Anzahl der Risse verkleinern, jedoch können geometrische Zwänge (Arbeitsfugen, Einspannung in überschnittene Bohrpfähle, usw.) oder ein hoher Bewehrungsgrad aus der Lastbewehrung trotzdem zu gleichbleibender hoher Rissanzahl führen.
Zur effektiven Reduzierung der Rissanzahl gelangt man erst, wenn die für Zwangspannungen verantwortlichen Verformungsbehinderungen durch konstruktive Maßnahmen beherrscht und weitgehend reduziert werden. Gleichermaßen Zwang mindernd wirken betontechnische und ausführungstechnische Maßnahmen, mit dem Ziel, die Größe der Verformungen zu reduzieren.

Konstruktive Maßnahmen

Verformungsbehinderungen in Bodenplatten entstehen beispielsweise durch Reibung, Aufzugsunterfahrten, Fundamentvertiefungen, unterseitige Höhensprünge der Bodenplatte, Einspannung in den Baugrubenverbau oder starre Verbindungen der Bodenplatte mit dem Unterbau an Pfählen. Ebenso entstehen an jeder Arbeitsfuge zwischen 2 zeitlich getrennten Betonierabschnitten Verformungsbehinderung der Querdehnung des Betons.
Verformungsbehinderungen in der Phase der abfließenden Hydratationswärme des Betons führen immer zu Trennrissen, da diese immer über den gesamten Betonquerschnitt wirksam sind. Die Einwirkung von späteren wechselnden Temperaturen (z. B. in der Rohbauphase oder bei Tiefgaragen während der Nutzung) führt zu Biegezwangspannungen und daraus folgend zu Biegezwangrissen mit verbleibender Druckzone an der Unterseite der Bodenplatte, weil dort nahezu konstante Temperaturen herrschen (8 – 10 °C).
Ein vollständiges Vermeiden rissauslösender Zwangspannungen lässt sich nur erreichen, wenn die Bauteile vollständig gleitend gelagert und begleitend zur Abkühlung und Festigkeitsentwicklung eine Vorspannung aufgebracht werden. Dies ist nur bei geometrisch einfachen Konstruktionen möglich und sinnvoll (z. B. bei Bodenplatten einheitlicher Dicke und ohne unterseitige Versprünge).
Zwang mindernde Maßnahmen für WU-Bodenplatten, mit dem Ziel, dass sich die Bodenplatten in der Phase abfließender Hydratationswärme ungehindert verkürzen können, sind:

- Gleitende Lagerung auf geglätteter ausreichend ebener Sauberkeitsschicht (oder druckfester Dämmung)
- bereichsweise ebene Unterseiten der Bodenplatten
- Ein Festpunkt je Betonierabschnitt
- nterteilung der Betonierabschnitte durch Hydratationsgassen (Vollstoß der Bewehrung) mit möglichst großen Betonierabschnitten (1 Tages-leistung) (Abb. 3)
- Arbeitsfugen zwischen Betonierabschnitten sind dann möglich, wenn die angrenzenden Abschnitte innerhalb von 2 Tagen betoniert werden und der 2. Teil keinen Festpunkt aufweist.
- Entkopplung von Verformungsbehinderungen (aus dem Baugrund, z. B. Leitungen, Blitzschutz) durch Weichabstellung gegen die Sauberkeitsschicht (Abb. 4)
- Entkopplung von Zugpfählen durch Aussparungen oder Bewehrungsentkopplung

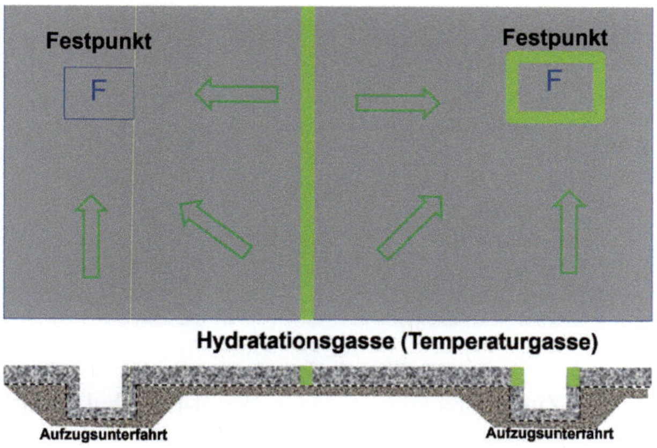

Abb. 3: Prinzipdarstellung Hydratationsgassen

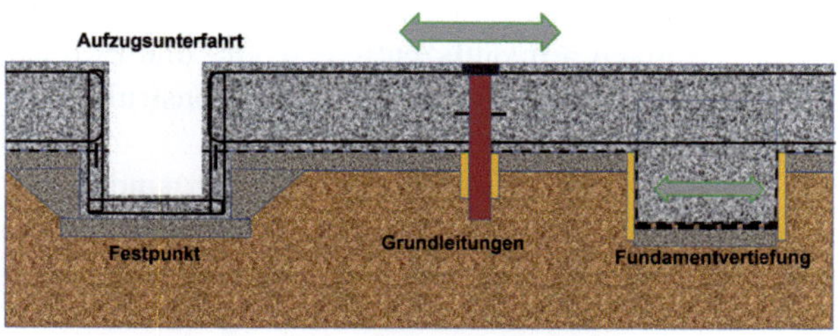

Abb. 4: Entkopplung von Festhaltepunkten

Betontechnische Maßnahmen

Maßgebende Verformungen bei der Herstellung von Bauteilen wasserundurchlässiger Betonbauwerke ist die Abkühlung und Verkürzung der Betone durch den Abfluss der Hydratationswärme. Eine Abkühlung des Betons um ca. 10 °C führt zur Überschreitung der Zugbruchdehnung des Betons (ca. 0,1 mm/m) (bei behinderter Verformung) und damit zur Auslösung von Rissen. Deshalb wird angestrebt, dass die Abkühlung des Betons möglichst langsam erfolgt, da in dieser Zeit die Zugfestigkeit zunimmt und damit die Aufnahme von Zugspannungen (ohne Rissbildung) steigt.

Als betontechnische Maßnahmen, mit dem Ziel, die Größe der Verformungen zu reduzieren, sind möglich:

- die Verwendung von Betonen mit niedriger Hydratationswärmeentwicklung (z. B. durch LH-Zemente) oder Betone mit hohem Flugascheanteil
- Betonagen bei niedrigen Frischbetontemperaturen
- Verwendung von gekühltem Beton oder Einsatz von Bauteilkühlung

Ausführungstechnische Maßnahmen

Ausführungstechnische Maßnahmen werden ebenfalls mit dem Ziel ergriffen, rissauslösende Verformungen zu vermeiden. Maßnahmen sind beispielsweise:

- Nachverdichtung der oberen Randzone von dicken Bodenplatten, um wasserführende Kanäle unter der oberen Bewehrungslage zu vermeiden.
- Wärmehaltende Nachbehandlung durch Auflegen von Wärmeschutzmatten über den gesamten Zeitraum des Abfließens der Hydratationswärme (ca. 14 Tage). Damit wird der Wärmeabfluss verzögert und gleichzeitig die Temperaturdifferenz zwischen Kernbeton und Oberfläche minimiert
- Maschinelles Glätten aller Oberflächen für das zwingend erforderlich Rissmonitoring.

5.4 Ergänzende Maßnahmen bei Ausbau und Technischer Gebäudeausrüstung

Falls spätere Wasserzutritte nicht ausgeschlossen werden können, sollten die Innenoberflächen der Wasserundurchlässigen Betonkonstruktion weitgehend zugänglich sein.

Um die Zugänglichkeit der Wanne sicher zu stellen, sollten soweit möglich:

- Installationen, Aggregate u. ä. an Innenwänden mit einem Mindestabstand zu Außenwänden angebracht werden
- auf Wandverkleidung, rissüberbrückende Beschichtungen und schwimmende oder auf Trennlage angeordnete Bodenaufbauten verzichtet werden,

Alternativ können revisionierbare Doppelböden oder dränierte Bodenaufbauten geplant werden [7].

Vor Beginn der Ausbauarbeiten muss ein Rissmonitoring stattfinden, um alle Risse erkennen und abdichten zu können.

5.5 WU-Konstruktionen für hochwertigste Nutzung und kritischer Wasserbeanspruchung

Werden WU-Konstruktionen hochwertigst genutzt (z. B. Kliniken, Spothallen, Einkaufszentren), so dass eine Zugänglichkeit zu der Oberfläche der WU-Bauteile in der Nutzung ausgeschlossen ist und ist eine Wasserbeanspruchung in der Rohbauzeit nicht möglich (da die Wasserbeanspruchung erst in der Nutzungsphase erfolgt, liegt das höchste Risko späterer Nutzungseinschränkungen durch wasserführende Risse und Fugen vor.

Für derartige Randbedingungen werden WU-Konstruktionen empfohlen, bei denen die Nutzebene von der WU-Konstruktion entkoppelt ist und evtl. zutretendes Leckagewasser in einer Dränageebene gesammelt und abgeführt wird (Abb. 5). Alternativ können auch Kriechkeller unter derartigen Nutzböden angeordnet werden.

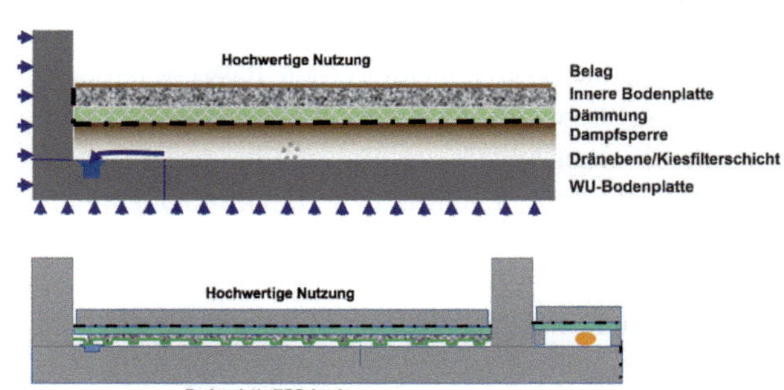

Abb. 5: Hochwertigste Nutzung durch Dränageebene

6. Minimierung der Risiken durch Planungsmaßnahmen in der Objekt- und TA-Planung

Lassen sich die beschriebenen Risiken (aus Wassereinwirkung erst in der Nutzungsphase' oder gelingt keine zwangarme Bauweise, muss eine Zugänglichkeit zu kritischen Bauteilen in der Nutzungsphase sichergestellt werden. Ergänzend müssen wasserführende Risse sicher erkannt bzw. Maßnahmen geplant werden, wie diese möglichst sicher abzudichten sind (geplantes Rissmonitoring als Haltepunkt vor Beginn des Ausbaus).

Nicht zu vermeidende Einzeltrennrisse in einer Bodenplatte (EGS c) lassen sich dann sicher erkennen, wenn die Risse möglichst breit (Rissweiten ≥ 0,3 mm) und die Oberflächen des Betons geglättet sind. Ebenso sicher können Trennrisse in geschalten Wänden erkannt werden. Die Abdichtung dieser Risse durch Injektion mit PU [6] gelingt viel zuverlässiger als bei Rissen mit Rissweiten von 0,2 mm und kleiner). Wenn der Erfolg der Abdichtung der Risse wegen fehlender Wasserbeanspruchung nicht geprüft werden kann, wird dringend eine ergänzende Rissabdichtung empfohlen. Gute Erfahrungen liegen seit vielen Jahren mit Rissbandagen als Flüssigabdichtung auf PMMA-Basis vor, für die Funktionsnachweise bis zu 10 m Wasserdruck vorliegen (Bauaufsichtliche Nachweise können derzeit nicht erbracht werden, weil dafür keine Prüfgrundsätze vorliegen. Werden diese Rissbandagen entsprechend der geprüften Vorgehensweise eingebaut, werden sie auch bei rückseitiger Druckwasserbeanspruchung nicht unterlaufen und dichten zuverlässig ab.

Das größte Risiko späterer Undichtigkeiten bei plan- und fachgerechter Umsetzung des Entwurfsgrundsatzes EGS c geht nicht von Trennrissen, sondern von den Arbeitsfugen zwischen horizontaler Bodenplatte/ Geschoßdecke und den aufgehenden Wänden aus. Die Arbeitsfugen zwischen Bodenplatte/ Geschoßdecke und den aufgehenden Wänden sind wegen des Einbaus des Betons in voller Wandhöhe am Fußpunkt trotz qualitätssichernder Maßnahmen (in WU-Richtlinie vorgegeben) risikobehaftet. Deshalb wird dringend empfohlen, die Fußpunkte der Wände möglichst zugänglich zu halten. Bei Fußbodenaufbauten können die Ränder z. B. durch Rinnen oder Doppelbodenplatten zugänglich gemacht werden. Bei Technischer Gebäudeausrüstung können Großgeräte, Lüftungs-kanäle oder sonstige Einrichtungen mit ca. 70 cm Abstand zur Wand geplant werden, dass der Fußpunkt zugänglich bleibt [7]. Ergänzend können durch Feuchtesensoren Wasserzutritte erkannt und bei beschriebener Konstruktion durch nachträgliche Injektion abgedichtet werden (Abb. 6). Sofern das Risiko durch eine frühzeitige Risikoanalyse erkannt wird, können technische Lösungen geplant werden. Die Koordination erforderlicher Maßnahmen und Lösungen muss durch den Objektplaner erfolgen!

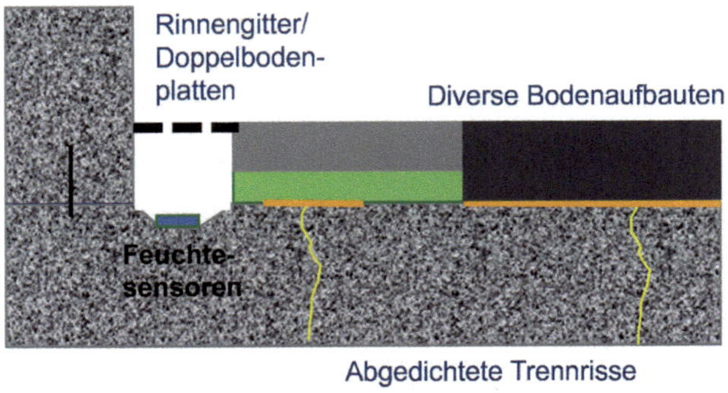

Abb. 6: Zugänglichkeit zu Boden-Wand-Fuge bei hochwertiger Nutzung

Zahlreiche erfolgreich umgesetzte Beispiele wie Sporthallen, Kliniken, Einkaufszentren, Wohn- und Bürogebäude zeigen die Machbarkeit von WU-Konstruktionen für hochwertigste Nutzung.

Sind Bodenaufbauten zwingend erforderlich, sind anstelle von schwimmenden Aufbauten Verbundestriche vorzuziehen. Hinweise dazu sind in [7] enthalten.

7. Besonderheiten bei Tiefgaragen

Zur Sicherstellung der Dauerhaftigkeit der befahrenen Flächen von Tiefgaragen sind in [3] Ausführungsvarianten geregelt, die alle gleichermaßen die Dauerhaftigkeitsanforderungen erfüllen. Bei statisch tragenden WU-Bodenplatten in Tiefgaragen sind jedoch weitergehende bauaufsichtliche Anforderungen zur Sicherstellung der Dauerhaftigkeit vorgegeben [8].

Die Dauerhaftigkeit von Tiefgaragen ist nur dann gegeben, wenn alle Risse dauerhaft verschlossen sind und nicht zu vermeidende Rissöffnungen max. 1 Jahr Zutritt der Chloride zur Bewehrung ermöglichen. Dazu ist die Erstellung eines Wartungs- und Instandhaltungsplans erforderlich. Die darin geregelte (i. A. jährliche) Inspektionsbegehung muss durch den Nutzer/Eigentümer erfolgen. Werden dabei Risse festgestellt, sind diese im gleichen Jahr der Feststellung dauerhaft zu verschließen. Ist ein Riss länger als 1 Jahr [3] offen für den Zutritt von Chloriden, besteht das Risiko, dass bereits nennenswerte Korrosionsschäden durch Lochfraßkorrosion entstanden sind. Deshalb darf der Riss erst nach Durchführung von Bauwerks-untersuchungen verschlossen werden. Dabei können sich auch Anforderungen nach weitergehenden Instandsetzungsmaßnahmen ergeben.

Dies zeigt, welches Risiko von Rissen in Tiefgaragen ausgeht und dass der sicherste Weg ist, die Entstehung von Rissen planmäßig auf ein Minimum zu reduzieren.

In vielen Tiefgaragen werden starre OS8-Oberflächenschutzsysteme geplant, die planmäßig an jedem Riss in der Betonkonstruktion ebenfalls reißen und somit den Weg der Chloride zur Bewehrung öffnen. Grund für die Planung starrer Systeme kann sein, dass die zu erwartende mechanische Beanspruchung dies erfordert oder dass wegen der vorliegenden Wasserbeanspruchung (Ständig drückendes Wasser oder zeitweise stauendes Wasser über

2 m Wassersäule) entsprechend DBV-Merkblatt [3] vorgegeben ist. Werden starre Systeme geplant, muss nach / / die Ausführungsvariante B1 geplant werden. Grundlage der Ausführungsvariante B1 ist die Anwendung des Entwurfsgrundsatzes EGS c, mit Anwendung der in der WU-Richtlinie beschriebenen Minimierung des Zwangs durch konstruktive, betontechnische und ausführungstechnische Maßnahmen. Die weiterhin bei vielen Tragwerksplanern übliche Bemessung nach Entwurfsgrundsatz EGS b oder (EGS c ohne konstruktive, betontechnische und ausführungstechnische Maßnahmen) erfüllt nicht die Voraussetzungen zur Anwendung einer OS8-Beschichtung. Hilfsweise verwendete rissüberbrückende OS8-Systeme sind gleichermaßen risikobehaftet wie OS11-Systeme, wenn rücksichtig ständig Druckwasser im Riss auf die Beschichtung einwirkt. Grundsätzlich kann dies auch bei einer OS8-Beschichtung mit Rissbandagen passieren. Entscheidend sind deshalb die Rissweite sowie die Minimierung der Anzahl der entstehenden Risse. Je breiter die Risse (ideal > 0,3 mm) desto zielsicherer gelingt die planmäßige Abdichtung eines Risses mit Polyurethan, die entsprechend WU-Richtlinie für EGS c für Trennrisse zwingend erforderlich ist.

In der Praxis kann beobachtet werden, dass die nach / und / erforderliche jährliche Inspektionsbegehung entweder nicht durchgeführt oder aber die daraus erforderlichen Maßnahmen (Abdichtung aller Risse i. A. Mit Rissbandagen) nicht durchgeführt werden. Grund dafür ist häufig die bei den Beteiligten nicht bekannte Verantwortlichkeit der beteiligten Parteien.

Verantwortlichkeiten bei Wartung und Instandhaltung

Für die einzelnen Schritte der normativ geforderten Wartung und Instandhaltung sind die jeweiligen Verantwortlichkeiten dargestellt, von der in den Regelwerken ausgegangenen wird

- Erstellung Wartungs- und Instandhaltungsplan: Bauträger bzw. dessen Planer
- Durchführung der Wartung: Eigentümer/Nutzer, z. B. WEG bzw. deren Beauftrage Verwalter
- Jährliche Übergabe der Ergebnisse der Wartungsbegehung an den Bauträger innerhalb der Gewährleistungszeit: Eigentümer/Nutzer
- Durchführung erforderlicher Instandsetzungsarbeiten (z. B. Rissbandagen): Bauträger oder GU oder weitere (je nach vertraglicher Festlegung (da diese dem Käufer/späteren Eigentümer ein dauerhaftes Bauwerk schulden und die Dauerhaftigkeit nur mit dauerhaft geschlossenen Rissen sichergestellt ist). Nach der Gewährleistung ist der Eigentümer/WEG neben der Durchführung der Inspektionsbegehung auch für die Umsetzung der erforderlichen Maßnahmen zur Sicherstellung der Dauerhaftigkeit verantwortlich. Da dies standsicherheitsrelevant ist, ist insbesondere auch beim Verkauf von Immobilien auf die Übertragung dieser Pflichten hinzuweisen.

Grundsätzlich können die Verantwortlichkeiten vertraglich immer individuell anders geregelt werden

Weiterhin liegt häufig ein Defizit in der Leistungsfähigkeit von OS11-Systemen vor. Bei dynamischer Beanspruchung haben OS11-Systeme eine Rissüberbrückung von 0,25 mm (bei vollflächig eingehaltener Mindestschichtdicke).

Wenn Risse vom Tragwerksplaner mit Rissweiten von 0,2 mm geplant werden, muss die Bemessung für Früh- und Spätzwang erfolgen. Später Zwang wird üblicherweise für die Druck-/Zugfestigkeit des Betons nach 28 Tagen berücksichtigt. Entstehen Risse aus spätem Zwang in der Nutzung nach Aufbringen der Beschichtung (z. B. nach 2 Jahren) hat die Druckfestigkeit bei den heute üblichen Zementen mit langsamer Festigkeitsentwicklung (korrelierend mit der Zugfestigkeit) deutlich über 1,0 $f_{ctm\ 28\ Tage}$ (ca. 1-2-1,5- fach f_{ctm}). Dies bedeutet, dass die für die Begrenzung der Rissweite gerechnete Bewehrungsmenge nicht mehr ausreicht, um den Riss auf 0,2 mm zu begrenzen. Die dann deutlich größeren Risse durchtrennen dann das Oberflächenschutzsystem OS 11, so dass trotz rissüberbrückender Bewehrung planmäßig offene Risse in der Beschichtung entstehen. Gleichermaßen bleibt häufig unberücksichtigt, dass der Bemessung der rechnerische Rissweite ein Fraktilwert zugrunde liegt, so dass z. B. bei einer rechnerischen Rissweite von 0,2 mm ca. 20 % der Risse planmäßig eine größere Rissweite aufweisen. Weiterhin öffnen sich Risse an der Betonoberfläche stärker als in Höhe der Bewehrungslage (Grundlage der Bemessung) so dass auch dies zu größeren Rissweiten in der Beschichtungsebene führt. Zusammenfassend sollte jeder Bauherr darüber aufgeklärt werden, dass auch bei Applikation rissüberbrückender Beschichtungen planmäßig sich in der Beschichtung öffnende Risse zu erwarten sind. Unter wirtschaftlichen Aspekten ist eine nach WU-Richtlinie und DBV-Merkblatt geplante WU-Bodenplatte nach EGS c (mit konstruktiven, betontechnischen und ausführungstechnischen Maßnahmen) deutlich günstiger (Reduzierung des Bewehrungsgehalts, geringere OS-Kosten, vergleichbare Wartungskosten) und dauerhafter, da durch das geplante Vermeiden (Minimieren) von Rissen insbesondere das Risiko von Wasserzutritten und auch das Risko von Korrosionsschäden deutlich reduziert wird. Dies zeigen alle so ausgeführten Objekte aus den vergangenen ca. 13 Jahren.

Bei der Instandsetzung von WU-Tiefgaragen sind die gleichen Grundsätze anzuwenden. Sind die Tiefgaragen nachgewiesenermaßen druckwasserdicht, können, wegen der meist vorhandenen Vielzahl von Rissen, auch rissüberbrückende Oberflächenschutzsysteme einge-setzt werden, da keine lokale Druckwasser-beanspruchung an Rissen entsteht. Dies ermöglicht in vielen Fällen, wenn die entsprechenden Voraussetzungen gegeben oder realisiert werden, eine Instandsetzung der Tiefgaragen nach dem Instandsetzungsprinzip 8.3 nach [6].

Literatur

[1] Alfes, Ch.; Fingerloos, F.; Flohrer, C.: Hinweise und Erläuterungen zur DAfStb-Richtlinie Wasser-un-durchlässige Betonbauwerke (WU-Richtlinie). In: Berlin: Ernst & Sohn. Betonkalender 2023/1, Beitrag II, S. 25–88

[2] Deutscher Ausschuss für Stahlbeton: DAfStb-Richtlinie Wasserundurchlässige Bauwerke aus Beton, Ausgabe Dezember 2017 (WU-Richtlinie)

[3] Deutscher Beton- und Bautechnik-Verein: DBV-Merkblatt „Parkhäuser und Tiefgaragen“, Fassung 2022

[4] Deutscher Ausschuss für Stahlbeton: DAfStb-Heft 555, Erläuterungen zur WU-Richtlinie, 2006

[5] DIN 4095, Baugrund – Wassereinwirkungen auf erdberührte Bauteile und Dränung zum Schutz der Bauteile – Teil1: Begriffe und Wassereinwirkungen 2026

[6] DIBT Technische Regel Instandhaltung 2020

[7] DBV-Merkblatt „Hochwertige Nutzung von Untergeschossen“, 2009

[8] DIN EN 1992-1-1/NA- A1-Änderung 12/2015

Echte WU-Konstruktion ohne Frischbetonverbundsystem für das vollautomatische Parksystem im neuen Google-Entwicklungszentrum in München

Von undichten Bohrpfahlfugen bis zur nachträglichen Trennrissabdichtung

Dipl.-Ing. Georg Schäfer
Betontechnologe und Sachverständiger VDB für wasserundurchlässige Betonbauteile
Geschäftsführer BAWAX GmbH, Celle

Zusammenfassung
Schon bei der Erstellung der Baugrube für die Tiefgarage mit vollautomatischem Parksystem im neuen Google-Entwicklungszentrum auf dem Areal der historischen Arnulfpost in München hatten sich die Projektverantwortlichen den ersten abdichtungstechnischen Herausforderungen zu stellen: Aus undichten Bohrpfahlfugen drang trotz Grundwasserabsenkung und zahlreichen Verpressversuchen so viel Wasser in die Baugrube ein, dass die geplante WU-Sohle nicht eingebaut werden konnte. Zeitgleich wurden Probleme in der Planung des FBV-Systems festgestellt, die nicht behoben werden konnten und die geplante Ausführung unmöglich machten.
Innerhalb weniger Wochen musste das WU-Konzept umgestellt werden. Das FBV-System wurde durch eine Planung nach WU-Richtlinie [1, 2, 3] mit einem Abdichtungsmittel zur nachträglichen Rissabdichtung als betontechnologische Maßnahme ersetzt. Der Artikel zeigt die wesentlichen Schritte der Planung und Ausführung von den undichten Bohrpfahlfugen über das WU-Konzept bis hin zur nachträglichen Abdichtung von unplanmäßigen Trennrissen und undichten Anschlussfugen in der fertiggestellten WU-Konstruktion, sowie die nachträgliche Abdichtung der Untergeschosse in den Bestandsgebäuden mit Textilbeton.

Abb. 1: Visualisierung © Google 2025

1. Ausgangssituation und Umnutzung

Das in den 1920er-Jahren unter dem Einfluss der architektonischen Strömung der bayerischen „Postbauschule“ erbaute Gebäudeensemble der Arnulfpost wurde über viele Jahrzehnte bis Mitte der 2000er-Jahre von der Deutschen Post als Paketverteilzentrum genutzt. Zentrales Bauwerk der Anlage ist die nach Plänen von Robert Vorhoelzer und Walther Schmidt errichtete Rotunde, eine Paketverteilhalle mit 52 Metern Durchmesser und 58 Ladetoren für die 58 Postautos der damaligen Münchener Paketzustellbezirke.

Abb. 2: Rotunde mit Postautos 1952 © Toni Schneiders Estate/Stiftung F.C. Gundlach

Eingerahmt wurde das Ensemble von einer ebenfalls unter Denkmahlschutz stehenden, geschlossenen Blockrandbebauung, den sogenannten Gürtelbauten. Im Zuge der Umnutzungsplanung zur Erweiterung des Google-Standorts München wurden im Innenhof angrenzend zur Rotunde weitere Büroflächen und ein mehrere Stockwerke tiefer Keller mit Serverräumen, haustechnischen Anlagen und einer Tiefgarage mit automatisiertem Parksystem vorgesehen.

Abb. 3: Die Baukörper Rotunde, Gürtelbauten und Büroneubau Visualisierung © Google 2025

Nach dem Projektstart 2019 wurden zunächst die Bestandsgebäude entkernt und die Baugrube ausgehoben. Dabei zeigten sich trotz intensiver Wasserhaltung bereits zahlreiche wasserführende Fugen in den Bohrpfahlwänden.

Abb. 4: Wasserführende Fugen in den Bohrpfahlwänden (Westseite) © BAWAX 2020

Verschiedene Verfahren zur nachträglichen Abdichtung mit Injektionsverfahren und Vorsatzschalen aus WU-Beton führten nicht zum gewünschten Erfolg. Der Starttermin für den Einbau der WU-Betonsohle stand unmittelbar bevor und noch immer drang so viel Wasser in die Baugrube ein, dass kein fachgerechter Betoneinbau möglich gewesen wäre.

Abb. 5: Wasserführende Bohrpfahlfugen und Risse in den Vorsatzschalen © BAWAX 2020

Abb. 6 und 7: Erfolglose Abdichtungsversuche durch Verpressen © BAWAX 2020

Abb. 8: Wasserführende Fugen an der Ostseite (ca. 100 Stück bis zu 5 m hoch) © BAWAX 2020

Warum sowohl die Vorsatzschalen, als auch die Injektionen bei der Abdichtung der Bohrpfahlfugen erfolglos blieben ist auf folgende Zusammenhänge zurückzuführen: Der Wasseraustritt konnte auch zum Betonieren der Schalen nicht temporär gestoppt werden. Wasser trat somit kontinuierlich hinter der Vorsatzschale aus, schuf sich im frischen Beton Wege und verteilte sich darüber. Zudem entstanden durch die Geometrie der Bohrpfähle in der Schale systematische Dickenunterschiede, die zu Rissbildungen führten.

Dass auch durch die verschiedenen Verpressversuche keine für die Sohlen-Betonage ausreichende Abdichtung erreicht werden konnte, erklärt sich bei genauerer Betrachtung des Regelwerks für diese Verfahren: Der Anwendungsbereich der zu injizierenden Rissfüllstoffe war bisher im Teil 2 der RiLi-SIB [4] in den Tabellen 6.3 und 6.4 geregelt, die nun durch die Tabellen 13 und 14 im Teil 1 der Technischen Regel „Instandhaltung von Betonbauwerken" [5] des DIBt ersetzt wurden. Danach ist zum Abdichten von Rissen im Beton bei Einwirkung von fließendem Wasser nur ein „dehnbares Füllen" mit einem reaktiven Polymerbindemittel wie Polyurethan als Rissfüllstoff zulässig. Als „Verwendungsbedingungen" für „dehnbares Füllen" werden in Tabelle 14 eine Mindestrissweite von 0,3 mm und eine maximale Rissweitenänderung (Δw) von 10 % genannt.

Nicht geregelt ist die Abdichtung demnach für:
- wasserführende Trennrisse < 0,3 mm,
- diffusen Wasseraustritt in der Fläche,
- Undichtigkeiten an Einbauteilen,
- undichte Schalungsankerlöcher

und eben für undichte Bohrpfahlfugen!
Das Regelwerk bildet also die technischen Anwendungsgrenzen der Rissinjektion sehr gut ab, entsprechend nachvollziehbar ist das Scheitern dieser Verfahren.

2. Finale Abdichtung der Bohrpfahlfugen

Eine Alternative für die Abdichtung wasserführender Risse und anderer Fehlstellen beliebiger Größe ist der Einbau einer sogenannten Trockenpackung auf Basis mikrokristallbildender Mörtel. Seit Mitte der 1980er-Jahre werden mikrokristallbildende Katalysatoren in Deutschland in verschiedenen Bereichen der Betonabdichtung eingesetzt. Mit den Jahren hat sich der Anwendungsbereich auf eine Verwendung als Betonzusatzmittel erweitert. In Deutschland erteilte das DIBt im Juli 2005 die erste allgemeine bauaufsichtliche Zulassung für den Einsatz mikrokristallbildender Katalysatoren in einer neuen Zusatzmittelgruppe „Abdichtungsmittel" für alle Betone nach DIN EN 206-1 mit DIN 1045-2, die mittlerweile in eine ETA übertragen wurde [6, 7, 8,]. Wesentlicher Unterschied der Technologie mikrokristallbildendender Katalysatoren zu allen anderen Abdichtungsmethoden ist die katalytisch gestartete Kristallbildung durch aktive Anlagerung von im Wasser gelösten Feststoffanteilen, zum Beispiel Kalzium. Dadurch werden unabhängig von der Zementhydratation zusätzliche, nadelförmige Kristalle im Betongefüge gebildet, die Hohlräume verschließen und so die Dichtigkeit des Betons auch gegen Druckwasser erhöhen. Die Abbildungen 9 – 11 zeigen den Verlauf der XYPEX-Kristallbildung: Die REM-Aufnahmen entstanden im zentralen Forschungslabor von Nikki Shoji in Japan. Die Prüfkörper wurden auf einer Seite mit XYPEX CONCENTRATE behandelt, 10 Tage im Wassernebel feucht gehalten, anschließend mit den unbeschichteten Seiten 14 Tage lang ins Wasser gelegt und danach 50 mm unter der Beschichtung aufgespalten, um das Vordringen und Wachsen der Kristalle nachzuweisen.

Abb. 9 zeigt die Schnittfläche einer unbehandelten Kontrollprobe unter einem Rasterelektronenmikroskop.

Abb. 10 zeigt die Schnittfläche 7 Tage nach der Beschichtung. Die Bildung der nadelförmigen Kristalle ist bereits erkennbar.

Abb. 11 entstand nach 26 Tagen. Das intensive Wachstum der XYPEX-Kristalle ist deutlich sichtbar.
© XYPEX 2025

Die gebildeten Kristalle sind unauflöslich und stellen eine dauerhafte Abdichtung sicher, da sie integrierter Bestandteil des Betons werden. Einzigartig ist ihre Eigenschaft, im Kontakt mit Wasser immer weiter gelöste Bestandteile an das Kristallgefüge anzulagern und somit zu wachsen, auch in carbonatisierten Randzonen und noch viele Jahrzehnte nach ihrem Einbau. Solange Feuchtigkeit vorhanden ist und die Temperaturen über 5 °C liegen, wächst die Abdichtung weiter. Diese dauerhafte Selbstabdichtung und die großen Eindringtiefen in Bestandsbetone sind die wesentlichen Gründe für die hohe Wirksamkeit dieser nachträglichen Abdichtungsart [vgl. auch 9].
Für die nachträgliche Abdichtung von Betonbauteilen werden Mörtelprodukte mit hohen Konzentrationen an mikrokristallbildenden Katalysatoren entweder als Schlämme auf abzudichtende Flächen aufgetragen oder als Trockenpackung zur Riss-/Fugen-/Fehlstellenabdichtung eingebaut.
Vor der Abdichtung mit einer Trockenpackung aus mikrokristallbildenden Mörteln ist nach dem Aufstemmen von Rissen, Fugen und Fehlstellen zunächst das fließende Wasser mit einem schnell abbindenden Mörtel zu stop-

pen. Dieser Mörtel sollte ebenfalls mikrokristallbildende Katalysatoren enthalten, um ein vollständig wasserundurchlässiges Gefüge ausbilden zu können. Vertikale Risse oder Fugen werden von oben nach unten abgedichtet, damit das Wasser nicht über bereits abgedichtete Bereiche laufen kann. Bei starkem Wasserdruck erleichtert das Setzen von Entlastungsschläuchen das Stoppen des fließenden Wassers und den späteren Einbau der Trockenpackung.

Nach dem Stoppen des fließenden Wassers wird eine Schlämme mit einer hohen Konzentration an Kristallbildungskatalysatoren in der aufgestemmten Fuge und im Anschlussbereich ca. 25 cm breit auf den Beton aufgetragen. Aus dieser Trägerschicht ziehen mikrokristallbildende Katalysatoren in den Bestandsbeton ein und starten dort die abdichtende Kristallbildung. Somit entsteht eine durchgehende, übergangslose Abdichtung vom neu eingebrachten Abdichtungsmörtel im Riss bis tief in den Bestandsbeton hinein.

Anschließend wird der aufgestemmte Fehlstellenbereich mit einer aus dem gleichen Material, jedoch mit deutlich reduzierter Wassermenge hergestellten Mörtelmischung gefüllt. Mit dieser als Trockenpackung bezeichneten Rissfüllung wird nicht nur die Dichtigkeit an dieser Stelle sichergestellt, sondern auch ein großes Reservoir an Katalysatoren als Sicherheit direkt im Rissverlauf platziert. Die verbleibende Vertiefung wird oberflächenbündig reprofiliert, die zweite Trägerschicht auf die egalisierten Flächen aufgetragen und nachbehandelt.

Abb. 12 und 13: Aufstemmen und Reinigen der undichten Fugen, danach Stoppen von fließendem Wasser, Auftrag der XYPEX-Schlämme und Einbau der XYPEX-Trockenpackung © BAWAX 2025

Abb. 14: Geöffnete und gereinigte Risse/Fugen der Bohrpfahlwand mit Wasseraustritt © BAWAX 2025

Abb. 15: Vollständig und dauerhaft abgedichtete Bohrpfahlwand © BAWAX 2025

Insgesamt wurden in der Baugrube der Arnulfpost über 300 Bohrpfahlfugen zum Teil bis zu 5 m hoch abgedichtet, bevor mit dem Einbau der WU-Betonsohle begonnen werden konnte.

3. Neues WU-Konzept ohne FBV-System für die gesamte WU-Konstruktion

Mit dem Stoppen des aus dem Erdreich in die Baugrube eindringenden Wassers war zwar die erste Hürde für den geplanten Einbau eines Frischbetonverbundfoliensystems zur behelfsmäßigen Abdichtung der WU-Betonkonstruktion genommen, es blieben aber weitere erhebliche Bedenken zur Ausführung eines solchen dünnschichtigen Systems nicht nur in Bezug auf die Dauerhaftigkeit bestehen. Die Verbundwirkung der FBV-Folie zum Beton kann durch zahlreiche Einflüsse gestört werden. Schon leichte Verschmutzungen, Regenwasser oder zu hohe Feuchte im Flies der Folie können den Verbund stören. Auch das intensive Verdichten ist bei großen Flächen und

Bauteildicken unter Praxisbedingungen kaum sicherzustellen. Der Einbau einer FBV hat zudem erhebliche Auswirkungen auf die Bauzeit.
Im konkreten Projekt kamen weitere Schwierigkeiten durch Anschlusspunkte/Durchdringungen hinzu. Neben den grundsätzlichen Problemen von FBV-Systemen in Bezug auf Einbau und Schutz vor Verschmutzung oder Witterungseinflüssen, waren es bei diesem Projekt die Rückverankerungen der Bohrpfahlwand, die nach der Herstellung der Weißen Wanne mit entsprechender Auflast durch Obergeschosse noch gelöst werden mussten. Dadurch gab es in der Wanne planmäßig mehrere hundert Öffnungen, die nachträglich druckwasserdicht ausbetoniert werden mussten. Eine Aufgabe, für die keine Lösung mit einem FBV-System gefunden werden konnte. Aufgrund dieser Risiken und der ungelösten Probleme in der Planung entschied sich der Bauherr kein FBV-System auszuführen und stattdessen einen Beton mit Abdichtungsmittel auf Basis mikrokristallbildender Katalysatoren zu verwenden. Die Zugabe eines Abdichtungsmittels zum Frischbeton ist ebenso wie der Einbau einer Frischbetonverbundfolie eine „ergänzende", also zusätzlichen Maßnahme zur gemäß Richtlinie [1] geplanten WU-Konstruktion, hat aber keine vergleichbaren Risiken und auch keine negativen Auswirkungen auf den Bauablauf und die Detailplanung. Eventuell entstehende, feine Fehlstellen dichten sich im Beton selbständig ab, größere Risse können noch in der Rohbauphase abgedichtet werden. Die Sohlplatte war in diesem Fall bereits für das FBV-System nach EGS c, jedoch mit einer maximalen Rissweite von 0,2 mm geplant worden, was auch für den Einsatz eines Abdichtungsmittels vorteilhaft war.
Im Gegensatz zum Einbau von Frischbetonverbundfolien liegt für die Verwendung von Abdichtungsmitteln seit 2005 eine DIBt-Zulassung und seit 2019 zusätzlich auch eine auf der deutschen Zulassung basierende ETA vor. Vergleichbares ist für FBV-Systeme noch nicht der Fall. Abdichtungsmittel auf Basis mikrokristallbildender Katalysatoren werden zudem weltweit seit Mitte der 80er Jahre eingesetzt und verfügen damit im Gegensatz zu FBV-Systemen über langjährige Anwendungserfahrung. Die Umstellung der WU-Planung von einem FBV-System zur Verwendung eines Betons mit Abdichtungsmittel war auch in diesem Fall äußerst einfach, da nur die Betonrezeptur ergänzt wurde und alle Positionen der Verbundfolie entfallen konnten. Die eigentliche WU-Planung nach EGS c mit Fugenbändern, Sollrisselementen, etc. blieb unverändert bestehen. Somit wurden auch bei Verwendung eines Betons mit Abdichtungsmittel alle Vorgaben der WU-Richtlinie des DAfStb [1] eingehalten.

Abb. 16: Einbau von Beton mit dem Abdichtungsmittel XYPEX ADMIX C-1000 NF für die Tiefgaragensohle © BAWAX 2025

Für die WU-Bauteile der Sohle, der Außenwände und der PKW-Aufzugsschächte wurden von der Firma Heidelberger Materials Beton DE GmbH München knapp 5.000 m^3 Beton mit dem in Deutschland zugelassenen Abdichtungsmittel XYPEX ADMIX C-1000 NF [8] geliefert und von der ARGE Arnulfstr. „Postpalast" München (Zechbau und Wayss & Freytag Ingenieurbau AG) eingebaut.

4. Nachträgliche Riss- und Fehlstellenabdichtung in der Tiefgarage

Nach ESG c müssen alle potentiell wasserführenden Risse nachträglich immer planmäßig verschlossen werden. Wie diese Risse beim Einbau einer FBV-Folie identifiziert werden sollen, ist unklar. Das Verschließen wird in der Praxis dann häufig einfach unterlassen. Durch das nach dem Abschalten der Grundwasserhaltung mit vollem Wasserdruck anstehende Grundwasser konnte die WU-Konstruktion der Tiefgarage Arnulfpost dagegen ohne FBV-System beim Konzept mit Abdichtungsmittel noch in der Rohbauphase gemäß EGS c auf wasserführende Risse/Fehlstellen überprüft und vollständig abgedichtet werden.
Die WU-Richtlinie [1] unterscheidet zwei Arten von Undichtigkeiten: „Feuchtstellen" und „flüssigen Wasserdurchtritt". In Bezug auf die Nutzungsklassen werden

Undichtigkeiten noch differenzierter betrachtet: Während bei der Nutzungsklasse A keine Art von Undichtigkeit zulässig ist, wird bei Nutzungsklasse B flüssiger Wasserdurchtritt akzeptiert, solange dieser nicht ablaufend oder pfützenbildend ist. Da sich die Funktion der Untergeschosse hier aber nicht auf eine normale Tiefgaragennutzung beschränkte, sondern auch Serverräume sowie der Einbau eines vollautomatischen Parksystems mit Aufzügen und Schienensystem geplant waren, wurden an alle Bauteile erhöhte Anforderungen nach Nutzungsklasse A gestellt.

Undichtigkeiten an WU-Bauteilen entstehen am häufigsten durch Trennrisse. Natürlich können auch Entmischungen, Kiesnester, undichte Einbauteile und Gefügedefekte zu Undichtigkeiten führen, im Gegensatz zu Rissen entstehen solche Einbaufehler jedoch unplanmäßig. Bei einem WU-Betonbauwerk muss daher immer damit gerechnet werden, dass Undichtigkeiten entstehen und zwar sowohl Geplante als auch Ungeplante. Deren nachträgliche Abdichtung ist also stets ein zu planender Teil der Ausführung. Der Planer hat daher ein Konzept zur nachträglichen Abdichtung von Trennrissen auch bei den Entwurfsgrundsätzen vorzulegen, bei denen diese eigentlich gar nicht entstehen (EGS a) oder sich selbst heilen sollten (ESG b) [1, 2, 3].

Bestenfalls löst sich das Problem eines wasserführenden Trennrisses von selbst: Durch Selbstheilung. Diese setzt zuerst an den engsten Stellen ein, die zufällig über den Rissquerschnitt verteilt sind. Durch Karbonatisierung an der Raumluft und Verdunsten von Wasser können auf der Innenseite des Betonbauteils zusätzliche Feststoffablagerungen entstehen. Diese Prozesse sind jedoch an Bedingungen geknüpft und daher in der Praxis relativ unzuverlässig. Oft reduziert sich nur der Durchfluss, eine vollständige Abdichtung bleibt aus. Dies war auch an einem Deckenabschnitt des Kellerbauwerks vor der Rotunde zu sehen, der ohne Abdichtungsmittel betoniert worden war.

Abb. 17: Wasserführende Risse in Betondecke ohne Abdichtungsmittel © BAWAX 2023

Trotz einer sehr geringen Druckhöhe (Wasserbeaufschlagung nur durch oberseitig aufstauendes Regenwasser) waren hier zahlreiche wasserführende Trennrisse zu sehen. An der Stalaktitenbildung ist abzulesen, dass die Undichtigkeiten bereits seit einiger Zeit bestehen. Die Selbstheilungsfähigkeiten des Betons allein sind augenscheinlich selbst bei diesem geringen Wasserdruck nicht ausreichend um eine Rissabdichtung herzustellen.

Auch an Bauteilen in der Tiefgarage, die ohne Abdichtungsmittel hergestellt wurden, weil dort nicht von einer Wasserbeaufschlagung ausgegangen wurde bzw. im Bauverlauf dort noch außenliegende Abdichtungen ergänzt werden sollten, waren in mehreren Bereichen Durchfeuchtungen an Deckenrissen erkennbar.

Abb. 18: Innenliegende Deckenbereiche der Tiefgarage gemäß Planung ohne Abdichtungsmittel © BAWAX 2023

Da die durchfeuchteten Deckenbereiche zum Teil auch mittig in der Tiefgaragendecke lagen, wo keine Wasserbeaufschlagung von außen/oben vorlag, war davon auszugehen, dass Wasser über die Außenwände in die Decke eindringt und sich dort über systematische Fehlstellen wie z. B. nicht vollständig einbetonierte Doppelstäbe bis in die Deckenmitte drückt.

Während sich ein großer Teil der nach der Abschaltung der Grundwasserhaltung in der Tiefgarage aufgetretenen wasserführenden Risse an Bauteilen ohne Abdichtungsmittel zeigte, gab es auch Undichtigkeiten an Betonbauteilen mit Abdichtungsmittel. Hierbei handelte es sich jedoch neben lokalen Fehlstellen mit größeren Hohlräumen in der Tiefe ausschließlich um wasserführende Arbeits-/Betonieranschluss- und Sollrissfugen. In diesen Anschluss- und Sollrissbereichen wird die Dichtigkeit der WU-Konstruktion nicht durch den Beton, sondern durch das an dieser Schnittstelle einzuplanende Fugenabdichtungssystem übernommen, da der Beton ja genau an diesen Stellen planmäßig undicht ist. Diese Undichtigkeiten stehen also nicht im Zusammenhang mit dem Beton oder dem darin verwendeten Abdichtungsmittel, sondern mit der Funktion und dem Einbau des Fugenabdichtungssystems.

Abb. 19: Wassereintritt durch partiell undichte Boden-Wand-Anschlussfuge © BAWAX 2023

Abb. 20: Erfolgloser Verpressversuch an undichter Decken-Wand-Fuge © BAWAX 2023

Abb. 21 und 22: Nachträgliche Abdichtung mit der XYPEX Trockenpackung: Vertikale Sollriss- und Decken-Wandanschlussfugen (rechts) und einer Sollrissfuge nach vorangegangenen Verpressversuchen (links) © BAWAX 2023

Weitere Undichtigkeiten traten durch größere Hohlräume im Betonquerschnitt auf, die an der Oberfläche zunächst nur als diffuser Wasseraustritt, in Teilbereichen aber auch mit feinem Wasserstrahl auftraten.

Abb. 23: Austritt in feinen Wasserstrahlen © BAWAX 2023

Nach dem Öffnen des Bereichs zeigte sich die eigentliche Ursache: Das Wasser kam hier über einen Hohlraum ungehindert durch einen Großteil des Betonquerschnitts und nutzt dann die Struktur der nicht vollständig einzubetonierenden Doppelstäbe als Transportstruktur/Verteilebene wenige Zentimeter unter der Innenoberfläche.

Abb. 24: Hohlräume im Betonquerschnitt und Doppelstäbe als Ursache für Wasseraustritt mit feinem Wasserstrahl © BAWAX 2023

Insgesamt konnten alle Undichtigkeiten und auch alle erfolglos verpressten Bereiche nachträglich trotz stark drückendem Wasser mit einer XYPEX-Trockenpackung dauerhaft abgedichtet und anschließend mit dem Einbau des automatischen Parksystems begonnen werden.

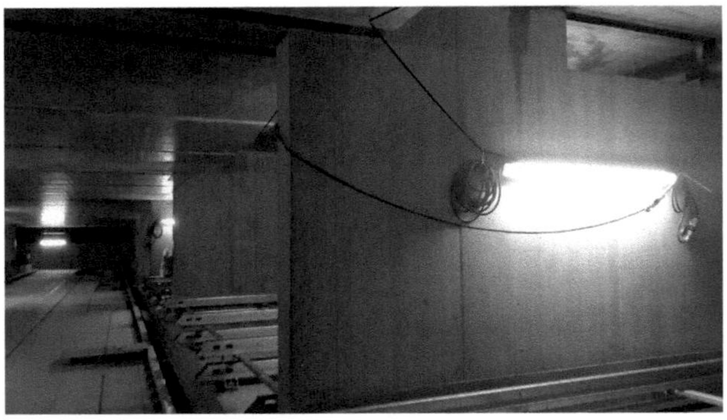

Abb. 25: Einbau des automatischen Parksystems in der Weißen Wanne mit Abdichtungsmittel © BAWAX 2023

5. Nachträgliche Abdichtung der Rotunde und der Gürtelbauten mit Textilbeton

In den Untergeschossen der Rotunde sowie der Gürtelbauten waren nach umfangreichen Fundamentunterfangungen zur Tieferlegung der Sohle und weiteren Umbaumaßnahmen alle Bestandsaußenwände von innen gegen zeitweise aufstauendes Sickerwasser abzudichten.

Abb. 26: Tieferlegung der Sohle im Untergeschoss der Gürtelbauten © BAWAX 2025

Herausfordernd waren dabei nicht nur die zahlreichen wasserführenden Fehlstellen, sondern vor allem auch die sehr uneinheitliche Qualität des Stampfbetons.

Abb. 27: Entmischungen im Stampfbeton der Außenwände im Untergeschoss der Gürtelbauten © BAWAX 2025

Der Bauherr entschied sich nach Ausführung einiger Testflächen gegen eine Abdichtung mit mineralischen Dichtschlämmen und für eine Textilbetonabdichtung mit mikrokristallbildenden Katalysatoren. Fehlten für innenseitige Abdichtungen bisher dünnschichtige, aber trotzdem robuste und bei Frost dauerhafte Systeme, die auch auf unterschiedlichen Untergründen wie Mauerwerk und Beton selbst bei Altbetonklassen A1 oder A2 durch Rückverankerung einsetzbar sind, so haben sich durch die Entwicklung von Textilbetonschalen zur nachträglichen Abdichtung gegen rückseitige Wasserbelastung in den letzten Jahren neue Möglichkeiten ergeben. Bei dieser Art der Abdichtung wird Mörtel/Feinbeton mit textiler Mattenbewehrung und Rückverankerung in mehreren Lagen am tragenden Bauteil als nachträgliche Abdichtung eingebaut. Wesentliche Unterschiede zu Innenwannen aus Ortbeton sind die deutlich reduzierte Schichtdicke von nur ca. 3 cm, sowie der für WU-Betoninnenwannen untypische Auftrag im Spritzverfahren oder per Hand ohne Schalung direkt auf die Wand. Im Vergleich zur klassischen WU-Betoninnenwanne sind bei der Textilbetoninnenwanne deutliche Einsparungen in Bezug auf Materialaufwand und Ausführungskosten, sowie noch geringere Verluste bei Deckenhöhen und Grundflächen möglich. Die Wasserundurchlässigkeit wird auch beim Textilbeton allein durch die Gefügedichte des Querschnitts erreicht.

Erste Forschungsergebnisse zum Thema Innenwannen aus Textilbeton veröffentlichten Prof. Wolfgang Brameshuber und Rebecca Mott 2009 im Band 89 der Reihe Bauforschung für die Praxis unter dem Titel „Nachträgliche Abdichtung von Wohngebäuden gegen drückendes Grundwasser unter Verwendung von textilbewehrtem Beton" [10]. Damals wurden die Schalen aus sehr feinen Mörteln im Spritzbetonverfahren hergestellt, was eine hohe Gefügedichte, aber auch sehr hohe Festigkeiten lieferte. Über sieben Lagen feinmaschige, alkaliresistente Glasfaserbewehrung und Edelstahldübel mit zwei Quelldichtungen wurde die Schale an den Bestandsbauteilen rückverankert. Erste Paxistests zeigten eine grundsätzliche Eignung des Systems, allerdings auch noch einen Weiterentwicklungsbedarf.

Parallel zu den Forschungen in Aachen waren durch die Firma BAWAX damals bereits Mörtel entwickelt worden, die insbesondere durch den Einsatz eines mikrokristallbildenden Abdichtungsmittels auch bei Handauftrag sehr hohe Gefügedichtigkeiten erreichten. Trotz Festigkeiten von „nur" 40 N/mm² zeigten diese Mörtel schon bei Schichtdicken < 3 cm Wasserundurchlässigkeit bis min. 5 bar und eröffneten somit im Vergleich zu herkömmlichen Spritzmörteln neue Möglichkeiten in Bezug auf Applikation und Bewehrungsaufwand. Der Einsatz von grobmaschiger Mattenbewehrung und Rückverankerungsdübeln aus Basaltfasern sowie der XYPEX-Trockenpackung für den druckwasserdichten Anschluss der Innenwannen an Bestandssohlen oder im Bereich von Arbeitsfugen, waren dann wesentliche Schritte in der Weiterentwicklung zu diesem mittlerweile patentierten und auch in der Praxis erprobten Schalensystem. Damit war erstmals ein

weiterentwickeltes System für Textilbetoninnenwannen am Markt verfügbar, das praxisgerecht zu verarbeiten ist, höchste Nutzungsanforderungen erfüllt, dessen Preisniveau aber mit dem von Innenabdichtungen auf Basis von Dichtschlämmen vergleichbar ist.
Weiterentwickelt wurde das System in den letzten Jahren unter anderem in zwei vom Bundesministerium für Wirtschaft und Energie geförderten Forschungsprojekten der BAWAX GmbH mit dem Institut für Baustoffforschung (ibac) der RWTH Aachen University, sowie aktuell auch mit der TU Dresden. Seitdem ist unter anderem die Anwendung von Textilbeton als Abdichtung unter Gewölbebrücken bei besonders hohen Beanspruchungen aus Bahnverkehr und Frost möglich [11]. Das im ersten Forschungsprojekt entwickelte Rückverankerungssystem XANEX VBA wurde sowohl in der Rotunde als auch in den Gürtelbauten in Kombination mit der Carbonbewehrungsmatte XANEX CBM eingebaut.

Abb. 28: Nach der Egalisierung eingebautes Rückverankerungssystem XANEX VBA mit der Carbonbewehrungsmatte XANEX CBM © BAWAX 2025

Nach dem Einbau einer neuen WU-Betonsohle mit Aufkantung im Bereich der Unterfangung wurden dafür zunächst größere Unebenheiten im Stampfbeton lagenweise egalisiert.

Abb. 29: Egalisierung des Stampfbetons in den Gürtelbauten © BAWAX 2025

Auf die letzte Lage der vollflächigen Ausgleichsschicht wurden dazu zunächst das Verankerungsraster angezeichnet und gebohrt, anschließend die Carbonbewehrungsmatte, sowie die erste Lage der Textilbetonschicht eingebaut. Da der verwendete XANEX XDM Abdichtungsmörtel als R3 Betoninstandsetzungsmörtel alle Anforderungen nach EN 1504 erfüllt, konnten Abdichtung und Betoninstandsetzung mit einem System ausgeführt werden.

Abb. 30: Fertige, vollflächige Ausgleichsschicht in den Gürtelbauten © BAWAX 2025

Abb. 31: Bohren und Einbau der Rückverankerung © BAWAX 2025

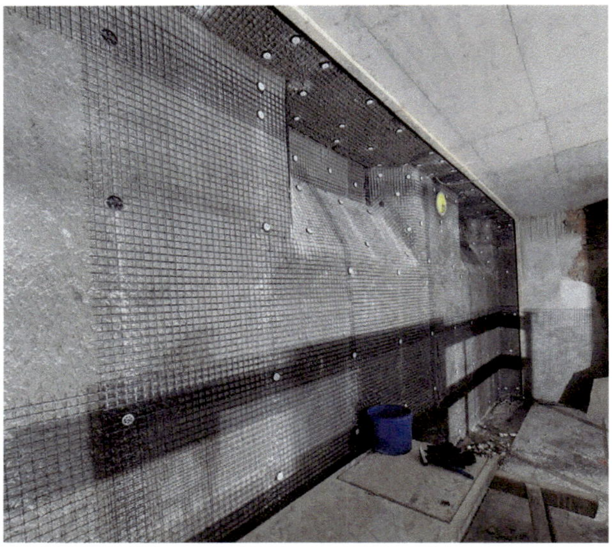

Abb. 32: Einbau der XANEX CBM Carbonbewehrungsmatte © BAWAX 2025

Abb. 33: Einbau der ersten Lage Textilbeton mit XANEX XDM Abdichtungsmörtel © BAWAX 2025

Abb. 34: Fertiggestellte erste Lage Textilbeton mit XANEX XDM © BAWAX 2025

Als Vorbereitung für spätere Rohr-/Kabeldurchführungen wurden Kernbohrungen durch die Stampfbetonwände geführt und darin Faserzementrohre mit XANEX XDM Abdichtungsmörtel eingesetzt. Innenseitig stellte eine XYPEX-Trockenpackung den druckwasserdichten Anschluss zum Textilbeton her.

Abb. 35: Mit XANEX XDM Abdichtungsmörtel eingesetztes Faserzementrohr für spätere Rohr-/Kabeldurchführungen © BAWAX 2025

Abb. 36: Fertiggestellte Textilbetonabdichtung
© BAWAX 2025

Insgesamt wurden beim Projekt Arnulfpost/Google-Entwicklungszentrum in den Untergeschossen von Rotunde und Gürtelbauten über 3.000m² Textilbeton mit mikrokristallbildenden Katalysatoren zur Abdichtung eingebaut.

Literatur

[1] DAfStb-Richtlinie „Wasserundurchlässige Bauwerke aus Beton (WU-Richtlinie)". Berlin, 2019

[2] Erläuterungen zur DAfStb-Richtlinie „Wasserundurchlässige Bauwerke aus Beton (WU-Richtlinie)". DAfStb-Heft 555. Berlin, 2006

[3] Lohmeyer, G.; Ebeling, K.: Weiße Wannen – einfach und sicher – Konstruktion und Ausführung wasserundurchlässiger Bauwerke aus Beton. Verlag Bau und Technik: Düsseldorf, 2018

[4] DAfStb.-Richtlinie „Schutz und Instandsetzung von Betonbauteilen" (RiLi-SIB), Berlin, Ausgabe 2014-09

[5] Technischen Regel „Instandhaltung von Betonbauwerken" (TR Instandhaltung). Berlin, 2020

[6] DIBt. (Hrsg.): Prüfvorschrift für die Prüfung von Abdichtungsmitteln. Berlin, 2005

[7] ETA-18/1129 „Abdichtungsmittel für Beton". Berlin, 2020

[8] Z-3.212-1888 Allgemeine bauaufsichtliche Zulassung für Abdichtungsmittel. Produkt: „XYPEX ADMIX C-1000 NF". Berlin, 2020

[9] Schäfer, G.: Prüfbericht der BAWAX GmbH. Vergleichende Untersuchung zur Veränderung des kapillaren Saugens an Estrichbeton mit und ohne Abdichtungsmittel und mikrokristallbildenden Mörteln bei Wasserbeaufschlagung". Celle, 2014

[10] Brameshuber, W., Mott, R.: Nachträgliche Abdichtung von Wohngebäuden gegen drückendes Grundwasser unter Verwendung von textilbewehrtem Beton. Bauforschung für die Praxis, Band 89, 2009

[11] Schäfer, G., Mölter, T.: Abdichtung von Gewölbebrücken mit Textilbeton. Der Eisenbahningenieur, Dezember 2022

TAE

Projektentwicklung und -management

Automatische Parksysteme für Pkw – eine Parktechnologie mit großen Potenzialen, wenn sie richtig gemacht werden

Dr.-Ing. habil. Ilja Irmscher
Geschäftsführer der GIVT mbH Gesellschaft für Innovative VerkehrsTechnologien mbH
Von der IHK öffentlich bestellter und vereidigter Sachverständiger für: Ruhender Verkehr, Parken und Parkierungsanlagen, Berlin

Zusammenfassung
Automatische Parksysteme haben eigentlich schon eine bald hundertjährige Geschichte. Bereits 1927 – 1929 wurde mit der Großgarage Süd an der Pfännerhöhe in Halle/Saale ein mechanisches Parkhaus errichtet. Mangels geeigneter Steuerungen erfolgte die Bedienung durch Maschinisten. Damals verfügten die Autos nicht über jenes Steigvermögen wie heute, und das Fehlen von Lenkhilfen erschwerte das Rangieren erheblich.
Die Motivation heute für den Bau automatischer Parksysteme besteht vordergründig in der Schaffung erforderlicher Pkw-Stellplätze unter besonders anspruchsvollen räumlichen und städtebaulichen Bedingungen, wobei bei einer qualifizierten Planung auch wesentliche Vorteile in Bezug auf den Nutzerkomfort erzielbar sind. In hochverdichteten Bestandsgebieten kann ein besonderer Nutzeffekt erreicht werden, wenn die Schaffung von Stellplätzen vor allem unter Straßenräumen und Stadtplätzen erfolgt und durch eine nachhaltige Verlagerung des ruhenden Verkehrs eine neue urbane Qualität ermöglicht wird.

1. Pilotprojekt: Automatische Anwohnertiefgarage Donnersbergerstraße in München

1.1 Projekt und Projektbeteiligte

Die automatische Anwohnertiefgarage Donnersbergerstraße ist ein Pilotprojekt der Landeshauptstadt München, das seit 2006 erfolgreich in Betrieb und unter Verwendung von Stellplatzablösemitteln für die Investition realisiert worden ist (Abb. 1). Es wurde unter der Gesamtprojektleitung durch das Baureferat der LH München zusammen mit der GIVT mbH Berlin als Parksystemplaner und der CBP GmbH als Tragwerks- und Haustechnikplaner nach einem europaweiten Ausschreibungsverfahrens durch die WÖHR + BAUER GmbH als GÜ realisiert. Den operativen Betrieb führt die P+R Park & Ride GmbH durch. Der Betrieb wird aus den Mieteinnahmen finanziert.

1.2 Konfiguration

Die automatische Anwohnertiefgarage mit 284 Stellplätzen wurde als singuläres Bauwerk unterhalb einer öffentlichen Straße in einem urbanen Bestandsgebiet errichtet. Damit wurde eine neue Qualität für die Lösung der Anwohner-Parkprobleme realisiert (Abb. 3 und 9).
Das automatische Parksystem selbst besteht aus zwei weitgehend autonomen Anlagen und Brandabschnitten, die jeweils als Parkregal WÖHR Multiparker 740 mit Parkpaletten in 4 Ebenen mit beiderseitig doppelt tiefer Einlagerung, 2 Übergabekabinen mit Schnelllauftoren und Lift und 2 Regalbediengeräten (RBG) ausgeführt sind (Abb. 5 und 6)
Die Übergabekabinen wurden entsprechend den Hauptverkehrsrichtungen auf der östlichen Straßenseite angeordnet. Ihre durchfahrende Nutzung gestattet das Ein- und Ausparken vorwärts, ohne dass Drehvorrichtungen notwendig sind (Abb. 1, 2 und 4).
Die Auslagerzeiten liegen im Mittel bei 137 s.
Der Betrieb des automatischen Parksystems wird mit Hilfe einer automatischen Ereignisprotokollierung dokumentiert. Die Verfügbarkeit liegt durchgehend über 99 %.

Abb. 1: Die automatische Anwohnertiefgarage Donnersbergerstraße nach der Inbetriebnahme im September 2006 mit ihren 4 Übergabekabinen und ihrer Erschließung aus der Hauptanfahrtrichtung von der Arnulfstraße aus; Foto: Wöhr

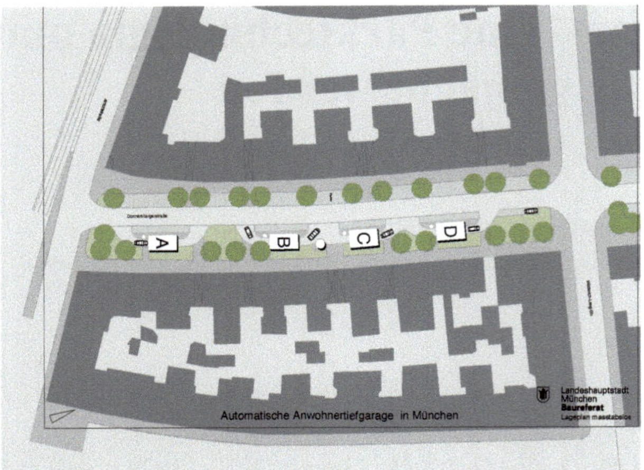

Abb. 2: Lageplan mit der automatischen Anwohnertiefgarage Donnersbergerstraße mit ihren 4 Übergabekabinen und ihrer Erschließung aus der Hauptanfahrtrichtung von der Arnulfstraße aus; Quelle: Landeshauptstadt München

Abb. 3: Visualisierung der automatischen Anwohnertiefgarage Donnersbergerstraße im Schnitt; Quelle: WÖHR + BAUER GmbH

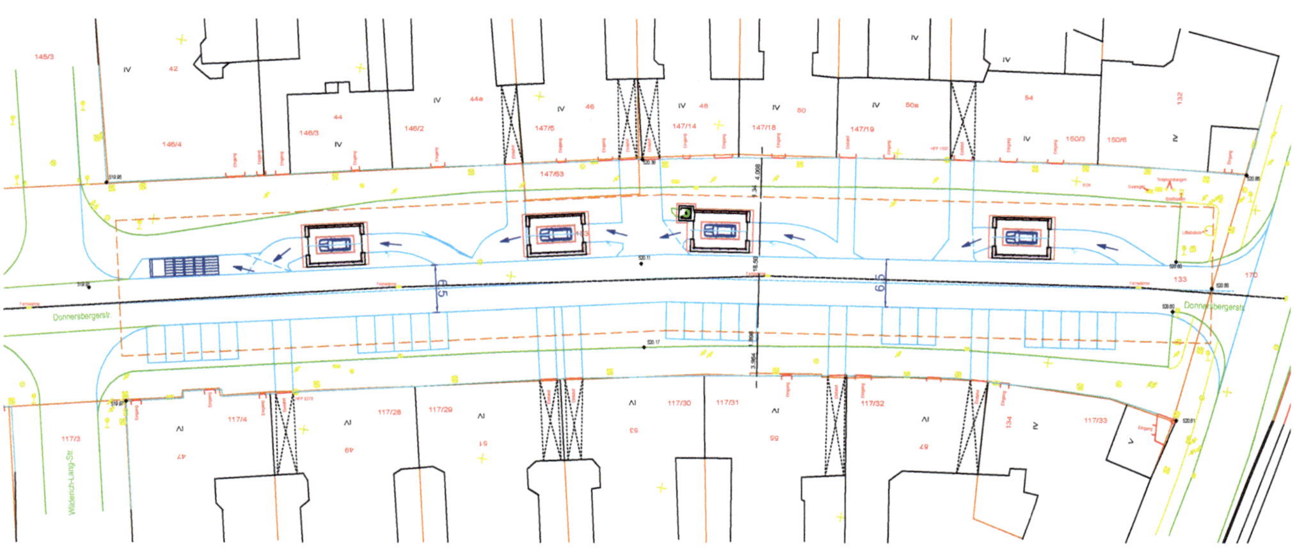

Abb. 4: Straßenverlauf und Möglichkeiten für die Integration der automatischen Anwohnertiefgarage nach der Amtsplanung; Plan: GIVT mbH/LHM BAU T4

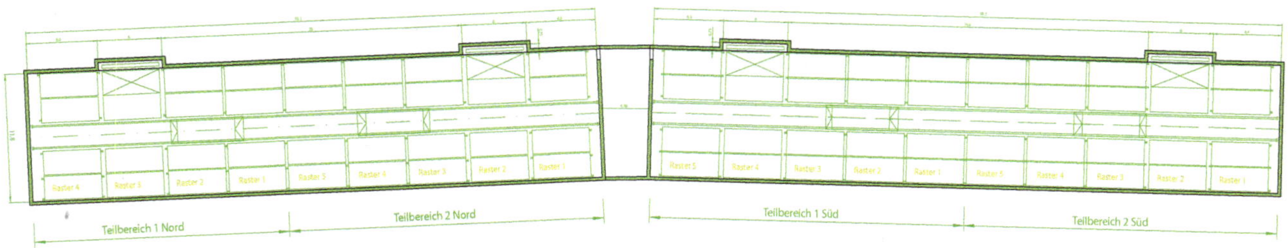

Abb. 5: Grundriss der beiden Anlagen Nord (System 1, 134 Stellplätze) und Süd (System 2, 150 Stellplätze) mit den Vertikalförderern, die jeweils eine Übergabekabine bedienen; zwischen beiden Systemen befindet sich der Servicebereich; Plan: WAP Wöhr Automatikparksysteme GmbH & Co. KG

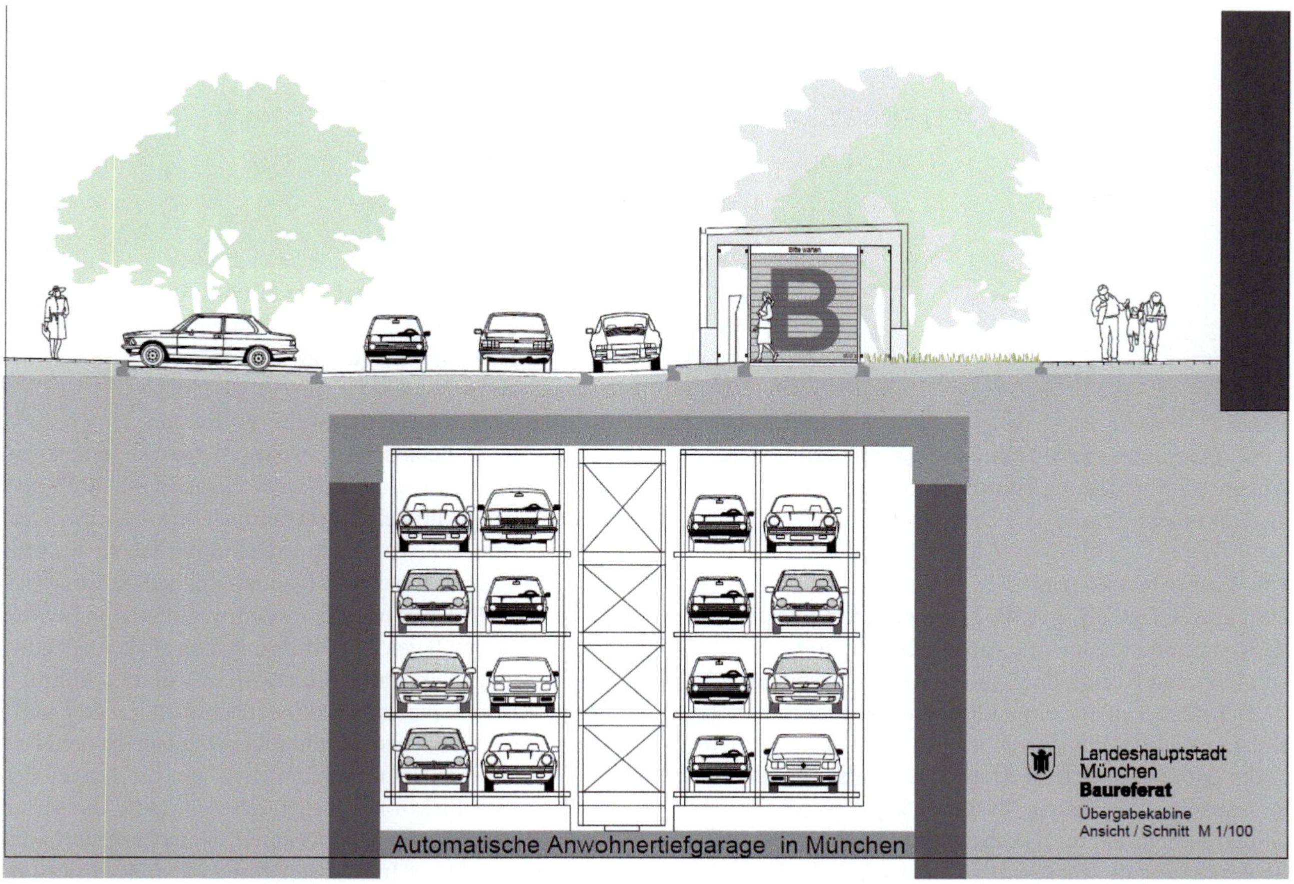

Abb. 6: Vertikalschnitt durch den Baukörper der automatischen Anwohnertiefgarage. Die streng quaderförmige Kubatur der Lagerbereiche wurde im Interesse einer möglichst nachhaltigen Lösung auch im Hinblick auf einen späteren Einbau eines anderen Parksystems oder auch einer Anpassung an andere Fahrzeugabmessungen realisiert. Die Stellplätze in der obersten Ebene sind für Pkw bis zu einer Höhe von 2,00 m, alle anderen für Pkw bis zu 1,70 m geeignet. Plan: LHM, BAU T4

1.3 Einparkfähige Fahrzeugabmessungen

Die einparkfähigen Fahrzeugabmessungen wurden seinerzeit als Anforderung im Ergebnis einer Anwohnerbefragung mit angemessenen Entwicklungsreserven festgelegt (Tab. 1). Weiterhin wurde davon ausgegangen, dass Dachantennen nicht abgebaut und Außenspiegel nicht eingeklappt werden müssen. Mit der Definition der Höhen wurden wesentliche Voraussetzungen dafür geschaffen, dass auch die niedrigeren Stellplätze für eine Reihe marktüblicher höherer Fahrzeuge geeignet sind, sowohl aus dem Bereich der kleineren SUV als auch von kleineren Vans; 25,4 % dürfen bis zu 2,00 m hoch sein. Es zeigt sich, dass auch zahlreiche aktuelle Oberklasse-SUV einparkfähig sind, solange sie nicht zu schwer sind

Tab. 1: Einparkfähige Fahrzeugabmessungen

Abmessung	Maß	Anzahl
max. Länge	5,25 m	
max. Breite	2,20 m	
max. Höhe	1,70 m	212 Pkw
	2,00 m	72 Pkw
min. Bodenfreiheit	80 mm	
max. Masse	2.500 kg	

1.4 Steuerung und Haustechnik

Die beiden Anlagen haben jeweils eine eigene speicherprogrammierbare Steuerung auf der Basis der SIEMENS SIMATIC S7-300, die von ihren damaligen Möglichkeiten maximal ausgenutzt wurden. Die Schaltschränke befinden sich im Servicebereich in der Mitte zwischen den beiden Anlagen (Abb. 7). Dort ist auch die erforderliche Haustechnik mit der Elektroenergieeinspeisung, dem Wasser- und Abwasseranschluss, die Steuerung der Lüftung, die Sprinklerzentrale und die Aufschaltung der Anlage auf den Betreiber und den herstellereigenen Service sowie eine WC-Anlage installiert.

Abb. 7: Geöffnete Schaltschränke der Steuerung der Anlage Süd; in den Aktenordnern darüber befindet sich die Dokumentation

1.5 Fullservicevertrag

Durch einen 20jährigen Fullservicevertrag wurde der Parksystemhersteller mit seinem Serviceunternehmen zu planbaren Konditionen in die Aufrechterhaltung der Betriebsfähigkeit der automatischen Anwohnertiefgarage einbezogen und damit von ihm das technische Betriebsrisiko entscheidend mitgetragen. Die Einbeziehung der Full-Service-Leistungen für die Parksystemtechnik über 20 Jahre wurde als zusätzliches Instrument der Qualitätssicherung und im Interesse der Planbarkeit der Betriebskosten entwickelt, so dass der Parksystemhersteller alle Inspektionen, Wartungen und Reparaturen zu einem lediglich mit der Inflation dynamisierten Fixpreis ausführt.

1.6 Aktueller Zustand der Anlagen

Aufgrund der nachhaltigen Planung und Ausführung befinden sich die Anlagen in Verbindung mit dem qualifizierten Betrieb und der regelmäßigen Durchführung aller anstehenden Instandhaltungsmaßnahmen in einem überdurchschnittlich guten Zustand (Abb. 8).

Der Zustand basiert auf dem technologischen Stand etwa aus dem Jahr 2003, und mit dem Fullservice fand eine Erhaltung der Betriebsfähigkeit und Zuverlässigkeit auf der Basis dieses technischen Standes statt. Objektiv finden mechanische Verschleiß- und Abnutzungsprozesse statt, und partiell sind begrenzte Korrosionserscheinungen festzustellen.

Im Bereich der Elektrik und Elektronik muss eine differenzierte Modernisierung stattfinden. Während insbesondere reine Elektronikbauteile ersetzt werden müssen, ist die Modernisierung bei elektromechanischen Komponenten fallweise zu prüfen, je nach dem Verschleißzustand und der Anpassungsfähigkeit integrierter elektrischer und elektronischer Bestandteile an die aktuell einzusetzenden Frequenzumrichter, Sensoren usw.. Außerdem sind alle aktuellen elektrotechnischen Anforderungen einschließlich der EMV (elektromagnetische Verträglichkeit) zu erfüllen.

Abb. 8: Blick in die Fahrgasse mit der Regalkonstruktion und den Parkpaletten in einem guten Zustand im Dezember 2024, Anlage Süd

1.7 Zielstellung für den weiteren Betrieb

Da sich die automatische Anwohnertiefgarage in den vergangenen etwa 19½ Jahren bewährt hat und seit 2008 eine Vollauslastung aufweist, steht nunmehr die Aufgabenstellung an, für die Zukunft den weiteren Betrieb zu sichern. Aufgrund der nachhaltigen Planung und Ausführung befindet sie sich in Verbindung mit dem qualifizierten Betrieb und der regelmäßigen Durchführung aller anstehenden Instandhaltungsmaßnahmen in einem überdurchschnittlich guten Zustand. Neben objektiv stattfindenden mechanischen Verschleiß- und Abnutzungsprozessen besteht das zu bewältigende Hauptproblem vor allem im Bereich der Elektrik und Elektronik wegen der Abkündigung vieler systembestimmender Komponenten, die modernisiert werden müssen. Diese Instandsetzung und Modernisierung wird deutlich nachhaltiger und kostengünstiger sein als ein Ersatz durch neue Parksysteme und ist darüber hinaus mit wesentlich kleineren Ausfallzeiten verbunden. Bei den Planungen für die Weiterführung des Betriebs wird ein weiterer Lebensdauerzyklus von 20 Jahren angesetzt.

Abb. 9: Mit der automatischen Anwohnertiefgarage Donnersbergerstraße in München wurde eine neue Urbanität geschaffen

2. Automatisches Parksystem im Augustenkarree in München

Für den Neubau eines Wohn- und Geschäftshauses in der Karlstraße 47a in München wurde in den Untergeschossen ein automatisches Parksystem in der Bauform eines einreihigen Parkregals mit mittigem Vertikalförderer, beiderseitig doppelt tiefer Einlagerung und einer Übergabekabine mit Drehvorrichtung realisiert (Abb. 10). Bauherrin war die Augustenkarree GmbH & Co. KG. Die GIVT mbH hat die Planung in den Leistungsphasen 1 bis 8 mit Ausnahme der Ausführungsplanung für das Parksystem übernommen und einen Fullservicevertrag ausgearbeitet. Es wurden 19 Stellplätze auf 5 Parkebenen realisiert. Die Tiefgarage wurde mit einer besonders breiten Übergabekabine ausgestattet und ist damit behindertengerecht für Rollstuhlfahrer als Fahrer oder Mitfahrer (Abb. 11).

Das Parksystem wurde von der Klaus Multiparking GmbH, Aitrach, realisiert und ist seit 2015 in Betrieb.

Abb. 10: Parksystem in einer 3D-Grafik; Quelle: Klaus Multiparking GmbH

Abb. 11: Das automatische Parksystem im Augustenkarree hat eine besonders breite und barrierefreie Übergabekabine, in der auch der Drehvorgang stattfindet; Foto: Klaus Multiparking GmbH

3. Automatisches Parksystem im Franklinturm in Zürich-Oerlikon

Die GIVT mbH hat im Auftrag der Schweizerischen Bundesbahnen SBB AG Immobilien Development für das automatische Parksystem im Neubauvorhaben Franklinturm in Zürich-Oerlikon die Planung und Ausschreibung durchgeführt sowie bei der Vergabe, Inbetriebnahme und den Abnahmen fachplanerisch mitgewirkt. Hersteller des automatischen Parksystems ist die Wöhr Autoparksysteme GmbH, Friolzheim. Eine Besonderheit im Planungsprozess bestand darin, dass die Planungsphasen bis zur Vergabe bereits in einem frühen Planungsstadium vor der Vergabe der Projektrealisierung an einen Totalunternehmer stattfanden, um das automatische Parksystem optimal in das Bauwerk im unterirdischen Bereich integrieren zu können (Abb. 12).

Bei dem Hochhaus-Projekt Franklinturm am Bahnhof Zürich-Oerlikon wurde ein automatisches Parksystem in der Bauform eines Parkregals mit Parkpaletten und mit doppelt tiefer Einlagerung, 4 Lagerebenen und 3 Lagerrastern eingebaut. Im Lagerbereich des Parksystems wurde eine Drehvorrichtung integriert (Abb.13). Die Übergabekabine wurde mit einem eigenen Vertikalförderer kombiniert, der seitlich neben der RBG-Gasse angeordnet ist. Mit dieser Konfiguration werden 38 Stellplätze zur Verfügung gestellt.

Es wurde eine weitgehende Entkopplung der einzelnen Fördereinheiten (insbesondere RBG und Übergabekabine mit Vertikalförderer sowie Drehvorrichtung) und eine freie Definition der Zugehörigkeit der Parkpaletten zu den Höhen-Bereichen vorgenommen, damit eine gute Systemlogistik erreicht wird.

Abb. 12: Südwestseite des Franklinturms mit der Zufahrt zum automatischen Parksystem direkt am Ladehof; links befindet sich die Bahntrasse, rechts die Hofwiesenstraße; Foto: Wöhr Autoparksysteme GmbH

Der Baukörper des Lagerbereichs und der Übergabekabine besteht faktisch aus zwei zusammengefügten Quadern (Abb. 13). Der untere Teil des Baukörpers, in dem sich der Lagerbereich des automatischen Parksystems befindet, wird brandschutz- und wärmetechnisch und damit weitgehend auch schalltechnisch vom restlichen Bauwerk abgekoppelt. Der Baukörper und alle Betoneinbauten wurden mit allen dazugehörigen Bewehrungen jeweils bauseits bereitgestellt, während die Stahlbaukonstruktion zum Lieferumfang der Parksystemtechnik gehörte. Beim Baukörper waren die aus tragwerksplanerischen Aspekten notwendigen Zwischenwände zu berücksichtigen.

4. Fazit

Die Idee, mit automatischen Parksystemen platzsparend Pkw-Stellplätze unter öffentlichen Straßen und Plätzen zu schaffen, wurde z. B. auch in Den Haag, in Kopenhagen, in Budapest und in Cesena (I). realisiert. Die platzsparende Unterbringung von Pkw-Stellplätzen erfüllen automatische Parksysteme auch integriert in andere Bauwerke. Wenngleich es sicher nicht die kostengünstigste Lösung ist, so bieten automatische Parksysteme in verschiedenen Konfigurationen die Möglichkeit, an städtebaulich besonders sensiblen Standorten hochwertigen Parkraum und damit eine neue urbane Qualität zu schaffen. Bei die-

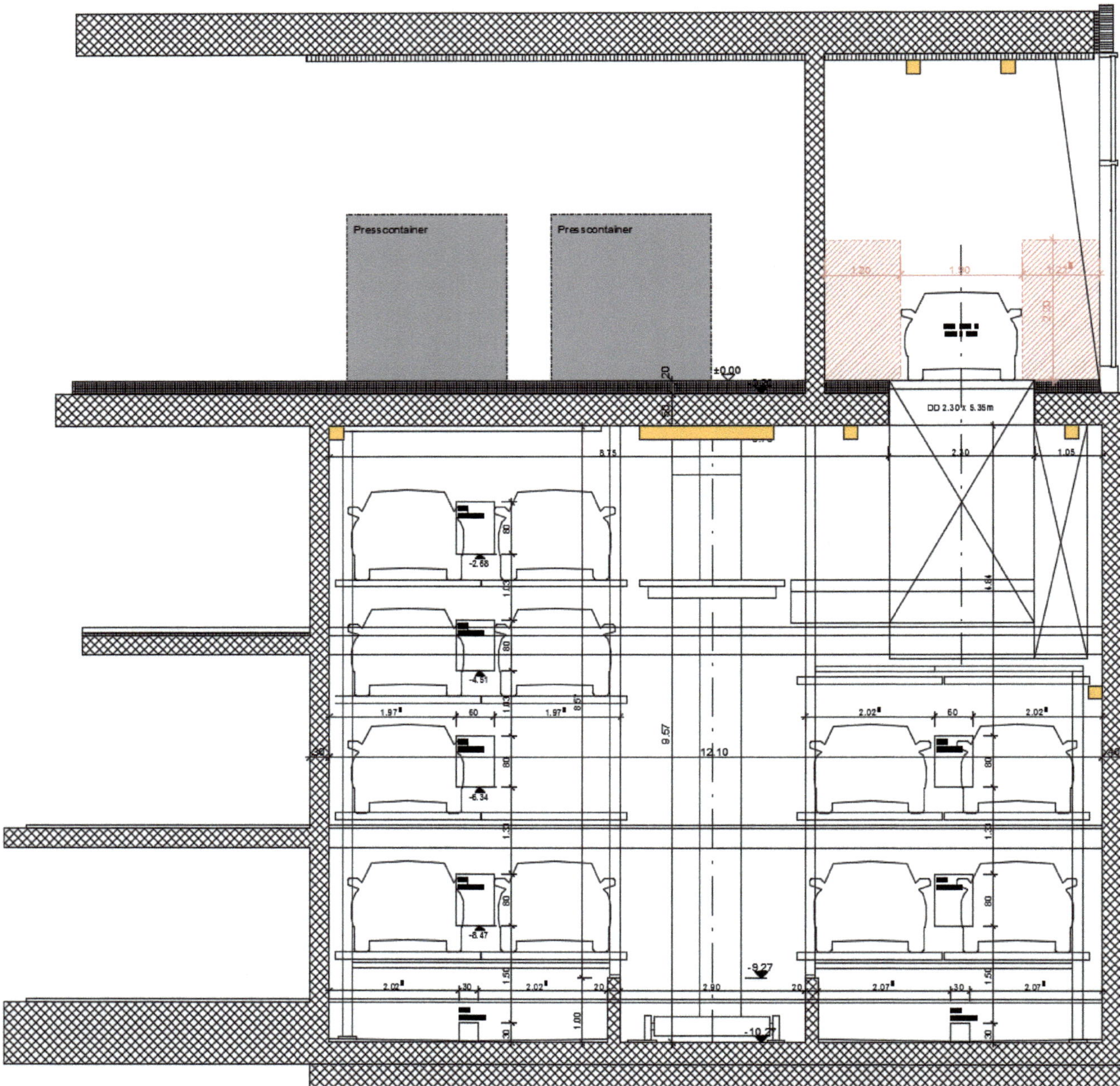

Abb. 13: Parksystem innerhalb des Gesamtbauwerks (Planungsstand gemäß der Funktionalen Leistungsbeschreibung (FLB))

sen Lösungen ist im Interesse einer bestmöglichen Nachhaltigkeit qualifiziertes fachplanerisches und bautechnisches Know-how einzusetzen und für die Realisierung und den Betrieb auf die entsprechenden Technologieträger zurückzugreifen.

Literatur

[1] Europäische Maschinenrichtlinie 2006/42/EG RICHTLINIE 2006/42/EG DES EUROPÄISCHEN PARLAMENTS UND DES RATES vom 17. Mai 2006 über Maschinen und zur Änderung der Richtlinie 95/16/EG (Neufassung)

[2] DIN EN 14010 „Sicherheit von Maschinen – Kraftbetriebene Parkeinrichtungen für Kraftfahrzeuge – Sicherheits- und EMV-Anforderungen an Gestaltung, Herstellung, Aufstellung und Inbetriebnahme“; Deutsche Fassung EN 14010:2003+A1:2009: – Dezember 2009

[3] Bemessungsfahrzeuge und Schleppkurven zur Überprüfung der Befahrbarkeit von Verkehrsflächen. – FGSV Forschungsgesellschaft für Straßen- und Verkehrswesen e.V., Köln 2001 (bis Anfang 2021 gültig)

[4] RBSV Richtlinien für Bemessungsfahrzeuge und Schleppkurven zur Überprüfung der Befahrbarkeit von Verkehrsflächen – FGSV Forschungsgesellschaft für Straßen- und Verkehrswesen e. V., Köln Ausgabe 2020

[5] EAR 05 – Empfehlungen für Anlagen des ruhenden Verkehrs. – FGSV – Forschungsgesellschaft für Straßen- und Verkehrswesen e. V., Arbeitsgruppe Straßenentwurf. – Ausgabe 2005, Köln (bis September 2023 gültig)

[6] EAR 23 – Empfehlungen für Anlagen des ruhenden Verkehrs. – FGSV – Forschungsgesellschaft für Straßen- und Verkehrswesen e. V., Arbeitsgruppe Straßenentwurf. – Ausgabe 2023, Köln

[7] VDI-Richtlinie 4466 Blatt 1 „Automatische Parksysteme – Grundlagen“ – VDI-Gesellschaft Fördertechnik Materialfluss Logistik. – Düsseldorf, Januar 2001

[8] VDI-Richtlinie 3581 „Verfügbarkeit von Transport- und Lageranlagen sowie deren Teilsysteme und Elemente“. – VDI-Gesellschaft Fördertechnik Materialfluss Logistik. – Düsseldorf, Dezember 2004 Kontakt:

Verdichtung von Parkraum und Entsiegelung von Flächen durch kompaktes und nachhaltiges Parken

Markus Hofheinz
WÖHR Autoparksysteme GmbH, Friolzheim

Zusammenfassung
Die wachsende Urbanisierung und steigende Fahrzeugzahlen verschärfen den Flächenmangel in Städten und erfordern neue Konzepte für Parkraum und Mobilität. WÖHR Autoparksysteme bietet Lösungen, die Parkflächen verdichten, versiegelte Bereiche entsiegeln und Raum für Grün- und Wohnflächen schaffen. Durch kompakte, modulare Systeme für Autos und Fahrräder werden Ressourcen geschont, CO_2-Emissionen reduziert und die Lebensqualität in urbanen Räumen verbessert. Diese Ansätze sind ein Schlüssel für nachhaltige Stadtentwicklung und die Mobilitätswende.

1. Einführung

Die fortschreitende Urbanisierung stellt Städte weltweit vor große Herausforderungen. Immer mehr Menschen leben in urbanen Räumen, was zu einem stetig wachsenden Fahrzeugbestand führt. Allein in Deutschland waren im Jahr 2025 rund 49,3 Millionen Fahrzeuge zugelassen – ein historischer Höchststand. [1]. Diese Entwicklung führt zu einer zunehmenden Flächenknappheit in Innenstädten, insbesondere für Parkraum. Gleichzeitig wächst der Bedarf an nachhaltigen und intelligenten Lösungen, um urbane Lebensqualität zu erhalten und zu verbessern. Umweltschutz und wirtschaftliche Nachhaltigkeit stehen heute mehr denn je im Mittelpunkt unternehmerischen Handelns. Die EU-Taxonomie hat klare Kriterien definiert, die wirtschaftliches Handeln als ökologisch nachhaltig qualifizieren. Diese Kriterien sind nicht nur für Investoren von Bedeutung, sondern auch für Projektentwickler, die innovative Lösungen im Bereich der Immobilienentwicklung suchen.

WÖHR Autoparksysteme begegnet diesen Herausforderungen mit innovativen Parkkonzepten für verdichtetes Parken, nachhaltige Mobilität und zukunftsorientierte Stadtentwicklung – für Autos und Fahrräder. Die Frage für die Stadt der Zukunft lautet: Wie können wir Autos aus dem öffentlichen Raum entfernen, ohne die Mobilität einzuschränken? Die Antwort liegt in intelligenten, kompakten Parksystemen und einer integrierten Stadtplanung, die Bauen, Begrünung und Mobilität zusammendenkt.

2. Entsiegelung von städtischen Parkflächen

Ein zentrales Element ist die effiziente Nutzung von urbanen Parkflächen durch kompakte, modulare Parksysteme. Durch Parkraum versiegelte Flächen können intelligent umgenutzt und in Lebensraum umgewandelt werden. Dabei werden Stellplätze kompakt in die Höhe oder Tiefe verlagert und verdichtet. Diese Nachverdichtung der Fläche ermöglicht eine erhebliche Flächeneinsparung: Auf nur 50 m² können bis zu 16 Stellplätze untergebracht werden, auf 75 m² sogar bis zu 31. Die so eingesparten ca. 70 – 80 % der Flächen können in Grünanlagen, Spielplätze oder Wohnraum umgewandelt werden – bei gleichbleibender Stellplatzanzahl.

Abb. 1: Der Ist-Zustand der Parkfläche im Innenhof der Oper Köln

Am Beispiel des Innenhofs der Oper in Köln wird eindrucksvoll gezeigt, wie versiegelte Innenhöfe durch intelligente Parklösungen in lebenswerte urbane Räume verwandelt werden können.

Abb. 2: Der Innenhof wurde in eine Grünanlage umgewandelt bei Beibehaltung der Stellplatzanzahl

Auch die Donnersberger Straße in München verdeutlicht das Potenzial dieses Konzepts: Durch die Verlagerung des Parkraums in die Tiefe wurde die Straße im Münchner Stadtteil Neuhausen-Nymphenburg von parkenden Autos befreit und oberirdisch Platz für Begrünung und soziale Infrastruktur geschaffen. Unterirdisch bietet das automatische Parksystem bereits seit 2006 Platz für 284 Fahrzeuge. Die modulare Bauweise der WÖHR-Systeme erlaubt eine flexible Anpassung an unterschiedliche städtebauliche Gegebenheiten und fördert die nachhaltige Nachverdichtung im Bestand.

Abb. 3: Das platzsparende Nachverdichtung von Parkraum in der Donnerberger Straße in München

2.1 Nachverdichtetes Parken in Bestandsobjekten

In urbanen Zentren wie beispielsweise die Münchener Innenstadt ist Platz ein rares Gut – besonders beim Parkraum. Mitten im beliebten Stadtteil Schwabing zeigt ein Projekt, wie intelligente Nachverdichtung von Stellplätzen im Bestand gelingen kann. Im Innenhof eines denkmalgeschützten Wohn- und Bürogebäudes wurde ein vollautomatisches Parksystem von WÖHR installiert: der Flurparker 570.

Auf vier unterirdischen Ebenen bietet das System Platz für 14 Fahrzeuge – ganz ohne Rampen oder zusätzliche Flächenversiegelung. Der begrenzte, bestehende Raum wurde effizient genutzt, die Anzahl der Stellplätze verdoppelt. Die modulare Bauweise und kompakte Technik ermöglichen eine schnelle Umsetzung – ideal für innerstädtische Nachverdichtung und sensible Bestandsbauten.

Abb. 4: Die Einfahrtskabine im Innenhof des denkmalgeschützten Gebäudes. In diesem Bestandsobjekt konnten unterirdisch 14 Stellplätze realisiert werden

2.2 Parkraumverdichtung als Leitbild

Diese Ansätze der Nachverdichtung von urbanen Flächen stehen im Einklang mit dem Leitbild der „dreifachen Innenentwicklung", das vom Umweltbundesamt entwickelt wurde. Es erweitert die bisherige „doppelte Innenentwicklung" – also die Balance zwischen Bauen und Freiraum – um die Mobilität als dritte gleichwertige Säule. Ziel ist eine verdichtete, klimaresiliente und lebenswerte Stadt, in der Straßenraum, Grünflächen und Bestand zu Zukunftsressourcen werden.

Die dreifache Innenentwicklung fordert, dass Wohnraumschaffung, Klimaschutz, Freiraumgestaltung und Mobilität nicht länger in separaten Fachplanungen bearbeitet werden, sondern räumlich und strategisch zusammenwirken. Besonders die Mobilität bietet enormes Potenzial: Der motorisierte Individualverkehr beansprucht bis zu 60 % der Verkehrsflächen in deutschen Städten. Diese „grauen Potenziale" können durch Rückbau und Umnutzung in Radwege, Grünstreifen oder öffentliche Räume verwandelt werden.

Diese Forderung verweist auf ein oft übersehenes Element der Mobilitätswende: die räumliche Entflechtung von Verkehr und Aufenthalt. Wenn Autos nicht länger großflächig im öffentlichen Raum abgestellt werden, gewinnen Straßen zurück, was ihnen über Jahrzehnte entzogen wurde – Raum für Bewegung, Begegnung, Begrünung und urbane Qualität. Die bauliche Infrastruktur des Parkens kann dabei Teil der Lösung sein, wenn sie integriert, kompakt und flächenschonend organisiert wird. Die dreifache Innenentwicklung verlangt nicht mehr, sondern klügere Flächennutzung – Städte als kompakte, grüne und vernetzte Systeme. Dazu zählt auch die intelligente Nutzung von Parkraum – ober- und unterirdisch [2].

3. Nachhaltiges und ressourcensparendes Parken

Die Nachhaltigkeitsstrategie von WÖHR geht weit über die Produktentwicklung hinaus. In unserer urbanisierten Welt suchen wir nach nachhaltigen Lösungen für Mobilität und Raumplanung. Moderne Parksysteme spielen dabei eine entscheidende Rolle, indem sie nicht nur die Auslastung der Parkplätze optimieren, sondern auch den CO_2-Fußabdruck reduzieren. Parkhäuser sind für lebenswerte Städte unerlässlich, da sie durch das Verschwinden der Autos von der Oberfläche Platz für eine effiziente Flächennutzung schaffen. WÖHR verfolgt einen ganzheitlichen Ansatz, der ökologische, ökonomische und soziale Aspekte integriert. Ziel ist es, die Dekarbonisierung der Mobilität voranzutreiben, die Stadtentwicklung nachhaltig zu gestalten und Ressourcen effizient zu nutzen.

Im Vergleich zu herkömmlichen, konventionellen Tiefgaragen sparen WÖHR Parksysteme Fläche, Volumen, Energie, Material und reduzieren CO_2-Emissionen und Kosten während der Bauphase. Angesichts steigender Fahrzeugzahlen und des Bedarfs an alternativen Mobilitätslösungen sind die Parksysteme von WÖHR relevanter denn je. Jedes energieeffiziente oder emissionsfreie Verkehrsmittel ist nur so gut wie die Möglichkeit, es ressourcenschonend abzustellen. Um Städte lebenswerter zu machen, müssen wir den Parkraum effizienter nutzen und das Parken neu denken.

Im Vergleich zu konventionellen Tiefgaragen bieten Parksysteme eine Vielzahl an ökologischen und ökonomischen Vorteilen:

- Reduzierter Flächenverbrauch durch platzsparende Bauweise
- Geringere Versiegelung von urbanen Flächen
- Weniger CO_2-Emissionen durch schnellere Bauzeiten und geringeren Materialbedarf
- Einsparpotenzial durch modulare Bauweise
- Mehr Stellplätze auf gleicher Fläche
- Reduzierung von CO_2-Emissionen durch weniger Parksuchverkehr
- Schaffung neuer sozialer und grüner Lebensräume in einer urbanen Umgebung
- Schaffung von Wohnraum und Verbesserung des Stadtklimas sowie der Lebensqualität

Ein besonders eindrucksvolles Beispiel für die ökologische Wirkung kompakter Parksysteme ist der Combiparker 560. Bei einer Anlage mit 40 Stellplätzen muss nur rund halb so viel Erdreich ausgehoben werden wie bei einer konventionellen Tiefgarage – etwa 4.700 Tonnen statt 10.000. Das spart nicht nur Energie und Emissionen beim Aushub und Transport, sondern auch beim Materialeinsatz: Statt rund 7.800 Tonnen Beton werden nur etwa 1.700 Tonnen benötigt – eine Einsparung von rund 78 %. Da die Produktion einer Tonne Beton im Schnitt 0,15 Tonnen CO_2 verursacht, ergibt sich eine CO_2-Einsparung von rund 1.170 Tonnen.

Abb. 5: Eine konventionelle Tiefgarage für 40 Fahrzeuge mit Rampen, Sprinklern und Beleuchtung

Bei der Lösung mit dem Combiparker 560 können Kosten und Arbeitszeit für Rampen, Lüftungsanlagen, Sicherheitseinrichtungen, Sprinkler oder auch Beleuchtung eingespart werden. Das halbautomatische Parksystem benötigt zudem auch erheblich weniger Erdaushub.

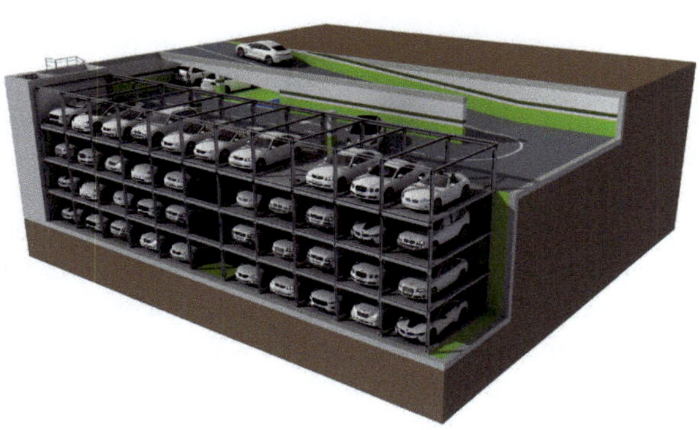

Abb. 6: Im Vergleich der WÖHR Combiparker 560 für 40 Fahrzeuge – kompakt und ressourcensparend

Auch wirtschaftlich überzeugen die Systeme: Beim Combilift 543MR konnten in Fallstudien aufgrund der schnelleren Bauweise und dem reduzierten Materialverbrauch rund 26 % Kosten- und 12 % Zeiteinsparung gegenüber konventionellen Lösungen nachgewiesen werden.

Tab. 1: Einsparungspotenziale des WÖHR Combilift 543 MR im Vergleich zu einer konventionellen Tiefgarage (KT)

	KT	**CL 543 MR**	**Einsparung**
Fläche	33,56 m²	12,01 m²	64,2 %
Volumen	99,74 m³	63,31 m³	36,5 %
Energiebedarf	20.951.969 MJ	12.634.532 MJ	39,7 %
Emissionen	1.649.712 CO²/kg	1.020.773 CO²/kg	38,1 %
Materialeinsatz	6.470.956 kg	3.751.553 kg	42,0 %
Kosten	34.231 €	25.213 €	26,3 %

Zudem unterstützen die Systeme eine positive Bewertung nach DGNB, LEED oder BREEAM – sowohl im Neubau als auch bei Sanierungen. Ein Beispiel dafür ist das historische Gebäude Montalbán 11 im Zentrum Madrids, das durch den Einsatz eines vollautomatischen Multiparker 740 einen deutlich reduzierten ökologischen Fußabdruck erreicht. Ein weiteres Projekt in Madrid wurde dank eines WÖHR-Parksystems sogar mit der LEED Platinum-Zertifizierung ausgezeichnet – ein Novum für ein Renovierungsobjekt in Europa.
Der Parklift 450 ist das erste Parksystem weltweit mit der EPD-Zertifizierung (Environmental Product Declaration). Die Zertifizierung bestätigt das hohe Nachhaltigkeitspotenzial dank einer langen Lebensdauer und der Wiederverwertbarkeit von 95 % der Materialien. Die WÖHR Combilifte und Plattformen befinden sich ebenfalls im Zertifizierungsprozess.

4. Fahrradinfrastruktur der Zukunft: Lösungen für nachhaltige Mobilität

Mit dem wachsenden Anteil von Fahrrädern im innerstädtischen Verkehr steigt der Bedarf an einer umfassenden und modernen Fahrradinfrastruktur. Ein Ausbau sicherer und effizienter Parkmöglichkeiten für Fahrräder ist unverzichtbar, um den Wandel hin zu nachhaltiger Mobilität zu fördern. Selbst Mega-Cities wie London und Paris haben in kurzer Zeit beeindruckende Ergebnisse erzielt: Neue innerstädtische Radwegenetze senken Lärm- und Emissionsbelastungen, während Anwohner, Arbeitende und Besucher schneller, gesünder und kostengünstiger ans Ziel kommen. Die Lebensqualität steigt spürbar für alle Beteiligten.
Wer den Fahrrad- und E-Bike-Verkehr nachhaltig fördern möchte, muss jedoch auch das Thema Parkraum konse-

quent mitdenken. Wild abgestellte Fahrräder an Geländern und Laternenmasten stören nicht nur das Stadtbild, sondern stellen auch ein Verkehrs- und Sicherheitsrisiko dar – nicht zuletzt für die wertvollen Fahrräder selbst, die mit Neupreisen zwischen 3.000 und 5.000 Euro oft echte Wertobjekte sind.
Klassische, ungeschützte Fahrradschuppen entsprechen längst nicht mehr den Anforderungen an eine urbane, zukunftsorientierte Mobilität. Aus diesem Grund bieten wir bereits heute innovative Lösungen für sicheres und platzsparendes Fahrradparken an.
An vielen deutschen Bahnhöfen herrscht ein akuter Mangel an Fahrradstellplätzen. Immer mehr Pendler und Reisende nutzen das Fahrrad für den Weg zur Bahn, doch die vorhandenen Abstellmöglichkeiten sind oft unzureichend, überfüllt oder nicht sicher genug.
Laut der Infostelle Fahrradparken fehlen bundesweit zehntausende Stellplätze, was zu chaotischem Parken und beschädigten Rädern führt. Eine moderne, platzsparende und sichere Fahrradparkinfrastruktur ist daher entscheidend, um den Umweltverbund aus Rad und Bahn attraktiver zu gestalten [3].
Störfaktoren am Bahnhof für Fahrradfahrer sind:

- Zu wenig Stellplätze (67 % der Befragten)
- Zu wenig überdachte Stellplätze (57 %)
- Zu wenig abschließbare Stellplätze (55 %)

Gleichzeitig wächst die Zahl der Fahrräder in den Städten, wodurch der Bedarf an sicheren Abstellmöglichkeiten steigt. Viele Menschen zögern jedoch, ihr teures Rad in der Stadt oder am Bahnhof abzustellen – aus Angst vor Diebstahl oder Vandalismus. Kein Wunder, denn die Zahl der Fahrraddiebstähle nimmt stetig zu, während die Aufklärungsquote bei nur rund 10 % liegt. Eine sichere und gut durchdachte Fahrradparkinfrastruktur wird daher immer wichtiger. Laut einer Studie des Fraunhofer-Instituts könnte der Radverkehrsanteil bei optimaler Förderung bis 2035 auf bis zu 45 % im Nahbereich steigen (aktuell 13 %) [4].
Wenn Radfahren in Zukunft noch attraktiver werden soll, müssen ganzheitliche Lösungen her. Dazu gehören neben einem lückenlosen Ausbau des Fahrradverkehrsnetzes vor allem ausreichend öffentliche Ladestationen für E-Bikes sowie sichere und wettergeschützte Stellplätze an zentralen Punkten und Verkehrsschnittstellen.
Gerade an einem Verkehrsknotenpunkt wie einem Bahnhof sind automatisierte Fahrradparktürme eine innovative und nachhaltige Lösung für die Mobilitätswende.
Am Bahnhof in Hannover-Wunstorf sind seit Ende 2023 zwei Bikesafe-Fahrradtürme in Betrieb. Diese bieten eine sichere und platzsparende Unterbringung für 244 Fahrräder – auf einer Grundfläche von gerade einmal 50 m² pro Parkturm. Mit seiner kompakten Bauweise löst das neue Fahrradparkhaus das Stellplatzproblem am Wunstorfer Bahnhof auf architektonisch ansprechende Weise und wertet das Gelände optisch auf. Gleichzeitig ist es vor allem für die Nutzer*innen selbst ein echter Gewinn. Denn Radfahrer und Pendler haben so endlich eine einfache und kostenlose Möglichkeit, ihre Räder zuverlässig vor Diebstahl, Vandalismus und Witterung zu schützen.

Abb. 7: Die Zwillings-Parktürme für 244 Fahrräder am Bahnhof in Hannover-Wunstorf – dem zentralen Verkehrsknotenpunkt für Pendler in der Region

4.1 Integration von Fahrradparktürmen in die Tiefe und in Bestandsobjekten

Die innovativen Fahrradparklösungen maximieren die Raumnutzung und optimieren den Parkraum effizient. Ein Beispiel dafür ist der Bikesafe, dessen runde Konstruktion eine nahtlose Integration in die Spindel von Autoparkhäusern ermöglicht – ein sonst ungenutzter, toter Bereich, der so optimal genutzt wird.
Die Konstruktion in die Spindel eines Parkhauses wurde nun erstmal auf dem neuen Gesundheitscampus in Calw umgesetzt. Die Fläche wurde effektiv genutzt und bietet Platz für 122 Fahrräder verteilt über acht Ebenen, die automatisiert eingeparkt werden können. Der Fahrradparkturm benötigt hierbei nur einen Spindeldurchmesser von 8,60 m.

Abb. 8: Visualisierung des WÖHR Bikesafe integriert in der Spindel des Autoparkhauses in Calw. Der Parkturm geht im Frühjahr 2026 in Betrieb

Der runde Bikesafe kann auch problemlos in bereits bestehende Parkhäuser mit Spindel integriert werden. Vorteilhaft ist, dass bei der Nachrüstung von Fahrradparkraum in Parkhäusern keine PKW-Stellplätze aufgegeben werden müssen und sich durch diese integrierte Lösung die Verkehrswege von Fahrrad und PKW nicht kreuzen. Somit besteht eine höhere Sicherheit für Fahrradnutzer.

Abb. 9: Die Einfahrtskabine und die Schließfächer des Bikesafe im UG des Autoparkhauses in Calw

Darüber hinaus lassen sich unsere Fahrradparklösungen perfekt an ihre Umgebung anpassen und harmonisch ins Stadtbild einfügen. Ein herausragendes Beispiel ist das Projekt „AM TACHELES“ in Berlin, bei dem ein Bikesafe als Schachtvariante integriert wurde. Der Übergabebereich erhielt eine verspiegelte Fassade, aber das Fahrradparksystem befindet sich perfekt versteckt im Untergrund des Innenhofes. Es bietet Platz für 96 Fahrräder, die im Verborgenen unter dem Platz sicher und wetterfest untergebracht werden.

Abb. 10: Der WÖHR Bikesafe in der Schachtvariante versteckt im Untergrund im Herzen des Projekts „AM TACHELES“ in Berlin

5. Innovatives Parkraummanagement

Autoparksysteme können nicht nur für Einzelnutzer mit festzugewiesenen Stellplätzen integriert werden. Um Parksysteme auch für verschiedenste Zielgruppen wie Kurz- und Langzeitparker, Mitarbeiterstellplätze und Besucher nutzbar machen zu können, wurde ein umfassendes Parkraummanagementsystem entwickelt, welches WÖHR Parksysteme integriert.
Das Konzept der digitalen Stellplatzverwaltung ist einfach erklärt: Die Parksysteme werden per Software an das Parkmanagementsystem des Parkhauses und die Cloud der digitalen Stellplatzverwaltung angebunden.
Das digitale Parkraummanagement reduziert Leerstand aufgrund von z. B. Urlaub oder Geschäftsreisen und bietet eine bessere Auslastung der Tiefgarage, da mehr Nutzer registriert werden können als Stellplätze zur Verfügung stehen. Dies bietet einen Mehrwert für Nutzer, Investoren und Betreiber.
Pilotprojekt für die Integration eines Parksystems in das Parkmanagementsystem einer Tiefgarage ist das Ende 2024 eröffnete Büro- und Wohngebäude „THE PULSE“ in Amsterdam. Hier wurden 124 Stellplätze durch 13 WÖHR Combilifte 542 und 543 geschaffen, die mit der Stellplatzverwaltung verbunden wurden. So wurde eine Verbindung zwischen privatem und öffentlichem Parken, sowie Carsharing für einen wechselnden Nutzerkreis geschaffen.
Der Nutzer bucht über die Buchungsplattform einen Stellplatz und erhält einen QR-Code bzw. gibt sein Kennzeichen an. Bei der Einfahrt wird das Kennzeichen bzw. der QR-Code an der Schranke erkannt und die Monitoranzeigen führen den Fahrer zum ausgewählten Stellplatz. Mitarbeiter (Dauerparker) und Carsharing-Fahrzeuge sind in der Cloud mit ihrem Kennzeichen registriert. Besucher können über die Buchungsplattform einen QR-Code erstellen lassen. Die Kamera erkennt das Kennzeichen und die Schranke öffnet sich.

Abb. 11: Das Kennzeichen wird erkannt und die Schranke öffnet sich

Abb. 12: Der Monitor über dem Stellplatz zeigt den zugeteilten Stellplatz sowie das Kennzeichen des Fahrzeugs

Für die Abholung des Fahrzeugs begibt sich der Fahrer in den Abholbereich der Tiefgarage. Hier befindet sich ein Bedienpanel, bei dem das Kennzeichen eingegeben wird.

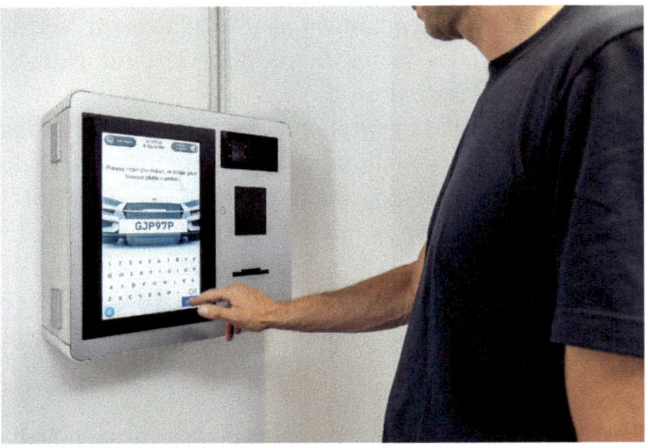

Abb. 13: Der Nutzer gibt zur Abholung des Fahrzeugs das Kennzeichen ein. Besucher können hier ggf. auch bezahlen

Nach der Eingabe erscheint die Nummer der Tür, an der das Fahrzeug abgeholt werden kann. Nach Ausfahrt aus dem System muss das Tor wieder über das Bedienpanel an der Anlage geschlossen werden, um die Einfahrt für den nächsten Nutzer gewährleisten zu können. An der Schranke wird automatisch das Kennzeichen des Autos erkannt und die Schranke öffnet sich.

Abb. 14: Das Kennzeichen wird bei der Ausfahrt automatisch erkannt und die Schranke öffnet sich

6. Ausblick in die Zukunft

Die Stadt der Zukunft ist kompakt, grün und mobilitätsfreundlich. Kompakte Parksysteme für Autos und Fahrräder sind dabei mehr als eine technische Lösung – sie sind ein strategisches Instrument, um die Klimaziele zu erreichen, Flächenkonflikte zu entschärfen und die Lebensqualität in urbanen Räumen zu steigern. Die dreifache Innenentwicklung liefert den planerischen Rahmen, um Bauen, Begrünung und Mobilität zu integrieren. Weniger Flächenverbrauch, weniger CO_2, mehr Grün und mehr Raum für Menschen – das ist das Leitbild einer nachhaltigen Stadtentwicklung.

Literatur

[1] Kraftfahrt-Bundesamt: Der Fahrzeugbestand am 1. Januar 2025. https://www.kba.de/DE/Presse/Pressemitteilungen/Fahrzeugbestand/2025/pm10_fz_bestand_pm_komplett.html

[2] Umweltbundesamt: Dreifache Innenentwicklung. https://www.umweltbundesamt.de/sites/default/files/medien/1410/publikationen/230515_uba_hg_dreifacheinnenentwicklung_2auflg_br.pdf

[3] Infostelle Fahrradparken am Bahnhof: Bahn.Rad. Parken – Potenziale vernetzter Mobilität. https://radparken.info/wp-content/uploads/2024/06/web-version-15-09-23-radparken-leitfaden2023.pdf

[4] Dr. Claus Doll: Potenzialabschätzung zum Radverkehr. https://www.isi.fraunhofer.de/de/blog/2024/adfc-radverkehrsanteil-potenzialabschaetzungen.html

Parksysteme als effiziente Lösung zur Bewältigung aktueller Entwicklungen der Städte- und Quartiersplanung

Dipl.-Kfm. (Univ.) Ive Nekić
KLAUS Multiparking GmbH, Aitrach

Zusammenfassung
Parken wird in der urbanen Entwicklung oftmals als Problemfläche betrachtet. Doch mit integrierten und raumsparenden Parksystemen lassen sich nicht nur Flächen gewinnen, sondern auch neue gestalterische Freiräume schaffen. Dieser Beitrag zeigt anhand realer Referenzen auf, wie moderne Parkraumkonzepte Teil der städtebaulichen Lösung werden und welche Rolle halbautomatische Systeme in der Transformation von Wohn- und Stadtquartieren spielen können.

1. Einführung

Stellplätze gelten häufig als notwendiges Übel in der Stadtplanung. Sie beanspruchen wertvolle Fläche, stören das Stadtbild und stehen oft im Widerspruch zu ökologischen und gestalterischen Zielsetzungen. Doch was, wenn wir das Parken neu denken? Was, wenn es sich nicht länger störend auswirkt, sondern gestalterisch integriert wird?

2. Hauptkapitel

Mit der zunehmenden Urbanisierung wachsen die Anforderungen an den Raum: Wohnen, Mobilität, Erholung und Klimaanpassung konkurrieren um die gleiche Fläche. Gleichzeitig erfordern Stellplatzsatzungen nach wie vor eine große Anzahl an Pkw-Stellplätzen in neuen Wohnquartieren. Die Folge sind große versiegelte Bereiche, eingeschränkte Nutzungsvielfalt und eine gestalterische Belastung für das Stadtbild.

Neue Lösungsansätze: Parkraum neu gedacht

Halbautomatische Parksysteme bieten hier eine Alternative. Sie ermöglichen auf kleiner Grundfläche die Unterbringung einer vielfachen Anzahl an Fahrzeugen. Zudem lassen sie sich in Gebäudehüllen oder Sockelzonen integrieren und tragen so zu einer aufgelockerten, multifunktionalen Stadtstruktur bei. Das Parken wird nicht mehr sichtbar abgewickelt, sondern bewusst gestaltet.

3. Praxisbeispiele

3.1 Friedrichshafen: Lösung für den Wohnraum

In einem Wohnbauprojekt in Friedrichshafen wird aktuell ein halbautomatisches System realisiert, das auf engstem Raum sichere und komfortable Stellplätze für die Bewohner bietet. Der große Vorteil: der gewonnene Freiraum kann für Begrünung, Spielflächen oder Fahrradabstellanlagen genutzt werden.

3.2 Deggendorf: Innenstadtverdichtung auf 600 m²

Ein weiteres Beispiel zeigt, wie sich im dichten Stadtkern von Deggendorf auf einer Fläche von nur 600 m² insgesamt 50 Stellplätze unterbringen lassen – davon 45 in einem Parksystem. Ohne diese Technologie wäre diese Flächeneffizienz weder technisch noch gestalterisch möglich gewesen.

3.3 Realisierte Anlage mit 16 Stellplätzen auf < 100 m²

Ein drittes Projekt, das bereits umgesetzt wurde, zeigt eindrücklich das Potenzial dieser Technologie: Auf unter 100 m² Grundfläche konnten 16 Stellplätze geschaffen werden. Die Anlage fügt sich harmonisch ins Stadtbild ein und erlaubt eine hochwertige Nutzung der umgebenden Freiflächen.

Gestaltungsspielraum durch Technik

Parken muss nicht mehr der gestalterische Fremdkörper im Quartier sein. Mit durchdachter Technik, frühzeitiger Einbindung in die Planung und einer konsequenten Flächennutzung lassen sich Lösungen realisieren, die sowohl funktional als auch ästhetisch überzeugen. Halbautomatische Systeme sind dabei ein entscheidender Baustein.

Ausblick

In künftigen Projekten werden stärker integrative Konzepte gefragt sein, die nicht nur das Fahrzeug unterbringen, sondern zur Aufenthaltsqualität im Quartier beitragen. Parksysteme werden zunehmend Teil urbaner Infrastruktur – sichtbar, wenn gewollt, unsichtbar, wenn nötig. Die Gestaltung beginnt dort, wo das Auto endet.

TAE

Gestaltung und
Architektur

(Park-)haus der Zukunft – Holzparkhaus Wendlingen

Philipp Sieber, M. Sc. Architektur
herrmann+bosch architekten, Stuttgart

Zusammenfassung
Hochgaragen tragen wesentlich zur Mobilitätwende und somit zu einem zukunftsfähigeren, nachhaltigeren Leben bei. Das Holzparkhaus Wendlingen ist das derzeit größte kreislauffähige Parkhaus aus Holz. Das Gebäude ist somit richtungsweisend und Beispiel für hoffentlich viele weitere besonders nachhaltige Hochgaragen. Nachhaltigkeitsaspekte sind unter anderem der Einsatz des nachwachsenden Rohstoff Holz, das sortenrein rückbaubare Konstruktionsprinzip, der besonders effiziente Grundriss des Gebäudes, die extensive Dachbegrünung mit PV-Anlage, die Fassadenbegrünung, der Verzicht auf aufwändige haustechnische Anlagen, wie auch das Nachnutzungs- beziehungsweise Umnutzungskonzept. Somit ist das Holzparkhaus Wendlingen ein besonders nachhaltiges und zukunftsweisendes Beispiel für Hochgaragen.

Abb. 1: Drohnenaufnahme des Holzparkhauses (Roland Halbe)

1. Idee

In Wendlingen am Neckar befindet sich das Otto-Areal, ein großes, durch ehemalige Textilindustrie geprägtes Gebiet. Zwischen dem Otto-Areal und der Hochstraße war ein Grundstück für den Neubau einer Hochgarage vorgesehen. Nur wenige Schritte fußläufig entfernt befindet sich der Bahnhof von Wendlingen. Die Hochgarage kann somit als Mobility Hub bezeichnet werden, da das Gebäude vielen Pendlerinnen und Pendlern aus der Umgebung den Umstieg vom PKW auf den öffentlichen Nahverkehr ermöglicht. Von Wendlingen kann so möglichst schnell, effizient und klimafreundlich nach Stuttgart gependelt werden.

Das Otto Areal selbst wird auf der Grundlage eines städtebaulichen Entwurfs vom Büro Blocher Partners aus Stuttgart entwickelt. Ganz im Sinne der IBA‘27 entsteht ein bunt gemischtes, abwechslungsreiches Quartier. Neben Wohn-, Büro- und Gewerbenutzungen befinden sich außerdem ein Hotel, ein Supermarkt wie auch eine Kindertagesstätte und Kulturnutzungen im Quartier wieder. Das Holzparkhaus ist das erste neue Gebäude am Standort und dient als Mobilitätsstation, wie auch als

Stellplatznachweis für angrenzende Nutzungen. Bereits bei der Bewerbung um das Projekt wurde dem Bauherrn vorgeschlagen, ein Parkhaus in Holz zu bauen. Letztlich überzeugte das vorgeschlagene Team, wie auch die Idee, ein Parkhaus aus dem nachwachsenden Rohstoff Holz zu bauen.

2. Planen + Bauen

2.1 Einleitung

Um ein Gebäude zu planen, welches in dieser Form noch nie geplant und realisiert wurde, bedarf es vieler Akteure mit Know-how, Mut und Experimentierfreude. Zuallererst ist ein Bauherr, wie in diesem Fall die Stadt Wendlingen am Neckar, notwendig, die das Wagnis der Realisierung von etwas ganz Neuem, eingeht. Neben herrmann+bosch architekten waren vor allem die Planungsdisziplinen Tragwerk und Brandschutz entscheidend. Mit den Büros knippershelbig und brandschutz plus wurden Fachingenieure mit großem Erfahrungsschatz im Holzbau und dem Mut, einen Prototyp zu planen, gefunden. Auch die Landschaftsarchitektur (Planstatt Senner) sowie das für die Realisierung des Holzbaus verantwortliche Unternehmen Pletschacher haben wesentlich zum Projekterfolg beigetragen. Durch die engagierte Zusammenarbeit ist schließlich ein Musterbeispiel für einen kreislauffähigen Mobilitätshub entstanden.

Abb. 2: Außenraum-Visualisierung (moka-studio)

2.2 Entwurf

Die Form des Parkhauses wird durch zwei wesentliche Einflussfaktoren geprägt: Grundstücksform und Effizienz. Durch die bereits vorhandenen Erschließungsstraßen ist das Grundstück im Westen mit abgerundeten Grundstückskanten ausgebildet. Konventionelle Hochgaragen werden in aller Regel orthogonal mit rechtwinkligen Ecken realisiert. Grund hierfür ist in aller Regel die serielle Produktion wie auch der Bauablauf vor Ort. Änderungen an diesem stark industrialisierten System sind aufwändige und kostenintensive Eingriffe. Im Planungsprozess musste stetig der Vergleich zwischen dem Holzparkhaus und branchenüblichen System-Parkhäusern gezogen werden. Neben dem reinen Kostenvergleich wurde unter anderem die Gegenüberstellung der Effizienz eines ovalen versus eines rechteckigen Parkgeschoss-Grundrisses gezogen. Durch den ovalen Grundriss wird einerseits der Fußabdruck des Gebäudes minimiert, woraus folglich weniger Quadratmeter Geschossfläche resultieren. Andererseits können die Ebenden besonders effizient gestaltet werden. Außerdem wurde das Global Warming Potential des Holzparkhauses im Vergleich zu konventionellen Parkhäusern berechnet. Allein im Herstellungsprozess, der Nutzung und dem Abbruch des Gebäudes ist der Holzbau dem konventionellen Bau überlegen. Bei Betrachtung des Recyclingpotenzials, insbesondere bei der stofflichen Wiederverwendung/-verwertung der Holzbauteile, schneidet der Holzbau deutlich positiver ab. So entstehen bei konventionellen Parkhäusern mit ähnlicher Stellplatzanzahl Emissionen von rund 1234 t CO_2. Beim Holzparkhaus dagegen kann CO_2 sogar gespeichert werden. Geht man von thermischer Verwertung aus, so werden 255 t CO_2 eingespart, bei stofflicher Verwertung sogar 1172 t. Insgesamt beträgt die CO_2-Einsparung folglich 1489 t (thermische Verwertung) beziehungsweise 2406 t (stoffliche Verwertung). Durch diese CO_2-Einsparung ist die Umrundung unserer Erde mit einem PKW zwischen 2.700 und 3.700-mal möglich.

Der nachwachsende Rohstoff Holz wird im Gebäude nicht nur als konstruktives Material verbaut. Die Stützen, Träger und Decken aus Holz sind an jeder Stelle vor und in dem Gebäude sichtbar und tragen somit wesentlich zum Erscheinungsbild und der Atmosphäre im Gebäude bei. Die Fassade des Gebäudes ist mit drei unterschiedlichen Materialien belegt. Knapp die Hälfte des Gebäudes wird mit einem Stahlnetz, welches als Rankhilfe für die Fassadenbegrünung dient, eingehaust. Die bodengebundene Fassadenbegrünung gibt dem Haus einerseits ein sich mit den Jahreszeiten veränderndes Kleid, andererseits wird die Artenvielfalt von Flora und Fauna gefördert. Knapp die zweite Hälfte des Gebäudes ist mit einer Polycarbonat-Fassade verkleidet. Diese Fassade erfüllt mehrere Zwecke: zum einen dient sie dem Immissionsschutz. Sowohl von der Hochstraße als auch von den PKWs im Parkhaus selbst gehen Schallimmissionen aus. Das zukünftig im Otto Areal geplante Quartier muss vor den Motorengeräuschen und den Abrollgeräuschen der PKWs geschützt werden. Des Weiteren schützt die Fassade die zukünftig rückwärtig entstehenden Neubauten vor Lichtimmissionen der im Parkhaus fahrenden PKWs. Der letzte Teil der Fassade bleibt unverkleidet und macht somit die Holzkonstruktion auch nach außen sichtbar.

Über eine zentral liegende Rampenanlage werden alle Geschosse miteinander verbunden. Jeweils ein Treppenhaus entlang der beiden langen Gebäudekanten stellt die fußläufige vertikale Verbindung sicher. Eines der beiden Treppenhäuser ist zusätzlich mit einer Aufzugsanlage ausgestattet. Im Erdgeschoss befinden sich neben der Zufahrt in circa einem Viertel des Gebäudes die Fahrradstellplätze. Die Obergeschosse sind ausschließlich für PKW Stellplätze reserviert. Die Fahrspur entwickelt sich rund beziehungsweise oval um die Rampenanlage herum. An beiden Seiten der Fahrspur sind Stellplätze angeordnet. Durch die Gebäudeform entstehen keine 90° Ecken, in welchen nicht geparkt werden könnte. Dadurch ist der Grundriss maximal effizient und verfügt über keine ungenutzten beziehungsweise unnutzbaren Bereiche.

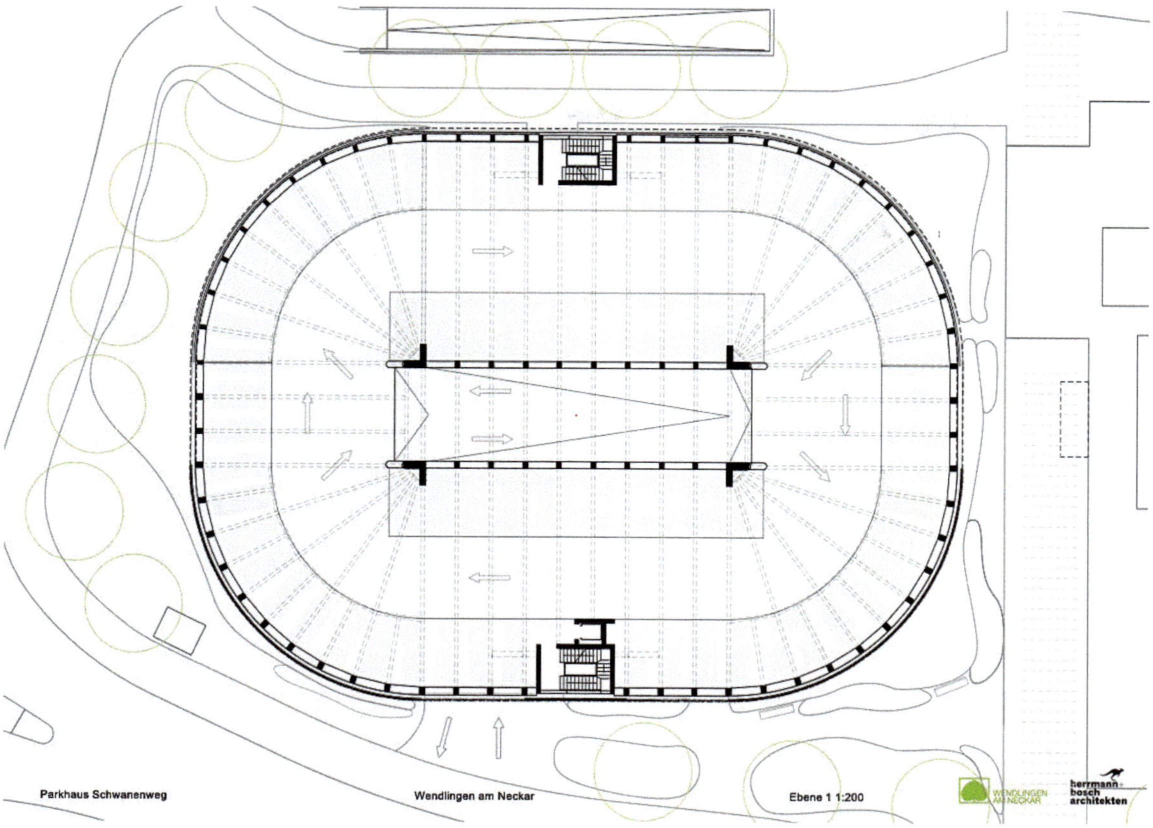

Abb. 3: Regelgrundriss (herrmann+bosch architekten)

2.3 Material und Tragwerk

Neben dem dominanten und im wesentlichen sichtbaren Material Holz kommt außerdem Stahlbeton zum Einsatz. Die beiden Treppenhäuser wurden aus Stahlbeton gefertigt, ebenso das Ringfundament entlang der Gebäudeaußenkante, wie auch das Fundament für die Rampenanlage. Die beiden Treppenhaustürme dienen zur Aussteifung der Geschosse. Holzstützen stehen entlang der Außenkante des Gebäudes und spannen über Holzträger bis hin zur Holzstützenreihe parallel zur Rampenanlage. An den vier Ecken der Rampenanlage befinden sich große L-Stützen, welche die gebündelten Kräfte der Träger aus den Rundungen des Gebäudes aufnehmen. Auf dem Holzträgern wird die Geschossdecke beziehungsweise der Boden aus Holzplatten erstellt. Dadurch entsteht je Geschoss eine steife Scheibe, die durch die beiden Treppenhäuser ausgesteift wird. Alle Bauteile sind geschraubt beziehungsweise gesteckt, so dass zu gegebener Zeit ein sortenreiner Rückbau ermöglicht wird. Durch Sherpa-Verbinder werden die Träger und Stützen zusammengesteckt. Die Deckenplatten wurden verschraubt und mit zwei Abdichtungsbahnen belegt. Diese Folien sind nicht verschweißt, sondern getackert beziehungsweise lose verlegt. So kann im Falle des Rückbaus der Fahrbahnbelag, welcher aus Gussasphalt besteht, rückstandslos von den Holzelementen entfernt werden. Die Außen entlang der Gebäudekante stehenden Stützen sind hinter der Polycarbonat-Fassade unbewittert. Sonstige Stützen werden bewittert und sind somit zu schützen. Dies geschieht durch eine einfache vertikale, geschlossene Schalung, welche an den drei bewitterten Stützenseiten aufgebracht wurde. Die Schalung wurde ebenfalls vorgefertigt und vor Ort montiert. Diese Opferschicht kann zu einem gegebenen Zeitpunkt durch örtliche Betriebe oder Mitarbeitende des Bauhofs schnell und kostengünstig ersetzt werden.

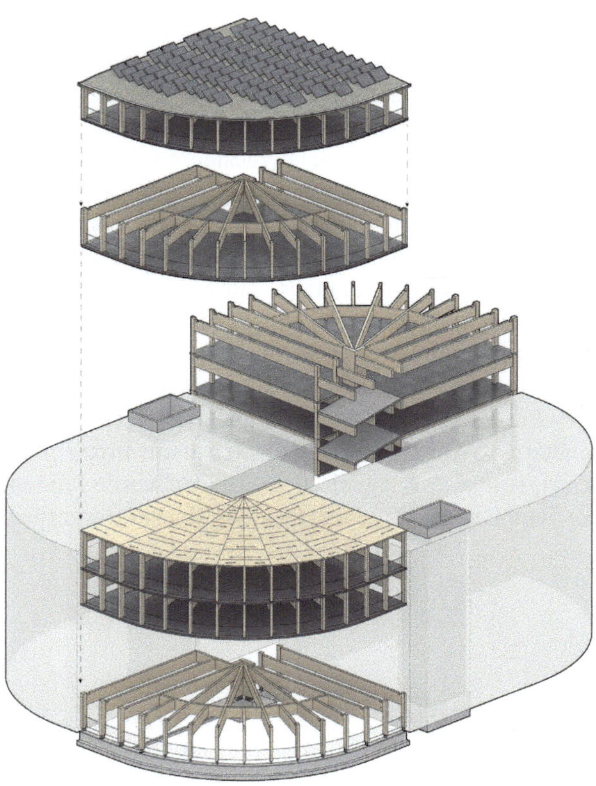

Abb. 4: Tragwerk/Konstruktion (knippershelbig)

2.4 Brandschutz

Konventionelle Parkhäuser können laut DIN in F0 erstellt werden. Holzparkhäuser in großen Dimensionen wurden bislang nicht realisiert, so dass kein Referenzprojekt herangezogen werden konnte. In Abstimmung mit der örtlichen Brandschutzbehörde wurde F60 als Feuerwiderstandsklasse definiert. Stützen und Träger sind entsprechend groß dimensioniert, so dass das Holz den geforderten Brandschutz durch Abbrand sicherstellt. Durch Brandsimulationen wurde der Brandfall simuliert und die Feuerbeständigkeit für 60 Minuten nachgewiesen. So kann auf Brandschutzanstriche oder Verkleidungen gänzlich verzichtet werden.

2.5 Regenwassermanagement

Regenwasser ist bereits heute und wird in Zukunft immer mehr zu einer wertvollen Ressource. Regenereignisse treten seltener, aber heftiger auf. Entsprechend gilt, das Regenwasser zu speichern und natürlich zu versickern. Ein extensiv begrüntes Retentionsdach speichert bereits eine große Menge des Regenwassers. Weiteres Regenwasser wird vor Ort in einer Zisterne gespeichert und in Baumrigolen zur Bewässerung der Neupflanzungen genutzt. Das gespeicherte Wasser wird außerdem für die Bewässerung der Fassadenbegrünung genutzt. Weiteres überschüssiges Wasser wird versickert. Durch die Wasserspeicherung und Bewässerung der Pflanzen wird positiv auf das Mikroklima eingewirkt.

2.6 Bauphase

Sämtliche Holzbauteile wurden in großen Dimensionen vorgefertigt und mit für die Logistik möglichst effizient geplanten Transporten just in time zur Baustelle transportiert. Aufgrund der beengten Ortsverhältnisse auf dem Baufeld mussten die angelieferten Elemente ohne Zwischenlagerung direkt verbaut werden. So wurden Stützen, Träger und Deckenplatten vor Ort montiert. Durch Ausfräsungen und bereits montierte Stahlteile konnten die Bauteile einfach ineinandergesteckt werden. Dieses leimfreie Steckprinzip garantiert eine sortenreine Rückbaubarkeit zu einem späteren Zeitpunkt. Die Sherpa-Verbinder zwischen Stütze und Träger sind ebenfalls bereits an den Bauteilen vormontiert. Zur Montage wurde das Verbindungselement in eine Ausfräsung in der Stirnseite des Trägers montiert. Der offenbleibende Spalt im Träger wurde nachträglich durch ein Holzelement verschlossen. So wird der Metallverbinder brandschutztechnisch geschützt. Pro Monat wuchs der Holzbau um circa ein Geschoss empor. Aus logistischen Gründen wurde während der Bauphase ein Kuchenstück des Hauses ausgespart. Dieser Bereich diente der Anlieferung der Elemente, wie auch als Standort für den Kran. Nach Fertigstellung aller Geschosse wurde der Kran versetzt, so dass das letzte Viertel des Gebäudes Geschoss für Geschoss ergänzt werden konnte.

Abb. 5: Baustellenfoto (herrmann+bosch architekten)

3. Resultat

Das im September 2024 eröffnete Holzparkhaus ist heute ein Musterbeispiel für zukunftsfähige kreislaufgerechte Hochgaragen und zeigt, wie der Umstieg vom Individualverkehr auf den umweltfreundlichen öffentlichen Nahverkehr erleichtert werden kann. Die Organisation des Hauses ist in seiner Klarheit kaum zu überbieten. Aufgrund der Stützenfreiheit der Parkgeschosse (Spannweite 16m) wird der Komfort beim Parken deutlich verbessert. Außerdem sind die Parkgeschosse extrem übersichtlich und einsehbar. Dies erleichtert die Stellplatzsuche und die Orientierung im Gebäude. Außerdem wirkt sich die Einsehbarkeit positiv auf des Sicherheitsgefühl der Nutzerinnen und Nutzer aus. Durch die an jeder Stelle sichtbaren Holzoberflächen und die natürliche Durchlüftung des gesamten Gebäudes wird eine besonders angenehme und für Parkgaragen sehr untypische Atmosphäre erzeugt. Auf haustechnische Anlagen und Installationen kann nahezu komplett verzichtet werden. Neben der PV-Anlage, der Beleuchtung, den E-Landestationen und dem Aufzug ist lediglich der Ticketautomat und die Kennzeichenerfassung im Erdgeschoss zu benennen. Die auf dem Dach montierte Photovoltaikanlage sorgt für erneuerbaren Strom, der den Strombedarf von E-Ladestationen, Aufzug und Beleuchtung vollständig deckt. Überschüsse werden ins Stromnetz eingespeist. Auch die natürliche Belüftung, durch die keine störanfällige, wartungsintensive Lüftungstechnik und Brandschutzanlage notwendig sind, erhöht die Wirtschaftlichkeit des Gebäudes.

Abb. 6: Innenraumfoto (herrmann+bosch architekten)

4. … und in Zukunft?

Das Parkhaus ist so entworfen worden, dass es am Ende seiner Nutzungsphase sortenrein rückgebaut und die Materialien im Stoffkreislauf gehalten werden können. Bevor ein Gebäude abgerissen wird, sollte ein Gebäude jedoch über einen möglichst langen Zeitraum genutzt werden. Deshalb sind Gebäude robust und flexibel zu planen. Nur so kann sichergestellt werden, dass Gebäude anpassungsfähig sind im Falle neuer Nutzungsanforderungen. Um eine solche Anpassungsfähigkeit des Parkhauses zu gewährleisten, wurden unterschiedliche Parameter bereits in der Planung berücksichtigt. Die Erschließung, Gebäudetiefen, Stützenfreiheit, wie auch die lichte Raumhöhe sind entscheidend, um eine Umnutzung zu ermöglichen. Im Holzparkhaus spannen die Träger von Gebäudeaußenkante bis zur innenliegenden Rampe stützenfrei. Somit ist eine nahezu freie Grundrisskonfiguration möglich. Die für ein Parkhaus unkonventionelle Raumhöhe ermöglicht die Nachnutzung durch Wohnungen oder Bürowelten. Das Parkhaus kann Schritt für Schritt in eine andere Nutzung überführt werden. Sollte also festgestellt werden, dass das oberste Geschoss selten bis nie zum Parken von PKWs genutzt wird, könnten im obersten Geschoss Wohnungen errichtet werden. Durch das Einziehen einer Außenfassade wird die thermische Hülle hergestellt. Außenräume in Form von Loggien entstehen. Durch den geschossweise möglichen Rückbau der Rampenanlage wird die Gebäudetiefe mehr als halbiert, so dass Innenräume von beiden Seiten belichtet und belüftet werden können. Ein Laubengang rund um die Rampenanlage gewährleistet die Erschließung aller Einheiten. Die beiden Treppenhäuser bleiben erhalten und garantieren die notwendigen Fluchtwege wie auch die barrierefreie Erschließung aller Etagen. Bereits heute wird das Gebäude auf unterschiedliche Art und Weise flexibel genutzt. So waren zur Einweihungsfeier neben einer Bühne, einem Theaterraum, einem Food-Court, auch Ausstellungsfläche und ein Dreirad-Parcour Teil des Parkhauses. Zur Eröffnung des IBA'27-Festivals wurde die oberste Etage zum Veranstaltungsraum mit Festreden, Speisebereich und Ausstellung. So wurde eine Wohneinheit temporär als Installation aufgebaut, wodurch den Besuchenden bereits die Idee der Umnutzung erlebbar gemacht wurde.

Abb. 7: Innenraum-Visualisierung Nachnutung Atelier/ Büro (herrmann+bosch architekten)

Tiefgaragen effizient geplant – Geometrie zwischen Komfort und Baukosten

Dipl.-Ing. Alfred Seitz
TÜV SÜD Industrie Service GmbH, Bautechnik, München

Dipl.-Ing. (FH) Willibald Müller
TÜV SÜD Industrie Service GmbH, Bautechnik, München

Dipl.-Ing. Andreas Dolipski
TÜV SÜD Industrie Service GmbH, Bautechnik, Stuttgart

Zusammenfassung
Nicht die Garagen und Stellflächen sind zu klein, sondern viele der Fahrzeuge, die heute auf den Markt kommen, werden immer größer und passen oftmals nicht mehr auf die bisherigen Standardstellplätze. Die Forschungsgesellschaft für Straßen- und Verkehrswesen FGSV empfiehlt daher größere Garagen und Stellflächen, was den Stand der Technik beeinflusst und zu Erwartungen führt, die häufig vor Gericht geklärt werden müssen. Diese Unsicherheit bei den am Bau Beteiligten führt dazu, dass in Zukunft Garagen immer größer und komfortabler geplant werden müssten, um auf der vermeintlich sicheren Seite zu sein.
Größere und komfortablere Garagen benötigen jedoch mehr Raum, mehr Material und verursachen somit höhere Baukosten. Dies verteuert den Wohnungsbau und trägt so zu steigenden Mieten bei. Diese Entwicklung muss jedoch nicht zwangsläufig sein. Der folgende Beitrag zeigt auf, wie trotz des Trends zu teils immer größeren Pkws eine effiziente und wirtschaftliche Planung von Tiefgaragen im Spannungsfeld zwischen Komfort und Baukosten gelingen kann. Ziel ist es dabei, auch für Menschen ohne große Fahrzeuge bezahlbare Garagen bereitzustellen und die Grundlage der Planung nicht ausschließlich darauf auszurichten, als würden nur große Autos existieren.

1. Einführung
Die Planung von Tiefgaragen befindet sich zunehmend im Spannungsfeld zwischen einerseits steigenden Komfortansprüchen und andererseits der Notwendigkeit, Baukosten zu optimieren. Ein wesentlicher Treiber ist die Veränderung der Fahrzeugabmessungen: Fahrzeuge werden länger, breiter und höher. Das stellt neue Anforderungen an Stellplatzgrößen und Garagengeometrien.
Seit Jahren fordern Interessensverbände eine Anpassung der Dimensionen von Parkbauten und Stellplätzen. Argumentiert wird, dass die bisherigen Standardmaße nicht mehr den realen Fahrzeugabmessungen entsprechen. Eine Anpassung, wie die *Empfehlungen für Anlagen des ruhenden Verkehrs* (EAR 23 [5]) oder die Veröffentlichung der *Richtlinie für Bemessungsfahrzeuge RBSV* [3] an diese Entwicklung ist die Folge. Diese Veröffentlichungen werden von den Verfassern praktisch durchwegs als Stand der Technik bewertet und von einigen wenigen dieser Sachverständigen – aus Sicht der Autoren des hier vorliegenden Papiers zu Unrecht – sogar bereits als anerkannte Regeln der Technik verstanden.
Die daraus resultierenden Erwartungen führen häufig zu Rechtsstreitigkeiten und großer Unsicherheit bei Planern und Sachverständigen. Wird diesen Erwartungen nachgegeben, werden Parkbauten dadurch zwangsläufig teurer und flächenintensiver geplant. Gleichzeitig steigen die Baukosten, und die Bereitstellung von bezahlbarem Wohnraum wird weiter erschwert. Hohe Mieten können auch eine direkte Folge dieser Entwicklung sein.
Oft wird dabei aber übersehen, dass nicht zwingend die geltenden Vorschriften und Richtlinien größere und kostenintensivere Parkbauten erforderlich machen. Vielmehr sind es das breite Angebot und die starke Nachfrage nach größeren Fahrzeugen, die zu erhöhten Anforderungen führen und somit den Bau von mehr und größeren Parkflächen bedingen.
Die Planung von Tiefgaragen steht somit im Spannungsfeld zwischen Komfort und Baukosten. Um dies zu lösen, lohnt es sich also einen Blick auf die Umstände und Entwicklung zu legen, die zur beschriebenen Situation führten.

2. Fahrzeugentwicklung – Trends und Auswirkungen

2.1 Größenentwicklung von Pkw-Modellen
Pkw-Modelle wachsen von Generation zu Generation. Am Beispiel des VW Passat von der Baureihe B1 bis B8 lässt sich dieser Trend eindrucksvoll nachvollziehen: Seit den 1970er-Jahren ist der Passat kontinuierlich in Länge, Breite und Höhe gewachsen, vgl. Abb.1.

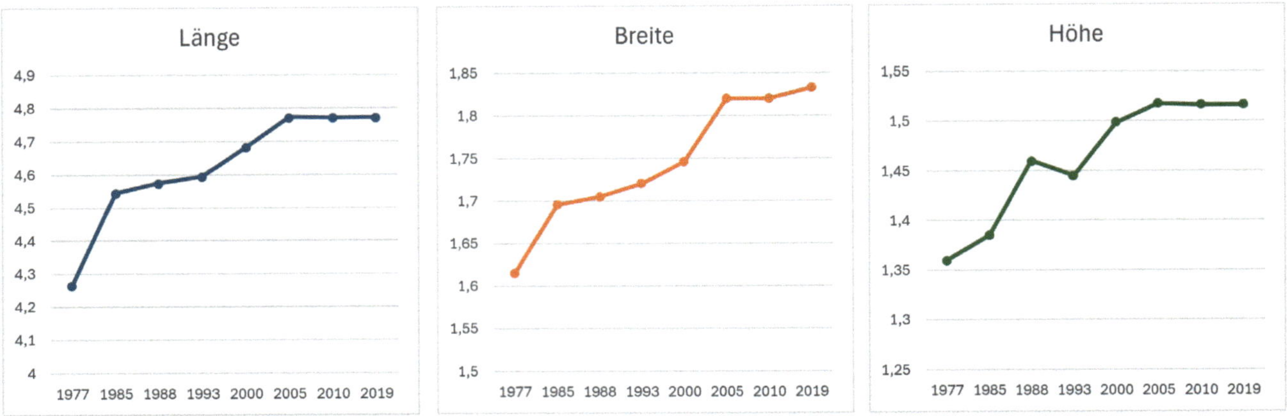

Abb. 1: Größenentwicklung VW-Passat

Diese Entwicklung ist nicht allein auf gestiegene Sicherheitsanforderungen (z. B. Crashtests, Airbags) oder neue Antriebstechnologien (z. B. Hybrid-Fahrzeuge) zurückzuführen, sondern wird maßgeblich durch das Marketing- und die Markenstrategien der Hersteller und eine auch so „geschürte" große Nachfrage nach größeren Pkw beeinflusst.
Große Fahrzeuge werden mit Komfort, Sicherheit und Prestige assoziiert und dienen als Statussymbole.
Für die Hersteller sind große Fahrzeuge zudem offensichtlich wesentlich profitabler. Solange die Nachfrage nach großen Autos anhält, besteht dort wenig Anreiz, kleinere Modelle stärker zu bewerben und diese anstelle großer Modelle in größerer Zahl zu produzieren.

Abb. 2: Große Pkw auf zu kleinen Stellflächen

Dies betrifft aber keinesfalls alle Modelle und Typen auf dem Markt. Es gibt durchaus auch eine große Nachfrage nach kleineren und bezahlbareren Modellen. Dies wird besonders deutlich, wenn man den tatsächlichen Fahrzeugbestand nach Fahrzeugsegmenten näher betrachtet.

2.2 Segmentverschiebungen und Marktentwicklung

Eine Analyse des Fahrzeugbestands in Deutschland (Stand Januar 2025) zeigt, dass die Segmente Mini und Kleinwagen mit ca. 24,7 % sowie die Kompaktklasse mit ca. 23,4 % zusammen etwa die Hälfte des Gesamtbestands ausmachen. Für diese Fahrzeuge wären die bestehenden Stellflächen – mit allenfalls geringen Modifikationen der Stellplatzbreiten – ausreichend.
An dritter Stelle folgen Geländewagen und SUVs mit etwa 20,4 %, die die Mittelklasse (11,7 %) bereits deutlich überholt haben. Besonders auffällig ist das Wachstum der SUVs und Geländewagen seit 2010 um über 650 %. Im Gegensatz dazu gehen die Zahlen der Mittelklassefahrzeuge zurück.

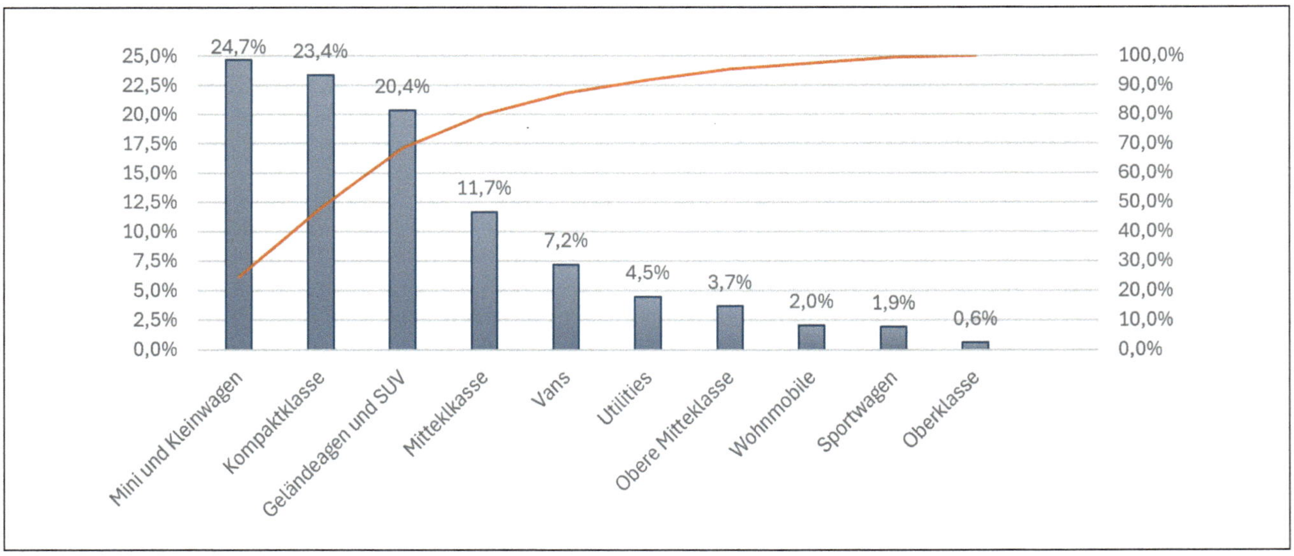

Abb. 3: Fahrzeugbestand nach Fahrzeugsegmenten (Quelle KBA Januar 2025, [7])

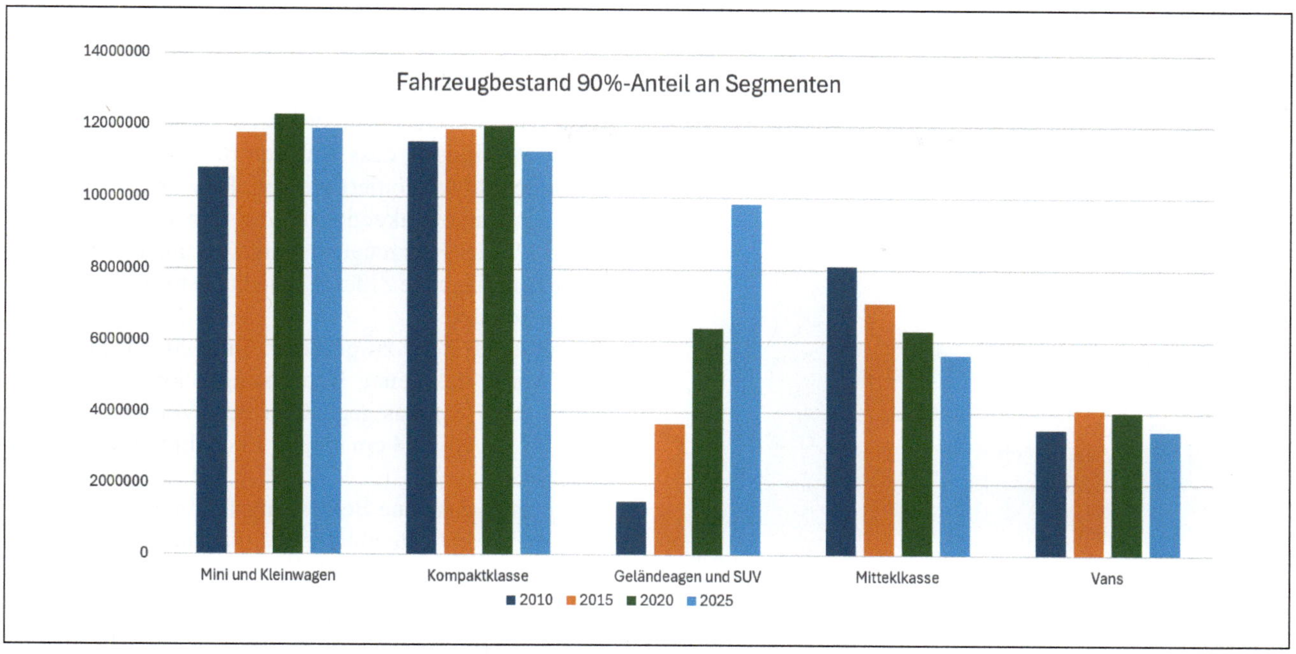

Abb. 4: Fahrzeugbestand an Geländewagen/SUV und Mittelklasse von 2010, 2015, 2020 und 2025 (Quelle KBA [7])

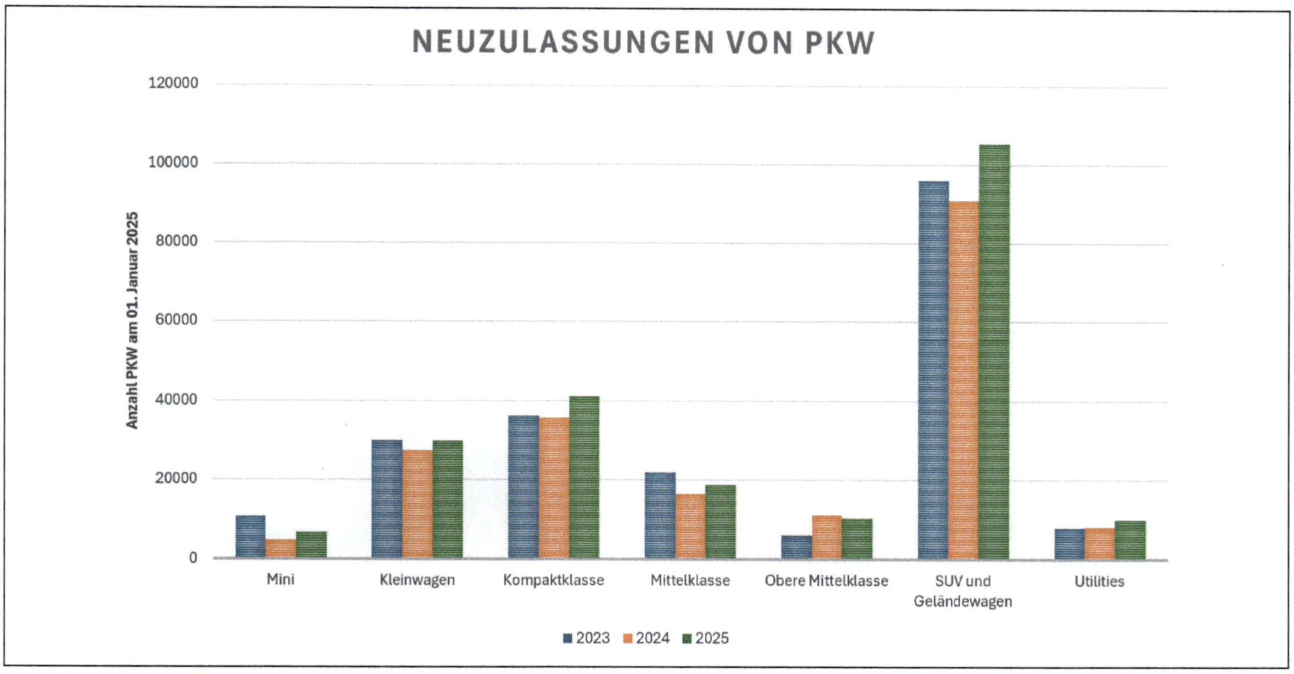

Abb. 5: Neuwagenzulassung von Pkw von 2023 bis 2025 (Quelle KBA [7])

Auch die Neuzulassungen der letzten drei Jahre bestätigen den SUV-Boom: Mit rund 40 % liegen sie deutlich an der Spitze aller Segmente.
Dabei gibt es gerade in diesen Segmenten nicht den „Standardwagen“, sondern die SUVs und Geländewagen weisen eine besonders große Varianz bei den Abmessungen auf, was häufig zu Problemen bei der Nutzung von Standardstellplätzen führt.
Neben sehr großen SUVs gibt es dabei aber auch kompakte Varianten wie den VW T-Cross, für die übliche Stellflächen vollkommen ausreichend sind. Dieser Umstand verdeutlicht, dass die Vielfalt selbst innerhalb des Fahrzeugsegments der SUVs eine differenzierte Herangehensweise an die effiziente Planung von Garagen erfordert.

Tab. 1: Varianz der Abmessungen von SUVs

Abmessung	VW T-Cross	BMW X7	Ford Ranger
Länge	4,1 m	5,2 m	5,4 m
Breite	1,8 m	2,0 m	2,0 m
Höhe	1,6 m	1,8 m	1,9 m

Fahrzeuge der oberen Mittelklasse (3,7 %) und Oberklasse (0,6 %) spielen mengenmäßig dagegen nur eine sehr untergeordnete Rolle.

Es zeigt sich deutlich, dass nur Teile eines einzigen und vergleichsweise neuen Fahrzeugsegments „Treiber“ des also nur scheinbar den gesamten Markt beherrschenden Trends nach immer größeren Pkws sind. Zumindest für diese Modelle werden die Standardabmessungen von Garagen und Stellflächen tatsächlich zunehmend unzureichend.

Abb. 6: Geländewagen benötigt zwei Stellflächen

2.3 Prognosen und Zukunftsblick

Die Entwicklung der Fahrzeuggrößen lässt sich für die Zukunft schwer vorhersagen. Es gibt jedoch keine technische Notwendigkeit, dass Pkw weiterhin größer werden. Vielmehr könnten ökologische und wirtschaftliche Gründe, neue Mobilitätskonzepte (Carsharing, Mikromobilität) und ein verändertes Nutzungsverhalten den Bedarf und auch die Akzeptanz der Kunden an großen Fahrzeugen künftig verringern.
Zwischen 2020 und heute haben sich sowohl die Nutzerzahlen als auch die Fahrzeugflotten von Carsharing-Anbietern nahezu verdoppelt, was den Wandel im Mobilitätsverhalten deutlich unterstreicht, vgl. [8].
Auch politische Maßnahmen wie CO_2-Grenzwerte, Flächensteuern, Parkgebühren oder Zugangsbeschränkungen in Städten könnten den Trend zu großen Fahrzeugen bremsen. Gesellschaftlich wächst das Bewusstsein für Flächenverbrauch, Energieeffizienz und Ressourcenschonung. Insbesondere bei jüngeren Generationen verliert das Auto zunehmend die Bedeutung als „Statussymbol“ und der Trend geht zu Carsharing-Modellen.
Es ist daher anzunehmen, dass Pkw zu einem wachsenden Anteil künftig kleiner und effizienter werden und/oder werden müssen. Zu groß gebaute Garagen könnten dann überdimensioniert sein und nachfolgenden Generationen durch hohe Unterhalts- und Instandhaltungskosten zur Last fallen.

3. Folgen

Die kontinuierliche Zunahme der Fahrzeuggrößen spiegelt sich zwangsläufig in den wachsenden Abmessungen von statistisch ermittelten Bemessungsfahrzeugen wider. Verschärft wird diese Entwicklung durch die Forderung nach zusätzlichen Bewegungsräumen und Sicherheitszuschlägen, die sich an einem hohen Komfortanspruch orientieren. Der daraus resultierende Mehrbedarf an Platz soll im Folgenden aufgezeigt werden.

3.1 Größere Bemessungsfahrzeuge

Traditionell wurden Verkehrsflächen mit sogenannten 85 %-Bemessungsfahrzeugen geplant. Diese statistisch ermittelten Abmessungen decken 85 % aller Pkw ab und sollten verhindern, dass Anlagen für seltene Großfahrzeuge überdimensioniert werden. Es wurde damit aber auch „planmäßig akzeptiert“, dass im Umkehrschluss etwa 15 % der Fahrzeuge die Anlagen unter Umständen (siehe nachfolgende Ziffer 3.2) nicht bestimmungsgemäß nutzen konnten.
Der aktuelle Trend zu größeren Fahrzeugen führte zur Einführung des neuen Bemessungs-Pkw FGSV 2020 (vgl. RBSV [3]), das gegenüber dem Vorgänger FGSV 2001 [2] um etwa 14 cm länger, 13 cm breiter und 49 cm höher ist.
Damit passt das neue Bemessungsfahrzeug FGSV 2020 nicht mehr auf heute übliche Stellflächen mit einer Länge von 5,0 m und einer Höhe mit 2,0 m.
Unverändert geblieben sind jedoch Parameter wie der Wendekreisradius (5,85 m) sowie fehlende Angaben zu Karosserieausrundungen und Bodenfreiheit.

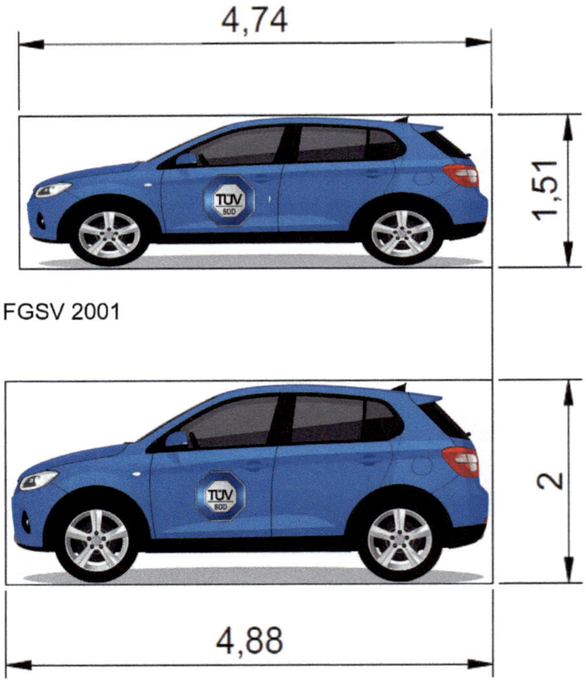

Abb. 7: Gegenüberstellung der 85 %-Bemessungsfahrzeuge FGSV 2001 [2] und FGSV 2020 [3]

3.2 Zusätzliche Sicherheiten

Der Bemessungs-Pkw RBSV basiert auf statistischen Auswertungen relevanter Fahrzeugparameter, wie Länge, Breite, Höhe, Fahrzeugüberhang und Radstand. Allerdings führt die Vernachlässigung von Karosserieausrundungen in der Praxis zu sehr großzügigen Kurvenaufweitungen, die im Zuge von Schleppkurvensimulationen ermittelt werden und weit über die realen Anforderungen hinausgehen.

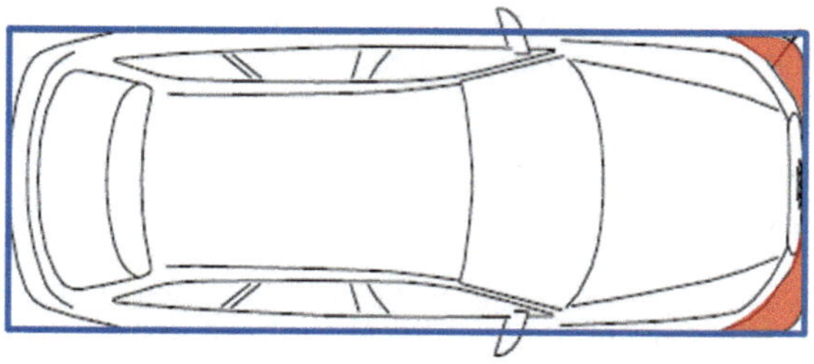

Abb. 8: Bemessungsfahrzeug mit Karosserieausrundungen

Dies zeigt sich besonders eindrucksvoll, wenn die simulierten Schleppkurven der Bemessungsfahrzeuge denen von realen Fahrzeugen gegenübergestellt werden.
So weist das frühere, mehr als 20 Jahre alte Bemessungsfahrzeug FGSV 2001 [2] bei einer Kurvenfahrt auf einer Rampe gemäß Garagenverordnung [1] eine größere Schleppkurvenaufweitung auf, als beispielsweise ein aktueller VW Passat aus dem Segment der Mittelklasse oder ein Audi A6 aus dem Segment der oberen Mittelklasse. Dementsprechend waren die auf dieser Bemessungsgrundlage geplanten Verkehrsanlagen für die meisten damaligen Realfahrzeuge weit überdimensioniert bzw. erwiesen sich diese Anlagen über einen Zeitraum von rund 25 Jahren als funktionstüchtig und praxistauglich – auch für die in dieser Zeit wie dargelegt größeren Pkws.

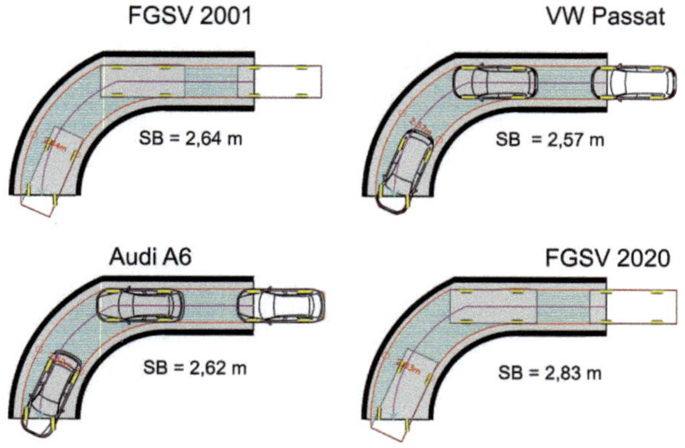

Abb. 9: Schleppkurvenaufweitungen im Vergleich von Bemessungsfahrzeugen zu Realfahrzeugen

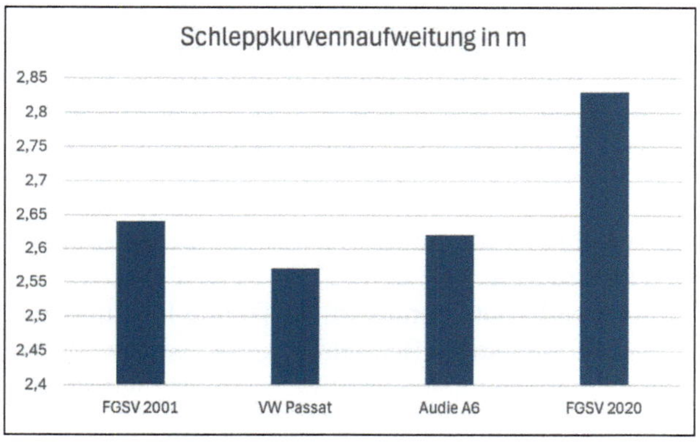

Abb. 10: Resultierende Schleppkurvenaufweitungen im Vergleich Bemessungsfahrzeuge zu Realfahrzeuge beim Durchfahren einer Rampe nach Garagenverordnung

An diesen Umständen und Zusammenhängen hat sich nichts geändert. Auch das Bemessungsfahrzeug FGSV 2020 vgl. RBSV [3] berücksichtigt – ebenso wie das Bemessungsfahrzeug FGSV 2001 [2] – keine Karosserieausrundungen. Dies führt dazu, dass sich daraus geometrisch deutlich größere Sicherheitsspielräume sowie Fahrbahnaufweitungen ergeben.

3.3 Zusätzliche Bewegungsräume

Die Richtlinie RBSV 2020 [3] fordert seitliche Toleranzen zu Schleppkurven mit mindestens 0,50 m, nach oben zur Garagendecke mindestens 0,30 m.
Die EAR 23 [5] empfiehlt zusätzliche Sicherheitsabstände, sodass sich bei Rampen insgesamt Sicherheiten von bis zu 1,0 m pro Fahrzeugseite ergeben können.
Zwar erhöht dies den Fahrkomfort, doch stellt sich die Frage, ob diese pauschalen Zuschläge tatsächlich notwendig sind – insbesondere, da solche Sicherheitsräume nicht einmal auf Autobahnbaustellen üblich und erforderlich sind.

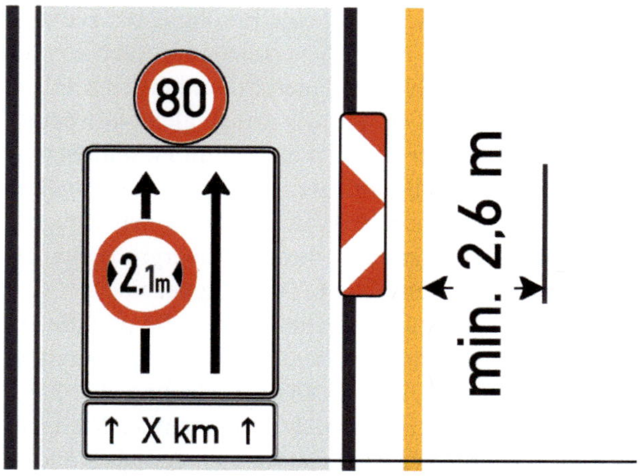

Abb. 11: Auszug aus der RAS 21 [9]

Daher stellt sich die berechtigte Frage, ob diese Abmessungen tatsächlich üblich und notwendig sind und somit als „allgemein anerkannte Regel der Technik“ gelten können.
Die Forderung der RBSV 2020 [3], einen oberen Bewegungsraum von 30 cm bei einer Fahrzeughöhe von 2,0 m vorzusehen, ist in diesem Sinne besonders kritisch, weil die meisten Tiefgaragen nur eine lichte Höhe von 2,0 m bieten. Die Berücksichtigung des 85 %-Perzentils, das auch Fahrzeuge über 2,0 m einschließt, erscheint für normale Anwohnergaragen nicht plausibel. Ein zusätzlicher Bewegungsraum von 30 cm lässt sich zudem aus geometrischer Sicht nicht rechtfertigen.
Als „anerkannte Regeln der Technik“ gilt eine technische Regel, wenn diese

- wissenschaftlich begründet ist,
- von der überwiegenden Mehrheit der Fachleute anerkannt und angewendet wird und
- sich in der Praxis bewährt hat.

Bei der Überprüfung dieser Kriterien wird häufig außer Acht gelassen, dass Regelwerke oftmals einen sehr hohen

Komfortstandard zugrunde legen, der über das tatsächlich Erforderliche hinausgeht. Wie im obigen Beispiel erläutert, entspricht eine Garagenhöhe von 2,30 m nachweislich keiner der drei definierten Anforderungen: Sie ist weder geometrisch nachvollziehbar begründet noch stellt sie einen gängigen Branchenstandard dar und findet bislang in der Praxis auch praktisch keine Anwendung. Die Maßvorgaben der Regelwerke, wie z. B. der RBSV oder der EAR 23 stellen dann auch keine allgemein anerkannte Regel der Technik dar.
Verbindliche Mindestmaße sind den Bestimmungen der Garagenverordnungen zu entnehmen.

3.4 Resultat und Konsequenz

Die Anwendung des aktuellen 85 %-Bemessungs-Pkw ohne Karosserieausrundungen in Kombination mit den in neuen Empfehlungen genannten hohen Sicherheitszuschlägen führt – zumindest aus heutiger Sicht – zu übergroßen Garagenabmessungen.
Kostenermittlungen von TÜV SÜD haben ergeben, dass bei einer bedarfsausgelegten Planung gegenüber einer Auslegung nach EAR 23 [5] eine Erhöhung der Baukosten von bis zu 30 % bis 40 % vermieden werden könnte.
Angesichts der erheblichen Unterschiede bei den heutigen Fahrzeugabmessungen und der dringenden Notwendigkeit, Baukosten zu reduzieren bzw. zumindest nicht weiter zu erhöhen und bezahlbaren Wohnraum zu schaffen, ist es heute nicht mehr zeitgemäß, 100 % der Garagenflächen so auszulegen, dass diese für übergroße Bemessungsfahrzeuge oder große SUVs geeignet sind.
Die Vielfalt der aktuellen Fahrzeugmodelle und die zunehmende Bedeutung effizienter und kostensparender Planungen machen eine pauschale Auslegung aller Stellplätze auf große Fahrzeuge nicht mehr sinnvoll. Vielmehr sollte die Planung gezielt am tatsächlichen Bedarf und an den Anforderungen der Nutzer orientiert werden.
Durch eine gezielte Auswahl geeigneter Bemessungsfahrzeuge mit sinnvollen Bewegungsspielräumen können daher nicht nur erhebliche Baukosten, sondern auch langfristige Lebenszykluskosten für Unterhalts- und Instandsetzungsmaßnahmen vermieden werden. Dies ermöglicht nicht nur eine Reduzierung der Baukosten, sondern trägt auch dazu bei, bezahlbaren Wohnraum zu schaffen und die Flächeneffizienz von Garagen zu erhöhen.

4. Effizient geplante Garagen

Eine Garagenplanung, die sich am tatsächlichen Bedarf und den Nutzeranforderungen orientiert, sorgt für effizient genutzte Flächen und vermeidet unnötige Bau- sowie Folgekosten. Statt pauschaler Größen für große Fahrzeuge werden Größen und Bewegungsspielräume flexibel und zielgerichtet gewählt, wodurch Kosten gesenkt und bezahlbarer Wohnraum gefördert werden.

4.1 Bedarfsorientierte Auslegung

Bis heute werden, wie früher üblich, die Planungen von Garagen meist mit standardisierten Bemessungsfahrzeugen und Maßvorgaben durchgeführt. Angesichts der heutigen Vielfalt an Fahrzeugmodellen und des hier aufgezeigten Umstandes, dass nur einzelne Segmente den Trend zu größeren Fahrzeugen treiben, ist dieses Vorgehen nicht mehr zeitgemäß und widerspricht einer effizienten, kostensparenden Auslegung.
Tatsächlich benötigt mehr als die Hälfte des Fahrzeugbestands nur Stellflächen für Fahrzeuge des Segments der Kleinwagen bzw. kleinen SUVs bis zur Kompaktklasse, für die übliche Standardstellflächen vollkommen ausreichen. Eine pauschale Auslegung aller Stellplätze auf große Fahrzeuge ist daher ineffizient.
Eine bedarfsorientierte Auslegung bedeutet, die Planung möglichst am Standard der Gesamtmaßnahme bzw. – soweit möglich – an den tatsächlichen Anforderungen der künftigen Nutzer auszurichten. Dazu zählen neben den Fahrzeugabmessungen auch Aspekte wie:

- Zielgruppen, Nutzerkreis
- Individuelle Wünsche
- Abwägung zwischen Komfort und Baukosten
- Optimiertes Raumangebot
- Unterschiedliche Stellplatztypen und Nutzerzonen nach Preissegmenten
- Separate Stellplätze für große Geländewagen, SUVs und Vans
- Umlage der Mehrkosten auf größere und komfortabler zu befahrende Stellflächen (vgl. z. B. XXL-Parken am Flughafen München)

Eine effiziente Planung senkt sowohl die Investitions- als auch die laufenden Betriebs- und Wartungskosten und leistet einen Beitrag zu nachhaltigem und wirtschaftlichem Bauen.

4.2 Analyse der Nutzerbedürfnisse

Grundlage jeder bedarfsorientierten Planung ist eine detaillierte Analyse der Nutzerbedürfnisse, z. B. orientiert am Standard der Gesamtmaßnahme oder nach expliziten Vorgaben des Bauherrn.
Ergebnis dieser Nutzeranalyse sind exemplarisch folgende Randbedingungen:

- Anzahl von Stellflächen
- Art und Größe von Stellflächen z. B. nach Fahrzeugsegmenten
- Nutzerkreise: Häufigkeit der Nutzung
- Komfortwünsche wie Bewegungsräume, Anzahl von Rangierbewegungen, Vorwärts- oder Rückwärtsanfahrbarkeit
- Barrierefreiheit

4.3 Definition von nutzerorientierten Bemessungsfahrzeugen

Idealerweise sollte bereits in der frühen Planungsphase ein repräsentatives Realfahrzeug für das gewünschte Fahrzeugsegment definiert werden. Studien wie die der Westsächsischen Hochschule Zwickau aus 2011 [6] bieten hierfür statistische Grundlagen.
Auch individuelle Fahrzeuge, z. B. für einzelne Wohnungen des Luxussegments, können berücksichtigt werden.
Bei einer effizienten Planung können unterschiedliche Realfahrzeuge je nach Segment eingesetzt werden,

etwa Mittelklassefahrzeuge für Standardstellplätze und Kompaktklassefahrzeuge für schwieriger anfahrbare Plätze.

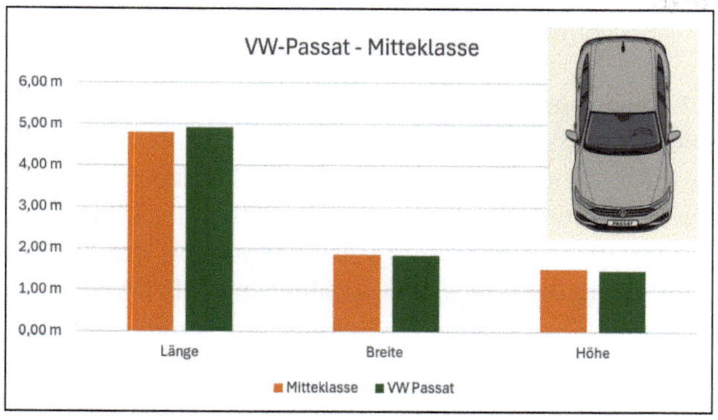

Abb. 12: Abgleich VW-Passat mit den Segmentabmessungen der Mittelklasse aus [6]

Die so definierten Bemessungsfahrzeuge dienen als Grundlage für die Festlegung der Stellplatzabmessungen und die Überprüfung der Befahrbarkeit mittels Schleppkurvenanalysen.

Dieses Vorgehen ist bewährt und wird bereits seit Jahrzehnten von Herstellern von Parksystemen erfolgreich angewendet.

4.4 Zur Planung

Die Planung der Garage sollte sich am abgestimmten Bemessungsfahrzeug orientieren, wobei die Mindestabmessungen der örtlichen Satzungen und Garagenverordnungen nicht unterschritten werden dürfen.

Stellplatzgrößen, lichte Höhen, Durchgangs- und Türöffnungsmaße werden so entsprechend den, im Extremfall stellplatzweise unterschiedlichen individuellen Anforderungen und eben nicht durchgängig nach überdimensionierten Standards festgelegt.

Stellflächen:

Bei der Auslegung von Stellflächen sind Bewegungsspielräume (SB), Sicherheitsabstände (SA) Türöffnungsmaße (TÖM) sowie die Karosseriebreite (KB) entscheidend.

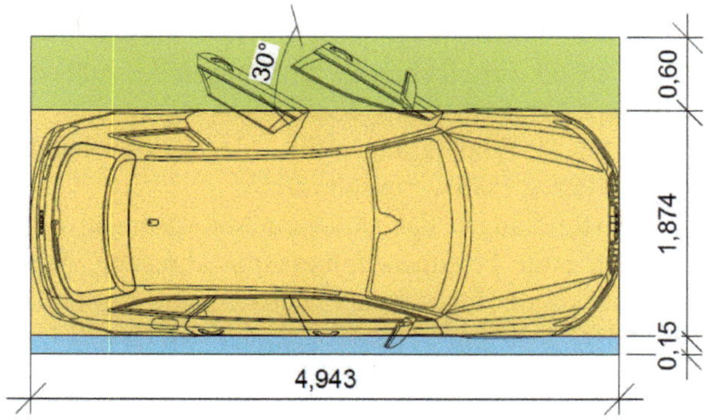

Abb. 13: Definition von Türöffnungsmaßen und Sicherheitsabständen

Je nach Anordnung begrenzender Bauteile sind dabei im Regelfall vier Fälle zu unterscheiden, vgl. Abb. 14.

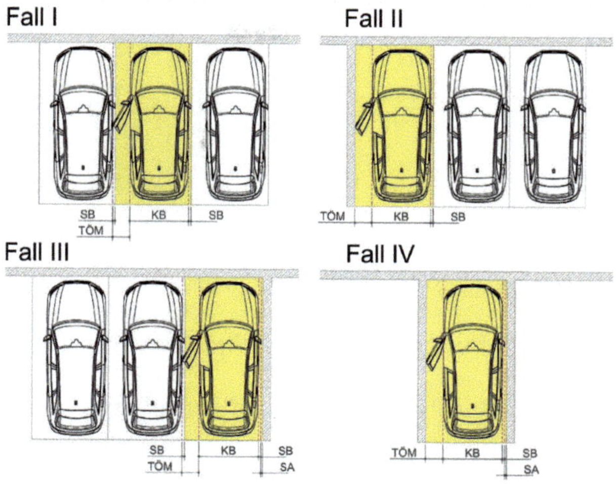

Abb. 14: Prüfung von Stellflächen

Durch eine geschickte Anordnung von Stützen können Türöffnungsmaße optimiert werden. Dabei ist auf verbleibende Durchgangsmaße (DM) zu achten, siehe Abb. 15.

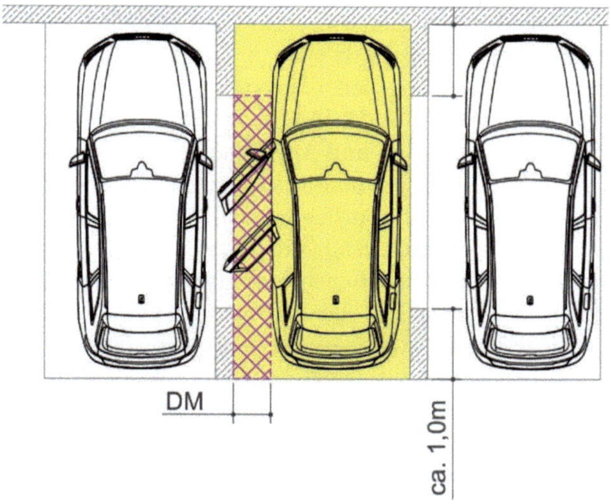

Abb. 15: Türöffnungsmaße im Stützenschatten

Fahrgassen und Rampen:

Die mit der Nutzeranalyse definierten Komfortparameter sowie die erforderlichen Rangierbewegungen sind mit dynamischen Schleppkurven zu prüfen. Moderne Software ermöglicht dabei heute eine realitätsnahe Abbildung der Fahrzeugabmessungen, vgl. Abb. 16.

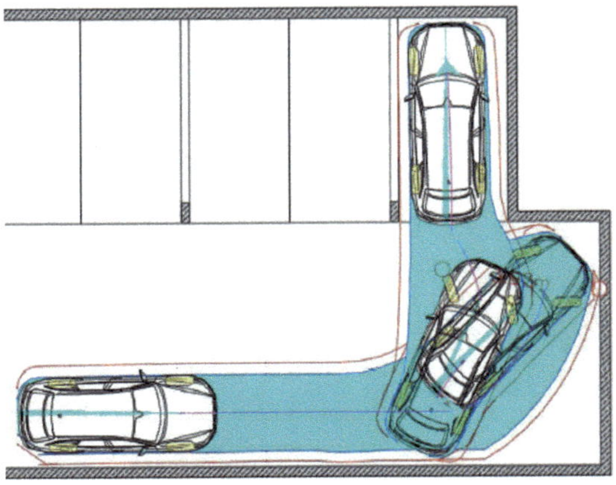

Abb. 16: Prüfung der Befahrbarkeit mit Realfahrzeugen

Kritische Bereiche, wie die Zu- und Abfahrten oder Endstellplätze, sollten immer mit dynamischen Schleppkurvensimulationen überprüft werden. Bei schwierig anzufahrenden Stellplätzen ist zu prüfen, ob eine begrenzte Rückwärtsanfahrt möglich ist.
Bereiche für unterschiedliche Fahrzeuggrößen sind sinnvoll zu gruppieren, um Verkehrsflächen und Rampen platzsparend zu gestalten. Stellplätze für größere Pkw sollten möglichst nahe an den Zufahrten angeordnet werden, um Verkehrsflächen zu optimieren. Überlange Fahrzeuge können so platziert werden, dass sie gefahrlos auf die Fahrgasse überstehen, ohne andere zu behindern.

4.5 Dokumentation und Aufklärung

Erwartungshaltungen und Streitigkeiten entstehen häufig dadurch, dass die Auslegung und Nutzung einer Garage vertraglich nicht eindeutig geregelt sind. Dies führt immer wieder zu rechtlichen Auseinandersetzungen, die durch eine aussagekräftige und vor allem eindeutige vertragliche Vereinbarung vermieden werden könnten.
Hersteller von Parksystemen haben dies verstanden und zeigen seit Jahren, wie dies erfolgreich umgesetzt werden kann. Es ist daher nicht nachvollziehbar, warum so viele Rechtsstreitigkeiten allein auf fehlende Vereinbarungen zur Garagenauslegung beruhen.
Für eine effiziente und bedarfsgerechte Planung ist es entscheidend, den Bauherrn oder Erwerber laiengerecht verständlich über einerseits die Größe und Nutzbarkeit der Stellplätze und andererseits auch über etwaig dabei auftretende Einschränkungen zu informieren. Die Baubeschreibung muss so gestaltet sein, dass der Käufer erkennt, ob seine Anforderungen erfüllt werden.
Aus technischer Sicht sollten mindestens folgende Parameter benannt werden:

- Gewähltes Realfahrzeug/Fahrzeugsegment für welches die Garage ausgelegt ist
- Anfahrbarkeit (vorwärts/rückwärts)
- Anzahl von mindestens erforderlichen Rangierbewegungen
- Lichte Durchfahrtshöhe
- Ggf. Bodenfreiheit (bei besonderen Rampenverhältnissen)
- Einschränkungen durch z. B. Stützen auch beim Ein- und Aussteigen

Die Befahrbarkeit ist stets mit Hilfe dynamischer Schleppkurven zu prüfen und entsprechend zu dokumentieren. Bauherr bzw. Erwerber sollten darauf hingewiesen werden, dass die Nutzbarkeit der Garage für abweichende Fahrzeugabmessungen individuell geprüft werden muss.

5. Zusammenfassung und Fazit

Die Mindestanforderungen an Garagen sollten sich auch künftig nicht an den Wünschen der Fahrzeugindustrie oder einzelnen Käufergruppen orientieren. Sie sind seit Jahrzehnten in den Garagenverordnungen der Länder definiert und haben sich – wohlgemerkt als Mindestabmessungen – bewährt. Individuell zu berücksichtigende Anforderungen an die Befahrbarkeit mit bestimmten Fahrzeugsegmenten oder aber einem hohen Komfort sind dann gesondert zu planen und durch entsprechend vergrößerter Abmessungen zu berücksichtigen.
Eine pauschale Auslegung auf das 85 %-Bemessungsfahrzeug (über alle Fahrzeugsegmente) ohne Berücksichtigung von Karosserieausrundungen und zuzüglich großzügigen Bewegungsräumen oder gar eine Übernahme der daraus resultierenden Abmessungen in die Bauordnungen würde dagegen zu unwirtschaftlich großen und für Realfahrzeuge deutlich überdimensionierten Garagen führen. Allein deshalb können entsprechende Regelwerke wie die EAR 23 [5] nach Ansicht der Autoren keine allgemein anerkannte Regel der Technik sein.
Mit einer bedarfsorientierten Planung können unnötige Rechtsstreitigkeiten vermieden und gleichzeitig wirtschaftlich sinnvolle und bezahlbare Garagen geschaffen werden.

Literatur

[1] M-GarStVO: Muster einer Verordnung über den Bau und Betrieb von Garagen und Stellplätzen (Muster-Garagen- und Stellplatzverordnung), Fachkommission Bauaufsicht, Fassung 09/2020

[2] FGSV 2001: Bemessungsfahrzeuge und Schleppkurven zur Überprüfung der Befahrbarkeit von Verkehrsflächen, FGSV, Ausgabe 2001

[3] RBSV 2020: Richtlinien für Bemessungsfahrzeuge und Schleppkurven zur Überprüfung der Befahrbarkeit von Verkehrsflächen, FGSV, Ausgabe 2020

[4] EAR 05: Empfehlungen für Anlagen des ruhenden Verkehrs, FGSV, Ausgabe 2005

[5] EAR 23: Empfehlungen für Anlagen des ruhenden Verkehrs, FGSV, Ausgabe 2023

[6] Bestimmungen der aktuellen Abmessungen differenzierter Personen-Bemessungsfahrzeuge, Westsächsische Hochschule Zwickau, Stand April 2011

[7] KBA: Kraftfahrt-Bundesamt, statistische Erhebungen (www.kba.de)

[8] Carsharing-Statistik, Bundesverband Carsharing e.V.

[9] RSA 21: Richtlinien für die verkehrsrechtliche Sicherung von Arbeitsstellen an Straßen, FGSV, Ausgabe 2021

Betoninstandsetzung einer Tiefgarage – und was ist mit der Benutzerfreundlichkeit?

Dipl.-Ing. (FH) Bernd Beer
AMP Parking Europe GmbH, Karlsruhe

Die meisten Parkhäuser und Tiefgaragen, bei denen aktuell eine Betoninstandsetzung ansteht, stammen noch aus den 60er, 70er und 80er Jahren und hatten meist weder ein Gefälle noch einen Oberflächenschutz. Chloride und Karbonatisierung haben ihnen im Laufe der Jahre mehr oder weniger stark zugesetzt und in der Regel steht dann das volle Programm der Instandsetzungstechnik vor der Tür, so beispielsweise auch bei der Parkgarage Zentrum/Schloss in Ettlingen bei Karlsruhe.

Die 2-geschossige Tiefgarage mit bisher rund 400 Stellplätzen wurde im Jahre 1976 errichtet. 2004 wechselte der Besitzer von der Stadt Ettlingen zur Sparkasse Ettlingen und nach der Fusion dann schließlich zur Sparkasse Karlsruhe. Letztere stand nun vor der Aufgabe, eine längst überfällige umfangreiche Betoninstandsetzung nebst großflächiger Erhöhung der Betondeckung und vollständiger Erneuerung der technischen Anlagen durchzuführen.

Nach erfolgter Betoninstandsetzung wurde auf der Zwischendecke ein Oberflächenschutzsystem OS 10 aufgetragen und auf der Bodenplatte OS 8. Auf den Deckenunterseiten, Wänden und Stützen wurde die Betonüberdeckung mit Spritzmörtel erhöht und anschließend ein Oberflächenschutzsystem OS 4 aufgetragen. Schließlich wurden auf der Grundlage eines neuen Brandschutzkonzeptes die Elektroinstallationen, die Lüftung und die Feuerlöschanlagen erneuert.

Aber neben der reinen Pflichtaufgabe stellte sich auch die Frage, was man im Zusammenhang mit der Betoninstandsetzung auch zur Erhöhung der Kundenfreundlichkeit tun könnte und natürlich stand da das Thema Stellplatzbreite als erstes auf dem Programm. Zwar war trotz mehrgeschossiger Überbauungen u.a. durch ein Kaufhaus von Anfang an ein kundenfreundliches stützenfreies Tragwerk ausgeführt worden, aber die Stellplätze waren, wie damals üblich, leider nur 2,30 m breit. Bei einem 1,90 m breiten Fahrzeug bleiben zwischen zwei Fahrzeugen nur 40 cm Zwischenraum, von denen rund 25 cm von der Tür selbst in Anspruch genommen werden. Daher wurde entschieden, die Stellplatzbreite, trotz der daraus resultierenden Verringerung der Stellplatzzahl auf 320 St., auf 2,50 m zu erhöhen. Durch die stützenfreie Konstruktion brauchte man dafür nur die ohnehin zu erneuernden Bodenmarkierungen anpassen. (Bilder 1 – 4)

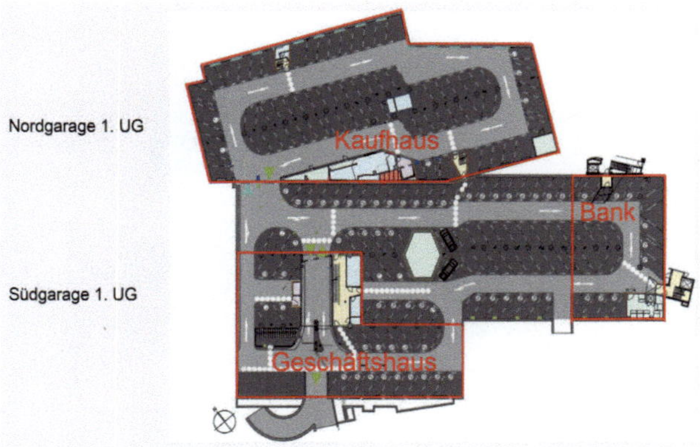

Bild 1

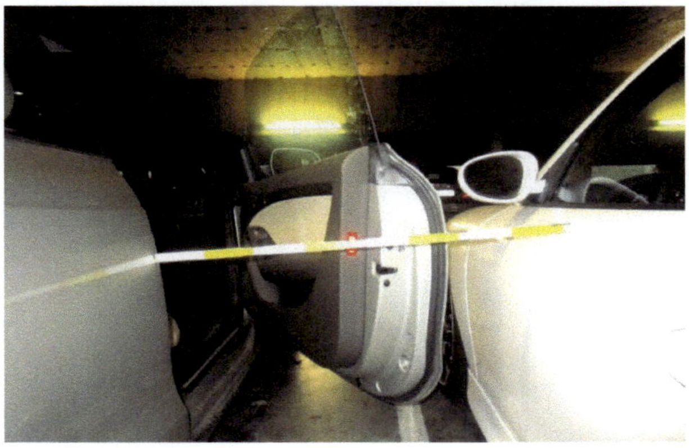

Bild 3

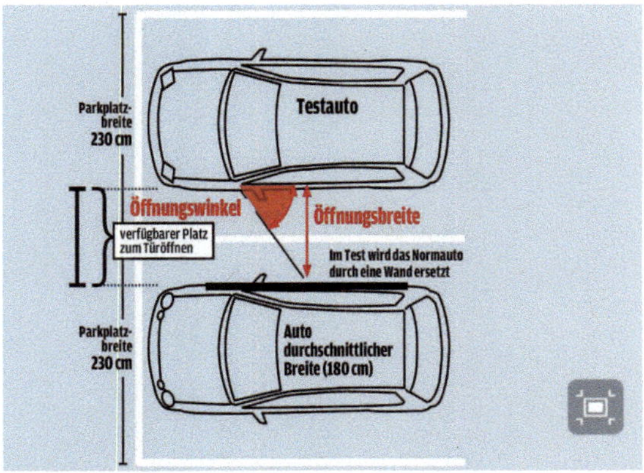

Bild 2

Bild 4

Bild 5

Aufgrund der Überbauung mit verschiedenen Gebäuden unterschiedlicher Bauherren hat die Tiefgarage außerdem einen sehr unübersichtlichen Grundriss. Im Grunde besteht dieser aus zwei separaten Garagenkörpern, die an einer Stelle miteinander verbunden sind. Daher bot es sich an, die Garagennutzer mit einem Leitsystem zu den freien Stellplätzen zu führen. Dies wurde durch eine kamerabasierte Einzelplatzüberwachung realisiert. Ergänzt wurde diese Maßnahme durch beleuchtete Hinweistransparente in unterschiedlichem design für fahrende und gehende Besucher. (Bilder 5 – 9)

Bild 6

Bild 7

Bild 8

Bild 9

Bild 10

Bild 11

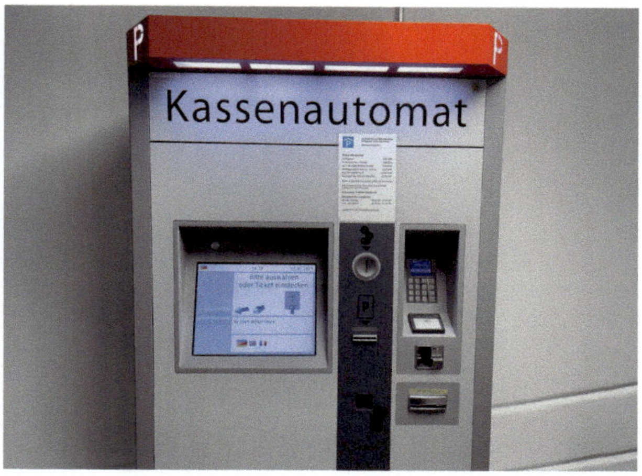

Bild 12

Bild 13

Die Parkhausabfertigung wurde ebenfalls modernisiert und erfolgt seit der ersten Teileröffnung im November 2023 ticketlos über Kennzeichenerkennung. Auf diese Weise konnten die Schranken so positioniert werden, dass, im Gegensatz zu früher, nun auch eine Wiederholeinfahrt möglich ist, falls man im ersten Anlauf keinen passenden Parkplatz gefunden haben sollte. (Bilder 10 – 14)

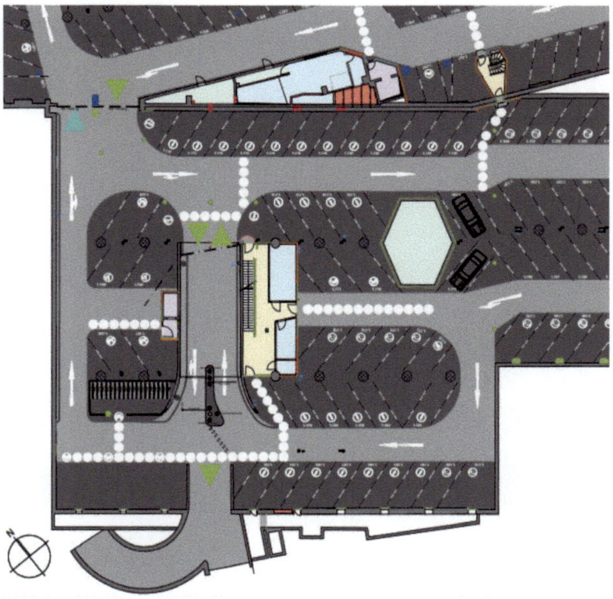

Bild 14

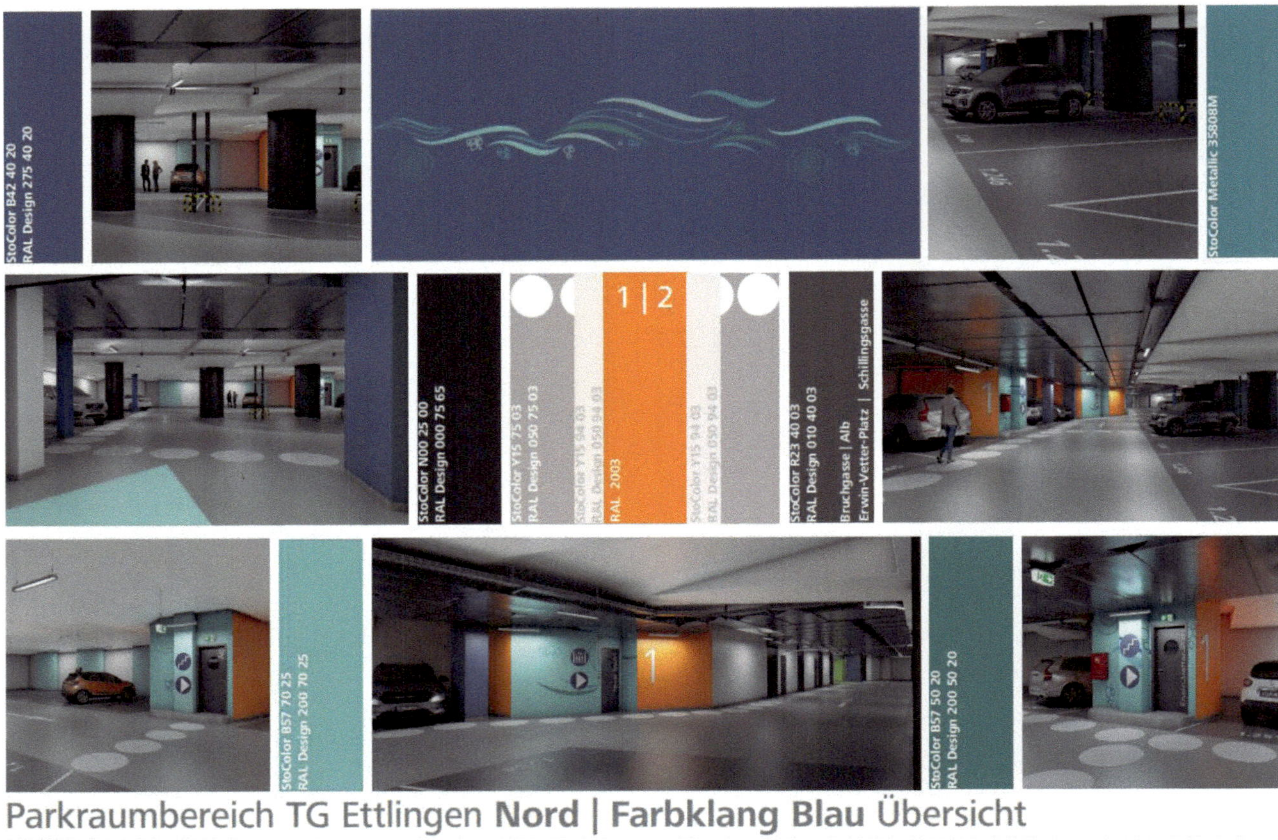

Bild 15

Bild 16

Darüber hinaus wurde durch ein neues Farbkonzept auch die Orientierung für Fußgänger erheblich verbessert. Die Ausgänge, auf die jetzt durch Fußbodenmarkierungen und innenbeleuchtete Hinweistransparente hingewiesen wird, wurden farblich hervorgehoben und die zwei unterschiedlichen Garagenkörper mit unterschiedlichen Leitfarben gestaltet. (Bilder 15 – 17)

Bild 17

Schließlich wurden an allen Publikumstüren Feststellanlagen eingebaut, welche die Türen ständig offenhalten und nur im Brandfall automatisch schließen. Dadurch müssen die schweren Türen nicht mehr von Hand geöffnet werden, was insbesondere bei Schleusen mit zwei kurz hintereinanderliegenden Türen oft sehr umständlich ist. (Bilder 18 – 19)

Bild 18

Bild 19

Bild 20

Bild 21

Bild 22

Die Aufzugvorräume waren für Menschen mit Mobilitäteinschränkungen viel zu eng und mit Installationen vollgepackt. Diese wurden baulich vergrößert und mit Festverglasungen kundenfreundlich und transparent gestaltet. Die Installationen wurden im Trockenbau verkleidet. (Bilder 20 – 24)

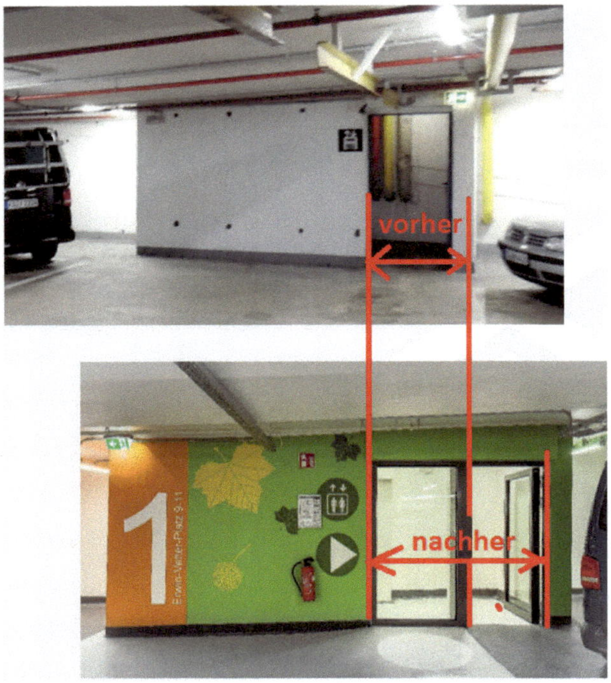

Bild 23 + 24

Alle Treppenhäuser, die zuvor komplett unterschiedliche Bodenbeläge aufweisen, erhielten einen einheitlichen Fliesenbelag. (Bilder 25 – 33)

Bild 25

Bild 26

Bild 27

Bild 28

Bild 29

Bild 30

Bild 32

Bild 31

Bild 33

Und schließlich wurden die teilweise chaotischen Installationen geordnet und in der jeweiligen Hintergrundfarbe gestrichen, so dass diese optisch weniger in Erscheinung treten. (Bilder 34 – 36)

Bild 34

Bild 35

Bild 36

Im Ergebnis konnte die Kundenfreundlichkeit der Parkgarage im Rahmen einer millionenschweren Betoninstandsetzung durch genaues Hinsehen mit vergleichsweise geringen Mehrkosten signifikant gesteigert werden.

TAE

Elektrochemische Instandsetzungsverfahren

KKS-Grundlagen und dessen Anwendung bei Parkbauten

Hannah Gieler, M. Eng.
suicorr Deutschland GmbH, Singen

Zusammenfassung
Parkbauten zählen zu den chloridexponierten Bauwerken, da über den Fahrzeugverkehr erhebliche Mengen an Tausalzen eingetragen werden. Dies bedingt eine hohe Anfälligkeit für chloridinduzierte Bewehrungskorrosion und kann die Dauerhaftigkeit der Tragstruktur maßgeblich beeinträchtigen. Der kathodische Korrosionsschutz (KKS) stellt ein nach DIN EN ISO 12696 [1] normativ definiertes elektrochemisches Verfahren dar, das durch gezielte kathodische Polarisierung der Bewehrung den anodischen Auflösungsprozess des Stahls wirksam entgegenwirkt. Da beim kathodischen Korrosionsschutz auf großflächige Betonabträge verzichtet werden kann, ergeben sich Vorteile hinsichtlich des Recourcenverbrauchs, des Nutzungsausfalls und der Eingriffsintensität. Aktuelle Untersuchungen belegen zudem eine signifikant reduzierte CO_2-Bilanz gegenüber konventionellen Verfahren. Die Wirksamkeit des Systems wird durch kontinuierliche Monitoring- und Depolarisationsmessungen normkonform überwacht [1]. Typische Einsatzszenarien umfassen flächige Instandsetzungen von Bodenflächen und Sockelbereichen, die unterseitige Nachrüstung an Rampen mittels diskreter Anoden sowie die Instandsetzung statisch hoch belasteter Stützen ohne Abstützungsmaßnahmen. Unter geeigneten Randbedingungen ermöglicht KKS eine nachweislich dauerhafte, wirtschaftliche und ressourceneffiziente Erhaltungsstrategie für Parkbauten.

1. Einführung Grundlagen KKS

Der kathodische Korrosionsschutz (KKS) wird in Europa seit Mitte der Achtzigerjahre erfolgreich für die Instandsetzung von Stahlbetonbauten eingesetzt. Geregelt wird die Projektierung und Ausführung des KKS in der EN ISO 12696 [1]. Aktuell wird in Europa diese Art des Korrosionsschutzes vorwiegend im Rahmen von Instandsetzungsmaßnahmen verwendet, wenn der Zustand des Bauwerks noch nicht so stark gefährdet ist, dass eine statische Ertüchtigung erforderlich wäre und der Ist-Zustand im Wesentlichen konserviert werden soll. Die präventive Anwendung des Verfahrens im Zuge eines Neubaus ist nicht nur möglich, sondern wäre häufig eine wünschenswerte und geeignete Maßnahme, um die Lebenszykluskosten des Bauwerks signifikant zu verringern.

Der kathodische Korrosionsschutz hat sich in den vergangenen Jahren als fester Bestandteil der Instandsetzungsstrategien für Parkbauten etabliert. Insbesondere Fremdstromsysteme werden aufgrund ihrer hohen Dauerhaftigkeit und guten Nachprüfbarkeit zunehmend bevorzugt eingesetzt.

Aufgrund der Einwirkung von Chloriden (Tausalze) oder der Karbonatisierung (durch CO_2 in der Luft) entstehen veränderte Bedingungen für den Stahl im Beton. Daraus resultiert, dass der Bewehrungsstahl stellenweise seine Passivität verliert. Er ist damit teilweise ungeschützt und der Korrosionsprozess setzt ein. Dabei kann es am Stahl zu starker Elementbildung kommen, die mit sehr hohen Korrosionsraten einhergeht. An den weiterhin geschützten Stellen wird der Stahl zur Kathode und an der ungeschützten Stelle zur Anode. Infolge der daraus resultierenden Potentialdifferenz und der, somit fließenden Elementströme korrodiert der Stahl in den anodischen Bereichen.

Das Grundprinzip des KKS bei Stahlbetonbauteilen besteht darin, die Bewehrung über flächig oder punktuell installierte Elektroden (Anoden) kathodisch zu polarisieren und dadurch die anodische Eisenauflösung – also den Korrosionsprozess – auf ein technisch vernachlässigbares Niveau zu reduzieren. Hierzu wird eine korrosionsbeständige und dauerhafte Anode, meist aus aktiviertem Titan, mittels eines zementgebundenen Mörtels elektrolytisch an den Beton gekoppelt und an den Pluspol einer Gleichspannungsquelle angeschlossen. Die Bewehrung selbst wird mit dem Minuspol verbunden. Durch das Anlegen einer geringen Gleichspannung entsteht ein Schutzstrom, der dem natürlichen Korrosionsstrom entgegenwirkt und so die Korrosion der Bewehrung weitgehend unterbindet. Damit reduziert sich der aktive Korrosionsprozess auf eine technisch vernachlässigbare Größe. Der noch vorhandene Querschnitt des Bewehrungsstahles bleibt langfristig erhalten.

Dieses Verfahren hat den großen Vorteil, dass chloridkontaminierte oder karbonatisierte Betonschichten nicht abgetragen werden müssen. Bereits vorhandene oder neu eintretende Chloride können im Beton verbleiben.

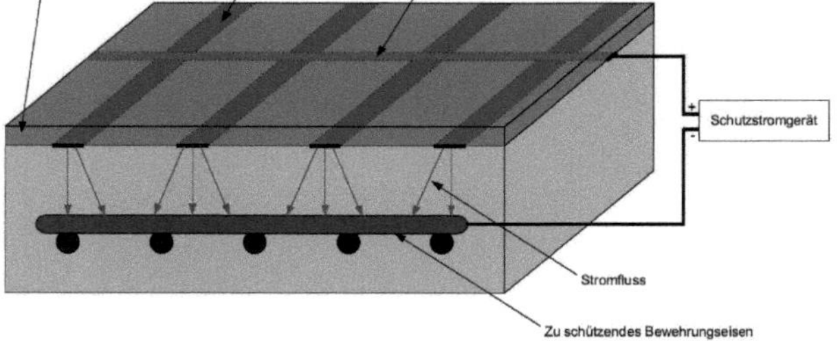

Abb. 1: Funktionsprinzip und Aufbau eines Fremdstrom-KKS-Systems

Häufig als Nachteil benannt wird, dass ein KKS-System während der gesamten Restnutzungsdauer des Bauwerks in Betrieb bleiben muss, um den Schutz dauerhaft aufrechtzuerhalten. Damit sind laufende Wartungs- und Betriebskosten verbunden. Allerdings erfordern auch andere Instandsetzungsprinzipien nach TR-I [2] regelmäßige Wartung und verursachen entsprechende Kosten. Ein wesentlicher Vorteil des KKS liegt vielmehr in der Möglichkeit, die Wirksamkeit des Korrosionsschutzes kontinuierlich zu überwachen. Zu diesem Zweck werden Referenzelektroden in den Beton integriert. Durch kurzzeitiges Abschalten des Systems können sogenannte Depolarisationsmessungen durchgeführt werden, bei denen der Abfall des Stahl-/Betonpotenzials erfasst wird. Nach DIN EN ISO 12696 [1] ist hierfür eine Depolarisation von mindestens 100 mV innerhalb von 24 Stunden anzustreben. KKS-Systeme ermöglichen zudem eine kontinuierliche Onlineüberwachung des Korrosionszustands der Bewehrung und somit eine verlässliche Kontrolle der Systemwirksamkeit.

2. Anwendung bei Parkbauten

2.1 Schadensbilder bei Parkbauten

Tiefgaragen und Parkdecks zählen aufgrund ihrer Nutzung zu stark chloridbelasteten Bauwerken. Dadurch sind besondere Maßnahmen erforderlich, um ihre Dauerhaftigkeit sicherzustellen. Der Chlorideintrag erfolgt überwiegend durch chloridhaltige Taumittel, die während der Wintermonate an den Fahrzeugen – vor allem in den Radkästen – haften und in die Parkbauten eingetragen werden. Von dort gelangen die Chloride an die tragenden Stahlbetonbauteile und diffundieren anschließend in das Bauteilinnere. Wird an der Bewehrung eine kritische Chloridkonzentration überschritten, kann chloridinduzierte Korrosion einsetzen, die mit erheblichen Querschnittsverlusten einhergeht.
In den vergangenen Jahren hat sich deutlich gezeigt, dass viele Parkbauten über Jahrzehnte hinweg mit unzureichenden Konzepten zur Sicherstellung der Dauerhaftigkeit errichtet wurden. Dies führt häufig zu ausgeprägten chloridinduzierten Korrosionsschäden an den tragenden Konstruktionen und damit zu sehr hohen Instandsetzungsaufwendungen – insbesondere bei Tiefgaragen und Parkdecks.

Abb. 2: Bewehrung mit Lochkorrosion

Typische Bereiche, die im Bestand regelmäßig Schäden durch chloridinduzierte Korrosion aufweisen, insbesondere wenn keine Beschichtung vorhanden ist oder Risse im Beton bestehen, sind:
- Stützen- und Wandsockel
- Stahlbetondeckenplatten (insbesondere in Rissbereichen oder bei zu geringer Betondeckung)
- unbeschichtete tragende Bodenplatten
- Stahlbetonbauteile unter Pflasterbelägen
- Konsolen, Bauteilfugen

2.2 Regelwerke und normative Grundlagen für KKS bei Parkbauten

Für Planung, Ausführung und Überwachung von Maßnahmen des kathodischen Korrosionsschutzes (KKS) im Stahlbetonbau gelten in Deutschland mehrere verbindliche und einander ergänzende Normen und technische Regelwerke. Die zentrale Grundlage bildet die DIN EN ISO 12696 [1], die die technischen Anforderungen an Bemessung, Installation, Inbetriebnahme, Überwachung und Schutzkriterien von KKS-Systemen im Stahlbetonbau definiert. Sie beschreibt sowohl die notwendigen Nachweise während der Ausführung als auch die zu erfüllenden Schutzkriterien, beispielsweise die Depolarisation von ≥ 100 mV innerhalb von 24 Stunden.
Eine weitere wichtige Norm ist die DIN EN ISO 15257 [3], welche die Qualifikation des beteiligten Personals regelt. Sie definiert fünf Zertifizierungsgrade – von der Datenerfassung (Grad 1) bis zum Expertenniveau (Grad 5) – und legt damit fest, welche Qualifikation für Planung, Einbau, Inbetriebnahme und Monitoring von KKS-Anlagen erforderlich ist. Für die Planung von KKS-Systemen im Stahlbetonbau ist mindestens Grad 4 vorgeschrieben.
Die TR-Instandhaltung (TR-IH) des DIBt [4] ordnet KKS eindeutig als Verfahren zur Erhaltung ein („Prinzip 10“) und verweist explizit auf die DIN EN ISO 12696 sowie die DIN EN ISO 15257. Sie regelt darüber hinaus Anforderungen an Produkte, Materialeigenschaften, Prüfungen, Nachweise und die Einbindung von KKS in den Gesamtprozess der Bauwerkserhaltung. Mit Einführung der TR-IH entfällt für bestimmte Systeme, insbesondere MMO/Ti-Anoden, die früher notwendige Zustimmung im Einzelfall (ZIE); andere Systeme – wie leitfähige Be-

schichtungen oder galvanische Anoden – bleiben hingegen weiterhin zustimmungspflichtig.
Ergänzend sind im Kontext der Bauwerksinstandsetzung die DIN EN 1504 [5], die RL-SIB [6], sowie die HOAI-Regelungen zum planerischen Leistungsumfang zu beachten. Darüber hinaus konkretisiert die seit 2023 veröffentlichte fkks-Richtlinie TR 231 [7] die Anforderungen der DIN EN ISO 12696 an Inbetriebnahme, Betrieb und Instandhaltung von KKS-Anlagen und stellt damit ein wichtiges Bindeglied zwischen Normung und Praxis dar. Diese Regelwerke bilden zusammen den verbindlichen technischen Rahmen für eine normgerechte, sichere und dauerhaft wirksame Anwendung des KKS im Bereich der Parkbauten.

2.3 Randbedingungen und wirtschaftliche Anwendungsfälle

Die wirtschaftliche und technische Eignung des kathodischen Korrosionsschutzes hängt maßgeblich vom Schädigungszustand des Stahlbetons sowie von den baulichen Rahmenbedingungen ab. KKS zeigt seine höchste Wirksamkeit, wenn es in einem frühen bis mittleren Schadensstadium eingesetzt wird – präventiv oder unmittelbar nach Korrosionsbeginn –, solange die Bewehrung noch hinreichende Restquerschnitte aufweist. In diesem Bereich kann KKS die elektrochemischen Korrosionsprozesse zuverlässig unterbinden, ohne dass der chloridbelastete Beton entfernt werden muss. Dadurch entfallen großflächige Betonabtrags- und Reprofilierungsarbeiten sowie häufig auch damit einhegende temporäre Abstützungen, was insbesondere bei statisch hoch beanspruchten Bauteilen einen erheblichen technischen Vorteil darstellt.
Neben den bautechnischen Vorteilen gewinnt KKS zunehmend auch unter Nachhaltigkeits- und Umweltaspekten an Bedeutung: Aktuelle Untersuchungen zur CO_2-Bilanz zeigen, dass KKS-Instandsetzungen im Vergleich zu konventionellen Betoninstandsetzungen weniger als die Hälfte der Treibhausgasemissionen verursachen [8]. Ursächlich hierfür ist insbesondere der Wegfall Materialausbau und -wiedereinbau. Der belastete Beton verbleibt im Bauwerk, sodass energieintensive Prozesse wie Betonabtrag, Entsorgung, Reprofilierung und der damit verbundene Zementverbrauch weitgehend entfallen. Hinzu kommen geringere Baustellenlogistik, reduzierte Maschinennutzung und deutlich kürzere Bauzeiten, die die Emissionen aus Transport und Ausführung zusätzlich verringern [8]. Der Korrosionsschutz durch den KKS kann auch bei weiterem Eintrag von Chloriden aufrechterhalten werden, was gegebenenfalls erneute Instandsetzungsmaßnahmen und den damit verbundenen ökologischen Impakt reduziert. Insgesamt stellt KKS damit eine ökologisch vorteilhafte und ressourcenschonende Erhaltungsstrategie dar, die sich insbesondere für große Parkbauten und innerstädtische Objekte eignet.

Aus wirtschaftlicher Sicht resultieren daraus weitere Effizienzgewinne. Dazu zählen kürzere Sperrzeiten mit verminderten Ausfallkosten, reduzierte Staub- und Lärmemissionen sowie die Möglichkeit, schwer zugängliche oder statisch kritische Bereiche mit minimalem Eingriff zu sanieren.
Dennoch besitzt KKS klare Anwendungsgrenzen: Bei weit fortgeschrittenem Bewehrungsschaden – etwa deutlichen Querschnittsverlusten, fehlendem Verbund oder bereits statisch relevanten Schädigungen – ist eine konventionelle Instandsetzung zwingend erforderlich, bevor KKS überhaupt als ergänzende Maßnahme in Betracht gezogen werden kann.
Unter geeigneten technischen Rahmenbedingungen stellt KKS damit ein hochwirksames, normativ geregeltes, ökologisch vorteilhaftes und dauerhaft überwachbares Verfahren dar, das die Lebensdauer von Parkbauten erheblich verlängern und gegenüber konventionellen Methoden sowohl technisch als auch wirtschaftlich Vorteile bieten kann.

2.4 Anwendungsfälle von KKS

Beispiel 1: Flächiger KKS-Einsatz an Bodenplatten und Stützenfüßen

In Parkbauten mit großflächig chloridbelasteten Bodenplatten und bereits geschädigten Stützenfüßen kann der konventionelle Betonabtrag erhebliche Eingriffe in die Tragstruktur erfordern. Durch die Installation eines flächigen Fremdstromsystems lassen sich sowohl horizontale als auch vertikale Bauteile schützen, ohne dass der belastete Beton entfernt werden muss.

Abb. 3: installierte Bandanoden an Boden und Wand- und Stützensockel mit Anschlusskabeln

Vorteile:
- deutliche Reduktion des baulichen Eingriffs
- Entfall großflächiger Abtrags- und Reprofilierungsarbeiten
- Schutz statisch sensibler Stützenzonen ohne geometrische Veränderung
- homogene Schutzwirkung über große Flächen hinweg

Beispiel 2: Stabanoden an Rampenflächen – Einbau von unten zur Minimierung der Sperrzeiten
Rampen sind aufgrund ihrer starken Verkehrsbelastung besonders kritisch. Durch die Installation diskreter Stabanoden in Rissbereichen von der Unterseite der Rampe aus kann der KKS nachträglich eingebaut werden, ohne die Fahrbahnoberfläche zu sperren oder den Betrieb erheblich einzuschränken.

Abb. 4: unterseitige Stabanodeninstallation an einer Rampe

Vorteile:
- drastische Reduktion der Sperrzeiten (Betrieb nahezu durchgängig möglich)
- keine Eingriffe in die Rampenoberfläche oder Beschichtung
- wirtschaftliche Nachrüstung auch in hoch frequentierten Parkbauten
- gezielte Behandlung stark korrosionsbelasteter Bereiche

Beispiel 3: Stützen mit hohem statischem Lastniveau – KKS als Alternative zu aufwendigen Abstützungen
Stützen mit fortgeschrittener Chloridbelastung können konventionell oft nur unter Einsatz umfangreicher Abstützungen instandgesetzt werden. Der Einsatz von KKS ermöglicht die Wiederherstellung der Dauerhaftigkeit bei minimalem Eingriff in das Tragwerk, da weder großflächiger Betonabtrag noch temporäre Lastumleitungen erforderlich sind.

Abb. 5: hochbelastete Stütze in einer Tiefgarage unter einem mehrstöckigen Gebäude mit Titan-Netzanode

Vorteile:
- Vermeidung kostenintensiver und risikobehafteter Abstützungsmaßnahmen
- Schutzwirkung ohne Veränderung der Tragwerksgeometrie
- geringere Bauzeit und geringere Eingriffe in den Betriebsablauf
- nachhaltige Sicherung hoch belasteter Bauteile

Literatur

[1] DIN EN ISO 12696:2023-05. Kathodischer Schutz von Stahl in Beton – Anforderungen und Prüfverfahren.
[2] DIBt – TR-I: Technische Regel Instandhaltung. Regelungen zu Wartung und Erhaltung bestehender Bauwerke.
[3] DIN EN ISO 15257:2017-04. Qualifikation und Zertifizierung von Personal im Bereich des kathodischen Schutzes.
[4] DIBt – TR-IH: Technische Regel Instandhaltung von Bauwerken. Regelwerk zur Anwendung und Prüfung von Erhaltungsverfahren im Bestand.
[5] DIN EN 1504 (Teile 1–10). Produkte und Systeme für den Schutz und die Instandsetzung von Betontragwerken.
[6] RL-SIB. Richtlinie für Schutz und Instandsetzung von Betonbauteilen.
[7] fkks e. V. (2023). TR 231 – Richtlinie für Planung, Installation, Inbetriebnahme und Betrieb von KKS-Anlagen im Stahlbetonbau.
[8] fkks e. V. (2025). Mitteilungen 1/2025: Vergleich der Umweltwirkungen von Kathodischem Korrosionsschutz (KKS) und konventioneller Betoninstandsetzung. Online verfügbar unter: https://fkks.de/1-2025.pdf

Elektrochemische Chloridextraktion (ECE) – Was ist möglich?

Ein Bericht zum aktuellen Stand der Technik

Dipl.-Ing. (FH) Armin Faulhaber
instakorr GmbH, Schaafheim

Zusammenfassung
Durch neuartige Elektrolyte und bessere Steuerungs- und Monitoringsysteme können größere Elektrochemische Chloridextratkionen (ECE) durchgeführt werden. Das Verfahren gewinnt immer mehr an Bedeutung hinsichtlich der steigenden Nachfrage, nach ökologischen und nachhaltigen Instandsetzungsverfahren. Zudem wird der Substanzerhalt gegenüber dem Neubau in Zukunft einen immer wichtigeren Stellenwert in der Gesellschaft einnehmen. Durch neuartige und innovative gelartige Elektrolyte wird die ECE deutlich effektiver hinsichtlich des aufgeprägten elektrischen Feldes. Hierdurch wird die Anwendung sicherer und schneller.

1. Einführung

Die ECE stellt ein etabliertes, jedoch in der Praxis nach wie vor relativ selten angewendetes Verfahren der Betoninstandsetzung dar. Sie basiert auf der gerichteten Migration von Chloridionen im elektrischen Feld und ermöglicht eine signifikante Reduzierung chloridinduzierter Korrosionsrisiken, ohne die Tragstruktur mechanisch zu schwächen. Durch das Anlegen eines äußeren Gleichstromfeldes werden freie korrosionsaktive Chloride aus der Bewehrungsnähe in Richtung einer temporären Anodenlage, welche auf der Betonoberfläche appliziert wird, transportiert und aus dem Beton ausgetragen. Obwohl die technische Wirksamkeit der ECE seit vielen Jahren nachgewiesen ist, wurde das Verfahren lange Zeit nur zurückhaltend eingesetzt. Insbesondere die komplexe Ansteuerung größerer Extraktionsflächen sowie inhomogene Feuchtigkeitsverhältnisse im Elektrolytträgermaterial stellten große Herausforderungen dar. Lokale Austrocknungen führten zu ungleichmäßigen Stromverteilungen, ineffizienten Extraktionsraten und teilweise zu unerwünschten Überspannungen innerhalb des Betonquerschnitts.

Moderne Steuerungs- und Monitoringtechnologien haben diese Limitierungen jedoch maßgeblich reduziert. Segmentierte oder adaptive Stromregelungen, kontinuierliche Potenzialmessungen sowie präzise Feuchtemanagementsysteme ermöglichen heute eine robuste und reproduzierbare Prozessführung. Zudem stehen neue Elektrolytmaterialien mit verbesserten Benetzungseigenschaften und höherer Ionendurchlässigkeit zur Verfügung, die eine deutlich homogenere Extraktion gewährleisten. Dadurch ist die ECE heute sicherer, zuverlässiger und technisch beherrschbarer als je zuvor.

Ein wesentlicher Vorteil dieses Verfahrens liegt darüber hinaus in seiner hervorragenden Nachhaltigkeitsbilanz. Im Gegensatz zu herkömmlichen Instandsetzungsmaßnahmen wie Betonabtrag und Betonersatz – oder gar dem Ersatzneubau ganzer Bauteile – erfolgt die Instandsetzung ohne Eingriff in den tragenden Betonquerschnitt. Es werden weder große Materialmengen abgetragen noch energieintensive Baustoffe in vergleichbarem Umfang neu eingesetzt. Dadurch sinkt sowohl der Rohstoffverbrauch als auch der CO_2-Fußabdruck der Maßnahme signifikant. Gleichzeitig wird die Lebensdauer des Bestandsbauwerks verlängert, was den Bedarf an ressourcenintensiven Ersatzbauwerken deutlich reduziert.

Dieser substanzschonende Charakter macht die ECE besonders attraktiv für Parkbauten und andere Infrastrukturen, deren nachhaltige Erhaltung zunehmend im Fokus steht. Das Verfahren bietet eine technisch wirksame, wirtschaftliche und zugleich ökologisch sinnvolle Alternative zu konventionellen Instandsetzungsstrategien.

2. Verfahren Elektrochemische Chloridextraktion

Die ECE zählt, wie der Kathodische Korrosionsschutz von Stahl in Beton (KKS), zu den elektrochemischen Verfahren, die es ermöglichen, die Korrosion von Stahl in Beton zu reduzieren. Im Gegensatz zum KKS, der eine dauerhafte Installation im Bauwerk darstellt, bei der die korrosionsauslösenden Chloride im Beton verbleiben und eine kontinuierliche Schutzstrombeaufschlagung durch die in das Bauwerk eingebrachten Anoden benötigt wird, ist die ECE eine einmalige temporäre Anwendung auf der Betonoberfläche, die zum Ziel hat, die korrosionsauslösenden Chloride aus dem Bauwerk zu entfernen.

2.1 Rechtliche Grundlage

Die ECE wird über die DIN EN 14038-2 Elektrochemische Realkalisierung und Chloridextraktionsbehandlungen für Stahlbeton – Teil 2: Chloridextraktion [1] technisch beschrieben und wurde im Oktober 2020 in seiner aktuellen Form veröffentlicht. Diese Norm ist in Deutschland noch nicht bauaufsichtlich eingeführt.

Weiterhin sind von den Instandsetzungsverfahren welche in der DIN EN 1504-9 [2] aufgeführt sind nicht alle in die neue TR Instandhaltung (TR-IH) [3] übernommen worden, obwohl diese vorher in der Instandsetzungsrichtlinie [4] enthalten waren, siehe Tabelle 1.

Anzumerken ist auch, dass der Teil 9 der DIN EN 1504, ebenfalls nicht eingeführt ist.

Tab. 1: Übersicht der Instandsetzungsprinzipien nach DIN EN 1504 Teil 9 und der TR-Instandhaltung

Instandsetzungsprinzip/ -verfahren	**DIN EN 1504-9**	**TR-IH**
7. Erhalt oder Wiederherstellung der Passivität		
7.1 Erhöhung der Betondeckung mit zus. Mörtel oder Beton	☑	☑
7.2 Ersatz von schadstoffhaltigem oder karbonat. Beton	☑	☑
7.3 Elektrochemische Realkalisierung von karbonat. Beton	☑	☒
7.4 Realkalisierung von karbonat. Beton durch Diffusion	☑	☑
7.5 Elektrochemische Chloridextraktion	☑	☒
7.6 Füllen von Rissen oder Hohlräumen	☒	☑
7.7 Beschichtung	☒	☑
7.8 Lokale Abdeckung von Rissen (Bandagen)	☒	☑

Somit ist eine Aufklärung des Bauherrn über die Anwendung dieses Instandsetzungsprinzips 7.5 erforderlich und eine Aufnahme der Norm in die vertraglich vereinbarten anzuwendenden Regelungen empfehlenswert, sowie einer Rückversicherung bei der zuständigen Obersten Baubehörde des Bundeslandes in der die sich das Instandsetzungsobjekt befindet, ob eine Zustimmung im Einzelfall (ZiE) oder eine vorhabens- bezogene Bauartengenehmigung (VbG) erforderlich ist.

2.2 Verfahrensbeschreibung

Identisch zum KKS erfolgt die Installation auf der Betonoberfläche, jedoch wird die extern aufgebrachte Anode nicht in einem mineralischen Mörtel oder Beton eingebettet, sondern in einem saugfähigen Trägermaterial, welches mit einem flüssigen Elektrolyten benetzt wird. Diese Trägermaterial/Elektrolyt-Kombination, mit zwischenliegender Anode, ermöglicht den elektrischen Stromfluss hin zur Bewehrung. Durch die Schaltung der Anode an den Plus-Pol einer Gleichspannungsquelle und dem Anschluss der Bewehrung über den Minus-Pol der gleichen Spannungsquelle wird ein gerichtetes elektrisches Feld aufgeprägt.

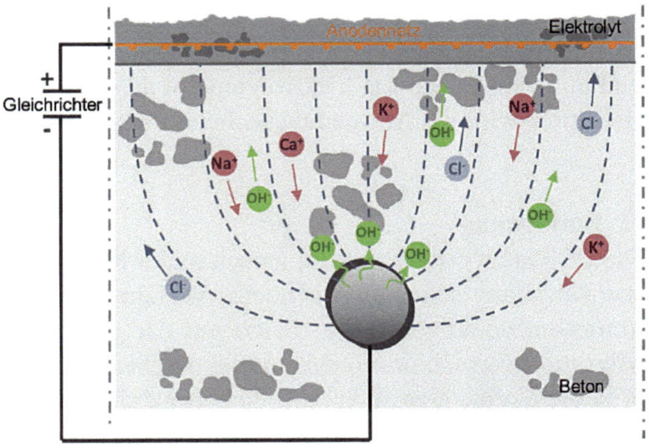

Abb. 1: schematische Darstellung der Strompfade und Ionenbewegungsrichtung

Im Gegensatz zum KKS wird beim ECE mit deutlich höheren Spannungen und Strömen gearbeitet. Übliche Spannungsbereiche beim KKS liegen zwischen zwei und fünf Volt als Einspeisespannung und resultierenden Schutzströmen von 2 bis 15 mA/m²-Stahloberfläche. Beim ECE wird weiter im Bereich der Kleinstspannung geblieben, jedoch wird hier eine Treibspannung zwischen Anoden und Bewehrung von bis zu 40 V angelegt. Hierbei werden Extraktionsströme von teilweise mehreren Ampere pro Quardratmeter Stahloberfläche (A/m²) generiert.

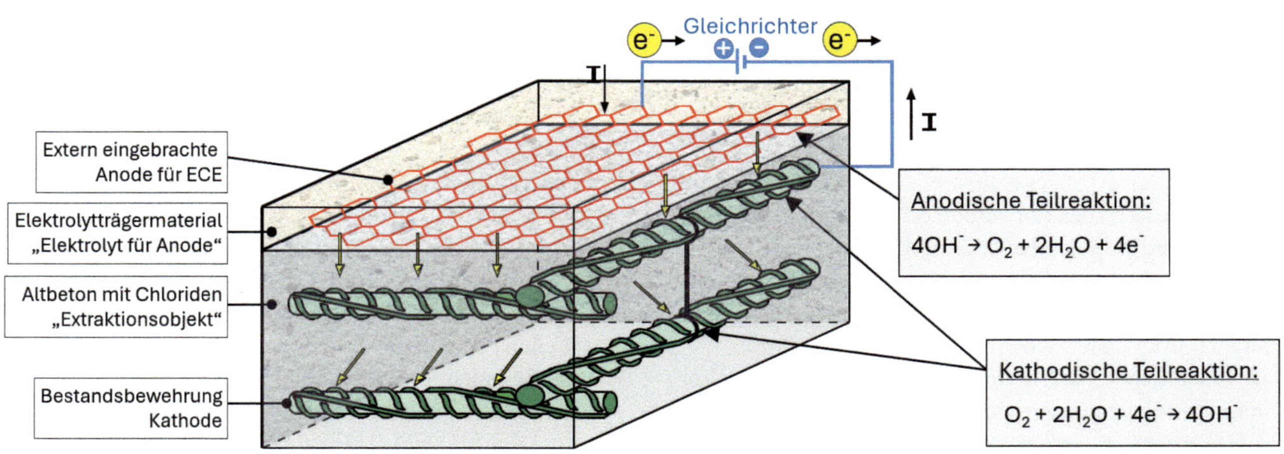

Abb. 2: Schematische Darstellung des ECE

3. Verfahren ECE an großen Flächen

3.1 Projektvorstellung

Der Münchner Gebäudekomplex Mediaworks an der Rosenheimer Straße wurde in den 1930er Jahren errichtet. Nach der Errichtung wurde das Gebäude als Munitionsfabrik genutzt. Nach dem 2. Weltkrieg wurde die Immobilie als Textilfabrik für die Herstellung von Bekleidung genutzt. In den letzten beiden Jahrzehnten war sie die Büroadresse von vielen internationalen Marken und Unternehmen.

Abb. 3: Luftansicht MWM vor Beginn der Revitalisierung [5]

Der in die Jahre gekommene Komplex mit ca. 96.000 m² Geschossfläche wird grundlegend revitalisiert und in LOVT Munich umbenannt. Hierbei wird so weit wie möglich der Bestand erhalten. Die Stahlbetonkonstruktion wird instandgesetzt und nur nicht reparable Bereiche abgerissen und neu aufgebaut. Nach der Revitalisierung soll das Gebäude 47.000 m² modernste Büroflächen bieten. Des Weiteren ist geplant, 460 PKW-Stellplätze zu realisieren, 8.000 m² öffentlich zugängliche Dachterrassen und Grünflächen zu gestalten und 60.000 Bienen ein Zuhause zu geben.

Abb. 4: Animation des fertigen Objektes LOVT [6]

Über den langen Nutzungszeitraum des vierstöckigen Gebäudes sind Chloride in die Betonstruktur eingedrungen, die nun eine chloridinduzierte Lochkorrosion des verbauten Glattstahls verursachen. Zumeist erwartet man Chloridkontaminationen und damit einhergehende Korrosion des Bewehrungsstahl in Bauwerken, wie Parkhäusern, Tiefgaragen, Tunneln oder Brücken, in denen Tausalze direkt verwendet oder durch Fahrzeuge eingetragen/eingeschleppt werden, aber üblicherweise nicht in Wohn- oder Bürogebäuden.

Der Chlorideintrag auf allen Ebenen der drei Gebäudeteile lässt sich vermutlich auf die ursprünglichen Nutzungen des Bauwerks zurückführen: Zunächst diente es als Munitionsfabrik zur Herstellung von Sprengstoffzündern, später erfolgte eine Umnutzung zur Textilproduktion, in der Bekleidung gefertigt wurde.

Für den Erhalt der Bestandsflächen wurde für die mit Chloriden kontaminierten Bereiche auf Bodenflächen in drei Teilgebäuden des Gebäudekomplexes das Verfahren Elektrochemische Chloridextraktion (ECE) von dem untersuchenden und planenden Ingenieurbüro für die Tragswerksplanung und Stahlbetoninstandsetzung, Berk + Partner Bauingenieure GmbH, ausgewählt. Dieses zerstörungsfreie Verfahren erlaubt es, ohne Betonabtrag und Freilegung der tragenden Bewehrung der Geschossdecken, die korrosionsauslösenden Chloride aus dem Bauwerk zu extrahieren. Somit können komplexe statische Bauzustände und große Betonabträge und Reprofilierungen samt Schalungsarbeiten an der Stahlbetonrippendecke vermieden werden.

Im Zuge der Ist-Zustandsuntersuchung wurde eine Eingrenzung der zu extrahierenden Flächen durchgeführt. Hierbei wurden Probeöffnungen, vollflächige Potentialfeldmessungen und tiefengestaffelte Bohrmehlproben verwendet. Aufgrund der getrennten Gebäude 1300, 1400 und 1500 wurden diese in drei aufeinanderfolgende Bauabschnitte ausgeführt.

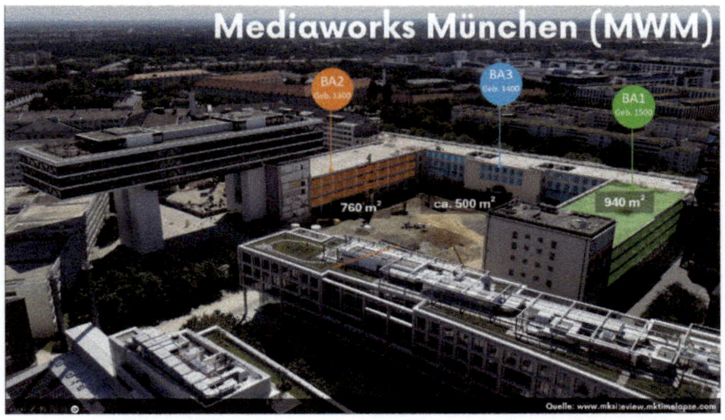

Abb. 5: Aufteilung der Gebäudeteile in verschiedene Bauabschnitte [7]

Abb. 6: Gebäude 1500 nach Rückbau und vor ECE

Aufgrund der Gesamtgröße der Extraktionsflächen (ECE-Flächen) pro Gebäude wurde die notwendige Leistung (notw. Leist.) pro Ebene berechnet. Dabei wurden 0,75 A/m²-Betonoberfläche als mittlere Stromdichte während eines Zyklus angesetzt. Die Aufteilung der Leistung erfolgte auf mehrere Netzteile (NT) und mehrere Schaltschränke, siehe Tabelle 2.

Tab. 2: Übersicht Extraktionsflächen und geplanter Stromfluss sowie Berechnung der Anzahl der 3.000 W Netzteile (NT)

Geb.	Etage	ECE-Fläche	notw. Leist	NT Ber.	NT inst.
	[-]	[m²]	[A]	[n]	[n]
1500	3.OG	85	64	1,0	4
	2.OG	316	237	3,8	4
	1.OG	173	130	2,1	2
	EG	352	264	4,2	4
Summe		**926**	**695**		**14**
1400	3.OG	23	17	0,3	2
	2.OG	250	188	3,0	4
	1.OG	66	50	0,8	2
	EG	50	38	0,6	2
Summe		**389**	**292**		**10**
1300	2.OG	231	173	2,8	4
	1.OG	92	69	1,1	2
	EG	109	82	1,3	2
Summe		**432**	**324**		**8**
Gesamt		**1.747**			

In Abbildung 7 ist exemplarisch das 2. OG des Gebäudes 1500 mit seinen zu extrahierenden Flächen dargestellt. Zur differenzierten Ansteuerbarkeit der einzelnen Flächen wurden alle Einzelflächen größer 40 m² mit Unterzonen ausgestattet.

Abb. 8: Geb. 1500 2.OG mit installierten Bodenflächen ECE

Für die berechnete mittlere Leistungsaufnahme von 695 A und mit einer maximalen Einspeisespannung von 40 V, ergibt sich eine mittlere Leistungsaufnahme in Höhe von 22.800 W. Da mit höheren Leistungsaufnahmen zu Beginn eines jeden Extraktionszyklus zu rechnen ist und zudem Sicherheitsbeiwerte für die elektronischen Netzteile berücksichtigt werden mussten, wurden in Summe 16 Netzteile mit einer maximalen Leistungsabgabe von 48.000 W und mehr als 1.000 A verteilt auf 8 Schaltschränke geplant und gebaut.

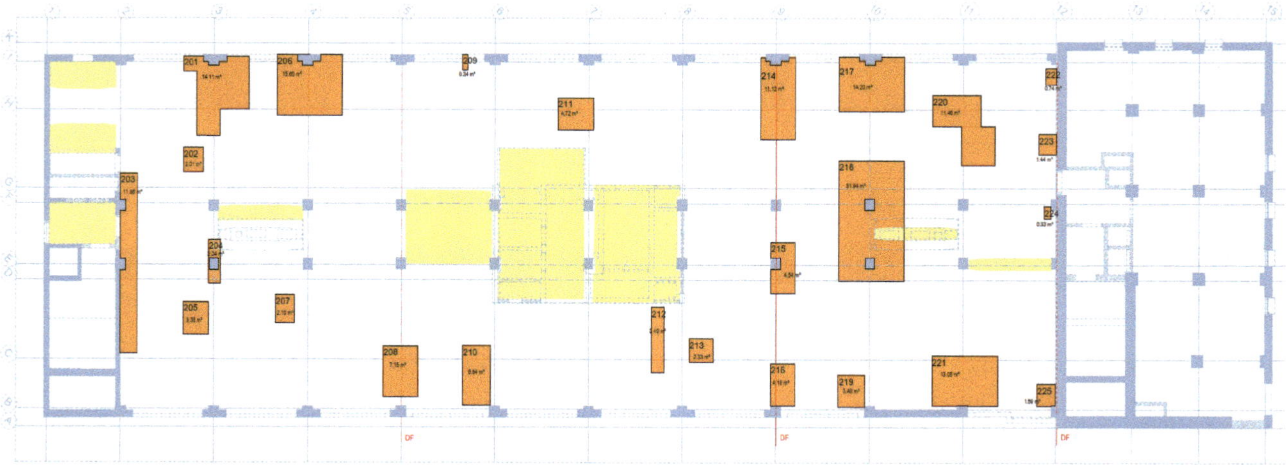

Abb. 7: Grundriss Gebäude 1500 mit Darstellung der ECE-Flächen (orange hinterlegt) 2. OG mit 316 m²

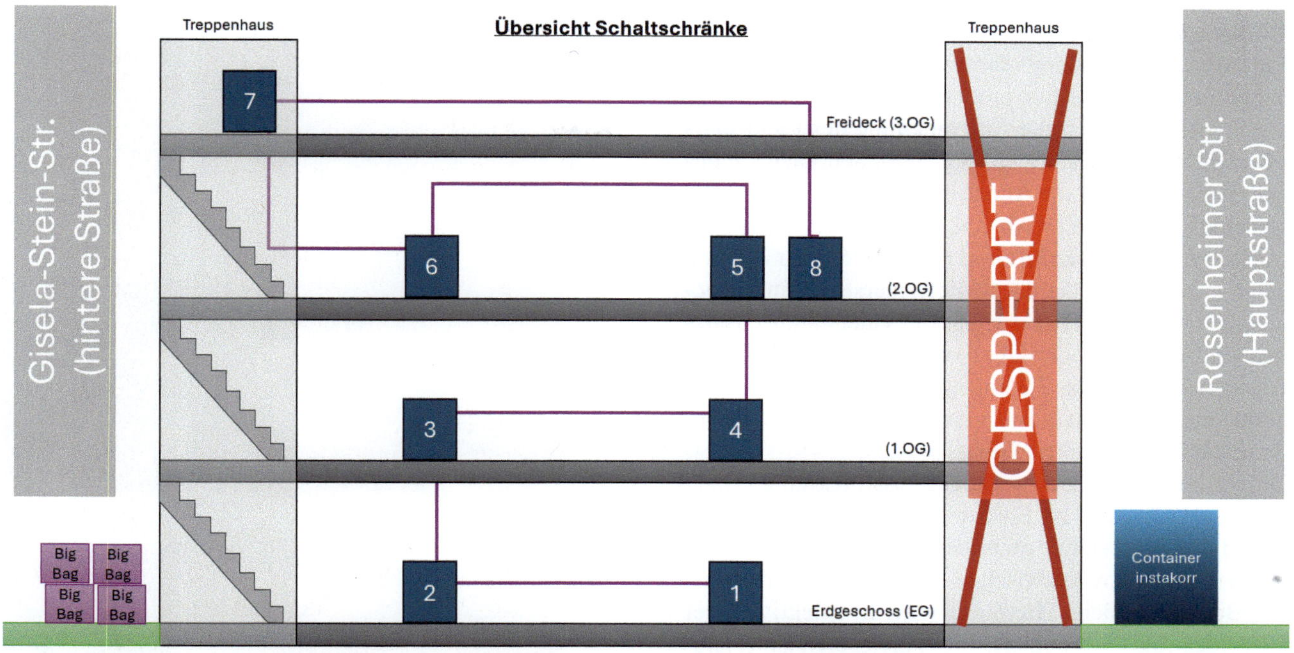

Abb. 9: Übersicht der installierten CAB|ONE Schaltschränke mit einer Summenleistung von 1.008 A und 48.000 W

Als Monitoring- und Steuerungssystem kommt das CAB|ONE System zum Einsatz, das es ermöglicht, alle Schaltschränke mit nur einem Verbindungskabel ansteuern zu können. Die komplette Anlage wird remote betrieben und überwacht. Alle Daten werden per täglichem Backup zusätzlich gesichert.
Das System ermöglicht per Alarmmeldung Ausfälle, Überspannungen oder -ströme innerhalb von 30 Sekunden an die Zentrale zu melden.
Nach zwei dreiwöchigen Extraktionszyklen des Gebäudes 1500 konnten an 98 % der Flächen eine Reduktion der Chloridkonzentration auf Werte unter 0,4 M%-bez. Zementgehalt auf Bewehrungslage erreicht werden. Im Zuge dieser beiden Zyklen wurden im Mittel 1.105 Ah/m²-Stahloberfläche appliziert. Zu Beginn des zweiten Zyklus wurden zeitweise im Tagesmittel 825,4 A eingeleitet. Das entspricht einer mittleren Stromdichte von 1,45 A/m² über einen Tag. An den verbleibenden restlichen drei Teilflächen mit in Summe 45 m², an denen noch keine ausreichende Minimierung der Chloridkonzentration auf Höhe der Bewehrung erreicht wurde, wird aktuell ein dritter Zyklus durchgeführt.

Durch den effektiven Einsatz der Dezentralisierung mit neuester Hardware konnten die Leistungsanforderungen von bis zu 1.000 A Gesamtleistung angewandt werden und großflächige Abbrüche der Rippendecken vermieden werden.

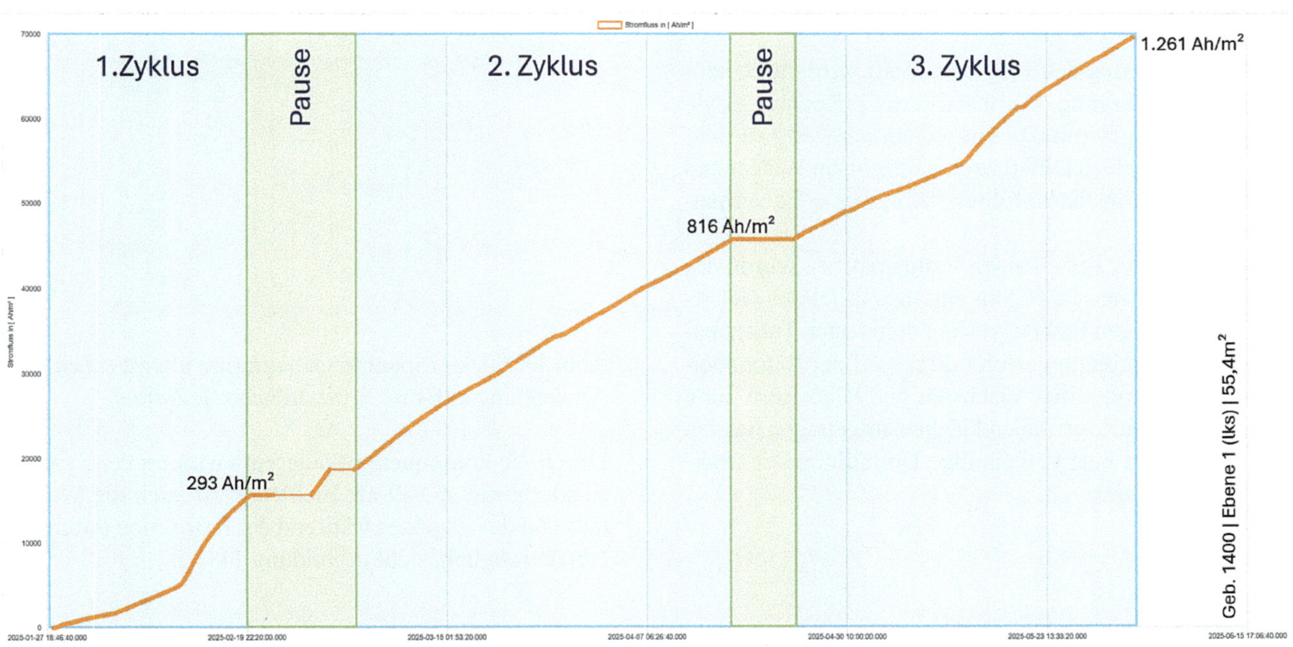

Abb. 10: Aufaddierter Summenstrom eines Schaltschrankes, Geb. 1400 Ebene 1

4. Neue Entwicklung im Bereich der ECE

Eine der größten Herausforderungen bei der ECE ist neben der Kontrolle der großen Stromdichten die Entgegenwirkung gegen die Austrocknung des Elektrolytträgermaterials, welches auf der Betonoberfläche appliziert wird und in der die Anode eingebettet ist. Da der satt getränkte Feststoff zur Abgabe von Feuchtigkeit an die trocknere Umgebungsluft und an den Betonuntergrund neigt, erhöhen sich hierdurch die Widerstände in Teilbereichen und somit auch der Gesamtwiderstand. Zusätzlich sind vertikale oder Überkopf-Installationen schwer zu realisieren, da das Eigengewicht der Elektrolyt/Trägermaterial-Kombination zu einem schnelleren Austritt der Elektrolytflüssigkeit führt.
Durch die physikalisch gegebene Austrocknung erhöht sich der Widerstand im Elektrolytträgermaterial und die Übergangswiderstände zwischen Anode und Elektrolytträgermaterial sowie zwischen Elektrolytträgermaterial und Betonoberfläche. Hierdurch wird die Effektivität der Chloridextraktion reduziert, da bei gleichbleibender Einspeisespannung der Extraktionsstrom sinkt, durch den steigenden Widerstand.

Abb. 11: ECE-Anwendung an Stützensockel aus dem Jahre 2013

Der Austrocknung des Trägermaterials wird durch händische Nachtränkung oder installierte Befeuchtungssysteme entgegengewirkt. Dies ist jedoch schwierig zu steuern, da es schnell zu Differenzen im flächigen Widerstand in der Extraktionsfläche führen kann, was es zu vermeiden gilt.
Aufgrund dieser bestehenden Problematiken wurde das Chloridextraktionsgel X-Salt entwickelt. Dieses Gel ersetzt den flüssigen Elektrolyt samt dem festen Trägermaterial. Die Applikation erfolgt direkt auf der Betonoberfläche. Aufgrund seiner Viskosität und Klebekraft kann es auch direkt auf vertikalen Flächen aufgetragen werden und ermöglicht eine vollständige Umhüllung der Oberfläche der Anoden.

Abb. 12: Applikation von X-Salt auf Anodenfläche in Systemschalung

Durch die Aufspachtelung des Gels auf die Betonoberfläche entsteht eine 100 %-ige Benetzung auf den vorbereiteten Betonflächen. Auf diese Weise werden die beeinflussbaren Elektrolyt- und Übergangswiderstände auf ein Minimum reduziert und die Stromausbeute maximiert. In Praxisanwendungen konnten Stromdichten von über 3,0 A/m^2-Betonoberfläche an vertikalen Bauteilen (Stützensockel) aufgeprägt werden.

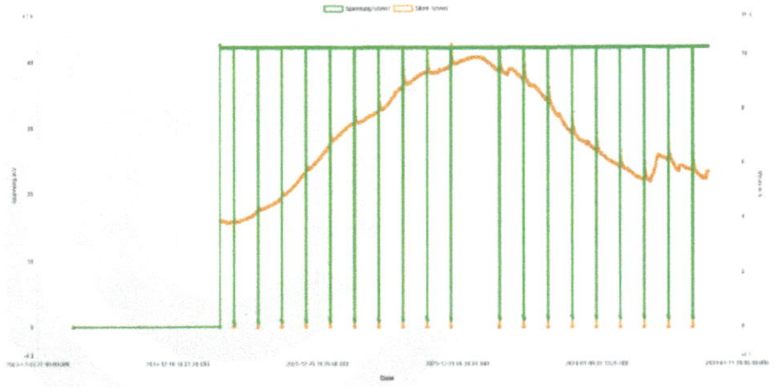

Abb. 13: Strom-/Spannungsdiagramm über die Zeit; Anwendung auf 4 m^2 Stützenfläche; 1. Zyklus

Durch die konsequente Weiterentwicklung der Systemschalung mit X-Salt als Elektrolyt ist auch die Weiternutzung des Objektes während der Extraktion durch den Nutzer möglich, siehe Abbildung 14.

Abb. 14: Nutzung Tiefgarage während ECE

Mit der Verwendung des Gels konnten folgende Herausforderungen, die mit dem ECE einhergehen, deutlich verbessert werden:

- Feststoffträgermaterial mit Elektrolyttränkung → Nur noch eine Komponente (Gel)
- Schnelle Austrocknung des Elektrolyträgermaterials → Gel ist dauerfeucht über einen Zyklus
- Ansäuerung an Betonoberfläche mit Betonkorrosion → Gel hat pH 14 + Pufferkapazität
- Inhomogenes Widerstandsverhalten → Gel benetzt 100 % der Betonoberfläche, auch bei rauen Oberflächen
- Alte Transformatoren hatten hohe Verlustleistungen → Energieeffizienz bei CAB|ONE System deutlich höher
- Spannungsverluste behinderten die Effizienz des ECE → Durch geringere Systemwiderstände höherer Extraktionsstrom, was die Behandlungsdauer reduziert

Die Weiterentwicklung der Materialien und Anwendungstechnik sorgt für eine sicherere und effektivere Ausführung der ECE, auch bei größeren Flächen. Durch die Steigerung des Stromflusses wird die Anwendungsdauer des ECE reduziert.

Literatur

[1] DIN EN 14038-2: Elektrochemische Realkalisierung und Chloridextraktionsbehandlungen für Stahlbeton — Teil 2: Chloridextraktion; 2020-10; Beuth Verlag GmbH, 10772 Berlin

[2] DIN EN 1504-9: Produkte und Systeme für den Schutz und die Instandsetzung von Betontragwerken - Definitionen, Anforderungen, Qualitätsüberwachung und Beurteilung der Konformität - Teil 9: Allgemeine Grundsätze für die Anwendung von Produkten und Systemen; 2008-11; Beuth Verlag GmbH, 10772 Berlin

[3] Instandhaltung von Betonbauwerken (TR Instandhaltung): Teil 1 – Anwendungsbereich und Planung der Instandhaltung; 2020-05; Deutsches Institut für Bautechnik

[4] Schutz und Instandsetzung von Betonbauteilen (Instandsetzungs-Richtlinie): Teil 1: Allgemeine Regelungen und Planungsgrundsätze; 2001-10; Deutscher Ausschuss für Stahlbeton (DAfStb)

[5] Google Earth: Satellitenbild der Region München, aufgenommen am 12.11.2024; Google LLC, 1600 Amphitheatre Parkway, Mountain View (CA), USA. Datenbasis: © Google, Maxar Technologies.

[6] LOVT Munich: Bildmaterial von der Website; Jahr 2024; URL: https://www.lovt-munich.com; Abrufdatum: 02.11.2024

[7] MK SiteView/MK Timelapse: Bildmaterial von der Website; Jahr 2025; URL: https://www.mksiteview.mktimelapse.com; Abrufdatum: 05.05.2025

TAE

BIM/Digitalisierung

Digitale Bestandsaufnahme mittels kombinierter Verfahren – Potenziale in der Betoninstandsetzung

Jonas Enste, B. Eng.
CONSCAN.TECH | IFSB GmbH, Dortmund

Zusammenfassung
Der Beitrag behandelt die digitale Bestandsaufnahme von Parkhäusern und Tiefgaragen als Grundlage für Betoninstandhaltungs- und Betoninstandsetzungsplanung. Im Mittelpunkt steht ein prozessorientierter Ansatz, der von der Zieldefinition und der Berücksichtigung der Randbedingungen über die Erfassung mit Mobile Mapping und digitaler Risskartierung bis zur Auswertung und Darstellung der Ergebnisse reicht. Es wird gezeigt, wie geometrische und zustandsbezogene Informationen in einer gemeinsamen digitalen Datengrundlage zusammengeführt werden können. Darauf aufbauend werden Möglichkeiten der weiterführenden Nutzung, etwa durch wiederholte Aufnahmen und die Integration zusätzlicher Untersuchungen, aufgezeigt. Abschließend wird die Übergabe der strukturierten Daten an den Eigentümer als Baustein einer nachhaltigen digitalen Bauwerksdokumentation eingeordnet.

1. Ausgangssituation

Parkhäuser und Tiefgaragen gehören zu den stark beanspruchten Stahlbetonbauwerken im Bestand. Sie sind über lange Zeiträume hinweg unter anderem Tausalzen, Temperaturschwankungen und mechanischen Belastungen ausgesetzt. Mit zunehmendem Alter können dementsprechend typische Schadensbilder wie Risse, Abplatzungen und Korrosionserscheinungen auftreten. Um diesen Entwicklungen entgegenzuwirken und den Bestand zu erhalten, sind Betoninstandhaltungs- und gegebenenfalls Betoninstandsetzungsmaßnahmen erforderlich. Die Planung solcher Maßnahmen setzt eine belastbare Ist-Zustandsfeststellung des Bauwerks voraus. Eine zentrale Grundlage dieser Ist-Zustandsfeststellung ist die möglichst präzise Abbildung des tatsächlichen Bestandsgebäudes in Form von 2D-Plänen oder 3D-Modellen.
Konventionelle Vorgehensweisen zur Bestandsaufnahme setzen häufig auf händische Aufmaße, veraltete Bestandspläne und punktuelle Fotodokumentation. Diese Methoden liefern unter Umständen lediglich eine ungenaue Abbildung des Bauwerks für die Planung und sind in hohem Maße von den beteiligten Personen vor Ort abhängig. Die systematische Auswertung und die spätere Nachvollziehbarkeit werden dadurch erschwert.
Die Digitalisierung bietet hierfür erweiterte Möglichkeiten. Laserscanning, digitale Risskartierung und weitere digitale Aufnahmeverfahren erlauben eine umfassende, objektive und reproduzierbare Abbildung des Bestands. Der vorliegende Beitrag stellt einen möglichen Ansatz für eine solche digitale Bestandserfassung exemplarisch am Beispiel eines Parkhauses vor. Im Mittelpunkt stehen die Planung und Vorbereitung der digitalen Bestandsaufnahme, die Durchführung mit dem Schwerpunkt der Bestandserfassung mittels Laserscanning und digitaler Risskartierung sowie die nachfolgende Aufbereitung und Zusammenführung der Ergebnisse zur exemplarischen Darstellung einer Digitalisierungsmaßnahme.

2. Die digitale Bestandsaufnahme eines Parkhauses

2.1 Vorbereitende Maßnahmen

Ausgangspunkt ist in der Regel ein konkreter Untersuchungsanlass, etwa sichtbare Risse in den Fahrbahnen oder Hinweise auf Korrosionsaktivitäten. Der sachkundige Planer benötigt eine belastbare Datengrundlage, um Art und Umfang des Schadensbildes sowie die geometrischen Randbedingungen des Bauwerks einzuordnen. In dieser Phase wird entschieden, ob und in welchem Umfang digitale Verfahren eingesetzt werden sollen.
Zunächst sind die Ziele der digitalen Bestandsaufnahme zu definieren. Im Kontext eines Parkhauses stehen häufig drei Aspekte im Vordergrund. Erstens wird eine geometrische Erfassung benötigt, die Grundrisse, Schnitte und geeignete 3D-Darstellungen des Bauwerks ermöglicht. Zweitens soll die Schadenskartierung digital unterstützt werden, beispielsweise durch eine digitale Risskartierung der Bodenflächen. Drittens sind die erwarteten Ergebnisse zu beschreiben, etwa weiterführende Analysen der digitalen Bestandsaufnahme wie Ebenheit und Gefälle der Bodenplatten. Aus diesen Zielen ergeben sich Anforderungen an die einzusetzenden Technologien, an Genauigkeit und Detaillierungsgrad sowie an die Ergebnisformate der digitalen Erfassung.
Parallel dazu müssen die Randbedingungen vor Ort betrachtet werden. Dazu gehören die Frage, ob und in welchem Umfang das Parkhaus während der Aufnahme geräumt oder zumindest abschnittsweise freigehalten werden kann, die verfügbaren Zeitfenster für Sperrungen, die Beleuchtungssituation und der Zustand der Oberflächen hinsichtlich Verschmutzungen. Für eine aussagefähige digitale Risskartierung ist es beispielsweise erforderlich, dass die Bodenflächen hinreichend sauber und trocken sind. Für weiterführende Analysen des Laserscans, etwa für eine Gefälleanalyse der Bodenflächen, müssen die betreffenden Bereiche weitgehend frei von Fahrzeugen sein. Für die reine Erfassung der Bauteilgeo-

metrie kann das Parkhaus demgegenüber in Betrieb bleiben, sofern die wesentlichen Sichtlinien auf die relevanten Bauteile frei sind.
Auf Basis der formulierten Ziele und der durch das Objekt vorgegebenen Randbedingungen wird ein Erfassungskonzept entwickelt. Im hier betrachteten Beispiel bildet Laserscanning mittels Mobile Mapping das zentrale Verfahren zur geometrischen Erfassung des Innenraums. Ergänzend wird eine digitale Risskartierung der Bodenflächen vorgesehen. Weitere Untersuchungen, wie etwa Potentialfeldmessungen oder Betondeckungsmessungen, können analog zur digitalen Risskartierung in die Ergebnisse des Scans eingebunden werden. Das Konzept definiert damit nicht nur die einzusetzenden Technologien, sondern auch die Abfolge und die Bedingungen, unter denen die Erfassung stattfinden soll.

2.2 Mobile Mapping und digitale Risskartierung

Beim Laserscanning mittels Mobile Mapping wird ein Mobile-Mapping-System eingesetzt, das speziell für die Erfassung von Gebäuden ausgelegt ist. Ein solches System kombiniert in der Regel einen oder mehrere Lidar-Sensoren mit einer Trägheitsmesseinheit und einem oder mehreren Kamerasystemen. Die Sensorik ist auf einer tragbaren oder fahrbaren Einheit montiert, die vom Bediener durch alle Ebenen des Parkhauses geführt wird. Dabei werden Fahrgassen, Stellplätze, Rampen und Nebenräume kontinuierlich erfasst.
Während der Bewegung erfassen die Lidar-Sensoren fortlaufend Entfernungen zur Umgebung. Ein SLAM-Algorithmus (Simultaneous Localization and Mapping) wertet die Messdaten gemeinsam mit den Informationen der Trägheitsmesseinheit aus, bestimmt fortlaufend die Lage und Orientierung des Geräts im Raum und berechnet daraus eine dreidimensionale Punktwolke des Bauwerks. In dieser Punktwolke sind die Geometrie aller erfassten Bauteilen des Bauwerks sowie ihre Lage innerhalb des Bauwerks abgebildet. Durch den Einsatz von RGB-Panoramakameras kann die Punktwolke zusätzlich mit Farbinformationen versehen werden, sodass geometrische Daten und visuelle Eindrücke des Bestandsgebäudes in einem gemeinsamen Datensatz vorliegen.
Parallel oder in einem zweiten Schritt erfolgt die digitale Risskartierung der Bodenflächen. Hier kommen hochauflösende bildgebende Systeme zum Einsatz. Diese nehmen die Fahrbahnen und Stellflächen vollflächig auf, sofern die entsprechenden Bereiche zugänglich sind. Das System besteht aus Kameras, die die Bodenflächen abbilden, und einem Lidar-Scanner, der die aufgenommenen Bilder mit einer geometrischen Lage im Raum verknüpft. Die Bilddaten werden KI gestützt ausgewertet. Risse werden identifiziert, segmentiert und hinsichtlich ihrer geometrischen Parameter, wie Breite und Länge, vermessen. Entscheidend ist, dass diese Rissdaten in den zuvor oder parallel durchgeführten Scan eingebunden werden können. Durch die gemeinsame Referenzierung liegen die Informationen aus dem Mobile Mapping und der digitalen Risskartierung im selben räumlichen Kontext vor. Die Punktwolke beschreibt die Geometrie des Parkhauses. Die Rissdaten ergänzen diese Geometrie um eine flächendeckende Darstellung der Schadenssituation der Bodenplatten. Weitere Untersuchungen, etwa Potentialfeldmessungen oder Betondeckungsmessungen, lassen sich nach demselben Prinzip einbinden, sofern sie entsprechend referenziert werden. Das digitale Modell des Parkhauses entwickelt sich damit zu einem Träger für verschiedene Untersuchungsergebnisse, die nicht isoliert, sondern im räumlichen Zusammenhang betrachtet werden können.

2.3 Aufbereitung, Analyse und integrierte Darstellung

Nach Abschluss der Erfassung werden die Daten verarbeitet und für die weitere Nutzung aufbereitet. Zunächst werden die Mobile-Mapping-Daten registriert. Wurde das Parkhaus in mehreren Aufnahmen erfasst, werden diese zusammengeführt, auf Konsistenz geprüft und gegebenenfalls an bestehenden Aufnahmen oder Messpunkten referenziert. Fehler in den Aufnahmen werden, soweit möglich, entfernt. Das Ergebnis ist eine konsistente Punktwolke des gesamten Parkhauses.
Auf dieser Grundlage werden die für die weitere Planung relevanten Ergebnisse erzeugt. Aus der Punktwolke lassen sich Grundrisse in definierten Schnitthöhen sowie Schnitte und Ansichten an den jeweils relevanten Positionen ableiten. Je nach Aufgabenstellung kann auf Basis dieser Punktwolke auch ein 3D-Modell erstellt werden. Mit dem Fortschreiten der Digitalisierung werden solche Modellierungsprozesse zunehmend automatisiert. Für die Auswertung der Punktwolke im Rahmen der Instandsetzungsplanung kann eine Ebenheitsanalyse der aufgenommenen Bauteile erfolgen. Für die Bodenplatten lässt sich auf diese Weise die Gefällesituation bestimmen, die für die Beurteilung der Entwässerung relevant ist. Dazu wird der Teilbereich der Punktwolke, der die Bodenflächen beschreibt, auf eine Referenzebene bezogen. Höhenabweichungen werden ausgewertet und in Form einer topografischen Darstellung visualisiert. Auf diese Weise werden beispielsweise Bereiche mit unzureichendem Gefälle oder mit erwarteter Pfützenbildung identifiziert.

Abb. 1: Aus der Punktwolke erzeugte Grundrissdarstellung mit integrierter digitaler Risskartierung

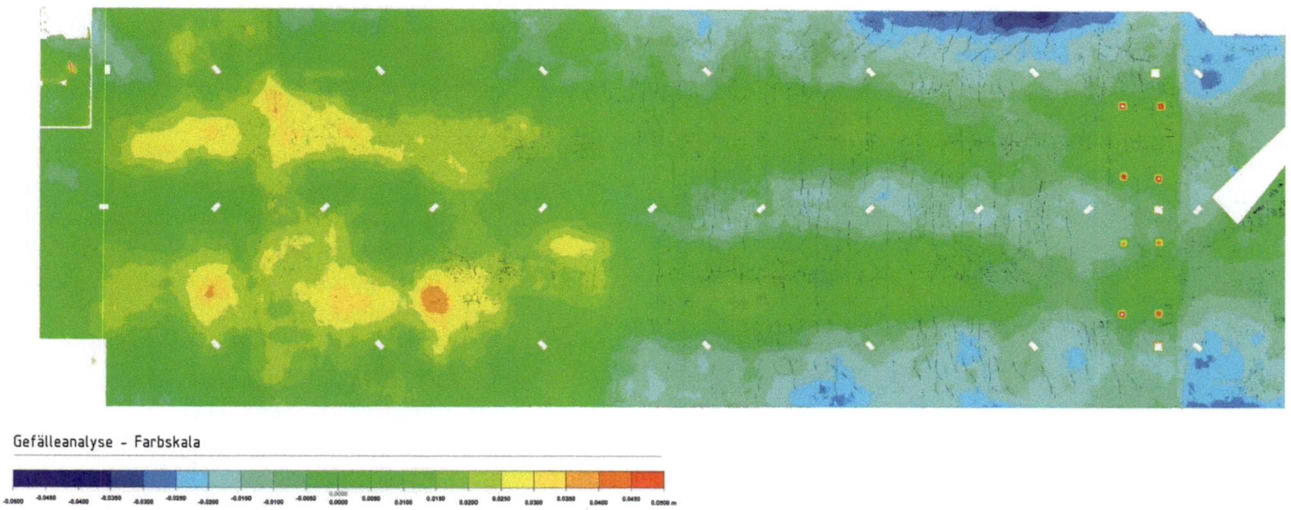

Abb. 2: Aus der Punktwolke erzeugte Gefälleanalyse mit integrierter digitaler Risskartierung

Parallel werden die Ergebnisse der digitalen Risskartierung automatisiert ausgewertet und in geeignete Darstellungen überführt. Die referenzierten Risslinien können in den Grundrissen dargestellt und nach Parametern wie Rissbreite und Risslänge klassifiziert werden. In Kombination mit der Gefälleanalyse lassen sich Bereiche erkennen, in denen Risse und unzureichende Entwässerung zusammenfallen. Werden weitere Untersuchungen wie Potentialfeldmessungen oder Betondeckungsmessungen durchgeführt, können deren Ergebnisse ebenfalls in diese Darstellungen integriert werden.

Ein wesentlicher Vorteil der Digitalisierung besteht in der Möglichkeit, diese unterschiedlichen Datensätze in gemeinsamen Plänen oder Modellen zu überlagern. Die Punktwolke bildet das räumliche Gerüst. Darauf werden topografische Darstellungen, Risspläne und gegebenenfalls weitere Befunde projiziert. Es entsteht eine integrierte Darstellung, in der geometrische und zustandsbezogene Informationen verknüpft sind. Der sachkundige Planer kann in diesen digitalen Unterlagen navigieren und gezielt Bereiche auswählen, in denen mehrere Auffälligkeiten gemeinsam auftreten.

Für die praktische Nutzung ist es wichtig, die Daten in geeigneter Form bereitzustellen. Dies umfasst in der Regel CAD-Dateien mit Grundrissen und Schadenskartierungen, ergänzende grafische Darstellungen der Gefälleanalysen sowie, falls erforderlich, Zugriff auf Punktwolken oder 3D-Modelle. Zunehmend kommen auch webbasierte Viewer zum Einsatz, in denen Punktwolken, Panoramen und Planunterlagen gemeinsam betrachtet werden können. Unabhängig vom konkreten Werkzeug besteht das Ziel darin, die digitalen Daten so zu strukturieren, dass sie für die weitere Planung ohne zusätzliche Aufbereitungsschritte nutzbar sind.

Die in diesem Beitrag beschriebene Kombination aus Mobile Mapping und digitaler Risskartierung zeigt exemplarisch, wie eine digitale Bestandsaufnahme aufgebaut werden kann. Der grundlegende Ansatz ist jedoch auf andere Untersuchungsmethoden übertragbar. Immer wenn Messverfahren referenzierte Ergebnisse liefern, können diese in einen gemeinsamen räumlichen Bezug eingebunden und in einer integrierten Darstellung zusammengeführt werden. Auf diese Weise entsteht Schritt für Schritt eine transparente Sammlung von Ergebnissen, die dem sachkundigen Planer als durchgängige Datengrundlage zur Verfügung steht.

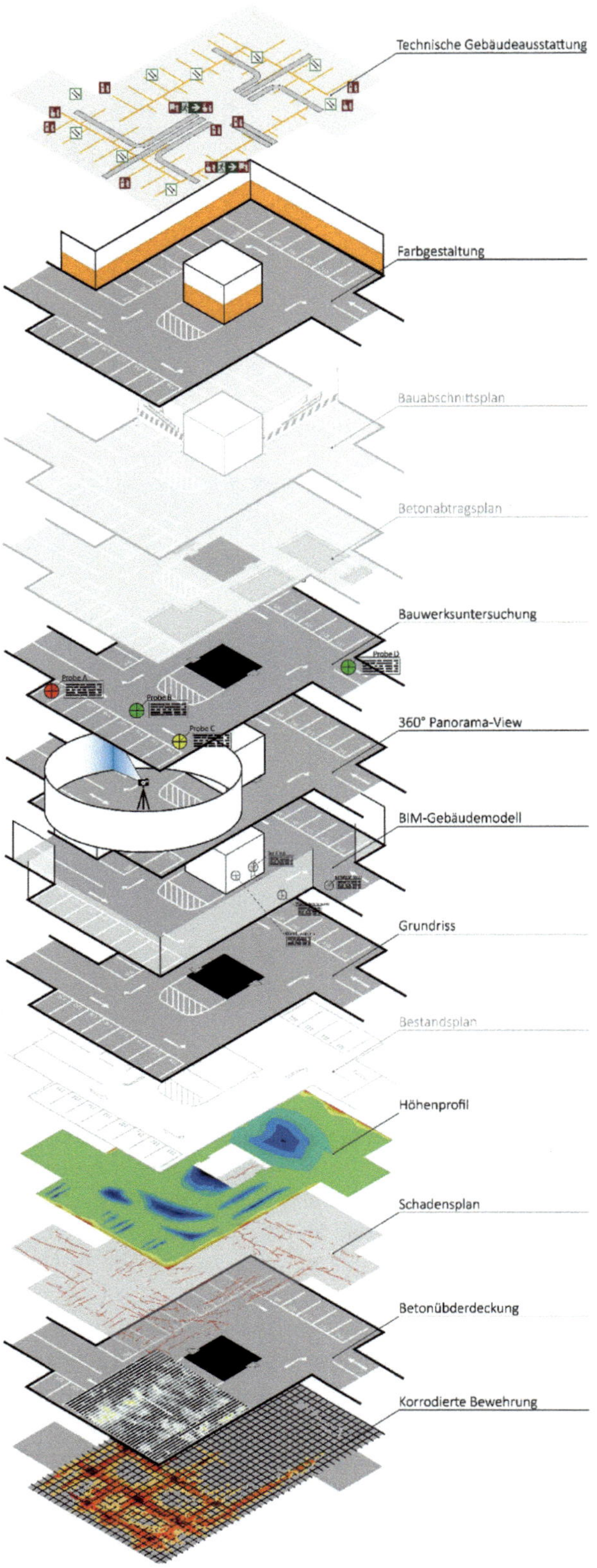

Abb. 3: Schematische Darstellung einer einheitlichen Datengrundlage

2.4 Weiterführende Nutzung und Mehrwerte digitaler Bestandsdaten

Die beschriebenen Arbeitsschritte liefern eine konsistente Punktwolke des Parkhauses, ergänzende Auswertungen wie Gefälleanalysen sowie referenzierte Risspläne. Diese Datengrundlage kann über die unmittelbare Instandsetzungsplanung hinaus weiter genutzt werden. Ein zentraler Ansatz ist die wiederholte Erfassung des Bauwerks in mehreren Zeitpunkten. Werden Punktwolken vor, während und nach Baumaßnahmen erzeugt, lassen sich Veränderungen im Bestand quantitativ und räumlich zuordnen.

Ein Anwendungsbeispiel ist der Betonabtrag und die Reprofilierung von Bauteilen, etwa unter Verwendung von HDW-Strahlen. In einem ersten Schritt wird der Ausgangszustand des Bauteils erfasst. Nach dem Betonabtrag erfolgt eine erneute Aufnahme. Durch den Vergleich der beiden Punktwolken kann das Volumen des entfernten Betons bestimmt und dokumentiert werden. Nach Abschluss der Reprofilierung kann eine weitere Aufnahme durchgeführt werden. Auf diese Weise lässt sich das aufgebrachte Volumen ebenfalls quantifizieren. Die wiederholte Erfassung ermöglicht eine nachvollziehbare Dokumentation des Bauablaufs und liefert objektive Daten für Abrechnungs- und Nachweiszwecke.

Mobile-Mapping-Systeme erzeugen häufig neben der Punktwolke auch eine durchgängige Fotodokumentation in einem räumlichen Kontext. Diese begehbare Dokumentation kann als Grundlage für Besprechungen vor Ort und für online durchgeführte Abstimmungen genutzt werden. Beteiligte, die nicht vor Ort sind, erhalten so einen detaillierten Einblick in den Zustand des Bauwerks. Dies erleichtert die Kommunikation zwischen Eigentümer, Planer und ausführenden Unternehmen und reduziert den Bedarf an zusätzlichen Begehungen.

Darüber hinaus können weitere Erfassungsverfahren in die Datengrundlage integriert werden. Drohnenaufnahmen von Fassaden und Dachflächen ermöglichen die Ergänzung der Innenraumerfassung um außenliegende Bauteile. Aus der Luftbildauswertung resultierende Punktwolken oder Oberflächenmodelle lassen sich mit der Punktwolke aus dem Mobile Mapping zusammenführen. Die Kombination verschiedener Systeme in einem gemeinsamen Koordinatensystem führt zu einem konsistenten Gesamtmodell des Bauwerks, das sowohl Innenräume als auch Außenflächen abbildet.

Eine zusätzliche Maßnahme zur Erweiterung der Nutzungsmöglichkeiten besteht in der Georeferenzierung der Daten. Hierzu werden Messpunkte in die Punktwolke integriert, die mit geodätischen Verfahren bestimmt wurden. Liegen diese Punkte in einem übergeordneten Koordinatensystem vor, kann die Punktwolke entsprechend ausgerichtet werden. Dies erleichtert die Zusammenführung mehrerer Aufnahmen und die Integration in weitere digitale Modelle und Systeme. Wiederholte Scans und zusätzliche Messreihen lassen sich so sicher in Bezug setzen und langfristig vergleichen.

Für den Eigentümer bietet die digitale Bestandsaufnahme damit über das konkrete Instandsetzungsprojekt hinaus einen Mehrwert. Werden die erzeugten Daten strukturiert übergeben, entsteht eine digitale Bauwerksdokumentation, die für den laufenden Betrieb und für zukünftige Maßnahmen genutzt werden kann. Dazu gehören beispielsweise die Planung weiterer Instandsetzungsabschnitte, die Dokumentation von Umbauten oder die Unterstützung des technischen Gebäudemanagements. Die Digitalisierung trägt auf diese Weise zu einer nachhaltigen Nutzung der einmal erhobenen Informationen bei und unterstützt eine langfristig ausgerichtete Bewirtschaftung des Bauwerks.

3. Schlussfolgerung und Ausblick

Die Betrachtung eines Parkhauses als Anwendungsbeispiel zeigt, dass digitale Verfahren eine eigenständige Rolle in der Bestandsaufnahme für Betoninstandhaltungs- und Betoninstandsetzungsmaßnahmen einnehmen können. Mobile Mapping und digitale Risskartierung ermöglichen zusammen eine geometrisch und zustandsbezogen konsistente Beschreibung des Bauwerks, die über konventionelle Aufmaß- und Dokumentationsmethoden hinausgeht.

Voraussetzung für einen zielgerichteten Einsatz ist eine sorgfältige Planung der digitalen Bestandsaufnahme. Die Ziele der Erfassung, die Randbedingungen am Objekt und die Auswahl der Verfahren müssen vorab festgelegt werden. Davon hängen sowohl die Qualität der Ergebnisse als auch die technische und organisatorische Umsetzbarkeit der Aufnahme ab. Zusätzliche Maßnahmen wie die Georeferenzierung in ein übergeordnetes Koordinatensystem erweitern die Möglichkeiten der späteren Nutzung und Kombination mit weiteren Datensätzen.

Der Mehrwert der Digitalisierung liegt in der strukturierten, reproduzierbaren und integrierbaren Datengrundlage. Unterschiedliche Untersuchungsergebnisse, wie Punktwolken, Gefälleanalysen, digitale Risspläne sowie gegebenenfalls Fassaden- und Dachaufnahmen oder weitere Messungen, können in einem gemeinsamen räumlichen Bezug zusammengeführt werden. Wiederholte Erfassungen erlauben darüber hinaus die quantitative Dokumentation von Veränderungen, etwa bei Betonabtrag und Reprofilierung. Die ergänzende Fotodokumentation aus dem Mobile Mapping unterstützt Abstimmungen und reduziert den Bedarf zusätzlicher Ortsbegehungen.

Werden die erzeugten Daten strukturiert an den Eigentümer übergeben, entsteht eine digitale Bauwerksdokumentation, die über das einzelne Projekt hinaus für Betrieb, Instandhaltung und zukünftige Maßnahmen nutzbar bleibt. Perspektivisch ist zu erwarten, dass automatisierte Auswerteverfahren und standardisierte Datenstrukturen diese Arbeitsweise weiter unterstützen. Das grundlegende Prinzip bleibt jedoch unverändert. Eine konsequent geplante digitale Bestandsaufnahme schafft eine belastbare Grundlage für nachfolgende ingenieurtechnische Entscheidungen.

TAE

Brandschutz

Herausforderungen beim Parken von E-Fahrzeugen in Parkgaragen und Ladeinfrastruktur

Theo Grünewald, M. Eng.
VB-Grünewald, Kaiserslautern

Zusammenfassung
Die Herausforderungen beim Parken von E-Fahrzeugen in Parkbauten sind nicht die Häufigkeit von Bränden dieser Fahrzeuge. Die Herausforderungen bestehen in Form von hohen Temperaturen, dem Brandverlauf und der Freisetzung von Gefahrstoffen. Diese Herausforderungen können jedoch in der Planung neuer Parkbauten sowie bei der Ertüchtigung bestehender Parkbauten berücksichtigt und angemessen bewertet werden. Für jedes Konzept muss individuell die Gefahr benannt und bewertet werden. Aus dieser Bewertung können dann die entsprechenden Maßnahmen abgeleitet werden.

1. Grundlagen Parkbauten

Rechtlich sind Parkbauten, in den jeweiligen Landesbauordnungen, als Sonderbauten eingeordnet. In den VVTB`s der Bundesländer ist meist die Muster-Garagenverordnung benannt. Des Weiteren sind die Forderungen des Gebäude-Elektromobilitäts-Infrastruktur-Gesetz einzuhalten. Grundlegend sind ebenfalls die Konkretisierungen in Normen, die Betriebssicherheitsverordnung, zutreffende VDE-Vorschriften sowie die Vorgaben der Versicherer (GDV, VdS).

2. E-Fahrzeug Brand

Grundsätzlich ist die Brandhäufigkeit bei E-Fahrzeugen nicht relevant höher als bei herkömmlichen Antrieben mit Verbrennermotoren [2]. Nach den Schadenserfahrungen passieren die Meisten Brandereignisse mit E-Fahrzeugen aber beim Ladevorgang oder kurz danach bzw. bei einem Schaden am Akku. Die Problematik liegt wohl eher im Verlauf diese Brände. Während bei Verbrenner Bränden die Temperaturen bei 800 – 1000 °C liegen und es ca. 20 min bis zu einem Vollbrand dauert, ist es beim Brand von E-Fahrzeugen ein anderer Verlauf. Hier werden Temperaturen bis 1200 °C erreicht (punktuell bis 1500 °C) und das für mehrere Stunden. Beim Brand von Verbrennern entstehen CO, CO_2, Nox sowie unverbrannte Kohlenwasserstoffe (Ruß). Bei E-Fahrzeugen sind es zusätzlich CO, CO_2, HF (Flusssäure), P- F-, Li-Verbindungen, metallische Aerosole (Nickel, Kobalt, Mangan) welche teilweise giftiger als die Verbrennungsprodukte bei einem herkömmlichen KFZ sind. Jedoch sind die Brände und der Ablauf eines E-Fahrzeugbrandes sehr stark vom Ladestand des Akkus abhängig [1]. Es gibt keine aussagefähigen Statistiken, welche die Ursachen von E-Fahrzeug Bränden genauer aufschlüsseln würde, jedoch brennen diese Fahrzeuge häufiger beim Laden oder kurz nach dem Laden, bzw. bei einem Schaden am Akku.
Was einen nicht unwesentlichen Einfluss auf den Brand hat sind die genannten, wesentlich höheren Temperaturen und die lange Einwirkdauer auf das Gebäude. Hier kann es zu statisch relevanten Schäden am Gebäude kommen.

3. Brandverlauf und Folgen

Der Brandverlauf eines E-Fahrzeugs weicht also vom Verlauf eines Verbrenners ab. Erschwerend kommt hinzu, dass kein wirksames Schaummittel zur Verfügung steht, nur ein Löschmittelzusatz, welcher die Kühlwirkung verbessert. Die hohen Wärmemengen müssen effektiv abgeführt werden, um Schäden am Gebäude zu vermeiden (Stahlbeton oder Stahl). Die Entrauchung muss das sichere Verlassen des Gebäudes für anwesende Personen gewährleisten und eine sichere Brandbekämpfung ermöglichen. Nach einem Brand sind oftmals die Dekontamination und die Folgeschäden durch Löschwasser zu beklagen. Nicht selten kommt es daher zu einer längeren Sperrung eins Parkbaues (Betriebsunterbrechung, Ausfallkosten).

4. Planung von Parkbauten

Wichtige Fragen, die man bei der Planung stellen muss, sei es bei einem Neubau, einer Sanierung oder einem Aufbau eine Ladeinfrastruktur, sind die Abstände zu benachbarten Fahrzeugen, sowie eine sichere Entrauchung und Wärmeableitung. Der Brandschutz, der Statiker und der Versicherer sind meiner Meinung nach bei diesen Planungen unbedingt mit einzubeziehen. Wenn bei einem solchen Brand ein E-Fahrzeug geborgen werden muss, stellt sich die Frage, wie dies möglich ist. Es ist also ein individuelles Konzept für die bauliche Anlage zu entwickeln. In diesem Konzept müssen die grundlegenden Anforderungen an baulichen, anlagentechnischen und organisatorischen Brandschutz sichergestellt werden [3]. Das Einbeziehen des Versicherers kann vor unliebsamen Folgekosten schützen. Für einen sicheren Parkbau für E-Fahrzeuge ist es also wichtig, dass die grundlegenden Anforderungen des baulichen Brandschutzes beachtet werden.
Hier können in der Planungsphase (für Neubauten oder Bestandsbauten Sanierung) die richtigen Weichen gestellt werden, um den Parkbau für den Gefahrfall sicher auszuführen und die Kosten für die Errichtung, Ertüchtigung und den laufenden Betrieb, im Blick zu haben.

5. Laufender Betrieb

Der laufend Betrieb beinhaltet die gesetzlichen Verpflichtungen für die Wartung, Prüfung und Instandhaltung der baulichen Anlage und deren Ausrüstung, also auch der Ladeinfrastruktur. Es ist vorteilhaft die Feuerwehr einzuladen zu einer Begehung oder sogar eine Übung, um die Ortskenntnis im Brandfall zu verbessern. Eine Früherkennung von Bränden hilft Schäden zu verringern. Für die Räumung des Gebäudes muss eine praktikable Räumungsplanung vorliegen, welche auch in der Praxis zu testen ist. Stellen Sie auch sicher, dass die Löschwasserversorgung zu jeder Zeit gewährleistet ist und die Feuerwehr Zugang zu allen Bereichen hat.
Sollten Aufzugsanlagen vorhanden sein müssen auch diese in die Planung mit einbezogen werden.
Insgesamt sind nach einen E-Fahrzeugbrand die Kosten für Betriebsausfall und Betriebsunterbrechung um einiges höher einzuschätzen. Dies auch auf Grund der vorhandenen Unsicherheit mit den neuen Technologien.
Es stellt sich immer die Frage, inwieweit Einschränkungen für Ladestationen sinnvoll sind. Denn es gibt keine grundsätzliche Beschränkung beim Parken, man kann ein E-Fahrzeug auf jedem beliebigen Parkplatz abstellen.

6. Forschung

Die Forschung, und hier möchte ich nur beispielhaft die TH Aschaffenburg nennen, hat wichtige Grundlagen geliefert, wie mit Energiesystem umzugehen ist. Im Brandfall, im Schadenfall und beim Transport. Durch die gewonnenen Erkenntnisse kann man die Planung und den Betrieb von Parkbauten sicherer gestalten. Diese Technologie wird sich weiterentwickeln und die Forschung zum Thema Brandschutz wird diese Anlagen sicherer machen. Dies wird die Schutzkonzepte für Parkbauten positiv beeinflussen.

7. Fazit, Ausblick

Die Herausforderungen beim Parken von E-Fahrzeugen in Parkbauten sind nicht die Häufigkeit von Bränden dieser Fahrzeuge.
Die Herausforderungen bestehen in Form von hohen Temperaturen, dem Brandverlauf und der Freisetzung von Gefahrstoffen.
Diese Herausforderungen können jedoch in der Planung neuer Parkbauten sowie bei der Ertüchtigung bestehender Parkbauten berücksichtigt und angemessen bewertet werden.
Für jedes Konzept muss individuell die Gefahr benannt und bewertet werden. Aus dieser Bewertung können dann die entsprechenden Maßnahmen abgeleitet werden.

Literatur

[1] TU Aschaffenburg (R. Mann) - https://www.th-ab.de/hochschule/organisation/organisationseinheiten/labor-fuer-regenerative-elektrische-energiesysteme/ - Stand: 17.11.2025

[2] GDV Gesamtverband der Versicherer https://www.gdv.de/gdv/medien/medieninformationen/e-autos-in-tiefgaragen-keine-erhoehte-brandgefahr-feststellbar-66230 – Stand 17.11.2025

[3] AGBF Bund, Deutscher Feuerwehrverband – https://www.feuerwehrverband.de/app/uploads/2020/05/2018-01_Fachempfehlung_Risikoeinschaetzung-Lithium-Ionen-Speichermedien.pdf – Stand 17.11.2025

Baulicher Brandschutz im Neubau und Bestand – Probleme bei Abschottungen von Installationen

Andreas Sonnenschein
Sachverständiger für baulichen Brandschutz, Leonhard Weiss GmbH & Co. KG

Einführung

Bei vielen Neu- und Bestandsparkbauten gibt es immer wieder Probleme mit der fach- und sachgerechten Ausführung von brandschutztechnischen Abschottungen der verschiedensten Installationen im Gebäude. Mangelhafte, falsche oder gar fehlende Brandabschottungen können im Schadensfalle zu erheblichen Schäden führen, die vermeidbar wären. Von daher möchte dieser Vortrag auf die wichtige Bedeutung und auf die Möglichkeiten in diesem Bereich hinweisen.

Probleme bei Abschottungen von Installationen

„Es entspricht der Lebenserfahrung, dass mit der Entstehung eines Brandes praktisch jederzeit gerechnet werden muss. Der Umstand, dass in vielen Gebäuden jahrzehntelang kein Brand ausbricht, beweist nicht, dass keine Gefahr besteht, sondern stellt für die Betroffenen einen Glücksfall dar, mit dessen Ende jederzeit gerechnet werden muss!" *Oberverwaltungsgericht Münster, 10 A 363/86 vom 11.12.1987.*

Foto: Andreas Sonnenschein

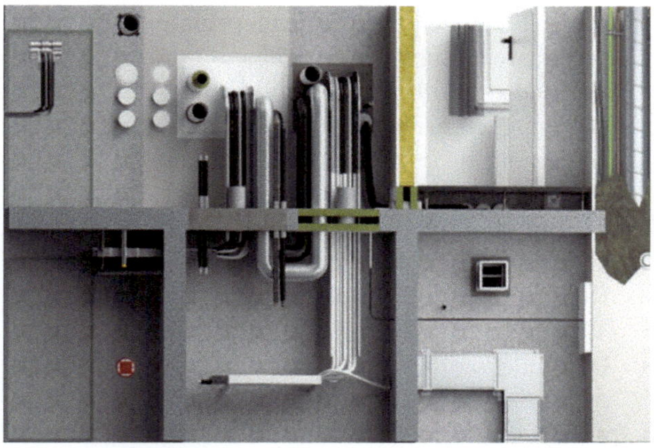

- Brandschutzwände/Decken
- Brandschutztüren
- Brandabschottungen
- Brandschutzklappen
- Löschanlagen
- Notlicht
- Brandabschnitte
- Funktionserhalt
- etc.

Was ist baulicher Brandschutz:

Baulicher Brandschutz umfasst alle baulichen Maßnahmen, die Brände verhindern, ihre Ausbreitung verzögern und Menschen und Tiere im Brandfall retten sollen. Dazu gehören die Unterteilung von Gebäuden in Brandabschnitte mittels feuerbeständiger Wände und Türen, die Verwendung geeigneter Baustoffe sowie die Sicherstellung von rauchfreien Flucht- und Rettungswegen.

Gesetzliche Grundlagen

Für Tiefgaragen sind insbesondere die Anforderungen an den Brandschutz von Bedeutung, die in der Muster-Garagenverordnung beschrieben sind. Diese zielen darauf ab, die Entstehung und die Ausbreitung von Bränden zu verhindern, wirksame Löscharbeiten zu ermöglichen sowie Mensch und Tier zu retten.

Brandrisiken in Tiefgaragen

Tiefgaragen sind aus vielerlei Gründen brandgefährdet:

- Fahrzeuge: Sie enthalten brennbare Materialien und Kraftstoffe.
- Elektrische Anlagen: Ladeeinrichtungen für Elektrofahrzeuge, Beleuchtung und andere elektrische Installationen können Brände verursachen.
- Bauliche Besonderheiten: Enge Zufahrten und begrenzte Fluchtwege erschweren bei einem Brand die Rettung und Brandbekämpfung.

Aus diesen Brandrisiken ergeben sich u. a. die Anforderungen an den Brandschutz.

Bauliche Anforderungen
Die MBO legt fest, dass Tiefgaragen so zu gestalten sind, dass der Ausbreitung von Feuer und Rauch wirksam entgegengewirkt wird. Wichtige bauliche Maßnahmen umfassen unter anderem:

- Wände, Pfeiler und Decken: Sie müssen feuerbeständig sein; das heißt, sie müssen einem Feuer mindestens 90 Minuten standhalten können.
- Bekleidungen und Dämmschichten an Wänden, Pfeilern sowie unter Decken und Dächern müssen bei Großgaragen aus nichtbrennbaren und bei Mittelgaragen aus mindestens schwerentflammbaren Baustoffen bestehen.
- Trennwände zu anderen Räumen müssen in unterirdischen Garagen feuerbeständig sein und aus nichtbrennbaren Baustoffen bestehen.
- Rauchabzugsanlagen: Sie sollen bei geschlossenen Großgaragen bei einem Brand eine effektive Rauchabführung sicherstellen, um Sicht und Atmungsbedingungen für die Rettungskräfte zu verbessern.
- Türen und Tore, die als Feuerschutzabschlüsse dienen, müssen selbstschließend und in der Regel mind. feuerhemmend (T30) sein.
- Türen zu Schleusen müssen dichtschließend sein.
- Die Schleusentüren zum Treppenraum müssen rauchdicht und selbstschließend sein. Die Schleuse muss mindestens drei Meter lang sein. Türen zu anderen Räumen, zum Beispiel Lagerräumen, müssen mindestens feuerhemmend, rauchdicht und selbstschließend sein.

Der §14 der Musterbauordnung sagt hier eindeutig:
Baulichen Anlagen sind so anzuordnen, zu errichten, zu ändern und instand zu halten, dass der Entstehung und der Ausbreitung von Feuer und Rauch (Brandausbreitung) vorgebeugt wird und bei einem Brand die Rettung von Menschen und Tieren, sowie wirksame Löscharbeiten möglich sind.
In der MBO, bzw. den jeweiligen Landesbauordnungen sind die Vorgehensweisen und die entsprechenden Maßnahmen im baulichen Brandschutz klar geregelt und müssen als solches konsequent umgesetzt werden. Eine Nichteinhaltung dieser wichtigen Maßnahmen können im Schadensfalle erhebliche Schäden bei Menschen und an dem Gebäude bedeuten.
In vielen Tiefgaren befinden sich stellenweise sehr komplexe Installationen, die im Schadensfalle zu einer erheblichen Brand- und Rauchweiterleitungen führen können. Allein durch die weiträumige Elektroinstallationen gibt es das Problem der Brandweiterleitung auf den Kabeltrassen, sowie das brennende Abtropfen der Kabelmäntel und eine hohe Rauchkonzentration der verschiedenen Kunststoffanteile (*1 kg Kabelkunststoff = ca. 2800 qm hochgiftigen Qualm*).

Installationen in einer Tiefgarage (Fotos Andreas Sonnenschein)

Bei einem Brand entstehen extreme Hitzeeinwirkungen die nicht nur an der Bausubstanz erhebliche Schäden verursachen können. Durch Fehlerhafte oder fehlende Abschottungsmaßnahmen kommt es u. a. auch zu einer Rauchweiterleitung in verschiedene Brandabschnitte, welche im Schadensfalle auch zu weitreichenden negativen Ereignissen führen kann.

Erhebliche Schäden nach einem Brand (Fotos Andreas Sonnenschein)

Fehlende oder geöffnete Abschottungen im Neubau und Bestand

Abgetrennte Kabel in einer Brandwand

Nicht verschlossene Durchführungen in einer Brandwand

Zerstörte Abschottungen

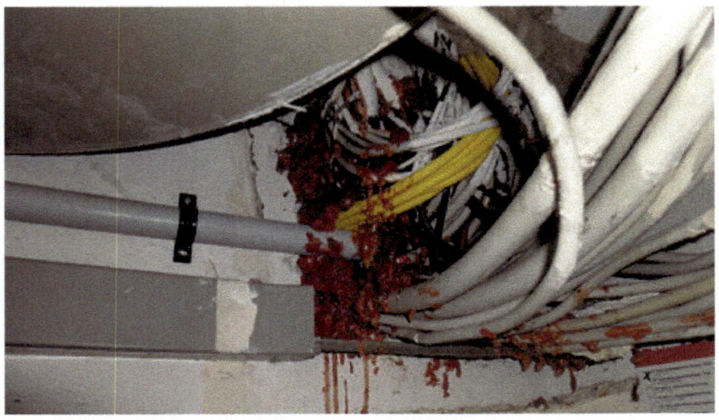

Falsch montierte Abschottungen (Fotos Andreas Sonnenschein)

Durch das Fehlen von entsprechenden zulassungskonformen Abschottungen der Kabelanlagen ist hier im Schadensfalle mit einer erheblichen Brandweiterleitung in abgetrennte Brandabschnitte zu rechnen. Auch abgeschnittene Kabelanlagen innerhalb von Brandabschnitte erhöhen die Gefahr einer Brandweiterleiten um ein Vielfaches.
Der Verbau von zugelassenen Brandabschottungen ist durch zertifizierte Fachunternehmen durchzuführen und mit einer entsprechenden Übereinstimmungserklärung und Herstellerzulassung zu bestätigen. Wenn bestehende Abschottungen durch z. B. Nachinstallationen geöffnet werden, müssen diese umgehend wieder zulassungskonform verschlossen werden. Wer das Schott öffnet, übernimmt die Gewährleistung dafür uns ist somit in der Pflicht für den sofortigen Verschluss der Öffnung Sorge zu tragen.
Auch sollte die Abnahme der entsprechenden Leistungen durch entsprechend geschulten und zertifizierten Personals erfolgen, um evtl. Missstände sofort anzuzeigen.

Welche Abschottungssysteme soll man einsetzen?
Bei der Auswahl der nötigen Abschottungssysteme ist neben den gesetzlichen Anforderungen auch die entsprechende Einsatzmöglichkeit innerhalb des Gebäudes zu prüfen und zu beachten. Abschottungssysteme dürfen nur mit entsprechender und gültiger Zulassung des jeweiligen Herstellers eingebaut werden.

- ist das jeweilige Abschottungssystem für die entsprechenden Installationen zugelassen?
- Ggf. ist auch das Thema Luftfeuchtigkeit bei der Auswahl der Schottsysteme zu beachten
- eine max. Belegung von 60 % ist zu beachten (Ausnahme bei bestimmten Systemanbietern z. B. Kabelboxen)
- Einbau nur durch zertifizierte Fachunternehmen (z. B. Kombiabschottungen gilt Schulungspflicht durch den Hersteller)

Man sollte grundsätzlich auch vorher prüfen, ob man ggf. Abschottungen benötigt, die eine Nachinstallation möglich machen.
Viele Hersteller bieten genügend Möglichkeiten an, um die entsprechenden baulichen Situationen vor Ort zulassungskonform und nach den aktuellen gesetzlichen Vorgaben fachgerecht zu verschließen. Das sollte hier immer vorweg durch entsprechendes Fachpersonal/Brandschutzsachverständige, geklärt und festgelegt werden.
Bei der Auswahl der nötigen Abschottungssysteme ist neben den gesetzlichen Anforderungen auch die entsprechende Einsatzmöglichkeit innerhalb des Gebäudes zu prüfen und zu beachten. Abschottungssysteme dürfen nur mit entsprechender und gültiger Zulassung des jeweiligen Herstellers eingebaut werden.

- Ist das jeweilige Abschottungssystem für die entsprechenden Installationen zugelassen?
- Ggf. ist auch das Thema Luftfeuchtigkeit bei der Auswahl der Schottsysteme zu beachten.

- Eine max. Belegung von 60 % ist zu beachten (Ausnahme bei bestimmten Systemanbietern z. B. Kabelboxen).
- Einbau nur durch zertifizierte Fachunternehmen (z. B. Kombiabschottungen gilt Schulungspflicht durch den Hersteller)

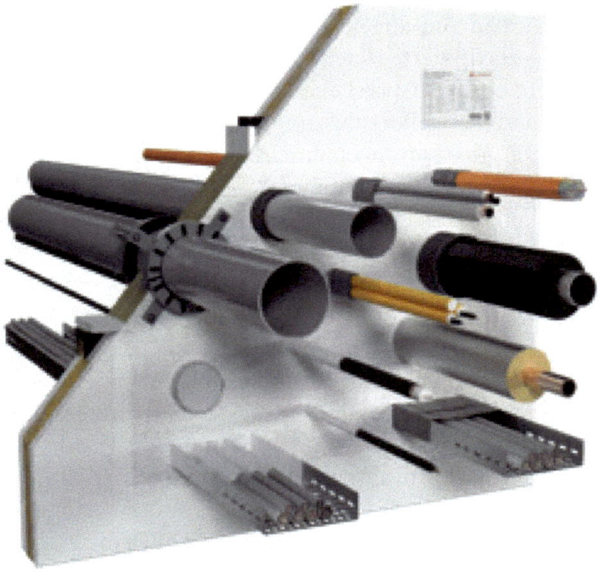

Weich/Kombiabschottungen

Mörtel/Kombiabschottungen

Brandschutzboxen

Rohrdurchführungen

Viele Hersteller in Deutschland haben entsprechende zugelassene Systeme, um die bestehenden Bedürfnisse im Abschottungsbereich abzudecken. Wand und Deckendurchführungen sind von den Installationen im Vorfeld so zu prüfen, dass eine geeignete Maßnahme durchgeführt werden kann und ein Verbau nach den aktuellen Hersteller- und Zulassungsbedingungen erfolgen kann. Gerade im Bestandbau kann es aufgrund von fehlender Prüfung zu entsprechenden Problemen kommen, so dass oft die getroffenen Maßnahmen unzureichend oder gar falsch sind, was im Schadensfalle fatale und weitreichende Folgen haben kann. Bestandsabschottungen dürfen nur mit dem Material wieder verschlossen werden, welches auf den Schottschilder gekennzeichnet ist. Fehlende Kennzeichnungsschilder bedeuten, dass man die bestehenden Abschottungen entsprechend neu herstellen muss, Eine Vermischung von verschiedenen Herstellermaterialien ist verboten. Dies kann im Schadensfall dazu führen, dass das eigentliche Schutzziel nicht erreicht wird, und die Maßnahme versagen kann.

Abschottungen in der Praxis

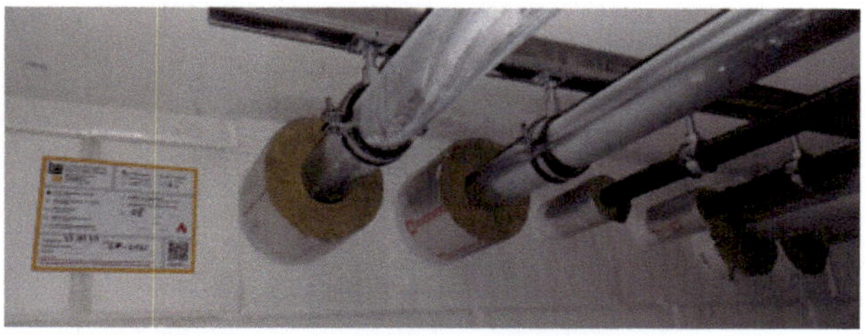

Weichabschottungen in der Wand für die Brandlastkapselung von Rohrleitungen

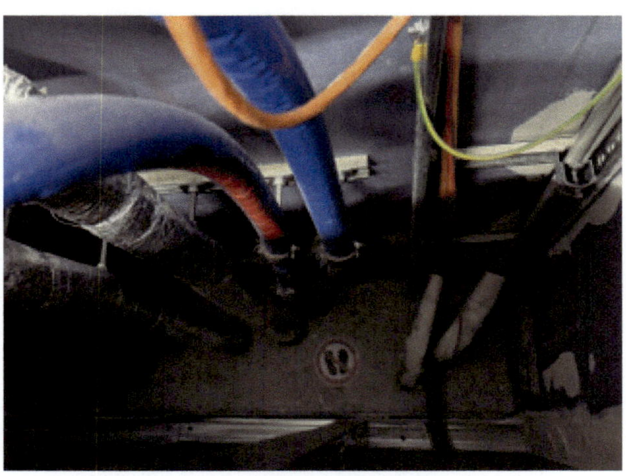

Mörtel-Deckenabschottungen für verschiedene Installationen

Brandverhalten von Abschottungsmaßnahmen nach einem Brandversuch

Brandschutz geht uns ALLE an!

Praktische Tipps

Regelmäßige Begehungen: Führen Sie regelmäßige Begehungen der Tiefgarage durch, um Mängel rechtzeitig zu erkennen und zu beheben.
Dokumentation: Halten Sie alle Prüfungen, Wartungen und Schulungen schriftlich fest, um im Ernstfall einen lückenlosen Nachweis führen zu können.
Zusammenarbeit mit Brandschutzexperten: Ziehen Sie bei komplexen Fragen oder Unsicherheiten immer einen Brandschutzsachverständigen hinzu.
Sicherheitskonzepte für Ladeinfrastruktur: Stellen Sie sicher, dass die Ladeeinrichtungen für Elektrofahrzeuge fachgerecht installiert und gewartet werden. Entwickeln Sie Notfallpläne für einen Batteriebrand.
Sichten Sie alle Genehmigungsunterlagen: Es gilt immer die aktuelle Baugenehmigung gegebenenfalls in Verbindung mit einem Brandschutzkonzept.

Fazit

Der Brandschutz in Tiefgaragen ist eine komplexe und vielschichtige Aufgabe, die bauliche, technische und organisatorische Maßnahmen erfordert. Die Musterbauordnung bietet dafür eine solide Grundlage. Mit ihr lassen sich Brandschutzkonzepte entwickeln und umsetzen. Dabei bringt die Integration von Elektrofahrzeugen und deren Ladeinfrastruktur zusätzliche Herausforderungen. Hier gilt es, sorgfältig zu planen.

Brandschutz ist keine einmalige Aufgabe, sondern ein Prozess, der Aufmerksamkeit und Sorgfalt erfordert. Regelmäßige Wartung, Schulung und Überprüfung gewährleisten ein hohes Maß an Sicherheit. Betreiber tragen dabei eine große Verantwortung, da sie für die Sicherheit der Nutzer und den Schutz der Immobilie zuständig sind.

Sie haben es in der Hand, maßgeblich zum Schutz ihrer Nutzer und ihrer Immobilie beizutragen.

TAE

Zustandserfassung

Verlängerung der Restnutzungsdauer von Chlorid- und Alkali-Kieselsäure-Reaktion-geschädigten Parkbauten: aktueller Zustand des Parkhauses am Holstentor in Lübeck

Marc Gutermann
Institut für Experimentelle Statik, Hochschule Breme

Susanne Gieler-Breßmer
Sachverständigenbüro Gieler-Breßmer

Uwe Guttenberg
Helmut Wiemer Ingenieurgesellschaft für Bauwesen mbH

Zusammenfassung
Das Parkhaus am Holstentor in Lübeck wurde 1992 errichtet. 2017 wurde durch das Sachverständigenbüro Gieler-Breßmer festgestellt, dass umfangreiche Instandsetzungsmaßnahmen notwendig sind, um den Betrieb des Parkhauses für eine Restnutzungsdauer von 2 – 3 Jahren aufrecht zu erhalten. Dabei waren wegen den AKR- und Chloridschäden sowohl statische als auch betontechnologische Sachverhalte zu berücksichtigen. Mit einem Konzept aus Instandsetzung, temporärer Verstärkung (*Wiemer-Ingenieure*) und Belastungsversuchen wurde 2020 die ausreichende Tragsicherheit fest- und wiederhergestellt. Mit einem anschließenden Monitoring (*alterra GmbH*) wurde überwacht, ob sich der Zustand in den Folgejahren weiter verschlechtert. Anfang 2023 wurde der Zustand erneut begutachtet und visuell identifizierte Verschlechterungen, insbesondere an den Bauwerksfugen, waren der Anlass, die Tragsicherheit der mangelbehafteten Stockwerksrahmen wieder mit Belastungsversuchen nachzuweisen. Das Monitoringkonzept wurde auf die auffällig gewordenen Bereiche erweitert, um den Bauwerkszustand bis zum Ersatzneubau zu überwachen. Da die Umsetzung bislang noch nicht beginnen konnte, wurde 2025 ein neues Bewertungsprogramm gestartet. In diesem Bericht wird von den Projekterfahrungen berichtet, insbesondere unsere Erkenntnisse der diesjährigen Bauwerksüberwachung mit wiederholten Zustandsanalysen und erweitertem Monitoring.

1. Einführung

Mehr als 60 % der Bauaufträge werden heute im Bestand umgesetzt. Eine wesentliche Voraussetzung für Nutzungs-, Instandsetzungs- und Investitionsentscheidungen für Parkbauten ist der Nachweis ausreichender Tragsicherheit für die gewünschten Lastansätze. Oftmals eine Herausforderung für den Tragwerksplaner, wenn zuverlässige Daten über Baustoffe und -konstruktion fehlen oder Bauwerkmängel die Tragfähigkeit abmindern. Wenn der rechnerische Nachweis nicht gelingt, wird meist konventionell verstärkt oder abgerissen und neu gebaut. Das sind jedoch nicht immer wirtschaftliche Varianten. Eine alternative Vorgehensweise ist der experimentell gestützte Nachweis, bei dem entweder wesentliche Parameter für einen rechnerischen Nachweis durch Versuche ermittelt werden (Abb. 1, B [1]), oder Belastungstests direkt nach Beendigung Planungssicherheit für den Baufortschritt bringen (Abb. 1, A [1]).

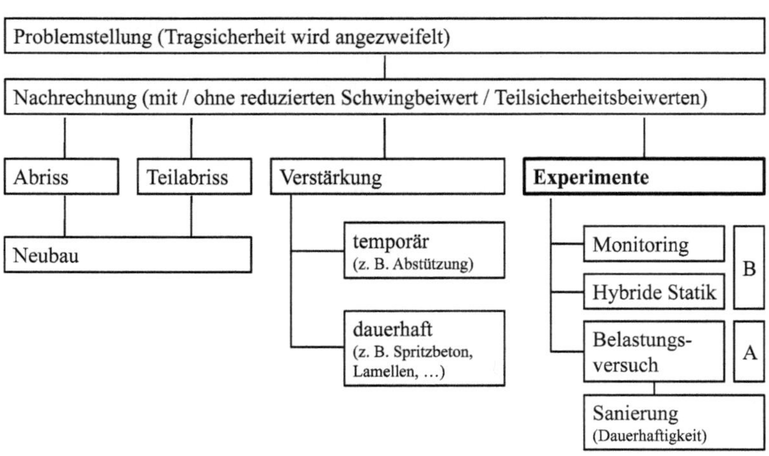

Abb. 1: Lösungsstrategien zum Tragsicherheitsnachweis für Bestandsbauten

Die Bandbreite der möglichen Einsatzgebiete experimenteller Methoden erstreckt sich über den gesamten Hoch- und Ingenieurbau. Die Methodik, ihre Legalisierung sowie einige Fallbeispiele wurden bereits anlässlich der Tagung im Jahr 2020 vorgestellt [2], das Projekt auf der Tagung in Jahr 2024 [3].

2. Bauwerksbeschreibung

Das Parkhaus am Holstentor in Lübeck wurde im Jahr 1992 zur Erschließung der Innenstadt als zentrales Parkhaus in Stahlbetonskelett-Bauweise errichtet. Die einzelnen Achsen sind über 5 Geschosse als Rahmensysteme ausgebildet, zwischen denen die Deckenplatten spannen (Abb. 2).

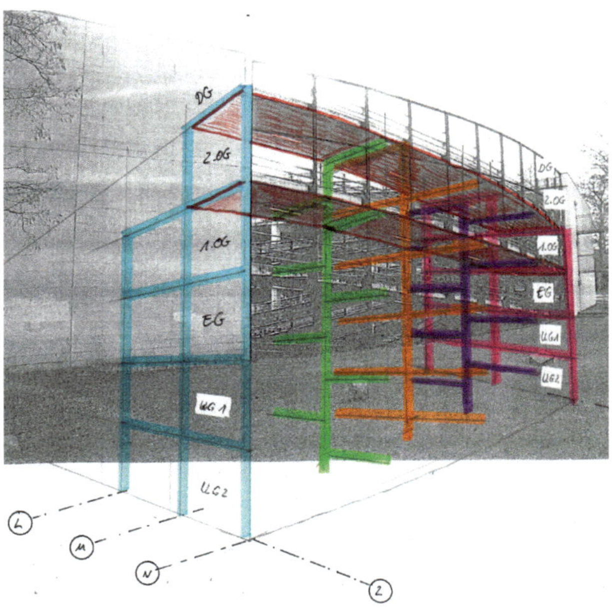

Abb. 2: Ansicht mit statischem System

Das Gebäude zeigt im Grundriss eine sehr ausdrucksstarke Architektur in Form eines Kreissegments (Abb. 3). Es besteht aus 2 Parkgebäuden, die im spitzen Winkel zueinander liegen, wobei sich in der Spitze das Haupttreppenhaus und ein Fahrstuhl befinden. In der Mitte zwischen den Parkgebäuden liegt ein begrünter Freiraum. Die einzelnen Parkebenen werden über ein Rampenbauwerk zwischen den beiden Parkgebäuden erschlossen.

Abb. 3: Draufsicht Parkhaus am Holstentor

Nach Auskunft des Auftraggebers wurden die Fahr- und Parkflächen direkt bei der Erstellung mit einem Oberflächenschutzsystem vor dem Eintrag von Tausalz geschützt.

Das Freideck wurde in den Jahren 2009 und 2010 in 2 Bauabschnitten neu beschichtet. Zum damaligen Zeitpunkt fanden keine Betoninstandsetzungsmaßnahmen an der Betonkonstruktion des Freidecks statt, vielmehr wurde die Beschichtung erneuert. Die Untersuchungen wurden im Jahr 2016 dann auf alle Ebenen ausgedehnt. Im Zuge dieser Begutachtung stellte sich heraus, dass der Beton einiger Stützen eine hohe Chloridbelastung besaß. Die Bereiche wurden durch eine Notaussteifung gesichert. Eine umfangreiche betontechnologische Untersuchung folgte mit dem Ziel, ein Instandsetzungskonzept für eine dauerhafte Nutzung des Parkhauses auszuarbeiten.

3. Bauwerkszustand (2017)

Die Untersuchung der Bausubstanz offenbarte, dass das Parkhaus nach damals 25-jähriger Nutzung umfangreich instandsetzungsbedürftig war.

Grundsätzlich hatten die Oberflächenschutzsysteme –obwohl sie zwischenzeitlich verschlissen sind – ihre Schutzwirkung über die letzten 25 Jahre in der Fläche gut erfüllt. Die chloridinduzierte Korrosion der Bewehrung infolge Tausalzbeaufschlagung entstand überwiegend örtlich begrenzt in den Geschossdecken und der Bodenplatte in Bereichen mit Rissen oder Gebäudedehnfugen. Besonders letztere waren kritisch, da hier das tausalzhaltige Wasser auch darunterliegende Bauteile angreifen konnte.

Bei den vertikalen Bauelementen, Stützen- und Wandsockeln, konzentrierte sich der hohe Chlorideintrag an Gefälletiefpunkten. Vereinzelt waren bereits ausgeprägte Korrosionserscheinungen erkennbar. Überwiegend wurde an den Probeöffnungen jedoch festgestellt, dass zwar Lochkorrosion vorlag, der Querschnittsverlust insgesamt jedoch noch gering war. Schutz- und Instandsetzungsmaßnahmen waren an diesen Bauteilen deshalb dringend erforderlich, um den Zustand zu erhalten.

Untersuchungen an Bohrkernen aus stark gerissenen Bauteilen an der FH Lübeck bestätigten den Verdacht, dass zur Herstellung des Parkhauses alkaliempfindliche Gesteinskörnungen im Beton verwendet worden waren. Eine Instandsetzung von durch AKR geschädigten Bauteilen ist grundsätzlich nicht dauerhaft möglich, da der Prozess durch Verhinderung des Zutritts von Wasser zwar behindert, nicht aber verhindert werden kann. Abdichtungen können diese Behinderung erwirken, das Restrisiko ist bei diesem Bauwerk jedoch sehr hoch, da insbesondere bei den Stützen sowie bei den Stirnkanten der Decken eine fehlstellenfreie Abdichtung nicht möglich ist. Jegliche Instandsetzungsmaßnahme kann somit nur für eine begrenzte Restnutzungsdauer geplant werden und ist sehr aufwändig.

Auffallend waren im gesamten Parkhaus die ausgeprägten Rissbildungen in den Rahmensystemen. Diese wurden vom Tragwerksplaner (Ingenieurbüro Wiemer) gesondert beurteilt.

4. Instandsetzungskonzept

Nachdem die verschiedenen Optionen zur Instandsetzung und deren Kosten ausgearbeitet waren, wurde aufgrund der Schädigungen und der Vielzahl von Punkten, die nicht abschließend zu klären waren, entschieden, dass das Parkhaus nur noch eine deutlich begrenzte Zeit bis zu einem Ersatzneubau genutzt werden soll. Eine Weiternutzung von max. 2 – 3 Jahren war vertretbar, wenn folgende Maßnahmen ausgeführt werden:

- Instandsetzung der mangelhaften Bauwerksfugen und Abdichtung
- Dauerhafte Abstützung der Decken unterhalb des gerissenen Einfahrtsbereichs im 1. und 2. UG
- Verpressen der dortigen Risse
- Rissbandagen im Bereich der Einfahrt
- Schutz der Sockel der Rahmenstiele im Bereich der Dehnfugen mit einem OS-System auf EP-Basis
- Temporäre Verstärkung der Rampenkonstruktion mit einer Stahlrahmenkonstruktion.
- Überarbeitung des bestehenden OS-Systems auf den Rampen mit einem System bestehend aus abgestreuter Grundierung und Versiegelung
- Nachweis der Tragsicherheit ausgewählter (schlechter) Stockwerksrahmen durch Belastungsversuche.
- Konzeption und Installation eines Monitorings, das die im Instandsetzungsprozess auffälligen Bereiche überwacht.

5. Instandsetzung

Das Instandsetzungskonzept für die temporäre Weiternutzung des Parkhauses für eine begrenzte Dauer von 2 – 3 Jahren sah Maßnahmen an folgenden Bauteilen vor:

- Rahmenstiele und Fugen in Achse C/ 4
- Geschossdecke über dem 1. UG – Risse am Boden in der Einfahrt
- Rahmen in der Fuge in Achse H/1 – 2 und H/6 – 7 in allen Geschossen
- Rampen:
  - AKR-geschädigte Bauteile an den Rampen
  - Rampenbauwerk mit Portalrahmen Achse L-N/2 sowie L-N/6

Die Maßnahmen dienten dem temporären Schutz der Bauteile für eine mit dem Auftraggeber vereinbarte Restnutzungsdauer. Dabei wurde eine Zielvereinbarung definiert, die die Abweichung von den allgemein anerkannten Regeln bewusst in Kauf nahm. Die zur Erreichung des Ziels erforderlichen Maßnahmen wurden nach den zum Zeitpunkt der Ausführung geltenden Regelwerken vom sachkundigen Planer (IGF GmbH) geplant und fachkundig von einer Baufirma umgesetzt und durch den Planer überwacht. Auch wenn die Maßnahme nur eine temporäre Nutzung vorsah, so waren die auf ein technisch notwendiges Minimum begrenzten Maßnahmen gerade deshalb fach- und sachkundig nach geltenden Instandsetzungsprinzipien umzusetzen, um das Risiko eindeutig eingrenzen zu können.

5.1 Örtliche Instandsetzung chloridbelasteter Bauteile

Bei dem hier vorliegenden Objekt wäre für eine dauerhafte Instandsetzung als vorrangige Lösung die konventionelle Instandsetzung nach dem Instandsetzungsprinzip R-Cl in Verbindung mit dem Instandsetzungsprinzip W-Cl in Frage gekommen. Bei dem Korrosionsschutzprinzip R-Cl wird der Beton – unabhängig von Korrosionserscheinungen an der Bewehrung – überall dort bis zur Bewehrung bzw. um einen Sicherheitszuschlag darüber hinaus abgetragen, wo der maßgebliche korrosionsauslösende Chloridgehalt überschritten wird. Es reicht dabei nicht aus, den Beton nur dort abzutragen, wo offensichtlich Schäden vorhanden sind. Vielmehr dienen die Ergebnisse von Potentialfeldmessungen, der Messung der Betondeckung der Bewehrung und der Bestimmung des Chloridgehalts in Höhe der Bewehrung an den Stahlbetonbauteilen als Grundlage für die Festlegung des späteren Betonabtrags.

Betonabtrag wurde aufgrund der zeitlichen Begrenzung der weiteren Nutzung des Bauwerks auf kleinere örtliche Schadstellen begrenzt. Das Instandsetzungsprinzip R-Cl wurde bewusst nicht in ausreichender Tragweite umgesetzt, vielmehr wurde die weitere Korrosion der Bewehrung in chloridbelasteten Bereichen mit einer gezielten Risikoabschätzung in Kauf genommen und durch andere Maßnahmen kompensiert.

Die durch den örtlichen Betonabtrag entstehenden Betonausbrüche werden nach örtlich notwendigen zusätzlichen Bewehrungsergänzungen, die der hinzugezogene Tragwerksplaner festlegen musste, mit Spritzbeton oder einem vorkonfektionierten Reparaturmörtel bzw. -beton, der für den Anwendungsfall zugelassen ist, wieder reprofiliert. Danach sind die instandgesetzten Betonbauteile durch Oberflächenschutzsysteme vor dem weiteren Eintrag von Chlorid (Tausalz) geschützt worden.

Als Alternative zu der konventionellen Instandsetzung, die stark in die Statik des Bauwerks eingreift, wäre bei den Rahmenstielen und den Rahmenriegeln unter den Dehnfugen der kathodische Korrosionsschutz (KKS) in Frage gekommen. Die Sinnhaftigkeit und Erfolgsaussichten der Anwendung von KKS waren dann im Rahmen einer Detailplanung weiter zu klären – insbesondere da AKR eine Rolle spielte. Letztendlich wurde auf diese alternative Lösung verzichtet.

Um den Chlorideintrag an den Gebäudedehnfugen zu verhindern, wurden neue Fugenprofile eingebaut. Hierbei wurden folgende Maßnahmen umgesetzt:

- Entfernung der Bodenbeschichtung beidseits des Fugenprofile
- Entfernen der Sockelbeschichtung an den Stützensockeln, an die die Dehnfugen anschließen
- Ausbau der Dichtungseinlage der Fugenprofile
- Untergrundvorbereitung an lokalen Ausbruchstellen der Geschossdecken entlang der Fugenprofile und Reprofilierung der Ausbruchstellen

- In Abstimmung mit der örtlichen Bauleitung (IGF GmbH) und dem Tragwerksplaner (Wiemer GmbH) aufstemmen von Schadstellen an den Unterzügen und Stützen, sowie deren Reprofilierung mit Spritzbeton oder PCC-Mörtel nach einer Untergrundvorbereitung mit Druckluftstrahlen mit festen Strahlmitteln
- Einbau neuer Fugenprofile.

5.2 Oberflächenschutzsysteme und Rissbandagen

Oberflächenschutzsysteme wurden nur in den örtlich bearbeiteten, besonders risikobehafteten Bereichen appliziert. Verwendet wurden

- ein OS 8[1]-System auf den Rampen
- ein OS 11 b[2]-System im Anschluss an die zu erneuernden Fugen
- ein OS 10[3]-System auf PMMA-Basis an einem besonders belasteten Stützensockel.
- ein OS 10-System auf PU-Basis als Rissbandage auf den Rissen der Einfahrt.
- Auf alle Stützen, Kragarme und Deckenunterseiten der Rampe sowie Stirnseiten der Eckenplatten wurde ein OS 5b[4]-Oberflächenschutzsystem gebracht.

Die Sockel der Rahmenriegel im Bereich der instandzusetzenden Fugen wurden mit einem kunststoffmodifizierten Zementspachtel egalisiert, dann grundiert und versiegelt.

5.3 Verstärkung Rampen

Bei dem Rampenbauwerk hatte die Alkali-Kieselsäure-Reaktion besondere Relevanz. Bei der Rampe handelt es sich um ein Tragwerk, das als räumliches Gesamttragwerk bemessen wurde (Abb. 2). Das Versagen nahezu jedes Einzelbauteils führt zum Gesamtversagen der Rampenanlage. Es gibt keine Möglichkeit, die AKR der kritischen Gesteinskörnungen des Bestandsbetons sicher und dauerhaft zu unterbinden. Hierzu müsste mit absoluter Sicherheit der Feuchtezutritt zu den Bauteilen verhindert werden. Dies ist selbst bei Applikation von dichten Oberflächenschutzsystemen nicht gesichert möglich, da eine Fehlstellenfreiheit insbesondere im Bereich der Übergänge zu benachbarten Bauteilen nicht gewährleistet ist.

5.4 Experimenteller Tragsicherheitsnachweis (2020)

Für die Stockwerksrahmen an den Dehnungsfugen (Abb. 4) war unklar, wie stark die Stahlbetonbauteile durch Chloride bereits geschädigt sind und ihre Tragfähigkeit dadurch reduziert worden ist. Ein Aufschluss schied wegen des hohen Aufwands für die temporäre Sicherung aus, ebenso eine konventionelle Verstärkung für den Restnutzungszeitraum von 3 Jahren. Es wurde alternativ vorgeschlagen, die Tragsicherheit des Haupttragwerks (Stockwerksrahmen) für aktuelle Nutzlasten durch Belastungsversuche zu ermitteln.

Die zu testenden Bauteile wurden unter Berücksichtigung wirtschaftlicher und versuchstechnischer Belange so ausgesucht, dass die mit dem offensichtlich schlechtesten Zustand untersucht wurden (Decke über 1. OG und 2. OG). Die Stichprobe von insgesamt 5 Stahlbetonrahmen wurde als ausreichend angesehen.

Der Untersuchungsbereich wurde so eingerichtet, dass die Lasten mit mobilem hydraulischem Belastungsgerät auf dem Unterzug eingeleitet werden konnten. Als Gegengewicht für die Versuchslasten wurde im Kräftekreislauf das Eigengewicht der 2 darunterliegenden Stockwerke genutzt (Abb. 4).

Damit das Risiko während der Belastung minimiert war, wurden am Bauteil online mehrere Bauteilreaktionen (z. B. Durchbiegungen, Dehnungen, Abb. 5). gemessen. Da sie zeitgleich am Monitor als Kraft-Reaktions-Diagramm dargestellt wurden, konnten sie sofort analysiert und auf kritische Werte reagiert werden (Abb. 6).

---

1 OS 8: Richtlinie für Schutz und Instandsetzung von Betonbauteilen 08-1990 und 12-2005 [4]: Chemisch widerstandsfähige Beschichtung für befahrbare, mechanisch stark belastete Flächen.

2 OS 11: Richtlinie für Schutz und Instandsetzung von Betonbauteilen 10-2001 [5]: Beschichtung mit erhöhter dynamischer Rissüberbrückungsfähigkeit für begeh- und befahrbare Flächen. OS 11 a: zweischichtiger Aufbau, OS 11b: einschichtiger Aufbau.

3 OS 10: Richtlinie für Schutz und Instandsetzung von Betonbauteilen 10-2001 [5]: Beschichtung als Dichtungsschicht mit hoher Rissüberbrückung unter Schutz- und Deckschichten für begeh- und befahrbare Flächen.

4 OS 5 b: Richtlinie für Schutz und Instandsetzung von Betonbauteilen 10-2001 [5]: Beschichtung mit geringer Rissüberbrückungsfähigkeit für nicht begeh- und befahre Flächen (mit Kratz- bzw. Ausgleichsspachtelung). Bei OS 5 b Polymer/ Zement-Gemisch

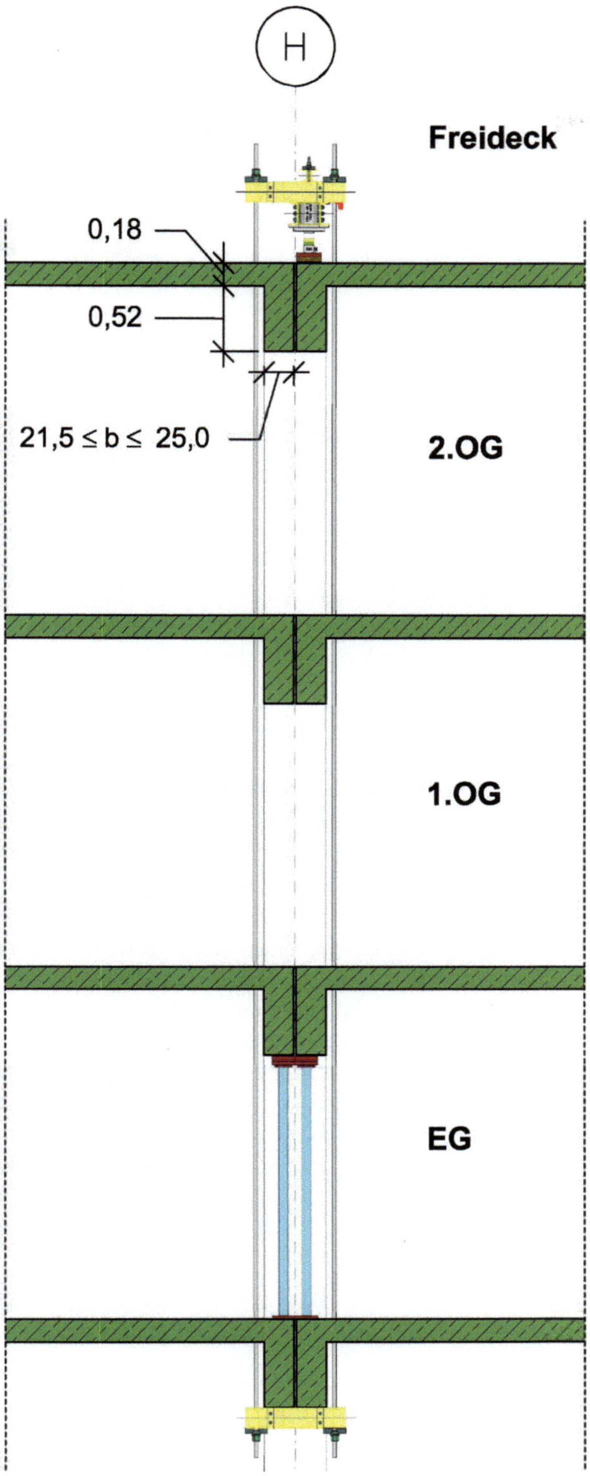

Abb. 4: Querschnitt Stockwerksrahmen an der Fuge mit Belastungsvorrichtung

Abb. 5: Messtechnik am Stockwerksrahmen

Während der Versuche wurden die maßgebenden Bauteilreaktionen in Abhängigkeit der Versuchslast grafisch auf dem Monitor dargestellt und zeitgleich nach den folgenden Abbruchkriterien analysiert:

- Reproduzierbarkeit (gleiche Bauwerksreaktion bei wiederholter Belastung)
- Reversibilität (keine bzw. geringe bleibende Verformung)
- Grenzwertkriterien (Einzelmesswerte: Rissweiten, Durchbiegung, Schubverformungen, …)

Die Versuchsziellast ext $F_{Ziel} \leq 260$ kN wurde erreicht, ohne eines der vorgenannten Abbruchkriterien zu verletzen. Sie wurde vorab so ermittelt, dass die Bauteile die Beanspruchung erhalten, die sie nach dem Bemessungskonzept sicher abtragen müssen. Dabei wurden Unwägbarkeiten mit den entsprechenden Teilsicherheitsbeiwerten nach Norm berücksichtigt [1]. Die Versuche haben gezeigt, dass die Tragwerke in der Lage sind, die anzusetzenden Einwirkungen ($p = 3{,}0$ kN/m²) aufzunehmen, ohne einen ausgeprägten nichtlinearen Zustand zu erreichen.

Die maximal gemessenen Durchbiegungen unter Versuchsziellast lagen unter $f_{max} \leq 15{,}0$ mm (Tabelle 1), unter Gebrauchslast überstiegen sie nicht $f_Q < 10$ mm $< l/1000$. Eine Langzeitbelastung im Gebrauchslastniveau zeigte jeweils quasi-konstantes Verformungsverhalten, es lag also bei allen getesteten Bauteilen ein stabiler Lastabtrag vor.

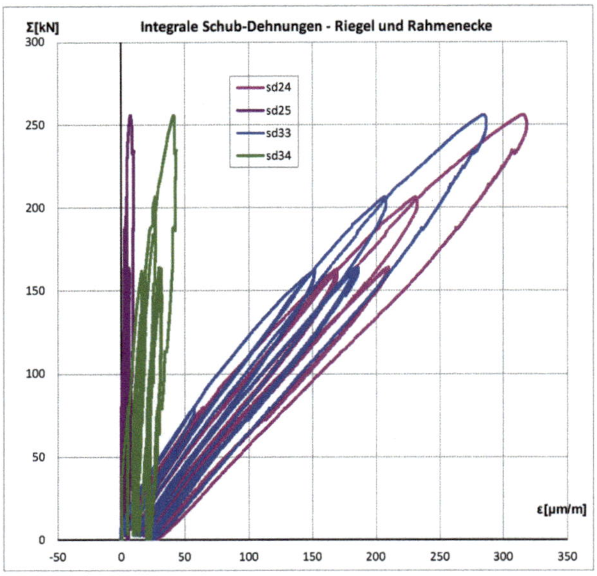

Abb. 6: Schubdehnungen Rahmenecke Riegel ü 1. OG

Aus den Messkurven (Abb. 6) ließen sich die Stockrahmen und Bereiche identifizieren, die auffällig waren. So zeigten die Schubfelder der Rahmenecken leicht nichtlineares Verhalten, wobei keine Seite durchweg als „schwächere" Ecke zu identifizieren war. Diese Bereiche wurden für das anschließende Monitoring ausgewählt und aus den Messkurven Warnschwellen abgeleitet.

6. Monitoring

6.1 Konzept

Für den geplanten Restnutzungszeitraum (< Jahre) sollten vorhandene Risse der Stahlbetonrahmen durch eine Langzeitmessung überwacht werden. Das Messsystem musste daher die relevanten Daten (Rissbreiten und Riegeldurchbiegung) kontinuierlich sammeln und zeitnah in einer zentralen Datenbank für Analysen zur Verfügung stellen können. Bei Überschreitung vorgegebener Grenzwerte sollte z. B. via E-Mail oder SMS eine Information verschickt werden können.
Durch die vorangegangenen Belastungsversuche konnten die Messorte, die Sensorspezifikationen und die Warnwerte bestimmt werden. Die Werte der Dehnungsmessung aus den Belastungsversuchen wurden über die Beziehung $\Delta l = \varepsilon \cdot l$ für die Risskontrolle während des Monitorings umgerechnet.
Die Warnwerte liegen für die Rissweitenmessungen ohne Temperatureinfluss je nach Messort zwischen 0,1 mm und 0,3 mm (Abb. 7) und für die Riegeldurchbiegung zwischen 6,0 bis 7,5 mm. Letztere werden mit Schlauchwagen überwacht, die die Höhendifferenz zu den Stielen ermitteln.

Decke über	Achse	Rahmen	b [cm]	w_Q *) [mm]	w_{max} *) [mm]
1. OG	H 6-7	Nord	25,0	0,127	0,204

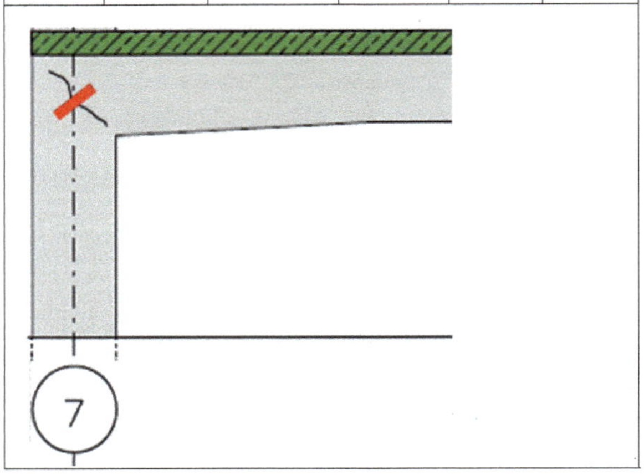

Abb. 7: Schwellwerte für eine Rahmenecke aus den vorhandenen Messkurven (vgl. Abb. 6)

Die Messwerte werden jeweils in den Morgenstunden aufgenommen, um den Einfluss aus Betrieb zu eliminieren und den aus Temperatur zu minimieren.

6.2 Erkenntnisse nach 3 Jahren (2023)

Die Sensorausstattung und Datenanalyse wurde von der Fachfirma *alterra Deutschland GmbH* ausgeführt. Das System arbeitet seit Juli 2020 zuverlässig und versendet automatisch Wochenberichte bzw. E-Mail-Benachrichtigungen bei Überschreitung eines Warnwertes.
Bei der Analyse der Langzeitmessdaten fiel auf, dass lediglich einzelne Schubdehnungen mehrmals die vorgegebene Warnschwelle überschritten haben. Eine klare Tendenz der Verschlechterung ist aus den Daten nicht ablesbar – weder bei den Verformungen noch den Biege- und Schubdehnungen (Abb. 8).

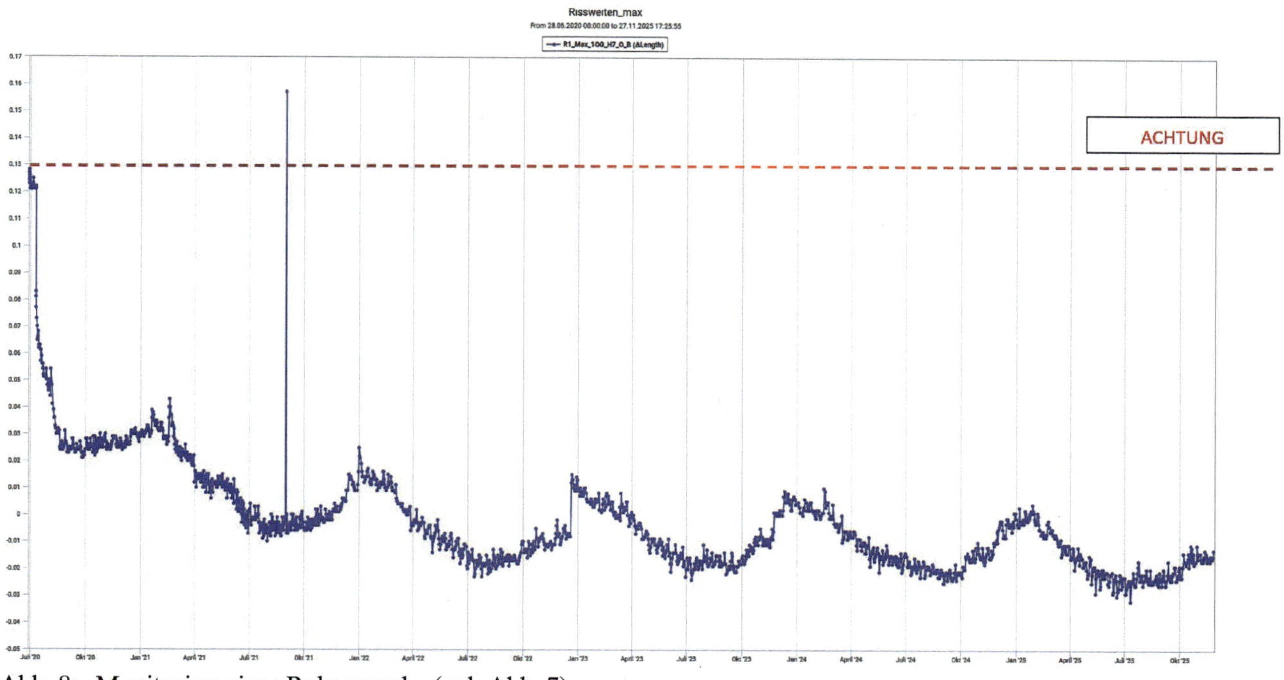

Abb. 8: Monitoring einer Rahmenecke (vgl. Abb. 7)

Bei einer Begehung konnte der Eindruck der Langzeitüberwachung visuell bestätigt werden: keiner der von uns getesteten Rahmen machte einen wesentlich schlechteren Eindruck als zum Zeitpunkt der Messungen vor knapp 3 Jahren. Stichprobenartig überprüfte Rissweiten lagen bei $w \leq 0{,}3$ mm.

Vereinzelt konnte jedoch an anderen Stockwerksrahmen ein Schadensbild vorgefunden werden (Risse mit Rostfahnen), das auf eine Verschlechterung des Bauteilzustandes deutete. Weil vom Bauherrn eine zeitlich begrenzte Weiternutzung von 2 Jahren bis zum Ersatzneubau gewünscht wurde, wurden die auffällig gewordenen Stockwerksrahmen 2023 einer neuen Probebelastung unterzogen.

6.3 Wiederholte Probebelastung Stockwerkrahmen

Auch bei den beiden zusätzlich getesteten Stockwerksrahmen (Tabelle 1), konnte bei ähnlichen Bauwerksreaktionen eine ausreichende Tragsicherheit für die Nutzung $p = 3{,}0\ kN/m^2$ nachgewiesen werden.

Das Verformungsverhalten war ähnlich zu dem aus 2020, die linear-elastische Durchbiegungen und leicht nichtlineare Schubdehnungen in den Rahmenecken offenbarten (vgl. Abschnitt 5.4). Lediglich am Rahmen über EG (Achse H 6 – 7, Süd) löste sich kurz vor der Ziellast eine Verformungsbehinderung, was wahrscheinlich auf Reibung in der Fuge zurückzuführen war. Die Seitenfläche des Unterzugs war gewellt, weil offensichtlich beim Betonieren die Schalung verrutscht war.

Tabelle 1: Verformungen und Riegelbreiten der 2020 und 2023 getesteten Stahlbetonrahmen

Rahmen in Achse	**H, 6/7**						**H, 1/2**	
Decke über …	**1. OG (S)**	**1. OG (N)**	**2. OG (S)**	**2. OG (N)**	**EG (S)**	**EG (N)**	**2. OG (S)**	**2. OG (N)**
Riegelbreite b [cm]	22,0	25,0	23,5	23,0	**24 – 25**	**25,0**	**21,5**	**25,0**
Fmax [kN]	254	256	254	254	**261**	**258**	**256**	**258**
fmax [mm]	11,5	14,6	8,9	9,6	**12**	**13**	**13,1**	**13,8**

Messbereiche, die eine auffällige (nichtlineare) Last-Verformungs-Kurve aufwiesen, wurden für eine Erweiterung des Monitoringsystems mit entsprechenden Warnschwellen vorgeschlagen:

- 3 Schubdehnung in der Rahmenecke
- 1 Biegedehnung auf der Stiel-Außenseite
- 1 Durchbiegungsüberwachung des Riegels

Die Warnwerte liegen ohne Temperatureinfluss hier je nach Messort für die Betondehnungen (inkl. Rissen) zwischen 0,05 mm und 0,18 mm (umgerechnet mit $\Delta l = \varepsilon \cdot l$) und für die Durchbiegung bei 5,6 mm.
Für bereits installierte Sensoren konnten anhand der zusätzlichen Messergebnisse die Schwellwerte angepasst werden.

6.4 Erkenntnisse nach 5 Jahren (2025)

Da sich der Ersatzneubau verzögerte, wurde das Bauwerk im Jahr 2025 durch das Sachverständigenbüro Gieler-Breßmer erneut untersucht. Die Verschlechterung des Zustands war offensichtlich:

- An einigen Stockwerksrahmen waren neue Risse entstanden und außerdem gab es an diversen Stellen weitergehende Rissbildungen und Betonabplatzungen
- Deckenbereich, insbesondere im Bereich der Ein- und Ausfahrt weisen Risse auf

Einige Instandsetzungen (Kapitel 5) waren nur temporär ohne besonderen Oberflächenschutz geplant. Mit Ausnahme von Abnutzungserscheinungen waren aber keine offensichtlichen, großflächige Schäden, die einen Chlorideintrag zulassen, erkennbar. In Fugenbereich konnte dies nicht ausgeschlossen werden.
Aufgrund fehlender Beschlüsse verzögerte sich das Projekt weiter. Es war angedacht, ausgewählte Tragsysteme erneut oder zusätzlich durch Belastungsversuche zu beproben und anschließend nach bewährtem Konzept das Monitoring zu erweitern und Instandsetzungen durchzuführen. Zum Abgabeschluss der Tagungsunterlagen fehlt weiterhin der Beschluss, so dass keine neuen Erkenntnisse vorliegen. Im Moment sind die Untersuchungen für den Januar 2026 geplant.

7. Zusammenfassung und Ausblick

Dieses Projekt zeigt exemplarisch, dass eine umfangreiche Bauwerksanalyse die Basis für ein wirtschaftliches Instandsetzungskonzept sein kann, das Hau-Ruck-Lösungen (viel hilft viel) vermeidet. Neben einer klassischen fachmännischen Instandsetzung gut zugänglicher Bauteile konnte das Risiko anderer Bereiche aus einer Kombination von Abdichtung, experimenteller Tragsicherheitsbewertung und Monitoring so weit minimiert werden, dass eine begrenzte Weiternutzung (2 – 3 Jahre) vertretbar war.

Experimentelle Methoden loten die Tragwerksreserven bestehender Bauwerke aus und können selbst dann ein erfolgsversprechender Lösungsansatz sein, wenn umfangreiche rechnerische Analysen unbefriedigende Ergebnisse erzielt haben. Voranschreitender Computerhörigkeit trotzend bieten sie eine wirtschaftlich attraktive Alternative zu Abriss und Neubau und leisten einen wichtigen Beitrag, um Baukultur zu bewahren.

8. Literatur

[1] Deutscher Ausschuss für Stahlbeton (DAfStb, Hrsg.): Richtlinie für Belastungsversuche an Betonbauwerken. Berlin: Beuth, 07-2020

[2] Gutermann, M., Malgut, W.: Experimentelle Methoden – ein alternativer Weg zum Tragsicherheitsnachweis von Parkbauten". In: Tagungsband 9. Kolloquium Parkbauten. TAE Esslingen, 04./05.02.2020. S. 3 – 9

[3] Gutermann, M., Gieler-Breßmer, S., Guttenberg. W: „Verlängerung der Restnutzungsdauer von Chlorid- und AKR-geschädigten Parkbauten am Beispiel des Parkhauses am Holstentor in Lübeck". Tagungsband 11. Kolloquium Parkbauten. TAE Esslingen, 27./28.02.2024. S. 17- 23. ISBN 978-3-381-11821-2 (Print) ISBN 978-3-381-11822-9 (ePDF)

[4] Deutscher Ausschuss für Stahlbeton (DAfStb, Hrsg.): Richtlinie für Schutz und Instandsetzung von Betonbauteilen. Teil 1: Allgemeine Regelungen und Planungsgrundsätze. Teil 2: Bauplanung und Bauausführung. Berlin: Beuth Verlag, 08-1990 sowie 2. Berichtigung zur Richtlinie, erschienen 12-2005

[5] Deutscher Ausschuss für Stahlbeton (DAfStb, Hrsg.): Schutz und Instandsetzung von Betonbauteilen (Instandsetzungs-Richtlinie). Berlin: Beuth, 10-2001

Röntgen von Stahlbetonbauteilen zur Zustandsbewertung ohne Bauteilöffnung

Bewertung korrosionsbedingter Querschnittsverluste an Stützenecken

Dr.-Ing. Sebastian Schulze
bauray GmbH, Hamburg

Zusammenfassung
Mit dem Einsatz von Röntgentechnik können hochauflösende Bilder aus dem Innern von Stützen, Wänden, Decken und anderen Stahl- und Spannbetonbauteilen erzeugt werden. Röntgen weist dabei gegenüber anderen Methoden der zerstörungsfreien Prüfung im Bauwesen (ZfPBau) zwei Alleinstellungsmerkmale auf – die direkte bildgebende Darstellung aus dem Innern des Betons, ähnlich einer Schwarz-Weiß-Fotografie, und die millimetergenaue Vermessung der auf diesen Bildern identifizierbaren Einbauteile. Für die Anwendung in Tiefgaragen bietet insbesondere die Durchstrahlung von Stützen- und Wandecken die einzigartige Möglichkeit, korrosionsbedingte Querschnittsverluste ohne jede Bauteilöffnung nicht nur qualitativ zu visualisieren, sondern auch zu quantifizieren. Der Beitrag zeigt die Herangehensweise bei dieser besonderen Bauwerksprüfung. Außerdem werden Auszüge aus dem 2024 veröffentlichten DGZfP-Merkblatt „Mobile Durchstrahlungsprüfung im Bauwesen“ vorgestellt.

1. Einführung

Stahlbeton in Tiefgaragen ist aufgrund von unregelmäßiger Feuchte- und Tausalzbeaufschlagung erheblichen Expositionen ausgesetzt. Sowohl chlorid- als auch karbonatisierungsinduzierte Korrosion finden dann bei vernachlässigten oder unsachgemäß erstellten Bauwerken oder Instandsetzungsmaßnahmen Idealbedingungen vor. Während Korrosion infolge Karbonatisierung aufgrund der Volumenzunahme der Korrosionsprodukte in der Regel zu deutlich sichtbaren Rissen und Abplatzungen der Bauteiloberfläche führt, ist das bei chloridbedingter Korrosion nicht der Fall. Querschnittsverluste an tragender Bewehrung können erhebliche Ausmaße erreichen, ohne dass dies von außen erkennbar ist.

An einer Tiefgarage sind im Zuge von Instandsetzungsmaßnahmen an der Sohle vereinzelte Schäden an den Stützenfüßen aufgefallen. Stichprobenartige Bauteilöffnungen haben teils erhebliche Schädigungen insbesondere an den Stützeneckeisen offenbart, der Zustand aller weiteren Stützenecken war daher fraglich. Da aufgrund der hohen Druckauslastung der Stützenquerschnitte der tatsächliche Erhaltungszustand der Eckeisen unbedingt festgestellt werden, weitere Querschnittsschwächungen aber zu vermieden werden mussten, wurde nach einer Möglichkeit gesucht, Querschnittsverluste zerstörungsfrei, aber aussagesicher festzustellen und nach Möglichkeit auch zu quantifizieren. Dafür kam nur die Radiographie infrage.

2. Bildgebende Bauwerksdiagnostik per Radiographie

Radiographie bzw. Röntgen sind aus der medizinischen Diagnostik bekannt. Das grundlegende Prinzip ist einfach und ähnelt sehr dem der klassischen Schwarz-Weiß-Fotografie, bei der ein Film belichtet wird und über Belichtungs-, d. h. Helligkeitsunterschiede ein für das menschliche Auge interpretierbares Kontrastbild entsteht, auch ohne, dass eine spektrale Unterteilung der Bildinformation in Farben erforderlich ist. Beim medizinischen Röntgen entsteht dieser Helligkeitsunterschied durch die unterschiedliche Absorption der auf den Körper einfallenden Strahlung, die insbesondere von der Dichte der „Einbauteile“ des menschlichen Körpers abhängt. So absorbieren z. B. Knochen mehr Strahlung als das umliegende Gewebe geringerer Dichte und es entsteht auf dem Detektor ein Kontrastbild mit stärker und schwächer belichteten Bereichen, auf denen die Bestandteile des durchleuchteten Körperteils sichtbar werden. Dis Anwendungsprinzip an Bauteilen ist ganz ähnlich wie bei der Lichtbildfotografie, lediglich die genutzte Energie ist beim Röntgen deutlich höher, die Strahlung „härter“ und daher in der Lage, Materie bildgebend zu durchdringen. Bei beiden Anwendungen werden elektromagnetische Wellen genutzt – aus dem Spektrum des sichtbaren Lichts bzw. aus dem mehrere Größenordnungen höhenergetischen Spektrum der Röntgenstrahlung.

Wesentlicher Vorteil bei Einsatz der Röntgentechnik im Bauwesen: Die direkte Bildgebung ermöglicht dem fachkundigen Baubeteiligten einen direkten, ohne Auslegungsschwierigkeiten interpretierbaren Blick ins Bauwerksinnere. Wo beim Ultraschall- oder Radarverfahren der Auftraggeber bzw. Bauherr. auf die Interpretation durch den erfahrenen Bauwerksprüfer angewiesen ist, ist dies im Falle von Spanngliedern oder schlaffer Bewehrung an Bauwerken zumindest für eine qualitative Bewertung kaum erforderlich. Die Bilder sprechen für sich, ähnlich z. B. wie beim Menschen, bei dem auch der Patient selbst den Knochen(-bruch) auf dem Röntgenbild zu erkennen vermag. Der Nachteil der Röntgentechnik im Bauwesen im Vergleich mit anderen Untersuchungsmethoden liegt in dem Erfordernis der beidseitigen Zugänglichkeit und dem daraus resultierenden erhöhten Aufwand für die Herstellung der Zugänglichkeit, handelt es sich doch um eine Durchstrahlungsprüfung (Abb. 1).

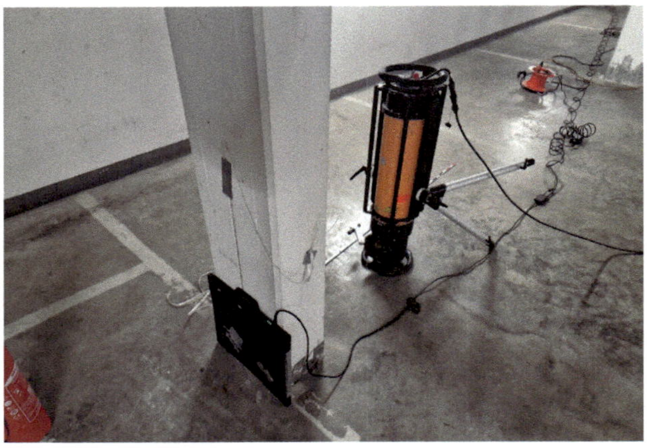

Abb. 1: Typisches Setup einer Durchstrahlungsprüfung, hier an einer Stütze aus der Machbarkeitsstudie (Abschnitt 2.1). Links der Detektor nahe der Bauteiloberfläche, rechts die Röntgenröhre mit Abstand zum durchstrahlten Bauteil

Wird die Anordnung von Detektor, Strahler und Bauteil dokumentiert, so kann über die bekannte Geometrie des Untersuchungsaufbaus die Vergrößerung und Verzerrung der auf dem Detektor abgebildeten Objekte herausgerechnet und die wahre Größe der Einbauteile (Bewehrung, Spannglieder, Verankerungen, usw.) errechnet werden (Abb. 2). Voraussetzung ist die Kenntnis der Tiefenlage des Einbauteils, die mit ergänzenden Methoden (Radar, Ferromagnetismus, Ultraschall) in der Regel ausreichend genau bestimmt werden kann.

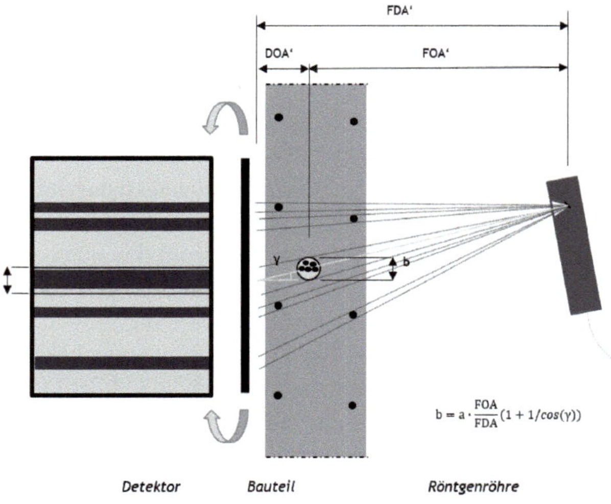

Abb. 2: Rückrechnung der wahren Größe der auf dem Detektor/Röntgenbild abgebildeten Einbauteile (hier Stab- und Spannbewehrung) über Vergrößerung (Strahlensatz) und Verzerrung/Einfallswinkel (Schattenwurf).

2.1 Machbarkeitsstudie zum Korrosionszustand

Diese Studie wurde bereits im Zuge des 11. Kolloquium Parkbauten 2024 kurz vorgestellt. Als Studienobjekt diente eine Stützenecke mit bekannten Korrosionserscheinungen, die bereits einige Zeit vor Durchführung der Studie saniert wurde (Abb. 2).

Abb. 3: Korrodierende Stützeneckbewehrung vor Sanierung

Die Durchstrahlung erfolgte im Jahr 2023. nach Reprofilierung der Stütze. Abb. 3 zeigt den bauzeitlichen Bewehrungsplan mit Vertikaleisen Ø 16 mm in den Ecken sowie Bügelbewehrung Ø 8 mm, a = 19 cm mit Zulagen am Stützenfuß.

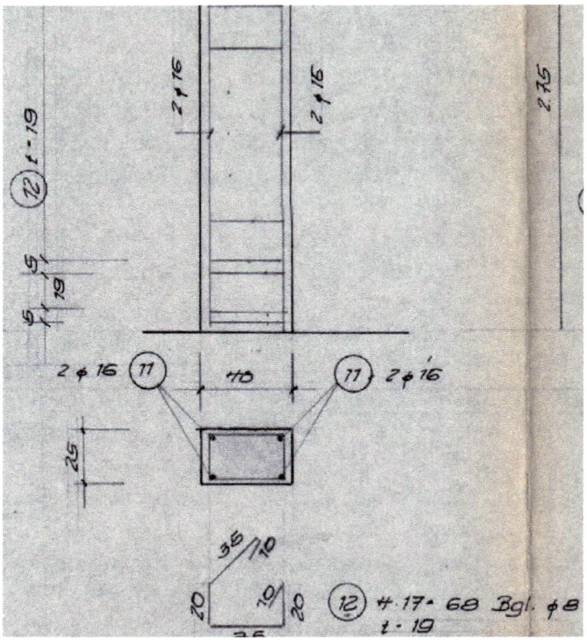

Abb. 4: Bewehrungsplan der durchstrahlten Stütze mit korrodiertem Eckeisen

Das Röntgenbild des Stützenfußes ist in Abb. 4 dargestellt. Aufgehende Bewehrung, teilweise mit deutlich erkennbaren Rippen, sowie die Anschlussbewehrung und Bügel sind eindeutig identifizier– und vermessbar: Die Vertikalbewehrung entspricht mit tatsächlichem Durchmesser von 16 mm den Bestandsplänen, die Bügelbewehrung nicht. Vorhanden sind Bügel Ø 6 mm (bereits ohne Einmessung ist erkennbar, dass der Bügeldurchmesser kleiner ist als der halbe Durchmesser der aufgehenden Eisen ist), erkennbar als Doppelbügel, deren Gesamtquerschnitt damit etwa dem eines Einzelbügels Ø 8 mm entspricht. Allerdings sind hier ggf. eher die planmäßig mit Abstand von 5 cm vorhandenen Zulagen (vgl. Abb. 9) zusammengerutscht als dass planmäßig Ø 8 mm durch 2Ø 6 mm ersetzt worden wären.

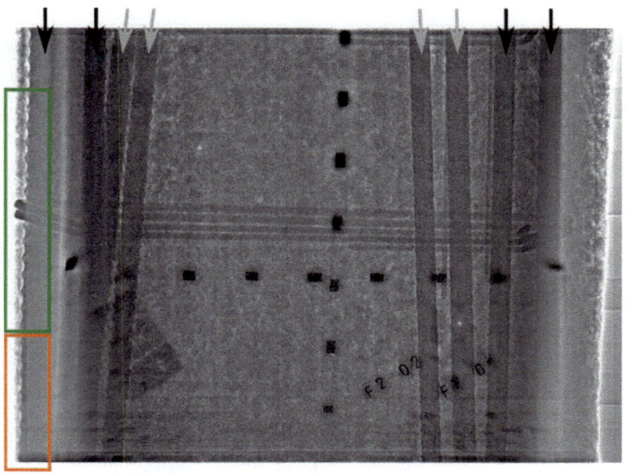

Abb. 5: Röntgenbild des Stützenfußes mit vergrößertem Ausschnitt. Erkennbar sind Stützenbewehrung (schwarze Pfeile), Anschlussbewehrung (graue Pfeiler) Bügel und Röntgenmarker (Bildbezeichnungen, Röntgenmaßband, Bildgüteprüfkörper)

Diese Zusatzinformationen zum Istzustand sind hier eher „Beifang" zum eigentlichen Untersuchungsziel: Der Identifizierbarkeit geringfügiger korrosionsbedingter Querschnittsschwächungen. Hier ist die Markierung in Abb. 4 zu beachten, die das schadhafte Eckeisen aus Abb. 2 zeigt. Der Bereich ist in Abb. 5 vergrößert dargestellt und der Aufnahme eines Eckeisens an einer augenscheinlich unbeschädigten Ecke einer anderen Stütze gegenübergestellt. Im grün markierten Bereich weisen die im Profil abgebildeten Rippen keine Auffälligkeiten auf, erst im orange markierten Bereich – an der die aus Abb. 2 bekannten Abrostungen vorhanden sind – werden die Rippen deutlich flacher und sind nahe dem Fußpunkt annähernd vollständig abgerostet.

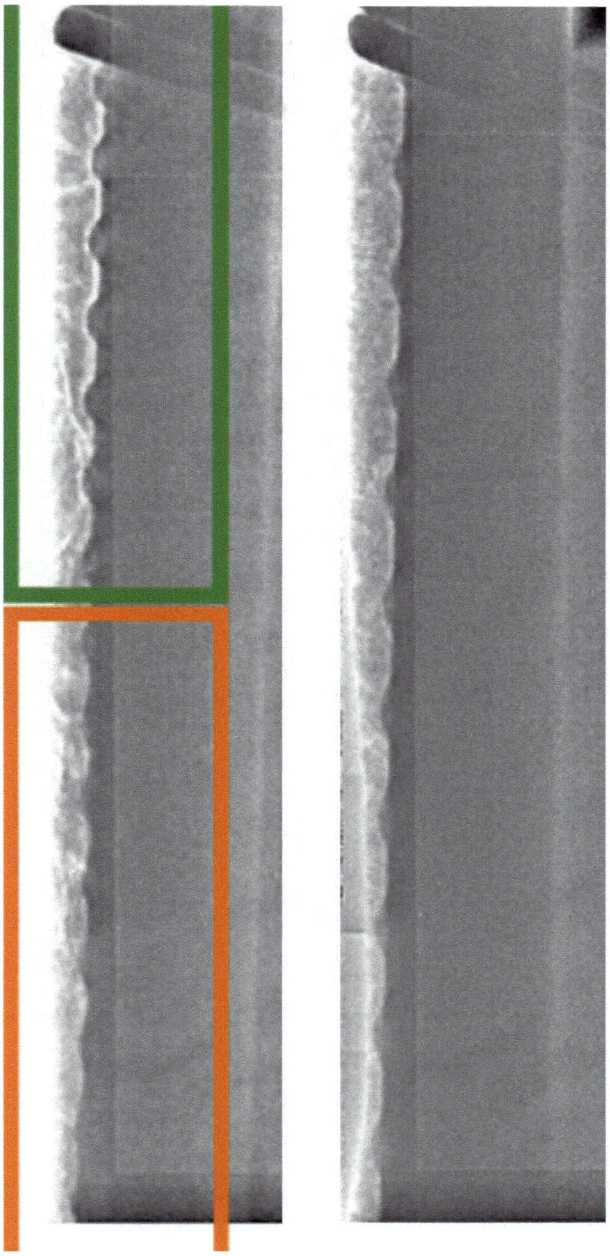

Abb.6: Vergrößerung des Röntgenbildes des geringfügig abgerosteten Eckeisens und Gegenüberstellung mit einem Röntgenbild eines augenscheinlich schadfreien Eisen an einer anderen Stützenecke

Im Vergleich dazu ist entlang des Referenzeisens rechts keine Auffälligkeit an den Rippen vorhanden, die Profilierung ist über die gesamte Höhe gleichmäßig ausgeprägt.

2.2 Praxisbeispiel zur Bewertung der Korrosion an Stützeneckeisen

Die Studie zeigte, dass es mittels Radiographie möglich ist, den Korrosionszustand von Eckbewehrung an Stützen und folglich auch sonstigen exponierten, schadensträchtigen Bauteilecken (Wandköpfe, Unterzüge) systematisch und ohne Bauteilöffnung festzustellen. Letzteres kann besonders bei hochbelasteten/rechnerisch überlasteten und/oder bereits erheblich geschädigten Stützen alternativlos sein.

Im Anschluss an die Studie wurden an einem geeigneten Praxisobjekt, einer Tiefgarage mit rechnerisch ausgelasteten und schadhaften Stützenfüßen, umfangreiche Untersuchungen an annähernd 50 Stützen durchgeführt. Auslöser für die Röntgenuntersuchungen war zufällig im Zuge der Instandsetzung der Sohle festgestellte, fortgeschrittene Korrosion an mehreren Stützen. An den Bauteiloberflächen dieser und weiterer Stützen waren teilweise kleinere Risse und geringfügige Korrosionsspuren sichtbar, das Gros war unauffällig.

Die Stützen haben Abmessungen von 40 cm x 80 cm und sind damit für eine Durchstrahlung über die gesamte Breite zu massiv. Daher wurden die Stützen über Eck durchstrahlt, im Winkel von 45 ° auf Bauteiloberflächen und Detektor (Abb. 6), um hochauflösende Röntgenbilder der Eckeisen zu ermöglichen.

Untersucht wurden alle zugänglichen und nicht bereits per Bauteilöffnung freigelegten Ecken. Während drei Nachtschichten der tagsüber genutzten Tiefgarage wurden insgesamt 183 Stützenecken geröntgt. Die Röntgenbilder wurden zunächst qualitativ bewertet, um einen Überblick über den Erhaltungszustand aller Stützen zu ermöglichen (Abb. 7).

Abb. 7: Setup für das Röntgen der Ecken von Stützenfüßen

Der Großteil aller Stützen zeigte keine Auffälligkeiten, alle vier Ecken waren unauffällig. Dies zeigt sich im Röntgenbild über eine eindeutige Identifizierbarkeit der Rippen der Stützenlängsbewehrung, im Profil und teils auch in Durchstrahlungsrichtung vor/hinter dem Vertikaleisen selbst, sowie an den vollständig erhaltenen Bügeln und Bindedrähten (Abb. 8).

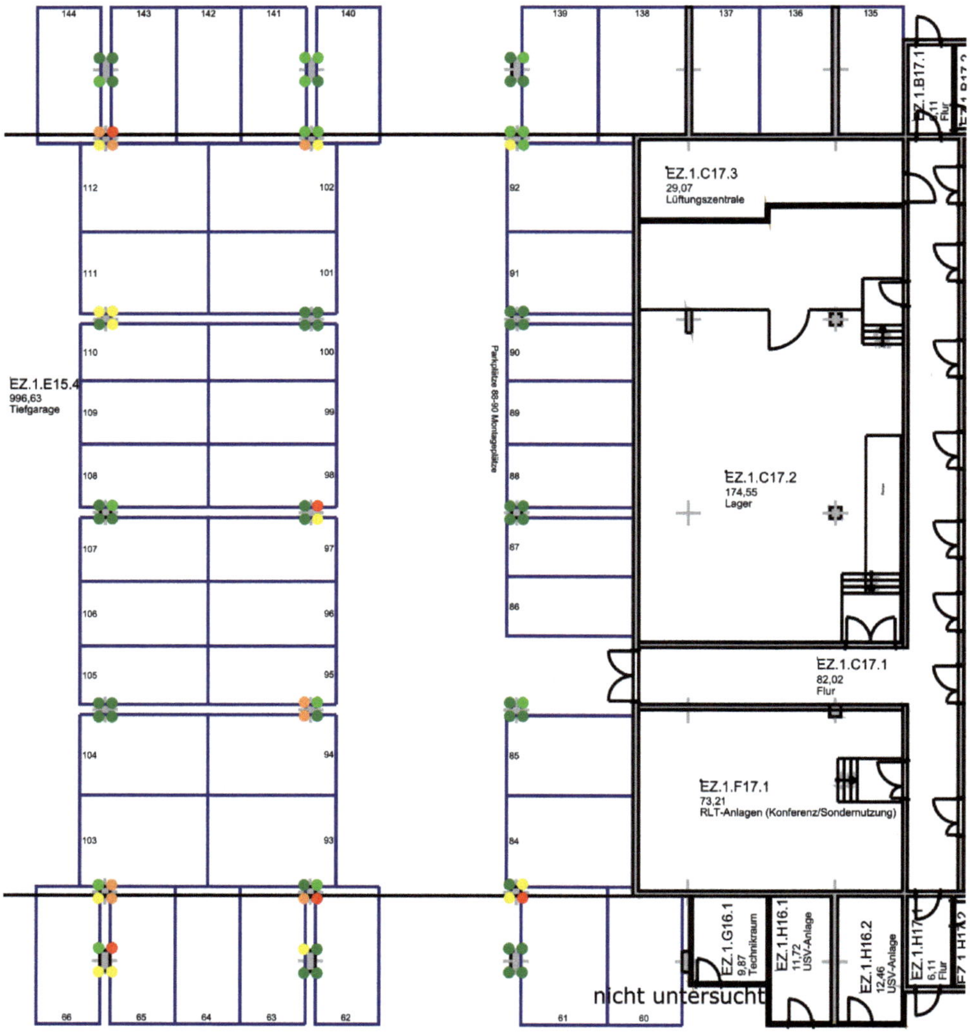

Abb. 8: Qualitative Darstellung des Erhaltungszustands der Stützenecken im Grundriss (Ausschnitt) als Ampeldarstellung

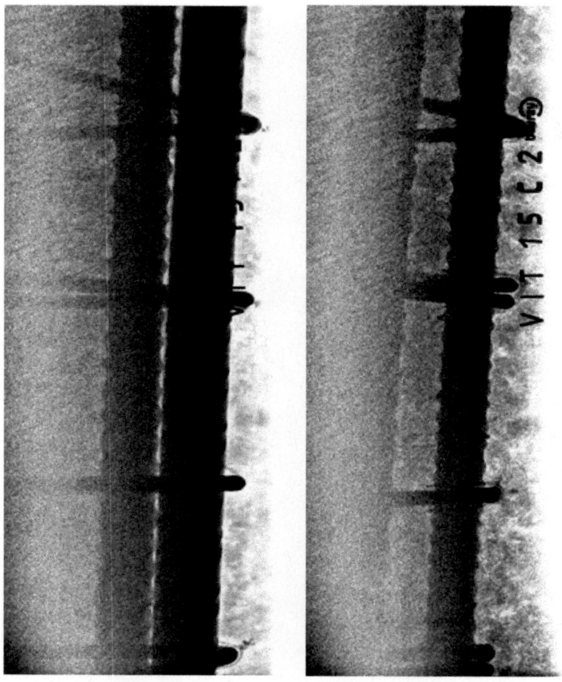

Abb. 9: Exemplarische „Grün“ bewertete Röntgenbilder von Stützenecken

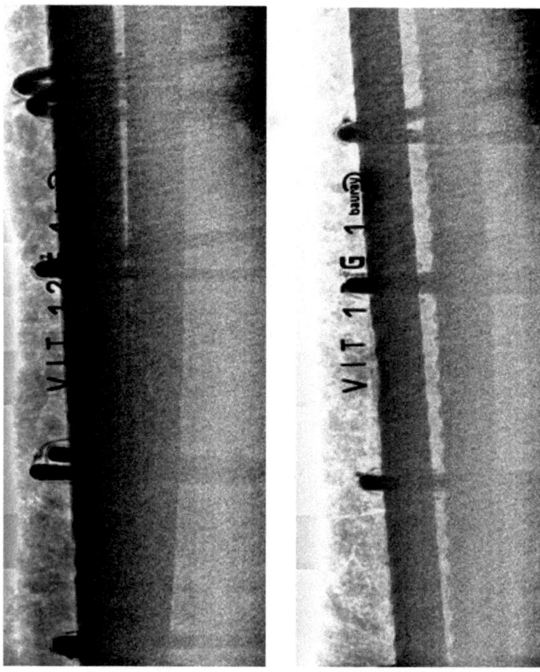

Abb. 10: Exemplarische „Gelb“ bis „Orange“ bewertete Röntgenbilder von Stützenecken

Die schadhaften Stützenecken hingegen zeigen alle erdenklichen Korrosionszustände. Augenscheinlich ist dies auch auf unterschiedliche Korrosionsursachen zurückzuführen – vorzuliegen scheint sowohl chlorid- als auch karbonatisierungsinduzierte Korrosion, ggf. teilweise in Kombination. Flächige karbonatisierungs-induzierte Korrosion geht einher mit Volumenzunahme des Eisens bei Umwandlung in die Korrosionsprodukte, was zu Rissen, Ablösungen und Ausbrüchen im Beton führt. In den hier dargestellten Röntgenbildern ist das insbesondere in Abb. 10 links der Fall (vom Bügel ausgehende Sprengrisse sowie flächige Ablösung des Betons von der Bewehrung bei relativ geringen Querschnittsverlusten).
Viele Bilder deuten hingegen eher auf chloridinduzierte Korrosion mit den dafür typischen unterschiedlichsten Ausprägungen hin, von geringfügigen (Abb. 9 links) über mäßigen (Abb. 9 rechts) bis erheblichen Korrosionsnarben (Abb. 10 rechts), und zwar ohne nennenswerte Volumenzunahme. Dementsprechend sind auch keine Risse oder Ablösungen zwischen Beton und Stahl auf den Röntgenbildern sichtbar.
Wie oben dargelegt ist anhand der Röntgenbilder die Rückrechnung des wahren Stabdurchmessers und damit auch der wahren Querschnittsverluste möglich (Abb. 11). Bei Einstrahlung der Stützenenecke unter 45 ° macht der Schattenwurf mit Faktor 1,41 (= $2^{0,5}$) den überwiegenden Teil der Vergrößerung aus, die Abstandsverhältnisse verursachen beim aktuellen Setup eine Vergrößerung von etwa 20 % (Faktor 1,2). Insgesamt liegt die Vergrößerung damit bei etwa 70 %, die mit Durchmesser 23,89 mm auf den Detektor projizierte Bewehrung hat – übereinstimmend mit den Angaben in den vorhandenen Plänen – daher einen wahren Durchmesser von 14 mm.

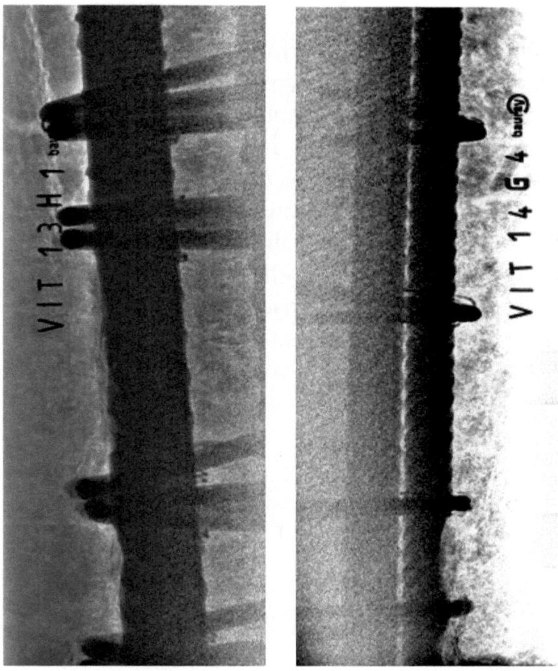

Abb. 11: Exemplarische „Rot“ bewertete Röntgenbilder von Stützenecken

Relativer und absoluter Querschnittsverlust lassen sich somit leicht berechnen, wenn z. B. der Restdurchmesser wie in Bild 11 gezeigt zu 12,4 mm bestimmt wird. Der abgerostete Anteil des Stabquerschnitts kann dann durch ein Kreissegment mit Höhe 1,6 mm idealisiert werden, dessen Anteil am Gesamtquerschnitt eines Kreises von 14 mm Durchmesser bei rund 6 % liegt.

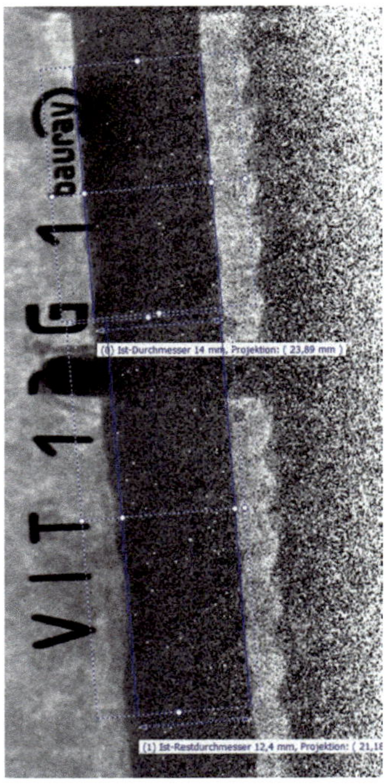

Abb. 12: wahre Größen von Stab- und Restdurchmesser

Voraussetzung für diese Vereinfachung ist die Annahme, dass die Einstrahlrichtung tangential zur Abrostungsrichtung liegt und gleichmäßig erfolgt, was bei Durchstrahlung von Stützeneckeisen unter 45 ° recht wahrscheinlich ist, vgl. auch Abb. 2 und Abb. 12. „Vor“ oder „hinter“ der durchstrahlten Bewehrung auftretende Korrosion, die also von der Bewehrung selbst (teilweise) verdeckt wird bzw. infolge dieser nur mit schwachem Kontrast sichtbar gemacht werden kann, würde die Vermessung des Querschnittsverlustes erschweren – hier sind sicher noch weitere Untersuchungen und Praxiserfahrungen erforderlich. Gleiches gilt für Schwindrisse oder Verdichtungsmängel, welche die Orientierung von Korrosionsnarben beeinflussen können.

Abb. 13: Fotodokumentation des Korrosionsbildes an Bauteilöffnung, angelegt nach dem Durchstrahlen einer Stützenecke (exemplarisches Foto)

3. Fazit und Ausblick

Die gezeigten Beispiele zeigen das Potential der Radiographie in der Untersuchung Stahl- und Spannbeton. Die Berechnung von korrosionsbedingten Querschnittsverlusten stellt dabei nur eine von vielen Anwendungsmöglichkeiten dar, so ist z. B. auch die Ermittlung des Gesamtbewehrungsgehalts und dessen Lage im Bauteil möglich, sofern das Bauteil über die gesamte Breite durchstrahlbar ist. Mit mobilen Röntgenröhren ist dies aktuell bis etwa 30 cm Gesamtstärke möglich. Aktuell (Stand Ende 2025) können mit mobilen Hochenergieanlagen auch Bauteile bis etwa 40 cm, unter optimalen Randbedingungen bis etwa 50 cm Gesamtstärke bildgebend durchleuchtet werden. Somit kommt ein Einsatz auch an massiveren Bauteilen infrage, wenn auch bei zunehmender Bauteildicke die Messgenauigkeit abnimmt. Künftig sind bei weiterer Optimierung von Detektor- und Strahlertechnik auch größere Durchdringungstiefen oder höherauflösende Bilder denkbar.

Chemische Zustandsanalyse von Beton mit LIBS: Potenziale für die Bauwerksdiagnostik

Dipl.-Ing. Dirk Dalichow
Barg Baustofflabor GmbH & Co. KG, Berlin

Jil Blaschke, B. Sc.
Barg Baustofflabor GmbH & Co. KG, Berlin

Dipl.-Phys. Gerd Wilsch
Barg Baustofflabor GmbH & Co. KG, Berlin

Dr.-Ing. André Molkenthin
SKP Specht Kalleja + Partner Beratende Ingenieure GmbH, Berlin

Dr. Tobias Völker
Bundesanstalt für Materialforschung und -prüfung (BAM), Berlin

Zusammenfassung
Die laserinduzierte Plasmaspektroskopie (LIBS) gewinnt zunehmend an Bedeutung für die zerstörungsarme Untersuchung und Bewertung von Stahlbetonbauwerken. Durch die simultane Multielementanalyse und die hohe räumliche Auflösung ermöglicht das Verfahren die detaillierte Erfassung von Ionentransportprozessen, lokalen Schädigungen und Eindringfronten. In diesem Beitrag werden praxisnahe Anwendungsbeispiele vorgestellt, darunter die Analyse von Chlorid- und Sulfateintrag sowie der Karbonatisierung in unterschiedlichen Anwendungsszenarien wie Rissbereichen, Abwasserbauwerken, Magnesiaestrichen und elektrochemischen Vorgängen. Die Ergebnisse zeigen, dass LIBS insbesondere dort einen entscheidenden Mehrwert bietet, wo klassische Bohrmehlanalysen durch Unsicherheiten beim Zementanteil, begrenzte Ortsauflösung oder störende Ionen beeinträchtigt sind. Die bildgebende Darstellung der Messwerte erleichtert die Interpretation und liefert belastbare Eingangsdaten für eine bedarfsgerechte Instandsetzungsplanung. Trotz des höheren Aufwands bei der Probenahme und moderat höherer Kosten bietet LIBS durch seine hohe Aussagekraft und die direkte Bewertung der Zementmatrix ein deutlich erweitertes diagnostisches Potenzial.

1. Einführung

Die laserinduzierte Plasmaspektroskopie (Laser Induced Breakdown Spectroscopy, LIBS) ist ein modernes analytisches Verfahren, das zunehmend an Bedeutung für die Untersuchung und Bewertung von Stahlbeton-bauwerke gewinnt. Insbesondere in den vergangenen Jahren hat sich LIBS als leistungsfähige Methode zur simultanen, ortsaufgelösten Erfassung chemischer Eigenschaften von Beton etabliert – ein wesentlicher Baustein für Dauerhaftigkeitsanalysen und Lebensdauerprognosen.
Ein zentrales Merkmal der Technologie ist die hohe räumliche Auflösung, mit der Ionentransportprozesse innerhalb der Zementsteinmatrix präzise detektiert werden können. Dadurch lassen sich Prozesse wie Chlorideintrag, Sulfatangriff oder Karbonatisierung detailliert kartieren. Die Fähigkeit zur Multielementanalyse ermöglicht zudem die Untersuchung komplexer Wechselwirkungen, etwa der Ko-Migration verschiedener Ionen.
Besonders wertvoll ist die Methode bei der Identifikation lokaler Anomalien, die konventionellen Verfahren häufig entgehen. So können beispielsweise erhöhte Ionenkonzentrationen in Rissen oder anderen potenziell kritischen Bereichen zuverlässig erfasst werden – Informationen, die für die Bewertung der strukturellen Integrität eines Bauwerks entscheidend sind. LIBS unterstützt damit sowohl die zielgerichtete Planung und Umsetzung von Instandsetzungsmaßnahmen als auch das langfristige Monitoring im Sinne einer zustandsorientierten Erhaltungsstrategie.
Ein wesentlicher Vorteil gegenüber der klassischen Bohrmehlanalyse liegt in der direkten Bewertung der Transportvorgänge in der Zementsteinmatrix. Da durch die LIBS-Analyse Messpunkte verschiedenen Betonkomponenten sicher zugeordnet werden können, werden Unsicherheiten minimiert, die bei einer Bulkanalyse durch unbekannte Anteile von Zement im Probevolumen entstehen. Gleichzeitig ermöglicht die hohe Ortsauflösung von typischerweise 0,25 mm (bei Bedarf bis 0,1 mm) eine zuverlässige Erfassung lokaler Konzentrationsmaxima, die detaillierte Abbildung des Ioneneintrags u. a. im Bereich von Rissen und die Darstellung scharf abgegrenzter Eindringfronten. Die hohe Ortsauflösung ermöglicht präzise Eingangs-parameter für Lebensdauerberechnungen. Die schnelle automatisierte Durchführung der Messung und der Auswertung ermöglicht bei Bedarf die Bereitstellung der Ergebnisse innerhalb weniger Stunden.

Während LIBS seit Jahren erfolgreich im universitären und außeruniversitären Forschungsumfeld eingesetzt wird, findet das Verfahren zunehmend Einzug in die praktische Bauwerksdiagnostik. In der Schweiz und in Deutschland nutzen erste Baustofflabore LIBS bereits routinemäßig als Ergänzung zu etablierten chemischen Verfahren. Seit 2023 beschreibt das Merkblatt B14 der DGZfP („Quantifizierung von Chlorid in Beton mit der laserinduzierten Plasmaspektroskopie“) die standardisierte Bestimmung des quantitativ auf den Zement bezogenen Chloridgehaltes. Im zugehörigen Unterausschuss LIBS arbeiten Gerätehersteller, Anwender und Forschungseinrichtungen gemeinsam an der Weiterentwicklung der Methode.
Der vorliegende Artikel stellt aktuelle Anwendungsbeispiele aus der Praxis vor und zeigt, welches Potenzial LIBS für die Analyse zementgebundener Baustoffe bietet.

2. Beispiele aus der Praxis

Für die bildgebende Darstellung der Elementverteilungen werden in der Regel Bohrkerne mit einem Durchmesser von 50 mm verwendet. Vor der Analyse werden diese durch einen Trockenschnitt halbiert, die Schnittfläche gereinigt und anschließend in das concreteLIBS-System (Secopta Analytics GmbH) eingelegt. Die Messung erfolgt automatisiert mit einer lateralen Auflösung von 0,25 mm entlang der Messlinien. Der vertikale Abstand der Linien, also die Tiefenauflösung, beträgt üblicherweise 0,50 mm. Bei einer typischen Messfläche von 40 mm Breite und 80 mm Tiefe entstehen so insgesamt 25600 Einzelwerte pro Element, dessen Verteilung anschließend farbcodiert dargestellt wird. Die gesamte Messdauer beträgt etwa zehn Minuten. Für die Umrechnung der quantifizierten Gehalte vom Zementstein- auf den Zementgehalt wird in allen dargestellten Beispielen ein w/z-Wert von 0,5 angenommen (siehe DGZfP B14).
Die Hauptanwendung des Verfahrens ist die quantitative Bestimmung der Chloridverteilung über das Element Chlor, bezogen auf den Zement. Hierfür wird das Messsystem vorab mit Referenzproben bekannter Zusammensetzung kalibriert. Weitere häufige Einsatzfelder sind die Erfassung der Sulfatverteilung über das Element Schwefel sowie die Detektion der Karbonatisierung über das Element Kohlenstoff.
Zusätzliche Informationen, beispielsweise zu den Elementen Sauerstoff, Calcium oder Silizium, werden genutzt, um die Messpunkte der Zementsteinmatrix, der Gesteinskörnung oder Mischbereichen zuzuordnen.

Abb. 1: Prinzip einer LIBS-Messung und ein typisches Ergebnis (farbcodierter Elementgehalt). Messpunkte, welcher nicht der Zementsteinphase zugeordnet werden können werden in Schwarz dargestellt.

2.1 Chlorid

Ein typisches Ergebnis, ermittelt an einem Bohrkern, welcher am Fuße einer Stütze entnommen wurde, zeigt Abbildung 1. Es sind ein Foto der Messfläche (links) und die farbcodierte quantitative Verteilung der Chloride in der Zementmatrix (rechts) dargestellt.

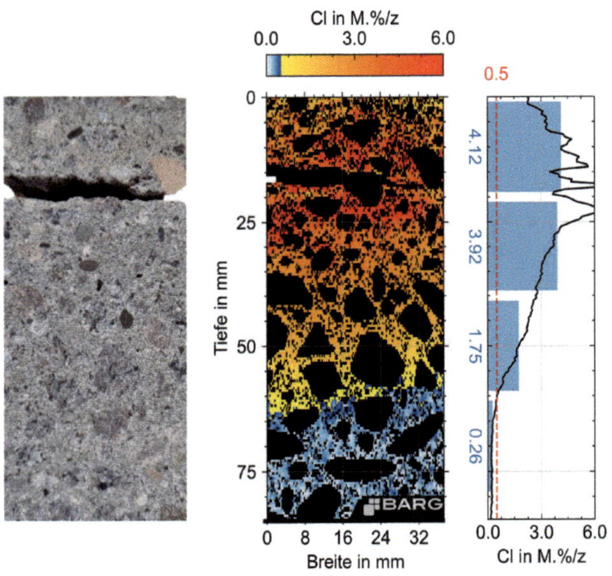

Abb. 2: Foto der Messfläche (links). Farbcodierte quantitative Verteilung der Chloride in der Zementmatrix (rechts). Zusätzlich sind das Tiefenprofil und die Mittelwerte über einen Tiefenbereich von jeweils 20 mm als blaue Balken dargestellt.

Die identifizierte Gesteinskörnung, Mischbereiche und Messpunkte außerhalb der Probenoberfläche sind schwarz eingefärbt und gehen nicht ins Ergebnis ein. Zusätzlich sind das Tiefenprofil und die Mittelwerte jeweils über einen Tiefenbereich von 20 mm als blaue Balken dargestellt.
Es sind deutlich erhöhte Chlorid-Werte bis zu einer Tiefe von 60 mm und eine klare Eindringfront zu erkennen.

2.2 Chlorid-Eintrag durch einen karbonatisierten Riss

Die Vorteile der bildgebenden Darstellung und der hohen örtlichen Auflösung werden besonders deutlich, wenn die Chloridverteilung im Bereich von Rissen untersucht wird. Abbildung 3 zeigt die Ergebnisse der LIBS-Analyse an der Querschnittsfläche eines Bohrkerns, der aus einer Bodenplatte im Bereich eines sichtbaren Risses entnommen wurde.
Die Analyse verdeutlicht, dass im eigentlichen Rissverlauf geringere Chloridkonzentrationen auftreten, während gleichzeitig deutlich erhöhte Kohlenstoffgehalte vorliegen – ein Hinweis auf eine fortgeschrittene Karbonatisierung innerhalb des Risses. Die höchsten Chloridwerte, mit bis zu 2 M-% bezogen auf den Zement, befinden sich in unmittelbar Nähe zum karbonatisierten Bereich. Diese kritischen Zonen reichen bis zur Bewehrung.

2.3 Unplausible Ergebnisse der Photometrie

In der Praxis wird bei der Chloridanalyse von Bohrmehl üblicherweise zunächst nur die Probe aus dem oberflächennahen Bereich (0 mm – 15 mm) untersucht. Die Analyse der zweiten Tiefe (30 mm – 45 mm) erfolgt aus Kostengründen meist nur dann, wenn in der ersten Probe erhöhte Chloridgehalte festgestellt werden.
Im vorliegenden Fall ergab die photometrische Analyse der ersten Probe einen Chloridgehalt von 0,70 M-% bezogen auf den Zement. Daraufhin wurde auch die zweite Tiefe untersucht und ein deutlich höherer Wert von 1,37 M-% bestimmt. Dieses Ergebnis erschien dem Auftraggeber nicht plausibel, sodass zur Klärung ein Bohrkern entnommen und eine LIBS-Analyse beauftragt wurde.
Die mit LIBS bestimmte quantitative Chloridverteilung (Abbildung 4, links) zeigt ausschließlich unkritische Werte von ≤ 0,2 M-% bezogen auf den Zement. Die qualitative Eisenverteilung (Abbildung 4, rechts) weist hingegen erhöhte Eisenanteile in der Gesteinskörnung auf.
Zur Absicherung der LIBS-Ergebnisse wurde das Bohrmehl aus dem Bereich 30 mm – 45 mm zusätzlich mittels potentiometrischer Titration untersucht. Der dabei ermittelte Wert von 0,17 M-% bezogen auf den Zement bestätigt die LIBS-Analyse.
Als mögliche Ursache für die unplausiblen photometrischen Werte nennen das Heft 401 des Deutschen Ausschuss für Stahlbeton erhöhte Sulfid- (CEM III) oder Eisenanteile, die sowohl aus dem Zement als auch aus der Gesteinskörnung stammen können.

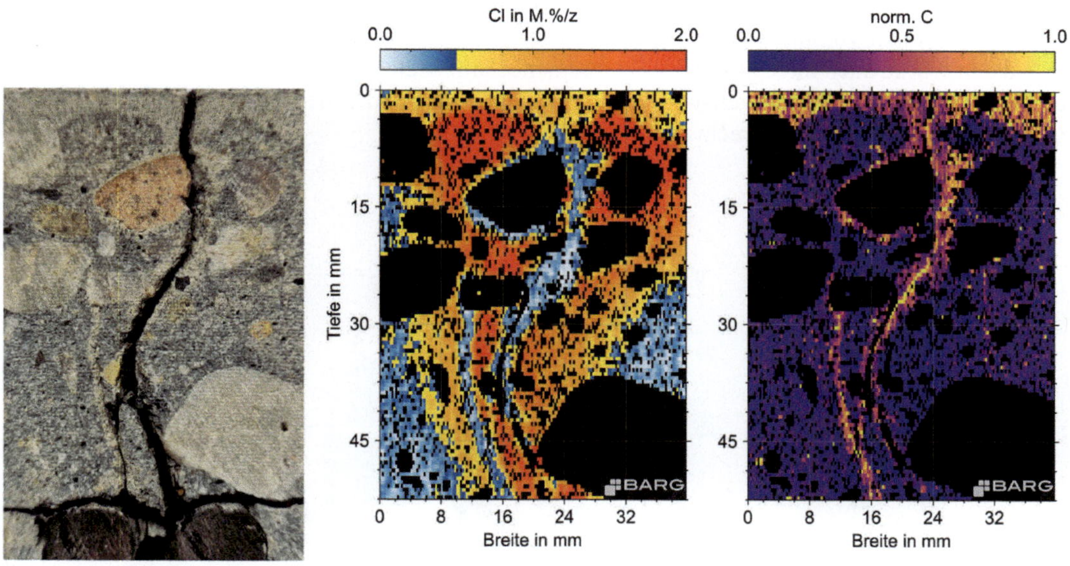

Abb. 3: Foto der Querschnittsfläche eines Bohrkernes der aus einer Bodenplatte im Bereich eines Risses entnommen wurde (links). Die Chloridverteilung ist in der Mitte und die Kohlenstoffverteilung rechts dargestellt.

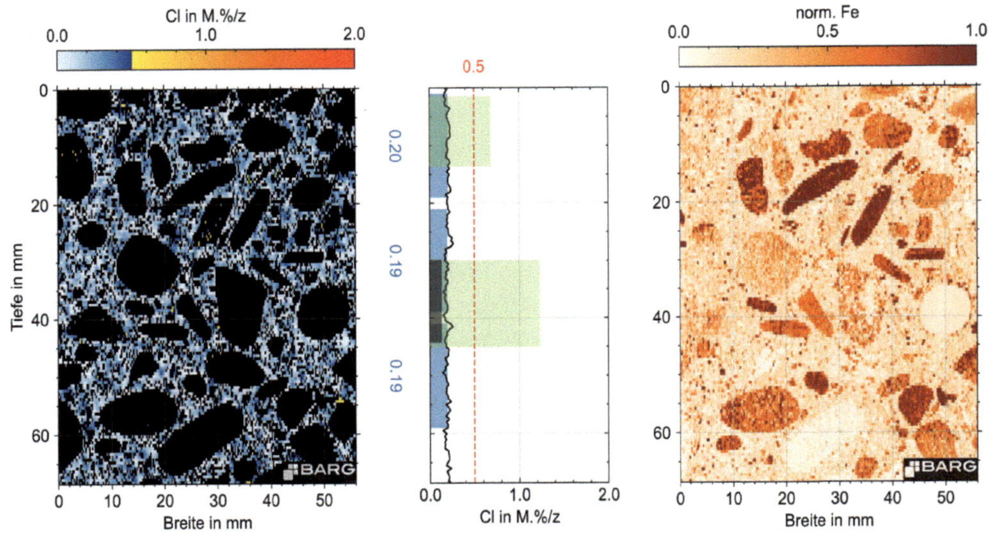

Abb. 4: Mittels LIBS ermittelte quantitative Chlorid-Verteilung bezogen auf den Zement (links). Tiefenprofil des Chlorid-Gehaltes mit Mittelwerten über drei Tiefenbereiche (Mitte, blaue Balken). Zum Vergleich sind die mittels Photometrie ermittelten Werte (grüne Balken) eingezeichnet. Das Ergebnis der potentiometrischen Titration ist als dunkler Balken dargestellt. Darstellung der Eisenverteilung (rechts).

2.4 Abwasserbauwerk

Zur Klärung der Ursache einer Schädigung in einem Abwasserbauwerk wurde ein Bohrkern entnommen und eine LIBS-Untersuchung beauftragt. Frühere Bohrmehlanalysen hatten den Verdacht eines erhöhten Sulfatgehaltes nicht bestätigen können. Das LIBS-Ergebnis (Abbildung 5, Mitte) zeigt ebenfalls keine Hinweise auf das Eindringen von Sulfaten. Stattdessen liegen die Schwefelwerte lediglich im braun verfärbten Bereich etwas niedriger und im Randbereich leicht über den Volumenwerten. Mit den ermittelten Messdaten wurde auch die Chloridverteilung ausgewertet. Die quantitativen Chlorid-gehalte bezogen auf den Zement sind in Abbildung 5 rechts dargestellt und zeigen Werte von über 2 M-% bis in den Bereich der Bewehrung. Damit liegt der Verdacht einer chloridinduzierten Bewehrungskorrosion nahe. Dies wird durch die Analyse der Eisenverteilung (hier nicht gezeigt) bestätigt, die im Bereich der bräunlichen Verfärbung deutlich erhöhte Eisenwerte aufweist – ein typisches Anzeichen für die Auflösung der Bewehrung.

Dieses Beispiel verdeutlicht das besondere Potenzial des LIBS-Verfahrens: Durch die simultane Erfassung aller relevanten Elemente können unterschiedliche Schädigungsmechanismen in einem einzigen Messdurchlauf sicher identifiziert und voneinander abgegrenzt werden.

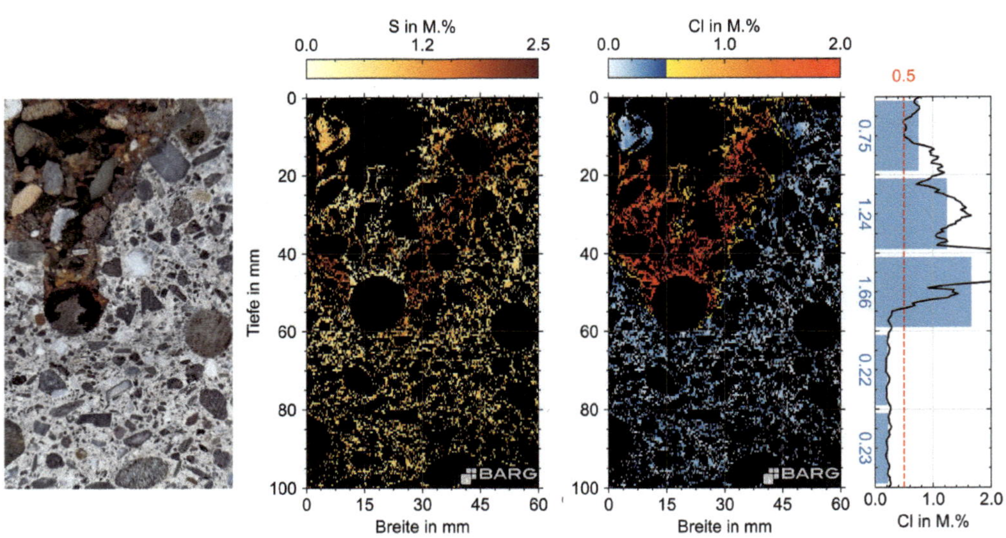

Abb. 5: Foto der Querschnittsfläche des Bohrkernes (links), mit farbcodierter quantitativer Schwefelverteilung (Mitte) und quantitativer Chloridverteilung (rechts).

2.5 Magnesiaestrich

In einer Industriehalle war bekannt, dass der Boden in einzelnen Bereichen unterschiedlich stark geschädigt war. Die Instandsetzung sollte daher in den am stärksten betroffenen Zonen beginnen und abschnittsweise erfolgen, um die Produktion möglichst wenig zu beeinträchtigen. Durch eine geänderte Nutzung kam der Magnesiaestrich im Laufe der Jahre wiederholt mit Feuchtigkeit in Kontakt, wodurch chloridhaltige Bestandteile mobilisiert wurden. Ziel der Untersuchung war es, jene Bereiche zu lokalisieren, in denen bereits eine erhebliche Gefährdung vorliegt.

Die LIBS-Analyse bestätigte zunächst das Vorhandensein von Magnesiaestrich, erkennbar an hohen Chlorid- und Magnesiumgehalten im unbeschädigten Estrichbereich (Abbildung 6). Die Ergebnisse zeigen jedoch eine deutliche Heterogenität der Schädigung: Während in einigen Bereichen kaum Chloride in den Beton eingedrungen sind, gibt es Zonen, in denen durch Feuchtigkeitseinwirkung große Mengen an Chloriden aus dem Magnesiaestrich in den Beton transportiert wurden (Abbildung 7, links), sodass eine akute Gefährdung der Bewehrung vorliegt. Der in Abbildung 7 (rechts) dargestellte Bohrkern zeigt zudem, dass trotz erfolgter Sanierung und vollständiger Entfernung des Magnesiaestrichs erhebliche Chloridmengen im Beton verblieben sind – mit Werten von über 2 M-% bezogen auf den Zement und bis zu einer Tiefe von rund 55 mm.

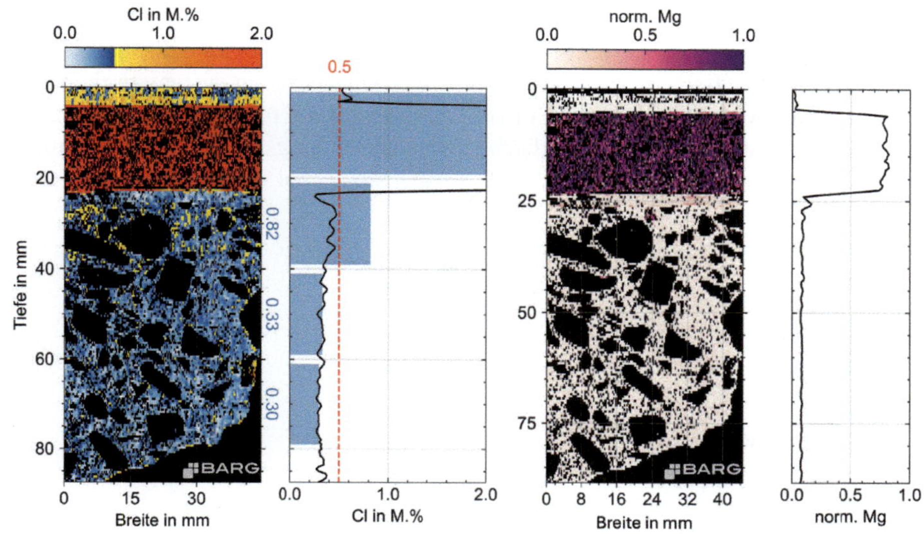

Abb. 6 Chlorid- (links) und Magnesiumverteilung (rechts) in einem Bohrkern aus einem intakten Industrieboden.

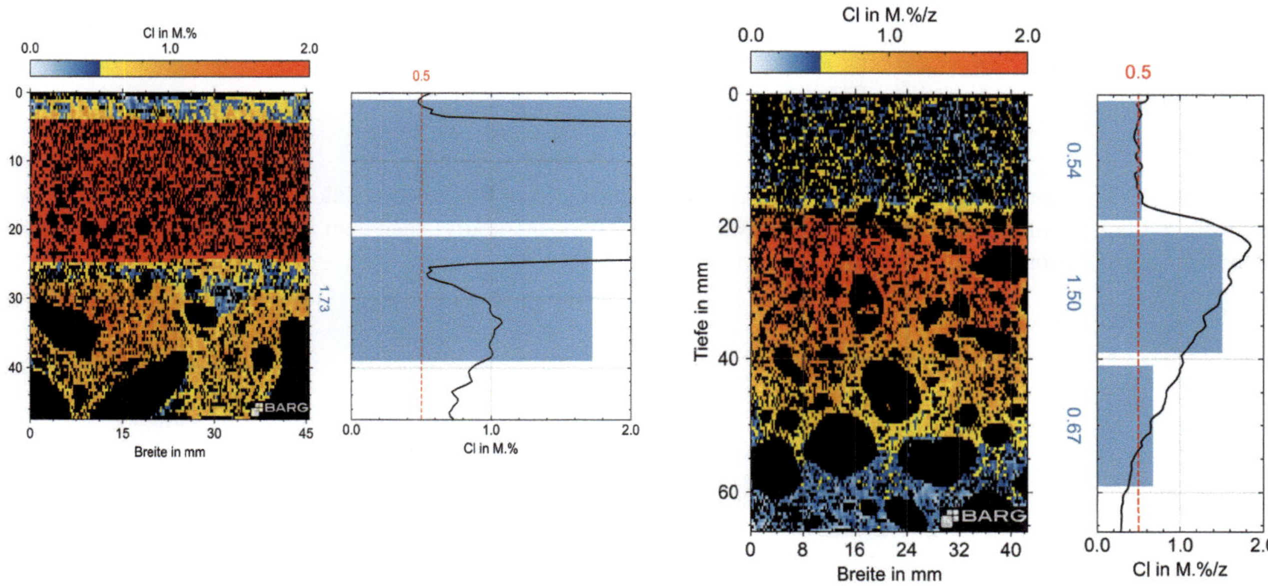

Abb. 7 Chloridverteilung in einem Bohrkern aus einem geschädigten Bereich (links) und einem Bohrekern aus einem bereits instand gesetzten Bereich (rechts).

2.6 KKS – Migration von Cl und Na

Ziel war es die Wirkung eines KKS-Systems zu demonstrieren. Einem Beton wurde eine definierte Menge NaCl über das Zugabewasser bei der Herstellung zugesetzt. Der erhärtete Beton wies eine gleichmäßige Verteilung von Chlor und Natrium auf. Dies wurde durch LIBS-Messungen bestätigt.

Nach dem Aushärten wurde auf der Ober- und Unterseite des Betons ein Estrich mit eingebettetem Elektrodengitter aufgebracht (Abbildung 8, links). Der Estrich selbst war frei von Chloriden und enthielt nur einen geringen Natriumgrundgehalt.

Über einen Zeitraum von mehreren Monaten wurde an den Elektroden eine elektrische Spannung angelegt. Dadurch migrierten die negativ geladenen Chloridionen zur Anode (Abbildung 8, Mitte), während die positiv geladenen Natriumionen in Richtung Kathode wanderten (Abbildung 8, rechts). Die LIBS-Ergebnisse zeigen diese gegenläufige Ionenbewegung eindeutig und belegen die Wirksamkeit des elektrochemischen KKS-Systems.

3. Einfluss unsicherer Umrechnungsfaktoren auf die Chloridquantifizierung

Ein zentraler Vorteil der LIBS-Analyse besteht in der bildgebenden Darstellung der Messergebnisse. Diese reduziert Interpretationsunsicherheiten deutlich und unterstützt eine sichere Beurteilung des Schadensbildes. Die ortsaufgelöste Messung ermöglicht zudem die Identifikation der Betonphasen und die Angabe der Chloridgehalte bezogen auf die Zementsteinphase. Dadurch werden die Unsicherheiten, die bei Standardverfahren aufgrund des unbekannten Zementanteils auftreten, wesentlich verringert. Für die Umrechnung ist jedoch weiterhin der w/z-Wert erforderlich.

Die Problematik der konventionellen Bulkanalyse wird in Abbildung 9 verdeutlicht: Unterscheiden sich die Zementsteinanteile zweier Bohrmehlproben (grün bzw. orange markiert), führt die Verwendung eines einheitlichen Umrechnungsfaktors zwangsläufig zu systematischen Fehlern. Zur Illustration wird ein relativer Fehler von 20 % im maßgeblichen Umrechnungsparameter angenommen

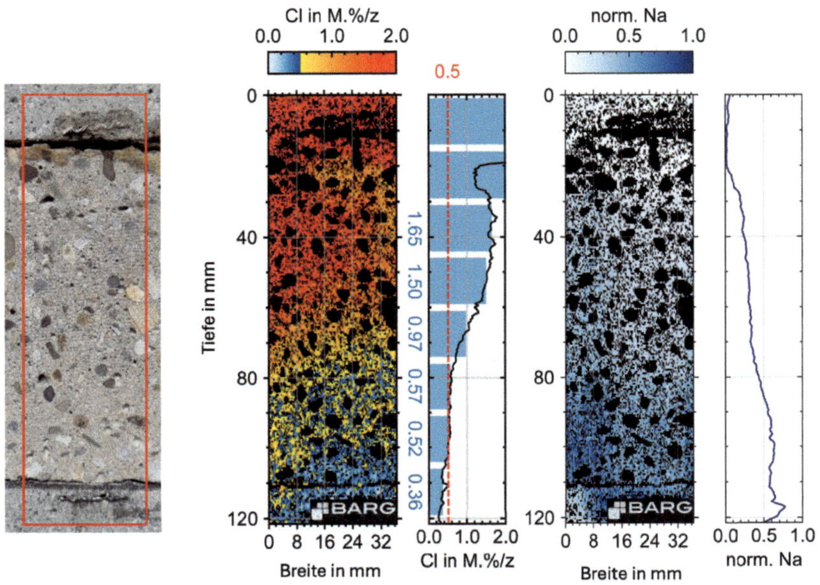

Abb. 8 Foto der Betonprobe mit aufgebrachtem Estrich mit eingebetteten Elektroden (links, Anode oben und Kathode unten). Quantitative Chlorid- (Mitte) und Natriumverteilung (rechts, qualitativ) nach dem Anlegen eines elektrischen Feldes über einen Zeitraum von mehreren Monaten.

– in diesem Fall im Zementanteil. Dies ergibt beim Standardverfahren für einen gemessenen Chloridgehalt von 0,25 M-% im Beton einen auf den Zement bezogenen Wert von 1,67 M-% (Standardfaktor 6,7) bei Annahme eines Zementanteils von 15 %. Liegt der Zementanteil tatsächlich bei 12 % vor, müsste stattdessen mit einem Faktor von 8,3 gerechnet werden. Dies ergibt für einen gemessenen Chloridgehalt von 0,25 M-% im Beton einen Wert bezogen auf den Zement von 2,08 M-%. Die resultierende Abweichung beträgt rund 20 %. Für LIBS wird derselbe relative Fehler von 20 % auf den w/z-Wert übertragen, der dort die Umrechnung, vom Wert bezogen auf den Zementstein zum Wert bezogen auf den Zement, bestimmt. Bei einem angenommenen w/z-Wert von 0,5 und einem tatsächlichen Wert von 0,4 ergibt sich für einen mittels LIBS bestimmten Chloridgehalt im Zementstein von 1,33 M-% eine zementbezogene Konzentration von 2,00 M-% gegenüber 1,86 M-%. Die resultierende Abweichung liegt mit etwa 7 % unter jener der Bulkanalyse. Die vorliegende Gegenüberstellung zeigt die unterschiedlichen Sensitivitäten beider Verfahren gegenüber Unsicherheiten in den Umrechnungsfaktoren. Eine umfassendere Fehleranalyse, die neben Zementsteinanteil und w/z-Wert auch weitere Einflussgrößen berücksichtigt, befindet sich in Vorbereitung. Diese detaillierten Untersuchungen werden als Teil eines separaten Fachbeitrages veröffentlicht und dort in Hinblick auf ihre Bedeutung für die praktische Anwendung von LIBS und klassischen chemischen Verfahren diskutiert.

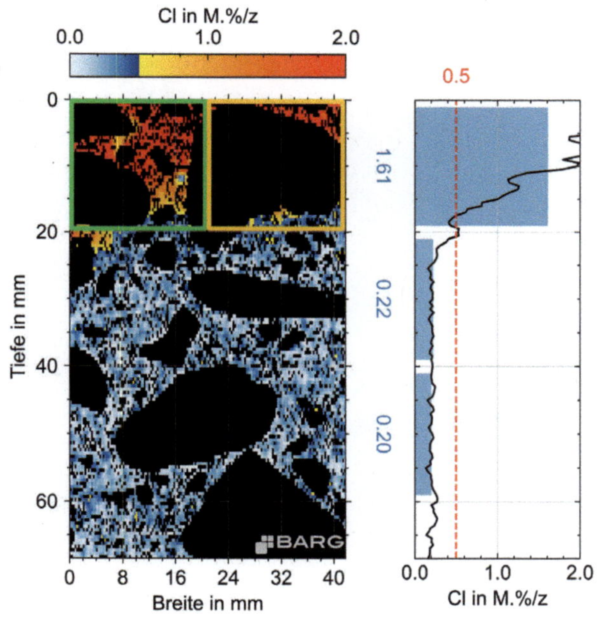

Abb. 9: Ergebnis der LIBS-Analyse an einem Bohrkern. Die farbigen Quadrate verdeutlichen die Inhomogenität der Zementanteile über den Probenquerschnitt.

4. Zusammenfassung

In diesem Beitrag wurden verschiedene Anwendungsbeispiele für den Einsatz von LIBS in der Bauwerksdiagnostik vorgestellt und das Potenzial der Methode aufgezeigt. Die LIBS-Analyse führt nicht in jedem Fall zu geringeren Instandsetzungskosten, liefert jedoch häufig entscheidungsrelevante Daten, die eine bedarfsgerechte und zielgerichtete Instandsetzung ermöglichen.
Die wesentlichen Merkmale des LIBS-Verfahrens lassen sich wie folgt zusammenfassen:

– **Erhöhter Aufwand bei der Probenahme:** Entnahme eines Bohrkerns mit 50 mm Durchmesser anstelle von Bohrmehl.
+ **Simultane Multielementanalyse:** Mehrere relevante Elemente werden in einem einzigen Messvorgang erfasst, wodurch komplexe Schädigungsmechanismen zuverlässig beurteilt werden können.
+ **Hohe räumliche Auflösung:** Lokale Minima und Maxima der Elementgehalte werden eindeutig erkannt.
+ **Direkte Sichtbarkeit der Eindringfront:** Auch qualitative Verteilungen liefern zuverlässig Hinweise auf potenziell gefährdete Bereiche.
o **Umrechnungsfaktor: Die LIBS-Analyse liefert die Gehalte bezogen auf den Zementstein.** Für die Umrechnung dieser Werte bezogen auf den Zement ist eine Annahme zum w/z-Wert erforderlich. Diese Annahme ist grundsätzlich mit einer gewissen Unsicherheit verbunden, jedoch fällt diese im Vergleich deutlich geringer aus als die Unsicherheit, die bei der Bulkanalyse aus dem unbekannten Zementanteil im Bohrmehl resultiert.
+ **Hohe Aussagekraft bei moderaten Mehrkosten:** Im Vergleich zur Nasschemie nur leicht erhöhte Kosten (circa Faktor 2), jedoch mit deutlich größerem Informationsgehalt.

Literatur

[1] G. Wilsch and F. Weritz, „Anwendung der Laser-in-duzierten Breakdown Spektroskopie (LIBS) im Bauwesen," in Bauphysik-Kalender 2004: Schwerpunkt: Zerstörungsfreie Prüfung, vol. 1, E. Cziesielski, Ed.: Ernst & Sohn, 2004, pp. 386–392.

[2] C. Gottlieb, S. Millar, T. Günther, and G. Wilsch, "Revealing hidden spectral information of chlorine and sulfur in data of a mobile Laser-induced Breakdown Spectroscopy system using chemometrics," Spectrochimica Acta Part B: Atomic Spectroscopy, vol. 132, pp. 43–49, 2017.

[3] S. Millar, S. Kruschwitz, and G. Wilsch, "Determination of total chloride content in cement pastes with laser-induced breakdown spectroscopy (LIBS)," Cement and Concrete Research, vol. 117, pp. 16–22, 2019.

[4] S. Eto, T. Matsuo, T. Matsumura, T. Fujii, and M. Y. Tanaka, "Quantitative estimation of carbonation and chloride penetration in reinforced concrete by laser-induced breakdown spectroscopy," Spectrochimica Acta Part B: Atomic Spectroscopy, vol. 101, pp. 245–253, 2014.

[5] S. Millar, C. Gottlieb, T. Günther, N. Sankat, G. Wilsch, and S. Kruschwitz, "Chlorine determination in cement-bound materials with Laser-induced Breakdown Spectroscopy (LIBS) – A review and validation," Spectrochimica Acta Part B: Atomic Spectroscopy, vol. 147, pp. 1–8, 2018.

[6] N. Omenetto, E. Ewusi-Annan, T. Günther, W. B. Jones, and B. W. Smith, "Research Final Report: Feasibility of atomic and molecular laser induced breakdown spectroscopy (LIBS) to in situ determination of chlorine in concrete," Florida Department of Transportation, Tallahassee, BDV31-977-32, 2016.

[7] D. W. Hahn and N. Omenetto, "Laser-Induced Breakdown Spectroscopy (LIBS), Part II: Review of Instrumental and Methodological Approaches to Material Analysis and Applications to Different Fields", Applied Spectroscopy, Vol 66, Issue 4, pp 347–419, April 2012.

[8] DGZfP-Fachausschuss für Zerstörungsfreie Prüfung im Bauwesen | Unterausschuss LIBS im Bauwesen. Merkblatt B14: Quantifizierung von Chlorid in Beton mit der laserinduzierten Plasmaspektroskopie (LIBS) DGZfP Merkblatt B10 (DGZfP, Berlin, Germany, 2023).

[9] Völker, T., Wilsch, G., Gornushkin, I. B., Kratochvilová, L., Pořízka, P., Kaiser, J., Millar, S., Galbács, G., Palásti, D. J., Janovszky, P. M., Eto, S., Langer, C., Kapteina, G., Illguth, M., Götz, J., Licht, M., Raupach, M., Elhamdaoui, I., Sabsabi, M., Bouchard, P., Nagli, L., Gaft, M., Raichlin, Y., Fernández-Menéndez, L. J., Méndez-López, C., Bordel, N., Gottlieb, C., Bohling, C., Finotello, R., L'Hermite, D., Quéré, C. & Lierenfeld, M. B. Interlaboratory comparison for quantitative chlorine analysis in cement pastes with laser induced breakdown spectroscopy. Spectrochimica Acta Part B: Atomic Spectroscopy 202, 106632. doi:10.1016/j.sab.2023.106632 (2023).

[10] DAfStb Heft 401: Anleitung zur Bestimmung des Chloridgehaltes von Beton, 1989

[11] DIN EN 14629 Produkte und Systeme für den Schutz und die Instandsetzung von Betontrag-werken - Prüfverfahren – Bestimmung des Chlorid-gehaltes in Festbeton, 2007.

TAE

Monitoring

Korrosionsmonitoring von Verkehrsbauwerken – Anwendungsbeispiele und Langzeiterfahrungen

Dr.-Ing. Till Felix Mayer
Ingenieurbüro Schiessl Gehlen Sodeikat GmbH, München
Sensortec GmbH, München

Zusammenfassung
Korrosionsmonitoring stellt – insbesondere bei Verkehrsbauwerken – häufig eine sinnvolle Ergänzung zu herkömmlichen Zustandserfassung dar. Darüber hinaus kann in einzelnen Fällen durch Korrosionsmonitoring erst eine Aussage über den aktuellen Bauwerkszustand getroffen werden, wenn z. B. das Bauteile nach Fertigstellung nicht mehr zugänglich sind. Der vorliegende Beitrag erläutert die Grundlagen von Korrosionsmonitoring, die zugrunde liegenden Messprinzipien und mögliche Anwendungsgebiete. Anhand von drei Anwendungsbeispielen wird die Bandbreite möglicher Einsatzgebiete illustriert und aufgezeigt, wie anhand von Korrosionsmonitoring Infrastrukturbauwerke länger bei genauerer Kenntnis des Bauwerkszustands betrieben werden können. Damit leistet Korrosionsmonitoring auch einen wesentlichen Beitrag zu einem nachhaltigen und ressourcenschonenden Umgang mit unserer Bausubstanz.

1. Einführung

Zerstörungsfreie Prüfverfahren bieten heute weitreichende Möglichkeiten zur Zustandserfassung und Dauerhaftigkeitsbewertung von Stahlbetonbauwerken. Allerdings gibt es speziell bei der Bewertung der Korrosionsgefährdung von Stahl- und Spannbetonbewehrung zahlreiche Anwendungsfälle, bei denen diese Verfahren unverändert an ihre Grenzen stoßen. Das ist zum Beispiel der Fall bei Bauteilen, die aufgrund mangelnder Zugänglichkeit (z. B. Tunnelaußenseiten, Bohrpfähle) oder vorhandener Beschichtungen nicht oder nur mit erhöhtem Aufwand für Bauwerksuntersuchungen zugänglich sind. Vereinzelt – z. B. bei der Bewertung der Veränderung der Korrosionsaktivität nach einer Instandsetzungsmaßnahme – stehen bis heute jedoch auch keine geeigneten ZfP-Verfahren zur Bestimmung der maßgebenden Messgrößen zur Verfügung. Bei vielen dieser Anwendungsfälle kann Korrosionsmonitoring als sinnvolle Ergänzung zu den herkömmlichen Bauwerksuntersuchungen angewandt werden. Dabei bezeichnet der Begriff „Korrosionsmonitoring“ im Folgenden Verfahren, bei denen an ortsfesten Sensoren über einen langen Zeitraum kontinuierlich bzw. zyklisch Messungen zur Bewertung des Korrosionszustands durchgeführt werden, wohingegen unter „Bauwerksuntersuchungen“ singuläre, flächige Untersuchungen mit ortsveränderlichen Sensoren verstanden werden.

2. Korrosionsmonitoring – Anwendungsgebiete

Typische Anwendungsfälle für Korrosionsmonitoring sind Bauteile, die nach Fertigstellung nicht oder nur noch mit unverhältnismäßig großem Aufwand zugänglich sind (z. B. Gründungen, Schlitzwände, Brückenpfeiler oder Tunnelaußenseiten in chloridhaltiger Umgebung). In diesen Fällen werden Sensoren i. d. R. bereits während der Baumaßnahme installiert. Aber auch bei zugänglichen Oberflächen kann in Abhängigkeit von den Randbedingungen Korrosionsmonitoring eine sinnvolle Ergänzung zu den bekannten Bauwerksuntersuchungen darstellen. Dies gilt z. B. bei beschichteten Oberflächen, an denen eine Potentialfeldmessung nicht möglich ist. Daneben wird Korrosionsmonitoring zur Überwachung des Korrosionsfortschritts an korrodierenden Systemen z. B. zum Nachweis des Instandsetzungserfolgs bei Anwendung des Verfahrens 8.3 der Technischen Regel Instandhaltung des DIBt [1] (ehemals W-Cl [2]) eingesetzt. Im Kontext der aktuellen Diskussion um den Umgang mit Rissen in befahrenen Parkdecks, die nur über einen kurzen Zeitraum mit Chloriden beaufschlagt wurden, hat Korrosionsmonitoring zuletzt ebenfalls deutlich an Bedeutung gewonnen.

3. Das DGZfP-Merkblatt „Korrosionsmonitoring“

Zu den meisten Verfahren, die im Rahmen von Bauwerksuntersuchungen angewandt werden (z. B. Potentialfeldmessung, Betondeckungsmessung), existieren heute umfangreiche Richtlinien und Merkblätter, die sowohl die Durchführung der Prüfungen regeln als auch mögliche Anwendungsgebiete und Anwendungsgrenzen beschreiben und damit Missverständnissen vorbeugen. Im Gegensatz dazu existierten für das Korrosionsmonitoring bis 2018 keine Richtlinien oder Handlungsempfehlungen. Diese Lücke wurde 2018 durch das Merkblatt „Korrosionsmonitoring von Stahl- und Spannbetonbauwerken“ [3] der Deutschen Gesellschaft für zerstörungsfreie Prüfung DGZfP geschlossen. Bei der Entwicklung des Merkblatts lag eine der größten Herausforderungen in der Tatsache, dass sich in der Praxis unterschiedliche Messprinzipien und Sensorsysteme parallel entwickelt haben, wobei eine saubere Abgrenzung der Anwendungsgebiete unterschiedlicher Messverfahren bis dato fehlt. Dieser Tatsache trägt das Merkblatt Korrosionsmonitoring Rechnung, indem es in einem ersten Schritt die unterschiedlichen Messprinzipien mit ihrer Funktionsweise, dem Messaufbau, der Auswertung und den wesentlichen Einflussgrößen sowie der praktischen Anwendung vorstellt. Darauf aufbauend werden für unterschiedliche Anwendungsfälle von Korrosionsmonitoring an Stahlbetonbauwerken Hinweise zum Aufbau von Korrosionsmonitoringsystemen, den anwendbaren Messprinzipien und der Positionierung von Sensoren etc. gegeben. Anhand von Praxisbeispielen werden für einige wichtige Anwendungen die Planung und Bewertung des Korrosions-monitorings veranschaulicht. Das Merkblatt verzichtet dabei – anders als z. B. das Potentialfeldmerkblatt [4] – bewusst auf detaillierte Handlungsanweisungen. Eine Einführung in Messprinzipien und Anwendungsbeispiele für Korrosionsmonitoring enthalten die folgenden Kap. 4 bis 7.

4. Messprinzipien

Unter dem Oberbegriff „Korrosionsmonitoring" werden in der Praxis verschiedene Messprinzipien zusammengefasst, die jeweils auf der Überwachung eines Teilprozesses der Bewehrungskorrosion bzw. der Korrosionsinitiierung aufbauen. Daher sollen zum besseren Verständnis der Messprinzipien die Grundlagen der Bewehrungskorrosion im Folgenden kurz erläutert werden.
Stahl in Beton ist grundsätzlich vor Korrosion geschützt, da sich unter den hochalkalischen Bedingungen im Beton auf der Bewehrungsoberfläche ein Passivoxidfilm ausbildet, der den weiteren Korrosionsfortschritt auf ein vernachlässigbares Maß reduziert. Wird der Passivoxidfilm infolge einer Carbonatisierung oder des Überschreitens des kritischen korrosionsauslösenden Chloridgehalts auf Bewehrungshöhe zerstört, geht dies mit einem Potentialabfall an der Bewehrung einher. An den nun ungeschützten Oberflächen (Anoden) gehen Eisenionen (Fe2+) in Lösung. Die beim anodischen Teilprozess freigesetzten Elektronen werden an weiterhin passiven Oberflächen (Kathoden) im kathodischen Teilprozess bei der Bildung von Hydroxidionen umgesetzt. Es bildet sich ein Korrosionselement, bei dem zwischen Anoden und Kathoden ein Korrosionsstrom fließt, der proportional zur Eisenauflösung an der Anode ist und dem im Beton ein entgegengerichteter Ionentransport zwischen Kathode und Anode entspricht, Abb. 1.

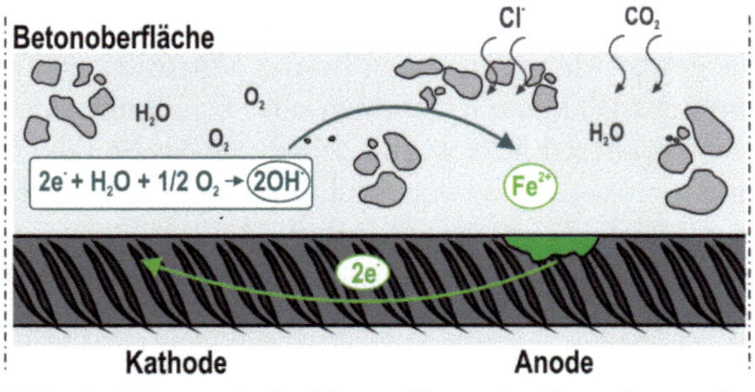

Abb. 1: Schematische Darstellung der Bewehrungskorrosion

Aus diesen Teilschritten der Korrosion bzw. Korrosionsinitiierung leiten sich in Abhängigkeit von der Fragestellung unterschiedliche mögliche Messprinzipien ab:

- Ein Chlorideintrag in den Beton findet grundsätzlich nur bei einem gleichzeitigen Feuchteeintrag statt, so dass z. B. bei beschichteten Oberflächen ein einfacher Beitrag zum Korrosionsmonitoring darin bestehen kann, die Funktion des Beschichtungssystems durch das Überwachen zeitabhängiger Veränderung des Feuchtegehalts im oberflächennahen Beton nachzuweisen. Ein Funktionsverlust führt zu einem Feuchteeintritt in das Porengefüge, der z. B. durch (tiefengestaffelte) Elektrolytwiderstandsmessungen festgestellt werden kann [5].
- Der Potentialabfall an der Anode als Folge des Passivitätsverlusts kann anhand von Potentialmessungen nachvollzogen werden, bei denen die Potentialdifferenz zwischen Bewehrung bzw. im Bauwerk installierten Stellvertreteranoden und fest installierten Bezugselektroden gemessen wird.
- Der Korrosionsstrom, der infolge des Passivitätsverlusts zwischen anodischen und kathodischen Bereichen fließt, kann durch Korrosionsstrommessungen überwacht werden. Dies setzt jedoch eine Trennung der kathodisch und anodisch wirksamen Oberflächen voraus. Diese wird in der Regel durch die Installation kleinflächiger „Stellvertreteranoden" im Bauteil erreicht, die für die Korrosionsstrommessung mit ausreichend großen Kathoden kurzgeschlossen werden. Als Kathode kann sowohl die vorhandene Bauteilbewehrung als auch eine gesondert eingebrachte Kathode (z. B. Ti/MMO-Stäbe) verwendet werden. Da sich u.U. auch auf den Anoden kathodische Bereiche ausbilden und der gemessene Strom in diesem Fall nur einen Teil des tatsächlichen Korrosionsstroms darstellt, hat sich für diesen in den letzten Jahren alternativ der Begriff „Elementstrom" etabliert, der im Weiteren verwendet wird.

Darüber hinaus gibt es eine Vielzahl weiterer Messprinzipien zum Korrosionsmonitoring, auf die an dieser Stelle jedoch nicht eingegangen wird. Für weitere Informationen hierzu s. [3].

5. Feuchtemonitoring

5.1 Grundlagen

Feuchtemonitoring als vergleichbar einfaches Monitoringverfahren kann sowohl bei Neubauprojekten als auch bei Bestandsbauwerken eingesetzt werden, wenn die Wirksamkeit einer Abdichtung bzw. einer Beschichtung oder einer Hydrophobierung überwacht werden soll. Dabei ist die Grundannahme, dass zum Zeitpunkt der Sensorinstallation keine aktive Bewehrungskorrosion stattfindet und durch die Beschichtung/Abdichtung ein zukünftiger Wassereintrag und damit ggf. einhergehender Chlorideintrag langfristig unterbunden werden soll. Bei den Feuchtesensoren, die im folgenden Beispiel betrachtet werden, handelt es sich um tiefengestaffelte Betonwiderstandssensoren des Typs „Multiring-Elektrode" (MRE), bei dem die Betonwiderstandsverteilung tiefengestaffelt über die Sensorlänge durch eine Wechselstrom-Widerstandsmessung benachbarter, planparalleler Ringe bestimmt wird. Da der Widerstand des Betons unmittelbar mit dem Feuchtegehalt in den Poren korreliert, kann aus der Widerstandsverteilung ein Rückschluss auf die Feuchteverteilung innerhalb der Betondeckung gezogen werden. Steigende Widerstände und die Ausbildung von Widerstandsgradienten über die Sensorlänge mit höheren Widerständen an der Oberfläche deuten auf ein Austrocknen des Betons zur Oberfläche hin. Umgekehrt sind fallende Widerstände und Widerstandsgradienten mit niedrigeren Widerständen an der Betonoberfläche als im Kern ein Indiz für eine Wasseraufnahme des Betons.

5.2 Anwendungsbeispiel

Bei dem vorliegenden Anwendungsbeispiel handelt es sich um den Neubau eines Galeriebauwerks im Einzugsgebiet einer Bundesautobahn. Da bei vergleichbaren Bauwerken infolge der z. T. sehr hohen Chloridbelastungen z. T. nach vergleichsweise kurzer Nutzungsdauer bereits Bewehrungskorrosion festgestellt wurde, wurden zur Verbesserung der Dauerhaftigkeit des Galeriebauwerks folgende Schritte unternommen:

- Durch betontechnologische Maßnahmen und die Verwendung eines Bindemittels mit puzzolanischen bzw. latent-hydraulischen Zusatzstoffen sollte ein Beton hergestellt werden, der über einen signifikant höheren Chlorideindringwiderstand verfügt, als Betone mit reinem Portlandzement, die in der Vergangenheit für derartige Bauwerke verwendet wurden.
- Zusätzlich sollte durch das Aufbringen eine Tiefenhydrophobierung auf den Wand- und Stützensockeln die Wasseraufnahme in den Beton unterbunden und gleichzeitig eine Austrocknung des Betons ermöglicht werden.

Zur Erfolgskontrolle wurden im Fußbereich der Galeriewände 12 Multiring-Elektroden MRE installiert, wobei an zwei Sensoren die Tiefenhydrophobierung im Bereich des Sensors ausgespart wurde. Die Sensoren wurden horizontal mit einer Überdeckung des äußersten Rings von rd. 8 mm zur Galerieinnenseite eingebaut.
Abb. 2 zeigt das Widerstandsprofil einer MRE mit Hydrophobierung im Vergleich zu einem 2005 errichteten Tunnelbauwerk, bei dem ebenfalls MREs installiert wurden, bei dem jedoch keine betontechnologische Optimierung und keine Hydrophobierung zur Anwendung kamen. Der Vergleich zeigt einen Anstieg des elektrischen Widerstands in allen Tiefenlagen um mehrere Größenordnungen, der primär auf die betontechnologische Optimierung zurückzuführen ist. Das Widerstandsprofil des Sensors im Galeriebauwerk weist einen Gradienten mit steigenden Widerständen zur Oberfläche auf, die durch die Austrocknung des oberflächennahen Betons infolge der Hydrophobierung bedingt werden. Anhand des Widerstandsprofils ist somit sowohl ein Nachweis der Wirksamkeit der ergriffenen Maßnahmen als auch ein kontinuierliches Monitoring der Funktion der Tiefenhydrophobierung möglich. Sobald ein oberflächennaher Rückgang des Widerstands eine Feuchteaufnahme anzeigt, kann die Hydrophobierung erneut appliziert werden.

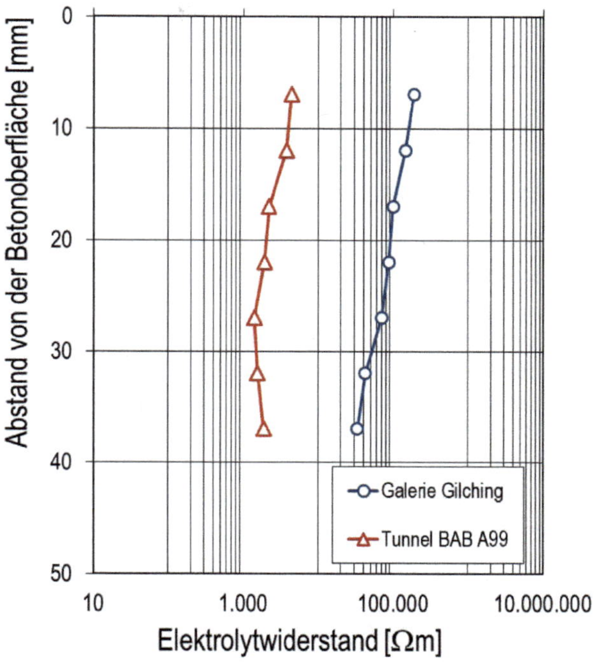

Abb. 2: Widerstandsprofil über die Sensorlänge bei einem Tunnelbauwerk mit optimierter Betonzusammensetzung und Tiefenhydrophobierung (blau) und einem Referenzbauwerk ohne zusätzliche Maßnahmen (rot)

6. Monitoring bei Neubauprojekten

6.1 Grundlagen

Korrosionsmonitoring bei Neubauprojekten wird vorwiegend zur Überwachung des Eindringens der Depassivierungsfront (i. d. R. die Eindringtiefe des krit. korrosionsauslösenden Chloridgehalts) in das Bauteilinnere bei anfangs passiver Bewehrung angewandt. Bei den hierfür eingesetzten Sensorsystemen kann durch eine tiefengestaffelte Anordnung von Anoden zwischen Betonoberfläche und Bewehrung das Eindringen der Depassivierungsfront anhand von Potential- und Korrosionsstrommessung an den Einzelanoden verfolgt werden. Bei Kenntnis der Tiefenlagen der Einzelanoden und der Betondeckung kann so der Depassivierungszeitpunkt der Bewehrung abgeschätzt werden, Abb. 3. In Verbindung mit Dauerhaftigkeitsbemessungen kann Korrosionsmonitoring u. a. zum Update der Prognoseergebnisse eingesetzt werden ([6] – [8]).

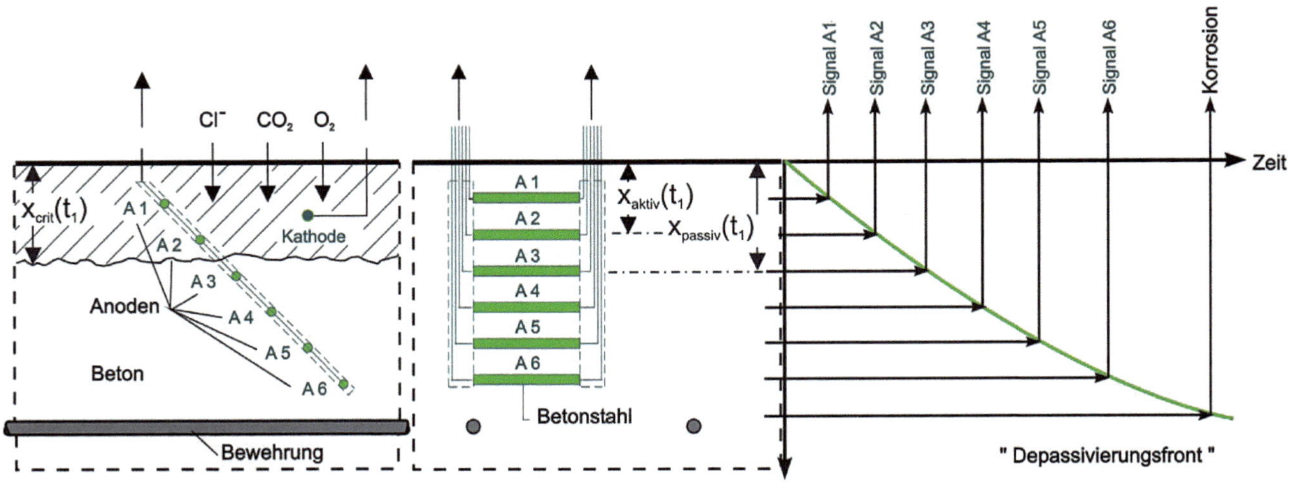

Abb. 3: Prinzip des Korrosionsmonitoring bei Neubauprojekten [3]

6.2 Anwendungsbeispiel

Bei dem folgenden Anwendungsbeispiel handelt es sich um den Neubau eines Brückenbauwerks zur Überquerung einer vorhandenen Autobahntrasse. Aufgrund der zu erwartenden Chloridbeaufschlagung im Bereich der Stützenpfeiler wurde seitens der Bauherrin beschlossen, die äußeren Bewehrungslagen mit einem Betonstahl TOP12 mit erhöhtem Korrosionswiderstand auszuführen. Zur Quantifizierung der Verbesserung der Dauerhaftigkeit durch diese Maßnahme wurden an den Stützenpfeilern insgesamt sechs Paare des Korrosionssensors „Anodenleiter“ der Fa. Sensortec installiert, von denen jeweils bei einem Sensor die Anodensprossen mit Top12-Stahl und beim anderen Sensor die Anodensprossen mit herkömmlichem Bewehrungsstahl hergestellt wurden. Die Sensoren wurden vor der Betonage an der äußeren Bewehrungslage fixiert und die Sensorneigung derart angepasst, dass die äußerste Sprosse A1 nach Betonage eine planmäßige Betondeckung von rd. 10 mm aufwies. Die Messwerterfassung und die Datenübertragung erfolgen automatisiert.

Die Auswertung der Messdaten zeigte an den Sensoren, deren Anoden mit herkömmlichem Betonstahl hergestellt wurden, z. T. bereits nach der zweiten Wintersaison eine Depassivierung der oberflächennächsten Anoden. Abb. 4 zeigt exemplarisch den Verlauf des freien Korrosionspotential (oben) und des Elementstroms (unten) eines Sensors zum Zeitpunkt der Depassivierung im Winter 2018/19. Die Korrosionsinitiierung der oberflächennächsten Sprosse zeigt sich hier eindeutig durch den sprungartigen Potentialabfall um rd. 200 mV, der mit einem gleichzeitigen Anstieg des Elementstroms einhergeht. An den tieferliegenden Anoden zeigt sich zu diesem Zeitpunkt keine Veränderung der Potentiale und Ströme.

Nach sechsjähriger Messdauer liegt bisher an vier der sechs Anodenleitern aus herkömmlichem Betonstahl eine Depassivierung der ersten bzw. der zweiten Sensorsprosse vor. Bei den Anodenleitern aus Top12-Stahl wurde bisher an keiner Sprosse Korrosion festgestellt.

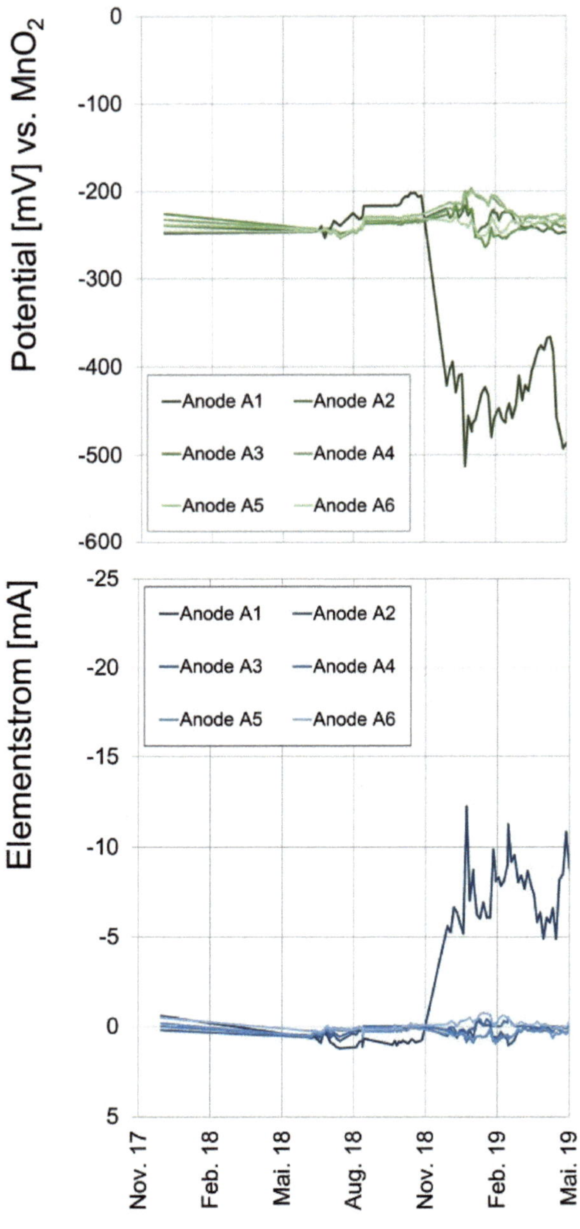

Abb. 4: Potential- (oben) und Elementstromverlauf (unten) einer Anodenleiter bei Depassivierung der ersten Sensorsprosse

7. Monitoring nach erfolgter Depassivierung

7.1 Grundlagen

Monitoring nach erfolgter Depassivierung kommt vor allem zur Überwachung der zeitabhängigen Veränderung der Korrosionsaktivität nach einer Instandsetzungsmaßnahme zur Anwendung [9]. Als Messprinzip eignen sich hierfür besonders Elementstrommessungen, häufig in Verbindung mit Potentialmessungen und Elektrolytwiderstandsmessungen.

Eine Tiefenstaffelung zur Prognose des Depassivierungszeitpunkts spielt nach erfolgter Depassivierung nur noch eine untergeordnete Rolle. Dafür stellt sich an bestehenden Bauwerken die Aufgabe, die maßgebenden Korrosionskenngrößen nach Möglichkeit am vorhandenen Korrosionssystem zu bestimmen, ohne dieses zu stark zu verändern. Das bedeutet, das nach Möglichkeit keine neuen Anoden eingebracht, sondern die Messungen an der vorhandenen Bewehrung bzw. an nachträglich isolierten Bewehrungsabschnitten durchgeführt werden sollten. Als Kathoden können sowohl die Bauteilbewehrung als auch nachträglich eingebrachte Kathoden verwendet werden.

Es wird an dieser Stelle darauf hingewiesen, dass Messungen an korrodierenden Systemen zwar eine qualitative Aussage über die zeitabhängige Veränderung der Korrosionsaktivität zulassen. Rückschlüsse auf den tatsächlichen Querschnittsverlust sind hingegen nicht oder nur mit sehr großen Unsicherheiten möglich.

7.2 Anwendungsbeispiel

Die zweigeschossige Tiefgarage in diesem Anwendungsbeispiel wurde 2015 fertiggestellt und besitzt eine Grundfläche von rd. 13.500 m². Die Bodenplatte weist Bauteildicken zwischen 80 und 160 cm auf und bindet planmäßig in das Grundwasser ein. Zum Schutz gegen einen Chlorideintrag wurde die Bodenplattenoberseite mit einem starren Oberflächenschutzsystem versehen, allerdings wurde in den ersten Jahren nach Fertigstellung auf eine regelmäßige Rissaufnahme und -behandlung verzichtet. Eine Zustandserfassung 2019 ergab eine ausgeprägte Rissbildung in der Bodenplatte infolge einer wiederkehrenden Zwangbeanspruchung. Anhand von Bohrkernentnahmen konnte nachgewiesen werden, dass die Risse überwiegend bis deutlich hinter der ersten Bewehrungslage verlaufen.

In den Rissen wurden nach lediglich vierjähriger Exposition oberflächennah Chloridgehalte bis zu rd. 4,3 M.%/z festgestellt, auf Bewehrungshöhe lagen lokal Chloridgehalte bis zu rd. 2,4 M.-%/z vor. An rd. 25 % der Beprobungsstellen lagen die Chloridgehalte auf Bewehrungshöhe zwischen 0,5 M.-%/z und rd. 1,0 M.-%/z.

Das DBV-Merkblatt „Parkhäuser und Tiefgaragen“ [10] geht davon aus, dass bei Rissen, die nach spätestens einer Wintersaison verschlossen werden, nicht mit relevanten Querschnittsverlusten an der Bewehrung zu rechnen sei. Aufgrund dieser Vorgabe hat sich in der Praxis das Verschließen von Rissen nach lediglich einer Wintersaison ohne zusätzliche Untersuchungen als gängige Instandsetzungspraxis etabliert. Allerdings ist diese Vorgabe angesichts der hier vorliegenden Expositionsdauer von fünf Jahren und damit einhergehenden Chloridgehalten nicht ohne weiteres auf das vorliegende Anwendungsbeispiel anwendbar. Bewehrungssondierungen ergaben jedoch auch in Bereichen mit sehr stark erhöhten Chloridgehalten angesichts der vergleichsweise großen Betondeckungen und kurzen Expositionsdauer bisher keine signifikanten Querschnittsverluste.

Um zu überprüfen, ob unter diesen Randbedingungen trotzdem noch eine Instandsetzung möglich ist, die auf einen Betonabtrag weitgehend verzichtet und lediglich vorhandene Risse oberseitig bandagiert, wurde in einer Testfläche mit besonders hoher Chloridbelastung die Beschichtung abgefräst und flächige Potentialfeldmessung, Betondeckungsmessungen und stichprobenartige Chloridgehaltsbestimmungen durchgeführt. Anhand der Ergebnisse wurden insgesamt elf Monitoringstellen überwiegend in Rissbereichen mit stark erhöhten Chloridgehalten ausgewählt. An den Monitoringstellen wurde jeweils ein Bewehrungsabschnitt im Rissverlauf durch Überbohren der Kreuzungspunkte mit der risskreuzenden Bewehrung mit einer Kernbohrung vom Bewehrungskorb isoliert und an dem isolierten Bewehrungsabschnitt („Anode“) und dem Bewehrungskorb eine Kabelverbindung hergestellt, Abb. 5. Anschließend wurden die Bohrkernlöcher mit Mörtel verschlossen. Zusätzlich wurde je eine Bezugselektrode in eine Bohrung eingebracht.

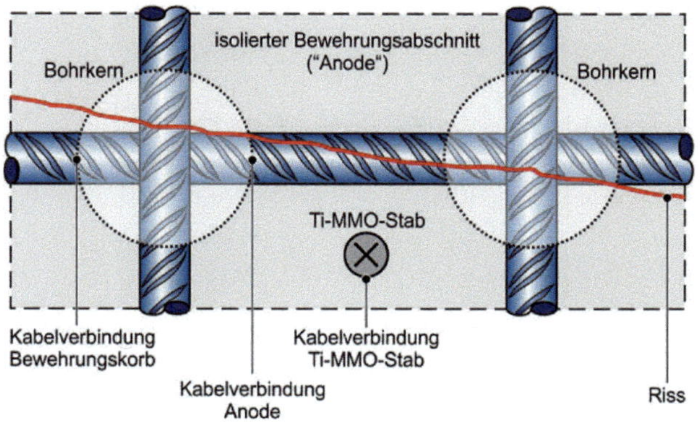

Abb. 5: Isolieren der Bewehrung im Rissbereich durch Überbohren [9]

Zur Messwerterfassung wurde ein automatisiertes Datenerfassungssystem installiert, mit dem kontinuierlich das Korrosionspotential des Korrosionselement im Kurzschluss gegen die Bezugselektrode und der Elementstrom zwischen Anode und Bewehrungskorb gemessen wird. Vierzehntägig wird der Kurzschluss zwischen Anode und Bewehrungskorb jeweils für 24 Stunden aufgehoben und die Potentialverschiebung von Anode und Bewehrungskorb sowie der Elektrolytwiderstand zwischen Anode und Bewehrungskorb aufgezeichnet.

Die Messungen zeigen bei neun der elf Sensoren nach dreijährigem Betrieb keinerlei Anzeichen von aktiver Korrosion. Bei einem weiteren Sensormit einem Chloridgehalt von 0,77 M.-%/z auf Bewehrungshöhe kommt es während eines temporären Grundwasseranstiegs zu einem deutlichen Anstieg des Elementstroms und einem Potentialabfall. In der Folge steigt das Potential der Anode über einen langen Zeitraum kontinuierlich an und erreicht nach mehreren Monaten das Potential des Bewehrungskorbs. Bei weiteren Grundwasseranstiegen in den Folgemonaten ist es nicht zu einem erneuten Potentialabfall gekommen, so dass auch dieser Sensor aktuell als nicht aktiv eingeschätzt wird.

Bei Sensor 2 mit einem Chloridgehalt von rd. 2,45 M.-%/z auf Bewehrungshöhe deuten deutlich negativere Potentiale der Anode und entsprechend hohe Elementströme von bis zu rd. 12 µA direkt zu Beginn der Messungen auf aktive Korrosion hin, Abb. 6. Dieses Verhalten bleibt auch über einen Zeitraum von rd. zwei Jahren mit leichten saisonalen Schwankungen annährend konstant. Im Frühjahr 2024 und damit mehr als zwei Jahre nach Durchführung der Beschichtungsarbeiten zeigt sich auch an diesem Sensor ein kontinuierlicher Anstieg des Potentials und damit einhergehender Rückgang des Elementstroms. Im Dezember 2024 wurde an diesem Sensor erstmals ein Rückgang des Elementstroms auf 0µA bzw. sogar eine zeitweise Vorzeichenumkehr, so dass augenscheinlich auch an diesem Sensor trotz des sehr hohen Chloridgehalts auf Bewehrungshöhe zumindest von einem sehr deutlichen Rückgang der Korrosionsaktivität ausgegangen werden kann.

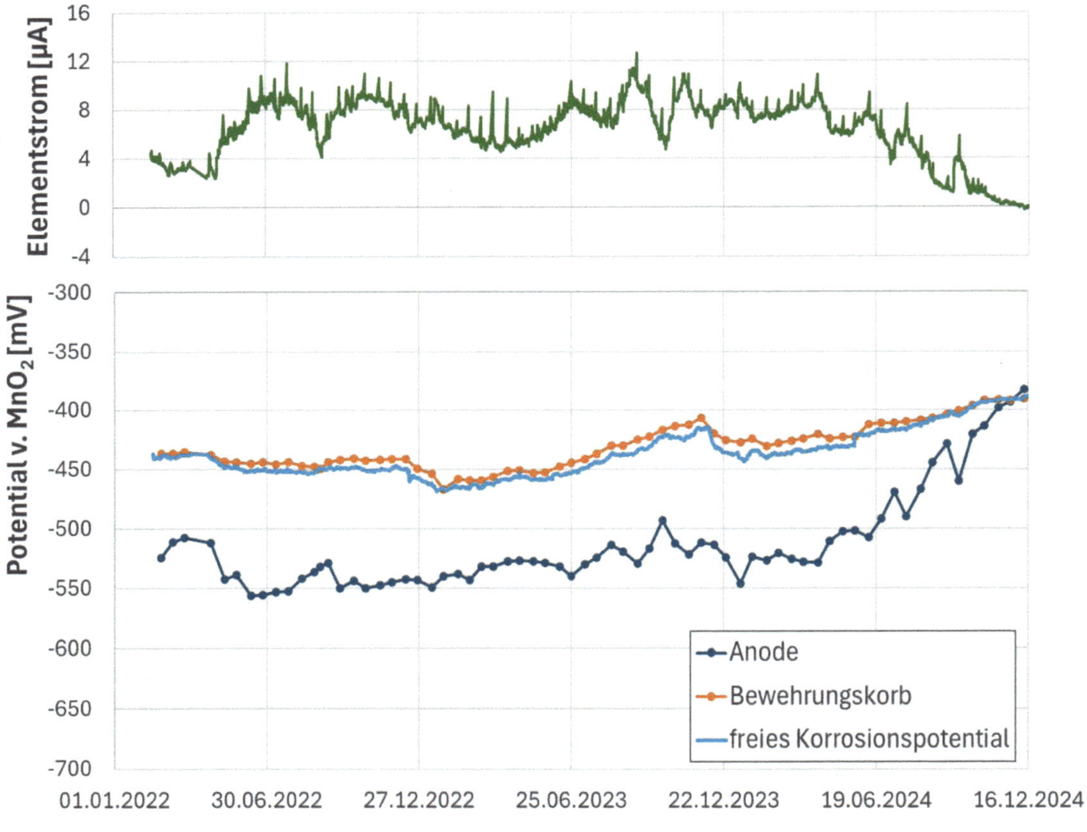

Abb. 6: Potential- und Elementstromverlauf bei einem Sensor mit stark erhöhtem Chloridgehalt

Diese Beobachtungen stehen in sehr guter Übereinstimmung mit Untersuchungen an fünf weiteren Tiefgaragen, bei denen bei gleichem Sensoraufbau bei insgesamt rd. 120 Sensoren die zeitliche Entwicklung der Korrosionsaktivität nach Bandagieren der Risse in Abhängigkeit vom Chloridgehalt untersucht wurde. Bei diesen Untersuchungen wurde nach einem Betrachtungszeitraum von fünf Jahren bei Chloridgehalten zwischen 0,5 M.-%/z und 1,0 M.%/z lediglich bei rd. 6 % der Sensoren noch aktive Korrosion – allerdings ebenfalls mit deutlich reduzierter Korrosionsaktivität – festgestellt. Bei höheren Chloridgehalten > 1,0 M.-%/z nahmen die Anteile weiterhin aktiver Sensoren signifikant zu.

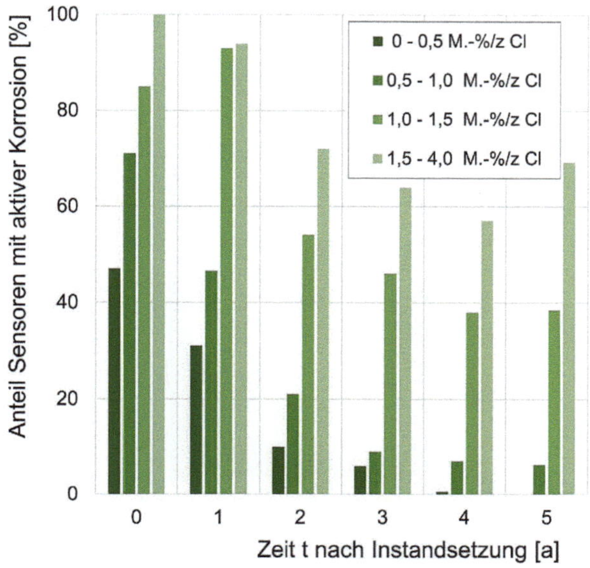

Abb. 7: Ergebnisse von Untersuchungen an insgesamt fünf Tiefgaragen zur Wirksamkeit des Verfahrens 8.3 nach TR-IH in Abhängigkeit vom Chloridgehalt [9]

Literatur

[1] Technische Regel „Instandhaltung von Betonbauwerken“ (TR Instandhaltung) des Deutschen Instituts für Bautechnik, Berlin, 2020.

[2] Richtlinie „Schutz und Instandsetzung von Betonbauteilen“ – Instandsetzungsrichtlinie des Deutschen Ausschusses für Stahlbeton, Ausgabe 2001.

[3] Merkblatt B 12 „Korrosionsmonitoring von Stahl- und Spannbetonbauwerken“ der Deutschen Gesellschaft für Zerstörungsfreie Prüfung DGZfP, Berlin, 2018.

[4] Merkblatt B 3 “Merkblatt für Elektrochemische Potentialmessungen zur Detektion von Bewehrungsstahlkorrosion“ der Deutschen Gesellschaft für Zerstörungsfreie Prüfung DGZfP, Berlin, 2021.

[5] Sodeikat, Ch.: Feuchtesensoren in der Bauwerksüberwachung. Beton- und Stahlbetonbau 105 (2010), Heft 12, S. 770 – 777.

[6] Mayer, T.F.; Schießl, P.; Schießl-Pecka, A.: Lebensdauermanagement für das Parkhaus der Allianz-Arena in München. Beton, Heft 9, 2009.

[7] Sodeikat, Ch.; Dauberschmidt, Ch.; Schießl, P.; Gehlen, Ch., Kapteina; G.: Korrosionsmonitoring von Stahlbetonbauwerken für Public Private Partnership Projekte. Beton- und Stahlbetonbau 101 (2006), Heft 12, S. 932 – 942.

[8] Gehlen, Ch.; Kapteina, G.; Schießl-Pecka, A.; Mayer, T.F.: Life cycle management demonstrated on the example of a parking garage. Concrete in Australia 40 (2014), Heft 4, S. 42-49.

[9] WunderleBeck, J.; Mayer, T. F.; Zausinger, C.; Gehlen, C. (2022) Korrosionsmonitoring zum Wirksamkeitsnachweis des Instandsetzungsverfahrens 8.3 (W-Cl). Beton und Stahlbetonbau. https://doi.org/10.1002/best.202200081

[10] DBV-Merkblatt „Parkhäuser und Tiefgaragen“, 3. überarbeitete Ausgabe, Fassung Januar 2018, Aktualisierter Nachdruck September 2022. Deutscher Beton- und Bautechnik-Verein e.V. (DBV), Berlin, 2022.

Unsichtbare Gefahren sichtbar machen – Kabelloses Monitoring für maximale Lebensdauer

Einblicke in die Nutzung kabelloser und batterieloser Korrosions- und Feuchtesensoren zur Überwachung von Betonbauwerken.

Christian Steffes
Infrasolute GmbH, Boppard

Zusammenfassung
Korrosion, Feuchte, Risse – viele der gefährlichsten Schäden an Parkbauten und Tiefgaragen beginnen unsichtbar. Konventionelle Sichtprüfungen reichen oft nicht aus, um rechtzeitig reagieren zu können. Hier setzt kabelloses Bauwerksmonitoring an: Durch den Einsatz digitaler Sensorik lassen sich kritische Veränderungen frühzeitig erkennen – bevor sie zu sicherheitsrelevanten oder wirtschaftlich gravierenden Problemen führen. Dieser Beitrag bietet einen praxisnahen Einblick in die Grundlagen, Einsatzmöglichkeiten und planerischen Anforderungen kabelloser Monitoring-Systeme mit besonderem Fokus auf das CorroDec®2G-System von Infrasolute. Er beleuchtet technische Hintergründe, zeigt Markttrends, gibt konkrete Empfehlungen zur Integration in Planungsprozesse und stellt reale Anwendungsbeispiele aus Tiefgaragenprojekten vor. Besonderes Augenmerk liegt auf der frühzeitigen Zustandsbewertung und deren Bedeutung für die Lebensdauerverlängerung, Nachhaltigkeit und Instandhaltungseffizienz.

Abb. 1: Tiefgarage mit Messstellen

1. Einführung

Die Lebensdauer und Gebrauchstauglichkeit von Parkbauten – insbesondere Tiefgaragen und Parkhäusern – wird maßgeblich durch Umwelteinflüsse, Nutzungshäufigkeit und die bauliche Ausführung bestimmt. Durch Chlorideintrag aus Tausalzen, hohe Feuchtelasten sowie wechselnde klimatische Bedingungen sind diese Bauwerke besonders anfällig für schleichende Schadensprozesse wie Betonkorrosion, Rissbildung oder Karbonatisierung. Die Herausforderung: Viele dieser Vorgänge verlaufen im Verborgenen, sind visuell nicht erfassbar und schreiten lange unbemerkt fort.

Traditionell basiert die Instandhaltung auf zyklischen Inspektionen, bei denen Schäden visuell detektiert und punktuell durch zerstörende Prüfverfahren, wie Bohrkernentnahme oder Potenzialfeldmessungen, bewertet werden. Diese Prüfintervalle liegen typischerweise bei drei bis sechs Jahren. Solche Maßnahmen liefern jedoch nur Momentaufnahmen und bergen das Risiko, dass relevante Veränderungen im Materialgefüge zwischen den Inspektionszeitpunkten unentdeckt bleiben. Zudem sind zerstörende Verfahren nicht flächendeckend durchführbar, verursachen Eingriffe in die Bausubstanz und liefern nur punktuelle Aussagen.

Angesichts steigender Anforderungen an Nachhaltigkeit, Wirtschaftlichkeit und Bauwerkssicherheit rückt das Konzept des kontinuierlichen Monitorings zunehmend in den Fokus. Bauwerksmonitoring beschreibt die langfristige, automatisierte Erfassung von physikalischen, chemischen oder mechanischen Zustandsgrößen mittels eingebetteter Sensorik – etwa zur Erfassung von Feuchte, Temperatur, Chloridfortschritt oder Korrosionsbeginn. Durch diese kontinuierliche Datenbasis können Veränderungen in Echtzeit beobachtet, Trends erkannt und Maßnahmen zielgerichtet geplant werden.

Im Unterschied zur klassischen reaktiven Instandhaltung erlaubt Monitoring einen zustandsorientierten, vorausschauenden Ansatz. Planer und Betreiber erhalten frühzeitig Hinweise auf sich entwickelnde Schadensmechanismen – noch bevor diese an der Oberfläche sichtbar werden. Das verbessert nicht nur die Planungssicherheit und reduziert Sanierungskosten, sondern ermöglicht auch eine gezielte Steuerung von Wartungsintervallen, verlängert die Nutzungsdauer und schützt die Nutzer.

Die zunehmende Verfügbarkeit kabelloser Sensorik senkt dabei die Einstiegshürden erheblich. Die Systeme lassen sich ohne Verkabelung in Ortbeton oder bestehende Bauwerke integrieren, sind langzeitstabil und senden kontinuierlich Messdaten. Besonders für exponierte oder schwer zugängliche Bereiche in Parkbauten bietet das einen entscheidenden Mehrwert – sowohl in technischer als auch in wirtschaftlicher Hinsicht.

2. Markttrends

Warum gewinnt Monitoring an Bedeutung? Mehrere Entwicklungen treiben diesen Trend. Erstens führt der Klimawandel zu extremeren Umweltbedingungen – häufigere Frost-Tau-Zyklen, Temperaturschwankungen und Feuchten erhöhen die Beanspruchung von Betonbauwerken. Zweitens rücken die enormen Kosten für Instandhaltung und Sanierung in den Fokus von Eigentümern und Kommunen. Viele Parkbauten stammen aus den 1960er- bis 1980er-Jahren und nähern sich dem Ende ihrer geplanten Nutzungsdauer, teure Sanierungen werden häufiger notwendig. Ein sensorgestütztes Monitoring kann hier helfen, Schäden früh zu erkennen und Sanierungskosten in Millionenhöhe zu verhindern, indem rechtzeitig gegengesteuert wird. Drittens verlangen Nachhaltigkeitsziele, die Lebensdauer bestehender Bauwerke zu maximieren. Jede vermiedene Neubau-Maßnahme spart Ressourcen und CO_2; daher setzt man verstärkt auf Erhalt und zustandsorientierte Instandsetzung statt Abriss und Neubau. Parallel dazu hat die Digitalisierung im Bauwesen enorme Fortschritte gemacht. IoT-Sensorik und Datenanalyse revolutionieren die Bauwerksüberwachung. Alternde Infrastrukturen, steigende Sicherheitsanforderungen und Nachhaltigkeitsbestrebungen führen dazu, dass Bauwerksmonitoring heute als Teil moderner Bauwerkserhaltung betrachtet wird. Sensoren und Big-Data-Tools erlauben präzise Echtzeit-Analysen des Bauwerkszustands und eröffnen neue Perspektiven für eine effiziente Erhaltung. Anomalien werden durch permanente Messung sofort erkannt, was ein frühzeitiges Eingreifen ermöglicht. Dadurch sinkt nicht nur das Risiko von Ausfällen, sondern auch die Kosten, denn präventive Eingriffe sind meist günstiger als umfangreiche „Spät-Reparaturen“.

Als state-of-the-art etablieren sich Monitoring-Systeme bereits in sensiblen Bereichen. Bei Brücken und Tunneln mit hohen Sicherheitsauflagen sind kontinuierliche Überwachungssysteme teils schon Standard. Doch auch in Parkhäusern und Tiefgaragen, die durch Tausalz, Abgase und Feuchtigkeit stark beansprucht werden, steigt das Interesse. Erste Städte und Betreiber haben begonnen, Neubauten direkt mit Sensorik auszustatten, um teure Schäden gar nicht erst entstehen zu lassen. Das Regelwerk zieht nach: In der 2019 veröffentlichten Technischen Regel Instandhaltung (TR IH) des DAfStb/DIBt ist der Einsatz moderner Verfahren wie hydrophober Beschichtungen in Kombination mit Bauwerksüberwachung verankert (Verfahren 8.3). Diese Entwicklungen zeigen: Bauwerksmonitoring avanciert vom nice-to-have zum integralen Bestandteil einer vorausschauenden, nachhaltigen Bauwerkserhaltung.

3. Funktionsweise und Messprinzip

3.1 Passiver Sensorbetrieb

Die Sensoren von Infrasolute (CorroDec2G) basieren auf der indirekten Messmethode. Die CorroDec2G-Sensoren zeichnen sich durch ihre passive Betriebsweise aus. Im Gegensatz zu aktiven Sensoren benötigen sie keine Kabel oder Batterien, um Messwerte zu erfassen. Die notwendige Energie wird von außen mittels RFID-Technologie (Radio-Frequency Identification) induziert. RFID ist eine Technologie, die auch beim kontaktlosen Bezahlen mit Kreditkarten im Alltag zum Einsatz kommt. Diese Methode ermöglicht eine wartungsfreie Lebensdauer der Sensoren von mehr als 80 Jahren. Entwickelt in Zusammenarbeit mit dem Fraunhofer Institut, sind die Sensoren so konzipiert, dass sie über die gesamte Lebensdauer (80 + Jahre) eines Bauwerks hinweg vollständig im Beton eingeschlossen bleiben und Daten (Feuchtigkeit, Temperatur, Korrosion) aus dem Inneren des Bauwerks übertragen können.

3.2 RFID-Technologie

RFID ermöglicht eine kontaktlose und kabellose Datenübertragung. Bei einer Reichweite von bis zu 30 cm im Beton können die Sensoren zuverlässig ausgelesen werden. Durch eine spezielle Antennenkonstruktion lässt sich die Reichweite auf bis zu 100 m erweitern. Hierbei wird die Messeinheit im Beton installiert, bspw. in der Mitte der Fahrbahn, während die Ausleseeinheit an einer strategisch günstigen Stelle außerhalb des Verkehrsflusses platziert wird, um die Daten abzurufen, ohne den Verkehr zu beeinträchtigen. Auch bei dieser Variante verlässt keine Systemkomponente das Medium Beton, was ansonsten eine potentielle Schwachstelle für das Bauwerk darstellen könnte.

4. Einbaumethoden

4.1 Neubau und Instandsetzung

Der Einbau der Sensoren kann sowohl im Neubau als auch bei der Instandsetzung erfolgen. Im Neubau werden die Sensoren direkt mittels Rödeldrähten an der Bewehrung befestigt. Bei der Instandsetzung, wenn beispielsweise ein HDW-Abtrag (Hochdruckwasser) erfolgt ist, können die Sensoren ebenfalls an der freigelegten Bewehrung angebracht werden. So wird sichergestellt, dass die Sensoren während des Betonierprozesses nicht aufschwimmen oder ihre Position verändern.

Abb. 2: Feuchtesensor beim Einbau mittels Rödeldraht direkt an der Bewehrung

4.2 Nachträglicher Einbau

Nachträglich ist der Einbau per Kernlochbohrung möglich. Mit einem Kernlochdurchmesser von 100 mm können die Sensoren in den Beton eingefügt werden. Ein spezieller, mineralisch und offenporiger Ankoppelmörtel umgibt den Sensor mit einer dünnen Schicht, sodass nach Erreichen der Ausgleichsfeuchte der Ankoppelprozess an den Altbeton beginnen kann. Dieses Verfahren hat sich in der Praxis bewährt und ermöglicht präzise Aussagen über das umgebende Milieu, ohne das bestehende Bauwerk zu schwächen.

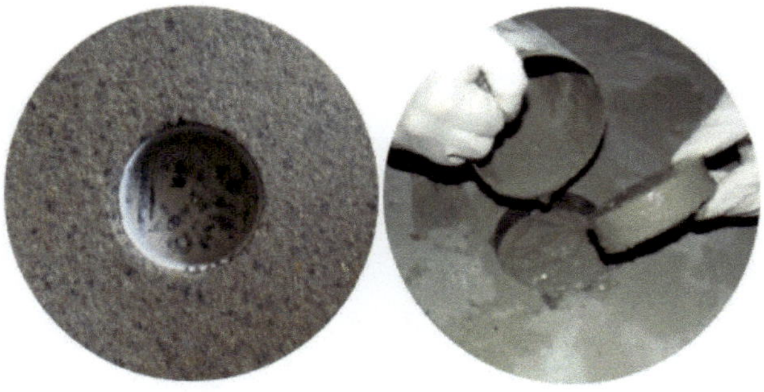

Abb. 3: Kernlochbohrung mit einem Durchmesser von 100 mm und Einbau des Sensors mittels Ankoppelmörtel

5. Sensoren und Datenübertragung im Detail

5.1 Korrosionssensor

Der Korrosionssensor ist an seinem roten Gehäuse und den umlaufenden vier Drahtebenen zu erkennen. Die Messmethodik basiert auf dem Prinzip der Stellvertreterkorrosion. Die um den Sensor laufenden Drahtebenen wurden so gewählt, dass sie den Eigenschaften des Betonstahls entsprechen. Bei Korrosion der Drähte erhält man Informationen über das Vorhandensein und den Fortschritt der Korrosion. Über die Tiefenstaffelung der Drähte wird ermittelt, auf welcher Höhe die Passivierungsfront verläuft und wie schnell sie in Richtung der Bewehrung voranschreitet. Dabei handelt es sich um ein redundantes System, bei dem zwei umlaufende Drähte eine Messebene bilden. Zudem misst der Korrosionssensor die Temperatur im Beton.

Abb. 4: Korrosionssensor

5.2 Feuchtesensor

Der Feuchtesensor misst die Feuchtigkeit und die Temperatur im Beton. Diese Messwerte werden nach der Datenerfassung in der Cloud-Plattform von Infrasolute aufbereitet und referenziert. Der Feuchtigkeitszustand im Beton ist ein entscheidender Parameter für die Korrosionsbildung. Durch die Kombination der Feuchtigkeits- und Temperaturdaten können detaillierte Aussagen über die Feuchteentwicklung im Beton getroffen werden. Eine frühzeitige Erkennung von Feuchtigkeitsschwankungen ermöglicht es, Schäden zu minimieren und die Lebensdauer der Bauwerke zu verlängern.

Abb. 5: Feuchtesensor

Durch den Einsatz eines Korrosionssensors und eines Feuchtesensors, die in einem Abstand von ca. 15 cm zueinander platziert werden, können frühzeitig Informationen zu korrosiven Prozessen und Anomalien bereitgestellt werden. Zudem ermöglicht die Überwachung verschiedener Parameter eine Beobachtung des Korrosionsprozesses im Beton.

5.3 Systemnachweis

Das CorroDec2G-System wurde im Rahmen von Entwicklung und Pilotprojekten umfassend getestet (u. a. Beschleunigte Alterung, Reichweitentests, Vergleichsmessungen mit Laborverfahren, etc.). Die Nachweise dokumentieren beispielsweise, dass die Funktechnik auch nach 100 Jahren simulierten Betriebs noch sicher kommuniziert und die Sensoren im Alkaliporenwasser des Betons funktionsfähig bleiben. Ferner wurde nachgewiesen, dass die Sensoren im Beton keinen schädlichen Einfluss (z. B. auf die Bewehrung oder das Gefüge) haben – sie erfüllen damit die Anforderungen an Dauerhaftigkeit und Verträglichkeit. In deutschen Regelwerken sind solche Sensoren als Bestandteil von Überwachungskonzepten anerkannt. So kann gemäß TR Instandhaltung im Rahmen des Verfahrens 8.3 (Erhöhung des elektrischen Widerstands durch Beschichtung) der Erfolg der Maßnahme durch Einbau und Messung von Korrosionssensoren überwacht werden. Das bedeutet: Wenn z. B. eine hydrophobierende Beschichtung als Korrosionsschutz aufgetragen wird, lässt sich ihre Wirksamkeit und die Abwesenheit neuer Korrosionsvorgänge im Inneren mittels Sensorsystem objektiv nachweisen – ein wichtiger Fortschritt gegenüber bloßen optischen Kontrollen.

5.4 Datenerfassung und -übertragung

Es gibt zwei Methoden, die Daten der Sensoren aus dem Beton zu ermitteln. Einerseits besteht die Möglichkeit, die Daten dauerhaft zu übertragen, sodass diese jederzeit remote abrufbar sind. Hierfür wird ein Gateway in der Nähe des Sensors installiert, das einerseits die Funktion hat, den Sensor mit Energie zu versorgen und andererseits die Daten direkt an die Cloud von Infrasolute via NB-IoT (Narrowband Internet of Things) zu übertragen. Das Gateway wird je nach Gegebenheit mit Feststrom, einer Langzeitbatterie oder per Solar mit Strom versorgt.

Abb. 6: Solarbetriebenes NB-IoT Gateway

Alternativ besteht die Möglichkeit mit einem Handlesegerät manuell die Auslesung vor Ort am Bauwerk durchzuführen. Der Vorgang, den Messwert eines Sensors zu erfassen, dauert wenige Sekunden und wird oftmals im Rahmen der Bauwerksprüfung durchgeführt. Die vom Handlesegerät erfassten Daten werden ebenfalls direkt per NB-IoT an die cloudbasierte Datenplattform übertragen. Damit sind eine Überprüfung und Visualisierung noch vor Ort am Bauwerk möglich.

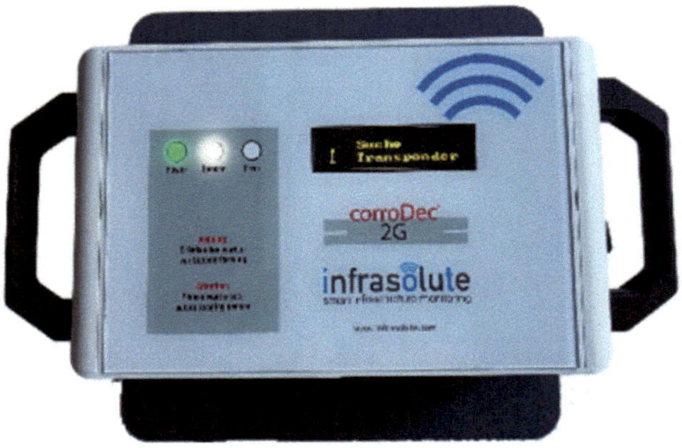

Abb. 7: IoT-Handlesegerät zur manuellen Auslesung von Sensoren

Das Gateway sowie das Handlesegerät übertragen ihre Daten nach der Sensorauslesung kabellos mittels NB-IoT an die Cloud-Plattform von Infrasolute. Diese Technologie ist für niedrige Datenübertragungsraten, geringen Stromverbrauch und hohe Gebäudedurchdringung optimiert. Die Sensordaten werden in der Cloud gespeichert, visualisiert und analysiert. Grenzwerte können definiert werden, bei deren Überschreitung automatische Alarmierungen ausgelöst werden. Die Daten können in bestehende Systeme integriert und Berichte proaktiv per E-Mail an Projektbeteiligte gesendet werden.

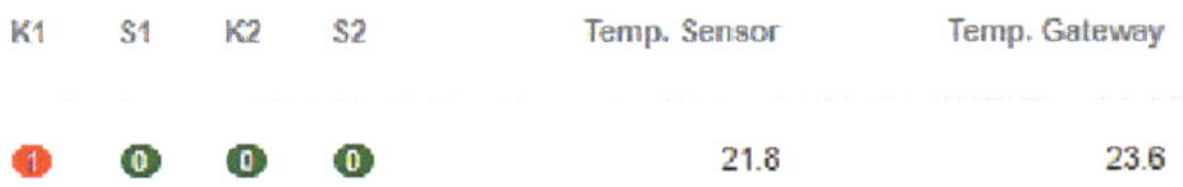

Abb. 8: Auswertung Messergebnisse Korrosionssensor (Korrosion 1. Messdrahtebene)

Die auf der Plattform generierten Daten sind benutzerfreundlich aufbereitet, sodass sie leicht verständlich sind.

Diese Klarheit ermöglicht es allen Beteiligten, unabhängig von ihrem technischen Hintergrund, die Daten zu interpretieren.

6. Die Planung

Bereits in der Planungsphase eines Neubaus oder einer Sanierung sollten Fachplaner die Integration eines Monitoring-Systems mitdenken. Zunächst ist die Zielsetzung zu klären: Sollen kritische Bauteile dauerhaft überwacht, die Wirksamkeit von Schutzmaßnahmen geprüft oder die Restnutzungsdauer prognostiziert werden? Danach richtet sich die Auswahl der Messstellen. Empfohlen wird ein risikobasiertes Vorgehen: Die Sensoren kommen dort zum Einsatz, wo entweder bereits Schäden festgestellt wurden oder aufgrund von Schadenspotenzialen besondere Risiken bestehen. In einem Sanierungsprojekt (Instandsetzung) bedeutet das beispielsweise:

Instandsetzungsbereiche: Direkt in oder neben den reparierten Stellen werden Sensoren platziert, um den Erfolg der Maßnahme zu überwachen. Zeigt z. B. ein Feuchtesensor an, dass der Beton nach der Sanierung austrocknet, ist das ein Nachweis für die Wirksamkeit der Abdichtung.

Größere Flächen: In großflächigen Sanierungsarealen (z. B. Parkdecksohle) sollten Sensoren auch innerhalb der Fläche verteilt werden, um flächige Phänomene zu erfassen. Hier gilt es eine statistisch relevante Mindestanzahl festzulegen, damit aus den Messwerten zuverlässige Schlüsse zum Gesamtzustand gezogen werden können.

Hotspots mit Restrisiko: Bereiche, in denen trotz Sanierung ein Restrisiko verbleibt – z. B. aufgrund exponierter Lage oder nicht vollständig entfernter Schadstoffe – erhalten ebenfalls Sensoren. So ist man gewappnet, falls dort erneut Schäden auftreten sollten.

Bei Neubau-Projekten von Parkhäusern und Tiefgaragen verfolgt man ein analoges Konzept: Hier werden Sensoren an den von vornherein kritischen Punkten vorgesehen. Typischerweise sind das technologisch bedingte Schwachstellen wie Dehnfugen, Bodenabläufe, Rampenansätze oder Bereiche mit konzentrierter Belastung (Einfahrten, stark frequentierte Stellplätze). Auch das lokale Klima (offene Parkdecks mit Durchfeuchtung, Tiefgaragen mit schlechter Belüftung) und Tausalzeintrag spielen bei der Auswahl eine Rolle. Wichtig ist, für das jeweilige Bauwerk eine ausreichende Zahl an Sensoren einzuplanen, um statistisch belastbare Aussagen zu erhalten. Pauschale Zahlen (z. B. „ein Sensor pro 100 m²") sind wenig hilfreich – jeder Anwendungsfall erfordert eine projektspezifische Analyse. Als grobe Orientierung dient: Pro wichtigem Bauteil oder Feld werden mehrere Sensoren eingesetzt, um auch interne Vergleiche (Referenz vs. Belastungsbereich) anstellen zu können.

Die Integration in die Bauplanung erfolgt interdisziplinär. Der Planer muss z. B. sicherstellen, dass um den Sensor genügend Betondeckung bleibt (siehe oben) und die Bewehrung an der Einbaustelle passend positioniert ist. Die Sensoren selbst haben standardisierte Abmessungen von 97 mm Durchmesser und 26 mm Höhe. Im Neubau können sie an einem Bewehrungsstab mittels integrierten Drahts befestigt und in der Schalung einbetoniert werden. In dieser Phase sollten die Planer bereits die spätere Auslesung bedenken: Wo kommt ggf. ein Gateway hin (z. B. geschützt an einer Wand oder Decke)? Wie gelangt dessen Antenne nah genug an die Sensoren? Oft lassen sich Gateway-Standorte finden, die mehrere Sensoren im Umkreis von einigen Metern (ca. 10 m²) abdecken. Der Zugang für ein Hand-Auslesegerät sollte ebenfalls berücksichtigt werden – z. B. keine metallischen Abdeckungen oder Einhausungen direkt über dem Sensor vorsehen, damit die RFID-Kommunikation funktioniert.

Bei der Planung einer Sanierung (Bestandsbau) gelten ähnliche Grundsätze. Hier kommen Sensoren entweder in freigelegte Bereiche (z. B. an Bewehrung in ausgebrochenen Schadstellen) oder in nachträgliche Bohrlöcher. Ist eine großflächige Betonergänzung geplant, können die Sensoren analog zum Neubau in die frische Reparaturstelle eingesetzt werden. Sind nur Teilbereiche betroffen, wird per Kernbohrung eine passende Öffnung geschaffen. Wichtig: In großflächigen Instandsetzungsfeldern sollten Sensoren mit dem umgebenden Altbeton verbunden werden, indem man sie in Ankoppelmörtel einbettet. Dadurch ist der Sensor fest mit dem Bauteil verbunden und misst dessen Feuchte- und Ionenbewegungen realistisch.

Schließlich ist vom Planer ein Mess- und Wartungskonzept zu erstellen. Darin werden die Verantwortlichkeiten, Ausleseintervalle und Schwellenwerte festgelegt. Es hat sich bewährt, direkt nach Fertigstellung eine Baseline-Messung durchzuführen, um den Ausgangszustand festzuhalten. Weitere Messungen folgen dann je nach erwarteter Risikoentwicklung – z. B. ein Jahr nach Sanierung, zwei Jahre nach Sanierung und danach jährlich (für Sanierungsfälle) bzw. fünf Jahre nach Neubau und danach alle 2 Jahre (für Neubauten), jeweils angepasst an das Objekt und dessen Schutzsystem. Diese Intervalle sind Empfehlungen; der zertifizierte sachkundige Planer legt sie final fest, basierend auf seiner Kenntnis der konkreten Situation. Die Planung muss also sicherstellen, dass die Monitoring-Daten in einen sinnvollen Instandhaltungsplan eingebettet werden – nur so entfalten sie ihren vollen Nutzen.

7. Praxisbeispiele

7.1 Neubau

Eine Stadt im nördlichen Nordrhein-Westfalen plante den Neubau eines mehrstöckigen Neubaus mit Tiefgarage. Aus früheren Projekten wusste die Stadtverwaltung um die hohen Folgekosten durch Chlorid- und Feuchteschäden in Parkdecks und Tiefgaragen. Daher entschloss man sich, bei diesem Neubau vorsorglich ein Feuchte- und Korrosionsmonitoring zu integrieren. Die Motivation: frühzeitige Erkennung von Schäden und begleitende Überwachung des Bauwerks bereits ab der Bauabnahme und in den ersten Betriebsjahren. Gerade die Anfangsjahre sind kritisch, um eventuelle Bauausführungsfehler (undichte Fugen, unvollständige Beschichtungen etc.) aufzudecken, solange noch Gewährleistungsansprüche bestehen – auch dafür sollte das Sensorsystem dienen.

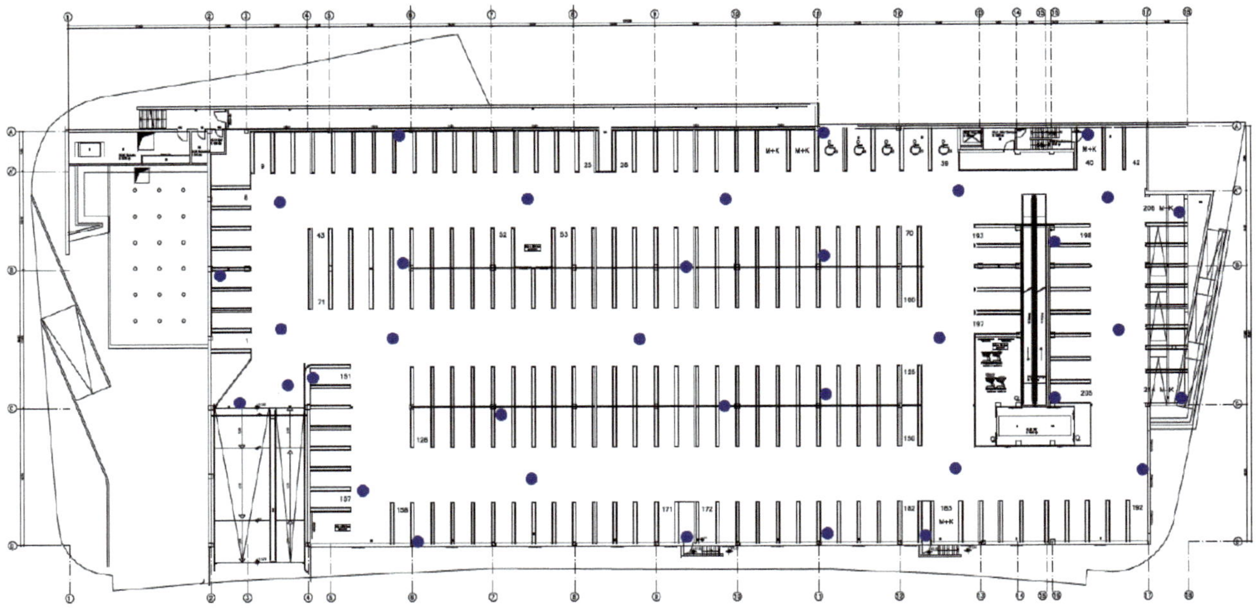

Abb. 9: Einbauplan (blaue Punkte = Ein Korrosionssensor + ein Feuchtesensor)

Das Parkhaus hat eine spezielle Konstruktion: Es befindet sich eine Bebauung über dem Parkdeck (überbautes Dach). Die Dachabdichtung ist später nicht mehr zugänglich, weshalb hier besonderes Augenmerk auf Feuchtemonitoring gelegt wurde. Dementsprechend wurden mehrere Feuchtesensoren an kritischen Stellen vorgesehen, u. a. am tiefsten Entwässerungspunkt der Deckenkonstruktion (wo sich im Leckagefall Wasser sammeln würde) und im Bereich der Entwässerungsfugen der Rampen. So lässt sich kontrollieren, ob die Dachabdichtung und die Rampenanschlüsse dauerhaft dicht sind oder ob Feuchtigkeit eindringt. Zusätzlich installierte man Korrosionssensoren in konstruktiv wichtigen Bereichen: jeweils in einigen Stützen der Parkdecks sowie in den am stärksten befahrenen Stellplatzbereichen. Diese Zonen sind durch Fahrzeugverkehr und Salzeintrag besonders korrosionsgefährdet; die Sensoren dienen hier als Frühwarnung, falls die Beschichtung (OS 8/11 System) versagen sollte.

Abb. 10: Einbau der Sensoren im Wandbereich des Parkhaus-Neubaus

Die Sensorinstallation erfolgte während der Bauphase. Nach Fertigstellung wurden zunächst Baseline-Messungen mit einem Handheld-Lesegerät vorgenommen. In diesem Projekt entschied man sich, vorerst manuell auszulesen. Ein Sachkundiger erfasst nun turnusmäßig (viertel- bis jährlich) die Werte aller Sensoren per Rundgang. Perspektivisch besteht die Option, ein Gateway nachzurüsten und auf vollautomatische Fernauslesung umzurüsten.

Abb. 11: Einbau der Sensoren im Stützenbereich des Parkhaus-Neubaus

Bereits nach den ersten Betriebsmonaten zeigte das System seinen Mehrwert. Die Visualisierung des Bauwerkszustands auf der Online-Plattform offenbarte z. B., dass alle überwachten Bereiche erwartungsgemäß austrockneten und im Vergleich zueinander konsistente Feuchtewerte aufwiesen – ein Hinweis darauf, dass die Betonausführung und Abdichtung überall geglückt war. Als größter Nutzen gilt die erwartete Kostenreduktion bei zukünftigen Betoninstandsetzungen. Dank Früherkennung von Schädigungen können kleinflächige Reparaturen durchgeführt werden, bevor sich z. B. Chloridschäden großflächig ausweiten. Die Investition in das Sensorsystem – die lediglich ein paar Promille der Bausumme betrug – dürfte sich über die kommenden Jahre durch vermiedene Großreparaturen amortisieren. Zudem wird durch das Monitoring die Nachhaltigkeit der Investition gesichert: Das Parkhaus bleibt länger in einem sicheren, funktionsfähigen Zustand, was letztlich auch im Sinne der Nutzer ist (weniger Sperrzeiten, höherer Komfort).

7.2 Instandsetzung

In einem Sanierungsprojekt wurde eine zweigeschossige Tiefgarage aus den 1970er-Jahren instandgesetzt, die erhebliche Chloridschäden aufwies. Risse und Abplatzungen an Decken und Stützen zeugten von Korrosion infolge von Tausalzeintrag über Jahre. Nach einer umfassenden Schadensanalyse entschied man sich für ein kombiniertes Instandsetzungskonzept: Geschädigter Beton an Decken und Wänden wurde großflächig nach Verfahren 8.3 saniert, an besonders belasteten Stützen wendete man ein elektrochemisches Chloridentzugsverfahren an. Um die Wirksamkeit der Maßnahmen abzusichern, integrierte der sachkundige Planer ein Sensor-Monitoring. Sowohl Feuchte- als auch Korrosionssensoren von Infrasolute wurden an repräsentativen Stellen eingebaut. Konkret platzierte man Feuchtesensoren einmal in einem Referenzbereich (einem intakten, unbelasteten Deckenteil) sowie in mehreren instandgesetzten Bereichen. Dadurch lassen sich die Feuchteverläufe im sanierten vs. unsanierten Beton vergleichen. Korrosionssensoren brachte man insbesondere im Bereich einer Arbeitsfuge mit Rissbildung an – hier war das Risiko erneuter Korrosion trotz Abdichtung am höchsten. Die Sensoren wurden in Bohrlöcher eingesetzt und mit dem umgebenden Altbeton über Spezialmörtel verbunden, um realistische Messungen zu gewährleisten.

Nach der Sanierung erlaubte das Sensorsystem eine Überwachung des Restschadensrisikos. Die Feuchtesensoren zeigten, dass der instandgesetzte Beton wie geplant austrocknete und die hydrophobierte Oberfläche das Eindringen von Wasser stark reduzierte – ein unmittelbarer Nachweis des Instandsetzungserfolgs (Austrocknung).

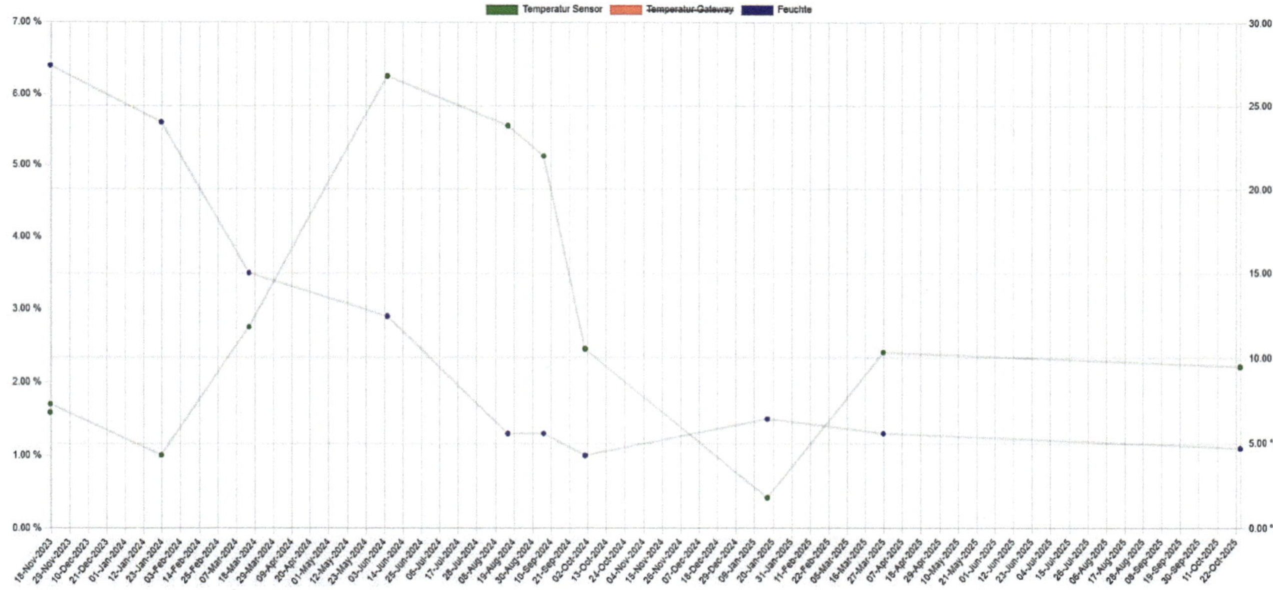

Abb. 12: Feuchteverlauf nach Einbau

Gleichzeitig überwachten die Korrosionssensoren das Restrisiko: Falls trotz aller Maßnahmen korrosive Bedingungen zurückkehren würden, hätte ein Messdraht angeschlagen. Bislang ist dies nicht passiert, was das Vertrauen in die Sanierung erhöht. Für den Betreiber, eine Immobilienverwaltung, liegt der Mehrwert vor allem in der Transparenz und Risikokontrolle. Durch das Monitoring konnte er gegenüber Gutachtern und Versicherungen belegen, dass die gewählte Sanierungstechnologie erfolgreich ist – objektive Sensordaten untermauern die Wirksamkeit. Sollte sich in Zukunft ein Sensor melden (z. B. durch Feuchteanstieg infolge einer Alterung der Beschichtung), kann gezielt und frühzeitig nachgebessert werden. So werden teure Folgeschäden oder unvorhergesehene Totalsanierungen vermieden. Herausforderung in diesem Projekt war insbesondere die Koordination der Sensorinstallation mit dem Bauablauf. Die Kernbohrungen für die Sensoren mussten vor den Beschichtungsarbeiten erfolgen und erforderten präzises Arbeiten, um keine neuen Schwachstellen zu schaffen. Ein weiterer Lerneffekt war die Bedeutung von Referenzsensoren: Erst der Vergleich eines Feuchtesensors im geschützten Bereich mit denen in sanierten Abschnitten ermöglichte die richtige Interpretation der absoluten Messwerte (z. B. jahreszeitliche Schwankungen von Feuchte sind so erkennbar). Insgesamt bewerteten Planer und Eigentümer das Monitoring als wertvolle Ergänzung der Instandsetzung. Es macht ehemals unsichtbare Faktoren (Restfeuchte, latente Korrosion) sichtbar. Ein weiterer oft unterschätzter, aber wesentlicher Mehrwert liegt auch in der gleichzeitigen Erfassung der Temperatur. Sowohl die Feuchte- als auch die Korrosionssensoren zeichnen zusätzlich die lokale Bauteiltemperatur auf. Diese Daten liefern wichtige Hinweise auf thermische Gradienten und Temperaturschwankungen im Beton.

Exkurs: Ein ähnliches Vorgehen wurde bei der Sanierung eines Straßentunnels in Ingolstadt angewandt, was als Referenzfall dienen kann. Dort wurden nach teilweiser Chloridsanierung CorroDec2G-Sensoren in den Portalbereichen verbaut, um die verbleibenden Chloridrisiken und die Wirksamkeit der Oberflächenschutzmaßnahmen zu beobachten. Die Feuchtesensoren überwachten den Austrocknungsprozess des Betons und deckten auf, dass sich erneut Feuchte ansammelte. Zugleich überprüften sie die Leistungsfähigkeit der hydrophoben Imprägnierung über lange Zeit. Dank Online-Fernüberwachung (NB-IoT-Gateway) konnten die Betreiber jederzeit den Status abrufen und erhielten Alarmmeldungen bei Auffälligkeiten. Diese Kombination aus manueller Kontrolle und Fernauslesung hat sich bewährt, um Sanierungserfolge sichtbar zu machen und Probleme frühzeitig zu erkennen. Dieses Beispiel unterstreicht, dass die in Parkhäusern genutzte Sensortechnik auch in anderen chloridgefährdeten Betonbauwerken erfolgreich eingesetzt wird – die gewonnenen Erkenntnisse sind übertragbar.

8. Vorteile und Grenzen

Vorteile für Planer: Durch den Einsatz von Monitoring-Systemen erhalten Planer ein zusätzliches Werkzeug, um Bauwerke im Lebenszyklus langfristig zu begleiten. Insbesondere ermöglicht es eine objektive Bewertung von Instandsetzungsmaßnahmen. Anstatt nur auf Augenschein oder Prognosemodelle zu vertrauen, liefern Sensoren harte Daten, ob z. B. eine Abdichtung funktioniert oder ob im Beton weiterhin Korrosion stattfindet. Ergänzend ergibt sich für den Planer der Vorteil, dass er im Zuge der routinemäßigen Inspektion durch die Auslesung der Sensordaten belastbare Fakten erhält, die automatisch in einen strukturierten Bericht einfließen können. Dieser Bericht lässt sich unkompliziert in den Wartungs- oder Instandhaltungsbericht integrieren und dem Bauherrn als dokumentierter Nachweis der Zustandsentwicklung übergeben.

Neben allen Vorteilen gibt es auch Grenzen und Herausforderungen:

Kosten-Nutzen-Abwägung: Die Installation eines Monitoring-Systems verursacht zunächst zusätzliche Kosten (Hardware, Einbau, Datensystem). Bei kleineren Objekten oder sehr geringem Schadenrisiko muss abgewogen werden, ob sich die Investition rentiert. Allerdings zeigen Praxisbeispiele, dass sich solche Investitionen oft innerhalb weniger Jahre amortisieren, wenn nur eine einzige größere Schadeneskalation verhindert wird. Trotzdem bleibt Monitoring meist ein individuelles Wirtschaftlichkeits-Thema, das vom Bauherrn überzeugt werden will.

Begrenzte Sensorabdeckung: Sensoren messen punktuell. Selbst wenn an vielen Stellen Sensoren verbaut sind, können Schäden an nicht bestückten Bereichen auftreten. Monitoring ersetzt also nicht die allgemeine Bauwerksverantwortung. Es ergänzt die klassische Inspektion, macht sie gezielter und effizienter, aber eliminiert sie nicht vollständig. Daher muss ein Überwachungskonzept immer eine Kombination verschiedener Methoden sein (Sensoren, visuelle Kontrollen, Stichprobenprüfungen).

Akzeptanz und Regelwerk: Noch steckt das dauerhafte Bauwerksmonitoring in Parkhäusern in einer Übergangsphase zur breiten Akzeptanz. Zwar hat das Regelwerk es erkannt, doch spezifische Normen für Sensorbetrieb, Kalibrierung oder Bewertung der Daten stehen noch am Anfang. Es gibt noch kein vollständiges Normwerk ausschließlich für sensorbasierte Zustandsbeurteilung von Parkbauten – hier schreitet die Entwicklung aber schnell voran.

Bis dahin sind Erfahrungswerte und fachübergreifende Zusammenarbeit gefragt, um das Maximum aus den Systemen herauszuholen. Insgesamt jedoch überwiegen die Vorteile deutlich: Für Planer eröffnen sich neue Möglichkeiten der Qualitätssicherung und der Entwicklung intelligenter Instandhaltungsstrategien. Eigentümer erhalten ein Werkzeug, um ihre Bauwerke kosteneffizienter und sicherer zu betreiben. Nutzer können sich auf sicherere und besser erhaltene Parkeinrichtungen freuen. Die Grenzen sind bekannt und beherrschbar – sie definieren den Rahmen, in dem Monitoring sinnvoll eingesetzt werden kann.

9. Fazit und Ausblick

Die vorgestellten Inhalte haben gezeigt, dass kabelloses Bauwerksmonitoring – speziell die Überwachung von Feuchtigkeit und Korrosion in Beton – ein wirkungsvolles Instrument ist, um die Lebensdauer von Tiefgaragen und Parkhäusern zu maximieren. Moderne Systeme wie CorroDec2G machen unsichtbare Gefahren im Inneren der Konstruktion sichtbar und liefern frühzeitige Warnsignale, lange bevor ein Schaden von außen erkennbar wäre. Dies ermöglicht es, Instandhaltungsmaßnahmen proaktiv und zielgerichtet einzuleiten, anstatt im Nachhinein großen Schadensereignissen hinterherzulaufen. Dadurch können die Sicherheit der Nutzer gesteigert, die Wertsubstanz der Bauwerke erhalten und die Lebenszykluskosten deutlich gesenkt werden.

Für Planer bedeutet die Einbeziehung eines Monitoring-Konzepts in ihre Projekte zunächst ein Umdenken gegenüber herkömmlichen Vorgehensweisen. Doch die Praxisbeispiele belegen: Bereits heute lässt sich solche Sensorik reibungslos in Neubau und Sanierung integrieren und generiert greifbaren Mehrwert für alle Beteiligten. Planer sollten daher frühzeitig prüfen, an welchen Stellen ihrer Parkbau-Projekte ein Monitoring sinnvoll ist, und die entsprechenden Vorkehrungen treffen. Wichtig ist, die Erwartungen realistisch zu kommunizieren: Monitoring ist kein Wundermittel, das jegliche Schäden verhindert, aber es ist ein sehr effektives Werkzeug der Qualitätssicherung und Zustandsbewertung.

In Zukunft wird die Relevanz solcher Systeme weiter wachsen – angetrieben durch den digitalen Wandel im Bauwesen und die Notwendigkeit, nachhaltiger mit unseren Bauwerken umzugehen. Durch KI und datengetriebene Prognosen wird Monitoring noch leistungsfähiger und könnte eines Tages Bestandteil jeder größeren Infrastruktur werden. Wer sich als Planer schon heute mit diesen Technologien vertraut macht, verschafft sich einen Innovationsvorsprung. Im Sinne der Bauherren und der Gesellschaft – die sichere, dauerhafte Parkhäuser erwarten – ist es eine lohnende Aufgabe.

Zusammenfassend lässt sich festhalten: Kabelloses Monitoring macht das Innenleben von Betonbauten lesbar. Es verlängert die Lebensdauer durch wissensbasierte Instandhaltung und zahlt sich langfristig aus. Planer sind gut beraten, diese Entwicklung aktiv mitzugehen. Unsichtbare Gefahren werden so rechtzeitig erkannt – und können entschärft werden, bevor sie zur Bedrohung für Mensch und Bauwerk werden. Die Empfehlung lautet daher, Bauwerksmonitoring als integralen Bestandteil der Planung von Parkhäusern und Tiefgaragen zu betrachten – für maximale Sicherheit und Lebensdauer in einem nachhaltigen Lebenszyklus.

TAE

Betrieb

Kompaktparken automatisierter Fahrzeuge in Anlagen des ruhenden Verkehrs

Dipl.-Ing. (FH) Tom Höppner, M. Sc.
Westsächsische Hochschule Zwickau

Prof. Dr.-Ing. Petra K. Schäfer
Frankfurt University of Applied Sciences

Prof. Dr.-Ing. Felix Rudolph
Westsächsische Hochschule Zwickau

Zusammenfassung
Die zunehmende Fahrzeugautomatisierung wird langfristig auch den ruhenden Verkehr beeinflussen. Mit Hilfe automatisierter Fahrzeuge wird das Kompaktparken möglich. Anlagen oder Anlagenteile können gezielt für diese Nutzung umgestaltet werden, um dort Fahrzeuge in Reihen hintereinander aufstellen zu können. Dadurch können mehr Fahrzeuge auf derselben Fläche parken, was die Parkdichte erhöht. Bisherige wissenschaftliche Arbeiten haben sich vor allem mit idealisierten Randbedingungen auf Parkplätzen beschäftigt. Dieser Beitrag behandelt die Herausforderungen des Kompaktparkens unter komplexen baulichen Randbedingungen von Parkbauten. Dazu wird an einem Beispiel die schrittweise Umgestaltung einer bestehenden Tiefgarage und ein Ansatz zur Bewertung der Leistungsfähigkeit der Übergabebereiche vorgestellt. Der Beitrag identifiziert abschließend eine Vielzahl von offenen Fragestellungen zum Kompaktparken.

1. Einführung

Automatisierte Fahrfunktionen verändern künftig nicht nur den fließenden, sondern auch den ruhenden Verkehr. Vereinzelte Forschungsansätze zeigen ein theoretisches Potential zur Erhöhung der Parkdichte für Anlagen des ruhenden Verkehrs, wenn ausschließlich automatisierte Fahrzeuge zum Einsatz kommen. Ein erster Schritt in Richtung Praxis ist der Pilotbetrieb des Automated Valet Parking (AVP) am Stuttgarter Flughafen [1]. Dort wird zwar kein Kompaktparken umgesetzt, jedoch die zugrunde liegende Technologie für vollautomatisierte Parkvorgänge erprobt. Das AVP beschreibt eine vollautomatisierte Fahrfunktion, welche Parkvorgänge in einer Anlage des ruhenden Verkehrs ohne den Menschen ermöglicht. Perspektivisch können Nutzende so nach der Fahrt zur Parkierungsanlage die Aufgabe der Stellplatzsuche an das Fahrzeug abgeben. Praktische Ansätze zur Erhöhung der Parkdichte mit Hilfe automatisierter Fahrzeuge existieren aufgrund einer Vielfalt unerforschter Aspekte nicht. Der Beitrag untersucht aus wissenschaftlicher Perspektive, wie Kompaktparken unter realitätsnahen Randbedingungen in Parkbauten umgesetzt werden kann. Hierzu wird in Kapitel 2 der Systemansatz für das Kompaktparken beschrieben. Die Forschungsfrage ist, welche Steigerungen der Parkdichte durch kompakte Parkvorgänge erzielt werden können und welche Rahmenbedingungen hierfür entscheidend sind. Dazu wird in Kapitel 3 der Stand der Forschung analysiert. Darauf aufbauend stellt das Kapitel 4 die wesentlichen Entwurfsgrundlagen für das Kompaktparken vor. Eine erste Annäherung an die Leistungsfähigkeit solcher Anlagen wird mit den Benutzerzeiten der Übergabebereiche in Kapitel 5 erarbeitet. Für die Steigerung der Parkdichte werden in der Literatur Werte von teilweise über 50 % genannt. Da dies unter Annahme realer Randbedingungen unrealistisch erscheint, werden im Kapitel 6 an einem Beispiel einer Tiefgarage die Umgestaltung für Kompaktparken vorgenommen und erste Erkenntnisse zum Einfluss der baulichen Merkmale vorgestellt. Abschließend hält das Kapitel 7 ein Fazit zur bisherigen Arbeit und einen Ausblick für zukünftige Forschungsaspekte bereit.
Über diesen Beitrag hinaus verfolgt die Forschung das Ziel, die Eignung von Parkbauten aus baulicher und betrieblicher Perspektive für das Kompaktparken beschreiben zu können. Hierzu findet die Ermittlung der Parkdichte mit Hilfe einer systematischen Umgestaltung und die Bewertung der Leistungsfähigkeit mittels einer Verkehrssimulation statt. Damit kann der zu erwartende Nutzen den entstehenden Kosten gegenüberstellt werden.
Die Arbeit bezieht sich ausschließlich auf Parkbauten, da hier komplexe bauliche Randbedingungen gegenüber ebenerdigen Parkplätzen bestehen. Die Untersuchung erfolgt aus einer verkehrsplanerischen Perspektive und lässt Fragen zur technischen Umsetzung wie bspw. der notwendigen Kommunikation zwischen den Fahrzeugen und der Infrastruktur oder der notwendigen Sensorik im Parkraum offen. Auch Aspekte wie ein möglicherweise notwendiges Störfallmanagement sind nicht Teil der Arbeit.

2. Systemansatz Kompaktparken

Mit dem Kompaktparken wird die Fläche der Parkierungsanlagen genutzt, um die Anzahl der Fahrzeuge und damit die Parkdichte bestehender Anlagen zu erhöhen. International hat sich dabei der Begriff High-Den-

sity Parking (HDP) und im deutschsprachigen Raum der Begriff Kompaktparken in der Wissenschaft etabliert, wobei darunter verschiedene Formen wie Reihenparken oder völlig freie Ansätze existieren. Einen vergleichbaren Ansatz stellt das telematisch gesteuerte Kompaktparken für Lkw auf Rastanlagen dar. Im Auftrag der Bundesanstalt für Straßenwesen wurde dazu ein Forschungsvorhaben durchgeführt [2]. Die Belegung der Parkreihen wird dabei nach der geplanten Abfahrtszeit gesteuert. Der Pilotbetrieb an der BAB A 3 ist mittlerweile in den Regelbetrieb überführt worden. Der wesentliche Unterschied besteht in der Steuerung der Reihenbelegung. Im Gegensatz zu Berufskraftfahrern, mit festgelegten Rast- und Ruhezeiten, ist die Parkdauer bei Parkvorgängen im personengebundenen Individualverkehr nur schwer prognostizierbar. Daher sind hier andere Steuerungskonzepte notwendig.
Die technische Grundlage für das Kompaktparken ist die Verfügbarkeit von automatisierten Fahrzeugen, welche innerhalb der Anlage selbstständig und ohne Kontrollfahrer verkehren können. Das AVP stellt eine solche vollautomatisierte Fahrfunktion (Level 4) dar. Das Fahrzeug wird konventionell durch den Fahrenden an eine Valet Zone (oftmals auch Pick-Up bzw. Drop-Off Bereiche genannt) gebracht. In diesem Übergabebereich wird das Fahrzeug verlassen und bspw. über das Smartphone der Parkbefehl erteilt. Ob die Übergabe vor oder nach der Abfertigungsanlage erfolgt, ist im Detail nicht festgelegt. Im Anschluss fährt das Fahrzeug automatisiert zu einem geeigneten Stellplatz und parkt dort ein. Per Bringbefehl kann das Fahrzeug durch den Nutzenden wieder abgerufen werden. Daraufhin verlässt das Fahrzeug den Stellplatz und steht in der Valet Zone zur Übernahme bereit.
Beim Kompaktparken wird der Mensch aus dem eigentlichen Parkvorgang herausgelöst, sodass einige Aspekte neu gedacht werden können. Türöffnungen in der Parkposition sind nicht mehr notwendig. Das konventionelle Gestaltungsprinzip von Parkräumen mit Fahrgassen und angrenzenden Stellplätzen kann aufgelöst werden. Fahrzeuge können durch die Automatisierung hintereinander in Reihen geparkt werden, um die Parkdichte zu steigern (vgl. Abb. 1).
Neben dem Parken in nebeneinanderliegenden Reihen sind auch freie bzw. chaotische Ansätze denkbar. Die Umsetzung dieser Gestaltungsansätze hängt stark von den baulichen Gegebenheiten in Parkbauten ab. Beispielsweise haben Stützstrukturen oder Rampenanordnungen einen entscheidenden Einfluss darauf, wie Parkreihen angeordnet werden können.

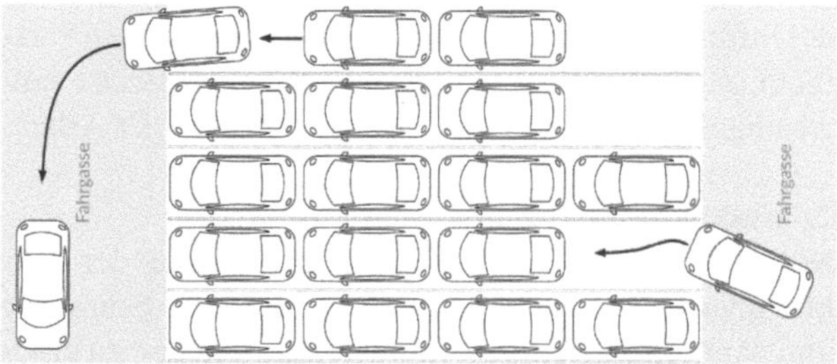

Abb. 1: Kompaktparken in Reihen (eigene Darstellung)

Ein gegenseitiges Blockieren, sobald ein Fahrzeug die Reihe verlassen möchte, wird durch die Kommunikation zwischen Fahrzeug und Infrastruktur aufgelöst, indem das blockierende Fahrzeug zu einem Umparkvorgang gezwungen wird. Um die Häufigkeit dieser Umparkvorgänge und damit die Nachteile des Kompaktparkens einzugrenzen, muss eine geeignete Steuerungsstrategie für das jeweilige Einsatzszenario entwickelt werden. In der Theorie könnten Fahrzeuge mit Hilfe der geplanten Abfahrtszeit innerhalb einer Parkreihe aufsteigend angeordnet sein. In der Praxis sind diese individuellen Informationen jedoch in der Regel nicht verfügbar, was die Umsetzung erheblich erschwert.

3. Stand der Forschung

3.1 Gestaltungsansätze und Betriebskonzepte für Kompaktparken

Im Folgenden wird die verfügbare Literatur aus dem Stand der Technik und Forschung im Hinblick auf das Kompaktparken analysiert. Die Grundsätze der Parkraumgestaltung werden in Deutschland von der Forschungsgesellschaft für Straßen- und Verkehrswesen (FGSV) in den *Empfehlungen für Anlagen des ruhenden Verkehrs* (EAR) [3] beschrieben. Als gesetzliche Grundlage dienen die Garagen- und Stellplatzverordnungen der Bundesländer. Ansätze für das Kompaktparken werden in beiden Quellen nicht thematisiert.
In der Wissenschaft wurden dagegen bereits verschiedene Aspekte untersucht. Als relevantes Optimierungskriterium wird häufig die Parkdichte herangezogen. Sie beschreibt die Anzahl der Stellplätze im Verhältnis zur benötigten Grundfläche des Parkraumes. Chen et al. stellen ein Konzept für die Gestaltung von hybriden Anlagen des ruhenden Verkehrs vor, indem Flächen für konventionelles und automatisiertes Parken gemischt werden [4]. Die theoretische Studie beschreibt die Fahrzeugbewegungen nur anhand belegter oder unbelegter Quadrate im Sinne eines Rasters und nutzt dazu vereinfachte Fahrtrajektorien. Neben einem frei definierten Szenario wird auch ein realitätsnäheres unter Beachtung von statisch notwendigen Gebäudebauteilen wie Stützstrukturen betrachtet. Allerdings werden die Betriebsstrategien und Umparkzeiten nicht untersucht. Ein ähnlicher Ansatz zur Organisation von automatisierten Fahrzeugen auf Parkierungsflächen ist das Puzzle-based Parking Layout [5]. Im Gegensatz zu Chen et al. [4] wird hier ohne Parkraumstruktur gearbeitet. Die Autoren untersuchen resultierende Umpark- und Ausfahrtszeiten an sehr kleinen Beispielparkräumen mit maximal zehn geparkten Fahrzeugen. Die Ergebnisse sind auf realistische Parkraumabmessungen nur schwer skalierbar. In beiden Konzepten kommen keine Schleppkurven zur Anwendung, sodass eine realistische Erhöhung der Parkdichte nicht beurteilbar ist.
In der Arbeit von Nourinejad et al. wird mit Hilfe eines mathematischen Modells versucht, ein optimales Design für einen AVP-Parkplatz zu finden [6]. Im Gegensatz zu anderen Veröffentlichungen wird hier ein differenzierter Ansatz für den Aufbau der Parkreihen, hier Inseln ge-

nannt, gewählt. Die Breite der Inseln bestimmt die Anzahl der Fahrzeuge, die in einer Reihe stehen. Die Lücke (Fahrgasse) dazwischen dient, neben der grundlegenden Befahrbarkeit der Inseln, auch für das Rangieren, wenn Fahrzeuge in der Reihe blockiert sind. Die Arbeit versucht das Verhältnis zwischen Breite der Inseln und Lücken zu optimieren. Anhand fiktiver Werte wurden die Platzeffektivität sowie die Anzahl der Umparkvorgänge berechnet. Dabei kann für rechteckige Grundrisse im Schnitt 62 % der Fläche eingespart werden. Die Ergebnisse sind allerdings aufgrund des unkonventionellen Entwurfsansatzes und unklarer Annahmen zu bspw. den Fahrzeugabmessungen nur bedingt mit anderen Arbeiten vergleichbar.

Umeda et al. untersuchten die Zusammenhänge zwischen Länge und Anzahl der parallel angeordneten Parkreihen [7]. Das Layout umfasste 48 Stellplätze, die in einer Reihe (1 x 48), zwei Reihen (2 x 24 bis zu 48 Reihen (48 x 1) angeordnet und für die jeweils die Bereitstellungszeiten analysiert wurden. Die Bereitstellungszeit gibt die Dauer zwischen dem Abruf des Fahrzeuges und der tatsächlichen Bereitstellung in einer Valet Zone an. Im Ergebnis wiesen die Layouts mit 6 x 8, 8 x 6, 12 x 4 und 16 x 3 die geringsten Bereitstellungszeiten auf. Stehen mehr als acht Fahrzeuge in einer Reihe, steigt die benötigte Zeit deutlich an. Aber auch Layouts mit mehr als 16 Reihen zeigten überdurchschnittliche Bereitstellungszeiten aufgrund der Breite der benötigten Gesamtfläche und daraus resultierenden langen Fahrwegen. Für die Simulation wird ein zellularer Automat genutzt, um die Bewegungen der Fahrzeuge abzubilden. Als Steuerungslogik wird angenommen, dass Fahrzeuge mit kurzer Parkdauer vor denen mit längerer Parkdauer stehen. Wie dieses Wissen erlangt wird, ist unbekannt. Diese Arbeit zeigt, dass die Gestaltung der Reihenanordnung in einem direkten Zusammenhang mit dem Betrieb der Anlagen für Kompaktparken stehen. Im Gegensatz zu [6] schneiden hier quadratische Grundrisse besser ab.

Kneissl et al. beschäftigen sich mit einem Steuerungsverfahren, um automatisierte Fahrzeuge in einem Parkhaus sinnvoll koordinieren zu können [8]. Forschungsthema ist hier ein AVP-System ohne Bezug zum Kompaktparken. Hierzu wird eine fahrzeugnahe Simulationsumgebung mit Hilfe von OpenDrive-Karten, einem Robot-Operating-System sowie einer Virtual Test Drive-Simulation eingesetzt. Im Ergebnis werden für eine konventionelle Parkraumgestaltung Effizienzsteigerungen zu unkoordinierten Ansätzen ermittelt. D'Orey et al. beschreiben einen Ansatz, um die Flächenausnutzung von Parkplätzen zu steigern, indem automatisierte Fahrzeuge in Reihen geparkt werden [9]. Es wird aufgezeigt, dass bei einem Beispielparkplatz 50 % der Fläche eingespart werden kann, wenn ausschließlich Kompaktparken eingesetzt wird. Dazu werden zwei Planungs- und Steuerungsstrategien für das „Einsortieren" der Fahrzeuge in die Parkreihen mit Hilfe eines mathematischen Simulationsansatzes getestet. Eine Strategie setzt auf möglichst kurze Parkreihen und die zweite auf das Wissen der geplanten Abfahrtszeiten. Die Simulationsergebnisse zeigen einen klaren Vorteil für die zweite Strategie mit geplanten Abfahrtszeiten.

Darauf aufbauend untersuchen Azevedo et al. tiefgreifendere Steuerungsstrategien für Parkreihen in Abhängigkeit von der Reihenlänge und den Abfahrtszeiten an drei Beispielparkbauten in San Francisco [10]. Die Strategie der kürzesten Reihen wird um zwei Ansätze für das Umparken blockierender Fahrzeuge ergänzt. Dabei werden umparkende Fahrzeuge entweder als neue Fahrzeuge behandelt oder die komplette Reihe wiederhergestellt. Die Strategie zur Optimierung nach der Abfahrtszeit wird ebenfalls konkreter modelliert. Dabei werden Fahrzeuge mit ähnlichen Abfahrtszeiten zusammen geparkt. Mit Hilfe einer selbstentwickelten Simulation kann nachgewiesen werden, dass zwar die Anzahl der Fahrmanöver innerhalb der Anlagen beim Kompaktparken gegenüber einer konventionellen Anlage signifikant steigt, dies jedoch trotzdem zu einer geringeren durchschnittlich zurückgelegten Strecke je Fahrzeug führt. Auch die Bereitstellungszeiten aus den HDP-Anlagen sind nicht entscheidend schlechter zu bewerten. Mit Hilfe der unterschiedlichen Parkhäuser wird die Skalierung dieses Ansatzes belegt. Eine Analyse, wie lang eine Parkreihe im Optimalfall sein sollte, ist nicht beinhaltet. Ebenso wird nur eine Buffer Area für die Simulation genutzt, sodass die Fahrzeuge nur einseitig ein- und rückwärts wieder ausfahren.

Unbeachtet bleibt bei diesen Arbeiten, dass keine Untersuchungen bzw. Daten zur Abweichung der geplanten von den tatsächlichen Abfahrtszeiten in der Literatur existieren. Die erfolgreichen Steuerungsstrategien basieren jedoch auf den exakt vorhergesagten Abfahrtszeiten [7, 9, 10].

Die vorgestellten Arbeiten nutzten alle eigens entwickelt oder adaptierte Simulationsmodelle wie bspw. Zellularautomaten. Diese Modelle beschreiben Aspekte wie das Fahrverhalten nur äußerst rudimentär. Erste eigenen Arbeiten konnten auf Basis eines Open Source-Ansatzes für eine mikroskopische Verkehrssimulation durchgeführt werden [11]. Um eine realitätsnahe Simulationsumgebung für Parkbauten zu schaffen, müssen die Arbeiten fortgeführt werden.

3.2 Forschungslücken

Die genannten Forschungsarbeiten sparen grundlegende methodische Analysen zu den Eingangsgrößen für die geometrische Neugestaltung der Parkflächen aus. Unklar bleibt, welche Fahrzeugabmessungen und welche Bewegungs- und Sicherheitsräume angenommen werden müssen, um die notwendigen Fahrmanöver sicherstellen zu können. Ohne die Bewertung der Befahrbarkeit der Anlagendesigns müssen die angenommenen Parkdichten in Frage gestellt werden.

Der Stand der Forschung setzt sich bisher vor allem mit Parkplätzen einfacher Geometrien auseinander und nimmt dabei an, dass die Flächen frei von jeglichen Hindernissen sind. In der Realität weisen allerdings selbst Parkplätze nicht nur einfache rechteckige Geometrien auf, sondern unterliegen komplexeren Randbedingungen wie polygonalen Grundrissen oder Einbauten zur Beleuchtung. Unter der Maßgabe, bestehenden Parkraum effektiver zu nutzen, soll der Fokus auf komplexeren Randbedingungen in Parkbauten liegen. In diesem Umfeld nehmen weitere Aspekte wie die Bauwerksgestaltung (Rampen, Stützen etc.) Einfluss. Insgesamt ist noch unbekannt, welche Ansätze des Kompaktparkens für derartige Randbedingungen geeignet sind. Zusätzlich gilt es zu diskutieren, welche Gestaltungsparameter von der Fahrzeugflotte vorgegeben werden.

Die bisher untersuchten Steuerungsstrategien beschreiben Methoden der Parkreihenzuweisung nach der Einfahrt in die Anlage und Methoden zur Neuzuweisung einer Parkreihe nach einem notwendigen Umparkvorgang. Die Qualität der Steuerung bestimmt letztendlich die Effizienz der Anlage. Es fehlt allerdings eine grundlegende Untersuchung hinsichtlich des differenten Nutzungsverhaltens der Anlagen. Eine Differenzierung nach Nachfragegruppen (Bewohnende, Beschäftigte etc. [3]) und Belegungsgrad der Anlage wurde bspw. bisher nicht vorgenommen. Damit ist unklar, welche Steuerungsstrategien für welche Nutzungsszenarien denkbar bzw. geeignet und welche Nutzungsparameter (Parkdauerverteilung, Umschlagsgrad, Vorhersagemöglichkeiten für Abfahrtszeiten etc.) entscheidend sind.

Untersuchungen zur Leistungsfähigkeit solcher Anlagen sind neben den Themen, welche die Steuerungsstrategien und deren Effizienz behandeln, nicht bekannt. Neben den Umparkvorgängen werden jedoch zusätzlich die Übergabebereiche die Leistungsfähigkeit solcher Anlagen begrenzen. Auch hierzu sind bisher keine Arbeiten bekannt.

4. Grundlagen für Kompaktparken

4.1 Bemessungsfahrzeug

Die Neu- bzw. Umgestaltung von Parkbauten für das Kompaktparken erfordert zunächst die Definition grundlegender Planungsparameter. Der erste Schritt liegt in der Auswahl eines geeigneten Bemessungsfahrzeugs, um den erforderlichen Flächenbedarf der Fahrzeuge zur Auslegung von bspw. der Breite der Parkreihen zu nutzen. Die Literatur bietet hier mit der *Richtlinie für Bemessungsfahrzeuge und Schleppkurven zur Überprüfung der Befahrbarkeit von Verkehrsflächen* (RBSV) [12] ein geltendes Regelwerk. Das dort festgelegte Bemessungsfahrzeug für einen Pkw misst 4,88 m in der Länge, 1,89 m Breite ohne Spiegel und weist einen Wendekreisradius außen von 5,85 m auf. Diese Werte geben an, dass 85 % aller Fahrzeuge in dieses Bemessungsfahrzeug passen. So wird im Entwurf von Verkehrsanlagen sichergestellt, dass die Anlagen für den Großteil der Fahrzeuge gut befahrbar sind und gleichzeitig wirtschaftlich gehandelt wird. Die Ermittlung dieses Bemessungsfahrzeuges basiert auf den Fahrzeugneuzulassungen des Jahres 2010 [13]. Mit Blick auf die Fahrzeugentwicklung der vergangenen 15 Jahren ist allerdings anzunehmen, dass sich Fahrzeugabmessungen verändert haben. Mit dem Kompaktparken wird darüber hinaus ein in der Zukunft liegender Ansatz verfolgt. Das aktuell geltende Bemessungsfahrzeug der RBSV scheint daher ungeeignet als Annahme für das Kompaktparken. Eine geringfügig neuere Untersuchung bezieht sich auf den Zulassungsjahrgang 2014, ist methodisch nicht direkt vergleichbar und führte nicht zur Festlegung eines neuen Bemessungsfahrzeugs [14].

Eine umfangreiche Neuuntersuchung zu einem aktuellen Bemessungsfahrzeug ist in Arbeit. Um hier eine erste Annahme zu treffen, wird ein typischer Vertreter aus 2010 für den Bemessungs-Pkw ausgewählt und in die heutige Zeit übertragen. Die BMW 5er Limousine (F10) ist mit den Abmessungen von 4,89 m Länge und 1,86 m Breite gut mit dem Bemessungsfahrzeug der RBSV vergleichbar und weicht nur in der Breite 3 cm ab. In der seit 2023 aktuellen 5er Generation (G60) misst die Limousine 5,06 m Länge und 1,90 m Breite ohne Spiegel. Das Vergleichsfahrzeug ist also um 17 cm in der Länge und um 4 cm in der Breite gewachsen. Ob die Veränderung dieses Modells für die gesamte Flotte sinnbildlich steht, muss die Neuuntersuchung zum Bemessungsfahrzeug zeigen. Trotzdem soll die Breite von 1,90 m für diese Arbeit angenommen werden. Hinzu kommt die Mehrbreite durch die Fahrzeugaußenspiegel. Diese wurden im Mittel mit 20 cm über alle Fahrzeugsegmente angegeben [13].

Der Ansatz des Bemessungsfahrzeuges der RBSV als 85 %-Fahrzeug ist der Standard für die Bemessung von Verkehrsanlagen. Auch im Bezug auf die zu ermittelnde Breite der Parkreihen für das Kompaktparken erscheint dies sinnvoll. Die Länge der Parkreihen ergibt sich im Wesentlichen aus den vorgegebenen Randbedingungen im Entwurf. Bei der Ermittlung der Anzahl der dort abstellbaren Fahrzeuge, erscheint der 85 %-Ansatz hingegen nicht sinnvoll. In Realität wird sich eine der Flotte entsprechende Längenverteilung in den Reihen abzeichnen. Hier ist in zukünftigen Untersuchungen zum Bemessungsfahrzeug also zusätzlich ein gewichtetes Mittel zu bestimmen, was bisher aufgrund des fehlenden Bedarfs nicht erfolgt ist. Für den vorliegenden Anwendungsfall soll in erster Näherung auf eine durchschnittliche Fahrzeuglänge zurückgegriffen werden. Laut einer Marktanalyse wurde diese im Jahr 2022 mit 4,36 m angegeben [15].

Im Ergebnis wird in erster Näherung das Bemessungsfahrzeug für Kompaktparken mit 4,36 m Länge und 1,90 m (2,10 m) Breite (mit Spiegel) festgelegt. Weitere Untersuchungen folgen.

4.2 Sicherheitsabstände

Neben den Fahrzeugdimensionen sind Sicherheitsabstände für entsprechend automatisierte Fahrmanöver festzulegen. Dabei stellt sich die Frage, wie präzise ein automatisiertes Fahrzeug die eigene Position und die Abstände zu Hindernissen messen und einstellen kann – oder künftig können wird. Dabei sind hier zwei wesentliche Teilaspekte zu unterscheiden. Einerseits ist die Sensorik dafür verantwortlich, die eigene Position gegenüber Objekten mit möglichst hoher Genauigkeit zu messen. Andererseits muss die gewünschte Position des Fahrzeuges mit Hilfe der Aktorik auch entsprechend genau eingestellt werden können. Da die Entwicklung in diesem Bereich

schnell voranschreitet, wird auf bestehende Normen zurückgegriffen, die auch für zukünftige Systeme relevant sind. Die ISO 23374 [16] setzt die Abstandsgenauigkeit lateral und longitudinal auf ± 15 cm gegenüber Objekten als Anforderung für AVP-Systeme. Die ISO 20900 [17] legen eine Regelgenauigkeit der eigenen Position auf ± 5 cm und ± 3 ° als Anforderung für teilautomatisierte Parksysteme fest.
Diese Werte stellen Mindestanforderungen an AVP-Systeme dar. Inwieweit die zukünftige technische Entwicklung hier noch kleinere Sicherheitsabstände erreichen kann, bleibt abzuwarten. Aus diesem Grund werden hier zwei Szenarien angelegt und parametriert:
Basisszenario: 15 cm Sicherheitsabstand lat./long.
HDP-Szenario: 5 cm Sicherheitsabstand lat./long.
Dieser Sicherheitsabstand ist zu jeder Fahrzeugseite sowohl seitlich als auch vorn und hinten bei Fahr- und Parkmanövern zu beachten.

4.3 Geometrische Annahmen

Die getroffenen Annahmen zum Bemessungsfahrzeug sowie zu den erforderlichen Sicherheitsabständen bilden die Grundlage für die Dimensionierung des Parkraums beim Kompaktparken. Zu den relevanten Parametern, die festzulegen sind, gehören die Breite und Länge der Parkreihen sowie die Breite der Fahrgassen. Die Befahrbarkeit der Anlagen ist mithilfe des Bemessungsfahrzeugs und einer Schleppkurvenanalyse zu überprüfen.
Zur Festlegung der Parkreihenbreite wird die Breite des ermittelten Bemessungsfahrzeuges einschließlich Spiegel mit dem erforderlichen Sicherheitsraum beaufschlagt. Parkreihen die an andere Objekte wie Gebäudeteile angrenzen, werden beidseitig beaufschlagt. Parkreihen, welche nur an andere Parkreihen angrenzen, erhalten den einfachen Sicherheitsabstand. Für die mittlere Länge der Fahrzeuge wird generell nur der einfache Sicherheitsabstand angesetzt. Die Fahrgassenbreite muss größer als die Parkreihenbreite gewählt werden, da in Fahrgassen höhere Geschwindigkeiten auftreten. Die ISO 23374 gibt für Fahrgassen mit seitlicher Einschränkung einen Mindestwert von 2,75 m vor [16]; dieser Wert wird für das Basisszenario übernommen. Für das HDP-Szenario sind in der Literatur keine Richtwerte zu finden. Daher wird die Breite des Basisszenario um ca. 10 % verringert und mit 2,50 m angenommen. Die zugrunde gelegten Entwurfsannahmen sind in Tab. 1 dargestellt.

Tab. 1: Gestaltungsparameter für Kompaktparken

Mindestabmessungen in m	Basis-szenario	HDP-Szenario
Parkreihenbreite (neben Bauwerksteilen o. ä.)	2,25 (2,40)	2,15 (2,20)
Mittlere Aufstelllänge eines Fahrzeuges	4,51	4,41
Fahrgassenbreite	2,75	2,50

Aufbauend auf diesen Annahmen wird in Kapitel 6 eine Tiefgarage beispielhaft umgestaltet.

5. Leistungsfähigkeit der Übergabebereiche

Zur Beurteilung der Leistungsfähigkeit von Anlagen des Kompaktparkens wird in einem ersten Ansatz der Vergleich zu automatischen Parksystemen gezogen. Automatische Parksysteme (vgl. VDI 4466 [18]) sind Garagensysteme, in denen die Fahrzeuge in einer Übergabekabine abgestellt und von dort mit einer Fördereinrichtung an den Lagerplatz transportiert werden. Die Leistungsfähigkeit dieser Systeme richtet sich nach der Anzahl möglicher Ein- und Auslagervorgänge pro Stunde.
Beim Kompaktparken auf Basis des AVP übernehmen die Übergabebereiche bzw. Valet Zones eine vergleichbare Funktion wie die Übergabekabinen bei automatischen Parksystemen. Die Valet Zone muss nicht in Form einer Kabine ausgeführt werden, da das Fahrzeug danach automatisiert fährt und nicht mechanisch transportiert wird. Der Nutzende stellt das Fahrzeug in der Valet Zone ab, muss das Fahrzeug verlassen, ggf. Gegenstände aus dem Fahrzeug entnehmen und anschließend den Befehl zur Übernahme durch das automatisierte System geben. Die Benutzungszeit einer Übergabekabine kann daher als erste Näherung für die Benutzung einer Valet Zone herangezogen werden.
In der VDI 4466 werden *persönliche Benutzerzeiten* von 45 bzw. 60 s mit entsprechenden Streubereichen als Richtwerte für Simulationen angegeben [18]. Je regelmäßiger die Nutzung solcher Systeme erfolgt, desto geringer soll die Benutzerzeit ausfallen. Weitere Erkenntnisse sind dazu aus der Literatur nicht bekannt.
Um diese Angaben in einem ersten Schritt zu überprüfen, wurde ein Datensatz einer automatischen Anwohnerparkgarage der P+R Park & Ride GmbH in der Donnersbergerstraße in München ausgewertet. Die Anlage verfügt über 284 Einlagerplätze und vier Übergabekabinen, die in die Anlagenteile Nord und Süd unterteilt sind. Die Mieter sind den Anlagenteilen dabei fest zugeordnet. Untersucht wurden die Ereignisprotokolle aus dem November 2021 mit ca. 6.500 Ein- und Ausparkvorgängen. Die Protokolle geben die Zeit zwischen den Ereignissen „Tor wird geöffnet“ und „Tor ist zu“ wieder und trennen die Vorgänge nach der Art der Ereignisse hinsichtlich ein- oder auslagern. Es wurden nur valide Vorgänge in die Auswertung einbezogen, bei denen nach dem Einparkvorgang ein Fahrzeug in der Kabine und beim Ausparkvorgang kein Fahrzeug in der Kabine erkannt wurde. Unter der Annahme, dass die Zeiten der Öffnungs- und Schließvorgänge vernachlässigbar sind, entspricht die erfasste Zeit der Definition der persönlichen Benutzerzeit nach VDI 4466. Die Förderzeiten der Anlage sind nicht enthalten.
Die Ergebnisse der Analysen sind in Tab. 2 zusammengefasst. Personen benötigen für Einparkvorgänge im Mittel 23 bzw. 30 s mehr Zeit als für Ausparkvorgänge. Auch die Streubreite ist in beiden Anlagenteilen beim Einparken höher.

Tab. 2: Analyse der Benutzerzeiten der automatischen Anwohnerparkgarage Donnersbergerstraße in München für November 2021

Benutzerzeiten in s	Anlage Süd	Anlage Nord
Einparken Mittelwert	95	109
Einparken Standardabw.	50	62
Einparken Median	80	94
Ausparken Mittelwert	72	79
Ausparken Standardabw.	32	48
Ausparken Median	64	67

Es wird deutlich, dass nur die Ausparkvorgänge knapp oberhalb des in der Norm angegebenen Bereichs verortet werden können, während die Einparkvorgänge deutlich darüber liegen. Nach der Literatur sollten jedoch selbst die Benutzerzeiten für das Ausparken bei Dauernutzer wie Anwohner deutlich unter 60 s liegen. Zudem ist eine Differenzierung zwischen Ein- und Ausparkvorgängen in der Literatur nicht bekannt. Eine Häufigkeitsverteilung ist in Abb. 2 beispielhaft dargestellt. Um die Ursache dieser Differenzen zu erkunden, müssen weitere Untersuchungen zum Nutzungsverhalten wie Personenbefragungen oder Beobachtungen erfolgen. Darüber hinaus sind auch die Unterschiede zwischen den beiden Anlagenteilen zu beachten. Die Erkenntnisse sollten daher künftig an einer Vergleichsanlage überprüft werden.

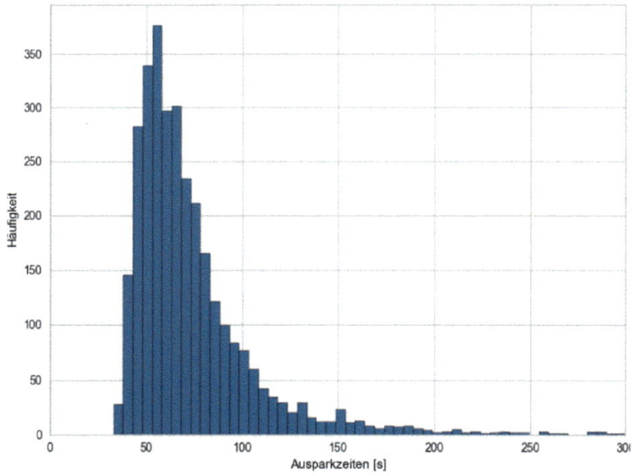

Abb. 2: Häufigkeitsverteilung der Benutzerzeiten für Ausparkvorgänge (Klassenbreite 5 s)

Mit Hilfe der persönlichen Benutzerzeiten kann eine Leistungsfähigkeitsbemessung für Valet Zones erfolgen und die Anzahl notwendiger Übergabebereiche anhand der Nutzungskenngrößen der jeweiligen Anlage ermittelt werden.

6. Gestaltung und Parkflächengeometrie

6.1 Vorgehensweise

Um die eingangs formulierte Frage nach den entscheidenden Randbedingungen für die Gestaltung der Flächen für Kompaktparken und die realistische Steigerung der Parkdichte zu beantworten, wird eine systematische Entwurfsstudie für bestehende Parkbauten durchgeführt. Hierbei wird eine möglichst große Vielfalt der Anlagen hinsichtlich Bauweise, Rampensystemen, Stellplatzanordnungen etc. in die Studie aufgenommen, um damit eine möglichst große Anzahl von Einflussfaktoren zu charakterisieren. Da diese Studie zum aktuellen Zeitpunkt nicht abgeschlossen ist, werden im Folgenden an einem konkreten Beispiel die Vorgehensweise und erste Erkenntnisse daraus beschrieben.
Bei dem gewählten Beispiel handelt es sich um eine Tiefgarage in Frankfurt am Main. Abb. 3 zeigt einen Ausschnitt der ersten Ebene der Parkierungsanlage.

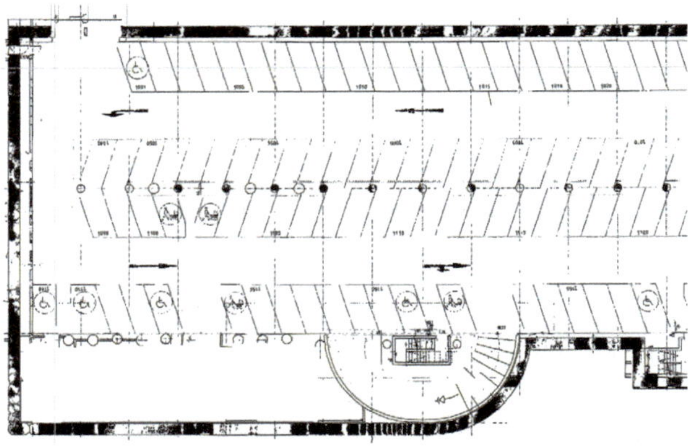

Abb. 3: Technische Zeichnung (Ausschnitt) der Tiefgarage in Frankfurt a. M. (eigene Darstellung)

6.2 Bestandsanalyse

In einem ersten Schritt wird die Anlage grundlegend in ihren Eigenschaften beschrieben. Neben den zentralen Merkmalen wie Geschossbauweise, Art und Lage der Rampen der Anordnung der Stellplätze sind auch Unterschiede zwischen den einzelnen Geschossenen relevant. Es ist nicht zwingend das Ziel, alle Parkebenen für Kompaktparken umzugestalten. Möglicherweise bieten sich einzelne Ebenen durch Besonderheiten in bspw. der Stützkonstruktion an. Im vorliegenden Fall besteht die Besonderheit, dass die Einfahrt auf einer anderen Ebene als die Ausfahrt liegt. Es handelt sich um eine Vollgeschossbauweise in drei Parkebenen, welche durch eine Wendelrampe erschlossen werden. Die 196 Stellplätze der abgebildeten Ebene sind in Schrägaufstellung mit 71,9 ° Aufstellwinkel angeordnet. Es ergibt sich eine nutzbare Geschossbreite von 30,25 m. Die Stützen sind mit einem mittleren Abstand von 5,05 m angeordnet. Eine Besonderheit bei der Stützenkonstruktion ist die konische Form der Stützen, welche sich nach unten verjüngt. Hier sollten Parkreihen mit entsprechendem Abstand zu den Stützen angeordnet werden, um Kollisionen bei Fahrzeug mit größerer Höhe auszuschließen.

6.3 Gestaltungskonzept

Anschließend wird ein Gestaltungskonzept für das Parkflächenlayout erarbeitet. Dieses beinhaltet die grundlegende Anordnung der Parkreihen sowie die Lage der Fahrgassen und Fahrtrichtungssysteme (Verteilerverkehr innerhalb der Gesamtanlage). Dabei muss die Lage und

Anzahl der Valet Zones beachtet und eingeplant werden. Am Beispiel der Tiefgarage in Frankfurt ist die Besonderheit der Erschließung zu beachten. Da Ein- und Ausfahrt in unterschiedlichen Ebenen liegen, kann ein durchlaufendes Erschließungskonzept für das Kompaktparken entwickelt werden. Die Valet Zones sind nahe der fußläufigen Erschließung der Anlage anzuordnen, im Beispiel direkt am Treppenhaus. Sollten alle Ebenen für Kompaktparken umgestaltet werden, ist zu beachten, dass durch die vertikale Erschließung im Einrichtungsverkehr die Valet Zones für die Abholung der Fahrzeuge (Pick-up) in der Ausfahrtebene vorgesehen werden müssen, da Fahrzeuge aus unteren Ebenen nicht zurückgeführt werden können.

Die Standorte der Stützen lassen eine Anordnung der Parkreihen am Beispiel nur in Längsrichtung des Gebäudes zu. Eine Unterbrechung zur Erschließung der Rampe ist notwendig. Im Ergebnis entsteht das in Abb. 4 dargestellte Gestaltungskonzept. Durch jeden Parkbereich für Kompaktparken wird eine Einrichtungsfahrgasse für den Verteilerverkehr angelegt. Zweirichtungsverkehr ist im Hinblick auf die Flächeneffizienz bzw. Parkdichte zu vermeiden und zur Erschließung der nur einseitig befahrbaren Parkreihen nicht sinnvoll.

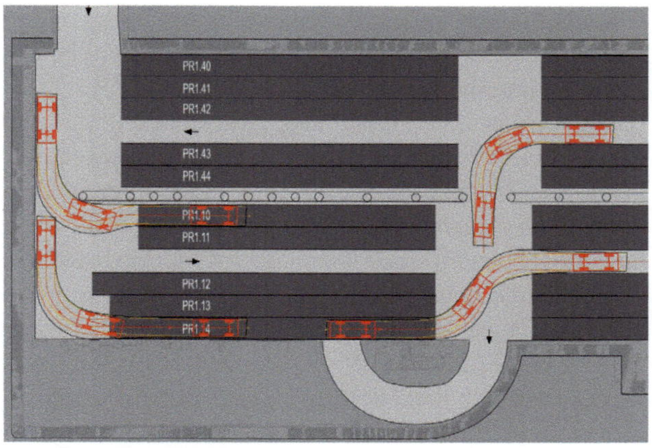

Abb. 5: Entwurf und Schleppkurvenprüfung am Beispiel der gewählten Tiefgarage

An der Beispielanlage wurden die Mindestwerte des HDP-Szenarios angesetzt. Aufgrund der vorhandenen Breite von ca. 14,0 m je Bereich (lichte Breite zwischen Wand und mittig angeordneten Stützen) für das Kompaktparken wurden fünf Parkreihen (dunkelgrau) mit einer Breite von je 2,3 m und einer Fahrgasse mit 2,5 m Breite angeordnet. Die Fahrgassenbreite ist leicht über den Mindestwerten gewählt, um die vorhandene Breite der Fläche auszunutzen. Im Ergebnis können für das HDP-Szenario im untersuchten Geschoss 234 Fahrzeuge (gegenüber 196 konventionell) in den Parkreihen abgestellt werden. Dies entspricht einer Steigerung der Parkdichte von 19,3 %. Für das Basisszenario ist am Beispiel keine nennenswerte Kapazitätssteigerung zu erzielen, da die verfügbare Gesamtbreite nicht ausreicht, um die gleiche Anzahl an Parkreihen wie im HDP-Szenario unterzubringen.

Abschließend ist anzumerken, dass konventionelle Parkbauten bereits flächeneffizient geplant werden. Bisherige Aussagen zur Steigerung der Parkdichte von teilweise über 50 % [5, 6] erscheinen für Parkbauten zum aktuellen Bearbeitungsstand der Entwurfsstudie, insbesondere im Hinblick auf die Befahrbarkeit, als unrealistisch.

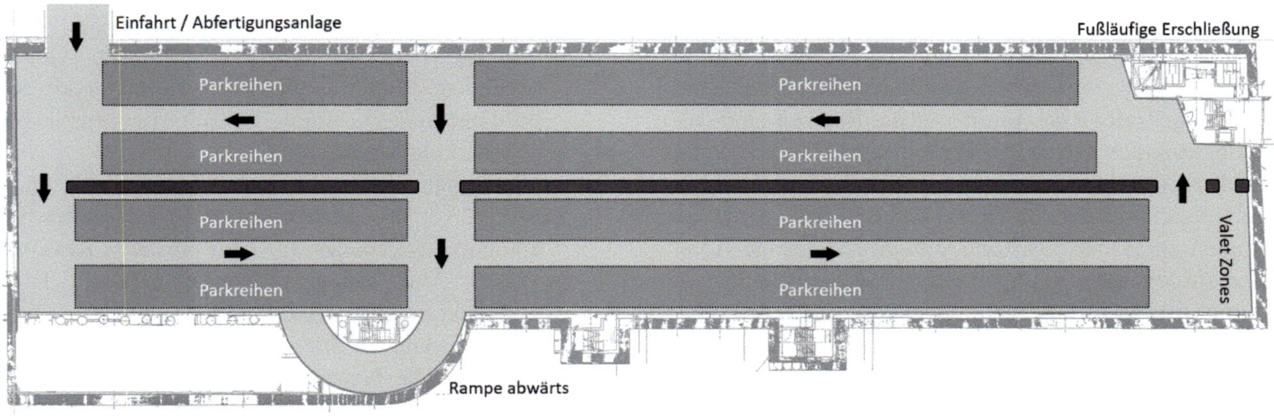

Abb. 4: Gestaltungskonzept für Kompaktparken am Beispiel der gewählten Tiefgarage

6.4 Technischer Entwurf und Überprüfung der Befahrbarkeit

Auf der Grundlage des Konzepts wird das Layout (vgl. Abb. 4) in einen technischen Entwurf überführt. Dabei werden alle relevanten Fahrwege (Engstellen, Rampen, Wechsel in außenliegende Parkreihen etc.) mittels Schleppkurven auf die Befahrbarkeit geprüft und der Entwurf entsprechend angepasst (vgl. Abb. 5). Dabei müssen nicht zwingend alle Fahrrelationen sichergestellt werden. Beispielsweise kann ein zusätzlicher Umweg in Kauf genommen werden, um die Länge der Parkreihen zu optimieren. Im Regelfall verkleinern sich dabei jedoch die im Konzept vorgesehenen Bereiche für Kompaktparken. Die resultierende Gestaltung bestimmt die Stellkapazität.

7. Fazit und Ausblick

Mit dem Beitrag konnte die Vermutung bestätigt werden, dass bauliche Merkmale wie Geschoss- und Rampenbauweise einen entscheidenden Einfluss auf die Eignung für

Kompaktparken haben. Am Beispiel der Tiefgarage in Frankfurt a. M. konnte unter realistischen Randbedingungen eine Steigerung der Parkdichte von 19,3 % erreicht werden. Die Hypothese, dass Steigerungen der Parkdichte von über 50 % durch Kompaktparken aufgrund der komplexen baulichen Randbedingungen in Parkbauten nicht realistisch erscheinen, kann damit zwar nicht final belegt werden, bleibt aber weiterhin bestehen. Die im Stand der Forschung bekannten Ansätze gehen bisher nicht auf die komplexen baulichen Randbedingungen ein. Für die Leistungsfähigkeit der Valet Zones wurde ein erster Vergleich mit automatischen Parksystemen durchgeführt, wobei teilweise deutliche Abweichungen zu den in der Literatur genannten Werten festgestellt wurden. Die Leistungsfähigkeit der Gesamtanlage wird zusätzlich durch die aus dem Betrieb notwendigen Umparkvorgänge bestimmt. Die resultierenden Fahrzeugbewegungen können jedoch aufgrund der Komplexität nur mit Hilfe einer Simulation bewertet werden.

Für eine abschließende Einschätzung zur Eignung von Parkbauten für das Kompaktparken sind allerdings noch weitere Forschungsarbeiten notwendig. Das Bemessungsfahrzeug, dass derzeit auf Daten aus dem Jahr 2010 basiert, muss an die aktuellen Fahrzeugabmessungen angepasst werden, was die Grundannahmen und damit den Entwurf der Parkflächen beeinflussen wird. Weiterhin muss die systematische Entwurfsstudie mit weiteren Beispielen unterlegt werden, damit eine hinreichende Aussagekraft zu den Einflüssen der Bauweise auf das Kompaktparken abgeleitet werden kann. Die hier dargestellte Lösung ist lediglich als Beispiel zu verstehen. Im Hinblick auf den Betrieb existieren zwar Untersuchungen zu Steuerungsstrategien. Grundlegende Analysen zu den Auswirkungen verschiedener Nachfragegruppen und Nutzungsszenarien fehlen jedoch noch. Erst deren Einbeziehung ermöglicht eine Validierung der Simulationsergebnisse und eine umfassende Bewertung der Leistungsfähigkeit sowie einen Kosten-Nutzen-Vergleich gegenüber konventionellen Parkbauten. Letztendlich sind zukünftig auch Aspekte wie das Störfallmanagement zu untersuchen.

Literatur

[1] Robert Bosch GmbH (2022): Weltpremiere: Fahrerloses Parksystem von Bosch und Mercedes-Benz erhält Genehmigung für Serieneinsatz. Gerlingen-Schillerhöhe. Online Verfügbar: https://www.bosch-presse.de/pressportal/de/de/weltpremiere-fahrerloses-parksystem-von-bosch-und-mercedes-benz-erhaelt-genehmigung-fuer-serieneinsatz-248960.html (abgerufen am 12.11.2025)

[2] Kappich, Gerhard; Westermann, Christoph; Holst, Lutz (2019): Telematisch gesteuertes Kompaktparken für das LKW-Parkraummanagement auf Rastanlagen an BAB. Anforderungen und Praxiserprobung. Hg. v. Bundesanstalt für Straßenwesen. Bergisch Gladbach. Online verfügbar: https://bast.opus.hbz-nrw.de/opus45-bast/frontdoor/deliver/index/docId/2152/file/V315_barrierefr+Internet+PDF.pdf. (abgerufen am 12.11.2025)

[3] Forschungsgesellschaft für Straßen- und Verkehrswesen (2023): Empfehlungen für Anlagen des ruhenden Verkehrs.

[4] Chen, Taolüe; Sun, Chao (2023): An Optimization Design of Hybrid Parking Lots in an Automated Environment. In: Sustainability 15 (21), S. 15475. DOI: 10.3390/su152115475.

[5] Siddique, P., Usher, J. & Gue, K. (2021): Optimizing puzzle-based parking layout. Online verfügbar unter https://www.researchgate.net/publication/354780856_Optimizing_puzzle-based_parking_layout.

[6] Nourinejad, Mehdi; Bahrami, Sina; Roorda, Matthew J. (2018): Designing parking facilities for autonomous vehicles. In: Transportation Research Part B: Methodological 109, S. 110–127. DOI: 10.1016/j.trb.2017.12.017.

[7] Umeda, Manabu; Suzuki, Shoichi; Shimono, Keisuke; Okada, Naozumi; Suda, Yoshihiro (2025): Study on Automated Valet Parking System using Multi-row Parking Berth with Circuit Path. In: Int. J. ITS Res. DOI: 10.1007/s13177-025-00490-z.

[8] Kneissl, Maximilian; Madhusudhanan, Anil Kunnappillil; Molin, Adam; Esen, Hasan; Hirche, San-

dra (2021): A Multi-Vehicle Control Framework with Application to Automated Valet Parking. In: IEEE Trans. Intell. Transport. Syst. 22 (9), S. 5697–5707. DOI: 10.1109/TITS.2020.2990294.

[9] dOrey, Pedro M.; Azevedo, Jose; Ferreira, Michel (2017): Automated Planning and Control for High-density Parking Lots. Online verfügbar unter https://www.researchgate.net/publication/325171176_Automated_Planning_and_Control_for_High-Density_Parking_Lots.

[10] Azevedo, Jose; D'orey, Pedro M.; Ferreira, Michel (2020): High-Density Parking for Automated Vehicles: A Complete Evaluation of Coordination Mechanisms. In: IEEE Access 8, S. 43944–43955. DOI: 10.1109/ACCESS.2020.2973494.

[11] Höppner, Tom; Schlachte, Maximilian; Queck, Elena (2024): Potentiale des Automated Valet Parking für die Verkehrsinfrastruktur des ruhenden Verkehrs. In: Heike Proff (Hg.): Next Chapter in Mobility. Wiesbaden: Springer Fachmedien Wiesbaden, S. 683–698.

[12] Forschungsgesellschaft für Straßen- und Verkehrswesen (2020): Richtlinie für Bemessungsfahrzeuge und Schleppkurven zur Überprüfung der Befahrbarkeit von Verkehrsflächen.

[13] Schuster, Andreas; Sattler, Josef; Hoffmann, Stephan (2012): Benötigen wir ein neues Pkw-Bemessungsfahrzeug für den Entwurf von Anlagen des ruhenden Verkehrs? In: Straßenverkehrstechnik 1 (2012), S. 5-10.

[14] Gerike, R.; Schmotz, M., Baier, M. M.; Reinartz, A. (2020): Planungspraxis im Stadtstraßenentwurf: Erfahrungen mit dem Regelwerk und Perspektiven. In: Straßenverkehrstechnik 2020 (09).

[15] Inovev (2023): The evolution of the average dimensions of vehicles produced in Europe. Online verfügbar: https://www.inovev.com/index.php/de/market-analyses/category-blog/14964-2023-10-2 (abgerufen am 11.11.2025)

[16] International Organization for Standardization (2023): ISO 23374-1, 2023-07: Intelligent transport system Automated valet parking systems (AVPS).

[17] International Organization for Standardization (2023): ISO 20900:2023: Intelligent transport systems - Partially-automated parking systems (PAPS) – Performance requirements and test procedures.

[18] Verein Deutscher Ingenieure (2001): VDI-4466: Automatische Parksysteme.

Automatisiertes Parken mit integrierter Ladeinfrastruktur – KI-gestützte Shuffle-Parking-Technologie für höhere Kapazität und Effizienz

Dr.-Ing. Dirk Jankowski
AJG Ingenieure GmbH, München

Tim Nixdorff
EcoMotion Holding AG, Rothenburg, Schweiz

Zusammenfassung
Klassische Parkhäuser nutzen typischerweise nur etwa 50 % der Geschossfläche für Stellplätze. Automatisierte Shuttle-Systeme verbessern zwar die Flächeneffizienz, benötigen aber wiederum Transportkanäle und sind oft nicht elektrifiziert. Im vorliegenden Beitrag wird ein neues, hochintegriertes Parksystem vorgestellt, das diese Herausforderungen simultan adressiert. Kern ist ein modularer Stahlrahmen, in dem elektrisch angetriebene Plattformen Fahrzeuge nach Puzzle-Logik verschieben. Bis zu 96 % der Grundfläche können für Stellplätze genutzt werden. Jeder Stellplatz kann vollwertig elektrifiziert werden; optionale PV-Fassaden, Dachflächen und stationäre Batteriespeicher machen das Parksystem zu einem lokalen Energie-Hub für E-Mobilität.
Dargestellt werden Systemarchitektur, mechanischer Aufbau, Antriebs- und Steuerungstechnik, Sicherheits- und Brandschutzkonzept, Korrosionsschutz, Energie- und Ladeinfrastruktur sowie die digitale Plattform. Fallstudien aus unterschiedlichen Maßstabsebenen ergänzen den Beitrag.

1. Einleitung: Doppelter Engpass Parken und Laden

1.1 Globale Wachstumsdynamik
Der motorisierte Individualverkehr wächst seit Jahren kontinuierlich. In [1] wird auf Studien verwiesen, nach denen die globalen Pkw-Verkäufe in den letzten zehn Jahren um rund 50 % zugelegt haben, während die Zahl der Stellplätze in urbanen Räumen nur um etwa 10 % gestiegen ist. Die Folge:
- zunehmender Parksuchverkehr (geschätzt + 30 % Suchzeit in Innenstädten),
- Flächenkonkurrenz zwischen ruhendem Verkehr, Gewerbe, Wohnen und städtischem Grün,
- steigende Investitions- und Betriebskosten für Parkbauten.

Parallel dazu wächst die Elektromobilität: gemäß [1] mit einem 75 %-Plus bei EV-Verkäufen innerhalb eines Jahres und einer hohen Marktdurchdringung in Leitmärkten wie Deutschland.

1.2 Ladeinfrastruktur als Engpass
Nach Analysen der „Nationalen Plattform Zukunft der Mobilität (NPM)“ [2] werden in Deutschland bis 2030 bis zu 14 Mio. reine Elektrofahrzeuge erwartet; damit steigt der Bedarf an öffentlichen Ladepunkten auf bis zu 1,4 Mio. – das entspricht etwa dem 14-fachen der heute installierten Infrastruktur. Zudem gilt für Deutschland ein ungünstiges Verhältnis von Fahrzeugen je Ladepunkt (~ 26:1) und einen Anteil von nur 16 % DC-Schnellladern (global ~ 22 %).

Damit rückt Parkinfrastruktur in eine neue Rolle: Sie ist nicht mehr nur „Stellplatzbehälter“, sondern muss Lade- und Energieknoten werden.

1.3 Parksektor und Stadt-/Parksysteme
Im Kontext eines Parksymposiums ist entscheidend, dass Stellplatzflächen häufig auf Kosten von Grünflächen, Aufenthaltsräumen und ökologisch wirksamen Freiräumen entstehen. Großflächige Parkplätze an Stadt- und Parkrändern sind aus Sicht der Freiraumplanung problematisch:
- hohe Versiegelung,
- Hitzeinseln durch dunkle Asphaltflächen,
- visuelle und akustische Beeinträchtigung angrenzender Parks.

Ein Parksystem, das denselben Stellplatzbedarf auf einer deutlich kleineren Grundfläche abwickelt, kann Flächen für Grünstrukturen freispielen. Genau hier setzt „EcoMotion“ an.

2. Stand der Technik im Parkhausbau

2.1 Konventionelle Parkhäuser
Klassische Parkhäuser bestehen aus:
- massiven oder halboffenen Stahl-/Betontragwerken,
- Rampen oder Spindeln zur Geschossverbindung,
- Fahrgassen mit ausreichenden Durchfahrbreiten,
- Stellplatzfeldern mit Rangierflächen,
- Erschließungskernen (Treppen, Aufzüge),
- Fluchtwegen und Brandschutzabschnitten.

Die Folge ist ein strukturell bedingter Flächenverbrauch: Nur etwa 50 % der Bruttogeschossfläche werden tatsächlich als Stellfläche genutzt. Dazu kommen:

- minimale Kundenorientierung (lange Wege, unübersichtliche Bereiche),
- Sicherheitsrisiken, insbesondere für Frauen und nachts (Angsträume, Vandalismus),
- steigende Betriebskosten für Beleuchtung, Belüftung und Personal,
- geringe Nachrüstbarkeit von Ladeplätzen: Kabeltrassen, Anschlussleistung und Brandschutz sind in der Regel nicht für flächendeckende Ladeinfrastruktur ausgelegt.

2.2 Automatisierte Shuttle- und Palettensysteme

Automatikparkhäuser setzen auf fahrerlose Transporteinheiten: Shuttles oder Paletten befördern Fahrzeuge zwischen Einfahrtskabinen und Stellplätzen. Das Parkhaus DOKK1 in Aarhus (Dänemark) – Europas größtes automatisiertes Parkhaus – bietet etwa 1 000 Stellplätze mit Abrufzeiten von < 2 min und hat seit Inbetriebnahme über 1 Mio. Fahrzeuge bedient. Das demonstriert die grundsätzliche Akzeptanz automatischer Systeme.

Dennoch bleiben technische und betriebliche Limitierungen:

- nur ~ 65 % Flächennutzung für Stellplätze, da Shuttlekanäle und Transportgassen erforderlich sind,
- Single-Point-of-Failure: Fällt ein Shuttle auf einem Transportweg aus, sind alle dahinterliegenden Stellplätze blockiert,
- Ladeinfrastruktur ist selten integraler Bestandteil; oft fehlen Ladeplätze vollständig,
- Fahrzeugdimensionen: große SUVs oder Pick-ups sprengen in manchen Systemen das vorgesehene Längen-/Breitenspektrum.

2.3 Defizite im Hinblick auf Elektromobilität

Wesentliche Defizite heutiger Technik hinsichtlich E-Mobilität:

- zu geringe Anzahl an Ladepunkten (oft < 10 % der Stellplätze),
- fehlende Integration von PV-Erzeugung und Speichern,
- keine aktive Rolle im Energiesystem (Lastmanagement, Netzdienste),
- Brand- und Korrosionsschutz nicht speziell auf Hochenergiebatterien und winterliche Bedingungen ausgelegt.

Es entsteht die Notwendigkeit eines Systems, das Flächeneffizienz, Vollelektrifizierung und Sicherheit von Grund auf zusammen denkt.

3. Anforderungen an ein zukunftsfähiges Parksystem

Aus der Analyse lassen sich zentrale technische Anforderungen ableiten:

3.1 Maximale Flächeneffizienz

- Zielgröße: signifikant > 65 % der Grundfläche für Stellplätze.
- Im Idealfall Reduktion der Grundstücksfläche je Stellplatz um Faktor > 5 gegenüber offenen Parkplätzen.

3.2 Vollelektrifizierung („EV-Ready by Design“)

- jeder Stellplatz prinzipiell mit Ladeinfrastruktur ausstattbar,
- Integration von PV-Flächen und stationären Speichern,
- Lastmanagement zur Begrenzung der Netzanschlussleistung.

3.3 Hohe Betriebsleistung

- kurze Ein- und Auslagerzeiten (idealerweise 60–90 s je Vorgang),
- 24/7-Betrieb mit minimaler Störanfälligkeit,
- wartungsfreundliche, modulare Komponenten.

3.4 Redundante, fehlertolerante Struktur

- kein zentrales Element, dessen Ausfall ganze Bereiche blockiert,
- intelligente Umfahrung defekter Module.

3.5 Sicherheits- und Brandschutzkonzept

- speziell für Lithium-Ionen-Batterien entwickelte Lösch- und Eindämmungskonzepte,
- Korrosionsschutz für winterliche Klimata,
- Trennung von Personenverkehr und Fahrzeugbewegungen.

3.6 Digitale Offenheit & neue Geschäftsmodelle

- Cloud-basierte Steuerung, Datenanbindung,
- Services wie automatische Schadenerkennung, Car-Sharing-Integration, Energiemarktanbindung.

3.7 Integration in Stadt- und Freiraumplanung

- kompakte Volumina, die sich an Gebäudekanten, unter Plätzen oder am Rand von Parks anordnen lassen,
- Freispielung von Flächen für Stadtgrün und Erholungsnutzung.

EcoMotion ist explizit darauf ausgelegt, diese Anforderungen zu erfüllen.

4. Überblick über das EcoMotion-Konzept

4.1 Der EcoMotion CUBE

Der EcoMotion CUBE ist eine modulare, mehrgeschossige Struktur aus Stahl, in deren Raster Fahrzeuge auf standardisierten Plattformen gelagert werden. Die Plattformen sind motorisiert und können in der Ebene verschoben werden; vertikal erfolgt der Transport über Lifte. Abbildung 1 zeigt einen exemplarischen CUBE mit mehreren Geschossen und gleichförmigen Stellplätzen.

Abbildung 1: Beispiel eines EcoMotion CUBE

EcoMotion erreicht:

- bis zu 96 % Flächennutzung für Stellplätze,
- + 70 % Stellplatzkapazität gegenüber konventionellen Parkhäusern bei gleichem Hüllvolumen,
- + 30 % Kapazität gegenüber etablierten Shuttle-Systemen,
- bis zu 40 % Zusatzkapazität bei Retrofit in bestehende Parkhäuser.

Diese Werte basieren auf der Puzzle-Logik: Es gibt nahezu keine „toten" Flächen; Fahrgassen und Rampen entfallen.

4.2 Vier Kernkomponenten

Das System besteht aus vier Kernkomponenten:

- Electrified Parking Platform (EPP) – trägt das Fahrzeug und stellt die elektrische Schnittstelle zum Ladesystem her.
- 360°-Präzisionsriemenantrieb – bewegt die Plattformen in Längs- und Querrichtung.
- Modularer Stahlrahmen – bildet die tragende Struktur und ermöglicht laterale und vertikale Erweiterung.
- AI-basierte SaaS-Steuerung („Mathematical Core") und Lifte – orchestrieren die Bewegung der Plattformen und verbinden die Ebenen.

Diese Komponenten sind – unabhängig von Größe und Konfiguration des CUBE – standardisiert, was Interoperabilität und industrielle Fertigung begünstigt.

4.3 Beispielhafte Flächenbilanz

Abbildung 2 vergleicht drei Szenarien für 192 Stellplätze:

- offener Parkplatz (Fußballfeldgröße): ca. 5.180 m² (100 %),
- 4-geschossiges klassisches Parkhaus: ca. 1.750 m² (27 %),
- 6-geschossiger EcoMotion CUBE: ca. 480 m² (9 %).

Damit reduziert der CUBE die Grundstücksfläche auf etwa 9 % des offenen Parkplatzes – ein Flächeneffizienzfaktor von > 10. Genau dieser Effekt ist für städtische Parks und Grünräume relevant: Stellplätze können „gestapelt" und Parkflächen freigeräumt werden.

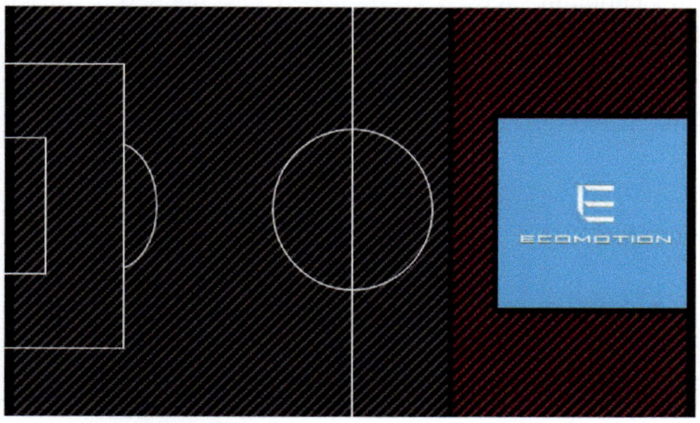

Abbildung 2: Flächenbilanz

5. Mechanisch-konstruktiver Aufbau

5.1 Tragstruktur und Rastergeometrie

Die Tragstruktur des CUBE besteht aus einem modularen ausgesteiften Stahlrahmensystem mit regelmäßigem Stützen- und Trägerraster. Das Raster definiert jeweils eine Plattformposition. Die Struktur ist so ausgelegt, dass die Feldgrößen an Fahrzeugabmessungen und Plattformlängen angepasst sind (inklusive großvolumiger SUVs). Für unterschiedliche Projekte (Mikro-CUBE im urbanen Quartier, Großanlage am Seehafen) kann die Anzahl der Rasterfelder in x- und y-Richtung variiert werden. Die modulare Stahlbauweise erlaubt industrielle Fertigung der Rahmenelemente und schnelle Montagen vor Ort.

5.2 Electrified Parking Platform (EPP)

Die EPP ist das zentrale Mechatronik-Modul:

- Tragkonstruktion mit Fahrzeugauflage,
- Aufnahmepunkte für Räder oder fahrzeugunabhängige Auflageflächen,
- elektrische Anbindung an das Ladesystem (z. B. über Steckverbinder oder induktive Lösungen),
- optional integrierter 120-Liter-Schmelzwasserbehälter zur Korrosionsprävention,
- optional integrierte Batteriepacks, um die Plattform selbst als Energiespeicher zu nutzen.

Die Plattform muss:

- statisch die Last des Fahrzeugs (inkl. Sicherheitsbeiwerten) tragen,
- dynamische Lasten aus Beschleunigung und Abbremsen aufnehmen,

- Verzugsfreiheit und Positioniergenauigkeit für den Riemenantrieb gewährleisten.

5.3 360 °-Präzisionsriemenantrieb

Die Bewegung der Plattformen erfolgt über Riemenantriebe, die in zwei orthogonalen Richtungen wirken. Vorteile dieses Prinzips:

- vergleichsweise hoher Wirkungsgrad,
- ruhiger Lauf,
- präzise Positionierung durch Encoder-Rückmeldung,
- potenzielle Rekuperationsfähigkeit beim Abbremsen.

In Abbildung 3 wird hervorgehoben, dass der 360 °-Antrieb eine flexible Umfahrung defekter Elemente erlaubt: Fällt ein Antrieb aus, bleibt nur das betroffene Fahrzeug blockiert, während der Rest des Systems weiterarbeiten kann.

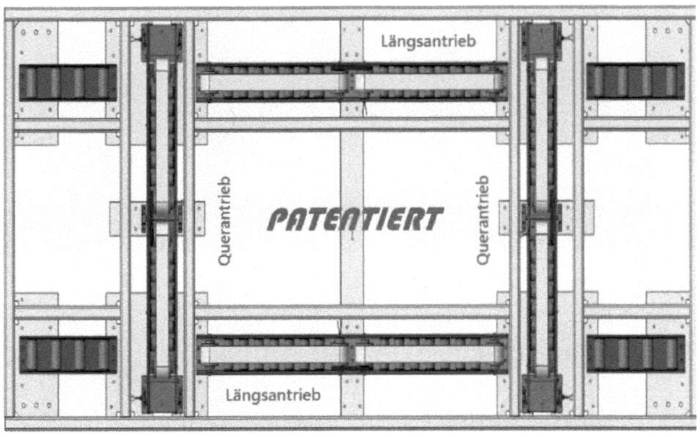

Abbildung 3: Patentierter 360 °-Präzisionsriemenantrieb

5.4 Lifte als vertikale Verknüpfung und „leeres Feld“

Lifte verbinden die Ebenen des CUBE. In der Puzzle-Logik fungieren sie gleichzeitig als „leeres Feld“:

- Fahrzeuge werden auf der Plattform in einen Lift verschoben,
- der Lift fährt auf eine Zielebene,
- die Plattform wird wieder ins Raster eingebracht.

Durch das Spiel mit einem oder mehreren Leerfeldern können Plattformen ähnlich wie bei einem Schiebepuzzle umsortiert werden. Dies ermöglicht eine hochverdichtete Lagerung ohne Fahrgassen. In Kapitel 6 werden exemplarische die Verschiebesequenzen für Ein- und Auslagerung beschrieben und dargestellt.

5.5 Modularität und Skalierbarkeit

Der CUBE folgt einem Baukastenprinzip:

- Mikro-CUBEs: wenige Ebenen, kleine Raster, z. B. für innerstädtische Wohnquartiere oder Parkhäuser an Parks,
- Meso-CUBEs: mittlere Größenordnung, z. B. Hotels, Bürohochhäuser, Eventlocations,
- Makro-CUBEs: mehrgeschossige Großanlagen mit mehreren Tausend Stellplätzen, z. B. Seehafen- oder OEM-Terminals.

Die identischen Kernkomponenten erleichtern Fertigung, Betrieb und Service für diese sehr unterschiedlichen Konfigurationen.

6. Betriebsprozesse und Steuerung

6.1 Einlagerung („Way into the CUBE“)

Der Prozess ist in Abbildung 4 schematisch dargestellt:

- Anfahrt: Das Fahrzeug fährt durch ein Tor in einen Übergaberaum (Handover-Room).
- Positionierung: Der Fahrer richtet das Fahrzeug auf der Plattform aus; Sensorik kontrolliert die korrekte Stellung.
- Nutzerabgang & Sicherung: Nach dem Verlassen des Übergaberaums werden Türen verriegelt, Sicherheitssysteme aktiviert (Bewegungs-/Personenerkennung).
- 3D-Scan: Das Fahrzeug passiert einen LED-Scan-Tunnel mit 3D-Kamera; Karosserie, Unterboden und Reifen werden auf Vorschäden erfasst (siehe Abschnitt 9).
- Einbringung in den CUBE: Die Plattform fährt automatisiert in das Raster; die KI-Steuerung plant eine Sequenz zur Zwischenposition.
- Zuteilung Stellplatz & ggf. Ladepunkt: Der Algorithmus entscheidet, ob das Fahrzeug direkt auf einen Ladeplatz gestellt oder zunächst in einen Parkplatz ohne Ladefunktion einsortiert wird. Bei EVs wird in der Regel priorisiert geladen.
- Nachschub & Verdichtung: Durch Puzzle-Verschiebungen wird der belegte Bereich kontinuierlich verdichtet.

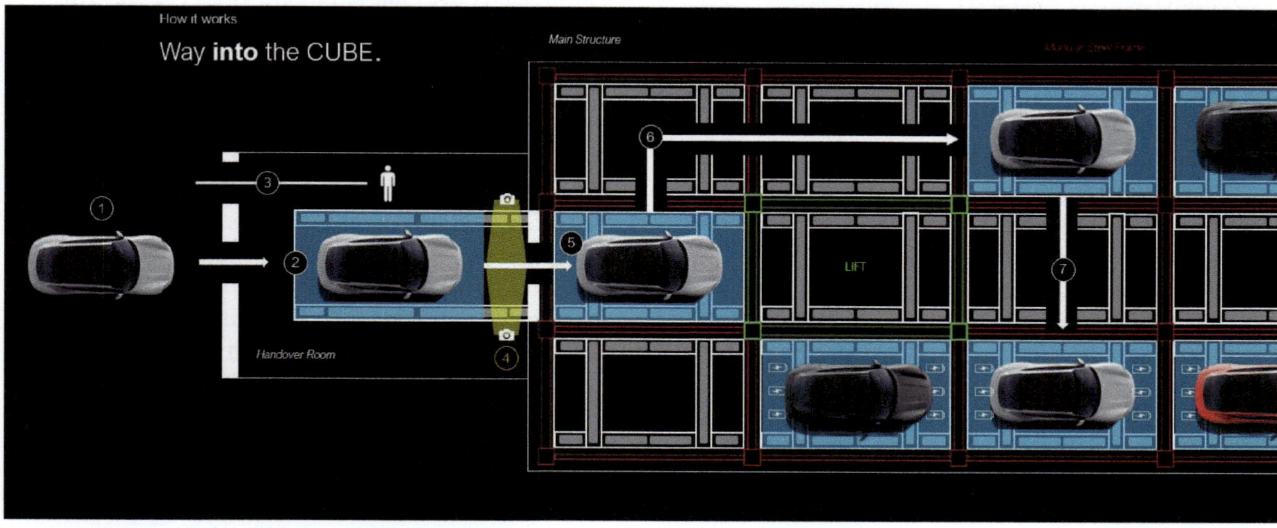

Abbildung 4: Einlagerung „Way into the CUBE"

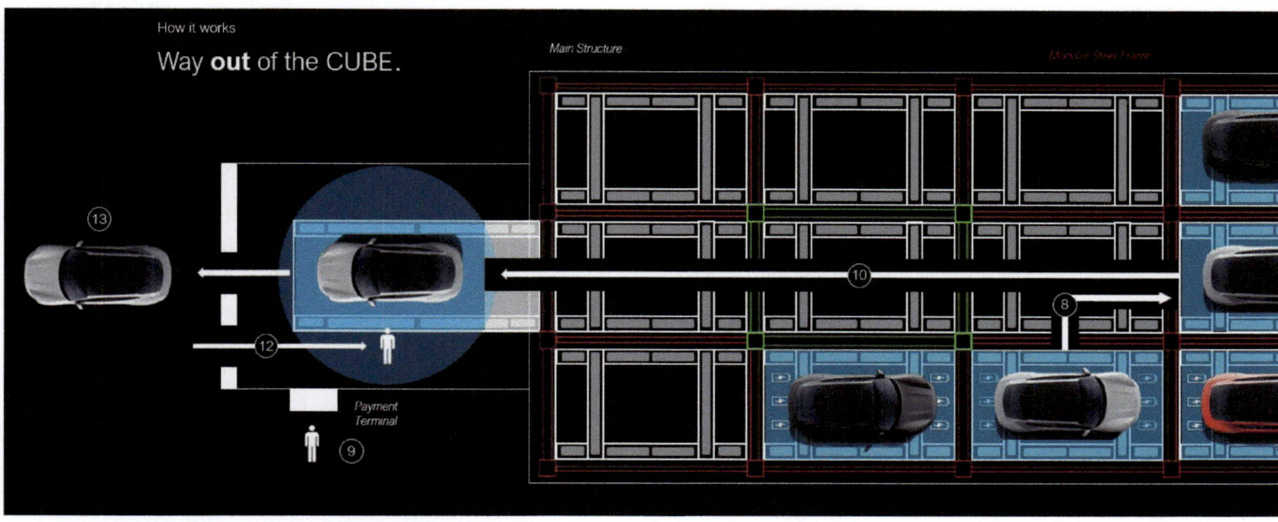

Abbildung 5: Auslagerung „Way out of the CUBE"

6.2 Auslagerung („Way out of the CUBE")

Abbildung 5 zeigt den Weg heraus aus dem CUBE.
Beim Abruf durch den Nutzer:

- Identifikation & Bezahlung: Im Foyer oder per App wird der Abruf ausgelöst; Bezahlvorgang deckt Parkzeit und ggf. Ladevorgang ab.
- Rückplanung der Plattform: Die KI berechnet die Rückführung des Fahrzeugs. Dabei werden parallel andere Plattformen so bewegt, dass künftige Abrufe begünstigt werden.
- Liftfahrt & Übergabe: Die Plattform gelangt via Lift in den Übergaberaum; dort wird das Fahrzeug um 180° gedreht, sodass es fahrbereit in Ausfahrtrichtung steht (Sicherheitsaspekt).
- Freigabe des Raums: Erst wenn alle Bewegungen abgeschlossen sind und der Raum gesichert ist, öffnet sich das Tor für den Nutzer.
- Ausfahrt.

Eine Abrufzeit je Fahrzeug von 60–90 s wird u. a. durch parallele Bewegungen und kurze Wege im Puzzle erreicht. Den Auslagerungsprozess stellt Abbildung 5 dar.

6.3 KI-basierte Puzzle-Algorithmen und Redundanz

Die selbstlernende SaaS-Plattform („Mathematical Core") koordiniert:

- die Belegung des Rasters (Graphenproblem),
- die Reihenfolge der Ein-/Auslagerungen,
- die Zuordnung von Ladeplätzen,
- Wartungsfenster für einzelne Plattformen.

Dabei verfolgen die Algorithmen mehrere Ziele gleichzeitig:

- Minimierung der mittleren Abrufzeit,
- gleichmäßige Nutzung aller Antriebe (Lebensdauer),
- Minimierung der Leerfahrten,
- Sicherheit (keine Kollisionen, Einhaltung von Brandschutz- und Wartungszonen),

- Optimierung des Energieverbrauchs.

Für die Redundanz gilt:
- Fällt ein Antrieb aus, markiert die Software die Plattform als blockiert; umliegende Plattformen werden über alternative Pfade bewegt.
- Lifte können, je nach Auslegung, gegenseitig als Backup fungieren (z. B. zwei unabhängige Liftgruppen).
- Das System ist nicht auf eine zentrale Fahrzeugeinheit (Shuttle) angewiesen; die große Anzahl identischer Plattformen verteilt das Risiko.

6.4 Instandhaltung und Lebensdauer
Die Plattformen lassen sich in definierte Servicepositionen verschieben; dort sind sie gut zugänglich. Kombinationen mit dem Schmelzwasser-Reservoir (siehe Kapitel 8) und einem korrosionsarmen Stahlbau erhöhen die Lebensdauer.

7. Energie- und Ladeinfrastruktur

7.1 „Electrified by Design"
EcoMotion versteht sich als „Electrified by Design" – nicht als nachträglich elektrifizierbares Parkhaus. Vier Energiebausteinen sind möglich:
- Netzanschluss mit Anbindung an externe erneuerbare Energiequellen (PV-Parks, Wind, Wasser).
- PV-Module auf Dach und Fassade des CUBE (optional).
- integraler stationärer Batteriespeicher.
- optional: Batteriespeicher in den EPP.

Die Kombination erlaubt:
- einen begrenzten Netzanschluss (z. B. 1 – 2 MVA),
- den Ausgleich von Lastspitzen durch Speicher,
- hohe Ladequoten – insbesondere, wenn die Standzeiten der Fahrzeuge genutzt werden.

7.2 Ladepunkte und Steckersysteme
Das System ist für alle gängigen AC- und DC-Steckersysteme ausgelegt ist. Das Konzept sieht vor:
- 100 % Ladefähigkeit der Stellplätze: Jede Plattform kann als Ladepunkt ausgebaut werden,
- Anpassbarkeit an zukünftige Standards: Änderungen erfolgen an der Plattform, nicht am Gebäude, sodass der CUBE im Betrieb bleibt,
- Möglichkeit zur Integration induktiver Systeme (z. B. für spezielle Flotten).

7.3 Smart Charging und Energiemanagement
Die Cloud-Plattform übernimmt nicht nur Bewegung, sondern auch Energieoptimierung:
- Priorisierung nach Abfahrtszeit: Fahrzeuge mit früher Abfahrt werden zuerst geladen.
- Nutzung von PV-Überschüssen: Hohe Erträge mittags werden in Fahrzeugen oder stationären Speichern abgelegt.
- Tarifsignale aus dem Netz: Bei hohen Strompreisen wird die Ladelast reduziert, bei niedrigen erhöht.

Am Beispiel des Autoterminals: Die Planung sieht eine Ladeinfrastruktur für 50 Schnellladepunkte vor, über die bis zu 2 500 Fahrzeuge pro Tag geladen werden können.

8. Sicherheits-, Brand- und Korrosionsschutz

8.1 Brandrisiko in Parkbauten
Nach US-Statistiken geschehen durchschnittlich 6 600 Brände in Parkbauten pro Jahr, die zu erheblichen Sachschäden und Personengefährdung führen. Hinzu kommt die besondere Problematik von Lithium-Ionen-Batterien, deren Thermal Runaway sich schwer mit klassischen Löschmitteln beherrschen lässt.

8.2 Feuerkammer-Konzept des CUBE
EcoMotion integriert den Brandschutz über nachfolgend beschriebenen Prozess:
- Detektion: Sensoren registrieren Temperaturanstieg oder Rauchentwicklung an einer Plattform.
- Räumung: Die Plattform wird über den Riemenantrieb in einen Lift verfahren.
- Transfer: Der Lift bringt Fahrzeug und Plattform in eine spezielle Feuerkammer im Untergeschoss.
- Flutung: Die Kammer wird wassergefüllt; der Brand wird lokal gelöscht.
- Isolierung: Weitere Ebenen bleiben strukturell unbeeinträchtigt; eine Brandweiterleitung wird minimiert.
- Bergung: Nach dem Abkühlen wird das Fahrzeug geborgen und die Kammer wieder in Betrieb genommen.

Dieses Konzept zielt darauf ab, Schäden an Tragstruktur und Nachbarfahrzeugen weitgehend zu vermeiden – ein entscheidender Unterschied zu offenen Parkdecks, in denen Brände mehrere Ebenen erfassen können.

8.3 Schmelzwasser-Management und Korrosionsschutz
In winterlichen Regionen verursachen Schmelzwasser und Streusalz signifikante Korrosion an Stahlrahmen und Antrieben konventioneller Systeme. EcoMotion begegnet dem mit einem in die Plattform integrierten Schmelzwasser-Reservoir (120 Liter), das tropfendes Wasser auffängt:
- Die Plattform speichert das Wasser, bis sie eine Serviceposition erreicht.
- Dort wird das Reservoir über ein zentrales System entleert und das Wasser fachgerecht entsorgt.
- Dadurch gelangen kaum korrosive Medien auf Antriebe und Tragstruktur; die Lebensdauer steigt, Wartungskosten sinken.

Das Konzept ist flexibel: Je nach Konfiguration kann der Tank mit anderen Plattform-Optionen (z. B. Batteriepack) kombiniert oder alternativ ausgeführt werden.

8.4 Personensicherheit und Zugangskonzept

Der CUBE trennt Personen und Fahrzeugbewegungen räumlich und zeitlich:
- Nutzer haben ausschließlich Zugang zu den Übergaberäumen; das Lager selbst ist unzugänglich.
- Während Plattformen bewegt werden, sind Tore verriegelt; Sensorik verhindert das Öffnen bei Gefahr.
- Videoüberwachung und Zugangskontrollsysteme erhöhen Sicherheit und Nachvollziehbarkeit.

Gerade im Umfeld von Parks mit hohem Freizeit- und Familienaufkommen ist diese Abkopplung des inneren Technikbereichs von der Öffentlichkeit ein erheblicher Sicherheitsgewinn.

9. Digitale Dienste, 3D-Scan und Geschäftsmodelle

9.1 3D-Kamera- und Scan-System

Es wird ein 3D-Kamerasystem eingesetzt, das jedes Fahrzeug beim Einfahren durch einen LED-Tunnel erfasst:
- Erfassung von Karosserieschäden, Kratzern, Dellen, Reifenzustand und Unterboden.
- Speicherung der Daten in einem blockchain-basierten Archiv, um Manipulation auszuschließen.
- Möglichkeit zur automatisierten Schadenerkennung durch Bildanalyse.

Potenzielle Anwendungen:
- Dokumentation von Vorschäden bei Car-Rental und Sharing-Flotten,
- einfachere Abrechnung von Schäden mit Versicherungen,
- optionale Zusatzservices (Aufbereitung, Reparatur) basierend auf erkannten Mängeln,
- Sekundärmarkt-Funktionen (digitale Fahrzeugakten).

9.2 SaaS-Plattform und Schnittstellen

EcoMotion betreibt den CUBE über eine cloud-basierte SaaS-Plattform („Mathematical Core"). Funktionen:
- Echtzeit-Optimierung von Park- und Ladeprozessen,
- Monitoring von Antrieben, Sensoren, Brandschutz- und Energiekomponenten,
- Datenanalyse (Nutzungsgrade, Lastspitzen, Wartungszyklen),
- API-Schnittstellen zu Parkleitsystemen, Apps, Abrechnungssystemen und ggf. städtischen Plattformen.

Für Betreiber von Parkanlagen an Parks oder Freiräumen bedeutet dies:
- Integration in digitale Besucherführung (z. B. Parkleitsystem zum Parkeingang),
- dynamische Preisgestaltung je nach Auslastung,
- Einbindung in multimodale Routenplaner (ÖPNV, Fahrradverleih, Sharing).

9.3 Neue Erlösquellen

Neben klassischen Parkgebühren eröffnen sich:
- Umsätze aus EV-Laden (kWh-basierte Tarife, Flottenverträge),
- Serviceangebote (Außen- und Innenreinigung, kleine Reparaturen),
- Erlöse aus Daten- und Servicedienstleistungen (z. B. 3D-Scan für Versicherer, Werkstätten),
- Beteiligung an Energiemärkten (Einspeisung, Flexibilitätsmärkte) in Verbindung mit PV und Speichern.

Damit wird der CUBE von einem reinen Kostenfaktor zu einem multifunktionalen Infrastrukturbaukasten.

10. Integration in Stadt-, Park- und Freiraumplanung

10.1 Kompakte Volumina und Freiflächengewinn

Der vielleicht wichtigste Beitrag für den Parksektor ist der Flächengewinn durch Verdichtung:
- Der 6-geschossige CUBE mit 192 Stellplätzen benötigt nur 480 m²; ein offener Parkplatz mit derselben Kapazität belegt 5.180 m² (siehe oben).
- Bei einem Projekt eines Fahrzeuglagers reduziert EcoMotion die geplante Grundfläche von 27.000 m² auf ca. 10.000 m² – eine Einsparung von bis zu 63 %.
- Für ein Autoterminal werden durch den CUBE rund 180.000 m² Fläche freispielt – Bodenwert ca. 100 Mio. Euro.

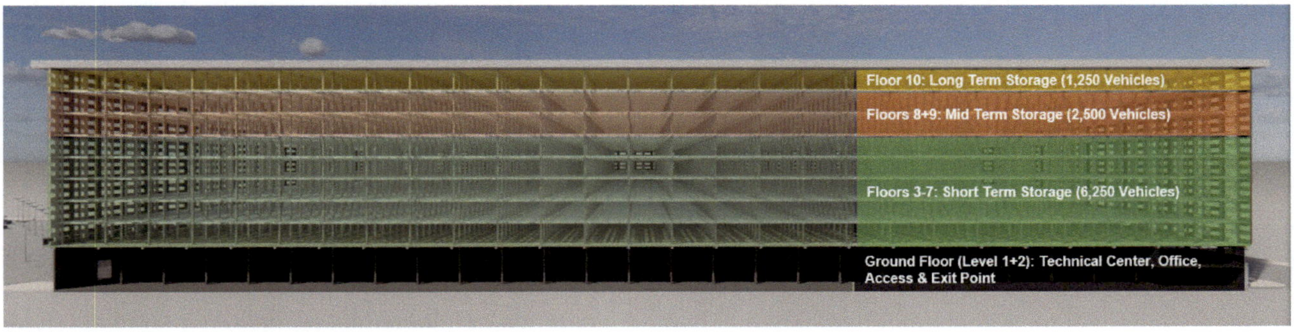

Abbildung 6: Ebenenverteilung für ein Autoterminal

10.2 Szenarien für Parks und Grünräume

Typische Szenarien:

- Park-&-Ride am Stadtrand: CUBEs bündeln Parken und Laden an ÖPNV-Knoten; der Oberflächenparkplatz fällt weg, Grünzüge bleiben erhalten.
- Freiraumnahe Quartiersgarage: Ein CUBE am Rand eines Parks nimmt Bewohner- und Besucherfahrzeuge auf, während die Parkfläche autofrei bleibt.
- Event- und Stadionparks: Bei Großveranstaltungen entstehen temporare Verkehrsspitzen; CUBEs können diese aufnehmen, ohne dauerhafte riesige Parkfelder vorzuhalten.

10.3 Retrofit bestehender Parkhäuser

EcoMotion bietet auch Retrofit-Lösungen. In bestehenden Parkhäusern kann:

- auf einzelnen Ebenen eine CUBE-Struktur eingezogen,
- die Stellplatzzahl um bis zu 40 % erhöht,
- die Nachrüstung von Ladeinfrastruktur erleichtert werden.

Für Kommunen mit Bestandsbauten an Parkanlagen kann dies eine Übergangslösung sein, bevor ein kompletter Neubau erfolgt.

11. Fazit und Ausblick

EcoMotion überführt den Parkhausbau von einer flächenintensiven, häufig untergenutzten Infrastruktur in ein hochverdichtetes, elektrifiziertes und digitales System. Aus ingenieurtechnischer Sicht ergeben sich folgende Vorteile:

- puzzlebasiertes Layout mit bis zu 96 % Stellflächenanteil,
- modulare Stahlbauweise mit standardisierten Plattformen,
- vollelektrische Auslegung einschließlich Ladeinfrastruktur, PV und Speichern,
- integrierter Brandschutz mit verfahrbarer Feuerkammer,
- Korrosionsschutz durch Schmelzwasser-Management,
- KI-basierte SaaS-Plattform mit Smart-Charging und digitalen Zusatzdiensten.

Für die Park- und Freiraumplanung eröffnet dies neue Optionen: Stellplätze können auf kompakten CUBEs gebündelt werden, während an der Oberfläche Flächen für Stadtgrün, Parks und öffentliche Räume zurückgewonnen werden. Aktuelle Greenfield-Projekte belegen die Skalierbarkeit auf mehrere Zehntausend Stellplätze, während innerstädtische Projekte die Eignung für hochwertige, architektonisch anspruchsvolle Kontexte zeigen. Zukünftige Arbeiten sollten sich u. a. auf folgende Aspekte konzentrieren:

- quantitative Lebenszyklus-Analysen (Ökobilanz, CO_2-Fußabdruck),
- detaillierte Simulationsmodelle für Smart-Charging-Strategien im Verbund mit städtischen Energiesystemen,
- Integration in multimodale Mobilitätsketten (ÖPNV, Fahrrad, Sharing),
- standardisierte Schnittstellen zu städtischen Datenplattformen.

Mit dem beschriebenen System bietet EcoMotion damit einen konkreten, ingenieurtechnisch durchgearbeiteten Lösungsbaustein, um Flächenverbrauch, Ladeinfrastrukturdefizite und Sicherheitsanforderungen im Parksektor gleichzeitig anzugehen – und Parkanlagen von Abstellflächen zu echten Grün- und Aufenthaltsräumen weiterzuentwickeln.

12. Literatur und weiterführende Links

[1] EcoMotion Holding AG: „EcoMotion Teaser 2025 – The Future of Electrified Parking Automation“, interne Projektstudie, 2025.

[2] Nationale Plattform Zukunft der Mobilität (NPM), AG 5 „Ladeinfrastruktur“ – Übersicht & Berichte: Website: https://www.plattform-zukunft-mobilitaet.de

[3] Bundesministerium für Digitales und Verkehr (BMDV) – Masterplan Ladeinfrastruktur & Elektromobilität in Deutschland: Übersichtsseite: https://www.bmdv.bund.de

Betriebskonzepte für moderne Quartiersmobilität – Integrierte Services: Ladeinfrastruktur, bedarfsgerechte Mobilitäts-Angebote, digitales Management

Stefan Seitz
15Min (Operation) GmbH
Mitglied des Exec. Board Swavia Holding AG

1. Einleitung

Städte stehen vor tiefgreifenden Herausforderungen: wachsender Verkehr, Flächenknappheit, Emissionen, Verödung der Innenstädte Rückgang von Einzelhandel und der Wunsch nach hoher Lebensqualität. Der motorisierte Individualverkehr beansprucht bis zu 50 % des öffentlichen Raums – überwiegend stehend.

Die Idee der 15-Minuten-Stadt stellt ein modernes Stadtentwicklungsmodell dar, das darauf ausgerichtet ist, alle wesentlichen Funktionen des täglichen Lebens innerhalb eines kurzen Zeitradius erreichbar zu machen – idealerweise zu Fuß oder mit dem Fahrrad in maximal 15 Minuten. Die Bürgerinnen und Bürger sollen ihre wichtigsten Bedürfnisse wie Wohnen, Arbeiten, Einkaufen, Bildung, Gesundheit, Freizeit und Verwaltung ohne lange Wege und ohne Abhängigkeit vom eigenen Auto erfüllen können. Dadurch entsteht eine kompakte, polyzentrisch organisierte Stadtstruktur mit einer Vielzahl kleinerer, vollwertiger „Stadt der kurzen Wege"-Quartiere.

15Min Hubs sind dabei eines der wesentlichen Umsetzungsinstrumente dieses Leitbilds. Sie bündeln Mobilitätsangebote, Ladeinfrastruktur, Logistik, Nahversorgung und Bürgerdienste an strategisch geeigneten Punkten im Quartier und machen diese leicht zugänglich. Durch diese räumliche Konzentration und digitale Vernetzung werden alltägliche Wege signifikant verkürzt und gleichzeitig Verkehr vermieden, der sonst durch Verlagerung in den zentralen Stadtraum entstehen würde. Die 15Min Hubs ermöglichen somit eine sinnvolle, realitätsnahe Anwendung des Konzepts der 15-Minuten-Stadt – insbesondere in Bestandsquartieren, in denen Strukturen nicht von Grund auf neu geplant werden können.

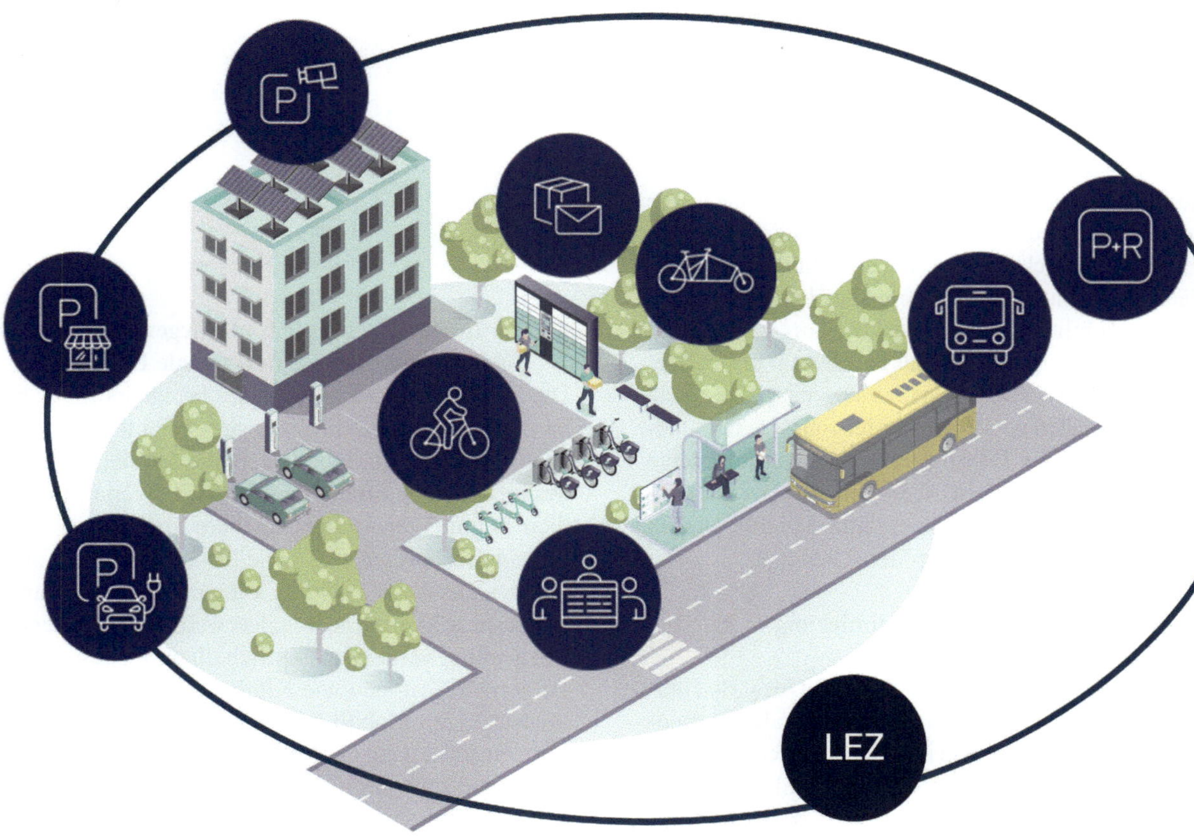

Bild 1: 15Min Hub – Zentrale Module

2. Funktionsprinzip der 15Min Hubs – Ausführliche Darstellung

Das Konzept der 15Min Hubs basiert auf der Annahme, dass Mobilität, Versorgung und öffentliche Dienstleistungen in einer Stadt effizienter, nachhaltiger und bürgernäher organisiert werden können, wenn sie räumlich konzentriert und digital vernetzt angeboten werden. Der 15Min Hub setzt genau hier an: Er ist ein multifunktionaler Mobilitäts- und Serviceknoten, der unterschiedliche Nutzungen und Dienstleistungen an einem zentral gelegenen Ort im Quartier zusammenführt. Dies ermöglicht es Bürgerinnen und Bürgern, wichtige Alltagsziele wie den Weg zur Mobilität, zu Versorgungsangeboten oder zu kommunalen Serviceeinrichtungen innerhalb weniger Minuten zu Fuß oder mit dem Fahrrad zu erreichen.

Der Aufbau eines 15Min Hubs ist dabei modular und flexibel. Je nach Standortbedingungen können bestehende Parkbauten umgenutzt oder Neubauten mit entsprechender Infrastruktur konzipiert werden. Im Zentrum steht stets die Integration verschiedener Mobilitätsformen wie Carsharing oder Bikesharing die den Besitz eines eigenen Autos überflüssig machen können, wenn sie denn stationär immer verfügbar sind. Die Kombination mit einer leistungsfähigen Ladeinfrastruktur ermöglicht zudem einen unkomplizierten Zugang zur Elektromobilität – insbesondere für Menschen, die keinen eigenen Stellplatz mit Lademöglichkeit besitzen. Diese Funktionen werden ergänzt durch Logistikelemente wie Mikrodepots zur gebündelten Zustellung von Paketen in das Quartier. Die bisher übliche Anfahrt zahlreicher Paketfahrzeuge entfällt weitgehend, wodurch Lärm und Verkehrsbelastung sinken. Schließlich beinhalten 15Min Hubs auch Bürgerdienste und weitere Alltagsangebote: Von kommunalen Servicepoints über medizinische Grundversorgung bis hin zu Abholstationen des Einzelhandels.

All diese Funktionen verdichten sich auf einer Fläche, die bislang überwiegend zum Abstellen von Fahrzeugen genutzt wurde. Dadurch entsteht eine erhebliche Steigerung der Flächeneffizienz: Wo früher ein einzelnes Auto stand, kann heute Mobilität für zehn Menschen organisiert werden. Die Umnutzung bestehender Parkhäuser ermöglicht diese Transformation besonders ressourcenschonend, da keine neuen Flächen versiegelt werden müssen. Die städtebauliche Vision des 15Min Hubs geht sogar über reine Funktionalität hinaus: Er wird als sozialer Ort verstanden, der Aufenthaltsqualität bietet und den öffentlichen Raum zurück in die Hände der Menschen legt.

3. Digitalisierung & Betriebsoptimierung – Rolle und Wirkungsweise

Die Digitalisierung bildet das Rückgrat des Betriebs eines 15Min Hubs. Durch den Einsatz digitaler Technologien wird der Hub zu einem intelligent gesteuerten System, das Ressourcen effizient verwaltet und den Nutzerinnen und Nutzern ein nahtloses, attraktives Erlebnis bietet. Dazu gehört zunächst die Erfassung von Daten über Belegung, Energiebedarf, Verkehrsmengen oder Logistikvolumen in Echtzeit. Sensorik, kamerabasierte Lösungen oder IoT-Geräte liefern eine belastbare Datenbasis, die den Betrieb kontinuierlich optimiert.

Für die Nutzenden bedeutet dies vor allem Komfort: Ladepunkte, Sharing-Fahrzeuge oder Serviceangebote können über eine zentrale digitale Plattform gebucht, bezahlt und genutzt werden. Die Verwendung von Auto-Check-In-Verfahren, Kennzeichenerkennung oder digitalen Zugangsmedien sorgt dafür, dass der Zugang zu Mobilitätsangeboten so einfach wie möglich gestaltet ist. Gleichzeitig steigert die digitale Integration die Intermodalität – also den nahtlosen Übergang zwischen verschiedenen Verkehrsmitteln. Die Wegeketten werden damit effizienter und angenehmer.

Die Digitalisierung hat darüber hinaus eine erhebliche Bedeutung für die Energieoptimierung. Der 15Min Hub kann eine Vielzahl elektrischer Fahrzeuge gleichzeitig versorgen. Um Netzstabilität sicherzustellen, werden Lastmanagementsysteme eingesetzt, die Ladeprozesse über den Tagesverlauf steuern. Lokale Erzeugung, zum Beispiel durch Photovoltaik auf dem Dach von Parkbauten, kann integriert werden. Der Hub wird somit Teil der Energiewende im urbanen Raum.

Durch Automatisierung werden zudem Betriebskosten gesenkt. Routineprozesse wie Wartung, Öffnungen oder Zugangsmanagement erfolgen digital unterstützt. Das Zusammenspiel all dieser Funktionen macht den 15Min Hub zu einer wirtschaftlich tragfähigen Transformation klassischer Parkbauten.

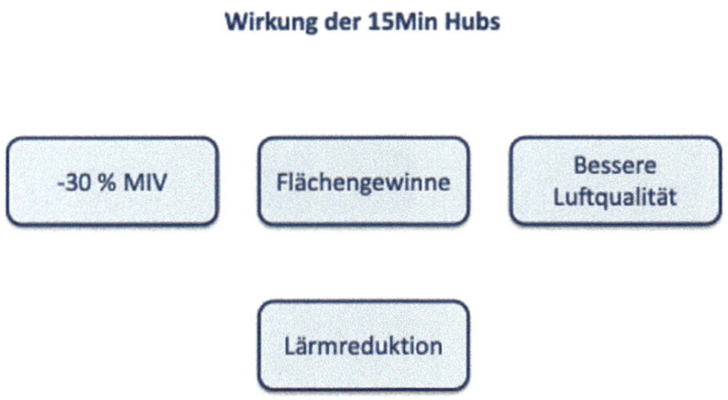

4. Wirkungen für Städte und Bürgerinnen und Bürger – Nachhaltige und soziale Effekte

Die Einführung von 15Min Hubs bringt spürbare, messbare und gesellschaftlich relevante Effekte für den urbanen Raum. Im Mittelpunkt steht die deutliche Reduktion des motorisierten Individualverkehrs. Wenn Mobilitätsdienste und Versorgungsangebote im Quartier verfügbar sind, erübrigen sich viele bisher mit dem Auto zurückgelegte Wege. Dadurch können Verkehrsströme um mindestens 30 Prozent reduziert werden. Diese Verkehrsvermeidung verbessert die Sicherheit, insbesondere für vulnerable Gruppen wie Kinder, ältere Menschen oder Menschen mit Mobilitätseinschränkungen.

Mit dem Rückgang des Verkehrs sinken Emissionen und Lärm, die Luftqualität verbessert sich nachhaltig und das Stadtklima profitiert von der Entsiegelung und Begrünung freigewordener Flächen. Durch die Möglichkeit, bisher als Parkplätze genutzte Bereiche in Aufenthalts- oder Sportflächen umzuwandeln, entsteht eine

neue Urbanität, die Lebensqualität und soziale Begegnung fördert.
Auch wirtschaftlich entfalten 15Min Hubs positive Effekte: Einzelhandel, Dienstleistungen und Gewerbe profitieren von höherer Aufenthaltsqualität und der fußläufigen Erreichbarkeit. Wohnneubauprojekte werden entlastet, weil weniger Stellplätze gebaut werden müssen – das senkt Baukosten und damit langfristig auch Mietpreise. Gleichzeitig schafft die Bündelung von Logistikprozessen eine neue Effizienz, die Verkehrsbelastung und damit kommunale Infrastrukturkosten reduziert.

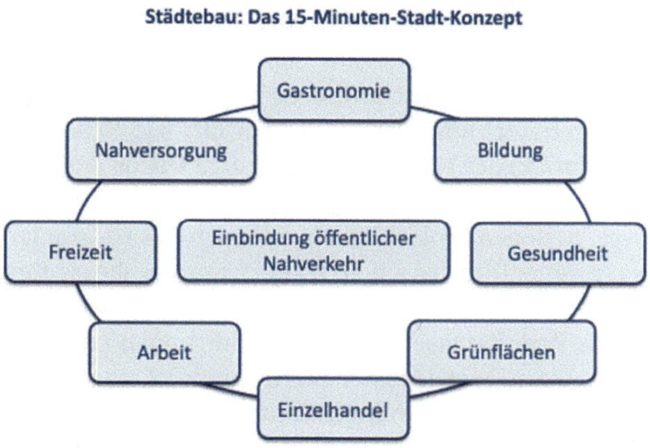

Schließlich haben 15Min Hubs eine starke soziale Wirkung. Der Zugang zu Mobilität wird von einem Besitzmodell auf ein Nutzungskonzept umgestellt – unabhängig vom Einkommen. Dadurch entsteht Mobilitätsgerechtigkeit. Alle Menschen erhalten Zugang zu wichtigen städtischen Angeboten, auch ohne eigenes Fahrzeug.

5. Governance & Erfolgsfaktoren – Zusammenarbeit als Schlüssel

Damit der 15Min Hub sein volles Potenzial entfalten kann, ist ein abgestimmtes Governance-Modell entscheidend. Der Hub muss sowohl als Infrastruktur- als auch als wirtschaftlich zu betreibende Serviceplattform funktionieren. Dafür müssen Zuständigkeiten klar geregelt sein. Kommunen übernehmen dabei die strategische Steuerung, definieren Mobilitätsziele, regeln Flächennutzungen und setzen normative Rahmenbedingungen. Des Weiteren stellen die Kommunen die nahtlose Einbindung des öffentlichen Nahverkehrs bereit. Betreiber stellen die Wirtschaftlichkeit, technische Leistungsfähigkeit und Nutzerorientierung sicher. Sharing- und Logistikunternehmen integrieren ihre Dienste. Und nicht zuletzt sind Nutzerinnen und Nutzer als Mitgestalter gefragt: Sie liefern kontinuierlich Feedback und sichern durch Nutzungserfolg die Skalierbarkeit des Modells.
Ein erfolgreicher 15Min Hub ist das Ergebnis eines kooperativen Verständnisses: Er ist keine rein technische Infrastruktur, sondern ein sozialer Ort, dessen Betrieb von kontinuierlichem Dialog lebt. Vertrauen und Transparenz sind wesentliche Voraussetzungen. Dazu gehören anbieterneutrale Datenplattformen, klare Verantwortlichkeiten, verständliche Nutzungsbedingungen und nachvollziehbare Preisgestaltung. Wenn frühzeitig eine gesellschaftliche Identifikation mit dem Hub erreicht wird, steigen Akzeptanz und Nutzung deutlich.

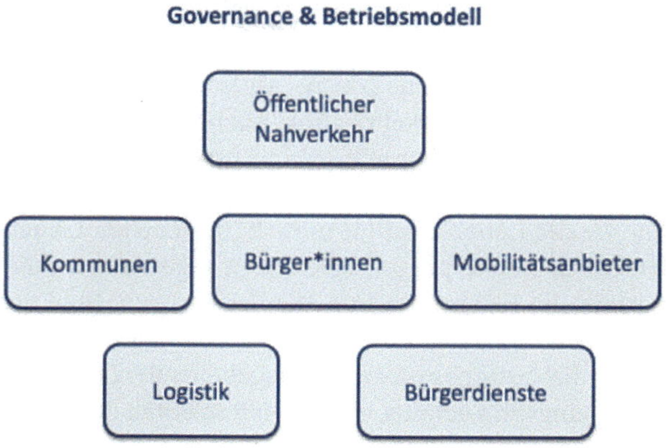

6. Ausblick – Transformation bestehender Parkbauten

Der 15Min Hub ist nicht nur ein städtebauliches Konzept, sondern eine Schlüsseltechnologie für die Verkehrswende. In der nächsten Entwicklungsphase urbaner Mobilität werden Stationen dieser Art zu **zentralen Bausteinen vernetzter Mobilitätsstrategien**. Bestehende Parkbauten, die vielerorts ihre ursprüngliche Funktion verlieren, erhalten so eine neue Perspektive und können zu Orten des Wandels werden – zur Infrastruktur für soziale Mobilität, nachhaltige Energie und städtische Versorgung.
Die Vision für das Jahr 2035 ist eine Stadt, in der der öffentliche Raum wieder den Menschen gehört, in der Mobilität klimaverträglich organisiert wird und in dem Wege kurz und sicher sind. Die Einführung von 15Min Hubs markiert einen entscheidenden Schritt in diese Richtung. Sie stärken die Resilienz städtischer Systeme, schaffen eine gerechtere Verteilung von Mobilitätschancen und unterstützen den ökologischen Umbau der Stadt.
Damit ist der 15Min Hub weit mehr als ein Mobilitätsprojekt. Er steht für ein neues urbanes Selbstverständnis: Städte werden **wieder Orte der Nähe**, nicht der Distanzen.

7. Schlussfolgerung – Zusammenfassung und Bedeutung für die Stadt von morgen

Die Einführung von 15Min Hubs ist ein wesentlicher Baustein für eine moderne, nachhaltige und sozial gerechte Stadtentwicklung. Sie stellen eine Antwort auf mehrere zentrale Herausforderungen urbaner Räume dar: den hohen Verkehrsanteil des motorisierten Individualverkehrs, die wachsenden Emissions- und Lärmbelastungen, den Bedarf nach energieeffizienten Infrastrukturen und die Forderung nach einer Stadt, die allen Menschen unabhängig von Alter, Einkommen oder Mobilitätsfähigkeit Teilhabe ermöglicht. 15Min Hubs setzen genau dort an, wo klassische Verkehrspolitik an ihre Grenzen stößt. Sie ersetzen nicht die vorhandenen Angebote, sondern vernetzen und verdichten sie sinnvoll, um Wege zu verkürzen und Mobilität effizienter verfügbar zu machen.
Durch die Bündelung von Mobilitäts-, Logistik- und Serviceangeboten an einem gut zugänglichen Ort im

Quartier entsteht ein System, das Mobilität nicht nur ermöglicht, sondern sie neu organisiert: Statt Verkehr zu erzeugen, werden Wege vermieden. Es ist somit ein Paradigmenwechsel vom Prinzip „Parken am Ziel" hin zu „Erreichen im System". Diese Veränderung hat weitreichende ökologische und soziale Auswirkungen. Die Reduktion des Autoverkehrs führt nachweislich zu mehr Sicherheit im Straßenraum, einer besseren Luftqualität sowie zu einer deutlichen Lärmverminderung – Faktoren, die die Lebensqualität in dicht besiedelten Gegenden entscheidend prägen. Gleichzeitig gewinnen Städte wertvolle Flächen zurück, die heute vorwiegend von parkenden Fahrzeugen blockiert werden. Diese Flächen können für Grünräume, Freizeitangebote oder öffentliche Begegnungsorte genutzt werden und schaffen damit eine neue städtische Identität.

Auch hinsichtlich der Wirtschaftlichkeit lassen sich klare Vorteile erkennen. Die Transformation bestehender Parkhäuser in multifunktionale Hubs reduziert finanzielle Risiken für Kommunen und Immobilienbetreiber. Durch die hybride Nutzung entstehen zusätzliche Einnahmequellen, während gleichzeitig der Infrastrukturbedarf für Pkw reduziert wird. Dies entlastet private Haushalte, Bauträger und den öffentlichen Haushalt gleichermaßen. Die wachsende Elektromobilität erhält gleichzeitig einen urban kompatiblen Zugang: Ladeinfrastruktur wird intelligent und flächeneffizient in bestehende Immobilien integriert, wodurch Netzausbaukosten begrenzt bleiben. Nicht zuletzt leisten 15Min Hubs einen wichtigen Beitrag zur sozialen Gerechtigkeit. Mobilität wird zu einem Gemeingut, auf das jede Bürgerin und jeder Bürger unabhängig vom Besitz eines eigenen Autos zugreifen kann. Es entstehen Räume der Begegnung, die soziale Integration fördern und neue Formen von Urbanität ermöglichen. Der Mensch rückt wieder in das Zentrum der Stadtgestaltung – nicht das Fahrzeug.

Zusammengefasst können 15Min Hubs als ein Schlüsselinstrument der Verkehrswende betrachtet werden. Sie verbinden ökologische Ziele mit wirtschaftlicher Effizienz und gesellschaftlicher Teilhabe. Sie sind eine Weiterentwicklung der Stadt vom Ort der Bewegung hin zum Ort der Nähe. Die langfristige Vision lautet daher: Städte, die nah, leise, gesund und lebensfroh sind – Orte, in denen Mobilität kein Selbstzweck ist, sondern ein Service für Menschen. Die Umsetzung dieses Leitbildes verlangt Mut, Kooperation und eine klare strategische Prioritätensetzung. Die Erfahrungen zeigen jedoch: Wo 15Min Hubs entstehen, gewinnen am Ende alle – die Stadt, die Wirtschaft und vor allem die Menschen, die in ihr leben.

TAE

Anhang

Programmausschuss

Der Programmausschuss für das Kolloquium Parkbauten setzt sich aus anerkannten Experten aus Forschung und Entwicklung, Industrie und Praxis zusammen. Zu seinen Aufgaben gehören die Formulierung der Zielsetzung und Festlegung der Themenschwerpunkte der Fachtagung, die Begutachtung und Auswahl der eingereichten Vortragsvorschläge für das Tagungsprogramm und die fachliche Beratung des Veranstalters.

Vorsitzende

Dipl.-Ing. Susanne Gieler-Breßmer
ö. b. u. v. Sachverständige für Betonschäden und Betoninstandsetzung, Süßen

Mitglieder

Bernd Beer
AMP Parking Europe GmbH, Karlsruhe

Dennis Brettschneider
StoCretec GmbH, Kriftel

Dipl.-Ing. (FH) Volker Buchholz
Fraport AG – Zentrales Infrastrukturmanagement, Frankfurt

Dipl.-Ing. (FH) Armin Faulhaber
instakorr GmbH, Schaafheim

Niko Hebauer
Sika Deutschland GmbH, Stuttgart

Dipl.-Ing. Christoph Köchling
Caspar Köchling GmbH, Dortmund

Helge-Leander Leitz
LEONHARD WEISS GmbH & Co. KG, Hamburg

Alica Lohasz, M. Eng.
IGF Ingenieurgesellschaft für Bauwerksinstandsetzung GmbH, Süßen

Erik Mai
Stadtwerke Heilbronn GmbH

Ansgar Matz
Park-Konzepte, Stuttgart

Dr.-Ing. Till Felix Mayer
Ingenieurbüro Schießl – Gehlen – Sodeikat GmbH, München

Heiko Steidl
bga Beratungsstelle für Gussasphaltanwendung e. V., Bonn